博碩文化

SolidWorks

專業工程師訓練手冊 [10] 集錦大全

零件・組合件・工程圖・
熔接・鈑金・模具・曲面
機構模擬運動

曹文昌、邱莠茹、吳郁婷
邱國暢、武大郎　著

步驟式的圖文解說方式
完全自修，課程豐富紮實，實務應用的最佳指引
內容涵蓋業界渴望工程師必備的 Solidworks 常用主題

多年業界輔導經驗
專業引導快速上手

免費的線上課程，
提供主題原理的簡報

雲端下載模型檔
SolidWorks
論壇互動分享

作　　者：曹文昌、邱莠茹、吳郁婷、邱國暢、武大郎
責任編輯：Cathy

董 事 長：曾梓翔
總 編 輯：陳錦輝

出　　版：博碩文化股份有限公司
地　　址：221 新北市汐止區新台五路一段 112 號 10 樓 A 棟
　　　　　電話 (02) 2696-2869　傳真 (02) 2696-2867

發　　行：博碩文化股份有限公司
郵撥帳號：17484299　戶名：博碩文化股份有限公司
博碩網站：http://www.drmaster.com.tw
讀者服務信箱：dr26962869@gmail.com
訂購服務專線：(02) 2696-2869 分機 238、519
（週一至週五 09:30 ～ 12:00；13:30 ～ 17:00）

版　　次：2024 年 6 月初版

建議零售價：新台幣 920 元
I S B N：978-626-333-891-3
律師顧問：鳴權法律事務所 陳曉鳴律師

本書如有破損或裝訂錯誤，請寄回本公司更換

國家圖書館出版品預行編目資料

SolidWorks 專業工程師訓練手冊 . 10, 集錦大
全：零件、組合件、工程圖、熔接、鈑金、
模具、曲面、機構模擬運動 / 曹文昌, 邱莠茹,
吳郁婷, 邱國暢, 武大郎作 . -- 初版 . -- 新北
市：博碩文化股份有限公司, 2024.06

　　面；　公分

ISBN 978-626-333-891-3(平裝)

1.CST: SolidWorks(電腦程式) 2.CST: 電腦
繪圖

312.49S678　　　　　　　　113008475

Printed in Taiwan

博 碩 粉 絲 團　歡迎團體訂購，另有優惠，請洽服務專線
　　　　　　　　(02) 2696-2869 分機 238、519

編者序

A 出版由來

動作研究於 2024 年 3 月中完成後,進行集錦大全編排作業。幾何經多年努力終於將 SolidWorks 系列書籍寫完,這本書把先前的專門書籍濃縮,一次擁有 9 大精華主題:1. 零件、2. 組合件、3. 工程圖、4. 熔接、5. 鈑金、6. 模具、7. 曲面、8. 機構模擬運動、9. eDrawings 電子視圖。

B 主題頁數分佈

由於不超過 900 頁,將內容均分頁次大致如下:1. 零件 250、2. 組合件 100、3. 工程圖 100、4. 熔接 100、5. 鈑金 100、6. 模具 100、7. 曲面 100、8. 機構模擬運動與 eDrawings50,共 850-900 頁。

C 本書設計-教科書

專門開發給學校單位的教材,書中內容經多年出版驗證,完全適合初級到中級的教科書。除了將零件、組合件、工程圖集合為一本外,再加上未來就業需要的專業主題。

業界強烈渴望工程人員具備 SolidWorks 上述主題並靈活運用,如果能在學期間將這些主題全部學會,畢業後立即與業界接軌。

D 學習擴充

這本書簡單易學,還有其他系列書籍關於這些主題的延伸學習,我們希望協助培養興趣,並歡迎加入 SolidWorks 應用工程師大家庭,加入我們協助知識傳承,讓你的職涯大加分,更能走向職場巔峰。

E 榮譽出品

本書以 SolidWorks 2022、Windows10 編排,建議以 2022 以上作為練習版次,因為開啟檔案和重新計算速度快,而 Windows10 是佔有率與穩定性高的系統。

我們知道很榮幸和各位介紹 SolidWorks 專業工程師訓練手冊[10]-集錦大全:零件、組合件、工程圖、熔接、鈑金、模具、曲面、機構模擬運動上市。

書籍特色

力求整潔大方、內容豐富、雲端互動，將常態內容移植到論壇和線上影音，騰出更多書籍空間加強指令說明。

- 超大版面：以大本 16K（19×26cm）增加閱讀版面，方便筆記和段落分明
- 清晰圖片：讓同學享用更清晰圖片和重點標示立即看到重點
- 步驟顯明：加強過程拆解圖示、口訣更貼近人心、SOP 更成為順口溜
- 訓練模組：將訓練檔案成為教學模組，可以邊看答案邊學習
- 簡易閱讀：加強潤飾簡易說明重點，感覺非他不可，強調指令特性與靈魂
- 世代合作：時代改變教學和寫法，貼近年輕人想法並協助傳承
- 論壇平台：全年無休論壇互動發問，萬象連結所有資訊
- 雲端資料：下載所有課題資料，包含書籍的訓練檔案
- 雲端影音：結合線上課程隨時學習，包含：YouTube、線上課程網站

感謝有你

感謝**博碩**出版社支持專業書籍，原物料上漲不拿銷售量的使命感與精神，可說是用心經營的出版社，讓同學習得 SolidWorks 更深入的知識，更讓大郎有機會將經驗傳承。

作者群

協助本書成員：屏東科技大學機械工程系曹文昌，tsaowc@mail.npust.edu.tw。

邱莠茹、吳郁婷、鍾昌睿、羅開迪、邱國暢、林芷瑄以及**論壇會員**提供寶貴測試與意見。

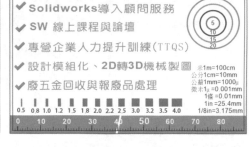

參考文獻

　　書中引用圖示僅供參考與軟體推廣，圖示與商標為所屬軟體公司所有。

- 禾緯企業有限公司：herwere.com.tw/
- 乾佑工業股份有限公司：facebook.com/chienyoucorp/
- 艾德生的瘋狂實驗室：facebook.com/edsonsmadnesslab/
- 新樂飛無人機股份有限公司：7adrones.com/
- 工程師的斜槓商店：shopee.tw/youruchiu
- FR Tools Man 商城官網　：frtoolsman.blogspot.com
- SolidWorks Motion Study 原廠訓練手冊，達梭
- ChatGPT：https://chat.openai.com/
- CADesigner 雜誌：機構運動解析大學問，廖偉志 2004/09
- CADesigner 雜誌：DELMIA 3D 工業設計擬真技術應用研究，畢利文 2007/05
- CADesigner 雜誌：超越實體建模-互動式的組合件建模技術，陳超祥 2007/09
- CADesigner 雜誌：Maya camera 的種類設定與效果，王以斌 2007/05
- 東華書局：機構學，顏鴻森

- 全華書局：3D 電腦動畫與數位特效，葉怡蘭等人
- 全華書局：Autodesk Inventor 電腦輔助立體繪圖，粘瑞桂
- 旭營文化：3D 電腦動畫原理，陳娟宇
- 松崗圖書：電腦動畫基礎，吳鼎武
- 機械工業出版社：3D 計算機圖形學，Alan Watt 著 包宏譯
- 3 小時讀通牛頓力學，小峯龍男
- 百度百科：baike.baidu.com/view/31530.htm
- 維基百科：https://zh.wikipedia.org
- ADAMS 軟體：https://hexagon.com/
- 台灣三住：tw.misumi-ec.com/

目錄

04 模型建構 SOP 與視角

05 伸長與旋轉建模

06 薄殼與肋

07 掃出原理與應用

08 常見的螺紋製作方式

09 異型孔精靈

17 材質與物質特性

18 模型組態

19 布林運算（結合）

20 組合件與爆炸圖原理

21 基礎組裝與爆炸製作

22 標準結合

23 進階結合

37 儲存工程圖與轉檔

38 工程圖製作

39 熔接原理

40 結構成員與管路

41 修剪與延伸

42 連接板與頂端加蓋

43 圓角熔珠與熔珠

92 常見的動作研究題型

93 eDrawings 電子視圖

課前說明

　　這是本班整套的訓練教材，將上課內容毫無保留完全收錄，依多年教學與輔導經驗知道學習者和業界要什麼，明白技術用在哪裡，如何創造指令價值。

　　學習過程會用另一角度協助思考，協助各位擁有自主學習的能力，讓學習可以是隨時間有發展性，每天都在進步。

　　本書經多年 SOP 系統化驗證，隨時改進與修正，以觀念拆解題型，保證迫不及待想繼續翻閱下去，因為這是有靈魂的書籍。

0-1 本書使用

　　專門介紹零件基礎：草圖、伸長、旋轉、薄殼、肋、複製排列...等，從來未有的體驗，除了原理+操作魂，靈魂之說是顯學，再配合邏輯更是無法想像的體驗。

0-1-1 訓練檔案

　　將下載流程簡化：1. 論壇左上角點選下載➜2. SolidWorks 書籍範例下載，進入雲端硬碟➜3. 點選 SolidWorks 專業工程師訓練手冊 [10] 集錦大全➜4. 下載。

0-1-2 訓練檔案=模組

訓練檔案=指令模組，檔案名稱=指令，學習過程遇到忘記或不會用，只要開啟對應的指令模型即可。

第21章 基材-凸緣	第22章 邊線凸緣	第23章 摺邊	第24章 斜接凸緣	第25章 草圖繪製彎折	第26章 凸折	第27章 展開-摺疊

第30章 封閉角落	第31章 角落離隙	第32章 角落修剪與斷開角落	第33章 熔接角落	第34章 鈑金連接板	第35章 插入彎折	第36章 轉換為鈑金

0-2 閱讀階段性

本書以模組分階段閱讀，依號碼順序為學習步驟，章節安排有階段性、順序性、口訣性以及專業課題，透過範例加深觀念和印象。

0-2-1 第一階段 零件（Part）

萬物之始在零件，會零件就掌握天下。零件也就是常聽到的 3D，坊間教育強調零件建模是對的，因為有很多指令要認識。

A 零件價值

零件屬於看得懂的專業，不須識圖能力、驗證可製造性、量測重量、即時修改、多本體建模技術、由下而上設計...等，任何人看到模型都會豎起大拇指。

零件應用產業非常廣，由工具列可看出：特徵（實體）、鈑金、熔接、曲面、模具、影像擬真、分析...等。

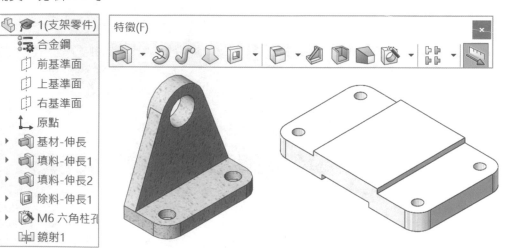

0-2-2 第二階段 組合件（Assembly）

由 2 個以上零件構成並具備關聯（固鎖方式），由特徵管理員看出這些層次。拖曳螺旋槳旋轉帶動其他零件，特徵管理員下方可見到結合條件：同軸心、重合。

A 組合件價值

組合件是產品，價值比零件高，學習也比零件簡單。組合件可進行機構驗證，例如：動態模擬、干涉檢查、鑽孔對正、物質特性...等。

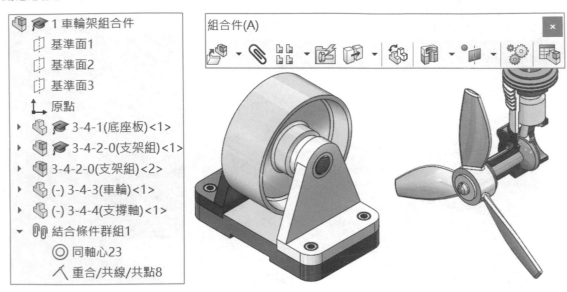

0-2-3 第三階段 工程圖（Drawing）

工程圖由 1. 視圖與 2. 註記構成，由模型投影視圖資訊，更不需轉 DWG 潤稿，破除坊間說工程圖最難學。工程圖不僅呈現零件 3 視圖，還可表示組合圖、爆炸圖、BOM 資訊。

A 工程圖價值

模型長怎樣工程圖就會怎樣，由 SW 製作工程圖是業界急需的同步技術。

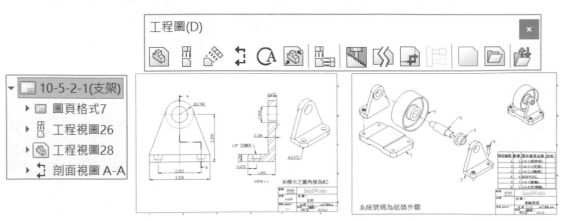

0-2-4 第四階段 熔接 Weldment 與管路

熔接（俗稱鋼構），常用在骨架。在零件可以完成不需到組合件組裝，更達到零件修改便利，只要更改**結構成員**即可。

A 管路使用程度

1. 掃出 → 2. 熔接（結構成員）→Routing 管路，是解決方案，很多公司就因為這句話立即提升建模技術，管路屬於 Premium 產品線的高階課程。

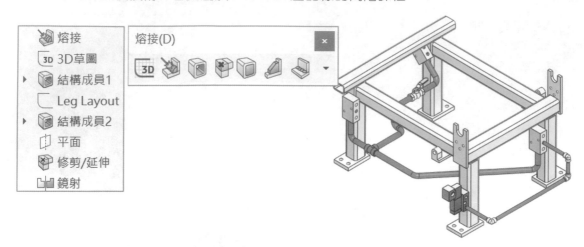

0-2-5 第五階段 鈑金（Sheetmetal）

鈑金工具列完成鈑金專門的特徵，而非傳統特徵建構。由特徵管理員見到鈑金環境、鈑金展開/摺疊。鈑金由專門指令完成**凸緣**，自動成為鈑金環境。

A 自動展開的技術

鈑金最大特性可展開（展開圖），驗證可製造性，避免加工錯誤或無法加工。可以直接導入轉型並成為智慧加工。

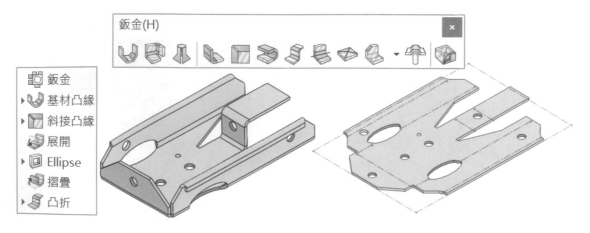

0-2-6 第六階段 模具（Mold）

模具工具列進行模穴製作，驗證模型可製造性。由繪製好的成品藉由模具工具組將模穴產生（拓印），模具和熔接一樣是由下而上多本體設計。

A 驗證模具可製造性

工程師只要用最短時間完成公母模，就能知道設計的產品能不能開模。模具不需要建模，屬於後處理階段，是最容易導入的技術且為進階課程。

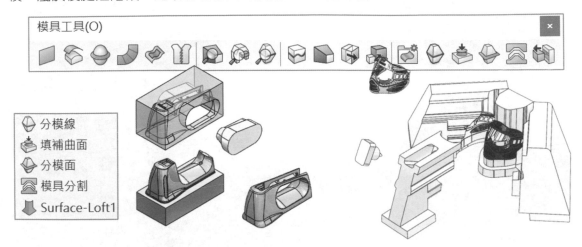

模具工具(O)

- 分模線
- 填補曲面
- 分模面
- 模具分割
- Surface-Loft1

0-2-7 第七階段 曲面（Surface）

曲面工具列完成曲面建模，曲面最大特性建構複雜圖形比實體具備靈活性，建構方式顛覆想像，可說是魔術。

A 曲面建模與傳統特徵相同

曲面建模是傳統特徵的延伸，曲面有獨立特徵，例如：也有旋轉曲面、也有疊層拉伸曲面，屬於進階課程。

曲面(E)

- ▶ 曲面疊層拉伸
- ▶ 曲面疊層拉伸1
- ▶ 曲面疊層拉伸2
-   (-) Sketch12
-   Plane1
- ▶ Surface-Plane1

0-2-8 第八階段 動作研究（Motion Study）

就是動畫或機構模擬運動，為內建動畫系統。將模型動態表達溝通與行銷，提升產品價值，任何人都無法抗拒動畫帶來的效果。

A 動畫製作 3 步曲

曲面和動畫是顯學，動畫相當簡單，只要 3 步驟就能完成：1. 模型到起始位置、2. 放置時間列、3. 模型到結束位置。

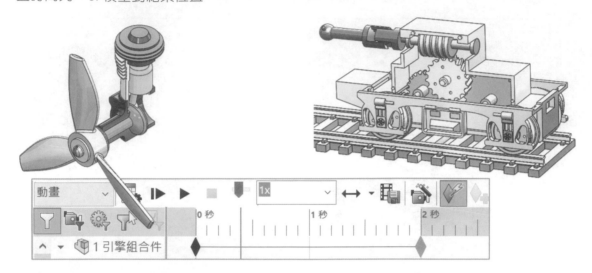

0-2-9 第 9 階段 模型轉檔與溝通

由**開啟舊檔**和**另存新檔**右下方清單內容，看出支援的轉檔格式，不必學習就能看出常見的 STEP 或 DWG 就是靠這種方式輸入或輸出，找出你要的格式就能開啟或轉檔。

例如：零件**另存新檔** STEP，工程圖**另存新檔** DWG。**開啟舊檔** STEP，不需學習對吧。

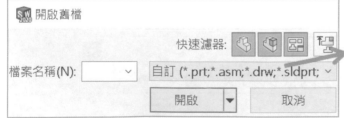

SOLIDWORKS SLDXML (*.sldxml)
SOLIDWORKS 工程圖 (*.drw;*.slddrw)
SOLIDWORKS 組合件 (*.asm;*.sldasm)
SOLIDWORKS 零件 (*.prt;*.sldprt)
3D Manufacturing Format (*.3mf)
ACIS (*.sat)
Add-Ins (*.dll)
Adobe Illustrator Files (*.ai)

A eDrawings 電子視圖

SolidWorks Viewer 檢視器，它是免費的軟體，可以直接開啟 SW 檔案，更可以開啟常見的格式，例如：DWG、STEP。業界經常把它放在現場由組裝人員自行開啟模型或工程圖直接查閱要的尺寸。

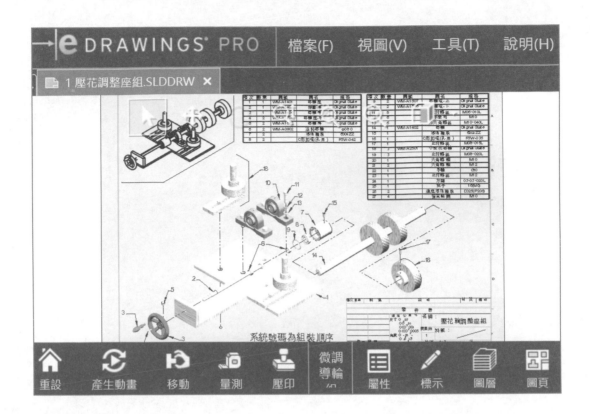

0-3 系列叢書

連貫出版保證對 SolidWorks 出神入化、功力大增、天下無敵值得收藏。

■ SolidWorks 專業工程師訓練手冊[1]-第 4 版 基礎零件

■ SolidWorks 專業工程師訓練手冊[2]-進階零件進階零件與模組設計

■ SolidWorks 專業工程師訓練手冊[3]-組合件

■ SolidWorks 專業工程師訓練手冊[4]-工程圖

■ SolidWorks 專業工程師訓練手冊[5]-第 2 版-集錦 1：組合件、工程圖

■ SolidWorks 專業工程師訓練手冊[6] 第 2 版-集錦 2：熔接、鈑金、曲面、模具

■ SolidWorks 專業工程師訓練手冊[7]-Motion 機構模擬運動

■ SolidWorks 專業工程師訓練手冊[8]-系統選項與文件屬性

■ SolidWorks 專業工程師訓練手冊[9]-模型轉檔溝通與逆向工程修復策略

■ SolidWorks 專業工程師訓練手冊[10]-集錦大全:零件、組合件、工程圖、熔接、鈑金、模具、曲面、機構模擬運動

■ 輕鬆學習 DraftSight 2D CAD 工業製圖（第 2 版）

筆記頁

Solidworks 精采體驗

　　本章 2 大主題：1. **常用模組體驗**、2. **介面認知與全面操作**。學軟體必先認識環境，介面勝於指令認識，介面用看就會甚至為解決方案，例如：增加鈑金、模具工具列就不必額外添購鈑金、模具模組。

1-1 啟動 SW

1. 桌面快點 2 下 SW 啟動圖示 📷 → 2. 觀察載入附加程式（方框所示）→ 3. 進入 SW。

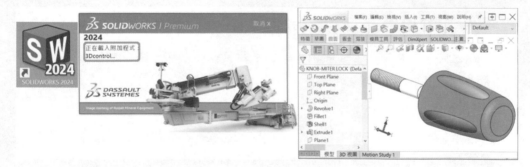

1-1-1 進入 SW 畫面

　　開啟 SW 先見到灰色背景，於左上方點選**開啟新檔**📄，決定要從哪開始，例如：零件、組合件或工程圖。

1-1-2 單位及尺寸標準視窗

　　第一次📄會出現**單位及尺寸標準**視窗，將單位與尺寸標準套用到範本。選擇單位=MMGS（mm、公克、秒）、尺寸標準=ISO→↵。單位 MMGS=mmmm，營造業 CGS 就是 cm 公分。

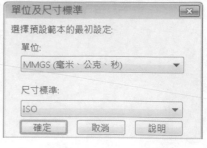

1-1-3 歡迎使用 SolidWorks 視窗

只要進入 SW 就會自動開啟**歡迎使用 SolidWorks 視窗**，算資源整合器。功能太多，不適合入門教學，同學當下只想學畫圖，視窗左下角☑**不要在啟動時顯示**。

1-1-4 零件使用率最高

零件、組合件、工程圖，零件使用率最高。新文件視窗中，零件預設啟用，推薦 Ctrl ＋N（N=New）➜↵，俐落進入 SW。

A 什麼叫做會 SolidWorks

課堂會在這畫面停留和同學取得共識，什麼叫做會 SolidWorks：要會 1. 零件、2. 組合件、3. 工程圖，說到這裡同學開始能感受到這 3 項是必學的。

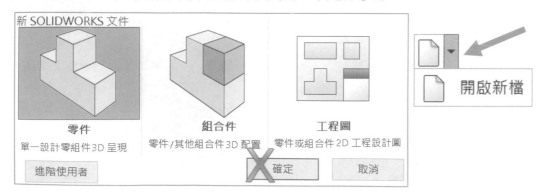

1-2 SolidWorks 介面

由介面進一步認知 SW 與 Windows 通則，依常用順序分 4 大區：1. 中間繪圖區域、2. 左邊特徵管理員、3. 上方指令、4. 右邊工作窗格。

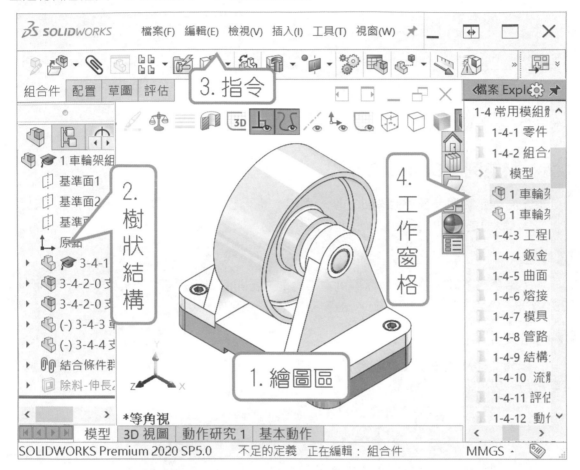

1-2-1 SW 介面-繪圖區域

繪圖區呈現模型或工程圖的地方，最大也最常用就是這區域也是繪圖範圍。

1-2-2 SW 介面-特徵管理員（FeatureManager）

俗稱樹狀結構，於視窗左側記錄零件特徵、組合件結構或工程視圖，目視看模型所有內容，本節教你看就會了。在零件中於特徵管理員可見特徵記錄，3D 軟體重點在建模記錄。

1-2-3 SW 介面-指令

指令位置在繪圖區域上方，仔細面對就不會迷惘，由上到下分 3 層：1. 功能表、2. 工具列、3. 工具列標籤，其實這是 Windows 術語，下圖左。

A 下拉式功能表（Menu）

大郎要求同學知道我們在講哪裡，例如：點選 1. 工具功能表→2. 評估→3. 量測✐，點選會很明確在上方，不見得要熟悉第幾個位置，下圖右。

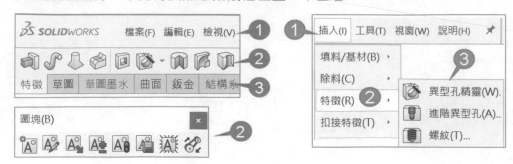

1-2-4 狀態列（Status Bar）

於下方顯示資訊，算繪圖輔助功能，例如：圖元座標、圖元長度、草圖狀態或更改單位...等，以前是雞肋或沒在看，反而它幫你最多。

A 單位

可隨時更改不同單位，點選狀態列右下角單位展開清單設定單位：MKS（米、公斤、秒）、CGS（釐米、公克、秒）、MMGS（mm、公克、秒）、IPS（英吋、英鎊、秒），下圖左。

B 編輯文件單位

1. 編輯文件單位→2. 文件屬性-單位視窗，由單位系統設定更多單位、小數點位數、長度單位…等。

1-3 草圖環境

環境設定後一定迫不及待畫圖，本章先睹為快零件環境與作圖方式，學到：1. 草圖圖元、2. 草圖環境、3. 草圖限制條件、4. 草圖完全定義、5. 3D 模型特徵。

萬物之始在草圖，第 1 特徵一定由草圖構成。用看的判斷是否在草圖環境，大郎常說，**草圖會保證 SW 一定會**，就知道草圖多麼重要了。

1-3-1 進入草圖

文意感應進入草圖，面是基準（又稱作圖平面），先知道在哪面作圖才選指令。於特徵管理員 1. 點前基準面→2. ，進入草圖環境，前基準面是最常選的面，因為好點選。

A 進入草圖最快的方式

1. 點選面→草圖工具列點選圖元： ，因為點選圖元，系統知道你要畫圖，會自動進入草圖。

1-3-2 結束草圖（Exit）

結束草圖又稱套用，在視窗右上角。其實還有更快的方式退出草圖，繪圖區域空白處快點 2 下，初學者的最愛，不用學習馬上就會，不過 Instant3D 要為啟用狀態。

1-4 塗鴉練習

體驗手感並學會圖元選擇。點選：**直線** 、**矩形**□、**圓**⊙、**尺寸標註** ，進行開放與封閉圖形繪製。體會**點選指令、點選圖元、拖曳控制、點放**與**壓放**手感，手感像寫書法，有一種流暢韻律。

1-4-1 點放

點選 ，左鍵點 1 下→點 1 下=連續圖形，無法畫 X 或井，除非分別 2 次 ，下圖左。

1-4-2 壓放

拖曳左鍵壓著不放像寫毛筆，可同時繪製**連續**或**非連續**圖形。建議拖曳為主，最大好處圖形準確，例如：畫 X 或井相當容易對吧，下圖中。

A 連續圖形

壓放也可以畫連續圖形，只要接著上一條終點繪製，例如：打勾或多邊形，下圖右。

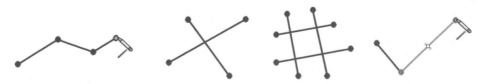

1-5 修剪與尺寸標註

　　說明**修剪**和尺寸**標註**用法，用改的比較快，絕非一條條線畫出來。學到草圖=大概圖形→**強力修剪**把多餘毛邊去除，這作業會顛覆同學對修剪想像，算神來一筆。

Ａ 自動判斷圖元類別

　　標註過程系統會判別圖元型態，例如：1. 點選圓標示 Ø、2. 點選弧標示 R、3. 點選平行線=距離、4. 非平行線=角度。

1-5-1 智慧型尺寸位置

　　草圖工具列左邊第 2 個，全名**智慧型尺寸**，俗稱尺寸標註。

Ａ 標註 3 大原則（圖學）

　　1. 尺寸放置圖形外、2. 向下和向右擺放、3. 保持圖內淨空。

1-5-2 尺寸標註 5 個流程

　　以矩形口為例：1. 點選線段→2. 放置尺寸→3. 修改視窗，輸入尺寸→4. ↵。尺寸放在圖外，放置過程要大方，尺寸不要離圖元太近。

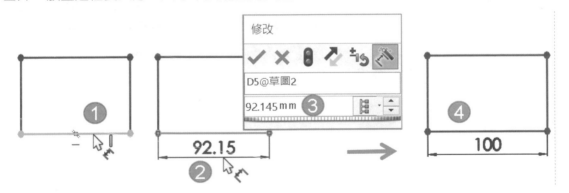

1-5-3 2 條線以上用矩形改

　　矩形口是常見改法輕鬆又有效率，並說明**強力修剪**。

步驟 1 第 1、2 個矩形，口

　　以原點為基準，左下開始繪第 1 個角落矩形，以右下角為基準，繪第 2 個口。

步驟 2 強力修剪

　　由右到左避開圖元拖曳，修剪多餘線段，很能感受修剪愜意感覺，形成單一封閉輪廓。

步驟 3 尺寸標註→伸長填料

　　點選線段向外平行放置，分別標註 40→45→59→75。

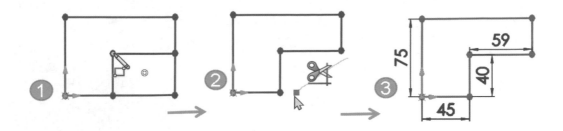

1-5-4 基礎繪圖：矩形+斜線改

本節 2 重點：1. 基準、2. 破壞性畫法，矩形＋2 條線修剪。本節斜線故意比較斜，常遇到沒將角度比較小的斜線尺寸放好，導致加工錯誤或組裝不起來。

步驟 1 畫圓與矩形

在前基準面的原點上畫圓⊙→畫口。

步驟 2 畫 2 條直線，╱

避開矩形，由左到右大方畫 A 型 2 條線=破壞畫法。

步驟 3 強力修剪，✄

由右到左將多餘線段剪除，體會圖元修剪變化。

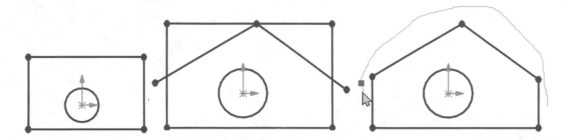

步驟 4 圓形狀 Ø35，⟨

點選圓將尺寸放在圓外斜放，形成直徑標註。

步驟 5 圓的水平和垂直位置尺寸，⟨

小先標再標大，1. 點圓＋2. 水平線→55、1. 點圓＋2. 垂直線→25。

步驟 6 斜線投影垂直尺寸 38 和水平尺寸 65，⟨

點選斜線投影至垂直標註 38。放置尺寸過程，游標往左邊垂直線段左邊一點，就能體會垂直尺寸放置的感受。標註斜線過程會產生 3 種尺寸：1. 水平、2. 垂直或 3. 真實線段。

步驟 7 角度和長度 120

點選 2 條線角度標註。

步驟 8 先睹為快，📖

除了成就感以外並驗證草圖正確性，草圖不正確特徵做不出來。

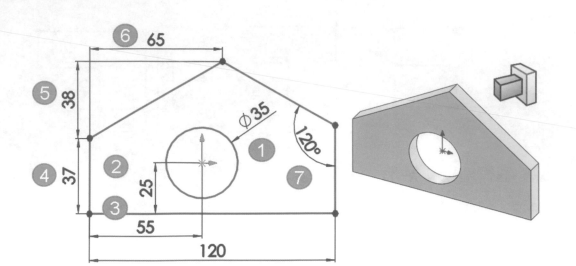

1-5-5 先睹為快，設定常用快速鍵

現在同學學習相當快，會希望畫快一點，將常用指令建立快速鍵，同學反應相當好。

步驟 1 工具→自訂，進入自訂視窗

步驟 2 點選鍵盤標籤

步驟 3 搜尋欄位，輸入尺寸

步驟 4 智慧型，輸入：D

步驟 5 自行設定其他快速鍵

直線／=L、矩形□=R、圓⊙=C、三點定弧◠=A、修剪圖元✄=T。

步驟 6 進階設定

插入草圖⊵=S、伸長填料◔=E、◖=W。

1-6 修改視窗（Modify）

常用在標註過程修改尺寸或進行計算。本節最讓同學驚豔就是四則運算：只要尺寸輸入的地方都支援四則運算、三角函數、單位切換...等功能。

混合運算只要外面加括號即可（），就不必考慮**先乘除→後加減**的運算邏輯，例如：（(10*8)＋(50*2)) /2=90

1-6-1 快速修改尺寸：不用修改視窗

快點 2 下尺寸，由修改視窗改尺寸，圖形隨尺寸變更。常用 Instant 2D ⊡快速修改尺寸：1.點尺寸→2.改尺寸→3.↵（或點一下），尺寸更新，下圖右。

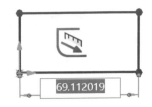

1-7 選擇（Select）

選擇就是**點選**，點到會亮顯方便識別。選擇分：1. 框選和 2. 壓選，屬於 Windows 操作，點選不必學本來就會，你要學壓選，口訣：用抹的比點選快。

1-7-1 所選項次 1（預設淡藍色）

點選的圖元預設呈現**淡藍色**與草圖藍色太相近，常遇到同學看不清楚老師點選那些圖元標尺寸或那些圖元給限制條件。

A 所選項次 1=紅色

將點選的色彩改為紅色。1. 選項→2. 色彩→3. 快點兩下**所選項次 1**→4. 紅色→5. ↵。完成後任意點選圖元，有選和沒選到的圖元視覺差異相當大，這就是對比。

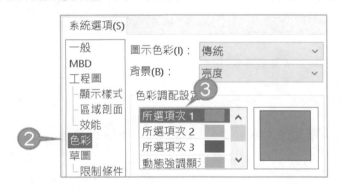
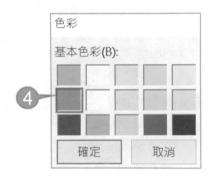

1-7-2 單選/複選

原則一次只能點選 1 個圖元，下圖左。按 Ctrl 或 Shift 皆可複選，按 Ctrl 選左邊線→再選右邊線，2 條線被選擇，下圖中。

1-7-3 全選（Ctrl＋A）

全選把繪圖區域的圖元全部選起來。全選可發揮很多價值，例如：全選查看草圖是否完整，或有多餘圖元在其他地方。

指令過程的選擇，例如：矩形導圓角的過程可以全選，就不必分開選，下圖右。

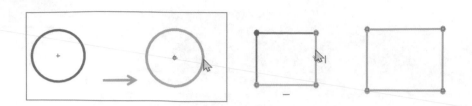

1-7-4 框選（Window）

由左到右拖曳出現實線矩形，只有框框內才算選到像捕魚，例如：只能選到直線。拖曳沒分左上或左下，凡左邊拖曳都算，下圖左。

1-7-5 壓選（Cross）

由右到左拖曳出現虛線矩形，壓到算選到，常用在加入限制條件，下圖右。

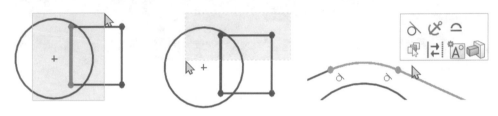

1-8 圓柱模型與編輯

以同心圓初步認識特徵成形，讓同學由草圖就能想像同心圓未來 3D 樣子，本節說明編輯草圖的方式。

步驟 1 畫同心圓，尺寸標註

分別繪製 2 個圓。過程中體驗向下還是向上畫同心圓感覺，向下比較快對吧，這就是手感，分別標註 2 圓 30、50。

步驟 2 伸長填料

1. 點選看見黃色預覽→2. 輸入深度 20→3. ↵ 預覽→4. ↵ 結束指令（完成指令）。

步驟 3 特徵結構

由特徵管理員查看模型結構，展開可見特徵由草圖 1 構成（箭頭所示）。

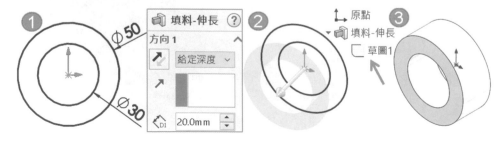

1-8-1 編輯草圖與特徵，口訣：選什麼編輯什麼📝

選草圖，編輯草圖📝；選特徵，編輯特徵🐝，下圖左。

A 編輯草圖

不必展開特徵就可以點選📝。在特徵管理員點選特徵圖示，由文意感應可同時見到：**編輯特徵🐝**和**編輯草圖📝**，下圖中。

B 快點 2 下草圖，Instant 3D

於特徵管理員或繪圖區域快點 2 下草圖，自動到編輯草圖環境。本項要自行顯示草圖以及靈活性高並且要在🖱中，適合進階者，下圖右。

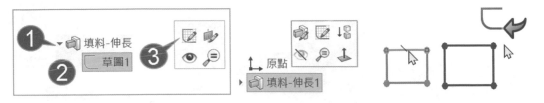

1-9 長方形模型

本題重點：讓同學體會草圖與特徵的密切關係。1. 加強認識草圖繪製環境、2. 不用畫的圖元（**圓角**⌐）、3. 🐝的內容（拔模角）、4. 繪圖環境的**正視於**⟲。

1-9-1 角落矩形▭，尺寸標註↙

1. 點選**前基準面**→2. 以原點為基準畫▭。分別點選線段標註 50→100。

1-9-2 草圖圓角⌐

將矩形角落圓角處理。游標在草圖工具列的⌐指令上方由訊息得知：圓化 2 圖元相交角落，產生切線弧。例如：壓選角落 2 條邊線，預覽看到圓角被產生，分別做 4 次。

A Ctrl＋A 全選、口訣：↵1 次預覽，↵第 2 次確定

所有圖形一起導也可以對吧，這是技巧。↵1 次預覽，↵第 2 次完成指令，可以見到圓角+限制條件+尺寸。

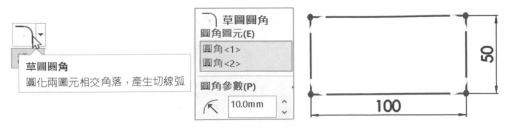

1-9-3 伸長填料

伸長過程控制草圖深度，拖曳箭頭進行深度控制並見到 3D 尺規並反應在特徵管理員。成形過程用滑鼠中鍵旋轉模型，可看到立體效果與成就感。

1-9-4 方向 1、方向 2：給定深度

必須☑方向 2 欄位（箭頭所示），才可輸入方向 2 深度。於特徵管理員輸入方向 1=80 與方向 2=60，同時可見黑色草圖位置=基準=深度靈魂，相對看出深度。

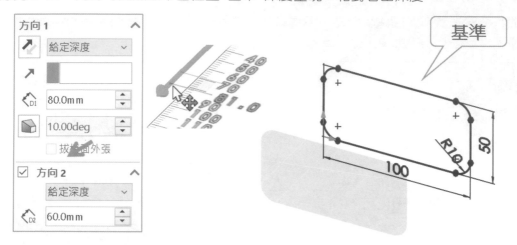

1-9-5 拔模角

伸長過程加入拔模角讓模型產生斜度，斜度 4 面相等。

在方向 1 按下輸入 10，模型看起來像一字螺絲起子。

這是指令整合就當送你的指令，早期要用第 2 個特徵完成造型。

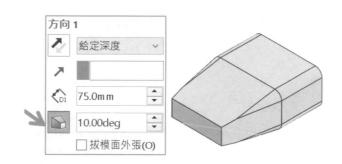

1-10 球（Sphere）

SW 沒畫球的特徵要用修改的方式完成，本節先睹為快抓取功能，協助圖元定位。

1-10-1 半圓繪製

SW 也沒有半圓指令必須用圓去改，並理解抓取功能。畫直線過程，游標在圓上方出現黃色 4 分點，將直線畫下完成半圓。4 分點=四分之一抓取。

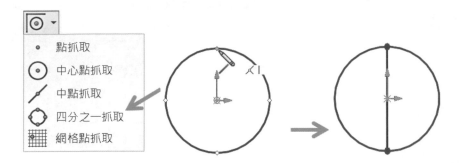

1-10-2 修剪圖元 ✂

進入指定會見到多項修剪方式，只要認識常見的：1. 強力修剪 ⊦、2. 修剪至最近端 ⊦ 就可以了。⊦左邊線段，習慣留下右邊得到半圓圖形，自行標註 R25。

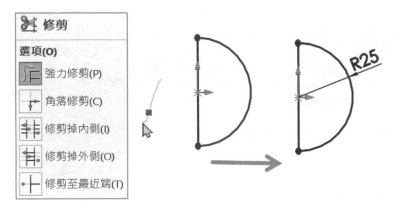

1-10-3 旋轉填料 🍥

在特徵工具列點選 🍥，將半圓透過旋轉軸，轉出球體模型。

步驟 1 360 度球

於旋轉軸欄位，點選直線（箭頭所示），預設 360 度，預覽模型長相，也可再改成 90 度、60 度。

步驟 2 反轉方向 ↻

通常平面或缺口朝自己比較看得到，按 ↻ 得到結果。

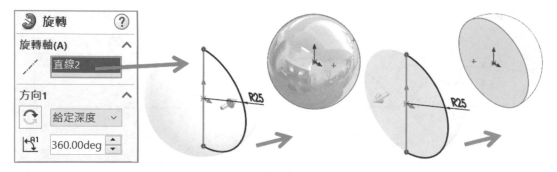

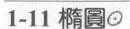

1-11 橢圓 ◎

橢圓→◎，完成蛋，體會少數圖元需要 3 個步驟，不像直線、矩形、圓，2 步驟完成。

1-11-1 橢圓指令位置

除了草圖工具列，還可以 1. 工具→2. 草圖圖元→3. 橢圓（長短軸之半）◎。

A 標準橢圓

長短軸之半=短軸是長軸的一半=標準橢圓，例如：長軸 100、短軸 50。

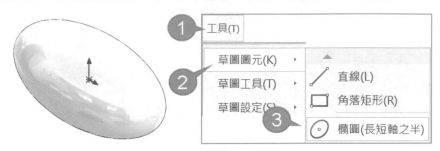

1-11-2 橢圓口訣：往外拉→向內壓

橢圓畫法和圓類似，會多 1 個步驟，1. 圓心往外拉→2. 向內壓。橢圓上方會 4 等分點
=草圖點，這是真實圖元點不是抓取呦，下圖右（箭頭所示）。

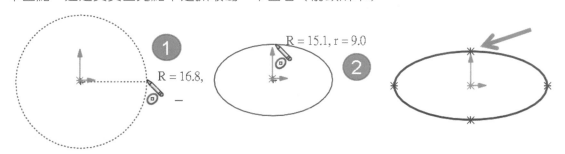

1-11-3 橢圓

一半橢圓畫法和半圓一樣，交給你完成。

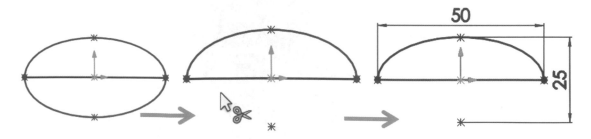

1-11-4 旋轉特徵與蛋殼

利用薄殼特徵⬙完成蛋殼。1. 薄殼⬙，厚度 3→2. ↵→3. 剖面視角⬛，看到殼是空的。

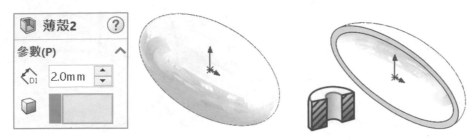

1-12 修剪基礎

以交錯圖元→修剪✂為單一封閉輪廓。有 2D CAD 底子會知道這手法，將先前觀念延續到 SW。第一次接觸 SW 感觸很深，畫圖沒這麼難理解，反而很多變化，絕非一條線畫到底。

1-12-1 月亮

2 個圓→✂，驗證**沒事不畫弧**的手法並活用**抓取與來回法**。

步驟 1 圓心往右畫第 1 個圓

步驟 2 由右到左畫第 2 個圓（來回法）

第 2 個圓心抓取右邊 4 分點→往左畫，超過第 1 圓的圓心。

步驟 3 ✂+

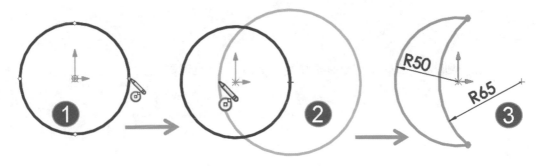

1-12-2 扇形

常問同學圓和矩形誰先畫？

步驟 1. 畫圓

步驟 2 圓心為基準繪製矩形

步驟 3 ✂

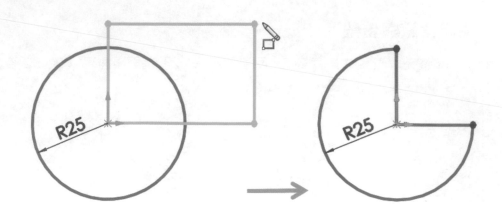

1-12-3 缺角

只要在矩形上畫圓➜✂，圓心不在矩形角落上。

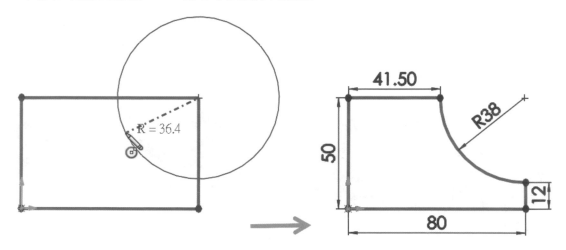

1-12-4 鞋

在矩形上以破壞畫法繪直線➜修剪即可，經常見到直線畫到底。

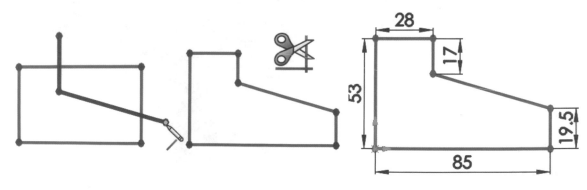

02

草圖繪製 SOP

草圖繪製 SOP＝製圖標準，由 4 大循環定義從哪開始畫尺寸怎麼標，讓製圖有節奏，有辦法解釋畫圖過程，量化製圖時間，讓草圖完全定義，讓製圖擁有靈魂。

A 草圖最終目的

草圖最終目的要完全定義（Full Defined），完全定義要滿足 2 條件：1. 草圖圖元、2. 限制條件。畫圖都沒問題，絕大部分卡在限制條件。

B 4 大循環＋1 檢查

掌握 4 大循環：1. 原點延伸→2. 限制條件→3. 先修再導→4. 尺寸標註，1. 檢查圖形，無論到哪個階段，只要沒完成前階段，都要回到前階段補足才可繼續。

例如：尺寸標註發現圓沒畫到，回到原點延伸法補畫圓，再尺寸標註。如同機器卡紙，就將列印工作暫停，排除紙張繼續列印。

畫圖就是循環不斷地檢查，例如：1. 原點延伸就是定基準與連連看，尺寸標註過程若發現限制條件沒給到，這就是邊畫邊檢查，順勢而為的精神。

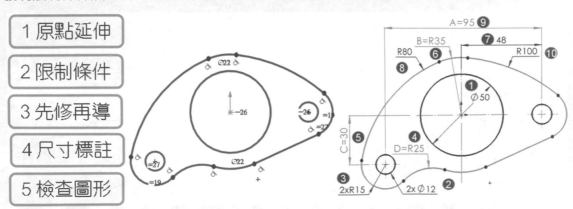

1 原點延伸
2 限制條件
3 先修再導
4 尺寸標註
5 檢查圖形

2-1 規則1 原點延伸

以原點往外延伸畫大概圖形，利用以下機制讓圖形滿足草圖比例。

2-1-1 大概圖形訣竅（圖形至比例）

草圖就是大概圖形，定基準與連連看。畫出封閉輪廓和比例正確就好，只要圖形比例對，就像先把圖面上的線條描到螢幕上，剩下靠限制條件和尺寸定義。

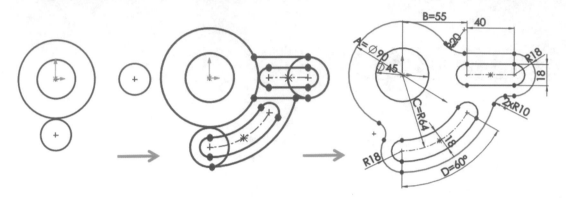

2-1-2 找原點

看到圖先找下筆位置=基準=設計重點，又稱定位法。草圖基準依序來自：1.圓、2.左下角、3.左邊。

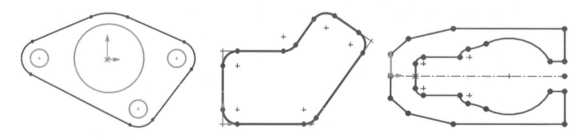

2-1-3 草圖基準：圓

圓通常是設計基準所以先由圓開始畫，會發現基準畫完，剩下就是連連看。換句話說，直線和圓一定是圓先畫。

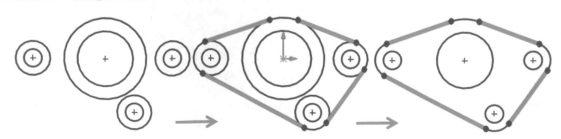

Ａ 判斷練習

　　利用大量圖形判斷畫圖起始點，這項專業 30 秒可學會。課堂要求每張圖 5 秒內判斷，同學都有辦法 2 秒判斷出來。

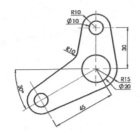 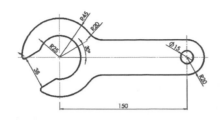 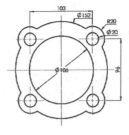

2-1-4 草圖基準：左下角

　　沒有圓心的圖形就由左下角開始，因為右手操作滑鼠。設計基準也會習慣左下角，因為座標原點、機台加工、習慣...等，就是不要左右開弓。

Ａ 判斷練習

　　利用大量圖形判斷畫圖起始點。

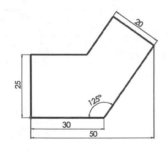 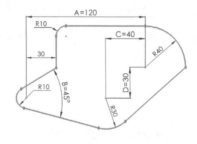 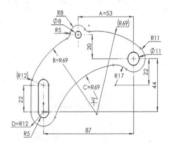

2-1-5 草圖基準：底部

　　底部開始的設計重點中，由上到下→由左往右，是日常口頭禪，把它應用到草圖繪製。畫一條線或同心圓，往上還是往下畫就能感受到往下比較好畫對吧。

Ａ 判斷練習

　　利用大量圖形判斷畫圖起始點。

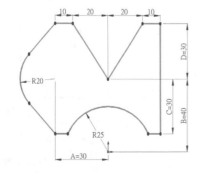 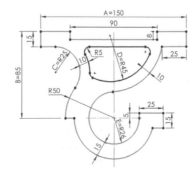 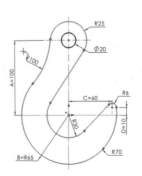

2-1-6 草圖基準：複製排列

由標註位置判斷基準，例如：尺寸集中在右邊，很明顯右邊是重點。

A 複製排列基準

直線複製基準通常會在角落。環狀複製基準通常會在 4 分點。鏡射排列基準通常會在右邊，因為右手，或是在中間，下圖右。

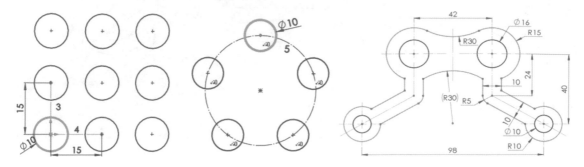

2-2 規則 2 限制條件

說明加入限制條件 3 大順序（口訣）和草圖穩定度有關，長期畫下來會發現都是這些循環：1. 相切ↄ→2. 等長等徑☰→3. 水平一或垂直放置。

2-2-1 相切先做ↄ

很多人問哪個先給最好，就是相切ↄ，有弧一定會有相切。弧穩定度最難控制，完成相切ↄ問題少很多，可以快速讓圖元定位，下圖左。

2-2-2 等長/等徑 =

這比較好理解，等徑=直徑或半徑相等。相同圖元不用每個尺寸都標，這樣浪費時間，例如：4 個一樣的圓定義等長等徑，下圖右。

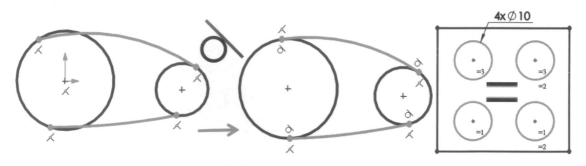

2-2-3 水平或垂直放置（魔術）

圖元之間定義垂直或水平放置就完全定義，我們將他定為魔術，很多情況下就差那臨門一腳就完全定義，同學都感覺到很神奇，下圖左。

2-2-4 互為對稱

對稱限制條件有 2：1. 中心線（幾何建構線）、2. 至少 3 個圖元（包含中心線）。例如：將開口加入**互為對稱☑**，**置於線段中點**也是對稱條件，下圖右。

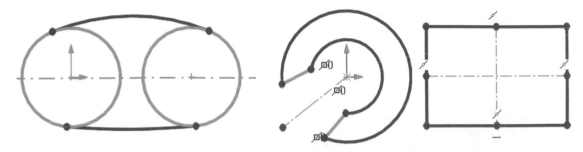

2-2-5 經驗推論

複製排列的圖型比較好推論，有些圖形不照製圖標準，就要憑經驗判斷。再靠其他方式驗證圖形正確性，例如：自己量、用問的。

A 尺寸標註

3XØ10，僅標 Ø10，實務推論 3 個都是 Ø10，加上**等長等徑＝**限制條件，下圖左。

B 共線

圖面上 2 條水平線看不出共線關係，推論這 2 條線加上**共線**限制條件，下圖中。

C 垂直｜與水平一

圖面上看不出 2 點水平或垂直關係，推論分別加上**水平一**或**垂直｜**放置，下圖右。

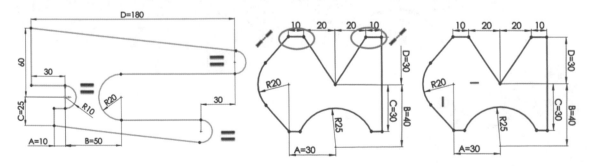

D 工程圖沒標限制條件

由於工程圖只有圖形與尺寸，不會標限制條件，所以限制條件屬於推論，草圖畫不好並非不會**畫圖元**和標尺寸，而是被**限制條件**困擾。有鑑於此，說明**限制條件**原理和應用，如何加入限制條件、怎麼看圖示、怎麼刪除，甚至用快速鍵。

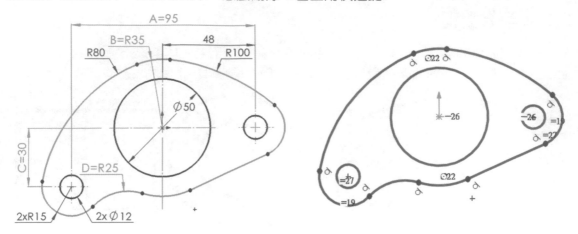

2-2-6 顯示/隱藏/刪除限制條件

預設顯示限制條件圖示，不需要看它讓圖面整潔，用最快的方式顯示/隱藏 👁 。

A 顯示/隱藏限制條件

展開快顯工具列的檢視 👁 ，點選限制條件 ⊥ 把不要的限制條件關閉，看起來比較清爽。實務會將該指令移到快速檢視工具列中，也可以設定快速鍵，下圖右。

B 刪除限制條件

點選限制條件圖示→Delete 即可，所謂選什麼刪什麼。一開始不習慣這類刪法，因為不是實際圖元，也第一次面對可以刪除圖示。

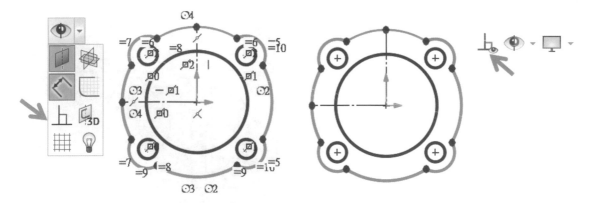

2-2-7 加入限制條件方式

加入限制條件是習慣分為自動和手動，我想大家很好奇如何自動，這是 AI 助攻這部分會越來越強，更減少製圖作業。

A 推斷提示：自動給限制條件

繪製過程出現藍色或黃色推斷提示線，由提示線引導水平、垂直放置，將完成線段加上水平或垂直限制條件，只要知道這是提示線即可，不必理會藍色或黃色。

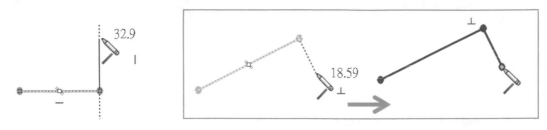

B 文意感應

文意感應加入限制條件最直覺，使用率最高。選擇 2 圖元後，例如：1. 選 2 個圓→2. 等長等徑＝。

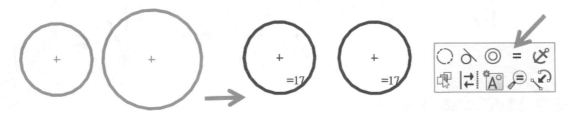

C 限制條件的快速鍵（適合進階者）

加入限制條件是常態作業，會利用預設的快速鍵執行，快速鍵位置在屬性管理員中可見，目視久了就會了。

D 常見的快速鍵：A、R、Q、N、D

看到英文單字就 ALT，例如：同心共徑（R）=ALT+R、相切（A）=ALT+A、同心圓弧（N）=ALT+N、重合（D）。

加入限制條件	
◯	同心共徑(R)
⅄	相切(A)
◎	同心圓/弧(N)
＝	等長/等徑(Q)

2-2-8 最佳限制條件

本節說明限制條件的穩定度，限制條件分：1. 接觸式、2. 投影式。

A 接觸式

接觸式比較好理解，穩定度也高，例如：圖元之間相連接的相切，下圖左。

B 投影式

圖元之間非接觸的限制，初學者不容易理解，例如：2 圓心點→水平放置，下圖右。

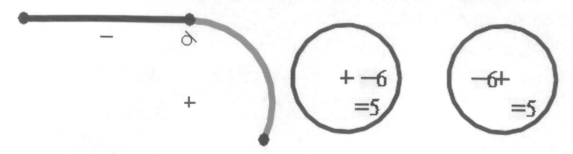

C 線好選穩定度高

最佳穩定度依序：面→線→點，2D 草圖就是線和點的選擇，線好選穩定度高，例如：
1. 線對線→共線（最好）、2. 線對點→重合（不好）、3. 點對點→水平放置（差）。

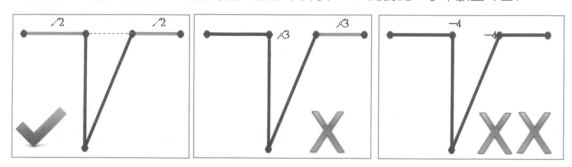

D 避免給多餘限制條件

多餘限制條件容易讓草圖衝突，或不容易設變，例如：直線和圓相切多了垂直放置，矩形 4 周多了互相垂直（X 所示），雖然不造成衝突，卻是多餘的，下圖左。

E 草圖衝突

垂直線不應加入水平放置（箭頭所示），否則草圖衝突出現錯誤不能繼續畫，只會錯越多。何時加上的條件不必感到挫折，只要把紅色刪掉就好，下圖右。

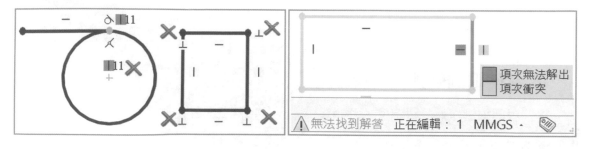

2-3 規則 3 草圖處理

修剪多餘線段，口訣：先修再導，凡透過草圖工具：修剪、延伸、導角…等都是處理。

2-3-1 修剪多餘圖元

利用✂將多餘線段剪掉，就像修毛邊，最常用**強力修剪**，效率比較高。

2-3-2 草圖導角

草圖導角分：導圓角或導角（斜角），導圓角是修飾屬於最後做。

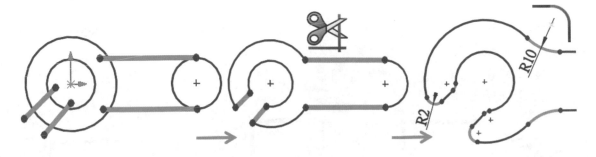

2-4 規則 4 尺寸標註

尺寸標註是最後階段，所謂**尺寸標完圖畫完**，標註過程讓圖形變化性越小越好。標註過程發現沒有完的階段，內心會慚愧，告訴自己下回會注意。

2-4-1 口訣：由小標到大

尺寸標註核心，小尺寸圖形影響性最小，一開始不要標大尺寸，否則圖形容易一下很大。讓標尺寸形成樂趣，下意識往上找尺寸，下圖左。

2-4-2 尺寸擺放：置中與圖形外

數字置於中央，放置圖形外，這和工程圖尺寸擺放原則相同，下圖右。

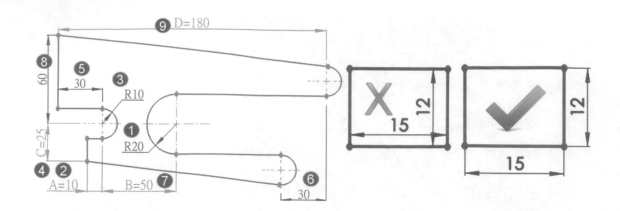

2-4-3 對稱標註

對稱標註比一般標註多點選中心線，須 3 步驟：1. 點選圖元➔2. 選中心線➔3. 過中心線擺放，同一方向標註，方便且專業，例如：60 標註。

要如何把 60 尺寸一模一樣標註在圖形上，千萬別心算將尺寸/2 標 15，雖然圖形有正確，設計意念卻不同。

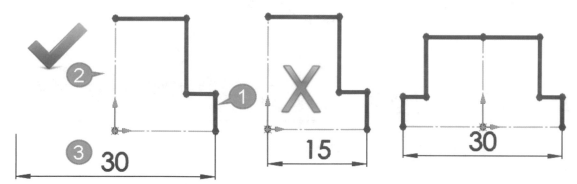

2-4-4 草圖和工程圖尺寸位置相同

未來工程圖呈現和草圖一樣的位置，反正遲早都要把尺寸放好，不如就在草圖放好。

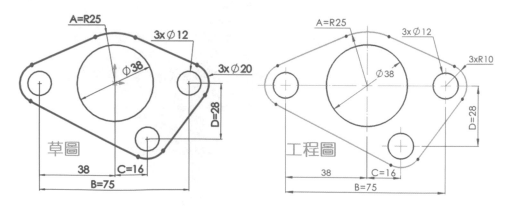

2-4-5 圓弧條件

點選 2 個圓弧後，由屬性管理員的導線標籤的最下方選擇圓弧條件。

A 口訣：最小=最近、最大=最遠尺寸

若沒有圓弧條件，就是當初尺寸標註點選圓心。

B 按 Shift 鍵標註

1. 標尺寸過程按 Shift→2. 點選 1 個弧→3. 游標在第 2 個弧上，系統以游標最接近圖元位置標尺寸，例如：游標接近圓邊線或圓心，尺寸標註會不同，下圖右。

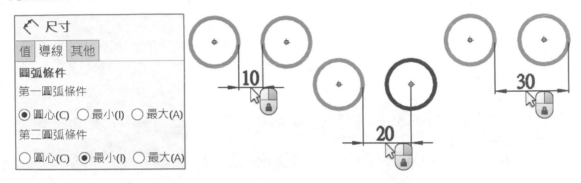

2-4-6 Ø、R 轉換

圖學對 ØR 定義和圓心角有關，Ø=直徑、R=半徑，SW 標註圓顯示 Ø，標註弧 R。利用導線設定轉換，將 R 改成 Ø 與數字轉換，轉換過程不會改變尺寸大小。

A 文意感應

自 2022 起，點選尺寸會出現文意感應，來快速切換**直徑**◔或**半徑**◔，下圖左。

B 尺寸屬性

1. 選尺寸→2. 點選導線標籤→3. 點選半徑或直徑，下圖右。

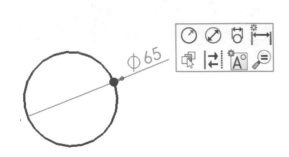

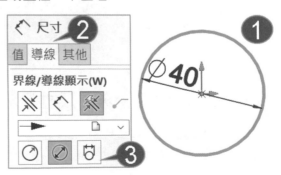

2-5 規則 5 檢查圖形法

草圖畫完以巡檢方式確認是否完全定義，甚至學到畫圖過程不知不覺檢查圖形。本節說明完全定義和不足定義檢查法，重點在 1. 拖曳藍色端點、2. 巡檢。

A 巡檢

要靠巡檢破除這盲點，順時針先檢查尺寸→再檢查限制條件，再配合◢查詢面積就是照妖鏡了。不過實務沒有答案，只能靠推論判斷，經驗就是業界要的。

2-5-1 顏色法

顏色判斷草圖狀態最直覺，黑色=完全定義，藍色=不足定義，同時也可知道藍色位置。

2-5-2 前置符號

於樹狀結構由草圖前置符號看出是否完全定義。完全定義沒有任何符號。

⌐ 完全定義	正在編輯：不足定義
⌐ (-) 不足定義	正在編輯：完全定義

2-5-3 不足定義檢查法：托曳藍色端點，到正確位置

拖曳藍色端點上下、左右（因為草圖是 2D），將圖形放置要的位置。上下會動，左右不會動，代表上下沒定義好，思考這附近是否尺寸沒標或限制條件沒給。

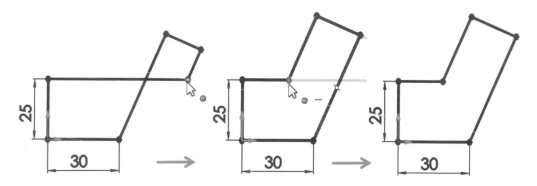

2-5-4 完全定義檢查法：尺寸標註與限制條件

尺寸最容易檢查，巡檢=繞一圈，由外而內檢查尺寸是否漏標，例如：圖有 10 個尺寸，螢幕只有 9 個，就知道那個沒標到。

2-5-5 剖面屬性

　　由評估工具列的**剖面屬性**（工具→**剖面屬性**）查看面積，面積可以紮實驗證限制條件細節、圖形是否交錯嚴重問題、尺寸標註錯誤...等。

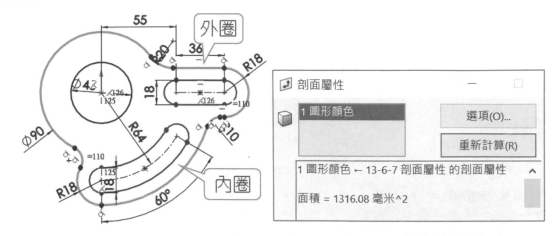

2-5-6 特徵成形

　　由特徵成形更提高草圖正確性的準確度，也讓草圖教學增加成就感與樂趣。無預覽代表特徵有問題，問題的查看屬於模型轉檔的主題。

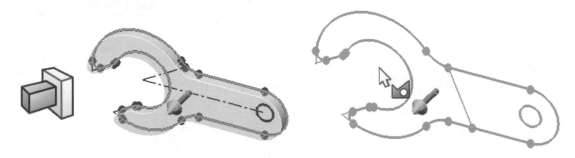

2-6 草圖 SOP 速查表

1 原點延伸法 原點往外延伸大概圖形
1-1 找原點（基準，從哪開始畫）
  1-1-1 圓、左下角、底部
  1-1-2 左到右、下往上畫
1-2 圖形置中（適當大小 F、CTRL+中鍵）
1-3 沒事不畫弧（弧以圓改）
1-4 直線連接
1-5 破壞畫法
1-6 先繪上半邊或右邊
1-7 調整圖形至比例

2 限制條件 剛開始最難 差在設變
2-0-1 圖元之間
2-0-2 草圖與原點相對關係
2-0-3 限制條件：接觸式、投影式（抽象）
2-1 相切先給（圓、弧➔直線）
2-2 等長等徑
2-3 垂直或水平，推論、Know How、魔術
2-4 互為對稱
  2-4-1 先畫中心線（用直線來改 ALT+C）
  2-4-2 至少 3 個圖元（包含中心線）
2-5 穩定限制條件
  2-5-1 共線=線+線（最穩定）
  2-5-2 重合=點+線（爛）
  2-5-3 水平=點+點（最爛）
2-6 限制條件應用
  2-6-1 文意感應
  2-6-2 快速鍵（背）
  2-6-3 刪除限制條件
  2-6-4 顯示隱藏
  2-6-5 限制條件號碼
  2-6-5 經驗推論

3 草圖處理 （口訣：先修再導）
3-1 修剪多餘圖元
3-2 草圖導角（大到小）

4 尺寸標註 （只要會小標大）
要如何把誇張位置定位到理想
例如：245➔90 就要依循小到大
4-1 原點附近先標（第 1 尺寸圖形至比例）
4-2 小到大標
4-3 有線標線➔沒線標點
4-4 尺寸置中、圖形外
4-5 角度先標（線對線標）
4-6 軸狀單向標
4-7 對稱式標註，對稱最後標
4-8 水平或垂直尺寸分開標
4-9 避開危險區域放置（斜線）
4-10 先形狀➔後位置
4-11 線分 2 種：直線、曲線
4-12 面分 2 種：平面、曲線

5 檢查圖形（邊畫邊檢查）
5-1 鏡射或複製排列最後做
5-2 調整尺寸位置(投資時間進階者)
5-3 不足定義檢查法
  5-3-1 拖曳藍色端點到正確位置
  5-3-2 檢查尺寸：是否漏標
  5-3-3 檢查限制條件：是否少給
5-4 完全定義之檢查法（循檢）
繞一圈判斷尺寸與限制條件
  5-4-1 檢查尺寸：是否標錯
  5-4-2 檢查限制條件：是否合理
5-5 為特徵檢查草圖
5-6 剖面屬性，查面積
5-7 特徵成形，單一封閉

6 技巧與錯誤解決
6-1 認識草圖符號
6-2 用刪最快，把紅色刪除
6-3 圖形交錯 UNDO，保留尺寸換地方標
6-4 認識草圖狀態
6-5 關閉塗彩草圖輪廓
6-6 獨立草圖，草圖 1 不能多個草圖
6-7 設變驗證完全定義的盲點

03

2D 草圖繪製

　　本章驗證草圖繪製 SOP，藉由設變更能找出完全定義盲點。草圖是 3D 之母：1. 草圖產生特徵→2. 特徵完成零件→3. 有零件才可組裝和出工程圖。

A 設變與驗證

　　模擬認證精神：1. 題型重點→2. 繪製步驟→3. 驗證面積→4. 設變→5. 再驗證面積→6. 伸長特徵🔍，由特徵體驗樂趣以及驗證草圖正確性。

3-1 法蘭墊片 1

　　題型重點：1. 快速同心圓、2. 連連看、3. 自動與快速加入限制、4. 標註趁勝追擊。

設變 1	A=25、B=75、C=16、D=28	剖面積：2268.02 mm^2
設變 2	A=30、B=85、C=25、D=35	剖面積：3356.74 mm^2

3-1-0 繪圖流程

　　1. 定基準→2. 直線連接→3. 修剪。

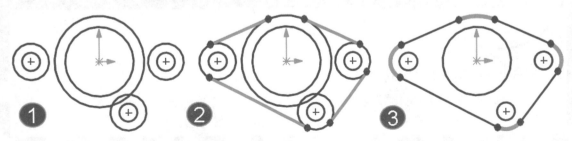

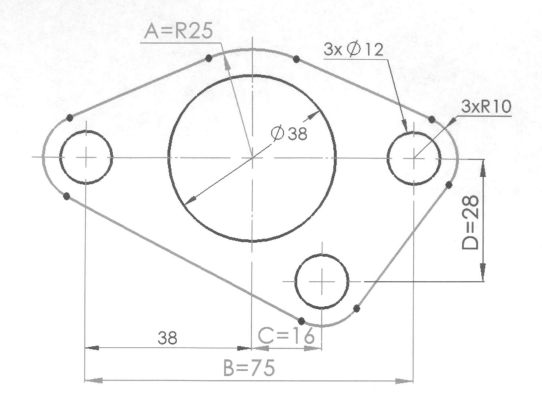

3-1-1 原點延伸法

用圓定基準，順時針直線將圓連接並相切，讓系統自動加入相切可省下很多時間。

步驟 1 定基準

在原點上畫 Ø38 與 R25 同心圓，下圖左。

步驟 2 以順時針繪製同心圓，右邊 R10、Ø12 同心圓

畫右方圓過程留意左邊圓心水平提示線就能把圓定位好，這細節就是靈魂，下圖右。

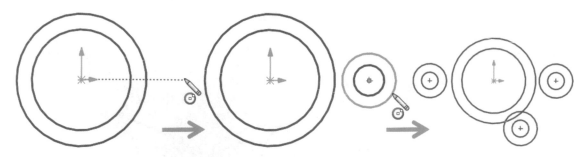

步驟 3 右上線接圓，共 4 條線

以順時針線連接圓，將圖形封閉起來共 4 條線。繪製直線過程，游標在 R25 圓 4 分點為基準，右邊抓相切位置畫直線，完成後自動給重合✓和相切✓。

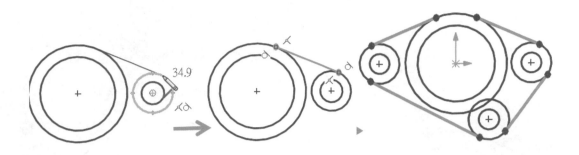

3-1-2 限制條件

壓選圖元→文意感應給限制。有些線段自動加入ㄥ的話，可以節省加入時間。

步驟 1 相切ㄥ

壓選圓和直線→ㄥ，順時針完成 8 個ㄥ，更能體會 1 條線 2 端點加相切（箭頭所示）。

步驟 2 確認重合

線端點要與另一線段重合，否則雖然相切但有缺口，這部分比較少被留意，下圖右。

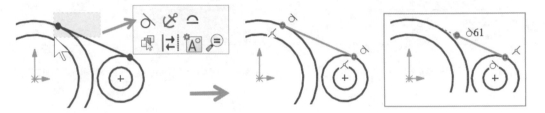

步驟 3 3 個 Ø12，等長等徑=、3 個 R10，等長等徑=

按 SHIFT 選擇 3 個 Ø12→=，這就是跳選。自行完成 3 個 R10 等長等徑。

步驟 4 3 個圓心水平放置─

按 SHIFT 將左邊圓心+中間原點+右邊圓心→─，這觀念和=相同，下圖左。

3-1-3 草圖處理

強力修剪以順時針將多餘圖元剪除，下圖右。

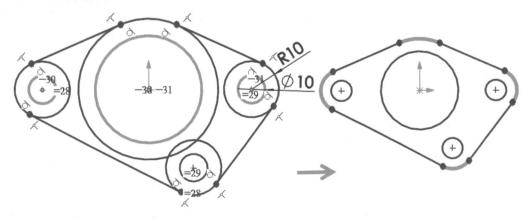

3-1-4 尺寸標註

依順序標註 9 個尺寸，先標 Ø38 因為原點附近先標，當初也是這裡開始畫圓。

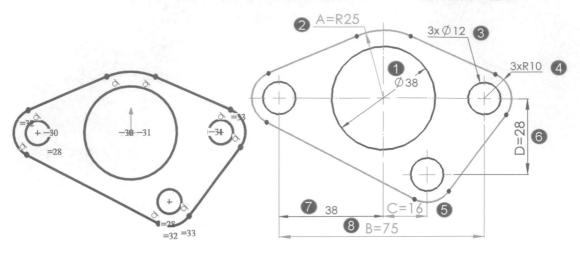

3-2 魚叉

題型重點：大篇幅探討完全定義下的巡檢作業，重點在限制條件合理性，都是業界沒注意到的細節，常遇到很多成品不良甚至修模具，都是源頭製圖端問題。

設變 1	A=10、B=50、C=25、D=180	剖面積：8963.61mm^2
設變 2	A=20、B=60、C=20、D=160	剖面積：8443.29 mm^2

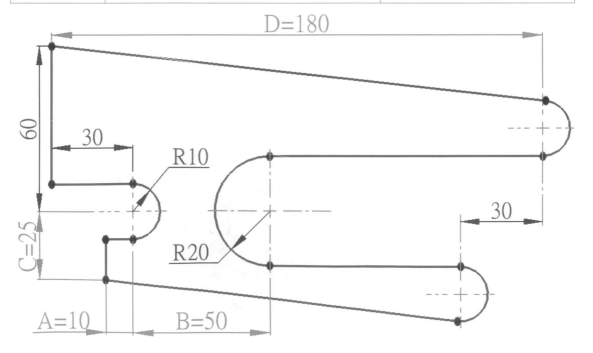

3-2-1 原點延伸法

4 圓定基準➜用直線順時針連接圓,過程不要介意畫到很好,就是**圖形至比例**意涵。

步驟 1 定基準:畫 4 圓定基準

左邊 R10 為基準➜向右畫 R20 圓➜完成第 3、第 4 圓,圓比例和位置就顯得重要。

步驟 2 繪製第 1~3 條線

由左圓 4 分點上方順時針依序完成第 1 和第 2 條線後➜第 3 條線過程超過右邊大圓,呼應右邊大圓是比例參考。

步驟 3 依序完成第 4~8 條線

直線連接過程,線不直沒關係先接再說,這就是**連連看和草圖=大概圖形**。

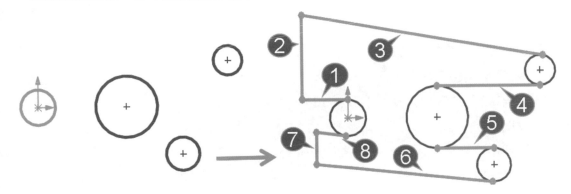

3-2-2 限制條件

分別製作:1. 相切➜2. 等長等徑➜3. 水平或垂直放置,算是複習限制條件 SOP。

步驟 1 相切ᐁ

順時針選擇直線和弧➜於文意感應加入ᐁ,下圖左。

步驟 2 等長等徑 =

小圓弧都是 R10,按 SHIFT 選擇 3 個小弧➜=。業界圖面因為製圖量太大會故意不標 3xR10,未標代表相同,以經驗法則判斷,下圖中。

步驟 3 水平放置

R10 和 R20 圓心➜水平放置,下圖右。

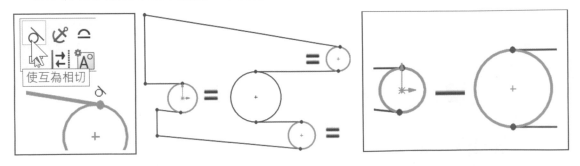

3-2-3 草圖處理與尺寸標註

利用**強力修剪**，用 Z 畫斜線的方式，將多餘圖元剪除，依順序標註 9 個尺寸。

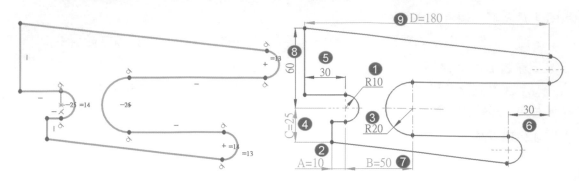

步驟 1 原點 R10 圓弧

呼應原點附近先標，當初也是這裡開始畫圓。

步驟 2 原點下方直線 10

點選 R10 弧+垂直線段➔水平放置 10，千萬不能點選圓心+端點標註 10。

步驟 3 原點右方 R20

基於小的先標再標大的，所以 R20 先標。

步驟 4 原點左下方 25 線段

1. 點選 R10 圓弧+3. 直線端點，向左垂直放置 25，下圖左。

步驟 5 左邊 30、步驟 6 最右方 30

會遇到 2 個 30，呼應原點附近先標。右方 30 標註方式和步驟 2 相同。

步驟 7 原點右方 50 距離、步驟 8 左上方 60 直線

點選 R10 和 R20 圓標註，開始感覺小先標在標大用意，已經不會亂標了。60 的標註方法和步驟 4 一樣。

步驟 9 總寬 180 標註

1. 點選左邊直線➔2. 右邊圓弧，向上放置 180，下圖中。

3-2-4 不足定義檢查

發現 R10＋R20 圓心➔水平放置（箭頭所示），下圖右。

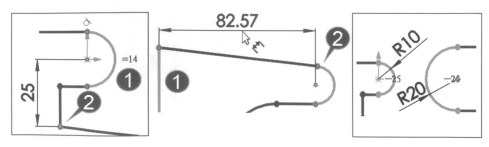

3-2-5 完全定義檢查

尺寸標註比較沒問題，判斷限制條件是學習重點。

A 多餘垂直放置 R10

限制條件越多，系統花更多時間理解，模組製作必須簡化限制條件。原點附近的直線在圓 4 分點上，同時擁有**垂直放置**和↘，這時垂直放置必須刪除，下圖左。

B 直線水平放置

垂直放置刪除，若直線變成不足定義，這時直線要加**水平放置**才對。**一定是直線水平優於 2 圖元端點垂直放置**，圖形才會穩定，下圖中、右。

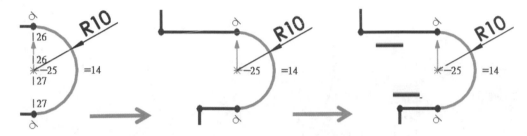

C 右上 R10 與上方斜線

先前線接到圓，系統自動將端點和圓心垂直放置，與相切位置不同，下圖左。外觀切線不順（有凹陷加工自然圓角），常遇到為此修模卻不知道是草圖問題。

D 點選線段標 180

重點在圓弧標註，上方 180 實際尺寸 179.14，這之間差異造成嚴重錯誤，下圖右。

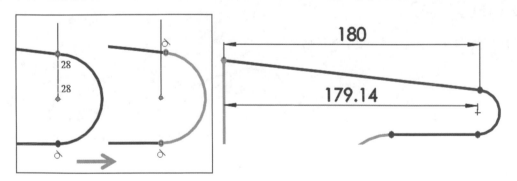

3-3 法蘭墊片 2

題型重點：機械連接板。1. 熟練**三點定弧**⌒手感與相切位置敏銳度，若相切位置沒掌握好，草圖打架→2. 巡檢：限制條件會因修剪變了調，靠巡檢判斷限制條件的合理性。

| 設變 1 | A=95、B=35、C=30、D=25 | 剖面積：4306.13 mm^2 |
| 設變 2 | A=105、B=40、C=40、D=35 | 剖面積：6054.46 mm^2 |

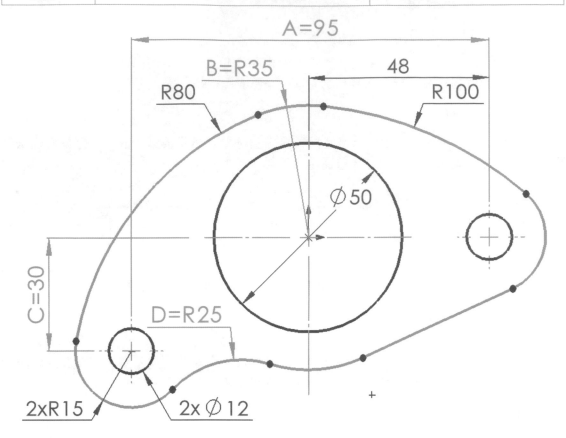

3-3-0 繪圖流程

1. 定基準➜2. 直線+三個弧➜3. 修剪。

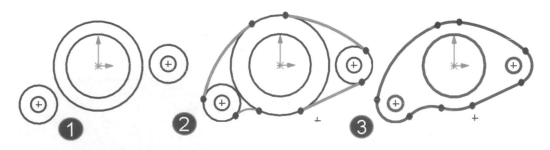

3-3-1 原點延伸法

中間 Ø50 定基準，順時針將圓連接並相切，過程中勾肩搭背感覺。

步驟 1 定基準：3 組同心圓

分別畫 1. Ø50➜2. 左下角➜3. 右邊 Ø12 同心圓，下圖左。

步驟 2 畫弧和直線

　　1. 左下弧連接 2 圓→2. 左上弧連接 2 圓→3. 右上弧連接 2 圓→4. 右下直線連接 2 圓。
先把和畫完再畫直線，避免切換指令，來節省時間。未標尺寸是直線，弧一定會標 R。

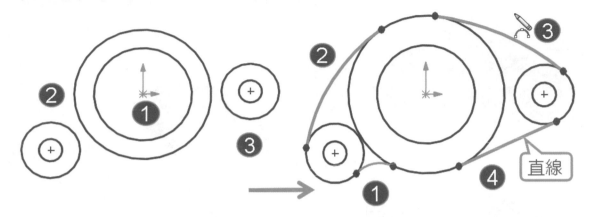

3-3-2 限制條件

　　分別完成 8 個相切、2 個等長等徑。

步驟 1 8 個相切

　　3 個弧與 1 條直線，共 8 處。

步驟 2 等長等徑

　　2 個 Ø12 與 2 個 R15，共 2 處。

步驟 3 水平放置

　　原點＋右邊 Ø12 圓心。

3-3-3 草圖處理和尺寸標註

　　修剪→依序標尺寸，通常到這階段，會要求同學記憶 2 個尺寸，加速標註速度。也可以先標 Ø12→R15，小先標再標大，下圖右。

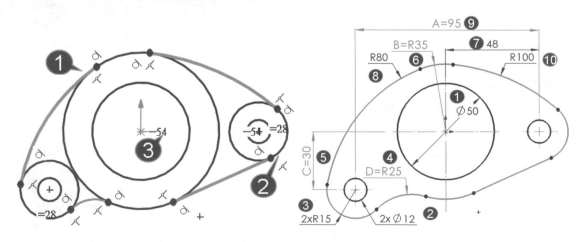

3-4 秤勾

　　題型重點：這是常見製圖題型，弧看起來很難，修剪過程很像智力測驗，很意外同學短時間畫得出來也很正確。

設變 1
A=100、B=65、C=60、D=10
剖面積：10263.85 mm^2

設變 2
A=110、B=75、C=65、D=20
剖面積：13894.75 mm^2

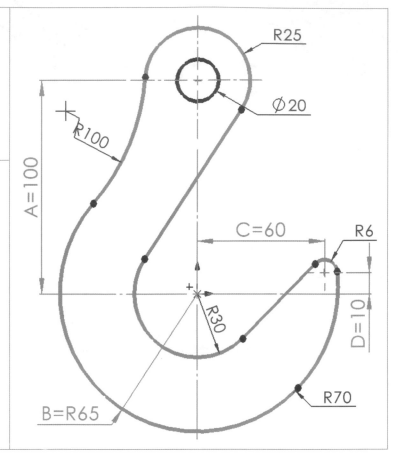

3-4-1 原點延伸法

　　R30 為基準繪製同心圓，用直線和弧將它們接起來，常問同學：直線先還是弧先畫。

步驟 1 定基準：2 組同心圓+1 圓

　　1. 下方 R30 同心圓+2. 上方 R60 同心圓+3. 右邊 R6 小圓，下圖左。

步驟 2 上方直線

　　R25 和 R30 圓上繪製相切直線，下圖 A。

步驟 3 下方直線

　　R6 和 R30 圓上繪製相切直線，下圖 B。

步驟 4 左上方 R100 連接 2 圓

　　由上往下畫避開 4 分點畫弧，下圖 C。

步驟 5 右下方 R65 連接 2 圓

由上往下畫避開 4 分點畫弧，下圖 D。

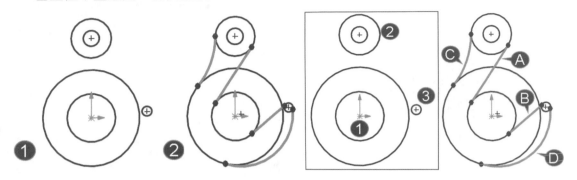

3-4-2 限制條件→草圖處理→尺寸標註

分別完成 8 個相切、垂直放置→修剪。

依順序標註 10 尺寸，常遇下方到 R60 和 R65 標註產生問題。

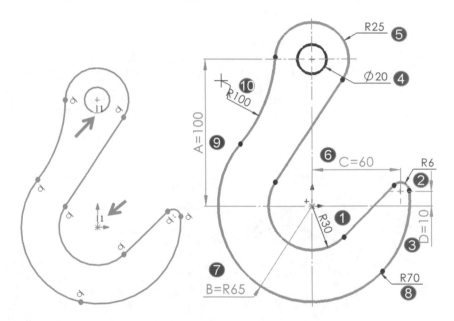

3-5 葉片

題型重點：葉片是常見零件，乍看之下覺得難也不會被簡單線條所騙，沒錯有點難，只要靜下心面對拆解就不覺得難。為了簡單學習加上 1 長 1 短建構線，好識別圓心位置。

設變 1	A=16、B=20、C=28、D=61	剖面積：5577.78 mm^2
設變 2	A=26、B=30、C=25、D=50	剖面積：4806.06 mm^2

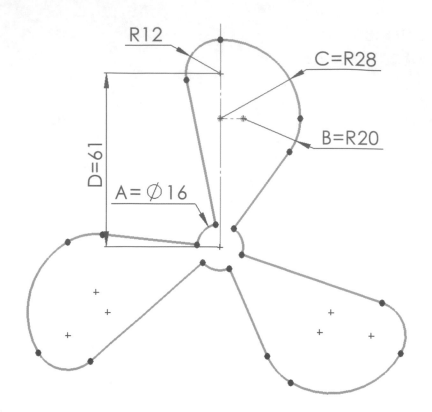

3-5-0 繪圖流程

1. 定基準→2. 2 直線＋1 個弧→3. 限制條件＋修剪→4. 複製排列。

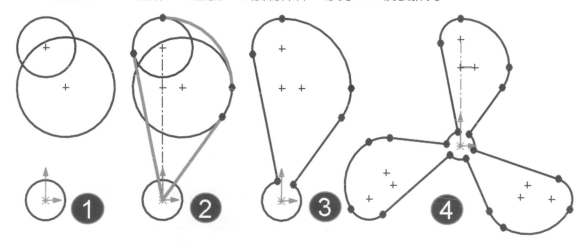

3-5-1 原點延伸

Ø16 軸心為基準，先直線再弧與圓基準連接。

步驟 1 定基準

1. 原點 Ø16→2. 上方 R12→3. 右方 R20 圓→4. R20 圓心與原點畫建構線，下圖左。

步驟 2 V 切線與弧相接

1. 左邊直線由 R12 圓上往下畫，原點重合→2. 直線在右下 R20 往原點重合→3. 在 R12
和 R20 右上方畫弧，下圖中。

3-5-2 限制條件

加入相切、水平、重合，
由工程圖中心線判斷圓心和
原點的放置。

步驟 1 相切

分別在 R12、R28、R20
加入相切。

步驟 2 水平放置

R20+R28→一。

步驟 3 重合

R28 與建構線→ㄨ。

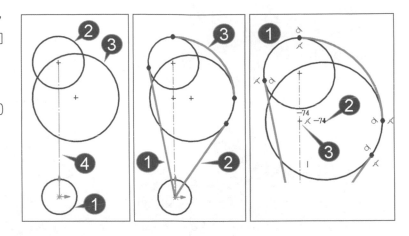

3-5-3 草圖處理與重合限制

修剪斜線會把端點與原點的重合剪除，2 條斜線不足定義。拖曳藍色端點可見斜線會
動，這是一開始不習慣的地方。

1. 分別點選斜線+原點→2. 重合ㄨ，共 2 組重合，這屬於投影限制條件，下圖左。

3-5-4 尺寸標註

依序標尺寸，如果弧的位置或比例不對，圖元容易飄。

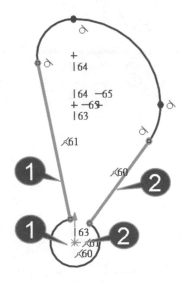

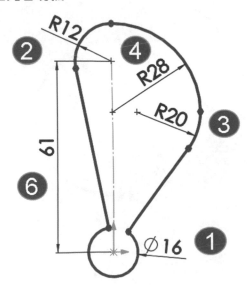

3-5-5 環狀複製排列

1. 選擇葉片→2. ，副本數量 3。葉片複製排列後還是不足定義，修剪 Ø16 成為單一封閉輪廓，讓系統自動給限制條件來完全定義。

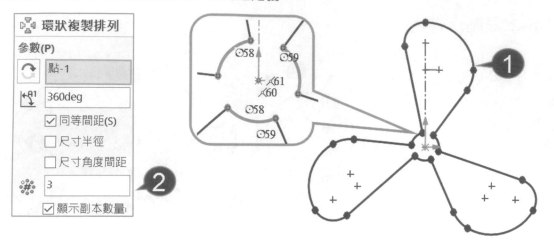

3-6 扳手

題型重點：1. 破壞畫法、2. 小圓到大圓、3. 互相平行、4. **互為對稱Ø**、5. 角度標註條件需要 2 條線，很容易在這忘記、6. 角度控制扳手開口位置，驗證參數草圖。

設變 1	A=30、B=25、C=38、D=45	剖面積：6696.26 mm^2
設變 2	A=45、B=30、C=30、D=50	剖面積：7327.52 mm^2

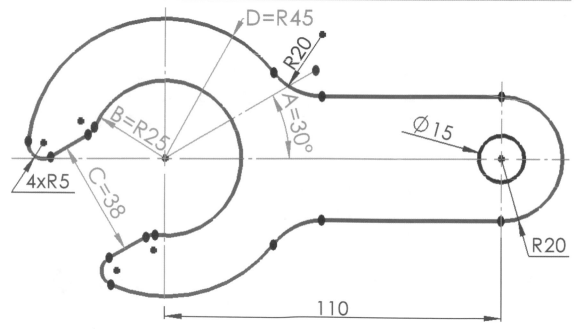

3-6-0 繪圖流程

1. 定基準→2. 建構線+2 條直線＋2 條斜線→3. 修剪＋圓角。

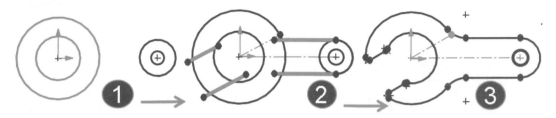

3-6-1 原點延伸法

開口是設計基準，破壞畫法和建構線的佈置。

步驟 1 畫基準

原點上方畫 R25、R45 同心圓，向右繪製 Ø15 和 R20 同心圓。

步驟 2 建構線

1. 基準建構線+斜線，美化建構佈=專業，所以這 2 條線要畫好畫滿，下圖左。

步驟 3 破壞畫法：由小圓到大圓、開口破畫直線

直線由右邊小圓 4 分點→向左穿破大圓，比較好抓水平線。直線避開同心圓，2 條線。

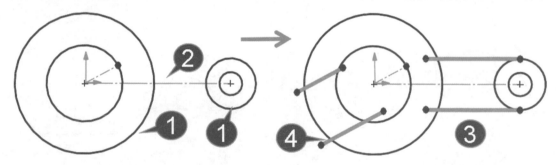

3-6-2 修剪與限制條件

強力修剪多餘線段，再給限制條件會比較好，不然草圖看起來亂亂的。

限制條件順便檢查圖形，留意互為**對稱**ㄱ，很多同學忘記給。

步驟 1 相切ᗧ：右方 R20 圓弧

查看右方 R20 圓與直線是否加入ᗧ，當初直線以圓 4 分點開始繪製，系統自動加入ᗧ。

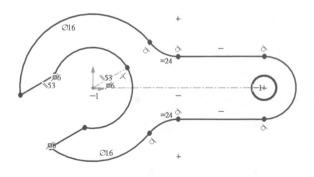

不過會在直線端點與圓心加入垂直放置，這是多餘的要刪除，下圖左。

步驟 2 互為對稱◹：原點左下角開口處

點選中心線＋2 條線→◹。依教學經驗，同學會卡在這，下圖中。

步驟 3 互相平行╲

因為開口直線是斜的，點選建構線＋其中 1 條開口線段→╲，下圖右。

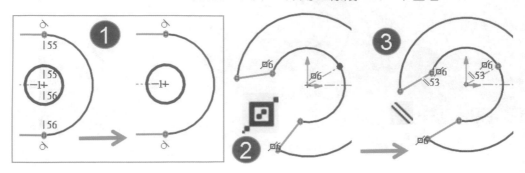

3-6-3 草圖處理

先導大再導小。

步驟 1 把手與頭的連接導角 R20

右上到下壓選 2 弧和 2 線，完成 R20。神奇的是，系統跳過建構線不會干擾圓角計算。

步驟 2 左下角開口導圓角 R5

右上至左下壓選 2 個弧和 2 條線，完成 R5。

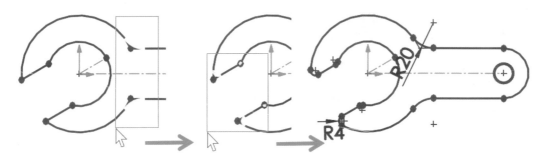

3-6-4 尺寸標註

依順序標註尺寸，順便驗證限制條件，以下標註有些省略，僅說明重點。

重點 1 原點附近 R25、30 度

無法標 30 度，因為沒畫到斜線。

重點 2 38 和 45

依教學經驗這裡 38 很多被標註到 38度，就要回補限制條件了。

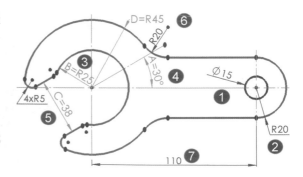

3-7 連接板

題型重點：連接板是機械元件，這題陷阱是限制條件，由於工程圖只有尺寸標註，不標示限制條件，由中心線超過模型輪廓視同對稱。

設變 1	A=30、B=45、C=30、D=15	剖面積：2009.05 mm^2
設變 2	A=45、B=35、C=40、D=20	剖面積：2435.66 mm^2

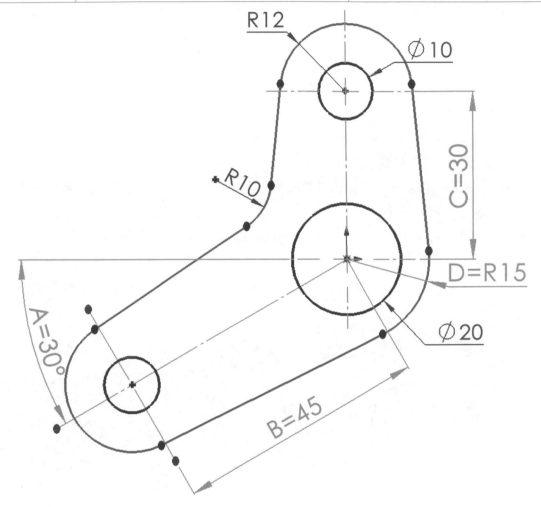

3-7-0 繪圖流程

1. 同心圓定基準+幾何建構線 → 2. 直線連接 → 3. 修剪。

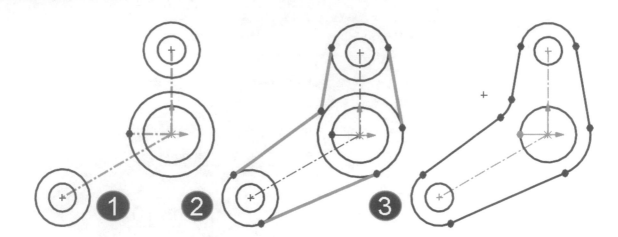

3-7-1 原點延伸

原點在中間 Ø20，試想原點在上或下方很難繪製對吧，設計基準也會在中間。

步驟 1 定基準分別畫 3 組同心圓

1. Ø20、R15 同心圓→2. 提示線輔助繪製上方 Ø10 同心圓→3. 下方同心圓，下圖左。

步驟 2 中心線

分別畫 3 條線→☑幾何建構線，該線段要給**口**和尺寸標註用，下圖中。

步驟 3 直線連接

以順時針由上畫下直線將圓連接。畫線過程手感在相切位置由系統給相切，下圖右。

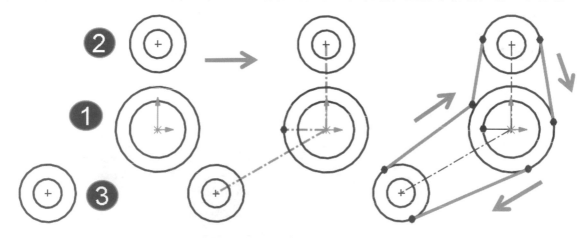

3-7-2 限制條件

重點在**互為對稱**，依教學經驗同學會忘記加。

步驟 1 相切λ

每個圓都有 2 個相切，自行加入不足的相切，下圖左。

步驟 2 等長等徑 =

分別將上下方 2 個 Ø10，以及 2 個 R10➔=，下圖左。圖面應該標示 2xØ10 和 2xR10 就不會爭議。實務上有些圖面沒這樣標示時，用經驗判斷他們是等長的。

步驟 3 互為對稱 ☒

分別將上下方的 R10 左右 2 條➔☒，中心線超過輪廓，就是對稱型態。

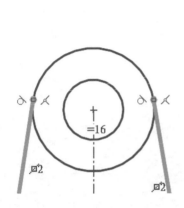

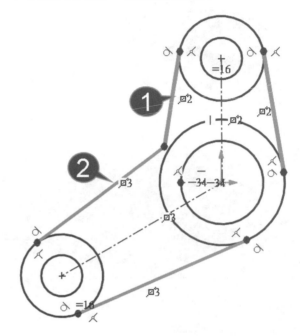

3-7-3 草圖處理和尺寸標註

進行修剪和導角，依序標尺寸，本節說明標註重點。

步驟 1 原點上 R15、Ø20

其實也可以先標 Ø20➔R15，已經會掌握圖面，不必很刻意小標到大，很多同學 R15 位置標錯。

步驟 2 上方同心圓 R10、Ø10

步驟 3 30 和 30 度

步驟 4 標註 45

右下方點選 2 圓標 45，點選線段標註長度也可以，留意尺寸放置位置即可。

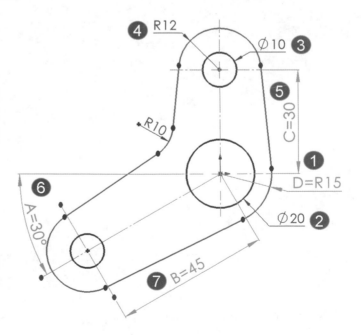

筆記頁

04

模型建構 SOP 與視角

看到圖先別急著畫,當下決定從哪開始建模,口訣:先填→後除→鑽孔→再導角,一體適用所有模型,看到所有模型都畫得出來,這些觀念經多年經驗系統化為 SOP。

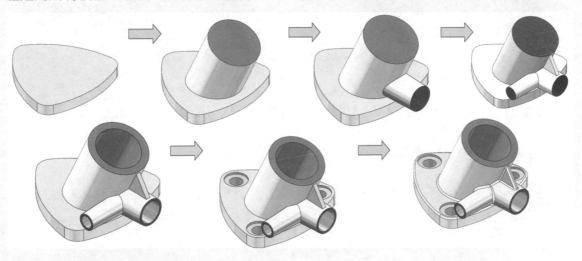

4-1 模型第 1 個特徵

第 1 個特徵最重要,決定建模方向、基準和建模效率,依順序 8 大規則。

4-1-1 底部(座)

常聽到模型要先由底座開始畫,沒錯由下往上畫就像堆積木一樣。先畫耳朵雖然也可以畫,但哪個感覺比較快畫完?越到後面的特徵應該是越來越少而不是越畫越多。

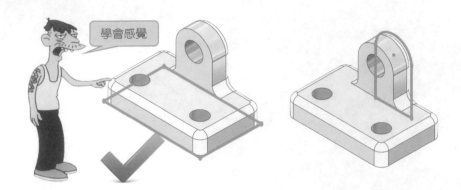

4-1-2 大輪廓

　　主體特徵不明顯時，就找大輪廓特徵。2. **底座**最大面積，圓心包含基準，又是基準有給別人快畫完=2 全其美。雖然 1. 方塊是底部，已經學會不見得一定由下方開始。

　　有些同學選 3. **圓筒**，由小地方向外擴建慢工出細活，失去給別人感覺快畫完的觀念。這想法和個性有關會越畫越累，這個性要改。

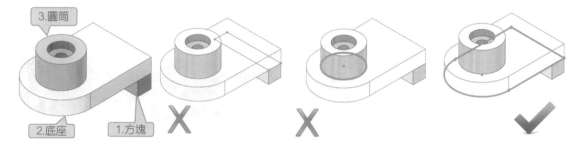

4-1-3 旋轉底部

　　有沒有發現旋轉體都是基準，下圖左。先畫 1. 旋轉底座，還是 2. 法蘭，下圖左。先畫法蘭會覺得騰空感覺，雖然法蘭是接口，但法蘭不是基準，下圖右。

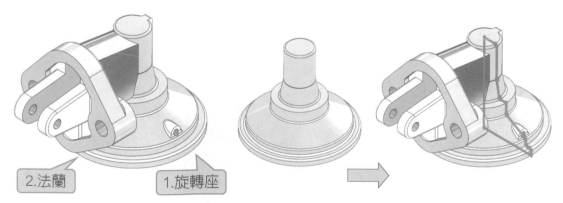

4-1-4 2 個旋轉

2 個旋轉體還是以基準為主，先畫哪個：1. 中心軸、2. 輪圈、3. 輪幅（類似鋼圈，不是肋呦）。應該 1. **中心軸**，因為她是基準，2. 輪圈=騰空不穩，至少不 3. 輪幅就好。

4-1-5 大方向

第 1 主體特徵要完成 70%，先畫主體，肋和圓角都是細節，設計也不會先設計。大方向很輕鬆畫完，也讓主管看到感覺快畫完了。

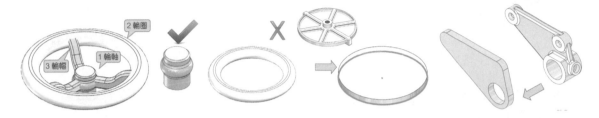

Ａ 一體成型

一體成型手法需要訓練，看完答案能理解這樣比較快沒錯。這題也可以先由下方的方形或側邊溝槽開始畫，但是會越畫越累，最終會以多個特徵用湊的把模型畫完。

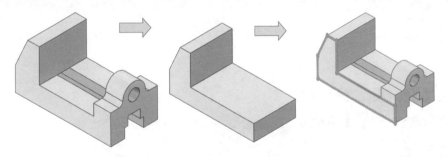

4-1-6 來源先完成

有複製特徵先把來源完成，分段思考例如：直線、環狀、鏡射複製排列。複製的模型給人感覺複雜要花很多時間來畫，拆開來想就不覺得很複雜。

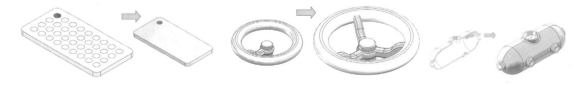

4-1-7 細部留最後

細部特徵容易感到複雜，例如：鑽孔、導角、肋、複製排列…等特徵留到最後做，不要看到什麼就畫什麼，容易出錯更容易少畫特徵，等到發覺後要修改就很麻煩。

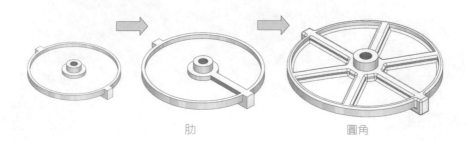

肋　　　　　　　　　　　　圓角

4-2 模型建構節奏

口訣也是 SOP：1. 先填→2. 後除→3. 鑽孔→4. 再導角，建模順序=設計流程。

4-2-1 先填

模型就是先填料，才可進行後續加工（除料），要先畫哪裡，下面對吧。

4-2-2 後除

除料分 3 種，也是順序：1. **外觀**、2. **配合**、3. **螺絲孔**，本節先說明前面 2 項。

A 外觀（外型）

先做外部的大方向除料，這類除料比較簡單，例如：減重、閃機構。

B 配合（組裝需要公差）

中間會有圓柱，軸孔要設定公差屬於精度要求並不複雜，只要先輸入大小，例如：Ø10。

4-2-3 鑽孔

看到都是孔的圖面感覺很亂很複雜，但是同學要怎麼形容它的複雜。設計流程中機件固鎖最後再想，所以**建模與設計是連結的**。

4-2-4 導角

導角是修飾，所以導角最後做。如果先導角，後來發現該畫的特徵沒畫到，導角必須刪除，補上特徵再補導角很浪費時間。

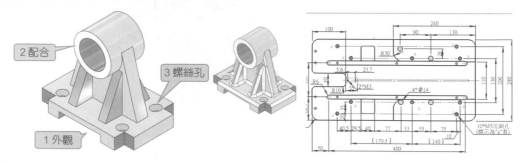

4-3 檢視指令

說明模型檢視主題，檢視=看=下意識操作，幾乎由滑鼠完成。建模過程喜歡看顯示效果，例如：小金球、顏色、光源亮度...等，這些都是顯學。

A 快速檢視工具列

繪圖區域上方顯示常用的檢視和外觀指令，我們會規劃常用指令在這裡點選比較直覺。

4-3-1 旋轉（Rotate，滑鼠中鍵）

沿模型中心旋轉模型，常以滑鼠中鍵旋轉。

4-3-2 拉近/拉遠（Zoom In/Out，Shift＋中鍵）

點選指令後游標變，左鍵拖曳得到平滑縮放，常以中鍵滾輪縮放模型。

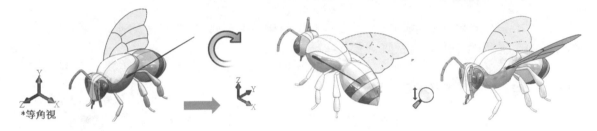

4-3-3 移動（Pan，Ctrl＋中鍵，又稱平移）

Ctrl＋中鍵，游標出現讓模型上下左右移動。零件、組合件、工程圖都可以用 Ctrl＋中鍵移動，這就是學習一致性。不過工程圖只要中鍵就可以移動圖頁了。

4-3-4 最適當大小（Fit，快速鍵 F，快按中鍵 2 下）

整個模型置於螢幕中央，快速鍵 F 可減少按中鍵負擔，避免中指使用過度。建模過程會用取代，比較快達到要的位置也很直覺。

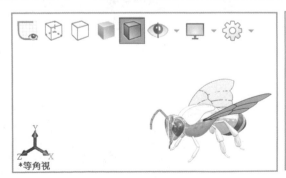
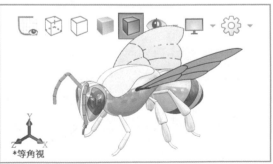

4-4 顯示樣式（Display Style）

於快顯工具列切換模型顯示樣式，分別為：1. **帶邊線塗彩**、2. **塗彩**、3. **移除隱藏線**、4. **顯示隱藏線**、5. **線架構**。

顯示樣式和視角一樣會隨著檔案一同儲存，下回開啟就是上一次儲存的狀態。

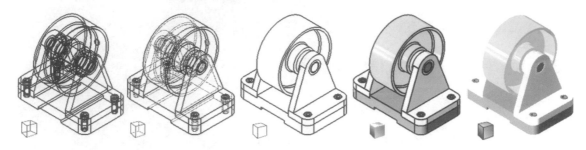

4-4-1 帶邊線塗彩（Shaded and Edge，預設）

模型以塗彩＋輪廓顯示。適合工程溝通，可顯示特徵位置與大小，例如：狗爪曲面位置與大小，溝通時知道對方在說什麼。

4-4-2 塗彩（Shaded）

模型以塗彩顯示，適用抓封面或影像擬真，塗彩不適合建模過程看起來濛濛的。

4-4-3 移除隱藏線（Hidden Lines Removed）

移除看不見的邊線，模型以**非塗彩**呈現。模擬工程圖出圖樣貌，避免工程圖過程發現要到模型調整模型位置，節省做圖時間。

4-4-4 顯示隱藏線（Hidden Lines Visible）

模型以非塗彩呈現查看特徵內部，看不見邊線以灰色虛線顯示。

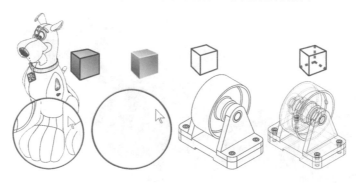

4-5 檢視設定🖥

在快顯工具右邊展開清單可見：1. RealView Graphic🔘、2. 塗彩時含陰影🗔、3. 周圍吸收🔘、4. 遠近透視🔷、5. 底圖🔵。

4-5-1 RealView Graphics（即時或真實圖形）🔘

俗稱小金球，讓模型呈現：1. 材質色彩、2. 逼真的材質光澤、3. 動態呈現材質反射。

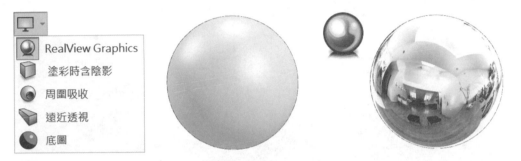

🅰 外觀套用

於工作窗格將外觀套用，表達小金球功能。1. 外觀🔘➔2. 金屬➔3. 黃銅➔4. 快點 2 下拋光黃銅，可見銅金屬色和鏡面拋光，旋轉過程光澤隨著變化，很吸引人，下圖左。

拋光黃銅

4-5-2 塗彩時含陰影（Shadows In Shaded Mode）🗔

簡稱陰影，讓物體有立體感、空間感。1. 陰影永遠為黑色、2. 必須在塗彩呈現，🔘+🗔效果更好，會有輪廓外觀的陰影，下圖右。

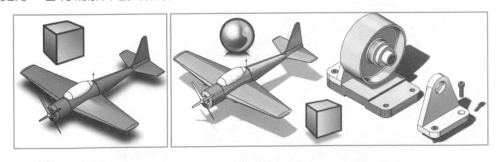

4-6 全景（Apply Sense）

顯示背景或攝影棚，模型就是處於攝影棚內，將模型產生反射效果，在 1. 快檢工具列或 2. 工作窗格啟用。本節說明常用 2 大全景：1. 純白、2. 廚房背景，全景會隨著模型儲存。

4-6-1 快速檢視工具列

於快速檢視工具列展開清單，點選其中一個項目切換全景（又稱背景）查看變化，常用 3 點淡出（預設）或**純白**，可持續點選循環切換背景。

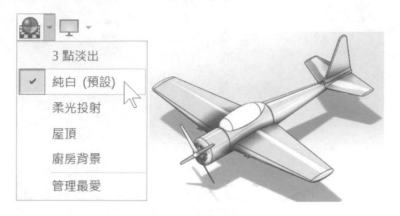

4-6-2 表現全景

將模型和全景背景同步檢視，就是 VR 效果，只要戴上頭盔就虛擬實境了，例如：快點 2 下廚房背景，過程可見模型和背景同步旋轉。

廚房背景

4-7 方位視窗（Orientation）

切換模型視角、儲存視角和分割視埠，建模最常用**等角視**和**正視於**查看模型外觀或驗證特徵位置，最常使用空白鍵（就是快速鍵）進入方位視窗。

4-7-1 保持顯示（Pin/Unpin Dialog）📌

將方位視窗📌後，將該視窗拖曳到右下角，1. 不影響空間、2. 滑鼠在右邊比較好按。

4-7-2 快速檢視

也可以將這 2 視角指令放置在快速檢視，會比方位視窗好用。🖥 ▾ 🔴 ▾ 🟦 ⬆

4-7-3 滑鼠手勢切換視角

由於方位視窗僅用於**等角視**🟦和**正視於**⬆很占空間，本節利用**滑鼠手勢**讓同學開始體認何謂下意識切換視角不再用方位視窗。

🅐 設定滑鼠手勢

1. 工具➜2. 自訂，進入自訂視窗➜3. 滑鼠手勢，例如：向右=🟦、向上=⬆。

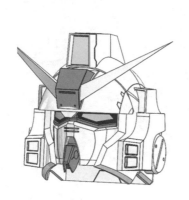

4-8 空間判斷

要如何學好建模首先空間判斷，終於想到解決初學者盲點方法：1. 原點打開，2. 切等角視🟦，直接看出要選哪個基準面，憑感覺打通任督二脈。

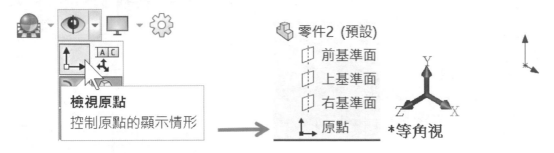

4-8-1 基準面（空間）重要性

看得懂圖代表有識圖能力=圖學，不見得有空間感，剛開學 3D 過程太習慣**前基準面畫圖**，模型完成後於等角視看到模型站起來，這就是空間感未建立。

A 空間迷向

以往草圖只有前視圖，建模有 3 大基準面和模型面選擇，一開始跟不上都是空間感，不是不會草圖，有空間感建模就會了。

B 最佳草圖平面

特徵管理員分別點選 3 大基準面（游標放在基準面上也可以），亮顯看出上基準面是最佳草圖平面，用看的就判斷得出來。

C 編輯草圖平面✍

該特徵使用**上基準面**，常遇到同學習慣用**前基準面**畫草圖，這樣模型會站立。草圖位置可以修改（**編輯草圖平面✍**），不過後續特徵要一併調整（右下圖所示）。

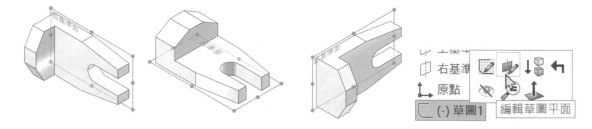

4-8-2 識圖能力

識圖能力就是腦海裡的 3D 想像，識圖能力靠醞釀，重點先有立體圖參考，分別學習 1. 對應面→2. 邊線→3. 補線條→4. 補視圖。

建模過程順便指引工程圖如何看，由立體圖配合建模步驟引導學習。由 2 視圖→3 視圖→多視圖循序協助看圖，例如：看到圖要從哪裡開始下手，快速找出草圖輪廓和尺寸。

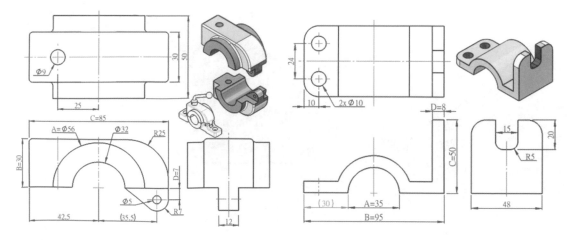

A 投影判斷

以立體圖每面標上記號，於其他視圖可以見到投影標號的對應，下圖左。

B 面與線對應

模型看面投影到哪個視角，分別可以投影成面或線，下圖右。

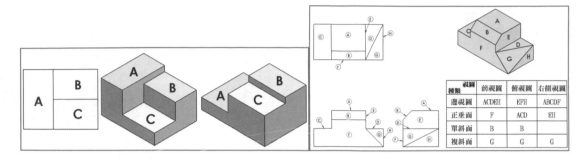

種類＼視圖	前視圖	俯視圖	右側視圖
邊視圖	ACDEH	EFH	ABCDF
正垂面	F	ACD	EH
單斜面	B	B	
複斜面	G	G	G

筆記頁

05

伸長與旋轉建模

驗證伸長特徵應用：1. 加強空間認知、2. 識圖能力（由工程圖找出草圖輪廓或尺寸）、3. 建模 SOP、4. 草圖與模型的限制條件與尺寸關係、5. 提早面對企業要求：模組化。

A 尺寸基準（抄圖=製圖員）

由尺寸判斷基準在哪，常犯尺寸數字對，尺寸位置錯，或是很認真加減尺寸，抄圖絕不能自行加減尺寸。抄圖一模一樣是製圖專業，抄圖考驗有沒有靜下心與敬業態度。

5-1 鈑金托架板

本題重點：1. 識圖判斷、2. 伸長薄件特徵與厚度方向、3. 實體轉鈑金（插入彎折 🔩），

設變 1	A=40、B=30、C=5、D=2.5	體積：42053.7 mm^3
設變 2	A=50、B=60、C=6、D=3	體積：85178.16 mm^3

A 繪圖步驟

模型 3 大部分：1. L 主體→2. 鑽孔→3. 導圓角。

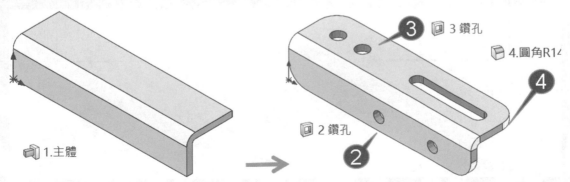

1.主體 → 3 鑽孔 3 ／ 4.圓角R14 ／ 2 鑽孔 2 / 4

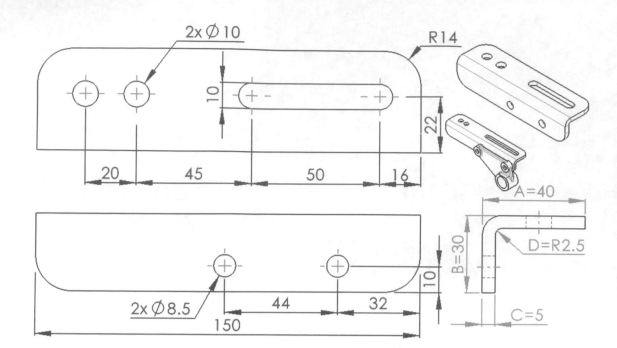

5-1-1 主體特徵

右視圖得知 L 草圖尺寸，利用 L 開放草圖完成薄件有厚度的伸長。

步驟 1 繪製矩形

本節 1. 體驗右基準面繪製矩形、2. 矩形可避免直線沒畫正，3. 事後加水平或垂直。

步驟 2 L 草圖

右下角 2 條線➔☑幾何建構線。

步驟 3 標註 30、40

尺寸要標註在實線上，因為實線比建構線重要。

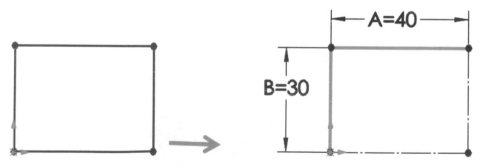

步驟 4 等角視➔

產生特徵之前目視成形方向=特徵做完圖畫完。

步驟 5 ，方向 1

前視圖得知尺寸，方向 1：兩側對稱、深度 150，下圖 A。

步驟 6 🗊，薄件特徵（包外）

　　右視圖得知厚度方向在右方，開放輪廓會自動☑**薄件特徵**：1. 單一方向厚度 5、2. ☑
自動圓化邊角，圓角半徑 2.5、3. 調整厚度方向驗證尺寸與厚度之間位置，包內或包外。

🅐 薄件特徵的圓角半徑=內 R

　　本節呼應鈑金刀模下刀位置在內 R，萬一設計要在外 R，就要草圖繪製 L 封閉輪廓。

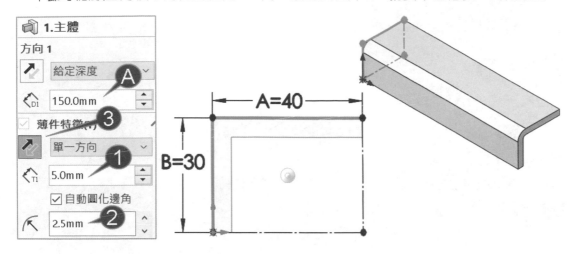

5-1-2 前方草圖與特徵

　　自行完成🖾，課堂常問先畫前面還上面，現在人會先畫前面，因為前面比較近。

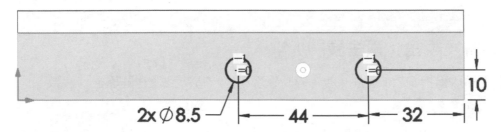

5-1-3 上方草圖與特徵

　　圓心+狹槽中點→重合。

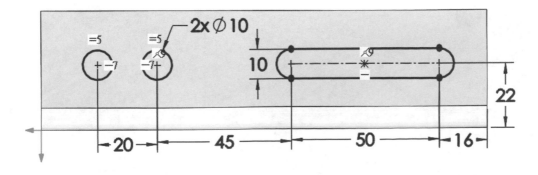

5-1-4 導 R14 圓角

圓角特徵🖫在這裡第一次使用，本節簡易說明。

步驟 1 🖫，固定大小圓角

步驟 2 ☑完全預覽

步驟 3 圓角參數：半徑 14

1. 點選或框選模型邊線，點選不用學習了，現在流行框選。

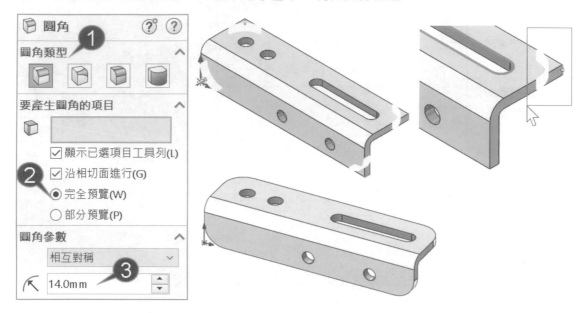

5-1-5 轉換鈑金（鈑金展開）

使用插入彎折🖫完成鈑金展開，體驗建模樂趣，每次到這裡同學很有興致。

步驟 1 鈑金工具列→🖫

步驟 2 點選模型上面→↵，結束指令

步驟 3 展平🖫

來回看出鈑金的展開與摺疊。萬一無法展開並出現錯誤，CTRL+Q **重新計算**🖫即可。

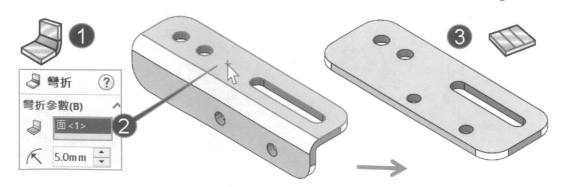

5-2 滑塊座

本題重點：1. 前視圖的標註=草圖 1、2. 右視圖的特徵分開判斷。剛開始覺得模型特徵應該會很多，其實只有 3 個特徵，這歸功最佳草圖輪廓。

設變 1	A=90、B=35、C=13、D=20	體積：105982.36 mm^3
設變 2	A=80、B=40、C=25、D=10	體積：100997.12 mm^3

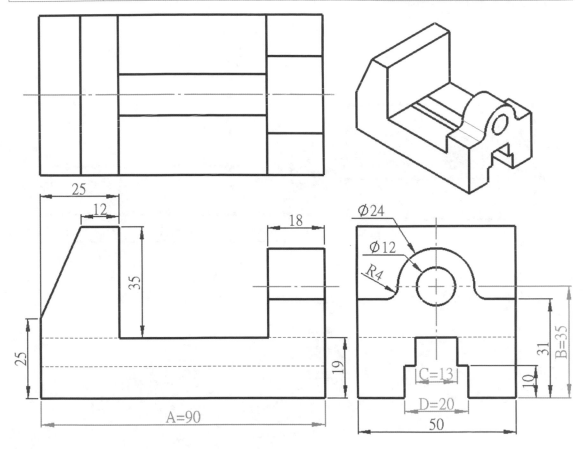

A 繪圖步驟

模型分 3 大部分：1. 主體➔2. 右背板➔3. 溝槽。

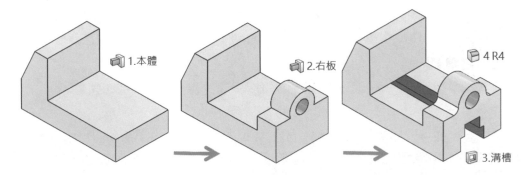

5-2-1 主體特徵

由前視圖得知 L 封閉輪廓和尺寸，右視圖得知深度。

步驟 1 前基準面繪製 L 封閉輪廓

1. 由左至右→2. 由右至左，繪製 2 個矩形→3. 斜線，修剪後得到 L 型輪廓，下圖左。

步驟 2 區塊標註 ↺

以區塊標註讓加快標註速度：12、25、35→19、900，下圖右。

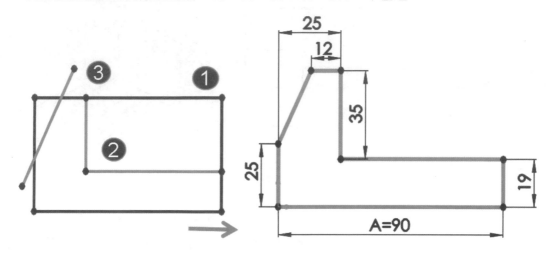

步驟 3 📦

右視圖中心線長度超越輪廓=對稱圖形，方向 1：兩側對稱、深度 50。

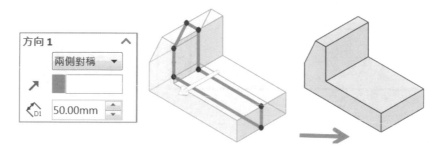

5-2-2 右板特徵

右視圖得知草圖輪廓和尺寸，前視圖得知深度，重點在材料邊。本節不包含下方溝槽，溝槽是下一個除料特徵，初學者不習慣拆特徵會將下方溝槽輪廓一同畫出來。

步驟 1 右視圖輪廓

點選右邊模型面，1. 同心圓→2. 矩形。常問同學先畫 1 還 2，基準先畫。

步驟 2 尺寸標註

小標到大，12→24→31→35。標註 Ø24 過程圓弧顯示半徑，於修改視窗輸入 24/2，只要記 24 數字即可。目前為 R12，為了怕忘記修改為直徑，當下轉換直徑，適用進階者。

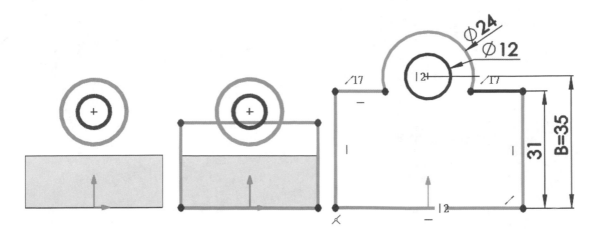

步驟 3 🔲

　　反轉方向，深度 18。前視圖得知 18 包含 90 材料邊，由 🔲 直覺看出深度方向是否超出材料範圍。這部分實務上常發生未留意這細節，通常數字對，方向錯誤造成模型差在鈑厚。

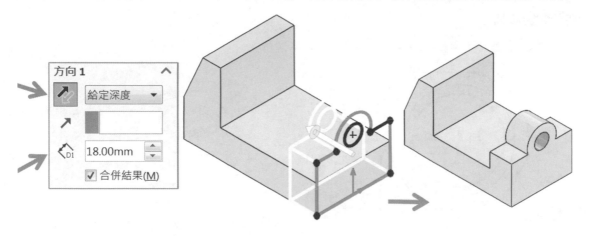

5-2-3 溝槽特徵與導角

　　右視圖得知草圖輪廓與尺寸→🔲，本節再度體會第一特徵**兩側對稱**，帶來建模便利性。

步驟 1 繪製草圖

　　點選右邊模型面　1. 由左下到右上畫矩形→2. 右上到左下畫矩形→3. 中間直線→幾何建構線（Alt＋C），下圖左。

步驟 2 限制條件+修剪

　　於等角視→1. 點選上方線段+2. 模型邊線→3. 共線✎，下圖右。

步驟 3 ⟨

　　10→13→20，20 為對稱標註最後標。

步驟 4 鏡射圖元，CTRL+A→🔲

步驟 5 🔲**，完全貫穿與 R4 導圓角**

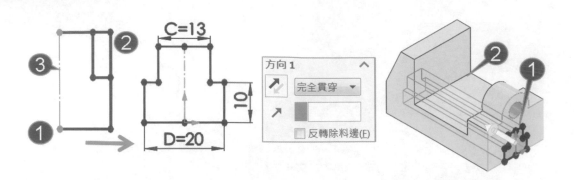

5-3 六角螺帽

　　本題重點:螺帽市購件常用於固鎖(互鎖),螺帽為六邊形,雖然六邊形草圖是一定要的過程,只是順序不太一樣。

A 繪圖步驟

　　模型分 3 大部分:1. 主體、2. 導角、3. 六角形。

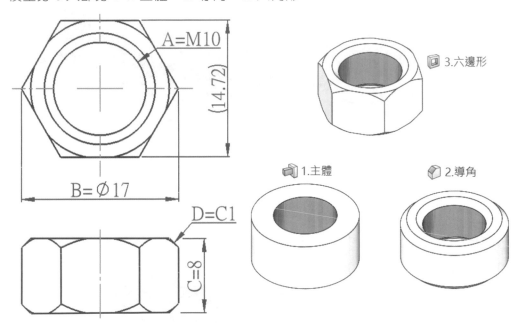

5-3-1 主體

　　由等角得知物體自然面,以上基準面繪製同心圓。

步驟 1 上基準面繪製 Ø10 和 Ø17 同心圓

　　Ø10 是 M10 的示意,Ø17 是螺帽最大徑。

步驟 2 🔲,深度 8

5-3-2 導角：角度距離

　　這就是核心，螺帽畫得像不像就在導角。點選內外圓柱面，讓系統抓取圓柱上下共 4 條邊線，C1=距離 1、45 度。

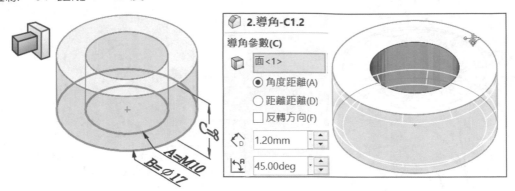

5-3-3 六角形

　　六角螺帽顧名思義就是六邊形，利用多邊形草圖完成，不需定義尺寸。

步驟 1 點選模型上面→⬡

步驟 2 限制條件

　　1. 拖曳多邊形頂點置於圓邊線 4 分點→重合、2. 點選水平線→水平放置。

步驟 3 🗐

　　完全貫穿、☑反轉除料邊，輪廓內保留其餘不要，覺得像魔術的地方。

5-4 連結桿

　　本題重點：**共用草圖把所有線條畫在單一草圖成為 LAYOUT，特徵引用草圖，達到共用草圖技術**。時代不一樣了，由單一封閉輪廓→穩定的輪廓，方便未來設計變更。

設變 1	A=80、B=60、C=35、D=10	體積：085857.86 mm^3
設變 2	A=90、B=70、C=45、D=20	體積：165972.84 mm^3

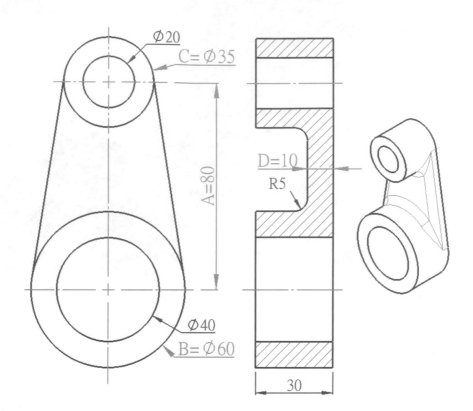

A 繪圖步驟

模型分 3 大部分：1. 背板→2. 圓柱→3. 圓角。

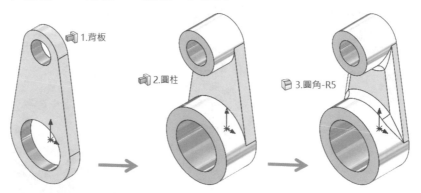

5-4-1 背板特徵

由前視圖得知草圖輪廓和尺寸，完成同心圓和相切線段。

步驟 1 前基準面完成草圖

步驟 2 ⬜，深度 10

輪廓非單一封閉，游標旁出現皇冠👑。點選 3 個區域面，預覽背板外形與 2 個孔。剛開始面的區域很大不習慣點選，常選邊線形成薄件特徵。

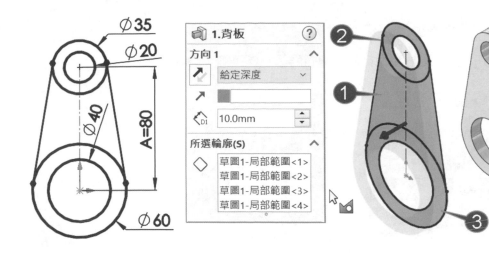

5-4-2 圓柱特徵

引用草圖 1，產生圓柱特徵，不須進入草圖，剛開始同學不習慣這樣選法。

步驟 1 顯示草圖

點選草圖 1，顯示草圖或檢視草圖。

步驟 2 完整顯示草圖

於特徵管理員，點選草圖 1。

步驟 3

旋轉模型到背面，點選 2 同心圓範圍，深度 30。

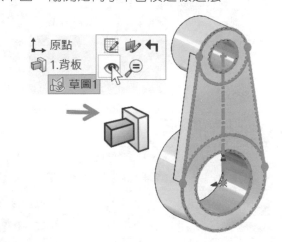

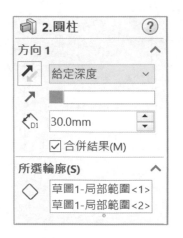

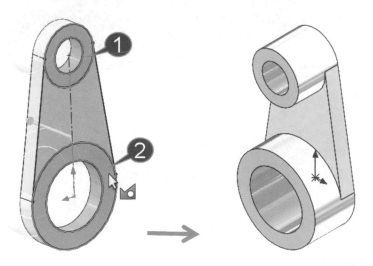

5-4-3 圓角特徵

點選模型面，讓圓角特徵自動抓取面周圍 4 條邊線（俗稱巡邊），R=5。

5-4-4 查看特徵管理員

被引用的草圖會出現手符號，代表共用草圖，這是 Windows 圖示，下圖右。

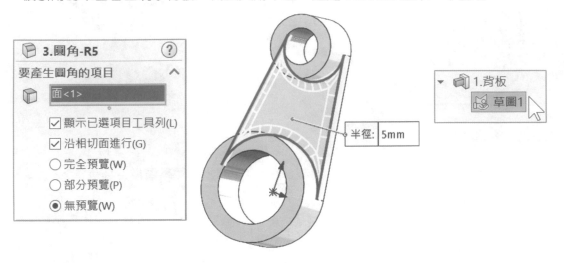

5-5 手輪把手

本題重點：1. 左邊球面製作手法、2. 對稱圓弧距離標註。

設變 1	A=100、B=6、C=30、D=15	體積： 33336.03 mm^3
設變 2	A=110、B=10、C=40、D=20	體積： 69207.52 mm^3

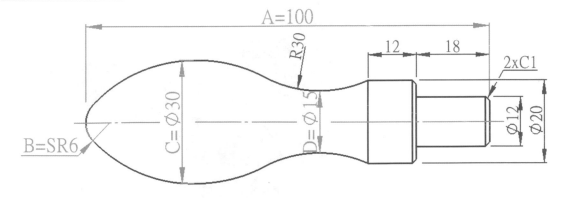

5-5-1 旋轉草圖

重點在左邊球端，用圓繪製再修剪即可，直線和弧一定直線先畫。

步驟 1 2 大矩形

以圖面來看原點在右邊，以來回法建構 2 個矩形，下圖左。

步驟 2 2 圓 1 弧

1. 先畫左邊小圓（小圓不能超過矩形呦）→2. 右上大圓→3. 弧連接。

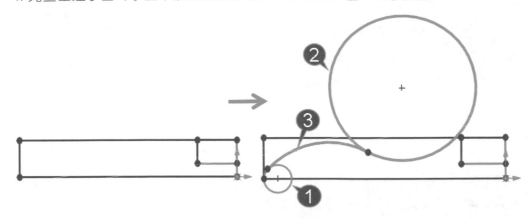

步驟 3 幾何建構線

下方線段為旋轉體一定會轉建構
線。

步驟 4 限制條件

相切+修剪。

步驟 5 水平尺寸，比較簡單

由右往左標註：18→12→30→6
→100。

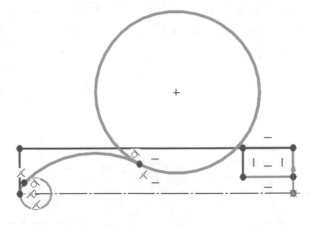

步驟 6 垂直尺寸

由右到左對稱標註：Ø12→Ø20→Ø15（按 SHIFT 標註）→Ø30（按 SHIFT 標註）。

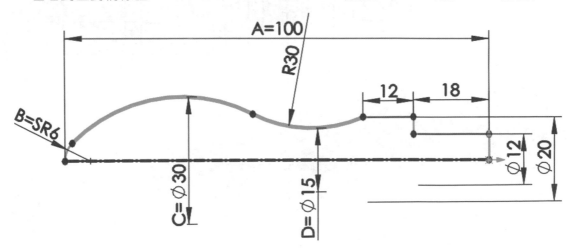

5-5-2 旋轉特徵與導角

進行旋轉特徵 🍥 → 加入導角 C1。

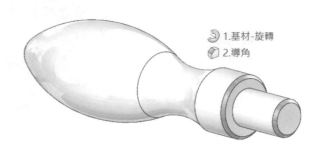

🍥 1.基材-旋轉
🍥 2.導角

5-6 偏心軸

本題重點：1. 伸長特徵應用、2. 顯示草圖關聯畫法、3. 多種特徵、4. 圖面判讀。偏心軸是常見機件，常用於現場調整。主軸一定包含整個軸心也是基準，偏心輪屬於附屬。

將常見特徵在同一模型有效率學習特殊畫法，例如：平行鍵槽、半月溝槽、攻牙、逃牙導角…等。繪製過程順便說明圖學認知，體積：24118.76mm^3。

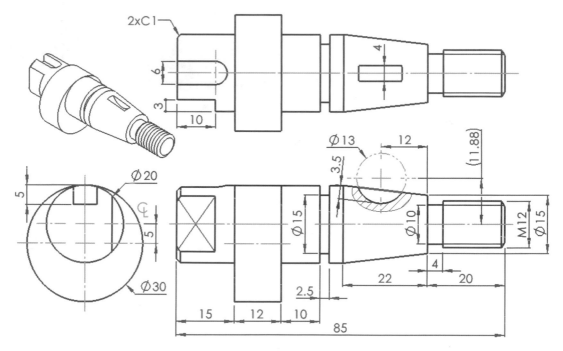

A 繪圖步驟

模型分 4 大部分：1. 主體 → 2. 偏心輪 → 3. 鍵槽 → 4. 攻牙。

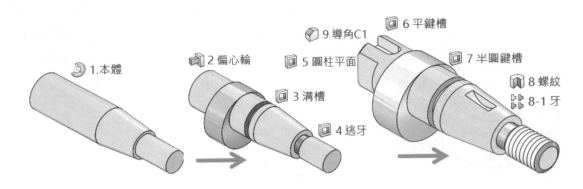

5-6-1 主體特徵

由前視圖得知主體尺寸，只有 M12 第一次看過。

步驟 1 基礎草圖

這一題原點在左邊，前基準面繪製 2 矩形+1 條線，下方轉幾何建構線。

步驟 2 修剪多餘線段

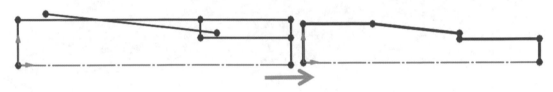

步驟 3 尺寸標註→

由右到左順向先標 X 軸，再對稱標註，其中 M12 螺牙=Ø12。

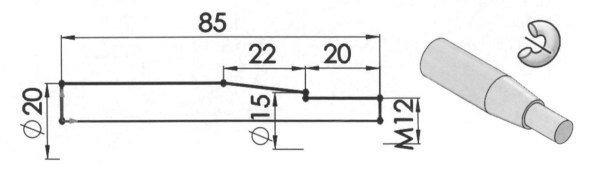

5-6-2 偏心輪特徵

於左視圖得知偏心 5 的位置尺寸，由 CL 符號得知基準（箭頭所示）。沒有標註中心符號，造成讀圖時間加長。前視圖得知 15 和 12 位置尺寸，下圖左。

步驟 1 繪製 Ø30 圓

左邊模型平面進入草圖，以中心為基準向下畫 Ø30→點選 2 圓標註偏心 5，下圖右。

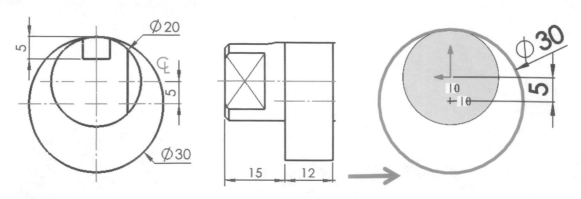

步驟 2 🗂

　　1. 來自：平移 15→2. 方向 1：深度 12，過程中成形方向亂壓，得到你要的位置即可。

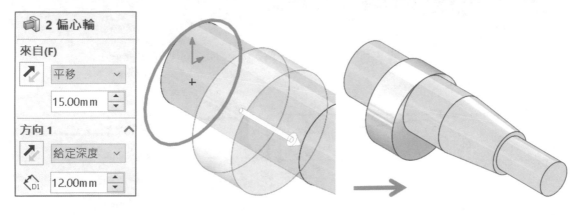

步驟 3 驗證

　　完成後點選特徵，由特徵尺寸驗證尺寸是否與工程圖相符。

　　由此可知不必算尺寸或做基準面。

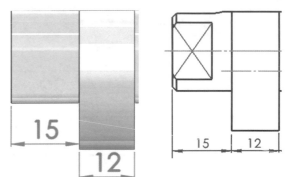

5-6-3 溝槽特徵

　　先完成比較簡單的溝槽，如果用直線或矩形完成溝槽，就沒有學習必要。本節有特殊又簡單畫法，由前視圖得知溝槽特徵基準和尺寸。

步驟 1 在偏心輪面上畫 ∅15

步驟 2 🗂

　　1. 來自：平移 10、2. 深度 2.5、3. ☑反轉除料邊，留意 10 有沒有包含 2.5。

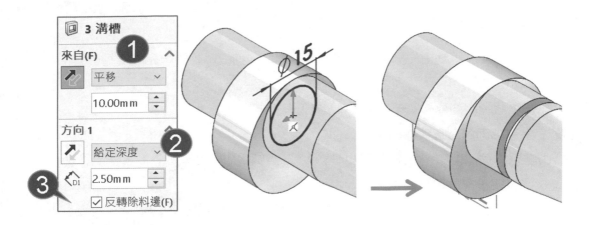

5-6-4 逃牙（溝槽）特徵

Ø10 溝槽避免車牙過程車刀撞到機件，由前視圖得知溝槽特徵基準和尺寸。

步驟 1 在模型牙底部面上繪製 Ø10

步驟 2 📦

1. 反轉方向、2. 深度 10、3. ☑反轉除料邊。對調。

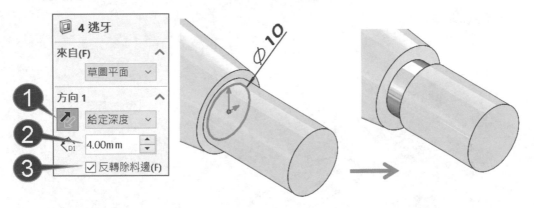

5-6-5 圓柱上的平面特徵

由上視圖得知草圖和尺寸 3 和 10。

步驟 1 上基準面畫矩形+↶

因為上基準面的尺寸標註與特徵比較直覺。

步驟 2 📦

完全貫穿-兩者。

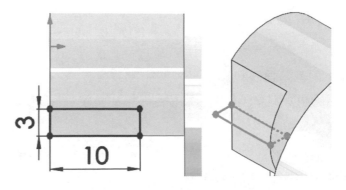

5-6-6 平鍵槽特徵

由上視圖和左視圖得知草圖輪廓與尺寸，利用先前的草圖關聯完成鍵槽除料。

步驟 1 顯示草圖

點選本體特徵的草圖 1→顯示 👁，下圖左。

步驟 2 上基準面繪製直狹槽

由左到右完成繪製，由完整的狹槽除料，左邊圓心與模型重合，下圖中（箭頭所示）。

步驟 3 修改狹槽尺寸與限制條件

刪除狹槽長度尺寸，修改狹槽寬度 6。點選狹槽右邊圓心＋模型邊線→垂直放置。

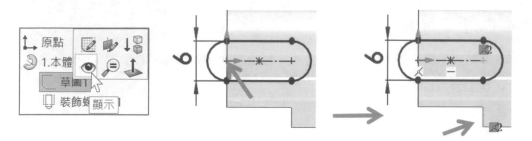

步驟 5 鍵槽除料 🔲

1. 來自：頂點→2. 點選草圖 1 的端點成為起始位置→3. 方向 1：給定深度 5。

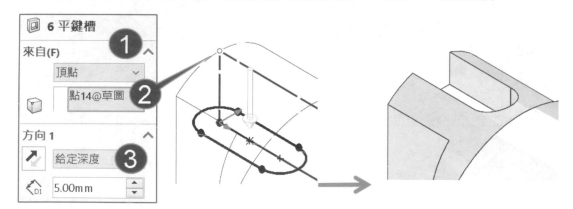

5-6-7 半圓鍵槽特徵

由前視圖右方得知草圖輪廓與尺寸。

步驟 1 前基準面畫 Ø13

用圓來除料草圖也完整和穩定，這招學會心會開闊。

步驟 2 ⌒

Ø13→12→3.5（SHIFT+草圖邊線），先形狀後位置。

步驟 3 🔲，兩側對稱，深度 4

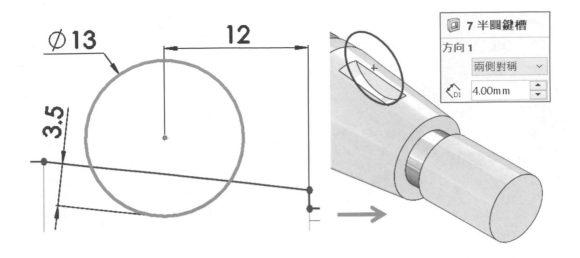

5-6-8 螺紋特徵

本節說明 M12 簡易螺紋畫法，利用正 3 角形⬡→⊞。

步驟 1 前基準面用多邊形畫 3 角形

步驟 2 限制條件

1. 想辦法將 3 角形定義在圓柱旁邊→2. 3 角形圓心＋模型垂直線段→∠→3. 3 角形水平線＋模型水平線→∠。

步驟 3 尺寸標註

M12 牙距=1.75，所以 3 角形邊線=1.75，這樣比較簡單，下圖左。

步驟 4 旋轉除料⬡

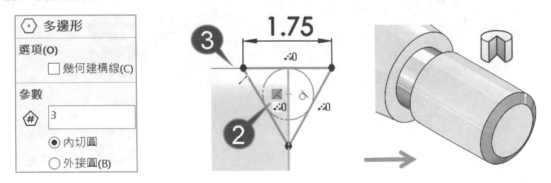

Ａ 直線複製排列⊞

由於這為簡易螺牙，只要有螺牙的樣子即可。

步驟 1 方向 1

點選圓柱面，系統會運算圓柱中心來定義方向。

步驟 2 間距=螺距=1.75

步驟 3 副本 10

副本數量憑感覺即可。複製排列過程，利用增量方塊，將 3 角形到逃牙位置即可。

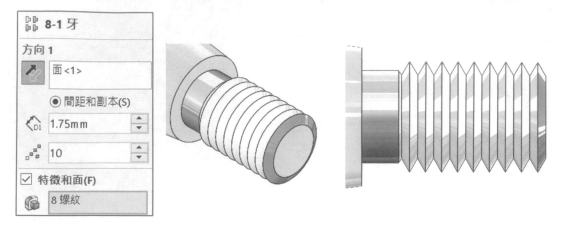

5-6-9 導角

完成一端圓邊線的 C1 導角。螺紋端面自然形成導角，所以不需加入導角特徵。

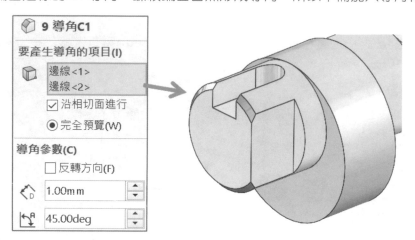

5-6-10 螺紋工程圖呈現

由於工程圖不表示攻牙的實際畫法（等角圖例外），利用模型組態切換這之間的變化。

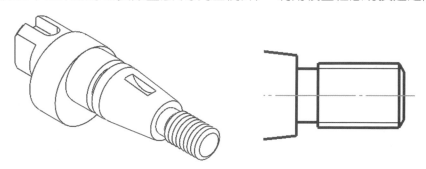

5-7 五角旋鈕

本題重點：1. 缺口除料與圓角一起複製排列、2. Ø14、Ø70 為半尺寸、3. 把重疊多餘線段刪除、4. 體積誤差±1mm^3。

設變 1	A=12、B=20、C=70、D=5（數量）	體積：57956.24 mm^3
設變 2	A=10、B=15、C=60、D=4	體積：42409.52 mm^3

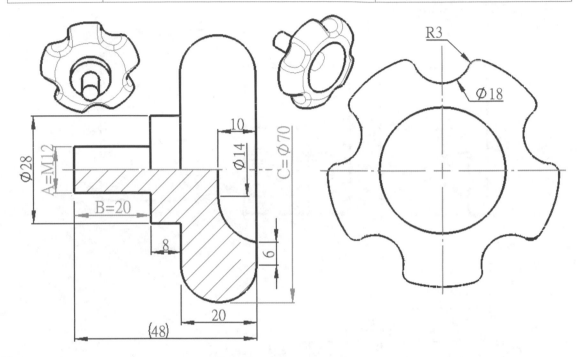

A 繪圖步驟

模型分 3 大部分：1. 主體➔2. 梅花造型。

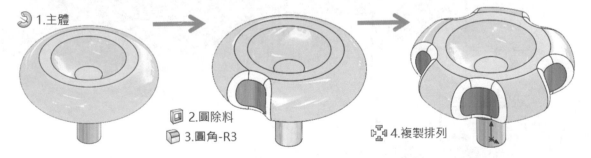

🥄 1.主體

📧 2.圓除料
📦 3.圓角-R3

⊞ 4.複製排列

5-7-1 主體特徵

完成右半邊草圖➔🥄，工程圖橫的表示方便看圖，不過草圖要垂直畫，雖然不是物體自然面，目前為組裝位置並強調中間有凹陷外型。

步驟 1 基礎建構

前基準面繪製 3 個矩形，下圖左。

步驟 2 外型建構

1. 上方繪製直線→2. 切線弧→3. 直線→4. 切線弧，下圖中。

步驟 3 草圖處理

1. 幾何建構→2. 限制條件，下圖右。

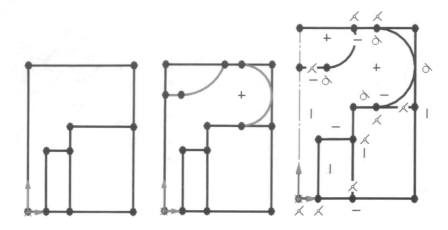

步驟 4 ⟨⟩→⟨⟩

先垂直後水平標註。

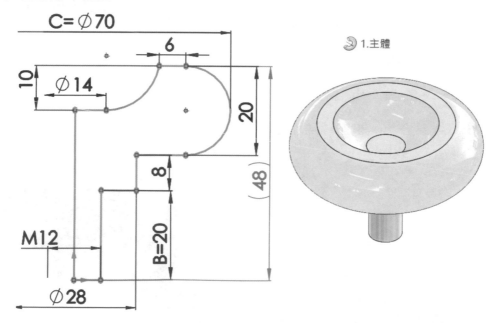

1.主體

5-7-2 圓除料與導圓角

草圖圓製作梅花缺口，圖面圓在上方所以草圖元就在上面。

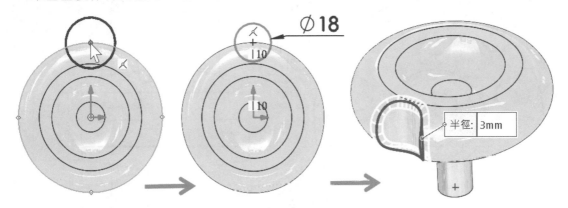

5-7-3 環狀複製排列

除料特徵加入圓角，複製 5 等分。

步驟 1 方向 1

點選下方圓柱面作為複製排列基準。

步驟 2 間距

☑同等間距、360 度、副本 5。

步驟 3 特徵和面

點選除料特徵面加入圓角。

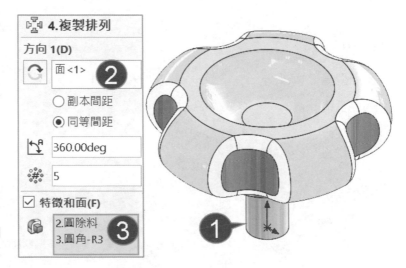

5-8 滑輪

本題重點：1. 剖視圖判斷、2. 尺寸標註順序、3. 鏡射旋轉體，本節不導圓角。

設變 1	A=40、B=5、C=30、D=5（孔數量）	體積：132668.11 mm^3
設變 2	A=50、B=8、C=40、D=6	體積：199333.82 mm^3

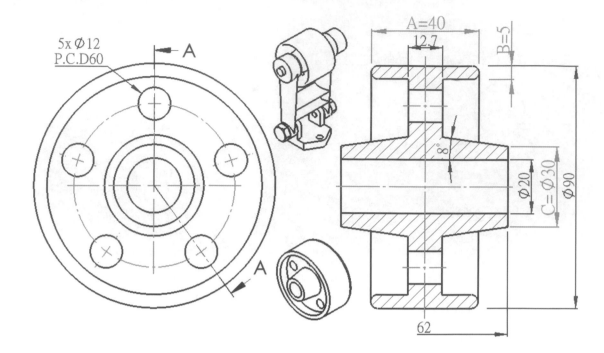

A 繪圖步驟

模型分 3 大部分：1. 主體→2. 鏡射→3. 鑽孔。

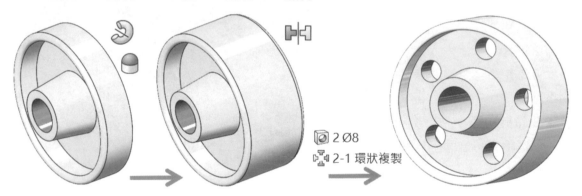

5-8-1 主體特徵

先畫 1 半草圖→，因為等角方位必須用右基準面進入草圖。

步驟 1 右基準面繪製 2 矩形+1 橫線，下圖 A（箭頭所示）

步驟 2 刪除水平放置→拖曳為斜線，下圖 B

步驟 3 加畫上方 40 的線段，下圖 C（箭頭所示）

步驟 4 將水平和垂直線段轉幾何建構線，下圖 C（箭頭所示）

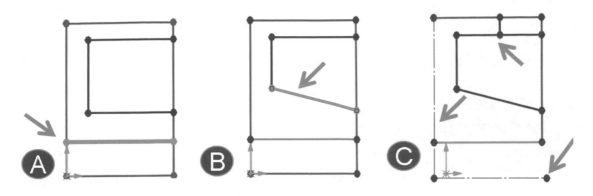

步驟 5 X 軸標註→Y 軸標註

　　雖然 XY 軸都有對稱標註，但 X 軸（水平）尺寸比較好標。

步驟 6 ⟳→◻

　　可見一半輪圈，自行完成全週圓角。

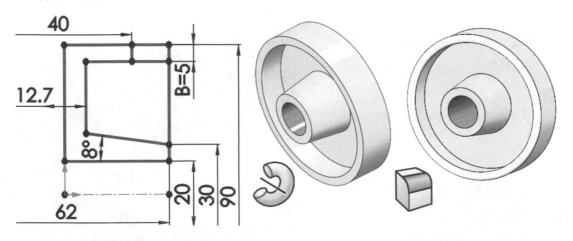

5-8-2 鏡射本體◫

　　使用鏡射的鏡射本體把一半的輪圈鏡射。

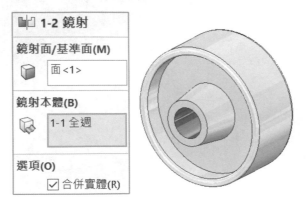

5-8-3 鑽孔

本節比較特殊，使用簡易直孔⦿→✛，P.C.D60=中心距直徑 60，PCD=Pitch Center Diameter。

步驟 1 簡易直孔⦿

這指令必須先完成特徵，再回頭更改草圖，補畫 Ø60 基準，Ø12 圓心+原點垂直放置。

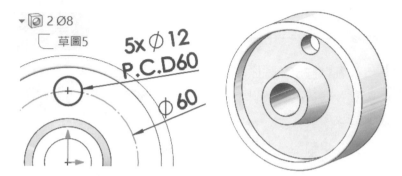

步驟 2 環狀複製排列✛，複製 5 個孔

除料特徵加入圓角，複製 5 等分。

步驟 3 方向 1

點選中間圓錐面作為複製排列基準。

步驟 4 間距

☑同等間距、360 度、副本 5。

步驟 5 特徵和面

點選除料特徵面加入圓角。

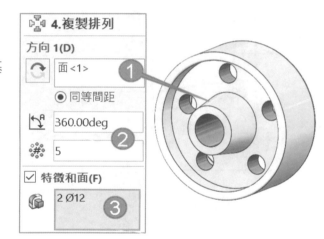

薄殼與肋

薄殼（Shell）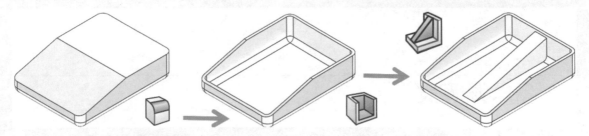產生厚度一致的殼體，常用在中空物，讓物體變輕、成為容器。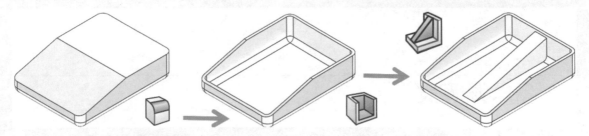計算所選面，產生偏移與除料作業與草圖的觀念相近。

A 口訣

所選面為挖除面，又稱除料進階版。會計算所選面產生偏移肉厚效果，例如：滑鼠蓋有斜度和圓角，經薄殼後還保留這 2 項特徵型態。

B 特徵建構順序

常與其他指令搭配，例如：圓角或肋，通常是 1. 圓角→2. →3. 肋。

6-1 移除面應用

移除面擁有大量刪除特性，本節說明三通管的製程管理，甚至沒想過後→再的手段。

6-1-1 三通：實心變空心管

2 個完成大小不同直徑的 3 通管，下管 Ø50 深 100，上管 Ø40 深 60。：殼厚 3，選擇 3 個管口平面，很快得到空心通管。

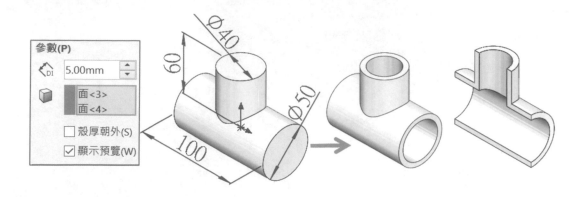

6-1-2 三通管拆件

由於 3 通管不是一體成型，為上下 2 件焊接，選第 4 個面，很神奇下方直管被移除，這呼應**所選面為挖除面**。

6-1-3 上方直管移除

用編輯薄殼完成上方管移除，更能融會貫通指令運用，這就是靈魂。

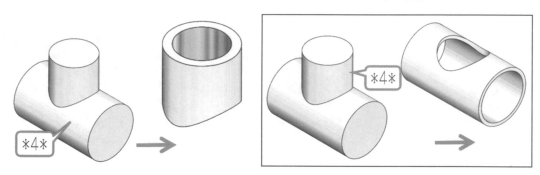

6-2 圓角與薄殼

很多人問先🎲，還是先🎲，答案是先🎲→讓🎲計算，否則花費時間導內 R 與外 R。本節模型分別🎲=R10、🎲=5，探討特徵順序與模型影響。

6-2-1 圓角後薄殼

薄殼會偏移幾何，執行效率較高，例如：外圓角 R10、薄殼 5，內圓角自然成形為 R5。

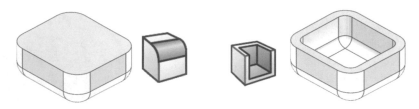

6-3 六角板手

本題重點：1. 先薄殼後圓角、2. 右下方斜面與薄殼關係、3. 圓角順序由外而內。理論上先🔲→🔲，由薄殼完成內部圓角，但這題內外圓角皆為 R5，所以只能先🔲→🔲。

設變 1	A=25、B=50、C=32、D=5	體積：49525.3 mm^3
設變 2	A=20、B=60、C=35、D=3	體積：41303.2 mm^3

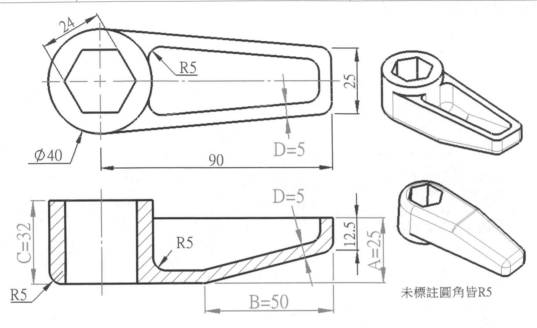

未標註圓角皆R5

A 繪圖步驟

模型分 6 大部分：1. 主體、2. 斜面、3. 薄殼、4. 圓柱、5. 導角、6. 圓角。

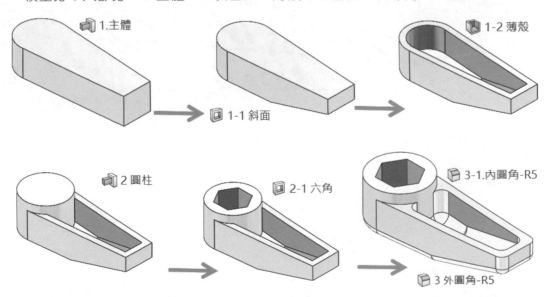

6-3-1 主體特徵

由上視圖得知草圖輪廓和尺寸，前視圖得知深度 25，草圖用多重輪廓完成。

步驟 1 基準草圖

繪製圓和矩形，矩形在上半邊。

步驟 2 限制條件：相切

步驟 3 刪除限制條件：垂直線與水平放置

步驟 4 轉幾何建構線

步驟 5 拖曳端點為梯形

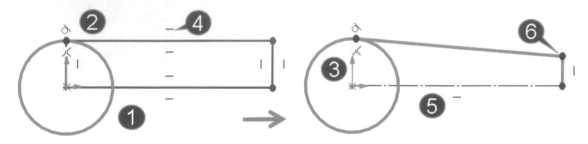

步驟 6 鏡射上方 2 條線

步驟 7 尺寸標註

完成封閉輪廓的完全定義，不修剪維持圓的穩定度。

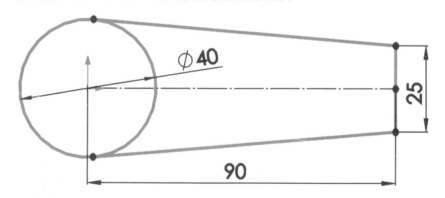

步驟 8 🗐

由前視圖得知深度 25，所選輪廓，點選 3 個封閉面。

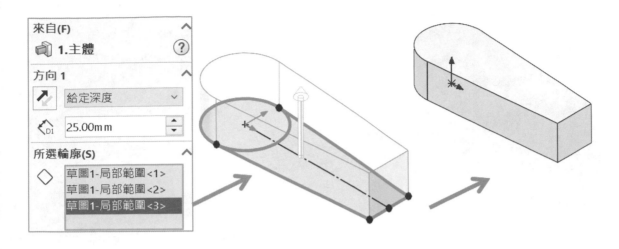

6-3-2 斜面特徵

前視圖右方得知草圖輪廓和尺寸,用 3 條線封閉輪廓→◙。

A 本節重點

1. 草圖要在前基準面(中間)、2. 尺寸 12.5 位置。

B 不適用導角?

導角尺寸為所選邊線的相鄰面。

C 不要在斜面上做特徵

絕大部分同學會在斜面上畫斜線,這樣無法完成特徵,實務也避免在斜面產生特徵,因為這部分很常遇到錯誤,下圖右(箭頭所示)。

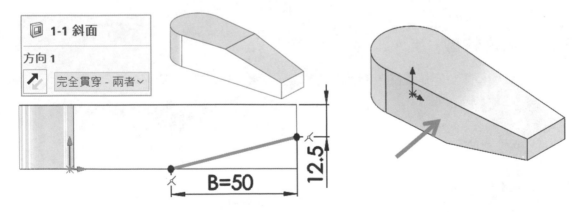

6-3-3 薄殼特徵

先完成斜面特徵→◙,點選上方模型面,厚度=5。

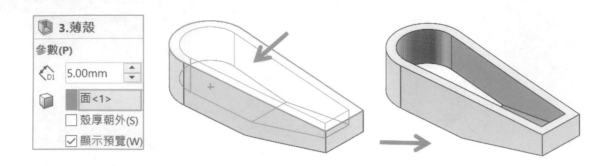

6-3-4 圓柱特徵

常問同學要選上、中、下哪面畫圓？由前視圖 32 尺寸得知，基準在模型下方。很多人會點選上面畫圓，尺寸用加的基準會跑掉，下圖左（箭頭所示）。

步驟 1 顯示主體特徵草圖

步驟 2 🗐

深度 32，所選輪廓，點選圓面。ADD 介面。

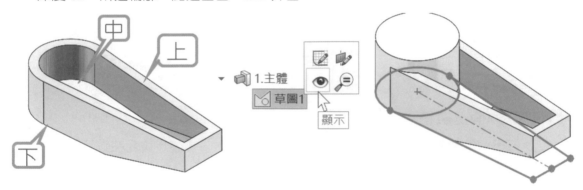

6-3-5 六角特徵

本節以建模來說不是重點，點選上方模型面，繪製六邊形→🗐。

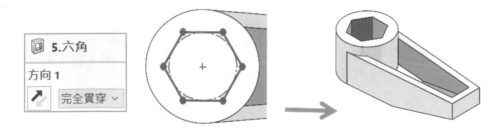

6-3-6 內外圓角特徵

分別在模型外側和內側 R5 圓角。

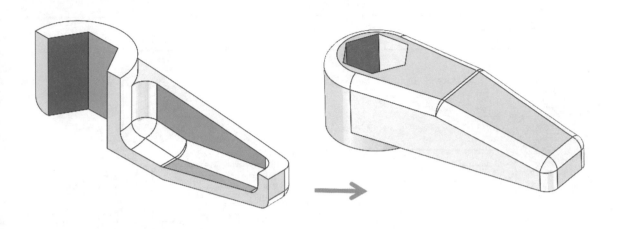

6-4 圓柱上的肋

分別 3 種特徵完成⬭、⬭、⬭，這些畫法會影響結果，不僅是把模型畫出來，要與產品連結=懂製程。

6-4-1 肋材特徵⬭

直線草圖擁有包覆性，可見將圓柱包起來，適合開模，下圖左。

6-4-2 連接板⬭

現在流行不用草圖的特徵，熔接工具列→**連接板**⬭，點選 2 圓柱面→直覺定義連接板位置，完成後特徵未包覆圓柱，適合焊接，下圖左。

6-4-3 伸長特徵⬭

三角形草圖未包覆圓柱情形，適合焊接，下圖右。

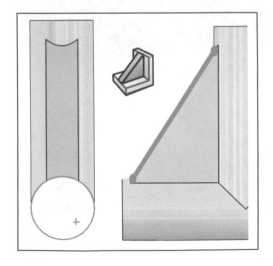
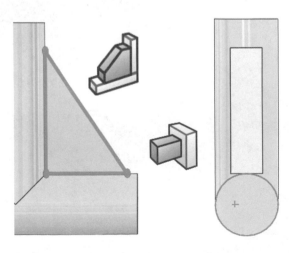

6-5 滑鼠蓋

滑鼠重點：1. 薄殼、2. 肋、3. 狹槽複製排列、4. 外圓全週 R5、內圓圓周 R1。

設變 1	A=100、B=1.5、C=5、D=2	體積：26504.5 mm^3
設變 2	A=120、B=2、C=4、D=1.5	體積：33235.92 mm^3

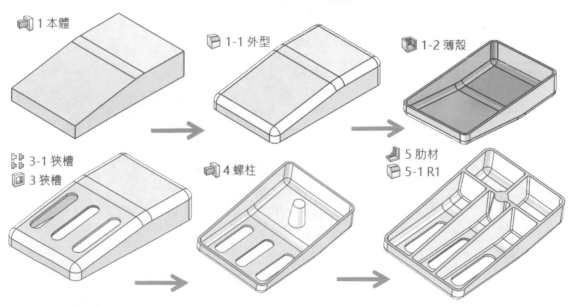

下視圖

前視圖

R1全週

R5全週

A 繪圖步驟

模型分 4 大部分：1. 本體→2. 薄殼→3. 肋→4. 圓角。

1 本體

1-1 外型

1-2 薄殼

3-1 狹槽
3 狹槽

4 螺柱

5 肋材
5-1 R1

6-5-1 滑鼠本體

　　繪製梯形輪廓→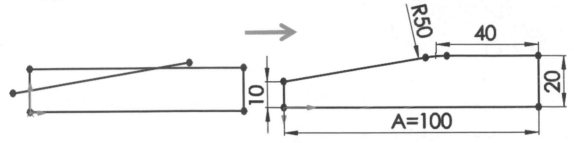。草圖導 R50 是為了可以沿相切面進行，這是額外提出來和同學分享有這手法。實際上可以用多重半徑圓角，使用 R50、R5 直接導角。

步驟 1 梯形草圖

　　由前視圖得知外型輪廓與尺寸，由左到右矩形＋斜線→修剪→尺寸標註。

步驟 2

　　由上視圖中心線超越輪廓線得知，兩側對稱，深度 60。

6-5-2 外型圓角 R5

　　基於圓角在薄殼先做，所以先導圓角，點選 2 面+4 條邊線，由上方可見繞圈圓角。

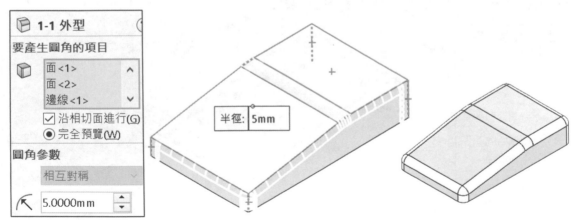

6-5-3 薄殼特徵

　　視圖得知厚度=1.5，點選下平面作為挖除面。

6-5-4 狹槽

直狹槽◎→直線複製排列▦，留意左下角 16 的基準。

步驟 1 顯示本體草圖

步驟 2 在斜面中間繪製直狹槽◎

1. 修改尺寸 30、8，點選本體草圖與狹槽位置 15。

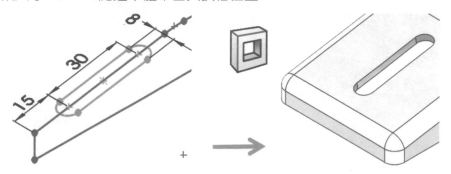

步驟 3 直線複製排列▦

方向 1 和方向 2 相同數量與距離進行複製排列。

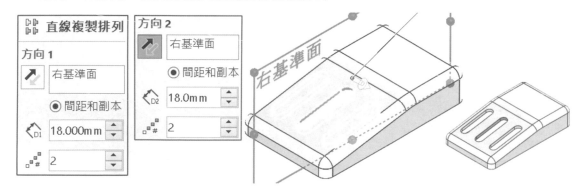

6-5-5 螺柱特徵

下面繪製 Ø8 螺柱，成行至某一面，螺柱拔模角 5 度。

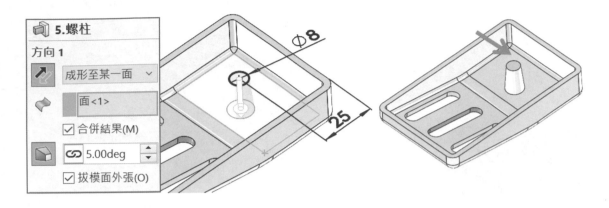

6-5-6 肋特徵

在滑鼠內部放 4 條肋。

步驟 1 繪製草圖線段

於下方繪製 4 條線，體驗草圖不必畫好畫滿，只要標註 18，線段位置在右上角視圖。

步驟 2

1. 厚度 2→2. 拔模角 5 度→3. ☑拔模面外張。

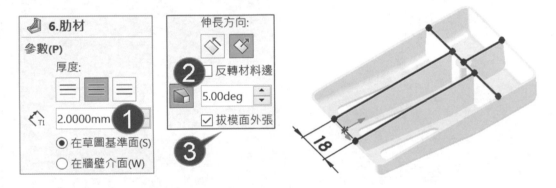

6-5-7 圓角補強（潤飾）

肋材圓角 R1 邊數很多，利用**快速選擇器**找出最適當的邊線選擇，所有凹線，52 邊線。

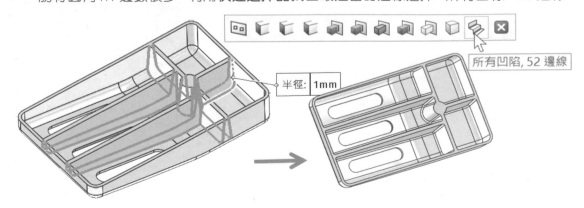

筆記頁

07

掃出原理與應用

掃出（Sweep）♪就像掃地，掃把=輪廓，地=路徑，輪廓沿路徑成型。本章介紹原理和指令項目就是字典，♪填料和除料觀念相同，本章同時介紹。

A 無法取代

應用相當廣：螺旋、彎曲、曲面…等，進一步學習深度與廣度，它更擁有無法取代特性非他不可，例如：S 管無法用🔩與🐍完成。

B 建模 4 大天王：1.🔩、2.🐍、3.♪、4.🔻

建模 4 大天王順口溜也是學習能力指標，🐍=第 1 階段，♪🔻=第 2 階段。♪與🔻業界一定要會，要有相對基礎才可理解，訓練單位常將它們列為進階課程。

7-0 指令位置與介面項目

掃出介面由上而下分 6 大段，輪廓與路徑是基本，進階稍微調整為另一種樣貌。

A 掃出除料

♪與掃出除料🔩介面大致相同，🔩多了實體輪廓又稱實體掃出用（箭頭所示）。

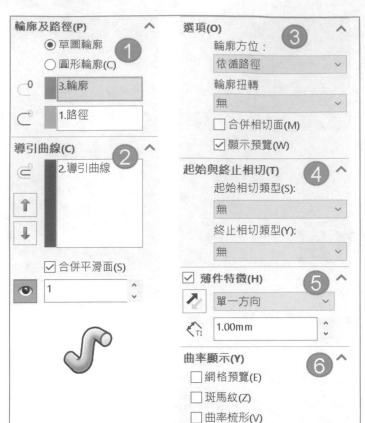

7-0-1 掃出基本條件

1. 輪廓＋2. 路徑，至少 2 個草圖才可完成掃出，初學者剛開始不能理解，因為習慣 1 個特徵 1 個草圖。

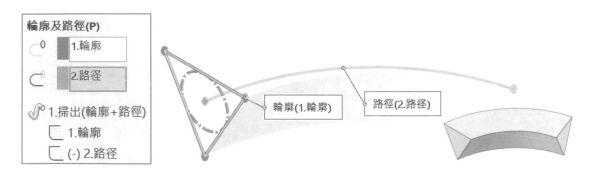

7-0-2 掃出進階條件

2 大基本條件＋3. 導引曲線，**導引曲線**控制外型變化（造型靈魂），例如：圓沿導引曲線產生直徑不相等。

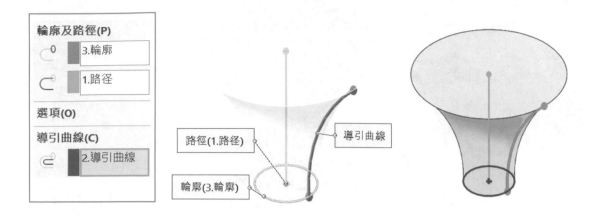

7-0-3 掃出高階條件

在沒有導引曲線下，利用選項完成複雜外型，例如：三角輪廓可以在成型過程同時扭轉 90 度。時代不同學習風向不再學會建立螺旋條件或草圖，而是能夠用學會用按鈕完成，不必建立條件為導向。

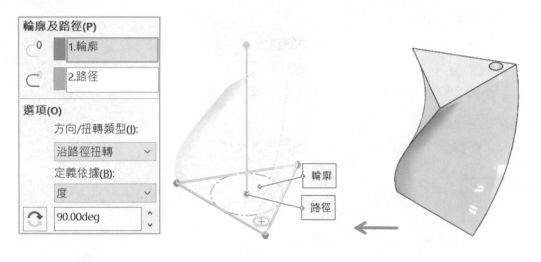

7-1 輪廓及路徑

掃出 2 大條件：1. 輪廓、2. 路徑，分別不同基準面，理論為垂直關係。

7-1-1 圓形輪廓（Circular Profile）

先教**圓形輪廓**引發同學對掃出興趣，當下完成掃出軟管，常用在電線、電纜管路，管路已成為顯學。2016 自動加入圓完成掃出，圓使用率最高常用在管路，不必為了繪製草圖或製作草圖基準面而增加建模時間。

步驟 1 路徑

前基準面繪製 4 點不規則曲線∿，繪製過程大方。

步驟 2 ℐ

1. ☑圓形輪廓→2. 點選曲線→3. 輸入 10。

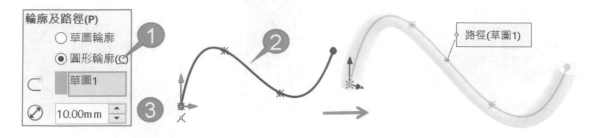

7-1-2 草圖輪廓

用改的分別完成掃出 2 大條件：1. 輪廓、2. 路徑，並學習草圖命名。

步驟 1 刪除掃出特徵ℐ

步驟 2 草圖命名 Path

點選草圖 1 按 F2→輸入 Path，可強迫體會獨立草圖，這部分算技術內化。

步驟 3 繪製輪廓

在等角視可見輪廓放置哪個空間，例如：在上基準面畫圓，草圖命名 Section。

步驟 4 ℐ，☑草圖輪廓

分別於繪圖區域點選 2 草圖，可見成形預覽→↵，完成掃出。

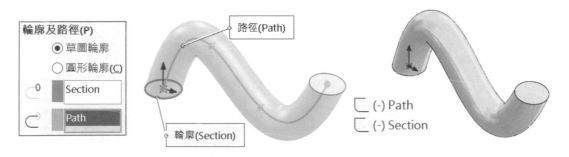

7-2 導引曲線之外型控制

掃出草圖有順序性但不要背，簡單的說**輪廓最後畫**。

7-2-1 花瓶建構

花瓶導引曲線比較簡單，體驗有曲線的花瓶掃出。

A 路徑=範圍=簡單

除了繪製直線，還有顯示草圖，下圖左。先畫路徑比較好，路徑草圖表達特徵大小，路徑畫完再畫輪廓，心理比較不會有壓力。如果先畫導引曲線，心理壓力莫名上來。

步驟 1 前基準面畫 50 線段→退出草圖

步驟 2 顯示草圖

由於導引曲線要參考路徑進行限制條件，所以顯示草圖。

B 導引曲線

利用弧線完成導引曲線，下圖中。

步驟 1 繪製弧

步驟 2 加入上下 2 組水平放置

步驟 3 標註 R65

C 輪廓

重點在將輪廓與導引曲線進行限制條件，下圖右。

步驟 1 上基準面畫圓

等角點選上基準面畫圓，這樣比較好判斷空間。

步驟 2 點選圓+弧端點→重合

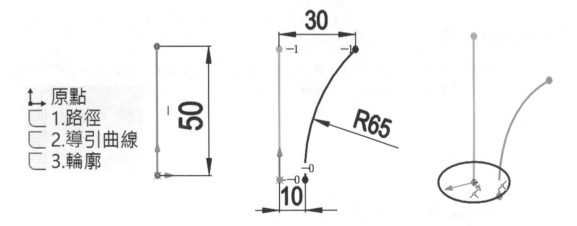

7-2-2 基本成形

選擇過程，先看到輪廓與路徑已經成型，代表這 2 項條件是正確的。

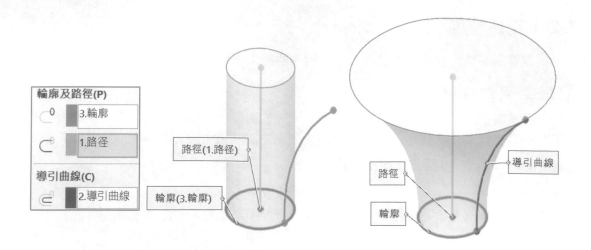

7-2-3 掃出與旋轉填料不同處

每次這時刻同學會問和 ♪ 有何差別，下圖右。♪ 只有 1 個輪廓繞基準軸成形製作容易，僅適用圓形斷面。掃出輪廓可以多樣性，比 ♪ 多了設計彈性也無可替代。

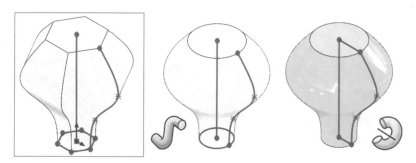

7-2-4 掃出實例

分別完成以下模型，有些是鈑金，有些是造型體，草圖就不必同學畫了，因為這些草圖都是基礎作業，通常掃出課題不太讓同學畫草圖。

A 框架

掃出不支援開放輪廓，所以要把輪廓封閉起來。

B 圓錐

這題有點智力測驗，下方為路徑。

C 梯形

路徑有點類似導引曲線。

D 把手

看起來是曲面指令才有可能的造型，其實掃出就可以。

E 洗潔精

本節有 2 條導引曲線，可以讓造型更具變化與彈性。

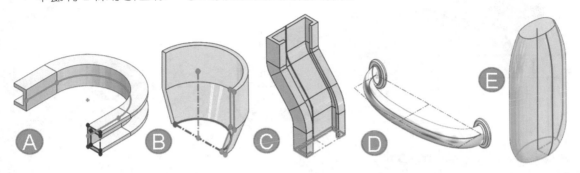

7-3 鎖棒

Ø15 旋轉體是基準，把手由掃出完成，無法用其他特徵取代，體積 7502.6 立方毫米。

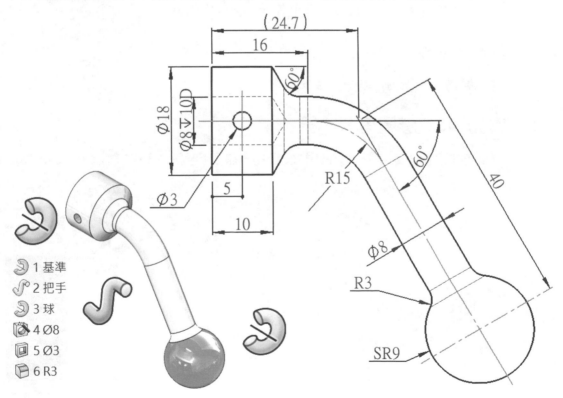

7-3-1 旋轉主體

利用前基準面繪製旋轉主體，尤其是右端的直徑先畫一節，因為它為把手的直線段。

7-3-2 把手掃出

繪製路徑，圓形輪廓 Ø8，下圖右。

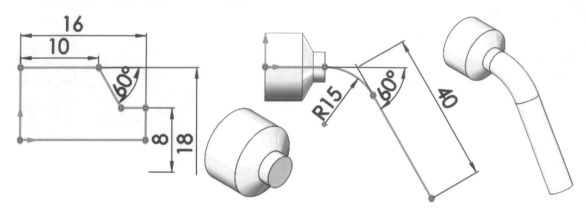

7-3-3 球體

利用前基準面完成球體草圖和旋轉填料，下圖左。

7-3-4 鑽孔 Ø8 深度 18

由於該孔有鑽角，必須用異型孔精靈。

7-3-5 鑽孔 Ø3、導圓角 R3

前基準面 Ø3 草圖→◎，就不必在圓柱面鑽孔。在 2 端圓角 R3，下圖右（箭頭所示）。

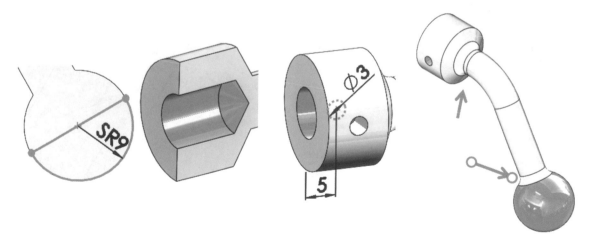

7-4 螺旋曲線（Spiral）&

螺旋曲線（又稱空間曲線，簡稱螺旋線）常用在掃出路徑，完成最常見的彈簧，理解螺旋 4 大依據。

🄰 螺旋曲線應用範圍廣

螺旋線和螺紋有關，應用範圍廣：彈簧、螺牙、進階曲線都少不了它。彈簧有多種型式生活都看過，只是沒留意長相和動作原理。

7-4-0 指令位置

介紹螺旋指令位置與介面項目，定義依據是指令大方向，指令名稱很多是螺旋術語。有 2 個地方取得指令：2. 特徵工具列→ʊ→&、2. 插入→曲線→&。

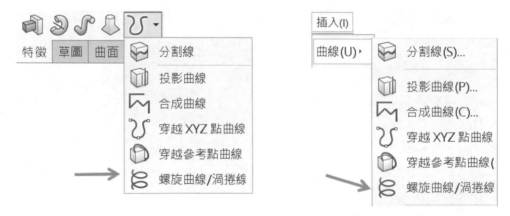

🄰 介面項目

可見 3 大欄位：1. 定義依據、2. 參數、3. 錐形螺線，主要設定 1 和 2，3. 類似拔模角。

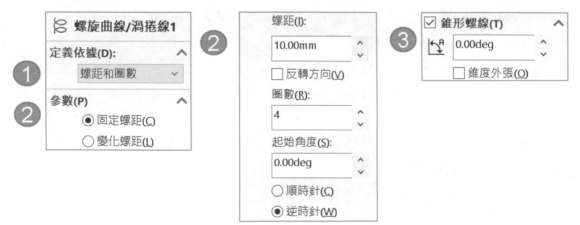

B 螺旋基本造型

指令可以完成：1. 固定螺距、2. 變化螺距：3. 渦捲線、4. 錐形螺線。

C 螺旋曲線原理

螺旋線必須由圓構成，原理有 2：1. 點呈圓周運動，2. 朝 1 方向形成軌跡。圓心到邊線距離相等=半徑。

矩形或三角形草圖無法直接使用⑧，因為圓心到任一邊距離不相等（就不是圓周）。至於三角、多邊或非圓形的螺旋模型，建模過程必定搭配螺旋曲線，下圖右。

D 先睹為快：螺旋曲線

螺旋曲線是指令名稱，螺旋=共通術語，彈簧=應用結果，不要搞混呦！

步驟 1 前基準面畫 ∅10→等角視

步驟 2 ⑧，定義依據：螺距和圈數

1. 螺距 10、2. 圈數 4→↵，可看出曲線成形。

步驟 3 ♪

1. 路徑：螺旋線、2. ☑圓形輪廓、3. 直徑 ∅2，完成彈簧。

步驟 4 查看螺旋曲線結構

於特徵管理員查看指令，特徵名稱為螺旋曲線，展開曲線特徵包含草圖圓，不過⑧不在掃出特徵裡面。

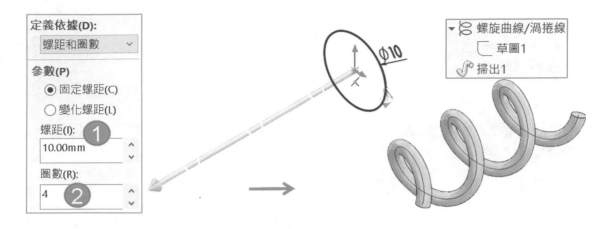

7-4-1 定義依據（Defined By）

由清單切換螺旋 4 大依據，預設 2 組：1. 螺距、圈數、高度，2. 渦捲線獨立 1 組。

A 王不見王

依彈簧公式：螺距 X 圈數=高度，這 3 項不會同時呈現，例如：定義螺距和圈數後，於下方參數出現**螺距**和**圈數**，看不到**高度**。

 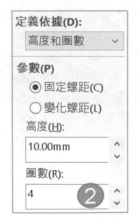 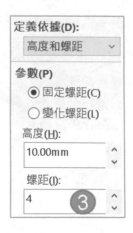 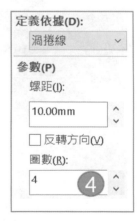

7-4-2 參數

依**定義依據**進行調整參數，參數又分：1. 固定螺距、2. 變化螺距，先說明固定螺距。課堂為了教學習效率，**渦捲線**和**錐形螺線**一同介紹。

A 固定螺距（Constant Pitch 預設 10）

螺旋每圈距離且距離相等，可輸入 0.001～20000 範圍，螺距又稱行程，下圖左。圈數 1，調高螺距越長趨近直線，常用在螺旋齒輪，下圖右。

B 圈數（Revolution）

螺旋圈數以圈為單位，圈數越多螺旋越長，螺距 X 圈數=高度（長度），好理解對吧。常用增量方塊調整圈數，以 0.25（1/4 圈）為增量，也可自行輸入 3.175。

C 起始角度（Start angle）

定義由何處產生曲線，通常以 0、90、180、270 為基準，對後續掃出輪廓的基準面位置比較好找，建議起始角度 0，0 比其他數值好輸入。

起點角度確定後，自行決定基準面繪製 Ø3 圓，例如：起點角 0 或 180 度=上基準面、90 或 270 度=右基準面。

螺距(I):
10.00mm
圈數(R):
2
起始角度(S):
0.00deg

D 順時針（Clockwise，預設，右螺旋）

右螺旋=螺旋前進方向=鎖螺絲，例如：時鐘、風扇、腳踏車，下圖左。

E 逆時針（Counterclockwise 左螺旋）

逆時針=左螺旋=左轉螺旋前進方向，固鎖件一定要相反才不會鬆脫，口訣：左緊右鬆。例如：鎖風扇葉片蓋子，風扇右轉蓋子就會順勢往左旋緊，否則蓋子右螺旋會被轉開，葉片會鬆脫，下圖右，腳踏車踏板越騎越緊，也是這道理。

F 實務：彈簧墊圈

利用螺旋線配合機件原理，完成常見的彈簧墊圈（Spring Washer），輪廓為矩形。

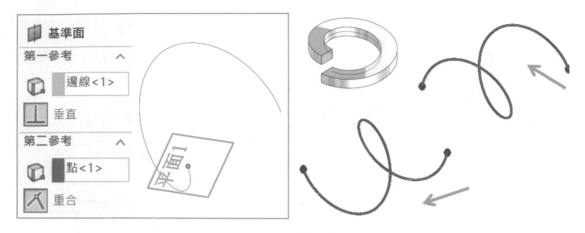

7-4-3 錐形螺線（Tape Helix）

設定錐形角度（又稱拔模角），產生錐狀螺旋曲線。受壓縮時，線圈會縮進平面內，最大特性可節省空間，例如：電池盒負極。

A ☑錐形螺線

並設定角度，預覽輸入的角度是否成形，預設螺旋以 A 型發展。調整角度過程讓螺旋發展到原點上方=極限位置無法繼續=無效角度。另一個視角來看就是渦捲線，下圖右。

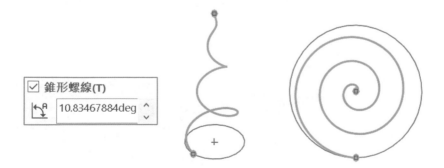

B 錐度外張（CounterClockwise）

反轉錐度，預設螺旋以 V 型發展，通常比較不會成行不出來，下圖右。

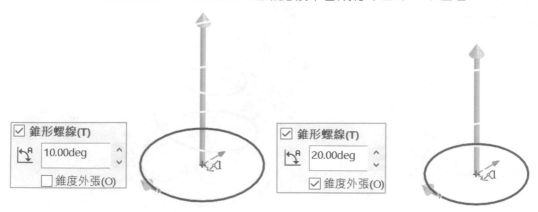

7-4-4 渦捲線（Spiral）

渦捲線，又稱阿基米德，只能定義螺距和圈數，屬於另一種彈簧形式，獨立開來的依據，渦捲線能儲存能量，**渦捲線**不是**漸開線**呦，下圖右。

螺距在同一平面能儲存能量，例如：電池盒正極、蚊香（大家都會這樣說）、發條。

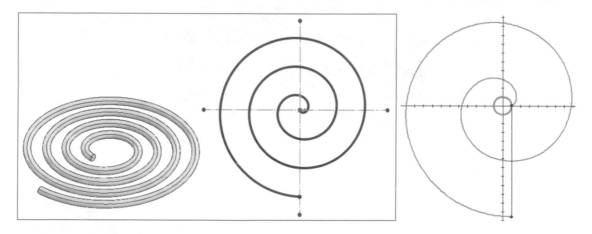

A 定義依據

繪製 Ø10 圓，在定義依據清單中選擇→渦捲線，重點在產生螺旋線的草圖圓。

B 參數

定義螺距 10 和圈數 4，得到成形預覽。

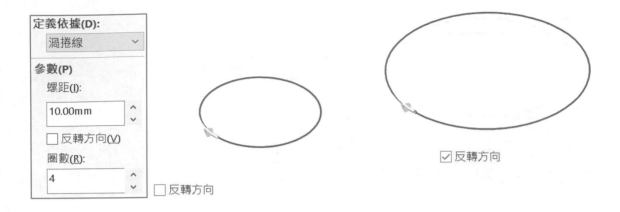

定義依據(D):
渦捲線

參數(P)
螺距(I):
10.00mm

☐ 反轉方向(V)

圈數(R):
4

☐ 反轉方向

☑ 反轉方向

7-4-5 實務：渦捲線之借位建模

由於螺旋線不是真實圖元，無法直接產生特徵，利用**參考圖元**把曲線提出來成為實際圖元並產生特徵，是業界常用手法。

A 繪製渦捲線

這時會問同學為何無法使用。

步驟 1 上基準面繪製 Ø20 圓

步驟 2 渦捲線

螺距 10、圈數 1、起始角度 0，下圖左。

B 渦捲線變化

渦捲線產生草圖並完成特徵。

步驟 1 上基準面進入草圖

步驟 2 點選渦捲線→參考圖元

步驟 3 直線將線段封閉

步驟 4 ，深度 10

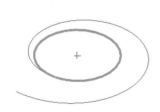
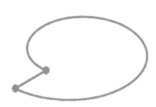

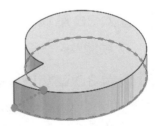

7-5 3D 草圖與管路

草圖有分 2D 和 3D，而 3D 草圖 強調空間運用，可迅速學會空間感，初學者一開始聽到這名詞覺得很難學，因為還不習慣草圖 3 度空間。常聽到很少用 3D 草圖，我們會說很常用 3D 草圖，用 3D 草圖是另一種手段，和不同角度的建模思維。

7-5-1 先睹為快

運用 3D 草圖為框架路徑，只要 1 個草圖建立管路，讓掃出成為管路解決方案。

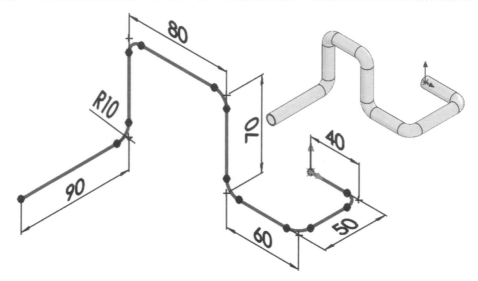

A 等角視+原點打開

3D 草圖要在等角視作業，原點要打開，下圖 A。

B 進入 3D 草圖

1. 展開草圖群組→2. 3D 草圖，進階者用快速鍵或把指令移出來（下圖 B 箭頭）。

C 查看 3D 草圖環境與草圖直線

點選直線繪製框架過程可見：1. 大的座標系統、2. 游標變圖筆✎下方顯示 XY 平面。

D 切換平面（TAB）

按 Tab 鍵切換座標平面。切換過程可見到 XY、YZ 和 ZX 平面循環切換，所以不必擔心切錯座標平面，循環切換回來即可，下圖 C。可以在畫圖過程切換基準面呦。

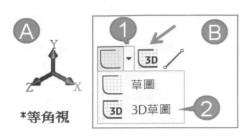

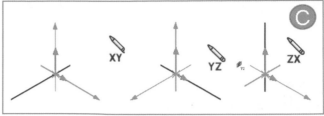

E 判斷共用平面

左下方空間參考座標協助找出共用平面線段，例如：下方ㄈ=ZX 平面、前方ㄇ=XY 平面，左直線=右 YZ 或上 ZX 皆可。3D 草圖忌諱平面過多，平面越多越難控制，下圖左。

F ZX 基準面繪製 3 條線

7X 基準面繪製下方線段 40、50、60。

步驟 1 Tab 轉換平面至 ZX

步驟 2 由原點開始繪製下方ㄈ型

繪製過程可見系統提示，跟著提示線走，下圖右。

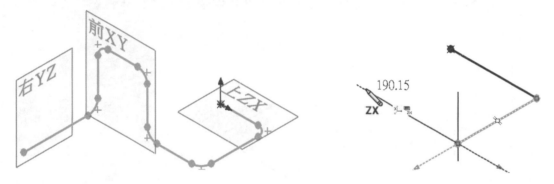

G XY 基準面繪製 3 條線

Tab 轉換平面至 XY 繪製前方ㄇ線段 70、80、70，下圖左。

H YZ 平面繪製 75 線段

Tab 轉換平面至 YZ 繪製下方線段 90 為 Z 軸線段，下圖右。

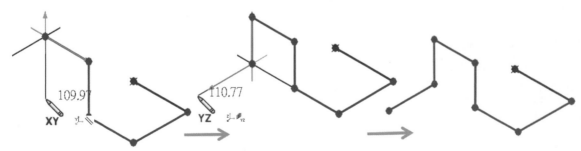

I 3D 草圖限制條件：沿 X、沿 Y、沿 Z 軸，類似共線對齊

直線繪製過程跟著提示線，系統自動加入，下圖左，Π型要加入等長等徑，下圖右。

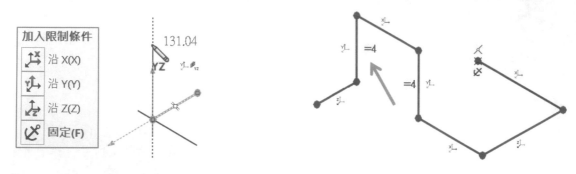

J 尺寸標註與導圓角

標註過程和選擇 1 條線或 2 條線會有平行或垂直放置的差別。Ctrl+A→導 R10 速度比較快，通常管路彎折處會導圓角。

K 掃出成形

1. 圓形輪廓直徑 Ø10+2. ☑薄件特徵厚度 2，產生中空 3D 框架，下圖右。

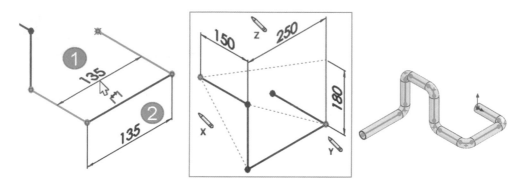

7-5-2 實務：3D 管路製作：硬管

於多本體繪製路徑→掃出管路，屬於由下而上設計，現在很流行 3D 管路，管路需求越來越高已成為顯學。

A 管路分：軟管和硬管

硬管易軟管難，管路最難是路徑位置，本節說明：1. 硬管、2. 軟管、3. 結構成員，一次體驗管路畫法與學習層次。

B 管路製作 3 部曲

1. 掃出✍→2. 結構成員📦→3. Routing 模組，其中 1、2 最容易取得，是標準版就有的功能，導入管路絕對成功。

C 管路技術

無論軟管或硬管 1. 常以 3D 草圖完成路徑，2. 管路一定有接頭，管子頭尾端必定直線，讓連接線方便對應，就像水管套在水龍頭上，或是管路會有接頭（箭頭所示）。

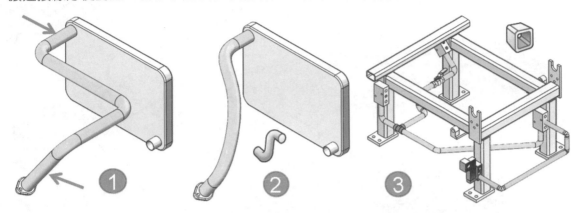

步驟 1 進入 3D 草圖

步驟 2 製作上方起始端直線

1. TAB 切換 ZX 平面→2. 游標在接口圓邊線上抓取圓心→3. 畫直線，下圖左。

步驟 3 繪製結束端直線

TAB 切換 XY 平面，重複步驟 2，下圖右。

步驟 4 將線加入結束端 2 個限制條件

1. 點選直線+圓柱面→◎、2. 直線端點+模型平面→在平面上。

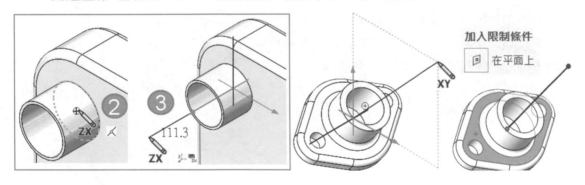

步驟 5 上方管線

於 ZX 平面完成上方 2 條線，目前線段為分離狀態，下圖左。

步驟 6 點選 2 端點→重合

早期版本只能使用合併✓，下圖中。這 2 種限制暫時不必刻意理解，只要能用就好。

步驟 7 導角 R80

管路會由彎折處，草圖 R 角可以讓管路看起來自然，R 角大小同學自行設計。

步驟 8 自行完成掃出

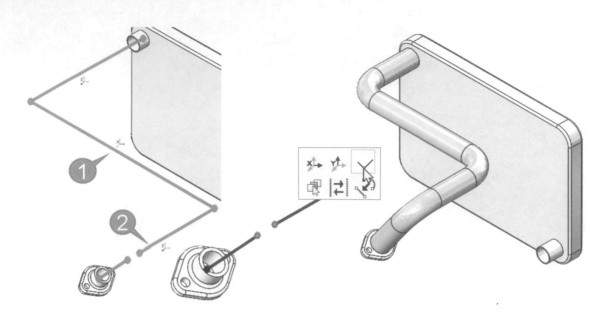

7-5-3 軟管製作

軟管常以∿完成路徑，繪製曲線過程學習切換基準面讓軟管看起來比較自然。

步驟 1 刪除上方 2 條直線、步驟 2 繪製 4 點∿

步驟 3 TAB 切換 ZX 面

　　1. 點選起始端點→2. 點選中間空間 2 點→3. 點選結束端點，下圖左。

步驟 4 將曲線與直線相切

　　分別在頭尾 2 端直線與曲線→相切，下圖左。相切以最近圖元進行圖元限制，要避免過切，拖曳曲線點讓曲線接近相切位置，下圖中。

步驟 5 𝄞、☑圓形輪廓+☑薄件特徵厚度 5

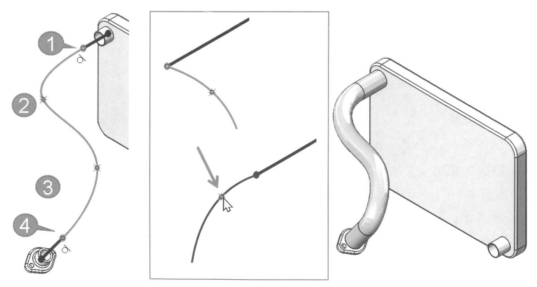

7-5-4 硬管：結構成員📦

　　利用熔接的**結構成員**📦完成管路，會覺得更快早知道用這就好，因為她有**保持顯示**✈，第一次面對指令有✈帶來的便利性。

步驟 1 點選熔接工具列→結構成員📦

步驟 2 管路規格

　　1. 保持顯示→2. ISO→3. 管路→4. 21. 3x2. 3。

步驟 3 點選線段 1

　　可見管路成形→↵，完成本段管路，下圖左。

步驟 4 重複步驟 3

　　完成所有管路，下圖右。

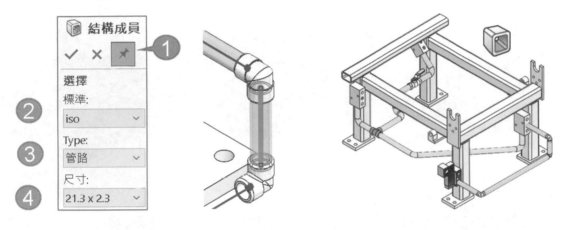

7-5-5 3D 草圖框架

　　以模型邊線做為框架路徑，用最簡單的方式，迅速完成 3D 框架，不是用 3D 草圖 1 條條線畫且不容易定義。

　　常見框架會用 3D 草圖或用拼湊方式完成，這樣會讓框架不容易修改，或是特徵太多運算很慢... 等。本節手段保證讓同學大開眼界，更提升 3D 草圖廣度認知和多本體應用。

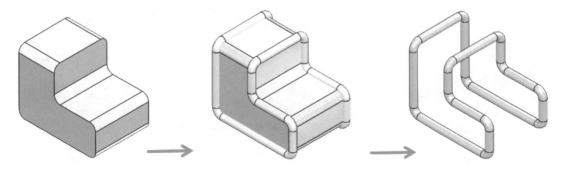

A 選擇相切法

利用 3D 草圖將模型外圍邊線，以參考圖元成為掃出路徑，又稱反向成形法。

步驟 1 畫出基礎模型：方塊

將心中想要的框架，利用方塊體完成。

步驟 2 導圓角

由於框架有圓角，要自行斟酌那些邊要導圓角共 6 邊，類似智力測驗。

步驟 3 進入 3D 草圖 3D

步驟 4 產生路徑

1. 游標在模型邊線右鍵選擇相切（可見所有邊線被選起）→2. 參考圖元，草圖線段貼在模型邊上，更能理解只有 3D 草圖做到這一點。

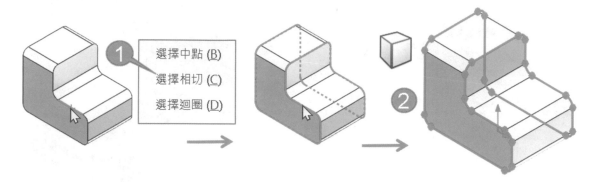

步驟 5 掃出：□合併結果

以圓形輪廓自行定義直徑，記得要□**合併結果**，將框架和基礎模型分離，這就是多本體應用，下圖左。

步驟 6 隱藏本體

游標在基礎模型面上→隱藏，可見框架，可以順便確認是否□**合併結果**。

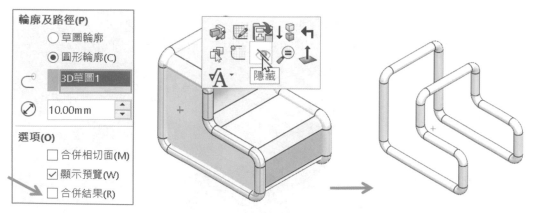

7-6 投影曲線（**Project Curve**）

　　將草圖投影：1. 指定面、2. 曲線之間的投影，這些曲線無法由 3D 草圖完成，因為無法得知空間位置。本節業界使用率最高，曲面造型常用這手法，更是讓人意想不到的技術。

7-6-1 投影草圖至面（Sketch on face）

　　曲面上的曲線。讓已繪製的曲線草圖投影至所選面，在進行掃出除料，讓溝槽成形。

步驟 1 投影曲線

　　1. 點選下方的曲線→2. 點選上方模型面，可見曲線投影到曲面上。

步驟 2 掃出除料

　　☑圓形輪廓，與結束端面對正（對齊），路徑與模型面之間的成形過程，是否與端面切齊，由預覽查看之間差異，下圖右。

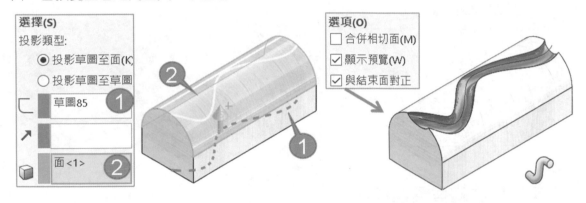

7-6-2 投影草圖至草圖（Sketch on Sketch）

　　由 2 個草圖交互投影成新空間曲線，常用在框架，可減少 3D 草圖製作時間或得到解決方案，本節產生題型相當多。

A 口訣：先基礎再導引

　　對初學者來說第一次面對很不習慣，類似變魔術，只要掌握口訣就會了，例如：U 形框架=基礎（變化）、L 形=導引（不動）。

B 先睹為快：機車把手

　　將 2 個草圖交互投影成為框架。1. ☑投影草圖至草圖→2. 點選 2 草圖，可見曲線預覽。點選 2 草圖沒順序之分，自行完成雙向掃出。

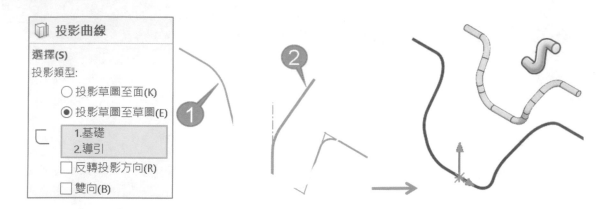

C 驗證

1. 前基準面、2. 右基準面看出它們是很普通草圖、3. 投影曲線完整投影在這 2 草圖之間並沒有溢出或短少，一開始同學思考轉不過來，為何不是 L 草圖變化。

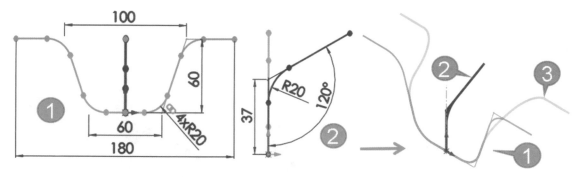

7-6-3 方框曲線與實體建構

框架是常見的例子，⬚框架→〰，讓框架繪製工作簡單化。

業界很多人用 3D 草圖 1 條線 1 條線畫，看到什麼就畫什麼，浪費時間也不穩定。

A 投影曲線法（又稱投影法）

步驟 1 前基準面畫 L 草圖

步驟 2 上基準面畫方型草圖

步驟 3 幾何建構線

因為方框有開口，所以要將直線轉幾何建構線，下圖右（箭頭所示）。

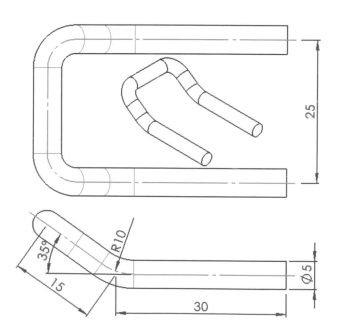

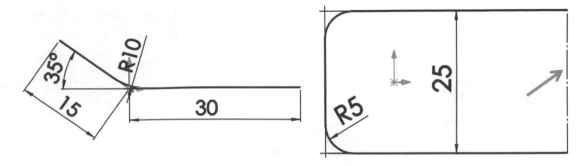

步驟 4 重點在限制條件

正視於無法點選 L 端點,必須等角視才可點選線和端點→重合。

步驟 5 投影曲線🗍

點選 2 草圖將框架路徑投影出來,看得出來方框=基礎,L=導引。

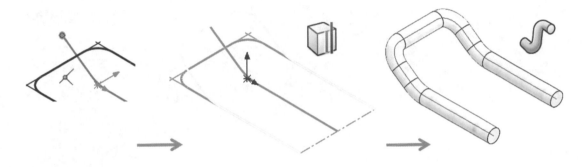

B 模型邊線參考法

承上節,利用多本體技術,不需曲線完成框架甚至更穩定。這技術也是靈魂,畢竟🗍還是要畫 2 個草圖。

步驟 1 🗍,L 草圖

將前視圖的草圖進行🗍伸長的薄件特徵,薄件就用預設厚度不要改,來節省時間。

步驟 2 圓角彎折處🗍

利用圓角特性,於轉角處加入 R10。

步驟 3 🗍,☑圓形輪廓 Ø10

因為要成為多本體,必須☐合併結果。

步驟 4 🗍,路徑:模型邊線、選擇路徑

理論可在模型上右鍵→選擇相切,但目前不支援。1. 空白處右鍵 SelectionManager→2. 選擇群組→3. 點選模型邊線→4. 衍生➷→5. ↵,路徑被加入完成掃出。

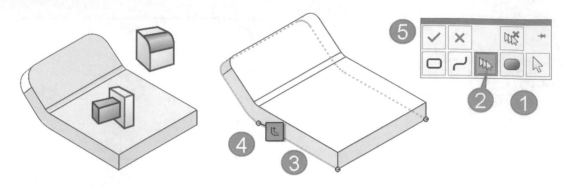

步驟 5 隱藏伸長本體

點選伸長本體→隱藏，可見框架，順帶說明多本體資料夾。

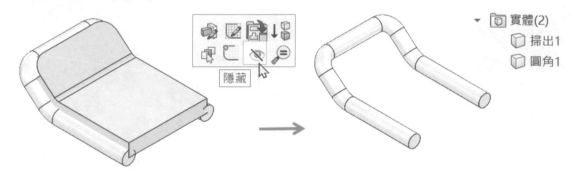

C 投影曲線法 VS 模型邊線法

想像哪個方法比較簡單，更體會伸長法簡單又穩定，這就是業界要的趨勢，要強人一等就要 2 種都會。大郎年代會以投影曲線法為大宗，當年 3D 曲線是專業的表現。

7-6-4 L 框架曲線與實體建構

本節說明曲線與實體，讓同學體驗投影曲線斷掉，以 3D 草圖接起來，不見得一定要很完整把曲線投影出來，很多技術是用補的，堪稱一絕。

A 投影曲線法

步驟 1 上基準面畫方型基礎草圖

重點在矩形有 1 條幾何建構線，因為該處空心。這時會不習慣何時空心？何時連接？反正嘗試把建構線轉換為實線，就能看出差異。

步驟 2 右基準面繪製 L 草圖

步驟 3 投影曲線

會發現曲線上方無法接起來，這是正常的。如果用矩形+L 線產生不是你要的框架，更能體會為何要轉幾何建構線了。

步驟 4 填補缺口：3D 草圖

　　進入 3D 草圖→點選曲線→參考圖元⬜→直線→導圓角⌐。更能體會投影曲線只是過程，並提升 3D 草圖的認知。

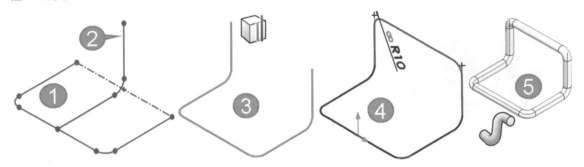

B 模型邊線參考法

　　承上節，利用先前說過的多本體技術一樣也可以產生框架完成。

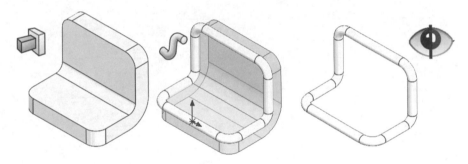

筆記頁

CHAPTER

08

常見的螺紋製作方式

　　完整介紹業界螺紋（螺牙）製作方式與螺紋特性，常遇到對螺紋一知半解也用了很多年，是該好好面對一次學會不再惆悵。早期掃出不容易完成螺紋特徵，因為條件要求嚴謹，隨著軟體演進隨便畫都畫得出來，只剩下好不好看的細節處理。

　　以難易度分別為：1. 塗彩裝飾螺紋、2. 裝飾螺紋⬛、3. 虛擬螺紋、4. 真實螺紋、5. 螺紋特徵⬛，這部分和工程圖表現有很大的關係。

Ａ 內、外螺紋認知

　　螺紋分：外螺紋、內螺紋，廣義來說，圓柱上的螺紋＝外螺紋、鑽孔＝內螺紋。狹義來說，以圓柱為基準，圓柱內＝內螺紋，下圖 3。圓柱外＝外螺紋，下圖 5。

　　螺紋製作要懂一點加工原理以及術語，才可勝任更複雜的⬛和異型孔精靈⬛，下圖 7。

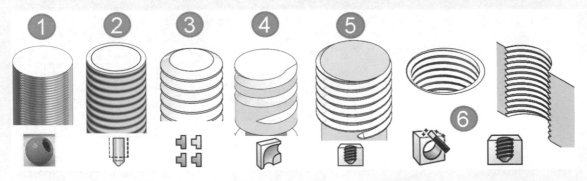

8-1 裝飾螺紋線（Cosmetic Thread）⬛

　　圓柱或孔加入 1. 裝飾螺紋線與 2. 塗彩螺紋，完成指令後出現螺紋線外觀（裝飾＝不是真的）。常見螺紋線在工程圖以直線繪製，學會了本節可以理解工程圖不用畫螺紋線。

A 特色

Ⓤ是常用作業：1. 直接看出螺紋，避免與圓柱混淆、2. 工程圖不必製作螺紋線、3. 塗彩或未塗彩皆可見螺紋線、4. Ⓤ與真實螺紋比起來可提升效能。

B 指令位置

1. 插入→2. 註記→3. Ⓤ，註記不只Ⓤ還有相關指令，特別是焊接，下圖左。

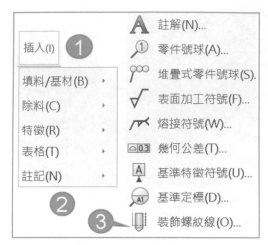

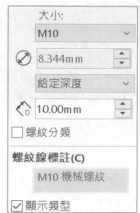

8-1-0 先睹為快

選擇圓柱邊線並定義大小，操作上很像Ⓤ，但比Ⓤ還簡單。1. 點選模型圓邊線→2. 標準：ISO→3. 大小：M10→4. 牙深：給定深度 10（可見立即更新），下圖左。5. 圓柱特徵或特徵管理員皆可見Ⓤ，使用圖學標準呈現，下圖右。

A 塗彩裝飾螺紋	B 圓形視圖	C 非圓形視圖	D 尺寸	E 特徵管理
圓柱表面有螺紋的貼圖	圓柱可見內圈 3/4 圓=工程圖	見到牙深，非塗彩=工程圖	點選圓圈可見：直徑和牙深	裝飾螺紋線在圓柱特徵下

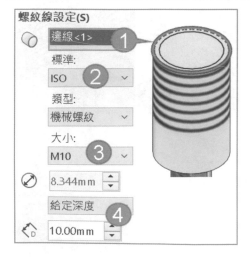
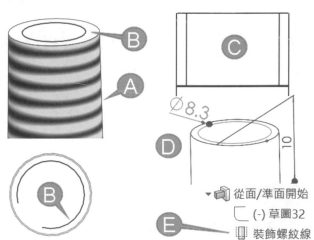

8-1-1 螺紋線設定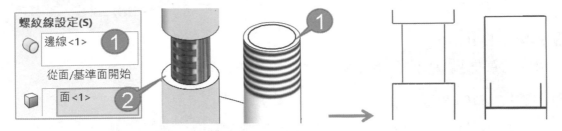

點選圓邊線，做為螺紋線起始位置，這時可以見到預覽。

8-1-2 標準（預設無）

清單切換國家標準：常用公制 ISO 或英制 ANSI Inch。無=簡易版、國家標準=完整版。早期 SW 只有無，後來多了國家標準功能就提升了，下圖左。

8-1-3 類型（預設機械螺紋）

清單切換：1. 機械螺紋、2. 直管用螺紋（管用），兩者差在**直螺紋**和**斜螺紋**，下圖右。

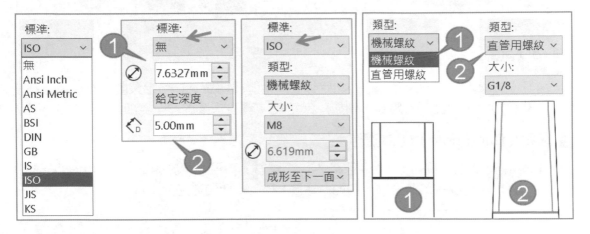

8-1-4 大小

設定螺紋規格，系統依 2 個要素來定義大小。1. 上方標準自動分類公制或英制、2. 所選的圓邊線自動配螺紋線直徑。

A 標準

ANSI 出現英制，例如：1/4-28 牙。ISO 出現公制，例如：M8，下圖左。

B 圓邊線

依所選圓套用大小，不必清單選擇，例如：點選 Ø8 圓邊線，系統判斷 M8，下圖左。

8-1-5 次要直徑⊘

顯示螺紋線直徑，套用預設就好不用改，沒人會介意螺紋線直徑，只要看得到螺紋線就好。任何國家標準無法設定螺紋線直徑，下圖左 A，標準＝無，才可指定直徑，下圖 B。

A 外螺紋 M10

螺紋線直徑比圓柱小，例如：∅10 圓柱，螺紋線直徑 8.6，下圖右 C。

B 內螺紋 M10

螺紋線直徑比孔徑大，例如：M10 攻牙，螺紋線直徑 10，下圖右 D。

 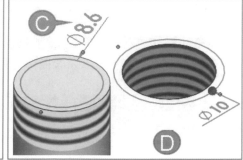

8-1-6 深度

由選擇邊線定義起始深度＝牙深＝給定深度。由清單切換：1. 給定深度、2. 盲孔（2*直徑）、3. 成形至下一面、4. 貫穿，例如：深度 15，調整深度過程可見即時顯示牙深。

A 盲孔（Blind hole）（2*直徑）

牙深＝直徑 2 倍，例如：M12，牙深 24，下圖右。實務上標註螺牙大小不標牙深＝大小的 2 倍，算是簡化標註的潛規則，例如：標註 M12，就能知道牙深 24。

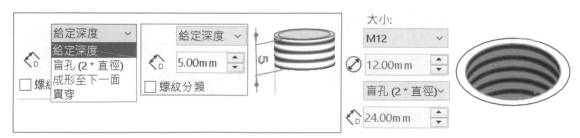

8-1-7 裝飾螺紋線結構

裝飾螺紋線附加在特徵上，點選模型上的螺紋線，在特徵管理員展開被附加的特徵，可見裝飾螺紋線圖示，用來編輯或刪除它，第一次見到特徵之下除了草圖還有別的。

A 異型孔精靈的螺紋線

還記得嗎，異型孔精靈擁有螺絲攻，完成後會自動加入，下圖右。

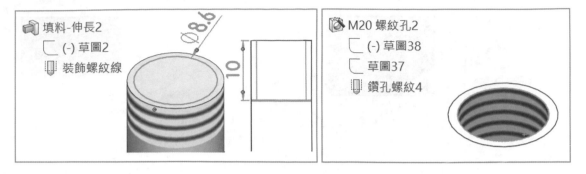

8-2 真實螺紋

輪廓以螺旋線為路徑→，模擬車床在圓棒加工實際螺紋，常用在機構模擬或表達專業度，例如：導螺桿螺紋是重點。

A 優點

真實表達螺紋型態，可讓數值加工機（CNC），3D 列印。

B 缺點

模型較難建構，由於螺旋線為 3 度空間曲線，幾何資料和檔案過於龐大，消耗系統資源，工程圖中的 3 視圖並不希望呈現有螺紋的視圖，除非立體圖才會呈現螺紋特徵。

8-2-1 真實螺紋製作

畫法和彈簧一樣，不過螺紋會以掃出除料完成，因為機械加工是除料作業。

步驟 1 完成螺旋曲線

M10 的螺絲=Ø10 直徑，產生螺旋曲線。

步驟 2 三角形螺牙輪廓與螺紋線→貫穿

輪廓加畫建構線（核心），讓直線端點與螺旋線→貫穿。

步驟 3 側投影輪廓線

游標在圓柱上會出現，圓柱左右兩側實際沒有這邊線，但圖學要呈現出來，點選 1. 圓柱邊線與 2. 螺牙輪廓→共線對齊。

步驟 4 掃出

可見螺紋成形，不過好像少了什麼，頭尾端收刀製作，下圖左。進階者會覺得沒差，只是多手續也知道怎麼做，只是有沒有必要，如果要學習或 3D 列印就要這些。

8-2-2 頭端收刀

掃出選項中☑與結束端面對正，可見收牙形態，下圖右（箭頭所示）。

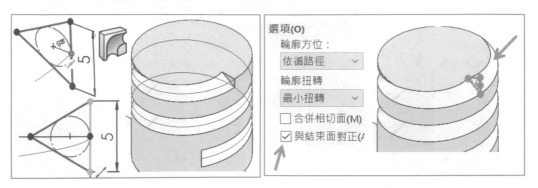

8-2-3 收刀技巧

分別利用 2 個刪除面⬜，☑刪除及填補（箭頭所示），完成立即見效，分別完成頭端與尾端收刀型態，學完以後會覺得以上不用學了，這手法又快又好。

8-3 螺紋特徵（Thread）⬛

不須草圖與⬜，直接完成螺紋。於 2016 推出以來滿意度最高的指令，可感受指令整合是軟體方向。⬛不見得只用在螺紋，銅線繞圓柱可用這指令完成。

8-3-0 指令位置與介面

介紹指令位置與介面項目，先認識欄位→再認識項目，由功能表可得知指令靈魂。有 2 個地方執行指令：1. 插入→特徵→⬛、2. 鑽孔指令群組→3. 進入指令大項目。

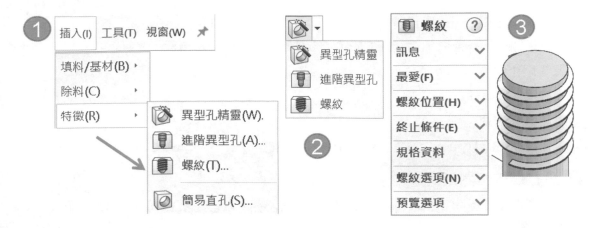

A 介面項目

由上到下常用 5 大項：1. 螺紋位置、2. 終止條件、3. 規格資料、4. 螺紋方法、5. 螺紋選項、6. 預覽選項，很多項目先前學過，可以很輕鬆學習，一開始會不習慣 3、4。

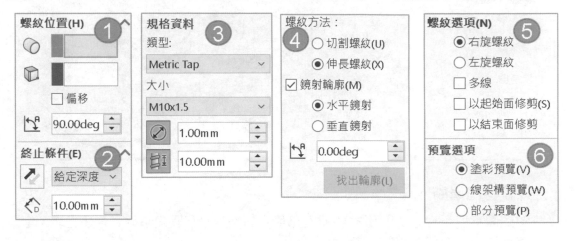

B 先睹為快：外螺紋

由於指令項目有很多要講解，先用簡單的步驟讓同學完成指令。

步驟 1 點選圓邊線→▤

進入指令會先遇到訊息，大意如下：螺紋不適合生產用，生產用要自行定義螺紋輪廓。使用者絕大部分不是螺絲製造商，螺紋僅用來示意或 3D 列印，所以這訊息不必理會。

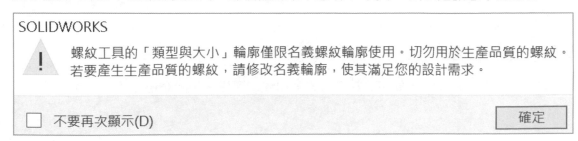

步驟 2 預覽選項：☑塗彩預覽

為了運算效率或顯示明確，先設定下方預覽選項，☑塗彩預覽。

步驟 3 終止條件

設定牙深，給定深度 10。

步驟 4 規格資料

1. 類型：Metric Die→2. 大小：M10→3. ☑切割螺紋，選擇過程可見螺紋內或外。

C 查看螺紋特徵結構

於特徵管理員展開螺紋特徵，1. 只有草圖沒路徑、2. 該草圖為螺紋檔案產生關聯，無法編輯草圖修改。

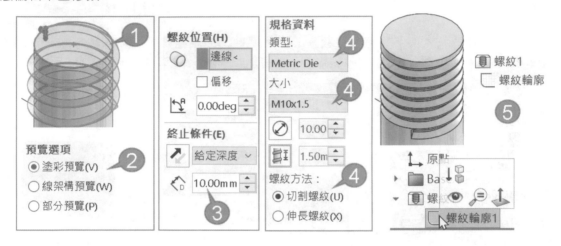

D 外螺紋唇口修飾

螺紋端面不理想，可以利用圓角▢進行修飾，有沒有發現圓角特徵一定是相切。常遇到要有相切需求，圓角就是解決方案。

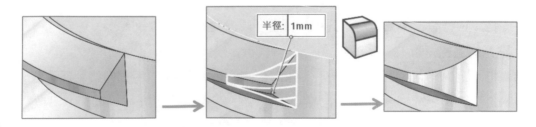

8-3-1 螺紋位置

先到下方☑塗彩預覽，先看到螺紋預覽會比較知道接下來的點選在做什麼。

A 圓柱的邊線⊚

指定螺旋線的起始位置。點選圓柱的圓邊線，所選位置=基準，因為螺旋以圓成形，所以一定要圓邊線，下圖左（箭頭所示）。

B 偏移（非必要）

以所選邊線為基準偏移指定距離，增加或減少螺紋位置，常用在定義進刀位置。偏移會常與終止條件的**維持螺紋長度**配合，下圖右（箭頭所示）。

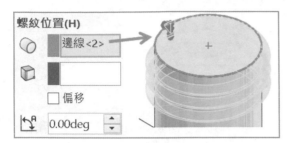

8-3-2 終止條件

定義給牙深、圈數，由清單切換：1. 給定深度、2. 圈數、3. 直到所選項目。

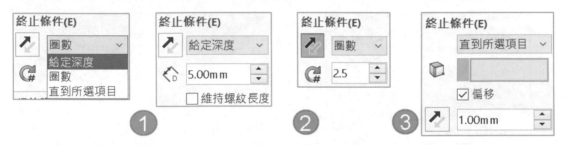

A 定義依據：給定深度

定義牙深與**偏移**搭配使用，1. 給定深度 10，2. ☑偏移 5，這時有效牙深 5，下圖左。

B 維持螺紋長度（預設關閉）

無論偏移多少維持牙深 10，讓端面切齊，下圖右，牙深一定由所選的圓邊線開始起算。

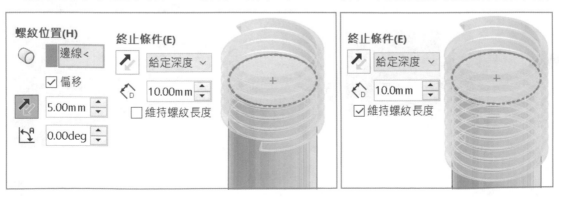

8-3-3 螺紋方法

設定 1. 切割螺紋=除料=Die、2. 伸長螺紋=填料=Tap，本節必須與上方類型配合，否則出現錯誤訊息，切換螺紋方法過程，正確以綠色預覽，錯誤以紫色預覽，下圖右。

A 切割螺紋（Die）

切割螺紋=除料，要配合 Die（內牙-除料），例如：Metric Die 或 Inch Die，下圖左。

B 伸長螺紋（Tap）

伸長螺紋=填料，要配合 Tap（外牙-填料），例如：Metric Tap 或 Inch Tap。

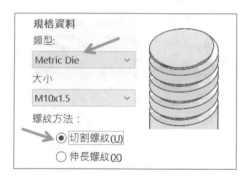

8-4 簡易直孔（Simple Hole）

進行圓除料鑽孔，最大特色不需草圖直接鑽孔，算簡易版，可減少模型資料。訓練自己用不同指令完成，甚至會到了拋掉草圖圓→，且會越做越快，本節可學到 SW 系統面。

A VS差異

指令內容差不多，1. 只多了鑽孔直徑、2. 功能比較陽春、3. 沒有反轉方向。

B 指令位置

1. 插入→特徵→簡易直孔，建議同學用快速鍵，下圖左。

8-4-1 先睹為快

以所選面插入直孔，設定 1. 深度➔2. 直徑➔3. 編輯草圖來定位鑽孔位置。

步驟 1 點選模型面➔◙

見到和◙相同介面，模型面可見草圖圓標註 Ø10，下圖右。

步驟 2 給定深度=10

步驟 3 鑽孔直徑=15

可見草圖圓變大變小（箭頭所示），這是其他指令沒有的，但無法直接修改草圖。

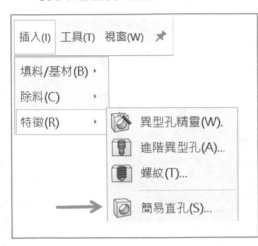
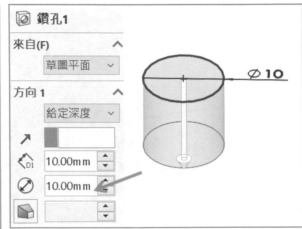

步驟 4 定義圖元位置查看目前草圖

目前只能拖曳圓心➔利用喚醒完成與模型與圓心的重合，無法用其他方式加入限制條件，下圖左。這部分很多特徵做不到，因為特徵過程不能對草圖作業。

步驟 5 完成特徵

展開特徵會發現有草圖，通常會事後編輯草圖修改尺寸或限制條件。

8-4-2 修改草圖輪廓

修改草圖讓孔數量或孔形狀多種變化，下圖中。將圓改為矩形，特徵會改為◙資料庫，只是◙特徵圖示沒變，下圖右。

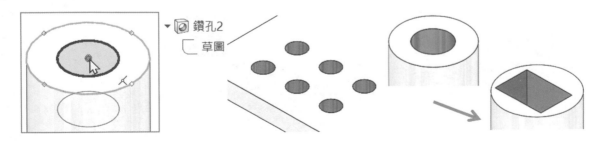

筆記頁

異型孔精靈

異型孔精靈（Hole Wizard，簡稱異型孔或鑽孔）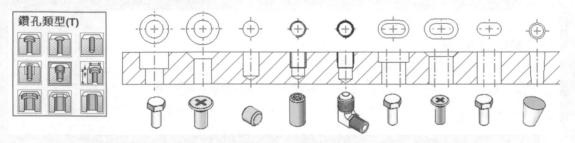，擁有多孔類型和參數控制，讓設計具修改彈性，更可規劃鑽孔資料庫，達到 1. 建模效率→2. 製程導入→3. 模組規劃。

Ⓐ 大分類

由鑽孔類型得知支援 9 種鑽孔（Drill）類型，常用 3 種形式：1. 攻牙（M10）、2. 不攻牙（Ø10）、3. 推拔（管牙）。

9-0 指令位置與介面

在平面或曲面鑽孔，先學習平面比較單純，感受指令作業方式並認識特徵管理員結構。有 2 個地方進入指令：1. 特徵工具列→、2. 插入→特徵→。

9-0-1 介面項目

指令項目分 6 大階段下：1. 最愛、2. 鑽孔類型、3. 鑽孔規格、4. 終止型態、5. 選項、6. 公差精度。比較常用 2-5，6. 公差精度在工程圖說明，不贅述。

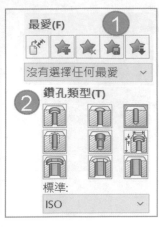

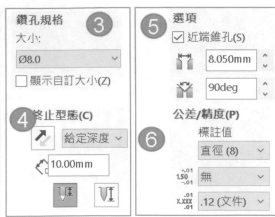

9-0-2 先睹為快

7 個步驟完整解說，第 1 次執行感覺比較久，等你指令熟練後，時間會花在 1. 鑽孔規格、2. 終止型態，這些使用率最高。由於這是練習，不用定義鑽孔位置來節省時間。

A 先選條件再選指令

1. 點選模型面→2. 🔧，問題會少很多，否則要解釋和多步驟。

步驟 1 上方 2 大標籤（1.先位置→2.類型）

會發現 2 標籤：1. 類型、2. 位置，第一次遇到指令要切換標籤，指令過程有等你完成的無形壓力。現今角度應該 1. 先位置→2. 類型比較順手。

步驟 2 點選位置標籤

目前為草圖環境且**草圖點**為啟用狀態，游標點選模型邊線放置鑽孔（可見鑽孔剖面），多個點=多個鑽孔，到時變更鑽孔規格可動態預覽知道有沒有選錯。

步驟 3 點選類型標籤

回到鑽孔類型，除非很有把握，從頭到尾都知道這是你要的，就不用步驟 2。

步驟 4 鑽孔類型：柱孔🔧

步驟 5 標準：ISO

由清單切換國家標準，最常用英制 ANSI、公制 ISO。

步驟 6 鑽孔規格：大小 M10

步驟 7 終止型態

設定小孔完全貫穿。

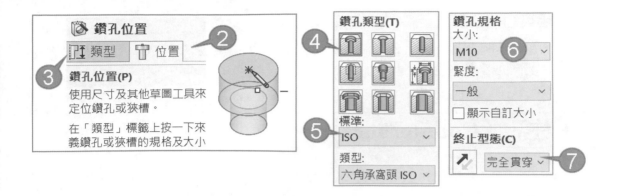

9-0-3 查看完成的特徵結構

於特徵管理員查看指令，特徵名稱會以鑽孔類型+鑽孔規格。展開特徵得知由 2 個草圖完成：1. 位置、2. 形狀，由形狀草圖得知以旋轉斷面而成，下圖左。

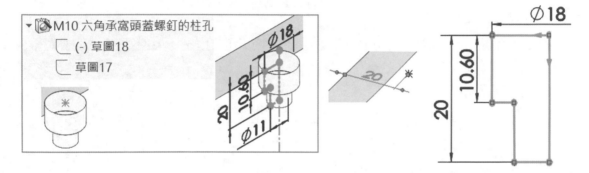

9-0-4 國家標準

支援 10 項國家標準：1. Ansi Inch、2. Ansi Metric、3. AS、4. BSI、5. DIN、6. GB、7. IS、8. ISO、9. JIS、10. KS。

A CNS（Chinese National Standards）

中國國家標準，不在標準中可選擇 ISO，因為 CNS 是從 ISO 參考過來。

B ISO（International Organization for Standardization）

國際標準組織 1947 年成立，總部在瑞士日內瓦，制定全球工商業國際標準的機構。

C Ansi Inch（American National Standards Institute，Inch）

美國工業標準，英制。

D GB（Guó Biāo）

中華人民共和國標準（簡稱國標），由國際標準組織和國際電工委員會代表中國發布。

E 常用英制、公制

常用 1. 英制 Ansi Inch、2. 公制 ISO，以下大小也會分別顯示英制或公制。Ansi Inch 大小會以分數或小數，例如：1/4，而設定 ISO 就會以 Ø20，下圖中。

9-1 柱孔（Counterbore）

柱孔俗稱沉頭孔又稱大小孔，與有頭螺絲搭配，例如：外六角或內六角螺絲，以 ISO 標準從上到下分別說明：1. 鑽孔類型、2. 鑽孔規格、3. 終止型態、4. 選項。

A 簡單學習，不再疑惑

第一次面對會覺得很多項目，這些項目可套用其他鑽孔類型，到時學習其他類型時，只要說明不同處就可以全部學會。

B 快速看出大小

指令使用過程：1. 設定鑽孔規格的大小、2. ☑顯示自訂大小，上下鍵快速切換清單由預覽看出大小變化。

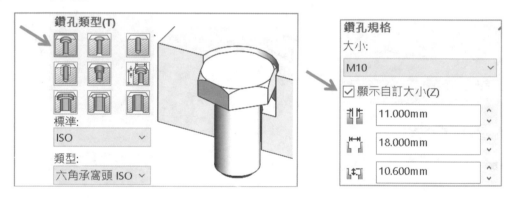

9-1-1 鑽孔類型-標準

設定 ISO 或 ANSI Inch，下方類型清單不同，會發現 ANSI 種類比較多，下圖右。

9-1-2 鑽孔規格

設定 1. 大小、2. 緊度、3. 顯示自訂大小。

A 大小（預設 M1.6）

由清單選擇柱孔大小，下圖中。公制柱孔大小，標示為 M，例如：M10，Metric=公制，例如：設定 M10 給 M10 有頭的螺絲用，例如：M10 外六角螺絲使用。

常問同學 M10 有沒有攻牙？M10 沒攻牙，有攻牙在模型或在圖面上會有裝飾螺紋線。常遇到 M10 和 Ø10 分不清楚，在圖面上認為都是鑽孔，分不出孔和牙孔。

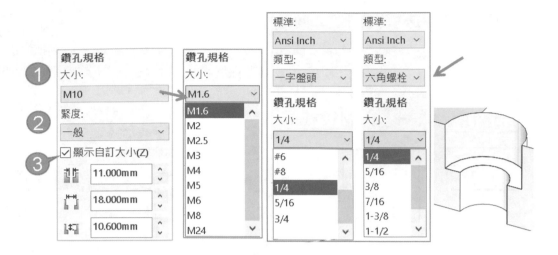

B 顯示自訂大小

顯示或更改柱孔尺寸，常問同學：先鑽小孔還是大孔？小孔比較好鑽可先定位，不傷刀具…等。除非對孔尺寸有特別要求或很懂的人，否則不會自訂大小，但實務上要設定。

步驟 1 貫穿孔直徑

俗稱小孔直徑，很多公司會+0.5 或+0.2 習慣，例如：M10 螺絲，小孔直徑=Ø10.5。螺絲規格+0.5 比較好記成為業界約定成俗習慣，有些公司+0.2，這時就問為何要這樣。

步驟 2 柱孔直徑

設定螺絲頭直徑，又稱大孔直徑會比 15 還大（Ø10X1.5=15）。

步驟 3 柱孔深度

設定螺絲頭深度，又稱大孔深度，會比 10 多一點（M10=10）。

步驟 4 底端角度

更改鑽頭前端角度，預設也是標準角 118 度，適用終止型態：給定深度，下圖右。

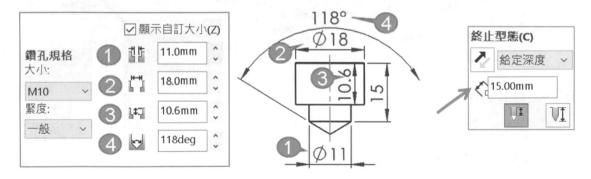

C 柱孔標註 2 大手法：1.詳細、2.簡易

柱孔不太自訂大小，因為很多步驟，標註 M8 柱孔加工廠就知道怎麼做了，廠商會用成型刀 1 次鑽孔，不必特別標註柱孔所有尺寸，反而會以為特殊需求。換句話說，不用成型刀就要用 2 種刀具要換刀，資料來源：蘇氏精密 zh-tw.suspt.com.tw。

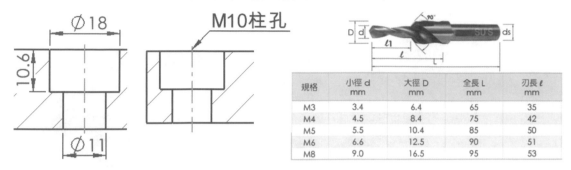

規格	小徑 d mm	大徑 D mm	全長 L mm	刃長 ℓ mm
M3	3.4	6.4	65	35
M4	4.5	8.4	75	42
M5	5.5	10.4	85	50
M6	6.6	12.5	90	51
M8	9.0	16.5	95	53

9-1-3 柱孔-終止型態

定義小孔除料深度並選擇深度位置：1. 深度達凸肩、2. 深度達頂端。

A 給定深度-深度達凸肩

深度為鑽孔起始面至肩線處。

B 給定深度-深度達頂端

深度為鑽孔起始面至鑽頭尖點，這是理想值，常用在判斷模型是否會被鑽破，例如：管路是否通孔，或加工深度無法指定到頂端，標示常用在參考尺寸。

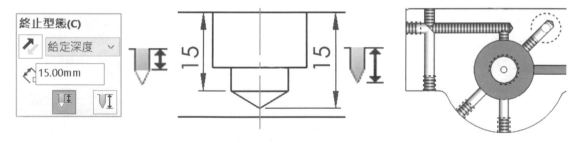

9-1-4 柱孔-選項

柱孔細節，常用在孔口導角，☑啟用它們可見控制參數，指令作業不是做好做滿。

A 頭端餘隙（適用柱孔、錐孔）

設定大孔再加的深度，系統以數學關係式進行，例如：柱孔頭深 10，頭端餘隙 1，總深度=11，下圖右。孔深比螺絲頭高，維持組裝平面性，機構動作過程不會撞到。

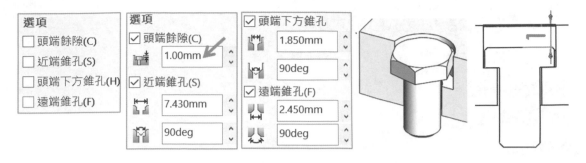

B 近端錐孔（孔口導角）

離加工最近的面=近端=大孔上導角，下圖 A。設定大孔直徑與總角度，本節不直覺要計算直徑，例如：Ø10 要孔口導角 C1，要設定近端錐孔 Ø12（10+1+1），90 度。

C 遠端下方錐孔

設定小孔上導角距離與角度，下圖 B。

D 遠端錐孔（適用完全貫穿）

設定小孔下導角距離與角度，下圖 C。

E 孔口不導角

在圓邊線導角又稱去毛邊，避免尖角刮傷或組裝過程有引導效果，不用再加導角特徵。建議不要在模型上導角（浪費時間），且工程圖不容易看出實際的孔邊線，只要在工程圖註明孔口導角即可，下圖右。

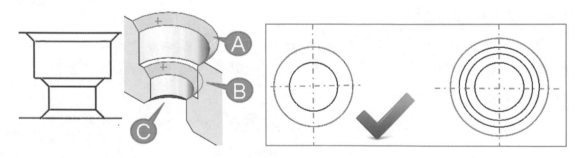

9-2 錐孔（Countersink）

俗稱沙拉頭，常用在有導角的有頭螺絲裝配，例如：皿頭（盤形）螺絲。錐孔和柱孔外型差別：上端為盤型，其餘皆相同，絕大部分設定與柱孔相同，本節僅說明不同處。

9-2-1 鑽孔類型

設定 ISO 或 ANSI 類型也會有差異，下圖左。

9-2-2 鑽孔規格，顯示自訂大小

錐孔和柱孔很像，差別在錐孔直徑和角度，下圖右。

A 貫穿孔直徑

小孔直徑。

B 錐孔直徑 📐

設定螺絲頭直徑，又稱大孔直徑。

C 錐孔角度

設定錐孔上方角度，類似孔口導角，預設 90 度。

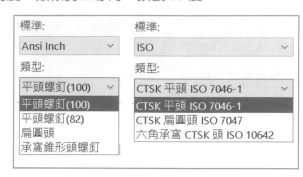
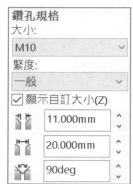

9-2-3 選項：頭端餘隙

由清單設定：1. 增加的錐孔、2. 增加的柱孔。平頭螺絲頭端有小段垂直面，並不是直接由角度收尾（箭頭所示），在這可將鑽孔增加一小段餘隙，使螺絲頭端低於表面。

A 增加的錐孔

增加錐孔直徑，錐孔 Ø10，頭端餘隙 1→Ø11（10+1），好加工，但外觀醜，因為螺絲組裝上去會見到 2 圈，老師父很重視修飾，這屬於組裝的外觀。

B 增加的柱孔

依目前錐孔直徑畫圓往下除料，例如：頭端餘隙 1，常用在鈑金，下圖右。

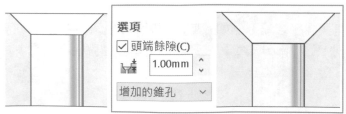

9-3 鑽孔（Hole）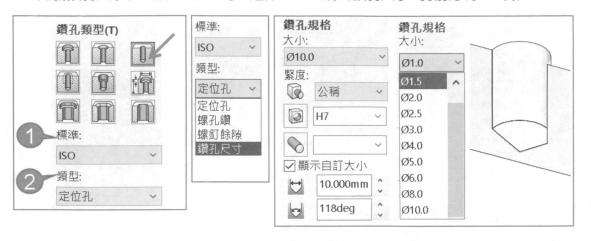

鑽孔俗稱直孔，又稱不攻牙（沒牙）的孔，用途最廣，例如：Ø10。本節重點在 1. 標準與 2. 類型，下圖左。由清單切換鑽孔特性，這部份很多人沒留意重要性。

9-3-1 標準：ISO，定位孔

最常用公制 ISO，由清單切換 4 種類型：1. 定位孔、2. 螺孔鑽、3. 螺釘餘隙、4. 螺孔尺寸。有些是加工製程和設計手段，很多工程師不明白這些意義在這出錯，下圖中。

9-3-2 鑽孔規格

定義鑽孔大小和☑顯示自定大小。選擇 ISO 公制的鑽孔大小，孔前方有 Ø，例如：Ø10。

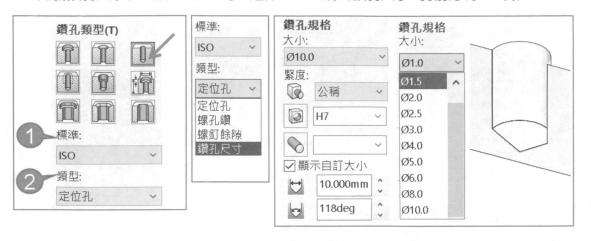

9-4 直螺絲攻（Straight Tap）

直螺絲攻又稱有牙的鑽孔、螺紋孔、牙孔，與有螺紋的螺絲鎖緊配合。本節設定是連動的，特別是 1. 牙深、2. 鑽孔深，常犯輸入的錯誤。

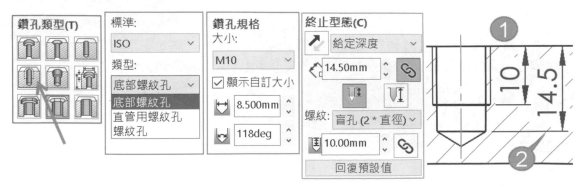

9-4-1 鑽孔規格

進行攻牙的鑽孔大小設定，本節使用率很高。先了解攻牙 2 道工序：1. 小孔鑽、2. 使用螺絲攻攻牙。常遇到鑽孔和攻牙分不清楚，要 Ø10 鑽孔，卻在這裡切換為 M10 牙孔。

A 大小：ISO

清單選擇公制的攻牙大小以 M（Metric），M10=裝飾螺紋線直徑 Ø10，下圖左。

B 自訂大小

定義貫穿孔直徑（攻牙的小孔鑽），例如：M10=Ø8.5，這是第 1 鑽，下圖中。

C 大小：ANSI Inch

清單選擇英制的攻牙大小，可看分數式大小。

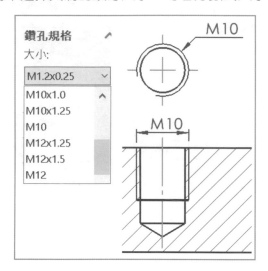

9-4-2 終止型態：給定深度

本節同步說明 1. 鑽孔深和 2. 螺紋（俗稱牙深），適用直螺絲攻、斜螺絲攻。項目順序與加工相同：先鑽孔➔再攻牙，實務上直接輸入牙深完成指令，鑽孔深由系統配置。

A 鑽孔深

鑽孔深度會比螺紋多（通常比牙深多 0.5 倍的孔直徑）。指令過程不會設定鑽孔深，工程圖也不標註鑽孔深，因為浪費時間也造成廠商困擾，由廠商自行發揮即可。

B 鑽孔深與攻牙深

常遇到鑽孔深及牙深分不清楚，1. 鑽孔深輸入牙深、2. 牙深輸入為鑽孔深、3. 甚至刻意將鑽孔深=牙深相同尺寸。

9-4-3 終止型態：完全貫穿

鑽孔完全貫穿，牙深可以給定：1. 盲孔、2. 完全貫穿、3. 至下一面。

A 螺紋：盲孔（2*直徑）

深度=2 倍直徑，例如：M10 牙深=20，由清單看出螺紋預設深度為直徑的 2 倍距離。很多公司習慣未標牙深=2 倍螺紋大小來節省標註時間，下圖右。

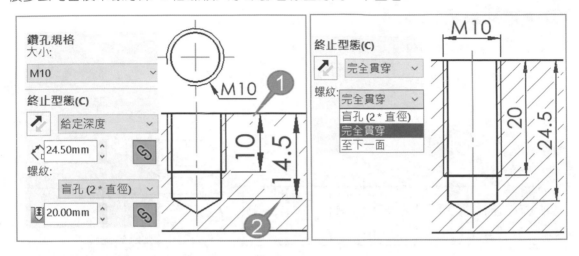

9-5 斜螺絲攻（Tapered Tap）

斜螺絲攻俗稱斜牙或管牙，顧名思義牙是斜的越鎖越緊，絕大部分設定和直螺絲攻相同，常用在英制管類、空壓接頭、水龍頭。

9-5-1 標準與類型

無論定義何種標準，類型皆為推拔管用螺絲攻，下圖左。常見公制為 G1/8、英制為 PT1/8 或 NPT，無論標準為何，大小清單皆為分母式（幾分）。

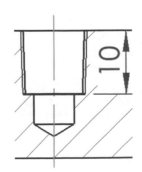

9-6 柱孔狹槽、錐孔狹槽、狹槽

狹槽常用於可調機構，因應滑動或臨時調整螺絲鎖住位置。

本節統一說明 3 項狹槽鑽孔：1. 柱孔狹槽、2. 錐孔狹槽、3. 狹槽。狹槽的標準和類型與柱孔相同，不贅述。

9-6-1 鑽孔規格

狹槽多了狹槽長度，下圖右（箭頭所示）。

A 貫穿孔直徑	B 柱孔直徑	C 柱孔深度	D 狹槽長度
設定小孔直徑	設定大孔直徑	設定大孔深度	狹槽孔之間距離

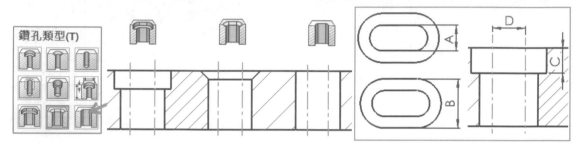

9-7 虎鉗夾

本題重點：異型孔精靈攻牙畫法。

設變 1	A=28、B=19、C=32、D=18	體積：29462.54 mm^3
設變 2	A=48、B=29、C=42、D=28	體積：47047.54 mm^3

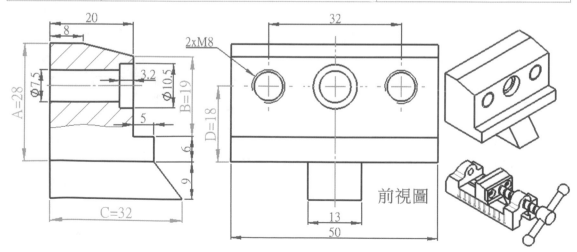

前視圖

A 繪圖步驟

模型分 2 大部分：1. 主體、2. 鑽孔。

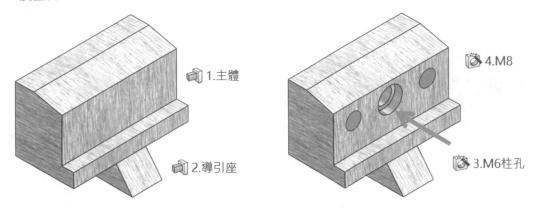

🗐 1.主體

🗐 2.導引座

📷 4.M8

📷 3.M6柱孔

9-7-1 主體和導引座特徵

1. 左視圖得知草圖輪廓和尺寸→2. 前視圖得知🗐，兩側對稱深度 50 和 13。

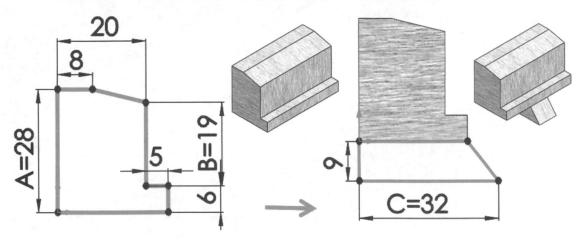

9-7-2 M6 柱孔、M8 螺紋孔

自行🗐完成 M6 柱孔和 2 個 M8 牙孔。

筆記頁

10

疊層拉伸原理與應用

疊層拉伸（Loft）🐌就像立體圖層，至少 2 層才可成形。本章介紹原理和指令項目=字典和掃出觀念相同，學習過程輕鬆很多。薄件特徵和曲率顯示說明和🎷相同，不贅述。

A 適用複雜造型

應用範圍相當廣：人體工學外型、玩具、曲面外型控制...等，反正複雜造型都脫離不了它，加強建模深度與廣度，更是通往進階建模關卡。

10-0 指令位置與介面

本節說明與掃出🎷相同，這 2 指令 80%內容很像，🐌比較好理解也簡單成型，缺點是草圖比較多，還要建基準面。

指令項目分 7 大階段由上而下：1. 輪廓、2. 起始/終止限制、3. 導引曲線、4. 中心線參數、5. 草圖工具、6. 選項、7. 薄件特徵、8. 曲率顯示。

輪廓欄位是基本原則，越到下面越進階，甚至稍微調整即可完成另一種樣貌。

A 欄位順序

🎷和🐌欄位有些不同：1. 導引曲線位置、2. 中心線參數（路徑）、3. 草圖工具。

B 調整輪廓位置

希望未來能 1. 統一欄位的位置、2. 自我調整欄位順序。

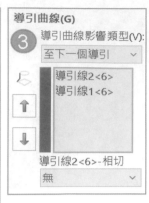
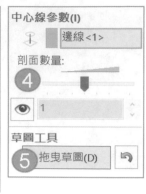

10-0-1 基礎原理

2 個封閉草圖拉伸成形，2 草圖不能在相同基準面，否則沒空間。一樣的模型掃出只能控制 1 個輪廓，另加 1 條路徑+2 條導引曲線，至少要 4 個草圖，可體會🍵比較有效率，下圖左。

A 疊層拉伸和掃出介面差異

由介面得知🍵可以 2 個或多個輪廓，掃出無法使用 2 個輪廓，這屬於系統面，下圖右。

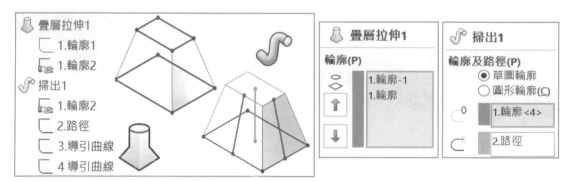

10-0-2 進階原理

基本條件加其他條件=進階成型，1. 兩輪廓成型、2. 中心線參數=路徑、3. 導引曲線和中心線參數。其中中心線=掃出路徑、導引曲線控制外型，更能體會🍵多了輪廓數量彈性。

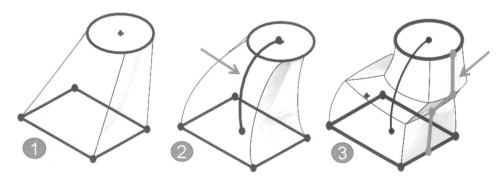

10-0-3 輪廓（Section）

輪廓（俗稱斷面）是指令核心也是基本條件，原則為封閉輪廓，可選擇草圖輪廓、模型面做為輪廓條件，輪廓欄位有輪廓清單和上移/下移設定。

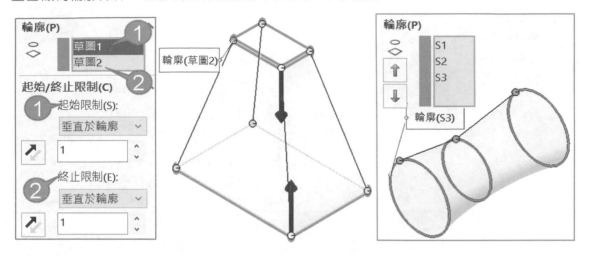

10-0-4 掃出 VS 疊層拉伸

這問題很多人問，對🔩和🐌認知不太清楚，感覺這題這樣，一下又要那樣，當然覺得亂無所適從。先前對這 2 指令的核心認知後，再了解核心差別。

A 唯一解

這 2 指令互補有無法取代的特性，沒有哪個比較好屬於唯一解，例如：滑鼠不能用伸長、旋轉、掃出特徵完成，只能用🐌。

B 適合複雜外型

解決複雜外型，這一點掃出很難做得到，因為掃出僅支援一個輪廓。硬是用🔩完成複雜外型，會耗費很多時間且沒效率，這之間如何拿捏最後有說明。

10-0-5 疊層拉伸與掃出共通性

輪廓、路徑、導引曲線觀念皆相同，開始疑惑到底差在哪。用指令限制來看，🔩只能使用 1 個輪廓，🐌可以使用多個輪廓。

10-0-6 導引曲線外型

只要輪廓一致就用🔩，例如：水管。輪廓不一致就用🐌，例如：滑鼠或人體模型。

A 輪廓型態一致時

輪廓皆為圓，只是圓大小做變化，🪝就很恰當。反之🪝就很麻煩，硬著頭皮建立很多基準面，並分別繪製輪廓也不好點選。

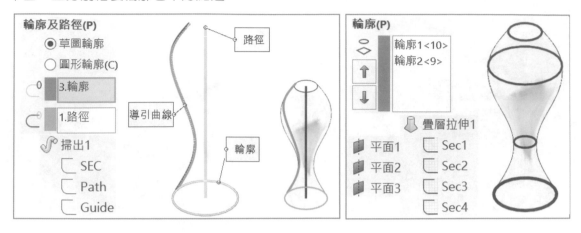

10-1 2 草圖

開始進入🪝建模：1. 驗證特性、2. 常見題型、3. 進階作業，本章會比🪝還容易學習，以實務案例，順便認識指令特性。

由 2 輪廓構成方轉圓，它是🪝最典型代表，讓同學快速體驗指令運用。輪廓分別不同空間，於特徵管理員可見平面 1，平面 1 有草圖，常問不用🪝要用什麼指令完成它，下圖左。

10-1-1 輪廓

習慣由上到下點選繪圖區域的草圖，並進行以下設定，換句話說，由下往上點選草圖速度會比較慢。

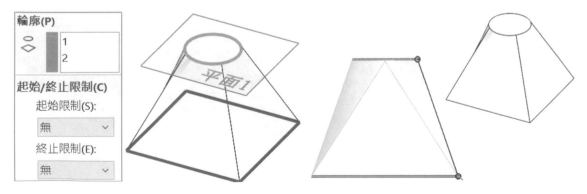

10-1-2 起始/終止限制：垂直於輪廓

1. 設定**垂直於輪廓**，讓輪廓沿垂直方向相切成形→2 調整相切長度將原本 A 形調整為 S 曲線造型，很明顯看出這 2 者為不同外形。

10-1-3 起始/終止限制：相切長度

讓模型相切並量化控制，起始/終止故意不一樣範圍看出所選草圖順序，例如：起始 2、終止 1.5，能看出上方起始、下方終止。

A 長度範圍

用上下增量方塊調整過程，見到直線撐起且相切樣子，隨著數字增加甚至會超越另一個輪廓。故意輸入 10 可看出顯示範圍在 0.1-10，下圖右。

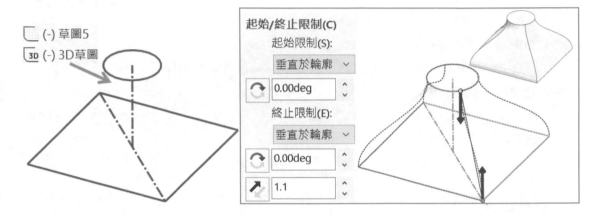

10-1-4 拔模角

像雨傘一樣撐起，用上下增量方塊調整拔模角度，發現原本纖細曲線變得膨脹。

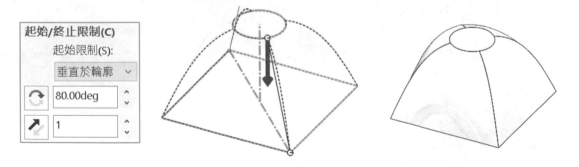

10-2 3 草圖

分別點選 3 條線段，讓 3 個草圖成形，2 個以上又稱多草圖。認識對應點抓取原理，看起來沒什麼卻有很多學問在裡面，先前草圖之間平行，這一題草圖之間垂直。

10-2-1 3 草圖成形

由左點到右共 3 點選個草圖，好成形速度也快，有沒有發覺左→右點選比較快。不過有一半同學做不出來，因為點選沒注意到以下細節。

10-2-2 點選線=靈魂

游標點選的位置取得對應點，開始認識點選靈魂。這題重新製作會更留意當初點選位置，點選的位置=靈魂，把點選靈魂找出來，就知道自己在幹嘛。

步驟 1 點選第 1 和第 2 條線

系統追蹤游標點選的線段最近端點，將 2 草圖端點連結形成對應點，下圖左。

步驟 2 點選第 3 條線

點選第 3 條線游標也要接近端點，下圖左。否則第 3 輪廓和第 2 輪廓重疊沒多餘空間成形，像書本合起狀態，下圖右。

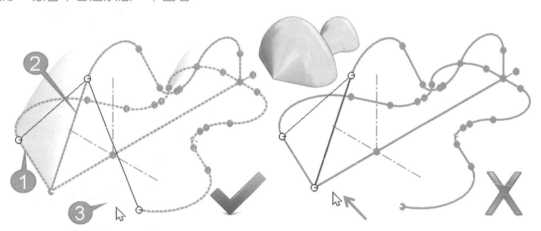

10-3 輪廓順序

本節體驗：1. 輪廓點選順序、2. 點選的線段位置、3. 改變特徵。驗證選擇順序前選到後或後選到前，改變點選順序通常是無法成形，目標放在草圖不變下，亂試出來算撿到。

10-3-1 選擇順序與草圖位置

改變草圖點選順序，分別判斷哪個順序可以完成，要留意點選的是右方圓弧位置。

A 選擇順序：前選到後、後選到前

以最接近螢幕草圖先選，Z 軸負向 A→B→C 成形，下圖左。C→B→A，對應點一樣位置卻無法成形，原因是精度。

B 點選的草圖位置

只有點選 ABC 的位置才可以成型，點選 1→2→3 就做不出來。

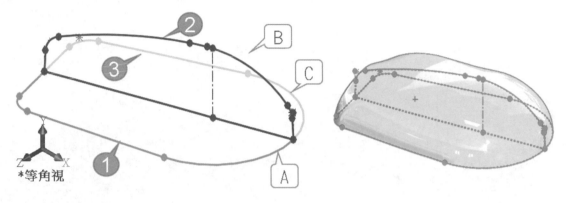

10-4 模型面斷差

先前所學 2 個、3 個草圖成形，這次面對面成形，屬於多本體技術（由下而上），這裡的👇是第 2 特徵。利用 2 分離本體段差（又稱樓梯），點選 2 端面後調整特徵連續性，沒有導引曲線也可完成造型，破除以往模型像蓋房子一樣，由下往上基礎接續成形。

A 先畫頭和尾再將身體接起來

多本體技術會先畫頭尾，再連接建模，例如：手持電鑽設計過程會先畫下把手和上鑽頭機構體，中間橋接後面再說，甚至會故意把完整的中間除掉重新連接。

10-4-1 疊層拉伸成形

點選 2 模型面，由成形邊線看出直線連接，利用以下設定完成外型導引調整。

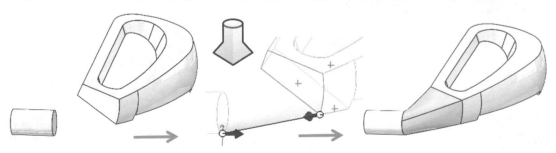

10-4-2 起始/終止限制

分別切換：1. 垂直於輪廓、2. 相切至面或 3. 曲率至面，會發現外型變化差很多，常問同學為何會這樣，因為她是第 2 特徵。模型弧面，圓柱本身也具備相切特性，讓系統計算相鄰面幾何。沒用這招很難繪製側邊曲線，除非用 3D 草圖或投影曲線才可完成。

10-4-3 查看疊層拉伸特徵結構

大郎常問同學，為何特徵管理員🥄沒辦法展開。因為特徵由模型面構成，所以沒有草圖。這部分是同學盲點，因為習慣特徵帶草圖並延伸 2 個觀念，下圖左。

🅐 觀念 1 無草圖特徵

課堂常舉🗐、🗐為例，該特徵不需要草圖，甚至也不能有草圖，所以看不到草圖是正常的。反之🥄可以有草圖，也可以沒草圖，端看所選輪廓條件為何，這就是學習連結性。

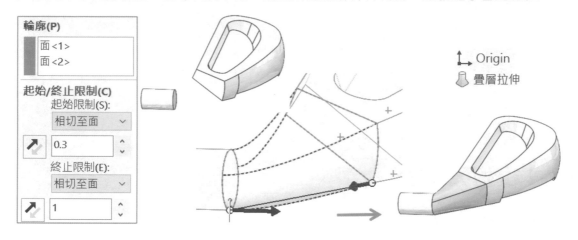

10-5 草圖點

先前所學草圖對草圖、面對面，這次面對點成形。輪廓原則是封閉型態，點不是封閉輪廓卻可成為🥄條件，會讓成形收斂，任何圖元無法達到這效果。

10-5-1 面+點

模型面+草圖點→🥄，完成鋼彈天線，下圖左。

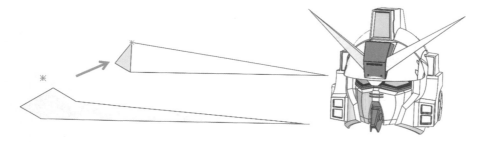

10-5-2 點的收斂

　　金字塔底邊正方形，側邊 4 面正三角形，可用正方形＋點成形，換句話說不用點，要用哪種圖元可以代替，點也是解決方案。不用 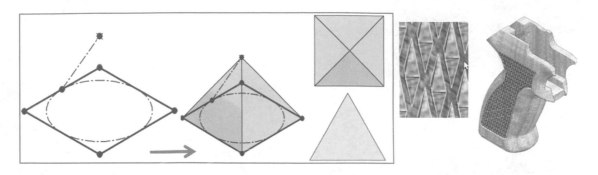 做不出來，就算用其他特徵做出來會很累。

　　草圖點可以在基準面上，不需建立新基準面，本節的特徵常用在防滑裝置。

10-6 模型邊線

　　利用模型邊線成為中心線或導引曲線完成 🗒，常用在第 2 特徵。

10-6-1 導引曲線

　　到底要用 1. 模型邊線或 2. 草圖作為導引曲線，不得以才用草圖，因為草圖要畫。

步驟 1 輪廓

　　點選前後 2 個草圖。

步驟 2 導引曲線

　　點選草圖+模型邊線。

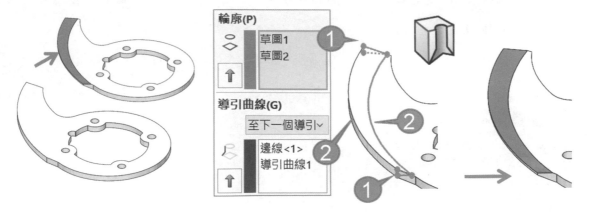

10-7 中心線路徑

利用中心線引導，體驗中心線=路徑觀念。導風管由 2 個🔔構成，1. 草圖+草圖→🔔、2. 草圖+面🔔，並簡單說明🔔和🔩差別。

10-7-1 Layout 結構

用 3 條建構線：讓基準面、中心線成為位置參考。

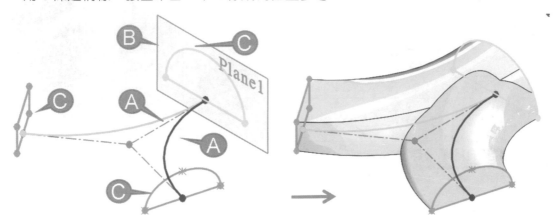

10-7-2 第 1 疊層拉伸成形-右邊

點選右邊 2 輪廓＋中心線參數，這時同學點選速度相當快，下圖左。右下角橢圓、右上角半圓，課堂上會問圓和橢圓差別，好多同學忘了呀！橢圓會有 4 個圖元點，圓沒有。

A 中心線參數

中心線參數=路徑，同學嘗試**中心線**和**導引曲線**對調，特徵明顯受到中心線牽引變化，成形過程☑網格預覽，更能看出側邊曲線的變化。

B 側邊輪廓的大小

模型兩側無法得知尺寸多少，如果需要左 R200、右 R100 就要加畫 2 條導引曲線。

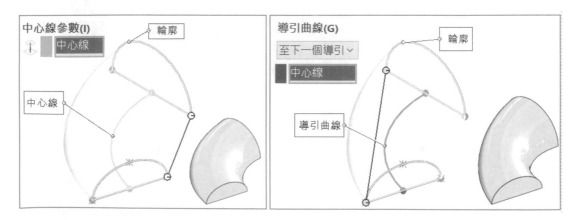

10-7-3 第 2 個疊層拉伸成形-左邊

本節 1. 只有 1 個輪廓可以選、2. 扭轉。左邊剩下矩形輪廓和半圓模型面,採取以下 2 種手法完成左邊👍,這 2 種給法體積和外型些許不同,實務會嘗試看哪個結果是你要的。

A 草圖＋模型面

1. 點選矩形草圖＋2. 模型面＋3. 中心線。

B 草圖＋草圖

1. 點選矩形草圖＋2. 半圓草圖＋3. 中心線。

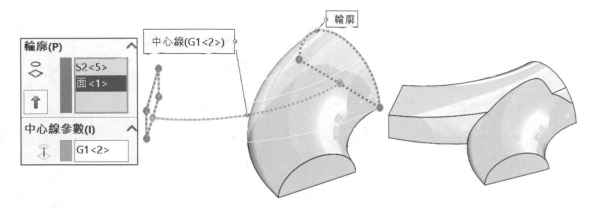

C 顯示所有連接點

1. 繪圖區域右鍵顯示所有連接點,半圓 2 端點與矩形 4 端點對應不起來形成錯亂,原則端點對應要平均,例如:4 對 4、6 對 6。

D 網格

☑網格,設定 1,可以看出成形的輪廓線,就不會看得很吃力,會近視加深。

E 分配連接點

1. 拖曳矩形下方 2 青色連接點,對應半圓下方 2 點➔2. 矩形上方 2 點分佈在圓弧上。

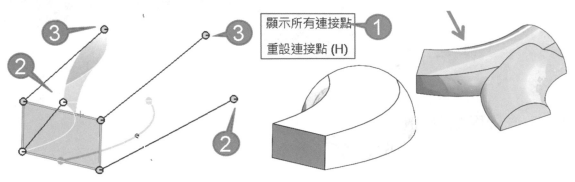

10-8 水槽

盆子題型多半用🔩+🔷完成，重點在薄殼與圓角搭配順序。

設變 1	A=250、B=125、C=50、D=4	體積：280048.08 mm^3
設變 2	A=260、B=135、C=60、D=6	體積：438418.75 mm^3

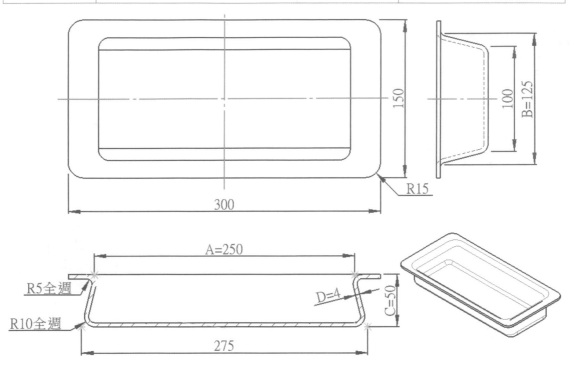

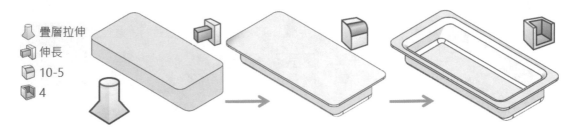

10-8-0 繪圖步驟

模型分 3 大部分：1. 疊層拉伸 → 2. 加蓋 → 3. 薄殼。

🔩 疊層拉伸
📄 伸長
🔷 10-5
🔲 4

10-8-1 疊層拉伸特徵

完成上下 2 個草圖 → 🔩。

步驟 1 輪廓 1 繪製

上基準面以中心矩形完成草圖 1。

步驟 2 新基準面建立

以上基準面為基準，建立平移 50 基準面。

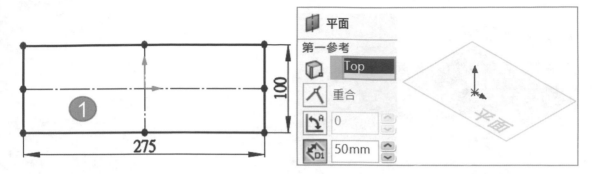

步驟 3 輪廓 2 繪製

在新平面以中心矩形完成草圖 2。

步驟 4 疊層拉伸

將草圖 1 和草圖 2 加入疊層拉伸的輪廓條件。

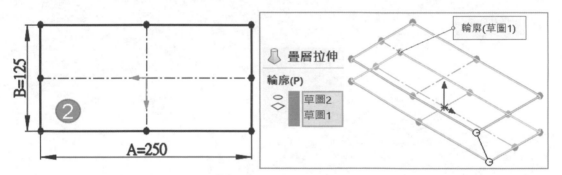

10-8-2 平板特徵製作

在模型上方繪製草圖，完成深度 4，留意 4 有沒有包含前視圖的 50。

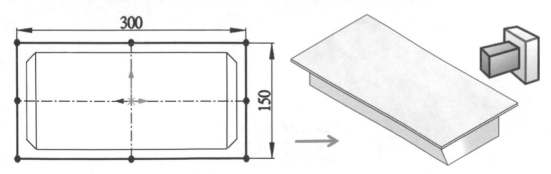

10-8-3 導圓角

分別完成 4 個面和 4 個邊線 R15，下圖左。

10-8-4 薄殼特徵

選擇上面當挖除面，厚度 4，可見上方面被挖除，可見圓角，下圖右。

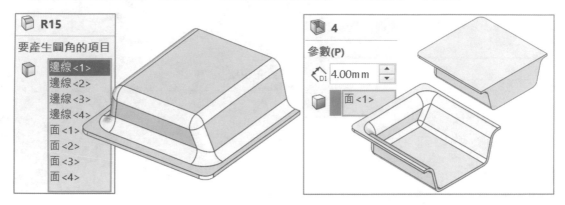

11

移動複製特徵

移動/複製（Move/Copy Body）❀在多本體進行 2 大作業：1. 移動本體、2. 複製本體，最大特色拖曳箭頭讓模型分離，讓畫圖和設計擁有彈性。

❀常用在：1. 零件組裝零件、2. 零件製作爆炸圖、3. 多樣呈現設計、4. 滿足指令特性。

A 設計幫手

由於指令不在特徵工具列上，所以能見度低，甚至不會❀也可以生活的惡魔心理。認識她以後會翻轉對建模認知，並體會境界是什麼。

B 不同境界

當別人還在繪圖區域 1 個本體 1 個檔案時，你會發覺和對方不同世界。未來你看到傳統方式建模，能引導就多指導，萬一對方不願意改變而覺得無所謂時，那你就算了。

11-0 指令位置與介面

介紹指令位置與介面項目，先認識 2 大欄位的方向，一開始不習慣切換按鈕，很遺憾沒支援**保持顯示**✈，否則指令執行可以更有效率。

11-0-1 指令位置

指令位置只有 1 個地方：1. 插入→2. 特徵→3. 移動/複製❀，下圖左。

A 指令執行效率

建議 1. ❀移到特徵工具列、2. 進階者滑鼠手勢執行❀，下圖右。

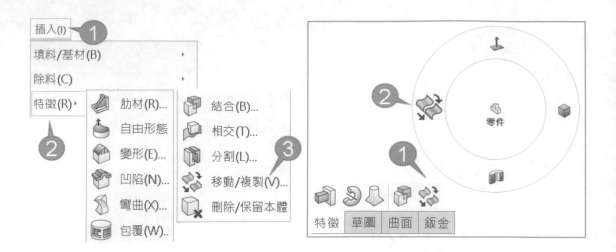

11-0-2 介面 2 大項：1.約束、2.平移/旋轉

在下方按鈕來回切換：1. 約束（應該稱結合）=組合件的結合組裝、2. 平移/旋轉=組合件的爆炸圖。教學過程一開始找不到按鈕，按鈕應該在指令上方比較好。

這是零件課程，指令項目還不習慣，組合件學完後再到這畫面又覺得還好。

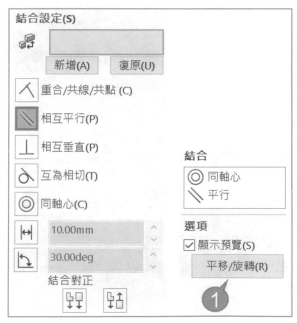

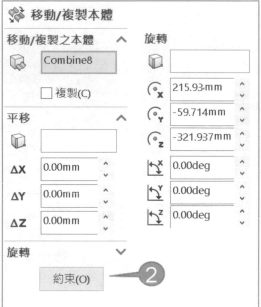

11-0-3 先睹為快：移動/複製

完成最常用的移動與複製，並了解設計彈性。

步驟 1 點選要移動的本體

點選 2 個分離實體。

步驟 2 ☑複製

移動順便複製所選本體。

步驟 3 數量

輸入本體複製的數量 1。

步驟 4 移動與複製本體

拖曳空間箭頭 X，將複製的本體移動到不重疊位置。

步驟 5 查看並製作疊層拉伸

特徵管理員有💥特徵被記錄，自行在被複製的本體完成🔔。

11-0-4 編輯移動複製特徵

編輯特徵回到指令狀態進行修改，很多人沒想到這樣，因為對這指令陌生，就如同熔接課題，使用**結構成員**🔲後也可編輯草圖，很多人不敢改🔲特徵內的草圖。

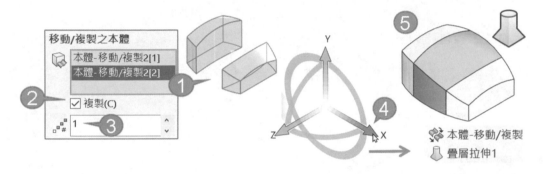

11-1 平移/旋轉

移動或旋轉多本體。進入指令要先點下方的**移動/複製**按鈕，才可進行平移或旋轉。平移和旋轉不能同時做，要分別 2 個指令，希望 SW 改進。

Ⓐ 移動產生爆炸圖

將多本體移動就是爆炸圖了，由此證明零件可以製作爆炸圖。

Ⓑ 複製模型

拖曳 3 度空間座標或屬性管理員輸入精確數值，比較常用 3 度空間座標。

11-1-1 移動/複製的本體

點選要移動或複製的本體，例如：螺絲起子。拖曳空間球箭頭=移動，拖曳環=旋轉，也可以在屬性管理員指定方向或輸入數值。

步驟 1 平移

點選上模➔拖曳 Y 軸，將上模分離 50，下圖左。

步驟 2 旋轉

將上模旋轉 90 可見模穴：1. 點選上模邊線旋轉軸➔角度欄位輸入 90。

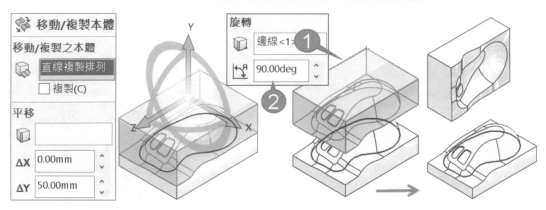

11-1-2 複製與數量

移動本體過程順便產生數量，常用在設計多元性，例如：第 1 個為結合，第 2 個為凹陷模具、第 3 個讓同學練習用。

數量=2，複製 2 組底座和起子，這時總數量 3（2+1），數量認知和複製排列不同。

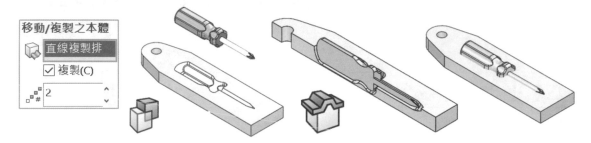

12

參考幾何：基準面

基準面（Plan，俗稱**新基準面**或**第 4 面**）◢，在零件或組合件產生新基準面，當基準面不夠用，就會自行產生基準面，基準面是平面呦。

Ⓐ 基準面用途

基準面有 3 個地方：1. 原點上方 3 大基準面、2. 模型面、3. 自行產生基準面。基準面常用在繪製草圖、指令位置的參考，例如：剖面視角◢、曲面除料◢。

Ⓑ 基準面學習 3 大方向

1. 學習指令介面與邏輯、2. 按圖索驥建立基準面、3. 用畫的基準面，反正不要刻意學習，因為要學的指令太多了。

12-1 基準面統一認知

破除對基準面的不安感，相信同學都有基準面製作不出來的經驗，因為指令使用上不夠直覺，對不起各位了。

12-1-1 指令位置與介面認知

基準面在參考幾何的指令項目中，進入指令後會見到 3 大參考，這是組合件結合條件介面，等到學完組合件到時回到這介面就會覺得這又還好，下圖右。

有很多情境都是這樣，等同學學完組合件、工程圖，再回過頭來學習草圖、特徵建模就會覺得先前很鑽牛角尖，有種豁然開朗的感覺。

12-1-2 選擇穩定度

穩定度選擇順序：面→線→點，例如：第 1 參考選面、第 2 參考選線、第 3 參考選點。

先由第 1 參考看能不能完成新基準面，萬一不行才到第 2 參考，很少到第 3 參考才完成基準面，若真如此就辛苦你了。

12-1-3 不得已才做基準面

新基準面在特徵管理員，每個面獨立顯示，除非很用心將它命名，否則重新理解它的由來並不直覺，下圖左。

A 基準面沒效率

參考幾何的基準面是沒效率的產物，因為很難維護。很多情境不必花精神建立基準面來應付建模，造成樹狀結構很多參考幾何，就顯得很沒效率，下圖左。

B 3D 草圖來克服

本來就要製作基準面，用 3D 草圖建立第 2 輪廓，就不必建立新基準面，下圖右。

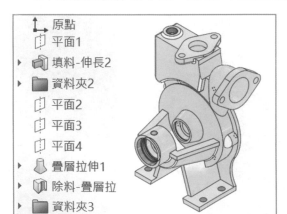
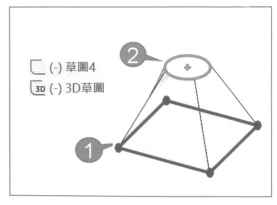

12-2 基準面應用

第 1 參考=指令核心，基準面做不出來都是第 1 參考沒選好，第 1 參考以面為常用條件。選擇 1. 基準面的參考、2. 限制條件，依選擇條件不同（點、線、面）列出不同選項。

Ａ 2 個條件

原則 2 個條件才可以建立基準面，如果只有 1 個參考就完成基準面就當送你的，例如：點選模型面出現以距離平行的新基準面。

Ｂ 點選面與邊線

點選面顯示 1. 平行、2. 垂直、3. 重合、偏移距離…等，下圖左。點選邊線僅顯示 1. 垂直、2. 重合、3. 投影，下圖右。

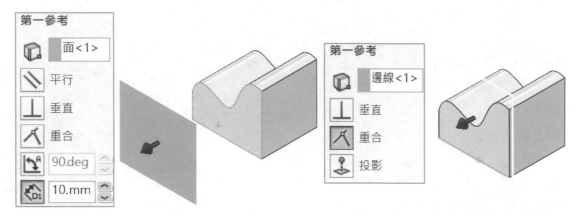

12-2-1 夾角

產生角度基準面，至少要 2 個條件：1. 面➔2. 線➔3. 點選角度。這是一開始不習慣的地方，通常會想點選邊線產生夾角面，但行不通，下圖右。

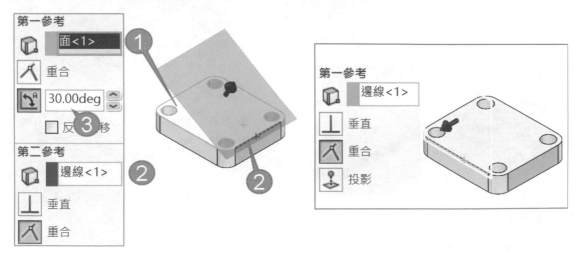

12-2-2 偏移距離（平行面）

產生與所選面帶距離的平行基準面，常與複製數量一起完成，常用在🔽的多重輪廓。Ctrl+拖曳基準面，可產生平移距離的新基準面，就不用進入📐指令。

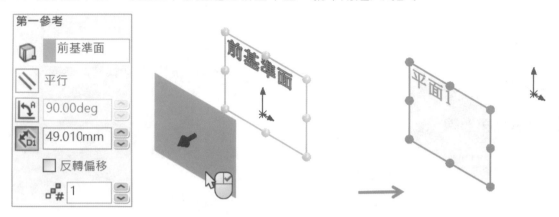

A 指令作業

只要使用第 1 參考即可完成。

步驟 1 點選面

步驟 2 點選距離

輸入 40，這時可見預覽。

步驟 3 數量

輸入 3 會見到 3 個等距基準面。

步驟 4 查看

完成的基準面在特徵管理員會記錄，每個面獨立顯示也可事後編輯它。

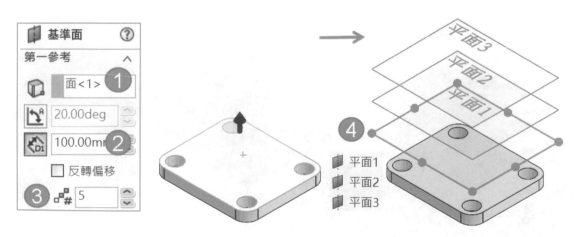

B 疊層拉伸的面

在每個基準面製作輪廓→🔽。

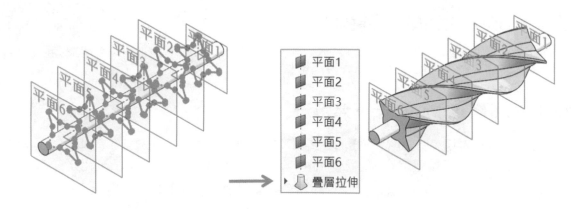

平面1	
平面2	
平面3	
平面4	
平面5	
平面6	
▶ 疊層拉伸	

12-2-3 兩側對稱

選擇 2 平面，由系統計算 2 面距離產生對稱面的關聯性，就不用人工計算長度/2 距離，下圖左。常用在中間面作為鏡射參考、殼厚中間面、想即時監測模型中間位置。

A 兩側對稱價值

常遇到工程師計算距離 50/2 產生平移基準面，這就失去 3D 軟體價值。

B 垂直 2 面的中間

很多人沒想到可以產生有角度的模型中間面，自行完成，下圖右。

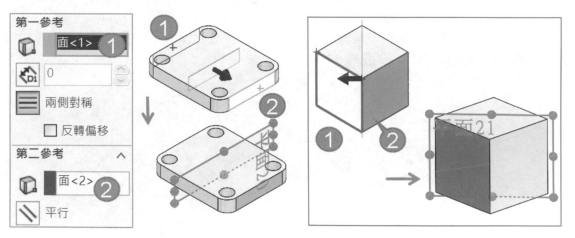

12-3 用畫的基準面

基準面不用這麼辛苦學，用畫的就好，每次說到這同學很驚訝，並體會時代變化是什麼。大郎常說沒事不要做基準面，除非模型面或 3 大基準面無法使用，不得已才增加，因為基準面越做越不穩定。

A 伸長曲面◈，不用學習就會的專業

現今要同學將先前所學的草圖限制條件，配合曲面工具的伸長曲面◈，用最短的時間完成多個曲面，更能證明不用學習就會的專業。

12-3-1 多條線段面：天下無敵法

複合角度單純用◗完成是行不通的。要藉其他參考：草圖、模型邊線、基準軸...等，還要人工計算補角...等幾何定理，才可製作◗，步驟多、幾何複雜、穩定度降低也沒人想學。

本節一次完成 1. 多條連續或 2. 不連續草圖➔◈，速度很快對吧。

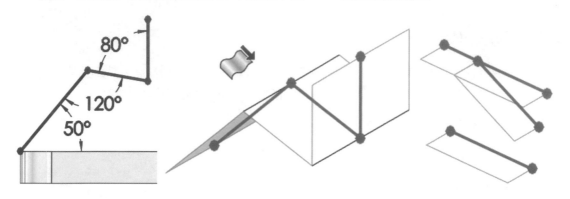

12-3-2 相切面

直覺想建立圓弧和直線的有角度的相切面，就利用幾何作圖：1. 圓心到線段的互相垂直➔2. 線段與原弧相切➔3. 70 度角➔4. ◈。

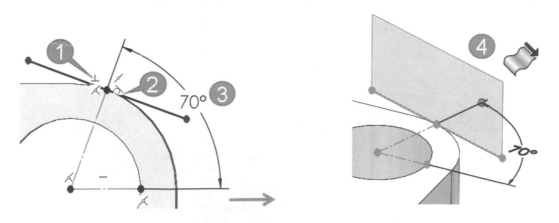

12-3-3 3D 草圖來減少建立基準面

利用 3D 草圖建立 2 空間輪廓➔◿，就不必建立新基準面，只為了第 2 輪廓使用。

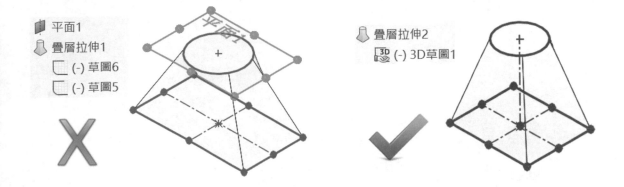

平面1
疊層拉伸1
　└ (-) 草圖6
　└ (-) 草圖5

疊層拉伸2
　3D (-) 3D草圖1

12-3-4 最高優先參考

用畫的基準面放在原點下方成為基準，讓其他特徵都可用到，下圖左（箭頭所示）。

A 水壺

有 3 個輪廓，被 3 個面使用：1. 上基準面、2. 兩個畫的基準面。

B 蓮蓬頭

有 5 個輪廓，被 5 個面使用：1. 4 個畫的基準面、2. 一個右基準面。

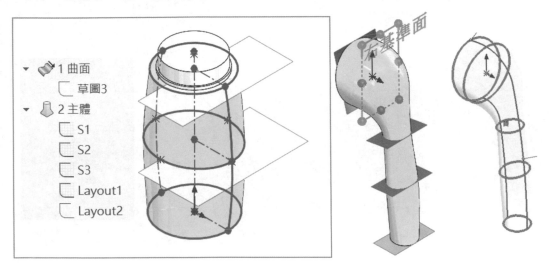

▼ 📄 1 曲面
　└ 草圖3
▼ 📦 2 主體
　└ S1
　└ S2
　└ S3
　└ Layout1
　└ Layout2

筆記頁

草圖圖片

草圖圖片（Sketch Picture）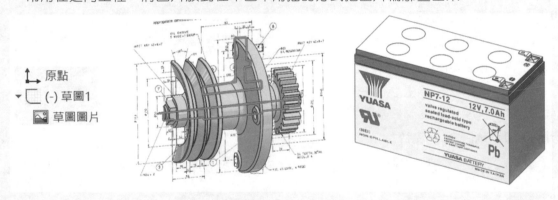，增加模型真實度，利於溝通、行銷，透過草圖操控，增加顯示彈性和顯示效能，顧名思義要在草圖環境下進行。

常用在逆向工程，將圖片放到在草圖中用描的方式把圖片輪廓畫出來。

13-0 指令位置與介面

說明指令位置和最快的方式在書本 3 個面上加入圖片。完成本節你會希望在草圖過程拖曳來加入圖片，但目前不支援，本節會了就差不多了。

13-0-1 指令位置

不屬於畫圖所以在 1. 工具（T）→2. 草圖工具（T）→3. 草圖圖片（P），（進階者會用 Alt+TTP）→4. 利用開啟舊檔把圖片加入草圖中。

13-0-2 指令介面

🖼️必須開啟圖片才可見指令屬性，1. 選模型前面→2. 進入草圖→3. 🖼️→4. 利用開啟舊檔，找出封面照片→5. 見到草圖圖片管理員。

13-0-3 先睹為快

分別在書本 3 面加上圖片調整大小。

步驟 1 調整圖片位置與大小

點選圖片移動位置、拖曳圖片外控制點，讓圖片符合模型大小。

步驟 2 查看圖片結構

草圖圖片記錄在草圖之下，沒想到草圖之下還有東西對吧，下圖中（箭頭所示）。可對圖片命名，反正在草圖之下的項目都要進入草圖。

步驟 3 顯示草圖/草圖圖片

🖼️附加在草圖之下，圖片隨草圖顯示，換句話說隱藏草圖，🖼️也看不到，下圖右。

步驟 4 編輯草圖圖片

在繪圖區域快點 2 下圖片可回到草圖圖片屬性，不須進入草圖，希望 SW 統一所有指令都可快點 2 下編輯。

13-1 圖片屬性

　　於屬性管理員控制：1. 圖片位置、2. 角度、3. 大小，不必藉由影像軟體進行前置處理 →再由 SW 開啟，可節省很多時間。

　　會定義到大小通常為圖片來源失真。

13-1-1 圖片位置 🖼️、🖼️

　　拖曳圖片移動位置或指定 XY 座標精確定義。經常圖片與草圖原點重合 X=0、Y=0。

13-1-2 旋轉 🖼️

　　必須透過屬性控制圖片旋轉，目前無法拖曳改變角度，希望 SW 改進。

13-1-3 圖片大小 🖼️、🖼️

　　拖曳圖片外的控制點或輸入數值指定圖片大小，例如：寬度 297、高度 210。

13-1-4 鎖住高寬比（Lock Aspect Ratio）

　　以高度和寬度的相對比值控制大小，避免圖片寬高失真。

13-1-5 水平與垂直反轉 🖼️、🖼️

　　圖片水平或垂直鏡射放置，常用在掃描後的照片為鏡射。

13-2 啟用縮放工具（Enable Scale Tool）

　　讓圖片縮放比例到指定大小，常用於逆向工程，例如：想知道照片中椅子上方尺寸，或 3D 列印機器內部結構，只要用直線並標尺寸就能知道實際大小，不必人工換算比例。

13-2-1 先睹為快

在圖片上標示產品規格，椅面 500X500X580mm，☑縮放工具，必須要在草圖環境。

步驟 1 ☑啟用縮放工具

快點 2 下圖片，於草圖圖片屬性中☑**啟用縮放工具**。

步驟 2 拖曳縮放工具

1. 拖曳橫桿左邊起點到椅面起點定義基準→2. 終點橫桿右邊起點到椅面終點。

步驟 3 輸入實際尺寸

於修改視窗 500→↵，結束修改視窗後，系統自動縮放圖片。

步驟 4 結束草圖圖片

步驟 5 描圖

草圖直線繪製 3 條線，分別為椅面的最大尺寸 500X500X580。標註過程會發現尺寸與圖片相當接近，更能體會縮放工具的用意。

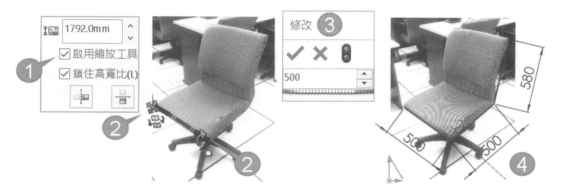

13-2-2 練習：3D 列印描圖

底座尺寸為 600X350X600mm，用直線畫照片機構，標尺寸得到機構尺寸，只要知道大概尺寸就好。由於這是逆向工程，準確度大約 8-9 成即可，想知道床台尺寸、馬達外型、導柱長度...等，甚至在開會過程當下解決客戶要的圖片尺寸，這就是本事。

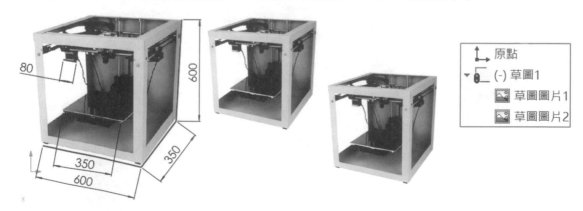

13-3 實務探討

本節舉常見的草圖圖片的例子,讓同學快速體驗草圖圖片的用途。

13-3-1 皮帶輪和遙控器

將工程圖片放在前基準面,將皮帶輪畫出來,常用在只有圖片沒工程圖。試想,把照片列印出來放在桌面上開始畫圖這樣太慢,這種方式已經會了,改另一種方式完成。

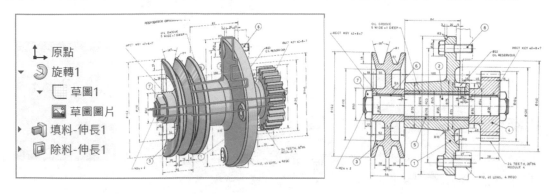

13-3-2 遙控器

分別在上基準面和右基準面加上照片,逆向把遙控器完成。

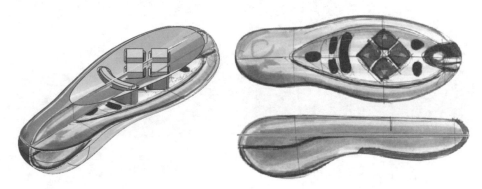

13-3-3 主機板與組裝示意

將原本綠色的電路板加上照片增加可看性,更讓別人以為這是 SW 畫的,甚至會說你畫這麼像呦,下圖左。甚至圖片=元件組裝位置,下圖右。圖片來源:網路。

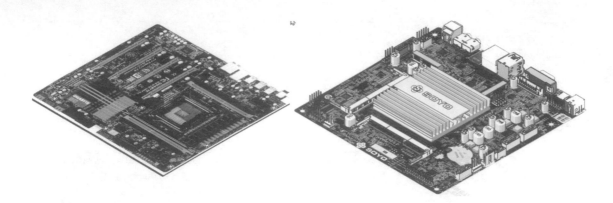

13-3-4 柳橙

把食物貼到模型表面，感覺很真實，坊間很多的擬真也是用貼圖完成的，下圖左。

13-3-5 馬克杯

馬克杯上的圖面其實無法用草圖圖片完成，因為草圖圖片只能用在平面，要做到切曲面效果，必須使用移畫印花。

13-3-6 飛機與 LOGO

草圖圖片上以矩形描出來的 QRCODE 可以被手機掃描出來。

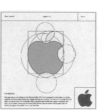

草圖文字

草圖文字（Sketch Text）𝔸=在模型上刻字，模型文字常見日常生活上，例如：鍵盤、滑鼠、螢幕、貼紙...等。本章說明字體種類、字型規則、字型對特徵影響、分享業界如何進行文字完成面板或修改成為 LOGO 設計。

14-0 文字規劃與指令位置

產生放置文字的輪廓，幾何建構線規劃文字排列，學會估算草圖時間，常問 4 條線+2 個弧要畫多久，共 6 個圖元 1 個圖元 10 秒夠不夠，實際 1 分鐘內要完成。

14-0-1 指令位置

有 2 個地方點選指令：1. 草圖工具列→𝔸、2. 工具→草圖圖元→草圖文字𝔸，進入指令會見到有文字屬性管理員，下圖左。

14-0-2 先睹為快

輸入文字過程順便認識指令項目。

步驟 1 點選模型面→進入草圖⌷→𝔸

步驟 2 輸入 SolidWorks

輸入 SolidWorks 過程立即可見文字由原點沿 X 軸產生=預設位置。

步驟 3 點選換位置

點選繪圖區域發現文字跟在游標旁邊，這是文字特性，因為文字不足定義。

步驟 4 查看文字結構

草圖文字和草圖圖元一樣，它不是特徵呦，要在草圖環境下才可以修改文字𝔸呦。

14-1 草圖文字作業

於草圖環境輸入專屬的文字圖元，不用草圖圖元費心力的把文字描出來。𝔸包括：直線、圓弧或不規則曲線組成的封閉輪廓，所以輪廓外型和字型有很大關係。

本節分別製作 2 段文字：SolidWorks、Design Using 排列在草圖曲線上並認識介面，有很多屬於 Office 作業。

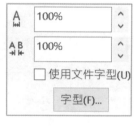
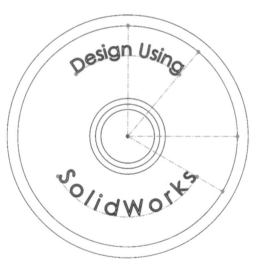

14-1-1 曲線（Curve）

可隨性點選斜線、模型邊線或下方圓弧，定義文字位置。曲線欄位非必要選項，可選擇 1.草圖線或 2.模型邊線作為文字排列參考，曲線應該稱文字位置。文字重點在定位。

14-1-2 文字

方框內輸入要刻在模型的文字，例如：先前輸入的 SolidWorks。

A 先文字再曲線

實務會先輸入文字，再定義文字位置，除非抄圖也很熟練才會由上到下進行作業。

14-1-3 排列 ▤ ▤ ▤ ▤

利用按鈕將文字靠左、置中、靠右或完全調整（俗稱平均分佈）▤，有指定上方的曲線才會將文字分佈在曲線び上。尤其是▤，讓文字完整排列在指定的線段上，文字間距會自動等分，這就是當初為何要把草圖定義長度並定義排列。

14-1-4 上下、左右放置 Ａ ∀ AB BA

利用按鈕將文字上下、左右放置，類似鏡射。左右排列常用在鏡向，例如：硬幣拓印在黏土上，黏土字會反向。

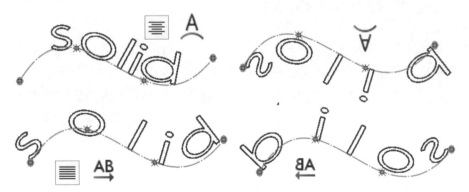

14-1-5 字寬（Width Factor）A

改變文字寬度是變形體，屬於軟體送的功能，由於 Windows 字型屬於寬高比，不能設定文字瘦高或矮胖，只能透過軟體功能進行文字變化，例如：WORD 的文字藝術師。

調整過程文字寬寬或瘦瘦的，字寬以草圖不相連原則，否則重疊草圖無法成型。

A 使用限制

要使用🔒必須☐使用文件字型（標示1）。

14-1-6 字距（Spacing）

定義每字距離，目前只有百分比，希望增加距離單位。

A 置中

數值調整很大時，會發現文字會離開曲線，更能明白☰用意。

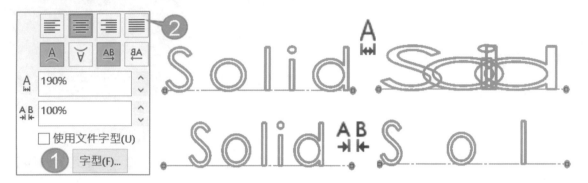

14-1-7 改字（文字屬性）

在草圖環境下，游標在文字上快點兩下，回到文字屬性，進行加字或改字作業。

14-2 字型視窗與特徵成形

由字型視窗進行**字型**控制：1. 字型、2. 大小，由視窗左下方看出預覽，但繪圖區域看不出來。預覽已經是顯學，要結束指令才可以看結果不夠直覺。

☐**使用文件字型**，點選下方字型按鈕，進入選擇字型視窗，臨時更改字型。

14-2-1 字型（Font）

用輸入的比較快找到，由清單可見屬於 SW 開頭的字型支援，例如：認證考試常用 SWISOCP1，下圖左（箭頭所示）。

A Stick 單線字型

OLF SimpleSansOC 用於雷射雕刻、水刀或 CNC 刀具路徑使用，不必再尋找符合加工所需的字型，甚至冒風險下載補帖字型。單線體無法產生特徵，不支援中文字。

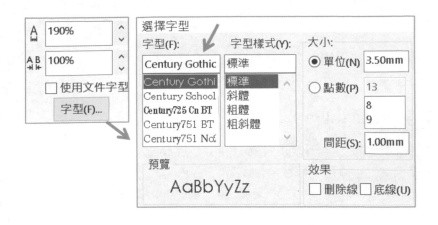

14-2-2 單位（Unit）

單位應該稱字高比較直覺，例如：字高 3.5，下方對應相對點數。

14-2-3 點數（Point）

指定字的高寬比，比較抽象，Windows 字型就是高寬比。除非特別指定，不然點數很多人不習慣 12 點或 24 點多大。

14-2-4 間距（Space）

間距應該稱行距，定義每行文字間的距離，如果為單行文字調整間距會沒反應。

14-2-5 效果

指定文字加附刪除線或底線。刪除線會在文字中間，下圖右。

14-3 繁體中文

中文字詢問度最高，由於輪廓之間重疊，當然做不出來，這是草圖觀念。常見 2 種解決方式：1. 改字型、2. 解散草圖文字，本節以筆畫最少的中說明。

14-3-1 改字型

一樣都是「中」，就看得出來左邊的中空體可以成型，右邊為標楷體線條重疊，無法成型。

14-3-2 解散草圖文字（Dissolve）

類似圖塊炸開，解決任何重疊的文字。例如：標楷體的中＝重疊輪廓，且文字為群組圖元就像圖塊一樣無法直接修剪，必須藉由解散草圖文字完成。

A 指令位置

該指令沒有 ICON 只能：1. 游標在文字上右鍵→2. 解散草圖文字，會見到文字打散成曲線，也是為何運算比較久的原因，類似 AI 或 CROELDRAW 轉換為曲線。

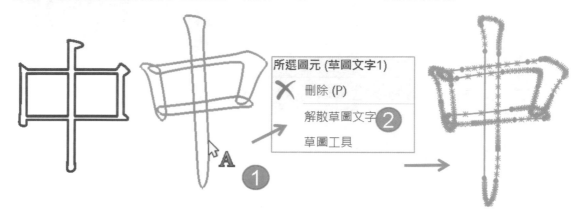

14-3-3 特徵成形

過程不必修剪圖元，所選輪廓點選面成型、大郎很後悔以前要同學將中修剪為單一封閉輪廓，只能說以前太阿札，下圖左。

A 無法使用包覆

包覆不支援所選輪廓，所以只能用完成。

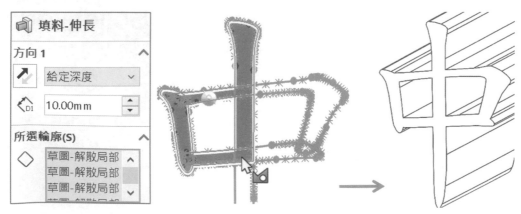

14-4 文字定位

文字下一階段就要學習文字定位，文字定位不容易，因為功能不夠齊全。文字類似圖塊以群組方式呈現，一開始不知道它的定位邏輯，本節特別說明文字定位手法。

14-4-1 文字基準與放置文字

草圖文字預設與原點重疊（沒有限制條件），目前為草圖文字屬性管理員環境，點選繪圖區域會發現文字會隨著游標放置。

結束草圖文字後，文字左下角會見到很大的定位點（類似圖元點），拖曳定位點可移動文字，可以將定位點加入限制條件和尺寸標註。

14-4-2 建構線協助文字定位

文字定位點在左下角與文字有一小段距離，常利用矩形+建構線將文字定位和目視文字大小。開關符號和上方的 POWER 置中，由於文字耗效能，會先完成 1. 圖→2. 字，分別 2 個特徵建構會比較好管理。

步驟 1 人工繪製符號

步驟 2 POWER 文字加建構線與尺寸標註

文字和建構線不容易點選，經常點到文字，將中心基準線加長即可（箭頭所示）。

步驟 3 文字與模型原點置中

利用限制條件將中心建構線與模型原點重合。

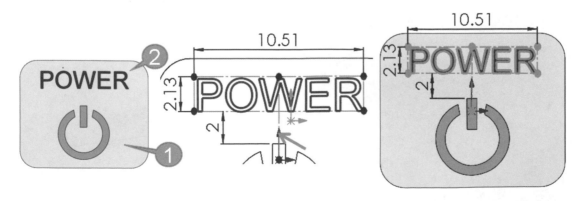

14-4-3 刻度定位

容器文字與刻度置中，且文字起點在右邊，先刻度→再文字，因為文字耗效能。

步驟 1 分別在草圖 1 完成數字

完成 50→↵→執行Ⓐ→輸入 100→↵，以此類推完成 50、100、150...等獨立文字。

步驟 2 建立基準線

數字下方繪製建構線並標尺寸 10（只是整數，長度比數字大好識別即可），建構線間距 12.5（定義數字在刻度中間）。

步驟 3 靠左對正≡

由文字下方的建構線，能控制對齊位置。

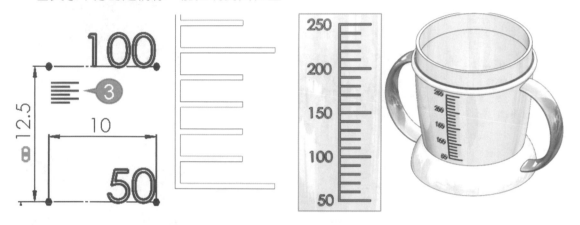

15

包覆

　　包覆（Warp）📦於 2004 年推出，將封閉輪廓草圖投影到模型面上（平面或曲面），最大特色在曲面上的特徵，早期要 2 個指令才可完成，例如：1. 分割線📦→2. 特徵。

A 伸長簡易版與意想不到

　　📦把📦、📦整合，算伸長簡易版，最大好處降低模型資料量。📦可完成的特徵相當多元，會沒想到可以做到這些。

15-0 指令位置與介面

　　說明📦指令位置與介面，直接完成包覆類型，常用在圓柱或曲面產生特徵。

15-0-1 指令位置

　　2 個地方點選指令：1. 特徵工具列→📦、2. 插入→特徵→包覆📦，進入指令會見到有屬性管理員，下圖左。

15-0-2 介面項目

　　介面分 6 大項：1. 包覆類型、2. 包覆方法、3. 拉的方向、4. 精確度、5. 預覽，比較不習慣的是 1. 包覆方法，如果不會分就亂壓就好。

15-0-3 先睹為快

分別以🔧和🗜完成 SolidWorks 和 Design Using，平面文字。

步驟 1 SolidWorks，🔧

於特徵管理員點選 SolidWorks 文字的草圖→🔧。深度 0.1mm、拔模角 50 度，產生有層次的模型字。

步驟 2 Design Using，🗜

於特徵管理員點選 Design Using 文字的草圖→🗜。

步驟 3 包覆類型：浮凸🗜

步驟 4 包覆方法：分析🗜

步驟 5 包覆參數

點選要成形的面，深度 1。包覆特性要指定面，回想一下🔧不用指定面，過程也不必退出草圖可直接成形。

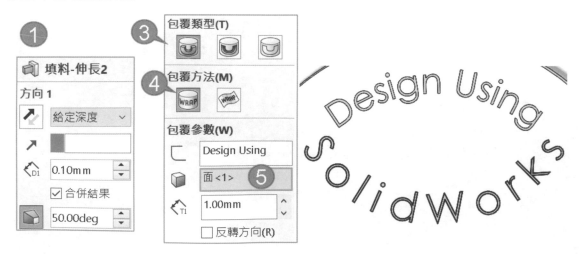

15-1 包覆類型

認識包覆 3 大類型：1. 浮凸、2. 凹陷、3. 刻畫，和功能相同，如同的至某面平移處，類似美工刀在表面上割痕沒深度。

步驟 1 建立 SW 文字

無法在曲面進入草圖，只能在上基準面製作 SW，更能理解曲面上的特徵要用投影的。

步驟 2 包覆類型與方法

→分析。

步驟 3 包覆參數

點選要成形的面=圓柱面，深度 5。

15-1-1 浮凸（Emboss）

浮凸=填料，沿曲面垂直（方向向量）向外擴張 V 形，常用在圓筒上的特徵。

15-1-2 凹陷（Deboss）

凹陷=除料，特徵在曲面的話，沿曲面向內縮。

15-1-3 刻畫（Scribe）

刻畫在表面上，產生獨立面。類似美工刀把面切割，功能和分割線相同，常用在貼紙或獨立改變面的色彩。

15-2 包覆方法

使用**分析**或**不規則曲面**其中一種，2017 新增解決曲面上的投影，通常分不出來亂壓可以用就好，等到熟練後才來學習即可。

15-2-1 分析（Analytical，預設）

保留舊有運作方式，只能 🔵 或 🔵 完成的模型，不能用在圓錐或曲面，並出現訊息。

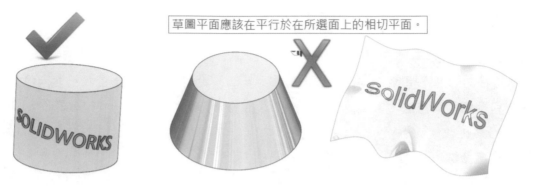

草圖平面應該在平行於在所選面上的相切平面。

15-2-2 不規則曲面（Spline Surface）

在任何類型的面或多個面上包覆草圖，可以完整解決模型面上的文字，例如：熨斗上 LOGO 或文字。 可完成所有類型，下圖右，不過平面會建議選分析，這樣計算比較快。

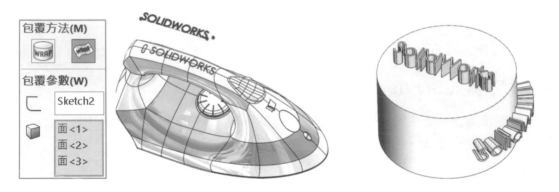

15-2-3 方管跨面切割

草圖圓→點選模型 2 面，完成方管 2 面切割，外型結果和圓除料不同。

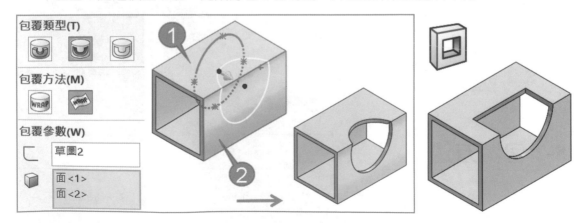

15-3 包覆參數

定義來源草圖、包覆的面、深度和方向，類似 📖 方向 1 簡易版，所以很容易學會。

15-3-1 來源草圖

由於已經先選草圖→📦，這部分系統預先幫你選好了。

15-3-2 包覆草圖的面

定義成形的面，類似**成形至某一面**，比較特殊可指定多個面。

15-3-3 深度

適用浮凸和凹陷，不過沒有其他的類型，例如：完全貫穿、成形至下一面...等。

15-3-4 反轉方向

成形到另一面，例如：在模型中間文字成形上面或下面，預設為 Z 軸正向（上面），可以改為下面（箭頭所示）。

A 無法反轉方向

很多人問有時候可以使用反轉方向，有時候不行。草圖要在模型裡面才可以使用反轉方向，草圖在外面只有 1 個方向，就無法使用反轉方向，下圖右。

筆記頁

16

量測

　　量測（Measure）🔲提供尺寸的工程資訊，進行草圖、模型或工程圖的點、線、面之間距離，以及角度、半徑... 等，屬於模型畫完後看結果，常對尺寸確認或圖面溝通。

🅰 5 大天王

　　量測 1. 點、2. 線、3. 面、4. 距離、5. 角度，最常用來查詢距離或長度。

🅱 部分和整體資訊

　　🔲和**物質特性**🔲都是簡單上手的工程工具，🔲屬於部分資訊，🔲為整體資訊，這些專業術語其實國中小都教過，不必擔心學不會。

🅲 沒事不用量測

　　不能花太多時間在量測，畢竟量測是過程，經常會用狀態列進行尺寸查看，換句話說不得已才用🔲。

16-0 指令位置與介面

　　說明🔲視窗內容，有很多是基礎課程的選擇作業。2 個地方點選指令：1. 評估工具列→🔲、2. 工具→評估→🔲，進入指令可見量測視窗。

　　視窗浮動顯示，由上到下 3 部分：1. 工具列、2. 所選項次、3. 內容。

16-0-1 所選項次

　　記錄所選圖元資訊，例如：點、線、面，萬一選錯面還可得知錯誤，改選邊線。

16-0-2 量測內容

顯示所選圖元的長度或面積...等資訊，這些資訊可被複製→貼到 WORD 或工程圖。

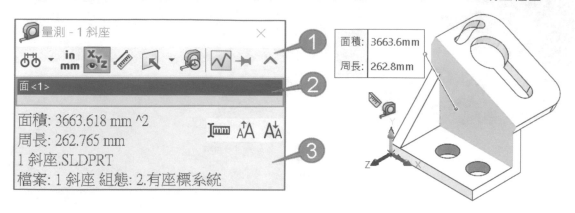

16-1 量測特性

🔍和其他指令有共通性，本節算進階複習指令操作認知是系統面。

16-1-1 視覺方塊（俗稱小方塊）

由 1. 量測視窗和 2. 小方塊得到資訊，小方塊顯示簡易且醒目數據，小方塊有時會蓋住模型，拖曳移動或右上角將它固定位置，下圖右（箭頭所示）。

A 部分資訊

量測視窗並非呈現所有資訊，很可惜部分資訊必須在小方塊得到，這違背我們對軟體理解，例如：點選圓邊線，小方塊顯示圓心座標位置，反而量測視窗沒這資訊。

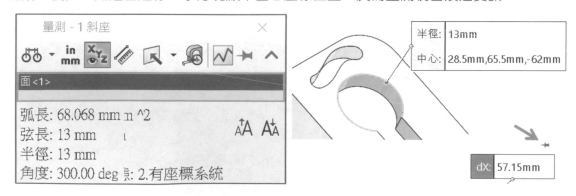

16-1-2 量測下一組

一次只能量 1 組數據，要量下一組在繪圖空白區域點一下，清空量測數值，重新選擇。

16-1-3 抓取與亮顯

游標在模型點、邊線、線段中點和面,會亮顯抓取協助量測作業。

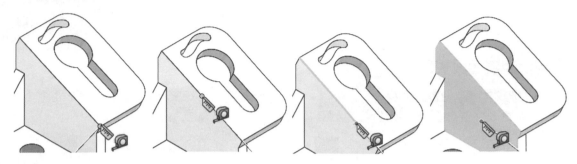

16-1-4 狀態列顯示量測值

不必進入 🖱,由狀態列看出所選圖元基本數值,例如:1. 點選垂直邊線得知鈑金厚度(長度)、2. 點選圓得知直徑和圓心位置、3. 點選 2 面得知角度。

所謂殺雞不用牛刀,不得已才進入 🖱,除非要得到更完整數據,這就是使用層次。

長度: 8mm　　直徑: 16mm 中心: 60,8,-20mm　　角度: 131deg

16-2 點量測

進行頂點、抓取、圓心和點對點量測,2 點距離不容易點選。

16-2-1 頂點(端點)

點選模型頂點、端點、圓心點或草圖點,出現絕對座標 XYZ 值,下圖左。點選圓心,下圖中,選擇模型圓邊線得到圓心座標,下圖右。

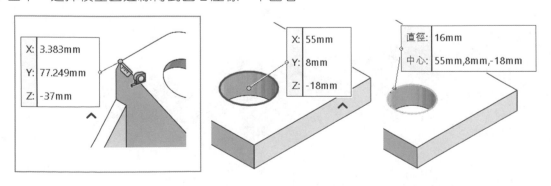

X: 3.383mm　Y: 77.249mm　Z: -37mm

X: 55mm　Y: 8mm　Z: -18mm

直徑: 16mm　中心: 55mm,8mm,-18mm

16-2-2 點對點（2 點距離）

量測 2 點間距離（2 點之間遠一點），會得到 4 個尺寸，以及線條色彩顯示：1. 相對 3 度空間值、2. 直線 2 點距離，旋轉模型時，更直覺看出空間距離。

3 度空間參考線與座標色彩相同方便辨識，dX 紅、dY 綠、dZ 藍、距離=黑色。

A 相對距離（投影距離）

顯示相對距離（現在長度），d=Delta=Δ=相對距離，呈現點與面的垂直投影距離（法線），例如：想要驗證 A 點平行投影到 B 面距離，確保點與面為垂直。

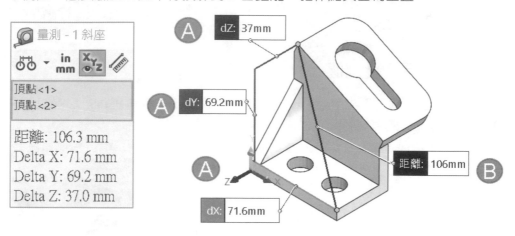

16-3 線量測

線量測使用率最高，特別是 2 直線或圓之間距離，本節進行：1 條線、1 個弧、2 線角度、2 圓...等量測。

16-3-1 直線長度與總長度

選擇模型邊線顯示長度，例如：長度 75，下圖左。選擇 2 條以上線段得到總長度，例如：點選 3 條邊線，總長度 120，下圖右。

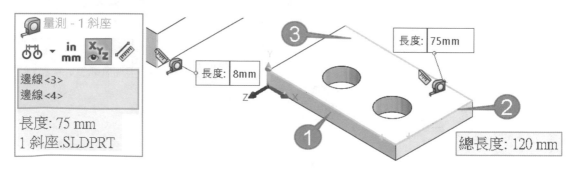

16-3-2 兩線平行距離

點選 2 條平行線應用在：1. 兩線距離、2. 驗證是否平行、3. 取得總長度，下圖左。

A 兩線距離是否平行

2 線平行一定是距離，2 線非平行即角度。常用此手法確認 2 線是否平行，避免不知道非平行而進行設計或模具作業，例如：量測 2 線之間為 99.996 度，下圖右。

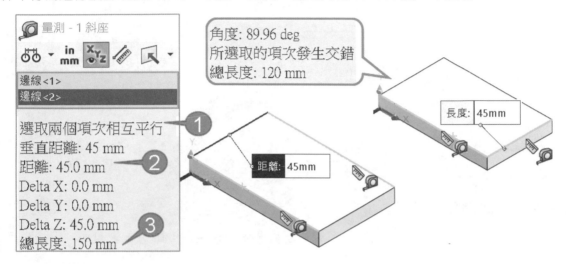

16-3-3 兩線垂直距離

量測兩線是否互相垂直以及總長度，下圖左。

16-3-4 兩線角度

兩線非平行得到角度=48.62 和總長度，下圖右。要得到補角，必須面對面量測，不要計算該值，因為有算錯風險，例如：143-48.62=131.38，就很容易算錯和看錯。

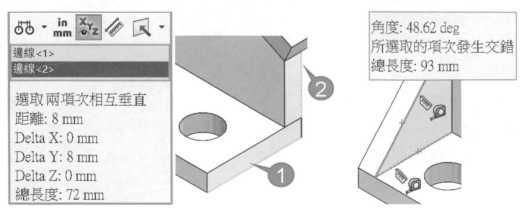

16-3-5 圓邊線量測

圓邊線得到長度（周長）和直徑，小方塊可另外得到中心（圓心）座標位置，下圖左。

16-3-6 弧邊線量測

點選弧得到：1. 弧長、2. 弦長、3. 半徑、4. 角度（圓心角）、5. 小方塊得知弧心座標與半徑，下圖右。只要圓或弧會顯示圓心座標，就不用 1. 顯示草圖→2. 點選圓心點。

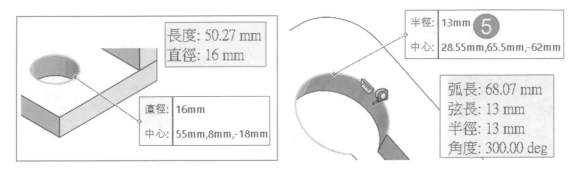

A 弧長（弧周長）

弧長=（角度 X 直徑 X π）360，不會算至少要會量，用最簡單方式求答案，下圖左。

B 弦長

弧端點直線距離，所謂箭在弦上這就懂了。

C 圓心角

全圓圓心角 360、半圓 180 度，可以確定該弧為半圓。

D 是否相切

由圓心角 90 度經驗判斷該弧與直線相切，下圖右。

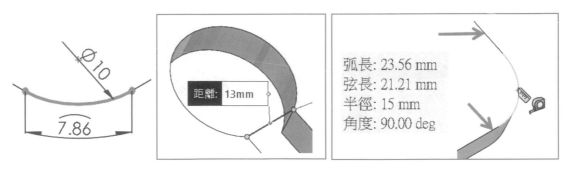

16-4 面量測

　　面量測使用率最高因為好選擇，穩定度最高，特別是 2 面或圓柱面之間距離。課堂會提醒同學不要習慣點選圓邊線，因為邊線不好選很傷眼睛。

16-4-1 平面量測

　　選擇面會出現：1. 面積、2. 面周長（面邊線總長），而⚖計算模型總面積，下圖右，換句話說不必一條條點選邊線，得到總長這樣很累。

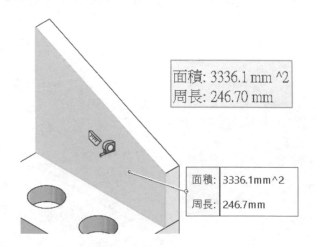

面積: 3336.1 mm ^2
周長: 246.70 mm

面積: 3336.1mm^2
周長: 246.7mm

密度 = 0.01 公克 每 立方毫米

質量 = 388.59 公克

體積 = 50466.17 立方毫米

表面積 = 16114.68 平方毫米

A 量測外圍周長：選擇迴圈

　　面內有其他圖元，會把內圈周長計算在內，下圖左。課堂問同學，周長是否計算雙重迴圈輪廓。如果答不出來或忘記沒關係，要懂得驗證，用手動方式將邊線選擇起來。

　　目前量測周長=388，不確定是否只是外圍周長。游標在外圍邊線上右鍵→選擇迴圈，得到周長=252，很明顯外圍周長比面周長小，得知系統計算面內周長，下圖右。

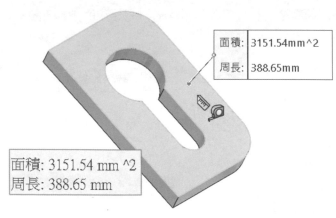

面積: 3151.54mm^2
周長: 388.65mm

面積: 3151.54 mm ^2
周長: 388.65 mm

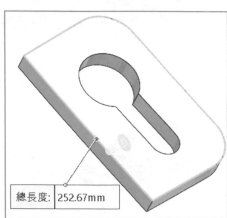

總長度: 252.67mm

16-4-2 兩平面量測

點選平面+斜面得到：1. 角度和 2. 總面積，重點 1. 點選順序或 2. 點選條件的靈魂。

A 條件或順序之分

圖元或模型選擇有 1. 條件和 2. 順序差別。1. 條件=面或邊線、2. 順序=先選平面→在斜面，例如：要得到補角，先前點選 2 線，下回改為點選 2 面，得到你要的就好。

B 計算補角與災難

目前 2 面角度=131.38，看起來應該小於 90 度才對，千萬不要用人工手算或計算機算補角（就是用基準角去扣），例如：180-131 度=48.62。

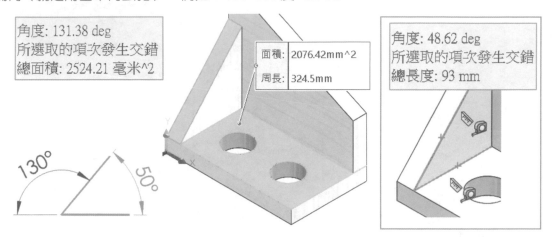

16-4-3 兩面平行或垂直

點選 2 面驗證是否平行或垂直，點選 2 面會比 2 線來得踏實。

A 90 度

面 1+面 2 得到 90 度，實際 90.001。預設小數位數 2，四捨五入呈現 90 度，下圖左。

B 互相垂直

量測面 2+面 3 得到兩項次互相垂直，看到字樣更能確定這是 90 度了，下圖右。

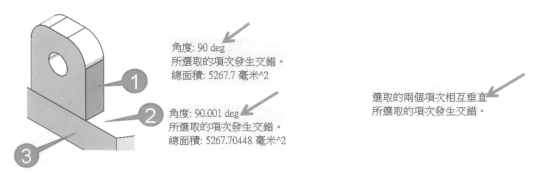

16-4-4 圓柱面量測

點選圓柱面得到：1. 面積、2. 周長、3. 直徑，一次滿足。

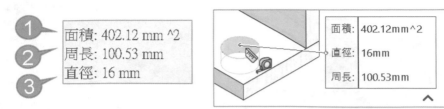

A 兩圓柱面量測

2 圓柱面得到：1. 圓柱軸間距離（又稱孔距）、2. 中心距離、3. 總面積、4. 小方塊得到最後所選的圓面積、直徑和周長。

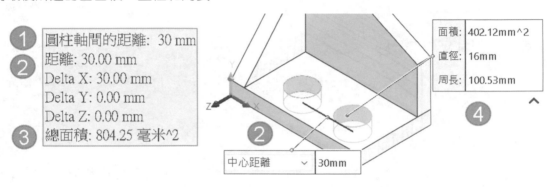

16-5 量測工具列-圓/弧測量 🔗

設定圓或弧之間量測基準，下圖左。常見只知道中心距離並認為這樣就夠用，其餘的孔位以計算得到也常算錯，本節利用游標卡尺與車輪實務測繪說明。

A 小方塊臨時切換項目

量測過程可在小方塊臨時切換顯示項目，不需要更改選項設定，也不用重新變更選擇的圖元，例如：原本點選到圓柱面，要改圓邊線，下圖右。

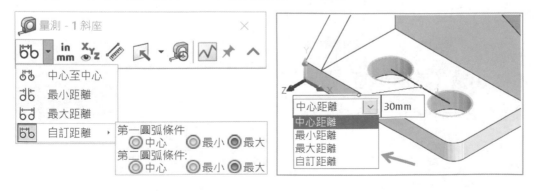

B 各項目簡易說明

項目	1. 中心至中心	2. 最小距離	3. 最大距離	4. 自訂距離
說明	圓心距離	最近距離	最遠距離	第 1 與第 2 圓弧條件
圖示				第一圓弧條件 ● 中心 ○ 最小 ○ 最大 第二圓弧條件: ● 中心 ○ 最小 ○ 最大

16-6 單位/精度 $^{in}_{mm}$

指定量測的單位及精度，比較特殊**雙重單位**，下圖左（箭頭所示）。本節設定僅影響量測值，不會取代文件單位。

16-6-1 使用文件設定

以 1. 文件屬性→2. 單位系統，預設單位以文件屬性為主，例如：MMGS（毫米、公克、秒），下圖右。

16-6-2 使用自訂設定

臨時變更量測單位，不想每次都到文件屬性改，常用：1. ☑使用雙重單位、2. 英吋。

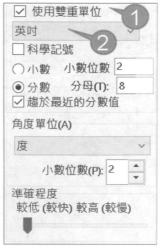

16-6-3 小數（適用英吋）

將量測值以英吋換算顯示，例如：Ø10mm=0.3937in。

16-6-4 分數（適用英吋）

選擇 1. 英吋、2. 分母、3. ☑趨於最近的分數值，可得到 x 分的測量值。

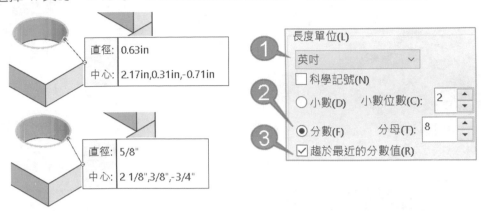

| 直徑: | 0.63in |
| 中心: | 2.17in,0.31in,-0.71in |

| 直徑: | 5/8" |
| 中心: | 2 1/8",3/8",-3/4" |

長度單位(L)

① 英吋

☐ 科學記號(N)

② ○ 小數(D)　小數位數(C): 2

③ ● 分數(F)　分母(T): 8

☑ 趨於最近的分數值(R)

16-6-5 雙重單位

顯示 2 種量測單位，提高識別程度，第 2 單位以 [ ] 顯示，同時顯示公制與英制，⌀10mm[0.39in]，顯示雙重單位是貼心舉動。

長度: 50.27 mm [2"]
直徑: 16 mm [5/8"]

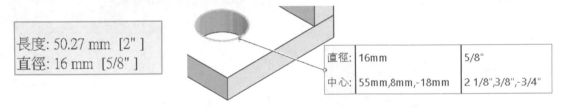

| 直徑: | 16mm | 5/8" |
| 中心: | 55mm,8mm,-18mm | 2 1/8",3/8",-3/4" |

16-7 點到點（Point to Point）

量測任意 2 點距離，適用進階者。點到點技術適用：1. 曲面量測、2. 基準不動的大量量測。某些版本預設開啟，讓量測過程造成困擾，因為✐不常用。

16-7-1 曲面量測

點選耳朵和臉得到空間數據，破除以往無法在曲面量測，下圖左。

A 開啟/關閉點到點

可隨時開關✐，量測曲面的所選距離與最近距離，下圖中。

16-8 XYZ 相對於（Relative to）⚹

預設以模型原點為基準計算 XYZ 空間值，可指定另一座標系統為基準量測，必須先建立好座標系統⚹，才可以用這項目。

以加工或夾治具檢驗來說，斜面左下方是基準。

16-8-1 斜面孔座標資訊

切換：1. 原點、2. 座標系統 1 發現，圓心點的中心 XYZ 會因座標系統有影響。

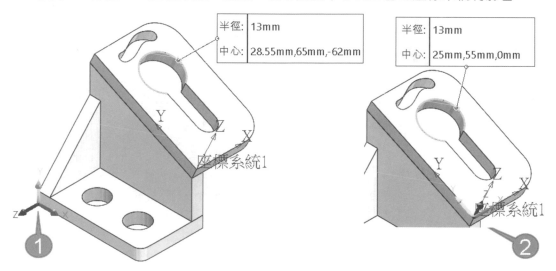

材質與物質特性

　　將零件材質（Material）套用到模型，並體會視窗化的制度建立作業。本章協助套用材質與規劃，材質為外觀延伸，套用材質後會給 2 組屬性：1. 視覺（表面拋光銅）、2. 實質（外觀和內部木材），加上視覺更明顯，下圖左。

A 零件材質的傳遞

　　材質屬性包含：名稱、密度、顏色紋路...等，比較常用的是材質名稱，可傳遞到 BOM 和工程圖，零件材質變更工程圖也變更。

B 材質制度

　　利用材質視窗將材質成為制度，見到材質視窗更能體會材質是資料庫。

17-1 材質位置與功能表

　　在特徵管理員原點上方可見材質圖示，在右鍵可見功能表，清單有 2 大項：1. 定義、2. 材質常用清單，下圖左。

A 定義

進行 1. 編輯材質、2. 組態材料、3. 移除材質、4. 管理最愛。

B 材質常用清單

點選下方材質常用清單，立即感受材質影響模型外觀變化。

17-1-1 先睹為快：套用材質、移除材質

短時間學會材質給定和了解制度。

步驟 1 套材質

目前材質<未指定>，在 🗄 上右鍵➔由清單套用材質。

步驟 2 查看材質

可見材質由未指定➔合金鋼。

步驟 3 移除材質

在 🗄 右鍵➔移除材質，將合金鋼改成<未指定>，下圖中。

17-1-2 材質視窗套用材質（右鍵 A）

1. 🗄 右鍵編輯材質➔2. 進入材質視窗➔3. 點選 SolidWorks Materials➔4. 鋼➔5. 合金鋼➔6. 套用➔7. 關閉（關閉材質視窗）。會感覺到給材質怎麼這麼麻煩。

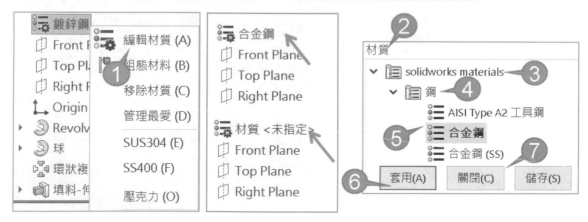

17-1-3 編輯材質（進入材質視窗），適用進階者

1. 🗄 右鍵編輯材質➔2. 進入材質視窗，視窗 2 大區塊：1. 左邊材質樹狀結構、2. 右邊材質屬性。第一次進入材質視窗這會覺得陌生，這裡給材質也很麻煩，要認識的東西很多，適合建立制度或查看材質資訊的進階者。

A 左邊材質樹狀結構

SolidWorks 內建的材質。

B 上方材質屬性

1. 屬性、2. 外觀、3. 剖面線、4. 自訂、5. 應用程式資料、6. 最愛、7. 鈑金。

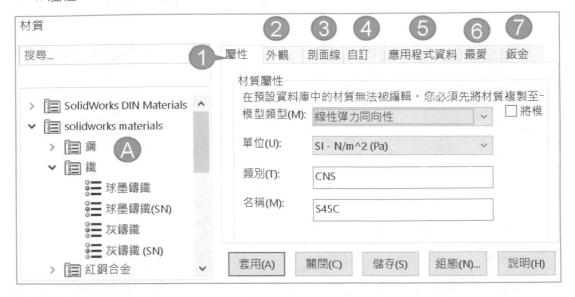

17-1-4 管理最愛

進入材質視窗的最愛標籤，維護最常用的材質清單。1. 在最愛標籤→2. 於在材質庫中點選常用材質→3. 加入→4. 看到材質已加入清單中。

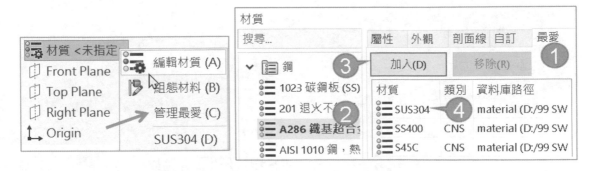

17-1-5 材質常用清單

快速套用材質，不需大費周章進入材質視窗找尋材質，下圖左。預設材質清單通常不是你要的，要有建立材質制度準備。例如：黃銅不在清單內，必須進入材質視窗找尋，由於步驟很多想到都會怕，更不能讓工程師浪費時間尋找材質。

17-1-6 模型加入材質好處

組合件直覺見到所有零件材質，讓工程師視覺思考材質搭配，設計過程立即得知材質，不必特別查閱工程圖，例如：POM 或 SUS304 不同材質軸心，套上軸承公差肯定不一樣。

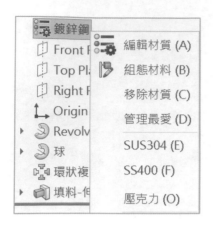

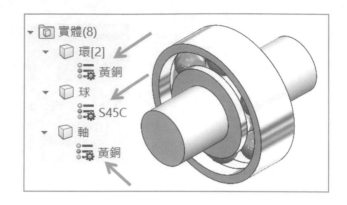

17-1-7 材質<未指定>

材質會傳遞到物質特性，無法於物質特性自行更改密度，除非材質<未指定>。

A 使用程度

絕大部分遇到業界的 SW 零件的材質<未指定>，由此可知公司的 SW 導入程度，必定在工程圖才開始輸入材質，常常落得材質沒改到。

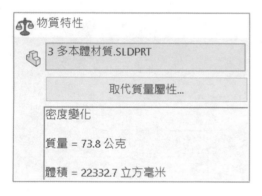

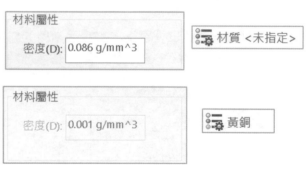

17-2 物質特性（Massure，俗稱天平）⚖

提供靜力工程資訊，例如：模型密度、質量、體積、表面積、質量中心...等，屬於模型畫完後看結果也是業界要的。物質特性用在零件和組合件，無法用在工程圖。

A 4 大天王

指令中依序最常用：1. 質量（俗稱重量）、2. 體積、3. 表面積、4. 質量重心，業界最常用來計算重量和體積，認證考試會著重在體積和重心的驗證。

B 指令位置

有 2 種方式進入指令：1. 評估工具列→⚖或✎、2. 工具→評估→⚖或✎。

17-2-1 物質特性視窗

視窗採浮動獨立顯示，也是常用順序：1. 內容、2. 選項、3. 驗證項目，下圖左。

A 內容

顯示模型密度、質量、體積...等資訊。

B 選項

單位、小數位數和密度...等設定，常和同學說進入物質特性選項，現在聽懂了。

17-2-2 所選項目：零件

選擇要計算的零件、組合件或多本體，不支援工程圖。進行零件整體計算，最常用的功能，下圖左。

17-2-3 所選項目：組合件

進行組合件整體計算，常用在計算重量，組合件計算有許多手法，下圖右。

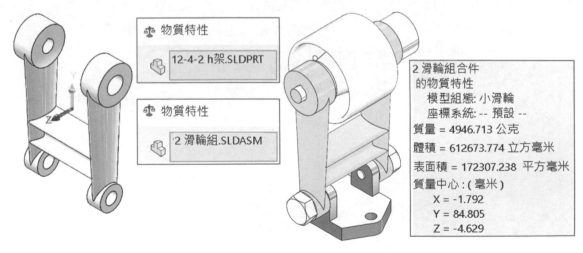

物質特性
12-4-2 h架.SLDPRT

物質特性
2 滑輪組.SLDASM

2 滑輪組合件
的物質特性
　模型組態: 小滑輪
　座標系統: -- 預設 --
質量 = 4946.713 公克
體積 = 612673.774 立方毫米
表面積 = 172307.238 平方毫米
質量中心:(毫米)
　X = -1.792
　Y = 84.805
　Z = -4.629

A 只計算指定的模型

可以只計算組合件某些零件總質量，例如：1. 滑輪座＋2. H 架質量=2695g。

B 靈活計算

利用組合件特性，將不相關零件加到組合件中，計算總重，或分別計算其中一零件重量。

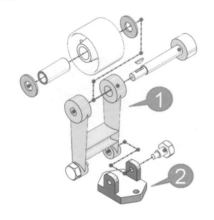

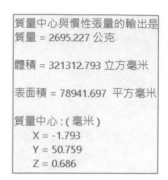

質量中心與慣性張量的輸出是
質量 = 2695.227 公克

體積 = 321312.793 立方毫米

表面積 = 78941.697 平方毫米

質量中心：(毫米)
  X = -1.793
  Y = 50.759
  Z = 0.686

17-2-4 多本體的物質特性

於多本體中可以只計算所選本體，類似組合件只選擇所選零件，例如：查瓶裝水多少 CC，且水密度為 0.001g/mm3，點選箭頭所示水本體，質量=282.81，下圖左。

17-2-5 特徵管理員點選模型

若要精確點選多本體、組合件內的模型進行✙，於特徵管理員點選，這是通識，很多指令都是在特徵管理員點選模型進行計算，下圖中。

於清單點選不要項目➔Delete，也可右鍵：**清除選擇**或**刪除**，不建議使用，下圖右。

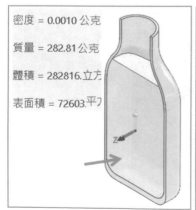
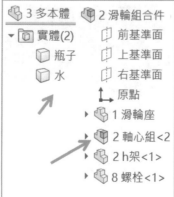
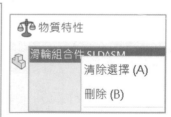

17-2-6 物質特性內容

迅速領讀環境和資訊，進入❀後會自動計算零件或組合件的物質特性。

A 密度(Density)

密度又稱比重，預設 0.001g/mm3。目前顯示密度 0.00 公克每立方毫米（0 g/mm3），因為預設小數位數 2 位關係。

B 質量（Mass）

體積 X 密度=質量，密度=材質，質量使用率最高。不論物體放哪質量不變，質量在日常生活常說成=重量。重量用在加工或製造成本基準，例如：脫蠟件以重量來報價。所以加工者得到工程圖，畫出 3D 再給密度，得到質量後就可報價了。

```
2 滑輪組合件 的物質特性
  模型組態: 小滑輪
  座標系統: -- 預設 --
質量 = 4946.713 公克
體積 = 612673.774 立方毫米
表面積 = 172307.238 平方毫米
質量中心: ( 毫米 )
   X = -1.792
   Y = 84.805
   Z = -4.629
```

C 體積（Volume）

體積就是 3D 模型為立方，無論材質為何，體積會相同，例如：體積=218526 立方釐米。例如：營造業由體積計算出水泥要用幾包。

以體積驗證模型正確性會比較容易，但體積的判斷還是有盲點呦，例如：鑽孔位置不同體積是相同的。

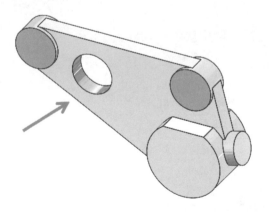
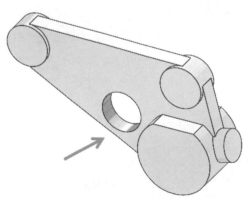

D 表面積（Surface Area）

表面的總面積，可用在坪數計算後要幾桶油漆，或計算烤漆面積。若要查詢指定的面積就要用量測✐。

E 質量中心

計算模型重心（質心），質量中心顯示距離原點位置，例如：-0.2、Y-5.15、Z=0。簡單說在模型中間，嚴格來說物體靜止後，質量的集中點。

教學過程中會要同學以質量中心驗證圖的正確性，避免體積相同但是鑽孔位置不同，這時質量中心就可以克服這盲點。

質量中心：(毫米
X = -0.2
Y = -5.15
Z = 0

17-2-7 取代質量屬性（Override）

人工輸入質量、重心、慣性矩（箭頭所示）取代計算值，常用：1. 取代質量、2. 取代質量中心，務實記錄這些數據讓模型資訊化，會用到本節公司 3D 導入到下一階段。

A 減少誤差

由於模型為均質狀態（平均且穩定，不受外在環境影響），計算質量和實際加工回來不同，把模型重新秤重並回填到⚖，讓未來結構分析或秤重減少誤差。

例如：翻砂件有氣孔、木屑、沙子... 等雜質會讓模型失重，我們無法在 SW 畫出這些東西，所以東西完成後秤重，與 SW 模型比對就能知道誤差多少。

B 取代質量

現在工程圖都要呈現重量，該重量=實際重量，早期都用實物秤重。

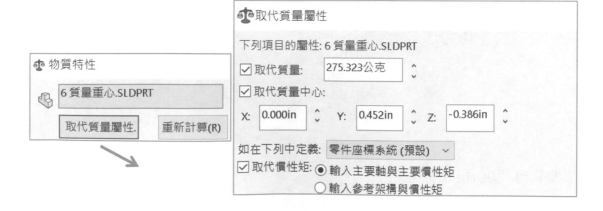

18

模型組態

模型組態（Configuation）俗稱組態或模組，組態簡單的說就是記憶，現今所有 CAD 都有組態功能，所以工程師一定要會。

A 不用組態

現今除非不得已否則不製作組態，因為製作很花時間，例如：齒輪的規格就要製作，下圖左。另外利用多本體靈活且直覺看出模型變化，下圖右。

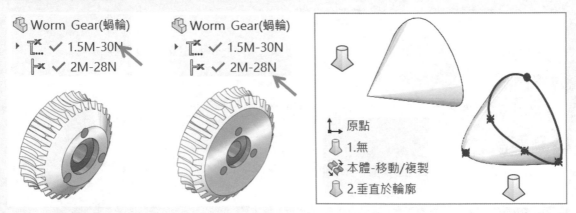

18-1 模型組態原理

說明組態好處並快速體驗製作與切換組態，保證顛覆同學想像和從未有的體驗，對於未來課題可快速進入狀況。

18-1-1 模型組態好處（優點）

組態優點多多，分別為：A 基礎認知和 B 進階應用。

A 基礎認知	B 進階應用
1. 模型多重變化=記憶多達上千項	1. 連結設計表格（Excel）
2. 減少檔案數量，方便檔案管理	2. 數學關係式整合
3. 即時檔案版次追蹤	3. 屬性標籤整合
4. 設計靈活性（保留和試誤）	4. 檔案屬性整合
5. 專門的模型組態管理員	5. 與 BOM 同步資料連結
6. 提高模型穩定度	6. 模型組態化（模組化）

18-1-2 模型組態位置

模型組態管理員在特徵管理員標籤旁邊，剛開始不知道這裡有標籤可以選，其實其他標籤也很好用呦，開始認識左方的管理員就屬於進階者了。

A 模型組態管理員🏷

於特徵管理員的方向→點選上方第 2 標籤，見到 1. 模型、2. 組態，組態名稱：預設，下圖左，不過要人工切換回到特徵管理員🍃，下圖左。

18-1-3 基本體驗：切換模型組態

切換組態查看模型變化，於模型組態管理員中，快 2 下組態來啟用組態。

A 樂高

分別切換組態可見到複製排列數量控制樂高大小，下圖左。

B 軸承座

軸承座組態控制尺寸的變化，下圖右。

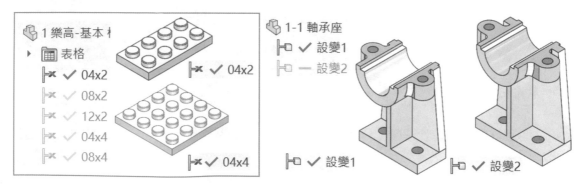

C 結構分析與輕量

對於模型需要結構分析，零件儘量簡單，或輕量化模型也常用組態控制。

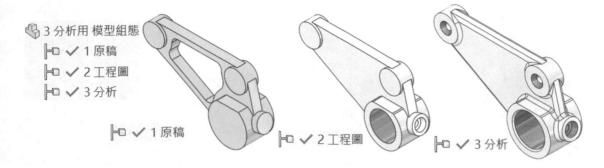

18-1-4 模型組態工具列（簡稱組態工具列）

預設模型組態為獨立標籤管理，設計過程常常在特徵管理員互相切換，這樣做很沒有效率。由模型組態工具列進行組態切換，同步查看特徵變化，讓畫面永遠保持在**特徵管理員**，增加組態的可看性，不必分割窗格。

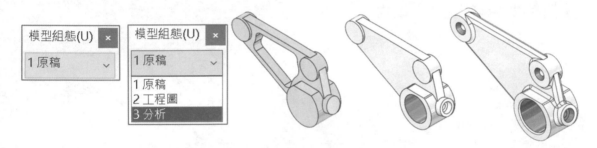

18-1-5 靈活體驗：零件多樣呈現

組態 1 次只能呈現 1 個樣貌，喇叭零件有 4 個組態，本節說明：1. 喇叭零件中插入零件、2. 工程圖一目了然組態樣貌。

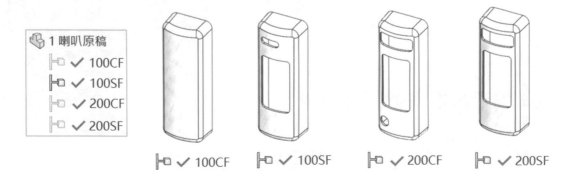

A 工程圖

將零件加到工程圖，並切換視圖的組態，就能獨立每個視圖呈現不同組態。

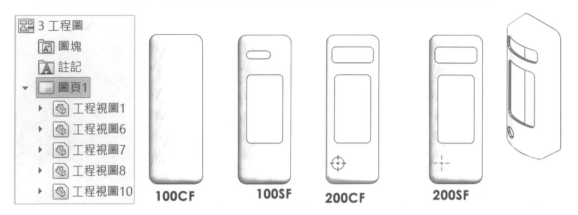

88 3 工程圖
　🄰 圖塊
　🄰 註記
▾ 🖵 圖頁1
　▸ 🏷 工程視圖1
　▸ 🏷 工程視圖6
　▸ 🏷 工程視圖7
　▸ 🏷 工程視圖8
　▸ 🏷 工程視圖10

100CF　　**100SF**　　**200CF**　　**200SF**

18-1-6 組合件體驗：組合件多組態規格

由夾手各部零件製作組態，由組合件控制零件的模型組態。

A 把手零件組態有 4 種樣式

組態	GH-304-EM	GH-305-EM	GH-304-EML	GH-305-CMT
🔩 GH-304~5 把手 ├✕ ✓ GH-304-EM ├✕ ✓ GH-305-EM ├▫ ✓ GH-304-EML				

B 組合件控制零件組態

組態	GH-304-EM	GH-305-EM	GH-304-EML	GH-305-CMT
🔩 3.多組態規格 模型組態 ▾⚏ ✓ GH-304~5-EM 　├▫ — GH-304-EM 　├▫ — GH-305-EM 　├▫ ✓ GH-304-EML ▸⚏ ✓ GH-304~5-CM ▸⚏ ✓ GH-304~5-HM				

18-1-7 靈活體驗：組件多樣呈現

總組件控制次組件的組態，在組合件一次表列所有組合件組態。

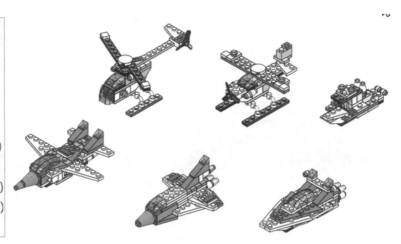

組合件呈現組態 (預設)
 前基準面
 上基準面
 右基準面
 原點
▾ 組合件1·(1 直升機)
 組合件1<2> (2 水路機)
 組合件1<3> (3 巡邏船)
▸ 組合件2<1> (1 噴射機)
▸ 組合件2<2> (2 太空梭)
▸ 組合件2<3> (3 船)

A 次組件 1 的組態

組合件中有 3 個組態。

組態	1 直升機	2 水路機	3 巡邏船
組合件1 模型組態 ├ ✓ 1 直升機 [├ ✓ 2 水路機 [├ ✓ 3 巡邏船 [			

B 次組件 2 的組態

組合件中有 3 個組態。

組態	1 直升機	2 水路機	3 巡邏船
組合件1 模型組態 ├ ✓ 1 直升機 [├ ✓ 2 水路機 [├ ✓ 3 巡邏船 [			

18-1-8 設計模組化

本節簡易說明利用屬性標籤產生器，不利用 Excel 表格與模型組態，直接輸入參數模型會自動產生，更能體會對介面越簡單越好，能製作這技術的人都是業界的核心人物。

A 齒輪

輸入 1. 齒輪規格、2. 軸規格→3. 套用→4. 重新計算，就能得到想要的外性。在顏色計畫中，紅色=軸孔、紫色=接觸面，用來協助組合件組裝和機構之間容易判斷。

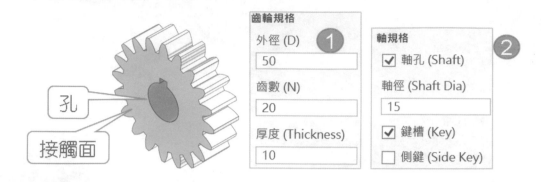

B 滾珠軸承

輸入 1. 基本尺寸→2. 套用→3. 重新計算，就能得到想要的外性。甚至在顏色計畫中，紅色=軸孔、紫色=接觸面，用來協助組合件組裝和機構之間容易判斷（箭頭所示）。

可依每個廠牌型錄修改尺寸及樣式，並記錄品牌、供應商、料號，使採購部門獲得資訊，這就是 CAD 與 PDM 整合。由上到下 3 大部分：1. 基本尺寸、2. 軸承樣式、3. 採購資料。

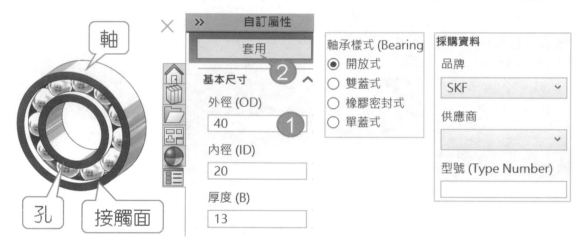

C 鈑金零件

輸入鈑金模型尺寸，就能完成鈑金模型，更重要的可以展開與摺疊。

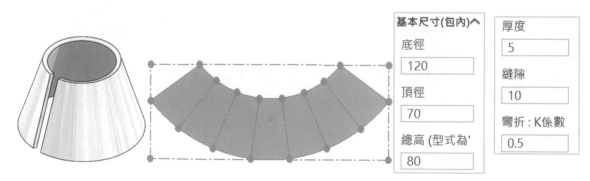

D 彈簧

用配的完成 1. 模型尺寸、2. 材質➔3. 自動計算出**彈簧常數**及**容許負載**設計資料，反推上方的參數套用➔4. 套用➔5. 重新計算，能得到想要的外性和系統計算的設計結果。

彈簧模型尺寸
外徑
60
線徑
3
總圈數
6
自由長度
80

彈簧材質
彈簧材質(G)
○ 鋼琴線SWP
○ 硬鋼線SWC
○ 不鏽鋼SUS631
○ 不鏽鋼SUS316
○ 不鏽鋼SUS304
○ 鈹銅線
◉ 磷青銅線

計算結果(不要輸入)
壓實長度
30
有效圈數
4
平均直徑
57
彈簧常數(K)
0.0587731
容許負載(P)
2.93866

E 氣壓缸組

市面型錄多列出 1. **氣缸內徑**、2. **行程**、3. **操作壓力**，故模組以這 3 項為製作基礎，下圖左，型錄來源：Mindman。

標準行程表

氣缸內徑	行程 (mm)
ø40	50,75,100,125,150,175,200,250,300,350,400,450,500
ø50,63	↑ 600
ø80,100	↑ 600,700
ø125,150	↑ 600,700,800,900,1000
ø200	↑ 600,700,800,900,1000,1500

規格

型號	MCQA				
氣缸內徑 (mm)	40,50,63	80,100	125	150	200
使用流體	空氣				
使用壓力範圍	0.05~1 MPa				
耐壓力	1.5 MPa				

用配的完成：1. 清單切換壓缸基本規格➔2. 套用➔3. 重新計算 2 次、計算結果：壓力、汽缸出力和 O 型環大小呈現出來。

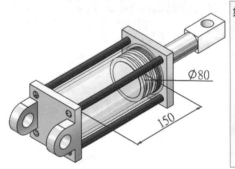

Ø80
150

氣壓缸基本規格
缸體內徑
080 ⌄
活塞行程
120
操作壓力
0.5

O-Ring 固定(G) 規格
O-Ring 線徑
3
O-Ring 內徑
112.7
O-Ring內徑
109.5 ~ 113.9

氣壓缸-計算結果
操作壓力 (P：0.1~1)
0.5
氣缸出力-桿徑端 (Kgf)
535
氣缸出力-活塞端 (Kgf)
577

F 屬性標籤：先睹為快

屬性標籤產生器的後台。

18-2 先睹為快：製作模型組態

本節開始進入製作模型組態的方法，先以傳統方式完成 2 尺寸變化，雖然步驟比較多，會比較容易理解原理再製作順序。

A 多元的組態製作

軟體的進步讓組態製作與控制變得多元，由於牽涉很多術語比較適合進階者，必須仰賴 SW 一路操作過來才有辦法引導組態學習。

B 組態製作的思考與模型處置層次

本節第一次體驗會很不習慣，這就是學習的思考力。試想不用組態進行模型控制，就要以另存新檔由實際的檔案記錄模型多樣性。最大好處不必學習，但沒有模型處置層次，例如：何時用另存新檔？何時用組態？

C 組態製作重點：製作順序

組態製作有順序性：1. 加入模型組態→2. 修改參數。除非很熟可以控制錯誤的變化否則會很麻煩，本節也會讓同學體驗到錯誤中如何修改回來。

18-2-0 前置作業

圓柱特徵 2 尺寸組態控制，自行繪製 Ø100x50L 圓柱。

A 關閉 Instand 2D、Instand 3D

於草圖和特徵工具列分別關閉：1. Instant 2D、2. Instant 3D，以傳統方式製作組態，重點要出現修改視窗。

18-2-1 步驟 1 模型組態標籤，改組態名稱

點選模型組態管理員，預設一定有 1 個組態稱為預設，可以改變名稱但不能刪除。組態名稱就像檔案會給有意義的名稱，達到目視管理。1. 在預設名稱上 F2→2. 名稱改為 50X80L→↵，也是符合目前模型大小。

18-2-2 步驟 2 加入模型組態，新增組態名稱

1. 在模型圖示上右鍵加入模型組態，進入模型組態屬性→2. 在模型組態名稱欄位輸入 80x50L→↵，3. 會見到新組態 80x50L，且新組態為啟用狀態。

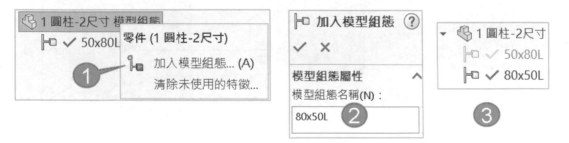

18-2-3 步驟 3 更改模型尺寸，此模型組態

修改 1. 直徑 Ø50→Ø80、2. 長度 100→50，重點在此模型組態。

步驟 1 出現臨時尺寸

快點 2 下模型面，會見到 2 個臨時尺寸。

步驟 2 修改視窗：更改直徑

快點 2 下 Ø50，出現修改視窗。

步驟 3 修改尺寸與此模型組態

1. 輸入 80→2. 在視窗右下展開清單→3. ☑此模型組態→4. ↵，下圖左。

步驟 4 自行完成 100→50

18-2-4 步驟 4 檢查模型組態

在模型組態管理員中來回切換 2 組態，查看模型尺寸是否有跟上。

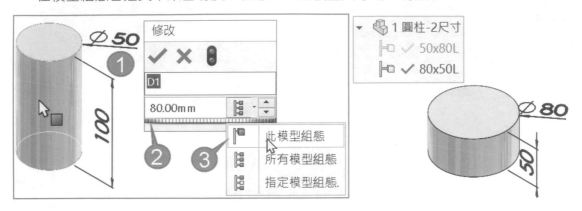

18-2-5 方形 3 尺寸組態變化

方形有 3 尺寸分別製作 2 組態：20x30x40、30x40x50。

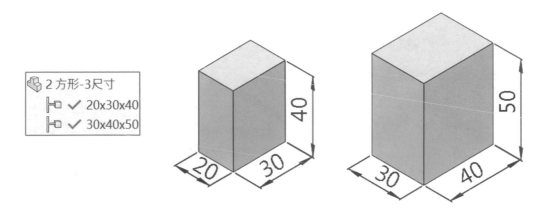

19

布林運算（結合）

　　結合（Combine）🔲，俗稱布林運算（Boolean）以 2 個或 2 個以上物體進行數學的交集、聯集或差集運算產生新物體，是多本體應用讓建模更靈活加強建模理解。

A 多本體技術（由下而上設計）

　　🔲於 2003 年推出造成市場震撼，衍生多本體技術（又稱由下而上設計），零件中 2 特徵可以不相連，例如：Apple、Pen 必須在組合件呈現，現在可以在零件呈現。

B 來回重複特徵

　　2003 年以前我們怎麼挺過來，就是利用伸長（加入）、除料（減除、共同）來回建構重複特徵，對於無法完成的特徵，就只能用曲面完成。

C 顛覆想像，想到就用看看

　　當你見過🔲以後，很多建模方式會顛覆想像，破除只有曲面才可建構的模型，屬於曲面學習前哨站。對初學者來說一開始會沒想到用🔲，只要指令走不下去就試著用用看。

19-0 布林運算指令位置與介面

　　1. 特徵工具列、2. 插入➔特徵➔結合🔲，使用率極高，會設定快速鍵，下圖左。

19-0-1 布林運算介面

　　進行 3 大運算：1. 加入（聯集）、2. 減除（差集）、3. 共同（交集），下圖右。

19-0-2 結合名稱

SW 將布林運算稱為結合特徵，進行 1. 交集、2. 聯集、3. 差集運算。結合容易聯想到組合件的結合。希望名稱改為布林運算，感覺比較專業更凸顯布林運算的認知與學習。

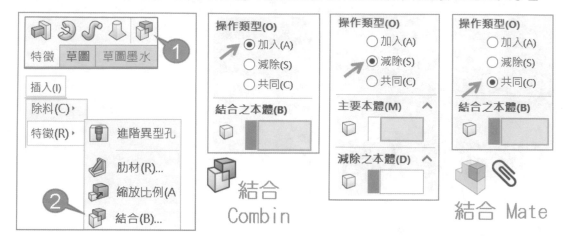

19-0-3 布林運算條件

要完成布林運算必須具備 2 大條件：1. 2 個以上本體相加或相減→產生新物體、2. 2 本體必須重疊。例如：球和棒子運算後，產生 3 種結果，如同先前流行的日本 PIKO 太郎，Apple+Pen=ApplePen 下圖左。

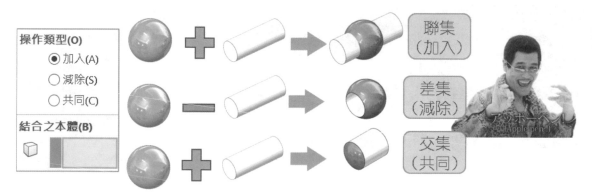

19-0-4 □合併結果

多本體技術=2 個以上的本體作業，在伸長特徵過程要□**合併結果**，初學者一開視埠習慣多本體作業，忘記□**合併結果**是很正常的，下圖左。

19-0-5 由下而上關聯性作業

由下而上作業=零件作業，換句話說用在零件，下圖右。

19-0-6 用在實體？

多本體不侷限在實體，曲面也是多本體一種，只是🗐只能用在實體之間的運算。

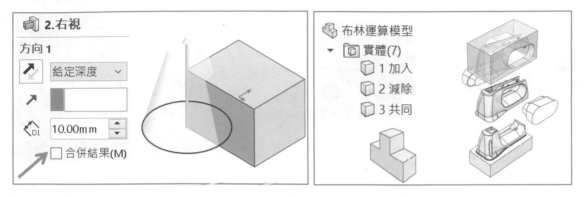

19-1 加入（Add 聯集）

將多本體合併為單一本體，沒有選擇順序，比較容易學，其實加入就是填料的☑合併結果。本節體會**保持顯示**↗的重要性，可以大量使用指令，可惜 SW 目前沒支援。

19-1-1 鋼構

建模過程經常用鏡射完成另一半，過程中會遇到無法完成的情境，如果沒有用🗐來克服，只能硬著頭皮用多種傳統方法完成會顯得沒效率。

步驟 1 鏡射🕮，□合併實體

點選多本體→🕮→☑合併實體，會出現無法完成的訊息，**合併實體**只能針對單一本體，不是多個本體。目前也只能□**合併實體**，先完成指令。

步驟 2 查看模型

上方為 4 根短管，實務上要合併為 2 根，分別使用 2 個🗐。

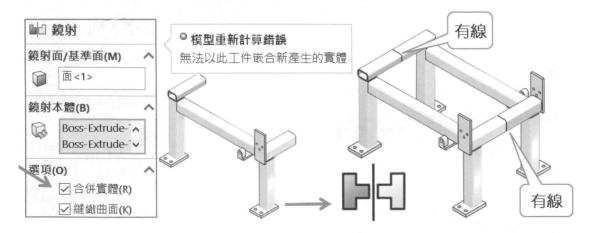

步驟 3 🗔，☑加入

點選左邊 2 本體→↵，2 本體結合為 1 本體，中間線段不見了。

步驟 4 🗔，☑加入

點選右邊 2 本體→↵，下圖左。

Ⓐ 可不可以直接選 4 個

無法在 1 個結合同時選 4 本體，因為本體必須相連，下圖右。

Ⓑ 模型與製程管理

工程師要了解工廠以哪種方式進行：1. 進貨 2 根由公司焊接、2. 還是廠商幫我們焊接好，工廠進料為 1 根，這就會影響做法。

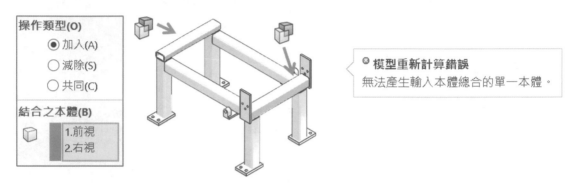

19-1-2 果菜機

本節重點在上下 2 本體要加入🗔，下圖左。特別是下方底座🗔製作上會有過程，🗔過程必須為多本體形式，否則薄殼做不下去並出現錯誤訊息，因為上方本體太複雜，下圖右。

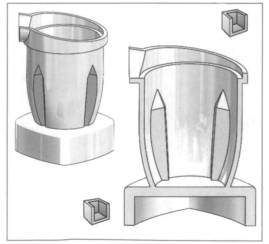

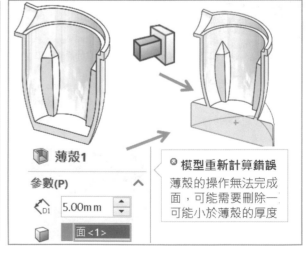

步驟 1 🔳，完成底座，□合併結果

會見到下方底座和上方本體有一條線，下圖 A（箭頭所示）。

步驟 2 🔲，底座殼厚 5

僅對底座薄殼就不會算到上方本體，下圖 B。

步驟 3 🔳，點選主體和下方底座

完成後見到底座和本體融合，下圖 C。

步驟 4 導圓角🔳

2 特徵之間有交線，就可進行導角作業，下圖 D。

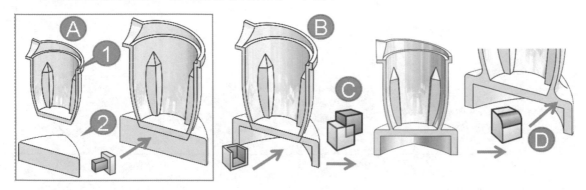

19-2 減除（Subtract 差集）

減除（差集）2 本體相減結果，會有點選順序，口訣：A-B 或 B-A。若不懂如何選擇，只要來回點選條件，嘗試完成即可，減除會有一個本體消失不見。

19-2-1 內螺紋

螺絲-圓柱，得到內螺紋，用這手法快速完成內牙。

步驟 1 主要本體

保留的本體，點選圓柱。

步驟 2 減除之本體

點選螺絲。

步驟 3 查看結果

可見內螺紋產生，下圖左。

19-2-2 內齒輪

由正齒輪減除為內齒輪，這手法就不必重複製作齒型。

步驟 1 底座，□合併結果

製作內齒輪的外型，可見 2 本體重疊。

步驟 2

主要本體：點選內齒輪。減除之本體：點選正齒輪。

步驟 3 查看結果

可見內齒輪產生，下圖右。

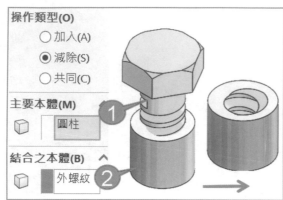
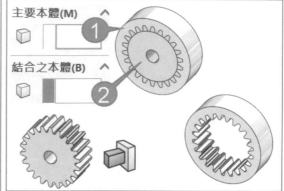

19-2-3 吹風機

這是模具議題將模穴由使用率最高，本節複習**移動/複製**。

步驟 1 模塊，□合併結果

用最短時間自行繪製矩形，製作模塊完成吹風機模穴，可見 2 本體重疊，下圖右。

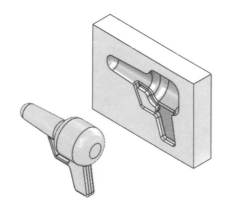
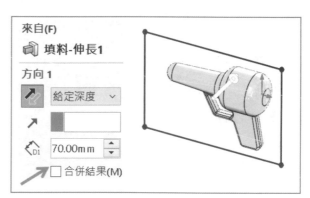

步驟 2 移動/複製

再複製 1 個吹風機，目前為 2 個吹風機，讓吃掉 1 個，還有 1 個。

步驟 3 ，模穴

1. 主要本體：點選模塊。2. 減除之本體：點選吹風機。

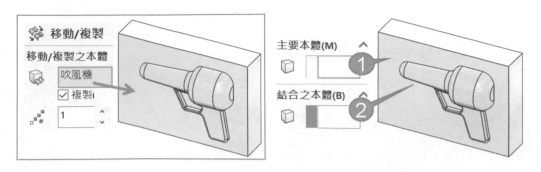

步驟 4 回溯

步驟 5 移動複製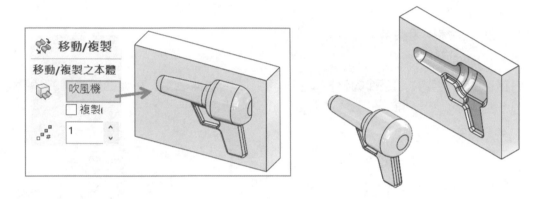

□複製，將吹風機拖曳出來，可以見到模具展示，下圖左。

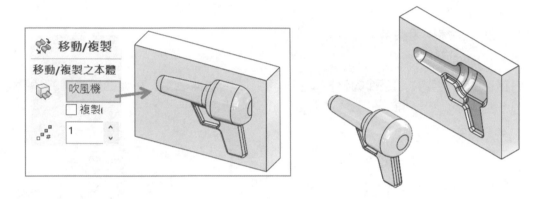

A 練習：螺絲起子泡殼製作

本節除了模穴產生，更能學到薄殼多選面。

步驟 1 ，完成起子的模穴

步驟 2 ，薄殼 0.5

點選模塊下方 7 個模型面，就能見到一片有厚度的殼。

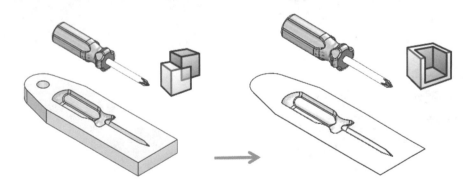

19-2-4 油路塊

常遇到要如何得到油路體積，這部分點要反過來想了。

A 產生油路體積

將現有的油路塊利用 🗔+🗖，完成油路的體積。

步驟 1 🗔，包覆油路塊

以油路塊的外型製作油路塊的包覆本體，可見 2 本體重疊。1. 在上面用草圖的參考圖元→2. 🗔→3. 成形至下一面：快點 2 下模型下面→4. □合併結果。

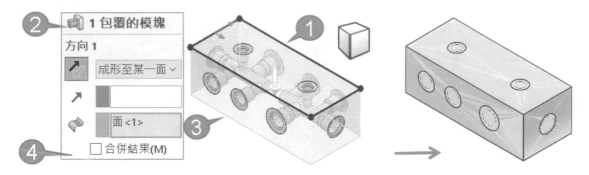

步驟 2 🗖，主要本體

點選伸長的模塊，故意點選孔上的面，因為孔上面就是伸長的本體。

步驟 3 🗖，減除之本體

點選油路塊，點選模型面，就能避開點選剛才的伸長特徵。

步驟 4 保持的本體

這時會出現保持本體視窗→☑所有本體→↵。

步驟 5 查看結果

可見到油路內部產生。

步驟 6 物質特性 ⚖

查看油路體積。1. 刪除目前模型整體的項目，就能 2 油路本體到體積 119019=CC。

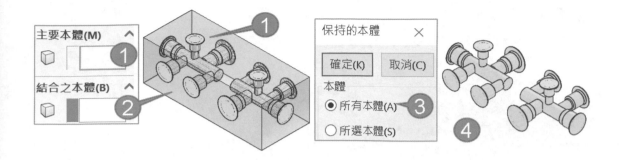

19-3 共同（Common，交集）

共同（交集）2 個以上本體相交，取出共同部分，沒有選擇順序。前置作業比較難想像有點像魔術，重點在 A+B➜🔲產生 C。

19-3-1 端面圓弧

1. 長度 100 圓柱+2. Ø50 球➜3.🔲，僅保留共同區域，形成 50 長的圓柱，端面為圓弧。

19-3-2 刀叉

以為要製作曲面，其實只要 2 本體。初學者會看到什麼就畫什麼，但前視圖和上視圖的連續就會無解，利用🔲可以把難的變簡單，下圖左。

步驟 1 🔲，完成前視弧形主體

步驟 2 🔲，完成上視功能主體

□合併結果，因為要為多本體。

步驟 3 🔲，共同

就像變魔術一樣，僅保留共同的區域。

A 連結片

1. 前視平板+上視弓形→🔲，看起來要很多特徵才可完成弓形連結片，沒想到🔲也可以把難變簡單，下圖右。

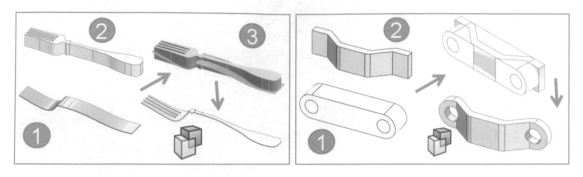

19-3-3 洋芋片

這是扭毛巾式的曲面，更是魔術的代表作，1. 🥄，前後為弧形→2. 🔲，橢圓，口合併結果→3. 🔲，共同，像變魔術一樣，僅保留共同的區域，下圖左。

A 連結座

這一題的特徵包含：1. 2 孔位、2. 上方兩斜面、3. 下方耳朵圓角，重點在斜面。利用 1. 前視斜面主體+2. 右視斜面體→3. 🔲，像變魔術一樣，僅保留共同的區域，下圖右。

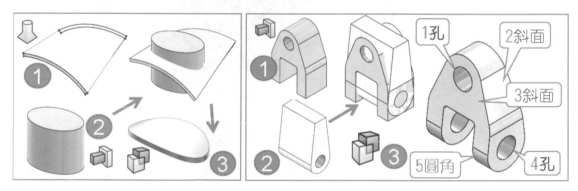

19-3-4 散熱罩

網罩有 6 個造型層次：1. 小弧、2. 大弧、3. 前低、4. 後高、5. 側邊弧、6. 網格，只要由 2 個特徵集合而成。一開始覺得這曲面很難理解，過程更令人拍案叫絕。

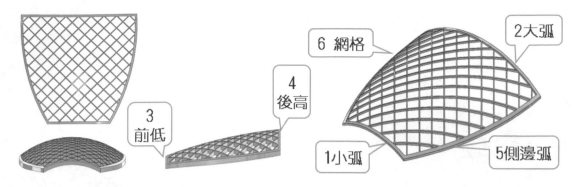

步驟 1 🐚，前視雙曲面弧型體

⌒完成前低後高的弧→🐚，🐚本身也是弧型體，完成雙曲面特徵，下圖右。

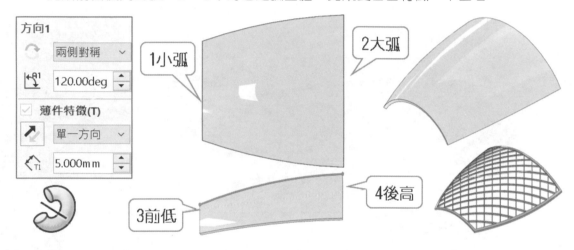

步驟 2 🧊，上視方形體

該主體包含肋材形成網格，下圖左。

步驟 3 🎲，共同

就像變魔術一樣，僅保留共同的區域。

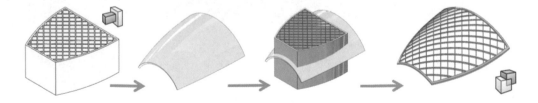

筆記頁

20

組合件與爆炸圖原理

將投影片內容以文字說明：1. 組合件原理、2. 價值、3. 結合議題、4. 整合學習... 等，輕鬆領讀為課程注入準備，組合件不講建模，給你模型組裝它們。

20-1 何謂組合件（Assembly）

組合件（簡稱 Assy）將模型組合起來。組合件 2 大條件：1. 2 零件構成、2. 模型之間形成關聯，缺一不可。

20-1-1 兩零件構成

組合件環境雖然可以 1 個零件，但不能稱組合件。

20-1-2 形成關聯

固鎖方式很多種：鎖螺絲、扣接、膠黏... 等。即使組合件環境有 2 個零件但沒固鎖不能算組合件，只能算分離零件，下圖右。

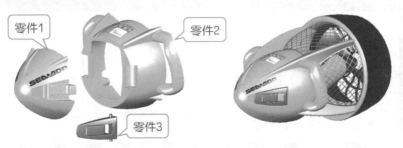

20-2 組合件環境

組合件環境和零件與工程圖一樣，都有**繪圖區域**、**特徵管理員**與**工作窗格**，只要會更晉一級：組合件圖示、指令、階層和術語...等。

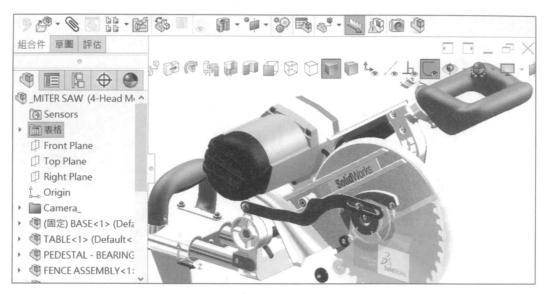

20-2-1 組合件簡單

組合件只有一個工具列=組合件工具列，常用 3 指令：1. **結合**、2. **移動零組件**、3 **旋轉零組件**。

20-2-2 組合件結構

特徵管理員和零件、工程圖相同，和零件比起來多了藍色帽子和結合認知，例如：最上方可見戴藍色帽子的模型圖示，以原點為基準：往上看、往下看。

A 原點上方空間

原點上方有組合件空間，也就是 3 大基準面。

B 原點到結合之間

呈現模型的地區，展開模型可見特徵和零件空間。

C 結合（Mate）

結合又稱結合群組，記錄結合條件，看出結合選擇和參數，這些都是設計參數。

D 組合件特徵

組合件產生的特徵，例如：伸長、圓角、連續鑽孔🔧、複製排列...等，屬於組合件管理，由上而下關聯性設計記錄。

20-2-3 總組件（Main-Assembly）

總組件於特徵管理員最上層，管理以下模型，組合件只有 1 個總組件。

20-2-4 次組件（Sub-Assembly）

總組件下的組合件=次組件。次組件可以很多個且常用在模組，例如：設備相同規格氣壓缸有好幾支，先將氣缸組起來，到時只要複製氣缸到要的地方。

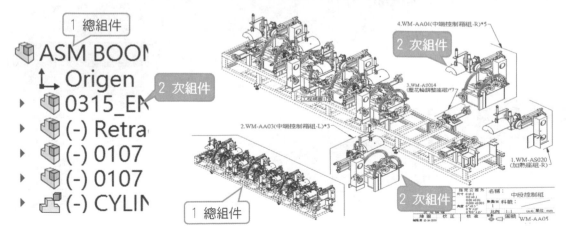

20-3 爆炸圖原理（Explode）

立體分解系統圖俗稱**爆炸圖**，由**爆炸視圖**將模型分解快速描述物件空間陳設，組合件就像被炸彈炸開一樣。

爆炸圖可以傳遞到工程圖呈現（工程圖無法製作爆炸圖），未來維護由組合件執行，所以工程圖只要管理好視圖和註記。

A 工程口訣

1. 有零件就有組合件→2. 有組合件就有爆炸圖→3. 有爆炸圖就有 4. BOM，之間彼此相關聯，最重要的是 BOM 的正確性與完整性。

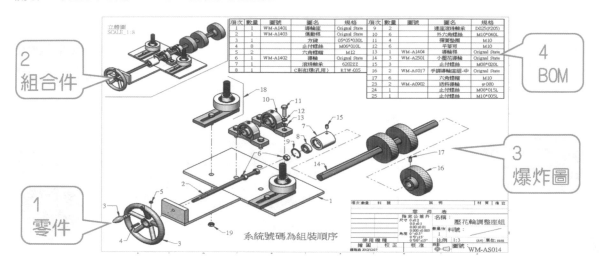

20-3-1 爆炸圖意義

組合件要做爆炸圖，不過爆炸圖有何意義，製作爆炸圖很花時間。知道爆炸圖價值就能體會製作爆炸圖所花的時間是值得的。

A 快速描述模型在空間裝配

爆炸圖和組合圖同時呈現對照關係，下圖左。有爆炸圖不能沒有組合圖，每個人想像組裝不太一樣，也浪費時間想像，常遇到只有組合圖沒爆炸圖。

B 直覺對應不要想

只有爆炸沒有組合圖，每個人都要想一下組裝後的樣子，每次看到都要想一下，不直覺的圖面就會有問題，下圖右。

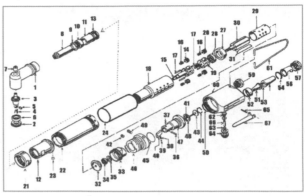

20-3-2 爆炸圖比組裝簡單

爆炸圖比組合件還簡單，不像組合件要顧東顧西，還有繁複組裝要求和指令認識。

20-3-3 與 BOM 搭配

爆炸圖於工程圖呈現，會與 BOM 搭配解說，利用零件號球對應，由 BOM 表得知模型資訊，例如：圖號、料號、零件數量…等，下圖左。

20-3-4 有組合沒爆炸的盲點

由爆炸圖得知鏈輪內部還有螺帽，這在組合件看不到的。平面剖視圖不如爆炸圖清楚表達模型的獨立性，但可以看出組裝內部。

如果工程圖空間允許，組合圖、爆炸圖、組合剖視圖是最理想的，下圖右。

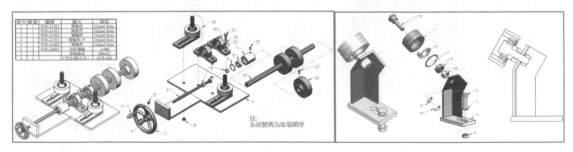

20-3-5 增加產品解說

這是油路刀把廠商 SYIC，用心提供組合件剖視圖還有爆炸圖，再加上爆炸圖服務讓客戶更了解產品，在傳統工業是少見的，下圖左。

20-3-6 不須製圖訓練

爆炸圖應用還可應用在生活上，例如：IKEA 讓任何人都看得懂圖並自行組裝，這就是圖面最高境界，下圖右。

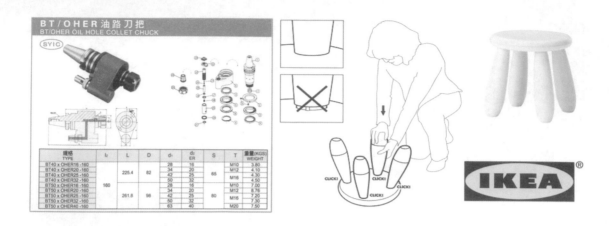

20-4 組裝 SOP

將組裝步驟標準化進而量化，讓組裝過程有靈魂（會把心放進去）更簡單省時。組裝不必背，每個步驟都知道下一步要做什麼，做久了會自我進化減少步驟做法。

本節以四連桿機構認識組裝順序、組裝位置、模型空間，打好基礎。

A 組裝 SOP（口訣）

1. 拖曳模型到組合件→2. 分散備料→3. 組裝。開新組合件算前置作業，不算 1 個步驟。

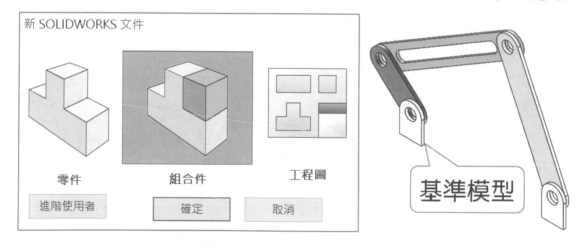

20-4-1 第 1 步 拖曳模型到組合件

於工作窗格的檔案總管，把要組裝的模型拖曳到繪圖區域，下圖左。當遇到大量且連續選擇模型，1. 按 Shift 選第 1 和最後模型→2. 拖曳模型到繪圖區域。

20-4-2 第 2 步 備料（重點在模型分散）

備料可減少組裝時間，更提升組裝效率。目前模型聚在一起無法組裝，以底座為基準，於🟦分散模型到組裝後位置（類似爆炸圖），讓零件不相連接原則，備料大概位置不必很準。

A 空間體驗

備料過程會感受有 2 個空間：1. 組合件空間、2. 模型空間，右鍵旋轉模型=模型空間，中鍵旋轉=組合件空間，剛開始不習慣這 2 空間。

B 先移動→後旋轉，口訣：左鍵移動、右鍵旋轉

模型統一移動到定位→分別旋轉模型，不必來回切換指令。

C 移動零組件🗇

游標在模型上按左鍵拖曳模型，系統自動執行**移動零組件**🗇。常遇到點 1. 選模型→2. 拖曳模型，這樣很沒效率。

D 旋轉零組件🔄

游標在模型上右鍵拖曳旋轉模型轉正，系統自動執行**旋轉零組件**指令🔄。就像寫書法用手腕力道將模型扶正（類似轉圈），下圖右。

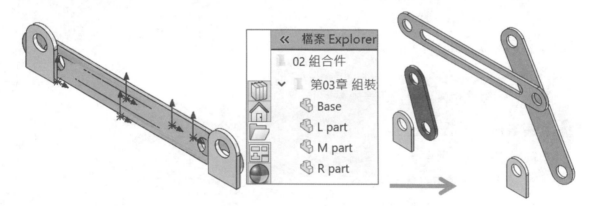

20-4-3 第 3 步 組裝

模型依基準進行組裝，本例只有 1 個◎與 1 個◢。在組合件工具列點選**結合**🔗定義模型位置，課堂會要求用快速鍵執行**結合**🔗 M、**過濾面**🔲 X。

A 組裝底座與短板

課本先完整解說，實務上同學沒在看課本，因為很簡單聽了就會。

步驟 1 同軸心◎

點選底座與短板圓柱面，預覽定位→↵。

步驟 2 重合 ⊿

點選短板前面和底座後面→⊿，預覽定位→↵。先選前面是因為比較好選，學習以直覺且簡單的點選優先做，這部分和年輕同學學的。

步驟 3 等角視 ▣

準備下一個模型組裝。

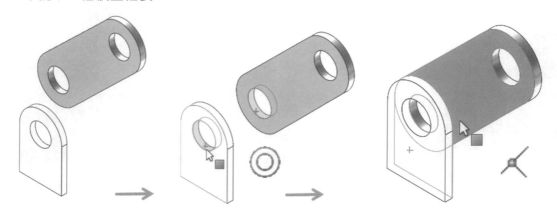

B 組裝短板與中板

本節的組裝速度同學自然會加快，下圖左。

步驟 1 點選短桿與中板圓柱面→◎→↵。

步驟 2 點選短板後面＋中板前面→⊿。

步驟 3 ▣

完成一個零件組裝好後，切等角視。

C 組裝中板、長板、底座

本節經常組錯位置要小心，下圖右。

步驟 1 點選中板與長板圓柱面→◎→↵

步驟 2 點選中板前面＋長板背面→⊿→↵

這部分很多同學會選到長板前面。

步驟 3 長板和底座→⊿

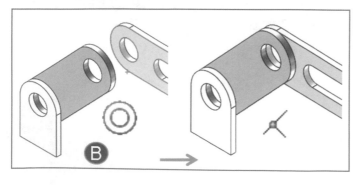

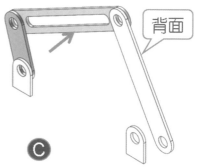

背面

20-4-4 基準模型

查看樹狀結構與底座預設以**固定**定位，對初學者來說比較好學。

A 第 1 個模型被固定（Fixed）

原點下方預設第 1 個模型為**固定**，該模型名稱旁邊（固定）=完全定義=自由度=0。分散模型時會遇到其中一個模型無法移動，系統出現：所選的零組件為**固定**，無法被移動。

B 何謂第 1 模型

檔案總管排序第一個模型在組合件就會被定義為**固定**，換句話說，特徵管理員的模型排列=檔案總管排序。

目前選項無法設定第一模型是否要為**固定**，希望 SW 改進。

選取的零組件為固定，無法被移動

20-5 拖曳檢查

組裝後習慣拖曳檢查運動狀態，運動正確成就感會上來，運動錯誤會思考問題在哪，這就是自主學習。

20-5-1 認識機構特性

4 連桿是最簡單且常見機構，在主動件與從動件之間以連桿連接傳達運動。連桿因應長短設計造成變化性高，可成為擺動、連續運轉、往復或急回運動...等運動。

20-5-2 檢查零件是否散開

萬一散開就是有條件沒有結合到。

20-5-3 分別拖曳短桿和長桿

會發現運動情形不同，更理解動力來源位置。

例如：馬達放到左邊、上面、右邊哪個合理。

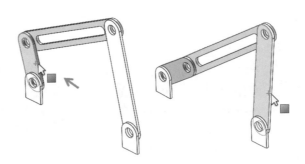

20-6 查看組合件結構

組裝完後查看特徵管理員的變化，會發現與零件不同，最下方多了**結合群組**⑩。最重要的可以體會最上方多了一層組合件管理⑩。

20-6-1 組合件特徵管理員

展開組合件下模型，見到零件的特徵管理員，包含：零間空間、特徵。展開特徵可見草圖，下圖左。

20-6-2 結合群組（Mate Group）⑩

⑩展開最下方結合，集中管理結合條件，最近的結合排在最後方，特徵管理員都是排隊作業=時間順序性。點選結合條件，亮顯得知先前模型的結合位置，下圖右（箭頭所示），你可以刪除或編輯結合條件。

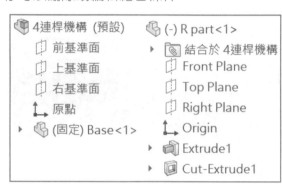
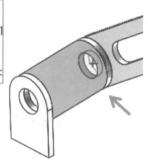

20-6-3 結合於…資料夾⑩

模型圖示下方的**結合於…資料夾**⑩，快速過濾該模型與其他模型結合條件，不必於⑩大海撈針，花精神在判斷結合條件，下圖左。

當組合件數量一多且大量修改，下方結合群組一定是亂的，不要理會下方結合順序，因為沒時間管理他，除非做模組。

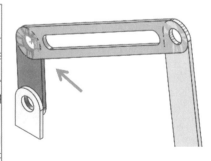

20-7 爆炸圖製作 SOP

爆炸視圖在組合件製作，作法比組裝簡單，2 步驟：1. 點選爆炸模型→2. 拖曳爆炸後的位置。爆炸順序就是拆解步驟，爆炸圖比組合件時間花費更少，更有成就感。

20-7-0 重要觀念

爆炸 2 大觀念：1. 模型不相連為原則，不然失去爆炸意義，下圖左、2. 越後面步驟零件越少，感覺快做完就不會有壓力，避免越爆越累，下圖右。

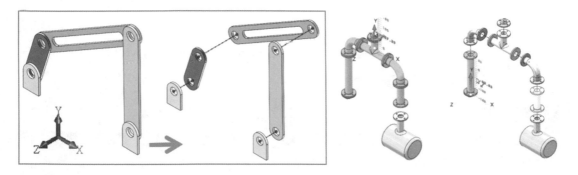

A 爆炸視圖指令位置

依常用順序 3 種方式進入爆炸分解管理員：1. 組合件工具列→爆炸視圖🧨、2. **模型組態右鍵**→新爆炸視圖🧨、3. 插入→爆炸視圖。

B 等角視爆炸

等角視拖曳模型避免盲點，且工程圖以等角視呈現爆炸視圖，組合件的組合和爆炸畫面就是未來工程圖畫面。

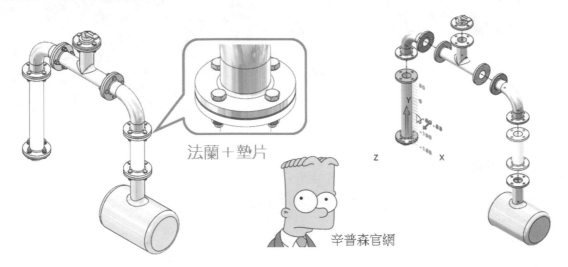

法蘭＋墊片

辛普森官網

20-7-1 步驟 1 點選爆炸模型

四連桿機構只有沿 Z 軸距離爆炸，比較容易解說。點選或框選要爆炸的模型，因為指令執行過程不需按 Ctrl 鍵，點選後會出現 3 度空間球。

不能點選底座，否則全部移動位置，就失去爆炸意義。有沒有發現點選模型很容易，系統預設選擇面類似 ，這點蠻貼心的。

20-7-2 步驟 2 拖曳模型至爆炸後位置

1. 點選要爆炸的模型→2. 拖曳至爆炸後位置→3. 右鍵↵套用 ，下圖左。

A 箭頭或桿子模型間距

拖曳箭頭移動模型，過程可見 3D 尺規，放開左鍵完成步驟。不見得拖曳箭頭，也可以拖曳桿子，點選範圍其實蠻大的。

B 模型間距

模型距離適當即可，爆炸距離讓爆炸視覺上更完美（約 30mm），由爆炸步驟欄位可見到 爆炸步驟 1。

C 上方 M PART 爆炸

完成爆炸圖製作，會覺得爆炸比組裝簡單。

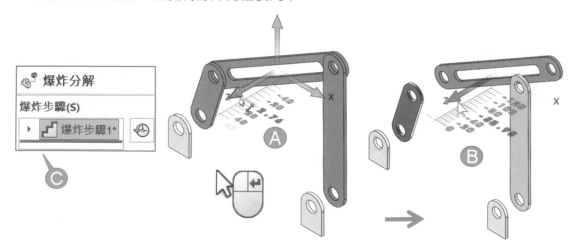

20-7-3 步驟 3 檢查爆炸：爆炸視圖

查看**爆炸**和**非爆炸**狀態驗證爆炸完整性，讓動畫產生爆炸，很有成就感。

A 爆炸視圖儲存位置

爆炸視圖放在**模型組態**管理，展開爆炸視圖會見到爆炸步驟，下圖左（箭頭所示）。

B 切換爆炸分解與爆炸解除

快點 2 下爆炸視圖，切換爆炸和爆炸解除，驗證爆炸效果。

20-7-4 步驟 4 檢查爆炸：動畫控制器

動畫觀看動作順序是否符合實際組裝、拆解、客戶展示、手冊製作、會不會干涉…等，是最多人觀看的項目，常用：1. 播放▶、2. 播放模式◀▶。

A 爆炸動畫

1. 爆炸視圖右鍵→2. 動畫爆炸，進入動畫控制器，預設 4 秒，下圖右。

B 播放（Play）▶

控制動畫開始、暫停或停止，每個人一開始都按它。

C 儲存動畫（Save）

將動畫螢幕錄製，不須額外使用螢幕擷取軟體。以現在觀點不建議錄了，用手機錄影傳送到 LINE 或 FB 比較快，不得已才使用這功能。

自 2019 起錄影格式比較多元，例如：MP4、MKV、FLV…等。

20-8 爆炸直線草圖（Explode Line Sketch）

又稱**系統線**或**系統聯絡線**，顯示組裝和爆炸的連續路徑，爆炸直線草圖屬於爆炸視圖最後階段，爆炸檢查沒問題後製作，必須在 1. 爆炸視圖和 2. 等角視進行。

A 指令位置

有 2 種方式進入指令：1. 組合件工具列→爆炸直線草圖、2. 插入→爆炸直線草圖。

B 路徑線屬性管理員

路徑線視窗分別 2 欄位：1. 連接項目、2. 選項。連接項目顯示與路線連接的線、圓邊線、平面或圓柱面，選項控制**反轉**和**更換路徑**、沿 XYZ，下圖中。

C 爆炸線草圖工具列

於視窗左邊可見到爆炸草圖工具列，包含：**路徑線**和**轉折線**，下圖右。

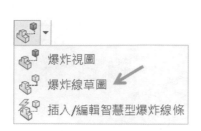

20-8-1 完成第 1 條線

作法和同軸心一樣，選擇 2 圓柱面，看到直線預覽→↵，完成第 1 條線段。這時連接項目清單會清空，使用過濾面🗏會比較好選。

20-8-2 完成第 2 條線

點選上方 2 圓柱面，萬一箭頭方向不是想要的，點選箭頭改變方向，下圖右。

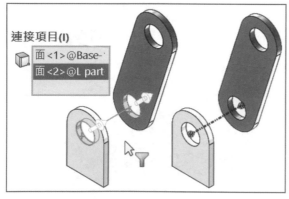
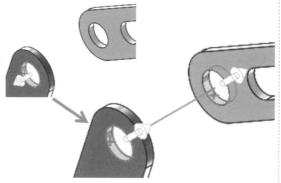

20-8-3 完成爆炸線草圖

全部完成後→↵，退出路徑線管理員。這時會到編輯草圖環境→退出草圖才算正式完成。很多人沒有退出草圖以為該指令完成，造成很多指令無法使用，下圖左。

20-8-4 查看位置與環境

爆炸視圖下多了 3D 爆炸，爆炸線以 3D 草圖呈現，上方右鍵可以編輯草圖、隱藏草圖或刪除重新製作，下圖右。希望這部分不要用右鍵，要有文意感應。

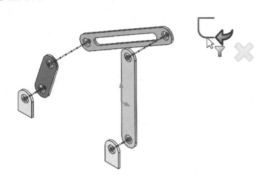
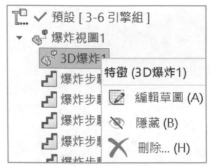

20-9 爆炸視圖介面

說明爆炸視圖介面組成，一時不容易理解，適合進階者，本節說明編輯爆炸視圖、進入介面和簡易的自訂爆炸，剛開始先會這些就夠了。

20-9-1 編輯爆炸視圖

以下 2 種方法進入爆炸分解管理員：1. 爆炸視圖右鍵→編輯特徵 🐷、2. 爆炸步驟上右鍵→編輯爆炸步驟，下圖右。很可惜只能右鍵，沒有**文意感應**，希望 SW 改進。

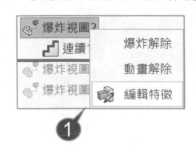
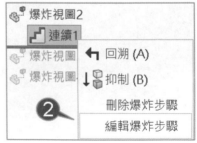

A 爆炸視圖管理員

管理員分 3 欄位：1. 爆炸視圖（爆炸分解）、2. 加入步驟、3. 選項。最難是 2. 加入步驟，3. 選項比較好學習只是調整效果。

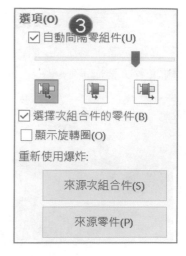

20-9-2 爆炸方向（預設 Z 軸）

爆炸方向不在預設的 3D 空間軸向，可指定爆炸方向。

步驟 1 點選銷釘
步驟 2 點選爆炸方向欄位
步驟 3 點選模型面
步驟 4 拖曳爆炸箭頭

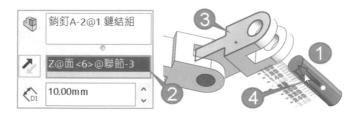

基礎組裝與爆炸製作

　　基礎組裝重點在 1. 同軸心◎、2. 重合✗，沒有複雜結合條件。進一步學習空間認知、組裝靈活度、市購件，組裝完直接爆炸，學習比較一致有效率。

21-1 夾手機構組裝

　　手動夾具為開放機構共 5 個模型，以非動力來回夾持需求，適合非精密，沒有空壓或油壓單元驅動，常用在檢具、加工治具用途上，系統號碼為組裝順序。

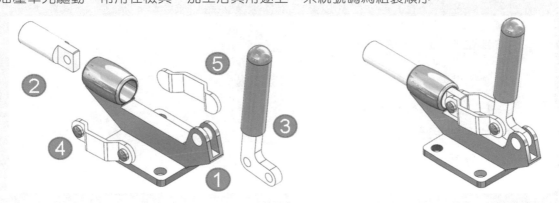

21-1-1 備料

　　自行將模型拖曳到組合件，完成備料。

21-1-2 定義基準模型：底座

　　以空間應付完成底座定位（底座完全定義）。

步驟 1 固定→浮動

步驟 2 🖇

步驟 3 基準面與模型面

由快顯特徵管理員點選組合件的前基準面＋模型前面→⟋→↵。

步驟 4 以此類推

完成第 2 與第 3 個基準面與模型面的⟋，這時可以見到底座完全定義。

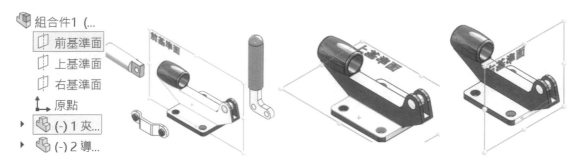

21-1-3 導桿組裝

先組裝導桿或把手皆可，選擇底座和導桿圓柱面→◎，下圖左（箭頭所示）。課堂會問先組**導桿**還是**把手**，這邏輯要記錄 SOP。

21-1-4 把手組裝

將把手組裝在底座上，把手 2 孔以其中 1 孔組裝，更凸顯備料重要性，下圖中。

21-1-5 連結片 1 組裝

先完成 1 個連結片再組下個連結片，這樣比較穩定與踏實，下圖右。

步驟 1 連結片＋把手圓柱面→◎

步驟 2 連結片＋把手圓柱面→◎

步驟 3 連結片端面＋把手面→⟋

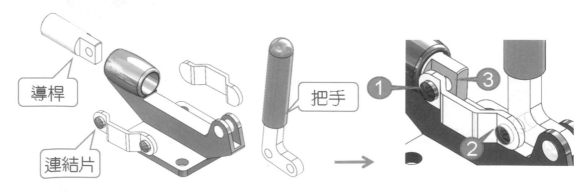

21-1-6 複製連結片 1 與連結片 2 組裝

Ctrl+拖曳連結片 1，過程順便將模型放到組裝後位置，可以提高組裝效率，適用進階者，自行完成連結片 2 組裝，下圖左。

21-1-7 檢查模型

拖曳把手檢查運動情形，不必我們說同學都會把手轉一圈，好像沒辦法停止，因為沒有加入驗證機制，下圖右。

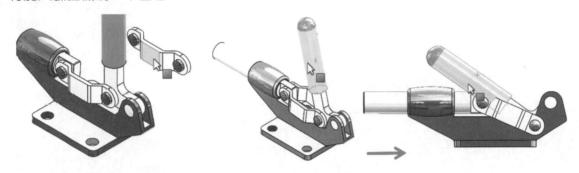

21-1-8 夾手機構爆炸

爆炸順序就是拆解步驟，實務上連結片拆卸後，才可拆導桿和把手。很多同學問爆炸圖要怎麼爆，就是怎麼拆，這樣想就懂了。

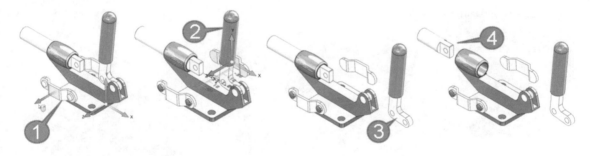

21-2 管路組裝

管路機構有 5 個模型，重點在熟練◎，深入探討修改結合、**模型組態**切換。

21-2-1 備料-切換組態

模型拖曳到組合件過程，該模型有組態就會出現選擇**模型組態視窗**，不過無法得知組態樣貌，確定或取消都可先把模型加到組合件，事後再切換組態即可，下圖右。

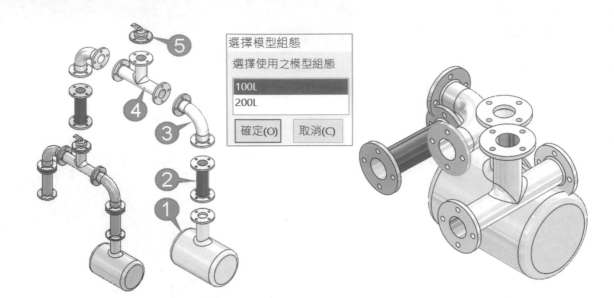

21-2-2 油桶到空間位置

基準模型在組合件原點相對位置再備料。

步驟 1 找出組合件原點

特徵管理員點選原點，繪圖區域亮顯原點位置，會發現油桶與組合件原點有點距離。

步驟 2 油桶固定→浮動

步驟 3 拖曳油桶到原點上方

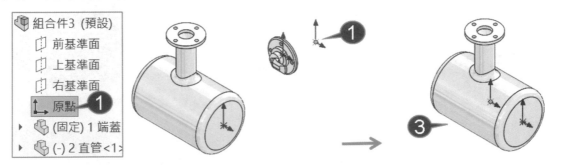

21-2-3 備料

備料作業統一◎再統一◎節省備料時間，一指令一次完成，避免邊移動邊旋轉，指令換來換去。本節強烈感受到用◎備料速度更快，因為模型數量比較多。

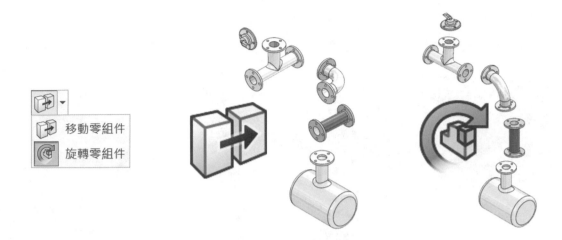

21-2-4 基準物件於第 1 位置

特徵管理員的模型位置可以被移動整理。拖曳油桶至原點下方,讓基準模型在第 1 位置,以便結合作業更容易進行和好選擇,這是樹狀結構組織化的觀念,下圖左。

21-2-5 油桶與組合件空間定位

利用組合件和油桶 3 大基準面,進行基準面對基準面組裝,依此類推完成組合件 3 大基準面重合,讓油桶完全定義。

步驟 1 找尋組裝面

由快顯特徵管理員,點選組合件前基準面,找尋油桶哪個基準面可與重合,剛好油桶前基準面可以,下圖右。

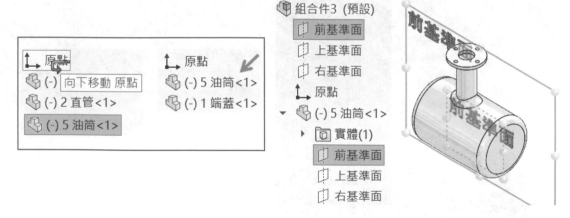

步驟 2 前對前

點選組合件前基準面＋油桶前基準面➔人。

步驟 3 自行完成組合件上基準面與右基準面的重合

分別點選點合件上基準面＋油桶上基準面➔人,以此類推。

步驟 4 2 次備料

油桶已經完全定義，其他模型與油桶的位置有偏，移動到油桶附近。

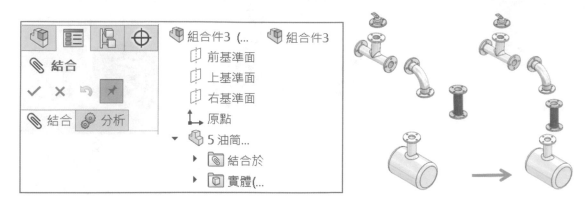

21-2-6 直管組裝

快速完成 2 個◎＋1，並體會自由度限制。

步驟 1 第 1 同軸心，大圓柱組裝（主軸）

第 1 結合最重要，必須大部組裝，分別點選油桶和直管大圓柱面→◎→↵，下圖左。

步驟 2 第 2 同軸心，小孔細節組裝

點選 2 鑽孔→◎，模型僅能上下移動，無法旋轉，就能體會自由度的意涵，下圖中。

步驟 3 點選 2 共同面→

完成後拖曳直管發現自由度=0=完全定義，設定距離 0 有另一種感覺。

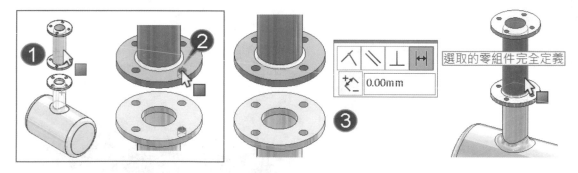

21-2-7 彎管、3 通管、端蓋組裝、彎管與三通組裝

剩下組裝方式一樣，都是 2 個◎＋1組裝。

21-2-8 模型修改

組裝過程發生錯誤當下修改，由顏色可見法蘭很明顯重疊，下圖右。

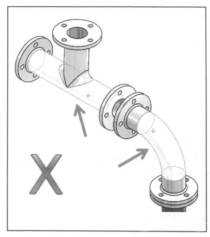
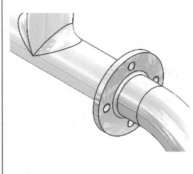

步驟 1 點選錯誤的彎管模型　　　　步驟 4 由該資料夾刪除不要的🔧

步驟 2 特徵管理員會連到直管亮顯　　步驟 5 移動模型到非相連

步驟 3 展開彎管看到結合於資料夾📎　步驟 6 重新組裝

> 🪣 3 彎管<1>
> ▼ 📎 結合於 組合件3
> ◎ ⤓ 同軸心3 (2 直管<1>)
> ◎ ⤓ 同軸心4 (2 直管<1>)
> 🔧 ⤓ 重合/共線/共點7 (2 直管<
> ◎ 同軸心5 (4 3通<1>)
> ◢ 相切2 (4 3通<1>)
> 🔧 重合/共線/共點8 (4 3通<1>)

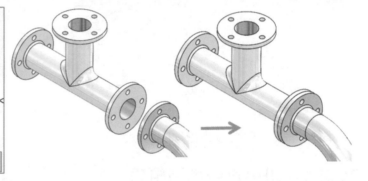

A 3 次備料

　　組裝過程模型定位會越來越趨近結果，而未組裝的模型位置萬一差很遠，再進行備料。
2 次備料會發展 3 次或多次備料，備料是專業表現，節省游標移動範圍和組裝時間。

21-2-9 組裝端蓋

　　自行組裝端蓋，要留意把手方向，下圖左。

21-2-10 複製模型與組裝

　　Ctrl＋C➔Ctrl＋V 複製彎管與直管，會發現結合連同模型被複製，下圖中（箭頭所
示）。早期只能複製模型，自行加入結合。

21-2-11 在模型之間加墊圈

組裝完成的模型要如何修改，工程師卻花很多時間處理，幾乎模型刪除重新組裝，爆炸圖也重新爆。其實可以很簡單，觀感也認為加一個墊圈又不花多少時間。

步驟 1 結合於資料夾

於特徵管理員展開直管，找到📎。

步驟 2 刪除重合

展開資料夾，點選結合繪圖區域會亮顯結合，刪除直管和彎管↙，下圖右（箭頭所示）。

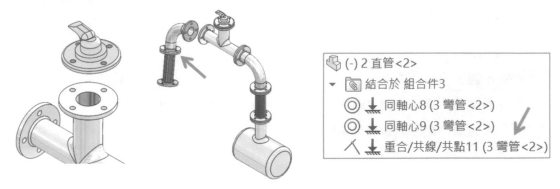

步驟 3 釋放空間

移動彎管把要組裝的墊圈空間空出來，下圖左。

步驟 4 組裝墊圈

將墊圈放入直觀與彎管之間進行組裝，下圖中。

21-2-12 切換直管模型組態

直管長度分別為 100L、200L，定義左邊直管組態=200L，下圖右。

步驟 1 選擇直管，文意感應

切換模型組態：選擇 200L。

步驟 2 ↵（重點）

體認↵=切換組態的關鍵，下圖右（箭頭所示）。

21-3 導管機構爆炸

如何用最短時間完成爆炸，學到框選大量選擇模型。

21-3-1 油桶不爆，其他爆

選擇其他模型，將上個模型留在原地，是爆炸步驟典型作法。

步驟 1 選擇模型

切換等角視，由右到左選擇模型，但不要選到油桶，下圖中。

步驟 2 Y 軸爆炸

拖曳 Y 軸過程零件不相連→放掉左鍵→ALT＋D，下圖右。

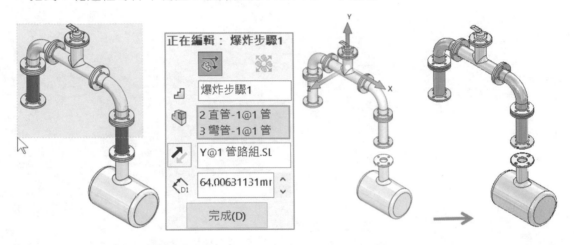

21-3-2 短管和彎管爆炸

承上節，依序完成爆炸步驟。

步驟 1 短管 Y 軸爆炸

大量選模型，不要選到短管，拖曳 Y 軸過程零件不相連，放掉左鍵→ALT＋D，下圖左。

步驟 2 彎管-X 軸爆炸

承上節，拖曳-X 軸過程零件不相連，放掉左鍵→ALT＋D，下圖中。

步驟 3 端蓋、3 通管、彎管、直管爆炸

依序完成爆炸，若手感很好，用壓選最有效率，即便是只有選擇一個模型。

21-3-3 爆炸直線草圖

選同一方向的第一與最後模型面讓直線相連，不要每個圓柱面都點。要一段段選也可以，只是增加點選時間。不必將螺絲孔製作爆炸線，只會覺得很亂，下圖右。

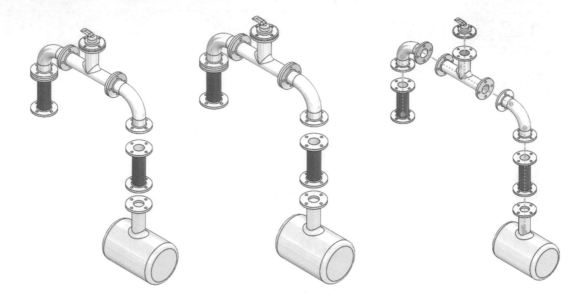

22

標準結合

標準結合又稱基礎結合，機構一定用得到它，結合名詞照字面不難理解。

標準結合是學習擴充，例如：◎不僅只有同心，還可以球面的萬向。

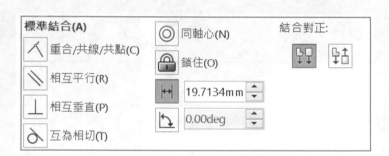

標準結合(A)		同軸心(N)	結合對正：
重合/共線/共點(C)		鎖住(O)	
相互平行(R)		19.7134mm	
相互垂直(P)		0.00deg	
互為相切(T)			

22-1 重合/共線/共點（Coincident）

將所選面、邊線或點，進行重合定位且不會有參數，使用率極高的指令。

22-1-1 模型面組裝

上下蓋沒有孔可以選擇，會使用 2 面貼齊的重合。

步驟 1 前面：上下蓋 2 面→

步驟 2 右邊：2 面→

步驟 3 中間：共同面→

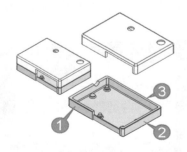

22-2 互相平行與互相垂直

2 模型間平行（Parallel）╲或垂直（Perpendicular）⊥，定位且不會有參數，常用在定義 2 平面，其實也可以選圓柱面、邊線，這 2 結合觀念相同，所以一起學習。

22-2-1 非功能的定義

製作主翼與另一零件任 2 面╲，達到完全定義。讓工程圖好能呈現，不讓別人任意拖曳位置，造成已發行工程圖的視圖位置跑掉，夾手組也是一樣觀念。

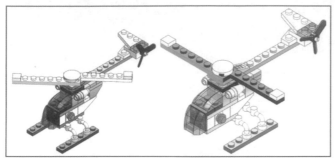
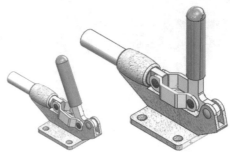

22-3 互為相切（Tangent）ᐁ

互為相切、限制圓弧（圓柱）之間相切關係，也可點到面結合。

A 相切特色

點選到有弧的幾何，例如：弧面、圓柱面、球面，就會有相切或同軸心的條件。

22-3-1 凸輪原理

凸輪為主動件、滑塊=從動件，分別拖曳它們理解機構原理。拖曳凸輪並非轉一圈=整個行程，例如：凸輪轉 15 圈，看滑塊左右移動，下圖左。

22-3-2 單一連續面與圓柱面

凸輪有內外圈軌道面。內圈靠 4 個弧形成形=4 個面，外圈為單一面，下圖右。

步驟 1 螺絲圓柱＋外圈面→ᐁ

步驟 2 模擬運動

拖曳凸輪預覽運動，限制凸輪機構行為。

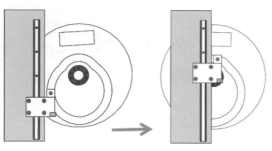
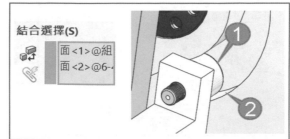

22-4 同軸心（Concentric）◎

　　圓柱面以共用中心定位，會發現光是同軸心有很多議題，最讓同學印象深刻球型組裝。

Ａ 同軸心特色

　　點選到有弧的幾何，例如：弧面、圓柱面、球面，就會有相切或同軸心的條件。

22-4-1 球面結合

　　選擇 2 球面→◎，可進行球狀萬向活動，下圖中。早期只能靠✗，但多個✗會讓機構錯誤無法解出，SW 沒有球面結合指令，只能靠◎整合使用。

22-5 鎖住（Lock）🔒

　　快速固定兩模型間相對位置與方位，讓機構相依運動，屬於**應付結合**，和草圖限制條件的**固定**類似。設計屬於示意，不用太繁複或完整結合，有時懶得結合用🔒定義比較快。

22-5-1 門與固定塊

　　可以見到門＋門框＋活頁僅有部分結合。

步驟 1 點選門＋固定塊　　　　　　步驟 3 拖曳門可見固定塊跟移動

步驟 2 🔒　　　　　　　　　　　　步驟 4 自行完成門和上方活頁

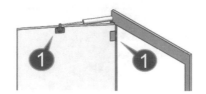

22-6 平行距離（Distance）

平行距離簡稱距離，定義模型 2 面平行距離，該面就是基準，類似標註 2 模型距離並控制距離變化。顧名思義平行=距離，非平行=角度。

22-6-1 結合選擇

可以由點、線、面作為距離條件，常利用面作為距離**基準**，因為面穩定度高。

步驟 1 點選滑軌前面＋滑塊前面

步驟 2 平行相距=30，立即看出滑塊位置

步驟 3 平行相距=0=重合

於快速結合視窗更改數字 0，感受 0=⟨，增加設變彈性不必。

22-6-2 反轉尺寸（Flip）

反轉尺寸=尺寸反向，尺寸不變，方向改變。變更方向不需要改變結合選擇，例如：
10→-10，也可在結合條件上右鍵→尺寸反向。

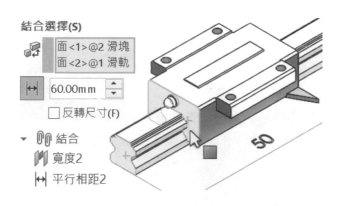
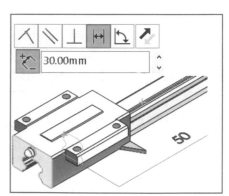

22-6-3 圓柱距離

圓柱面之間加入距離，並控制 4 種距離組合：1. 中心、2. 最小、3. 最大或 4. 自訂距離。也可用在尚未定義另一零件孔距，利用距離抓尺寸，先把螺絲定位看看，事後再鑽孔。

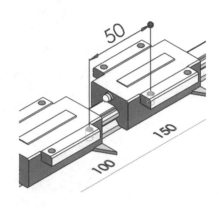

第一圓弧條件
○ 中心　　○ 最小 ○ 最大
第二圓弧條件:
○ 中心　　○ 最小 ○ 最大

中心至中心
最小距離
最大距離
自訂距離

22-7 角度（Angle）

模型間指定角度放置（非平行），與距離觀念一樣可用角度 0 替代∠，分別定義上蓋 60 與下蓋 120 度。

22-7-1 結合選擇

選擇 2 面為 60 度，萬一角度方向不如預期，例如：正角、負角、補角...等，依序 3 種方式解決：1. 反轉尺寸↗、2. 結合對正↹，反正亂壓就對了。

22-7-2 切換尺寸反向

讓系統切換正角、負角，例如：120 與-120。

22-7-3 角度要和設計值相同

設計角度=120 度，就要輸入 120 度一定要滿足角度和位置。有些人會輸入補角 60 度達到要的位置，這樣會與設計基準違背。

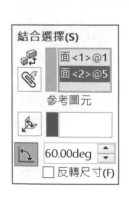

結合選擇(S)

面 <1>@1
面 <2>@5

參考圖元

60.00deg
□ 反轉尺寸(F)

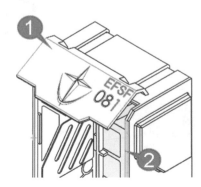
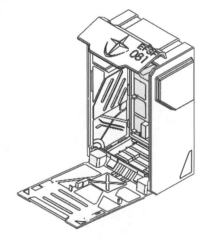

22-8 結合對正（Align）

同向對正ᵇᵉ或反向對正（Anti-Aligned）ᵇᵉ，讓模型反向放置，不必重新選擇和改變選擇順序，和反轉尺寸觀念相同。預覽得知不對方向不必刪除結合，適合備料沒備好，到了結合過程不必費心取消結合→模型備料到正確位置→重新結合。

22-8-1 指令過程：同向與反向對正

自行切換將螺絲螺帽掉頭擺放。

22-8-2 反轉結合對正

結合完成後，發現方向怪怪的還是可以直接補救。1. 同軸心右鍵→2. 反轉結合對正，不需編輯結合條件。

CHAPTER

23

進階結合

進階結合（Advanced Mate）=標準結合的延伸，常用在機構活動和限制活動範圍，和突破組裝想像。有些結合可滿足標準做不出來，例如：**輪廓中心**◉可以置中、夾手**互為對稱**◿同步運動、**限制距離**⊢達到滑塊在滑軌上移動。

很多結合類似，希望指令能合併，例如：重合⁄和距離⊢、距離⊢和限制距離⊢、**角度**◿和限制角度◿、互為對稱◿和寬度⋔。

輪廓中心◉和寬度⋔對各位最有印象，好學價值高，最有陰影的是**路徑結合**⁄，步驟多、術語多。

23-1 輪廓中心（Profile Center）◉

選擇 2 模型**面**，系統計算 2 面置中放置。適用中心組裝，最大好處不需計算 2 零件距離，這功能往往讓別人驚艷怎麼會這麼快。

23-1-1 結合選擇（紅色）

點選圓底面＋板子平面，圓柱會在矩形中間，不必計算中間位置，或找中間基準面組裝，下圖左。

23-1-2 偏移距離（預設 0）

設定 2 面距離，絕大部分以 0=重合放置，此功能就當送你的。

23-1-3 鎖住旋轉（適用圓柱）

是否讓圓柱模型固定不動，否則可以讓圓置中轉動，由圓柱孔可以看出，下圖右。

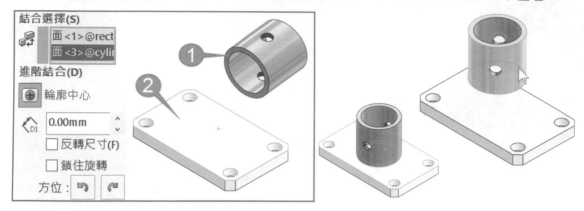

23-1-4 方位（適用非圓柱）

順時針或逆時針旋轉模型，適合非圓形連續轉方向，例如：多邊形柱體或方形體。不必為了轉向而調整結合設定，也可以不必備料很完整，直接轉向，下圖左。

23-1-5 查看結合

輪廓中心為固定，不會有運動情形，由結合群組可見寬度圖示，下圖右。

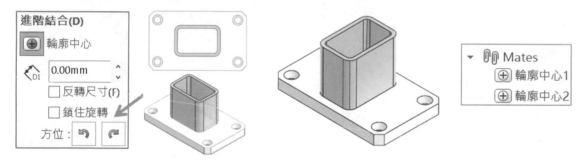

23-1-6 上下蓋組裝

這應該要 3 個 ⟨ 完成的，沒想到一個指令結束，下圖左。

23-1-7 原理：所選面必須為完整形態

非完整面系統無法計算，例如：點選下蓋模型面會出現：所選圖元對目前結合不是有效的，下圖右。

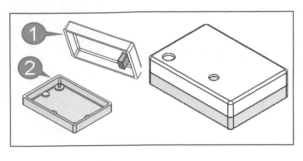 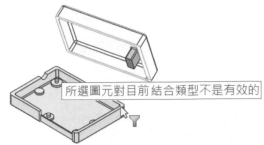

所選圖元對目前結合類型不是有效的

23-1-8 不支援的輪廓

Ｉ型鋼輪廓雖然封閉，對系統來說非規則。這時可以製作外型輪廓（通常為矩形）做為定位用，例如：點選底座平面＋Ｉ型鋼矩形草圖，下圖左。

圓柱面也無法定位在底板中間，在圓柱外面製作矩形也可以完成。

23-1-9 另一個角度思考的快速組裝

先前組裝的管路沒想到需要◎＋╱的模型，竟然只要一個◉即可，組裝速度可以加快，適用設計階段不需要標準組裝，無論有孔或沒孔模型，都可以這樣便利，下圖右。

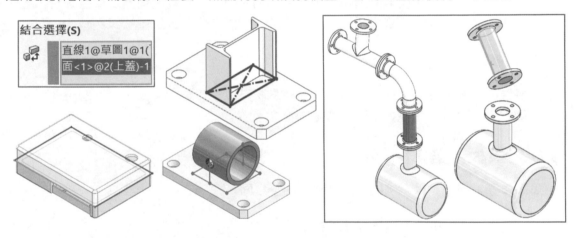

結合選擇(S)

直線1@草圖1@1(
面<1>@2(上蓋)-1

23-2 互為對稱（Symmetric）⌀

讓模型以對稱活動，觀念和鏡射草圖一樣，都要基準面和 2 選擇圖元。

23-2-1 對稱平面

點選對稱基準面，例如：右基準面。

23-2-2 結合選擇

點選 2 活動面作為距離計算參考，這 2 面要 1 樣的位置。

23-2-3 查看運動

拖曳承載板可見對稱運動，由結合群組可見互為對稱圖示。

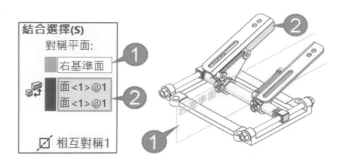

23-3 寬度（Width）

由系統計算所選 2 模型面，達到對稱放置或運動。穩定性高可避免單邊重合，造成另一邊單向誤差，例如：方塊或鋁擠寬度設變時，避免單側和人工重新算距離。

23-3-1 寬度選擇

讓滑塊在滑軌上運動，未來滑軌長度邊更不必修改距離參數，達到設計關聯性。寬度通常是固定件（基準），例如：點選滑軌前後 2 面。

23-3-2 薄板頁選擇

薄板頁通常是活動件，例如：點選滑塊前後 2 面。

23-3-3 寬度類型：置中（預設）

將滑塊置於滑軌中央放置，無法活動。好處不必計算讓模型置中的位置，未來導軌長度變更不必重算。

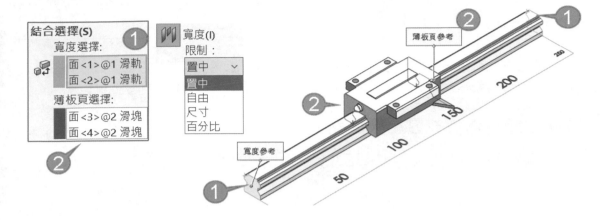

23-3-4 寬度類型：自由

滑塊在滑軌上滑動，且滑塊不會衝出。

23-3-5 寬度類型：距離

尺寸定義距離，常用來定義滑塊位置，無法輸入不合理距離，滑塊不會衝出。

23-3-6 寬度類型：百分比

定義 0～100%範圍，百分比適合查看分段。

23-3-7 反轉

改變寬度選擇的參考方向，例如：距離 40 不變，由前面還是後面起算（箭頭所示）。

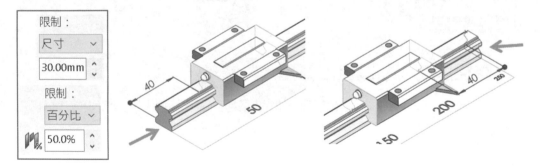

23-3-8 換算

切換項目進行換算或查尺寸，就不必計算，例如：自由移動滑塊➔切換到距離，可見目前距離。同理，切換百分比設定 30%➔切換到長度，可見 30%尺寸值，就不必計算總長。

23-4 路徑（Path）

曲線與運動點接觸，常用在有曲線的運動，例如：雲霄飛車或生產線。 屬於非他不可的絕對指令，沒有一項結合可以替代他，指令項目很多，所有結合指令他最難學。

23-4-1 結合選擇：零組件頂點

選擇模型頂點或草圖點，作為路徑重合參考，這裡點選模型原點（A 所示）。

23-4-2 結合選擇：路徑選擇

選擇草圖線段為路徑，也可以選擇模型邊線。由於路徑僅支援一條線，會利用 Seletion Manager（選擇管理員）完成路徑選擇。

步驟 1 點選 Seletion Manager

該按鈕非必要項目，當曲線為多段時，利用它來集合選擇。

步驟 2 選擇開放迴圈

步驟 3 點選其中一條藍色邊線→

可見球在曲線上重合。

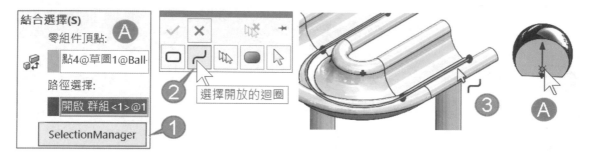

23-4-3 路徑限制（預設自由）

由清單選擇：1. 自由、2. 沿路徑距離、3. 沿路徑百分比，可以體會不用算就能快速看出機構在曲線上位置。

A 自由

球體限制在曲線上，自由移動但不是我們要的。

B 沿路徑距離

定義球體在曲線長度上，例如：查看 100 位置不可能用算的，弧線不容易算長度，甚至還要和直線相加。

C 沿路徑百分比

設定球體在 0～100%位置,例如:30、60、90%快速查看 Sensor 位置。

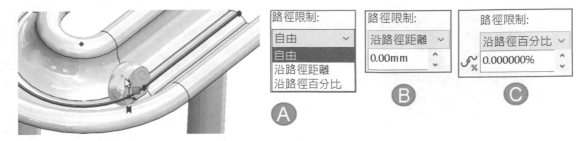

23-4-4 斜度/偏角控制

限制模型軸與路徑相切,由清單切換:1. 自由、2. 依循路徑,也只有**依循路徑**可選。由於僅選擇一個點,模型為萬象擺動,必須靠本節限制球體自由度。

步驟 1 點選依循路徑

會見到使用者座標在球體原點上。

步驟 2 點選藍色 Z 軸

立即可見球體位置被翻轉扶正,點選 X、Y 軸可見球體被轉動。

步驟 3 查看運動

拖曳球體會跟著曲線相切移動,例如:Z 軸與曲面相切,下圖右。

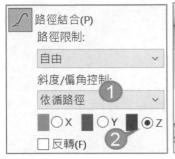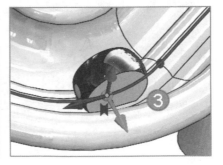

23-4-5 滾轉控制

是否限制移動物體不被翻轉滾動,由清單選擇:1. 自由或 2. 上向量,看來也只有上向量可以選,下圖右。

步驟 1 點選上向量

限制模型移動與向量對正,切等角視來判斷,上向量面不能選擇**零組件頂點**的模型面。

步驟 2 選上基準面

步驟 3 點選 Y 軸

為何無法選擇 Z 軸，因為**被滾轉控制**用掉了，這限制避免衝突。

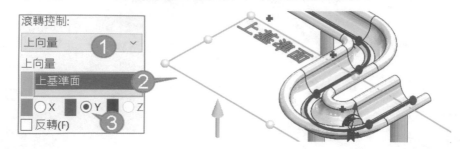

23-4-6 查看運動

拖曳球體可見曲線運動並不會超出曲線，由結合群組可見路徑結合圖示。

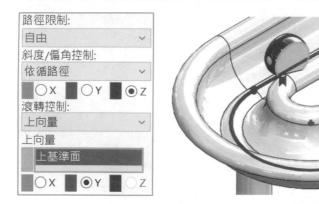

23-4-7 路徑 VS 重合

飛機上 2 點與路徑→ㄑ，但飛機在軌道飛行過程會滾動，下圖左。飛機與跑道上下平行，無法下降。飛機與跑道左右平行，飛機無法轉向，由此更能體會 ∫ 特性。

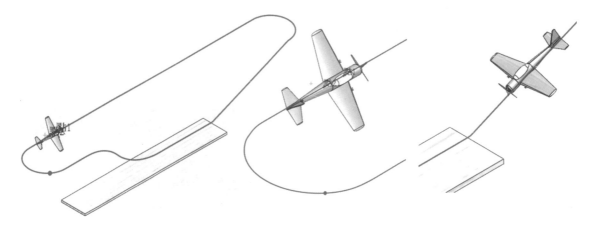

23-5 線性/線性聯軸器（Linear/Linear Coupler）⤹

讓模型建立平移比例運動，比例=距離比例。

23-5-1 前置作業備料

將滑塊置於起始位置。

23-5-2 結合的圖元：紅色欄位

於紅色欄位點選上方滑塊平面，選擇的模型不能固定件，否則 2 模型無法移動。

23-5-3 結合的圖元：紫色欄位

於紫色欄位點選中間滑塊面。

Ⓐ 反轉

在紫色項目下方按下反轉，控制運動方向相反，例如：電梯門。

23-5-4 比例控制

分別在紅色與紫色欄位輸入 2：1，由色彩看出參數對應模型。例如：滑塊 1 與滑塊 2 建立 1:2，則滑塊 1 移動 250，滑塊 2 會移動 500。也可以設定滑塊 1 移動 15、滑塊 2 移動 8。

Ⓐ 1:1

設定 1:1 看不到效果，它們會同時移出來，除非配合反轉。

23-5-5 查看運動

拖曳上方滑塊會比下方滑塊移動 2 倍距離，由結合群組可見⤹。

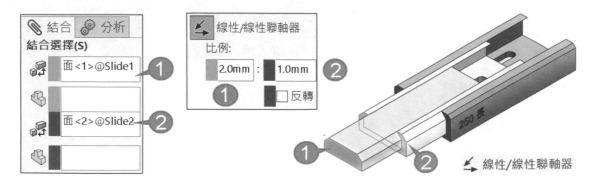

23-6 限制距離（Limit Distance）

　　允許模型在距離範圍間移動，算標準距離進階版。指令用法和標準結合的距離一樣，多了最大值和最小值範圍。習慣是由小到大，所以**最大值**和**最小值**應該對調比較好。

23-6-1 結合選擇

　　點選滑軌前面＋滑塊前面。

23-6-2 目前值

　　定義滑塊在滑軌距離，常用來查看滑塊位置。

23-6-3 最大值、最小值

　　設定滑塊移動範圍 150～50，最大值工=150、最小值＝50，比較特殊可以設定負值，例如：-30。也希望欄位能對調，習慣會先說最小到最大，例如：50～150。

23-6-4 查看運動

　　拖曳滑塊可見滑軌上移動和寬度一樣效果，由結合群組可見**限制距離**圖示。

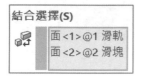

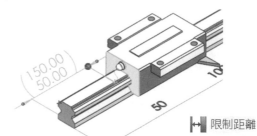

23-7 角度（Limit Angle）

　　和相同，屬於限制結合，允許模型在角度範圍值之間移動。

23-7-1 結合選擇

　　選擇基準面（或模型面）＋車輪平面。

23-7-2 最大值、最小值

　　設定最大值工=30、最小值＝-30，傳統認知最小值=0，0 是中位數且負值是範圍。

23-7-3 查看運動

拖曳方向盤進行左 30、右 30 角度左右轉動，由結合群組可見限制角度圖示。

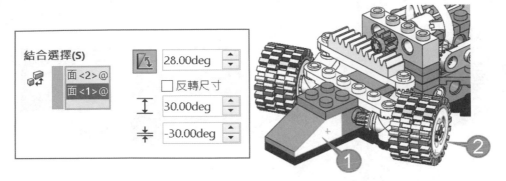

筆記頁

機械結合

機械結合（Mechanical Mate）讓機構更具生命力，機械結合和機構有關：齒輪、凸輪、螺桿、萬向接頭...等。機械結合擁有可替代性，例如：齒輪不一定限定在齒輪機構，和旋轉轉旋轉的機構就可以想到他。

很多結合和標準、進階類似，希望指令能合併，現在的人不會想理解差別在哪，例如：相切и和凸輪⌀、齒輪🦷和螺釘🪛、線性聯軸器✂和狹槽⌀。

狹槽⌀、齒輪🦷和螺釘🪛對各位最有印象，不必很複雜或細膩特徵，就可以達到要的機構運動。

機械結合(A)		
凸輪(M)	齒輪(G)	
狹槽(L)	齒條小齒輪(K)	
鉸鏈(H)	螺釘(S)	
	萬向接頭(U)	

24-1 凸輪（Cam）⌀

凸輪與從動件相切且形成封閉迴圈。將從動件依相切路徑往復運動，避免過度連桿機構，但凸輪不利高速運動。

24-1-1 凸輪路徑（紅色）🦴

選擇凸輪其中一個輪廓面，系統自動集合所有面，例如：點選內圈。

24-1-2 凸輪從動件（紫色）👆

選擇螺絲圓柱，目前只能選擇單一面，期望可以選擇多面。

24-1-3 結合選擇的要求

🔩和🔩的條件選錯，會出現圖元無效視窗，到時只要對調選擇就好，下圖右。

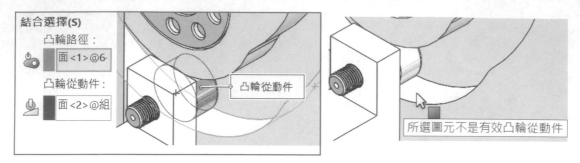

24-1-4 凸輪應用

點＋曲線也可以控制凸輪運動。

輸送機構是循環運動，利用狹長面作為凸輪路徑，不一定要凸輪（箭頭所示）。

內燃機的凸輪運動卻是靈魂所在。

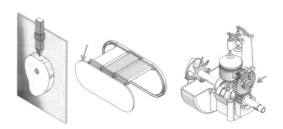

24-2 狹槽（Slot）

狹槽又稱長孔，將模型限制在狹槽特徵內，非狹槽草圖也可使用。狹槽屬於調整與固鎖，不是精密機構，常用在現場調整用。

24-2-1 結合選擇（紅色）

點選狹槽和圓柱面即可，特別是狹槽面會判斷連續面。

24-2-2 自由（預設）

拖曳模型在狹槽內自由移動，模型不被移出狹槽外。

24-2-3 置於狹槽中央

將模型置於中央無法移動，中央是設計基準。切換狹槽中央再切回狹槽距離，快速得知狹槽中間值，就不必總長/2。

24-2-4 沿狹槽距離

指定模型於弧長區間移動，可以指定位置，將數值調大可以看得到狹槽長度或弧長，弧長不包含兩端圓柱邊線。

24-2-5 沿狹槽百分比

以百分比將模型置於指定位置，例如：50、30%。

24-2-6 尺寸反向

於距離或百分比輸入 0 得知基準在某一側，☑尺寸反向改變基準於另一側，例如：想要左邊開始起算距離。

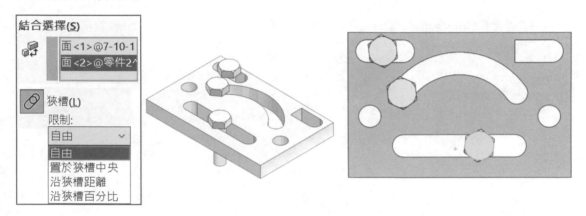

24-3 鉸鏈（Hing）

鉸鏈又稱活頁，讓 2 模型間限制在旋轉自由度。鉸鏈整合 3 結合條件：1. ◎、2. ⫞、3. ▣。點選模型面過程可以連續點下來，讓結合速度加快。

24-3-1 同軸心選擇

同軸選擇沒預覽。

24-3-2 重合選擇

任選 2 面重合後，就有組裝預覽。

24-3-3 角度限制

進行角度距離。

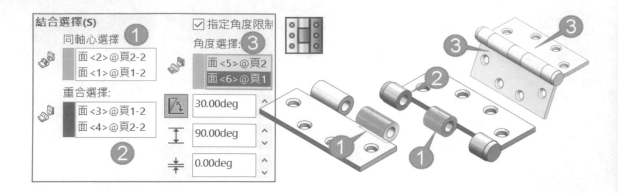

24-3-4 活用鉸鏈

▦也可以僅作◎與⦓節省組裝時間，類似輪廓中心⊡的活用，例如：連桿機構、千斤頂、導管組就會大量用到◎和⦓，就可以 1 個▦可以減少 2 個結合，可省下可觀數量。

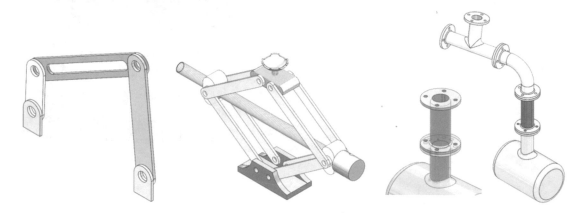

24-4 齒輪（Gear）⚙

齒輪是機械結合的靈魂，模型間繞所選軸相對旋轉，常用在動力傳遞，看到齒輪就會很想轉他。齒輪結合屬於機構運動，常用在確認傳動合理性，所以拖曳齒輪運動很快。

🅐 製作前拖曳齒輪至非干涉狀態（備料）

實際上齒腹嚙合帶動，通常將齒放在齒之間，比較好比對設計結果，下圖左。

24-4-1 結合選擇（紅色）

選擇 2 齒輪圓柱面或邊線，由小方塊得知齒/直徑=齒數或節圓直徑。目前為圓柱面直徑，原則是節圓直徑，例如：8 和 28。

24-4-2 比例

在繪圖區域小方塊或比例欄位輸入**齒數比**或**節圓直徑**比。2 齒輪齒數比 24:12，以小方塊數值對應輸入，例如：在 8 的位置輸入 24、在 28 位置輸入 12 和設計連結。

A 齒數比

該比值不一定要約分，例如：24:12 即可，要改為 2:1 也可以。如果是設計需要齒數比就要約分，或只要知道齒數就不要約分。

B 節圓直徑比

設計過程不見得一開始把齒型產生，以圓柱示意來提高設計彈性與時效性，畢竟把齒畫出來並複製排列佔用時間外，設計過程要多次調整齒型或齒數排列會顯得不必要。

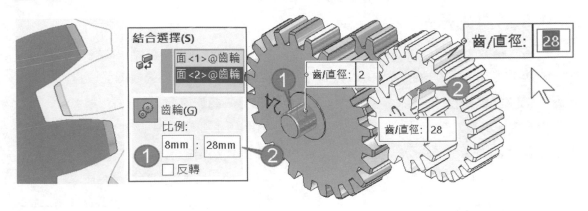

24-4-3 反轉

改變齒輪旋轉方向，以被拖曳的齒輪為旋轉基準，另一齒輪旋轉方向會相反。例如：主動輪為順時針，從動輪必為逆時針，下圖左。

24-4-4 斜齒輪之運動位移

齒輪可以平行或非平行軸放置，1 個條件 1 對齒輪，例如：斜齒輪正交放置，共 3 個齒輪，分別 2 個小齒和 1 個大齒，共 2 個齒輪結合，下圖右。

步驟 1 第 1 齒輪結合

小齒輪對大齒輪 20:40=1:2。

步驟 2 第 2 齒輪結合

大齒輪對小齒輪 40:20=2:1。

步驟 3 查看運動位移

小齒輪對大齒輪齒數比=1:2，拖曳小齒輪 2 圈，大齒輪才走 1 圈。

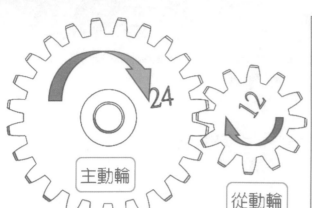

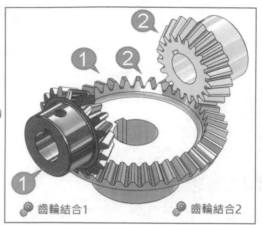

主動輪

從動輪

齒輪結合1　　　齒輪結合2

24-4-5 行星齒輪系

行星齒輪系的齒輪結合分別為：中間太陽＋3 個行星結合＋最外圍內齒輪（外齒輪、環形齒輪）構成，共 4 對齒輪，所以會有 4 組條件。齒輪設計以 2 齒輪的節圓直徑相切。

步驟 1 第 1 齒輪結合

中間太陽與第 1 個行星結合。

步驟 2 第 2 齒輪結合

太陽與第 2 個行星結合。

步驟 3 第 3 齒輪結合

太陽與第 3 個行星結合。

步驟 4 第 4 齒輪結合

其中一個行星與內齒輪結合。

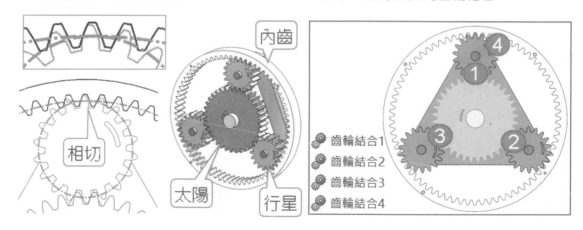

相切

內齒

太陽　　　行星

齒輪結合1
齒輪結合2
齒輪結合3
齒輪結合4

24-4-6 引擎機構齒輪代替

先前要同學找出螺旋槳和曲柄軸基準面進行空間組裝，覺得麻煩對吧，其實也可以點選 2 圓柱面齒輪結合 1:1 效果更好，重點可以帶動，沒事不要空間組裝，下圖左。

24-4-7 蝸輪和蝸桿

蝸輪有齒數、蝸桿沒齒數要怎麼讓他傳動，就用節圓直徑比，例如：1:60，下圖中。

24-4-8 時鐘

時鐘沒有齒輪卻會秒針帶分針;分針帶時針,齒數比為 60,因為 1 分鐘 60 秒,例如:秒針對分針 1:60、分針對時針 1:12。我們習慣 10 進位,只是一開始不習慣。

設計過程不一定會先把齒輪機構畫出來,會把運動效果做出來驗證可行性,下圖右。

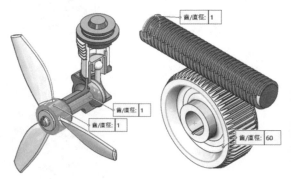

24-4-9 腳踏車傳動

更能理解🔗應用,例如:前換後輪的轉速比、變速系統。🔗可以用在螺旋槳或其他結合,但其他結合無法替代齒輪。

步驟 1 後輪和前輪 1:1

後輪帶動前輪速度相同,所以 1:1。

步驟 2 腳踏驅動後輪 1:1

腳踏會驅動後輪,這部分會因應變數系統,例如:24 段變數,修改齒輪結合參數,由**模型組態**記憶。

24-4-10 空拍機

拖曳空拍機上的其中 1 螺旋槳,可同步帶動 4 個,就用 3 個齒輪結合,這原理和行星齒輪相同,甚至雲台可以同步運動。模型資料 GRABCAD,Mario Recchia。

24-5 齒條小齒輪（Rack Pinion）🔧

齒條是齒輪展開，將直線轉旋轉運動。常用於小機構，且有空間限制傳動，指令 2 條件：1. 齒條、2. 小齒輪/齒輪、3. 參數設定。

24-5-1 齒條

點選齒條的邊線定義行進方向。

24-5-2 小齒輪/齒輪

10 齒以內稱小齒輪（Pinion），點選圓柱面定義齒輪位置。

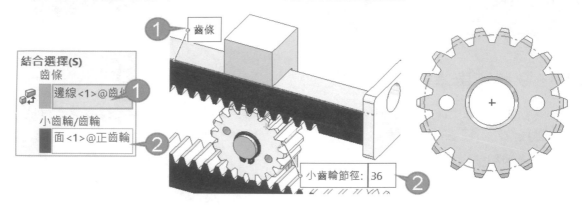

24-5-3 參數設定

定義小齒輪節圓直徑或齒條行進/圈，直覺以哪個值作為設計條件（基礎），這 2 欄位會自動換算，不必擔心改變設計，初學者剛開始無法體會設定，下圖左。

例如：小齒輪節圓直徑=10，切換到齒條行進/圈=齒輪節徑*π=10X3.1415=31.42。

A 小齒輪節圓直徑

齒輪節圓直徑=36，節圓直徑看不出來要用換算的，例如：模數 X 齒數=1.8X20=36。

B 齒條行進/圈

齒條是齒輪展開=齒輪 1 圈走的距離，將節圓直徑換算為周長，例如：36Xπ=113.1。

24-5-4 查看運動

拖曳齒條或齒輪會發現運動方向相反和齒位不正。

A 運動方向相反

☑反轉，改變旋轉方向。

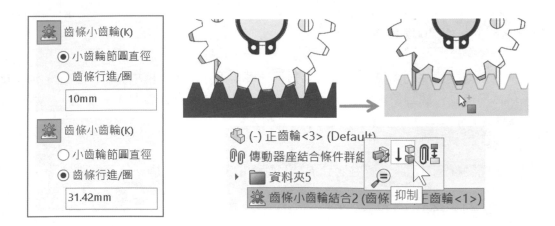

24-5-5 火車旋轉轉直線運動

車輪與鐵軌接合，讓車輪在軌道行走，順便見到齒輪轉動。

A 相切

前輪與鐵軌→Ↄ、後輪與鐵軌→Ↄ，拖曳火車就像溜冰，目前車輪和齒輪不會動。

B 齒輪/小齒條✿

步驟 1 齒條、小齒輪/齒輪

點選鐵軌邊線、點選車輪。

步驟 2 參數

參數無所謂，只是控制快慢而已。

步驟 3 查看運動

拖曳火車可見車輪帶動齒輪，且沿著鐵軌移動。

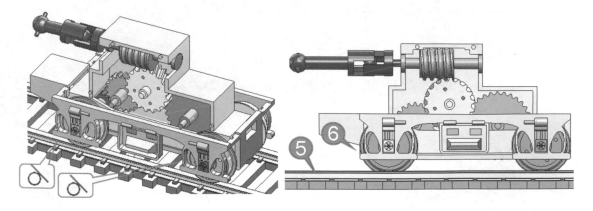

24-6 螺釘（Screw）

限制 2 模型同軸心（特點），旋轉帶動另一模型平移，螺紋機構就少不了它，也是旋轉轉換為直線運動。螺釘最大優點，不用製作螺紋就能模擬螺紋旋進。

24-6-1 結合選擇

選擇 2 運動件圓柱面，2 圓柱面必須為同軸心位置，且這 2 面必須有傳動情形。

24-6-2 螺釘參數

他和齒條小齒輪一樣，欄位切換系統會換算，不會改變大小，重點在分母為 1。

A 圈數/mm

圈數/mm=1mm 走幾圈，例如：輸入 0.1=把手轉 0.1 圈，滑塊走 1mm，不好理解對吧。

B 距離/圈數

距離/圈數=1 圈走 10mm，比較直覺的設定。例如：輸入 1=把手 1 圈，滑塊走 10mm。

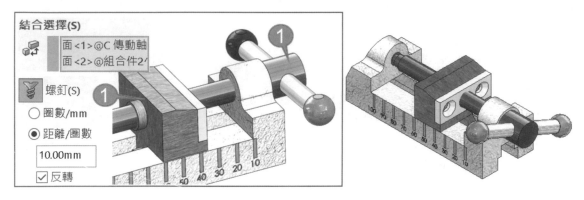

24-6-3 反轉

讓 2 螺釘間旋轉方向相反，適用於吊車，例如：一個為右螺旋，另一為左螺旋。

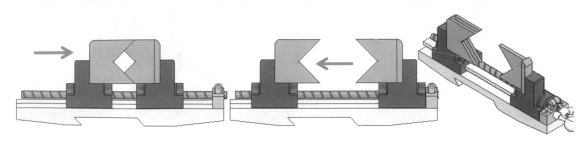

24-7 萬向接頭（Coupling）🐦

萬向接頭屬於聯結器，連接 2 軸的接頭旋轉運動可傳輸至另一軸。🐦和▦一樣屬於整合性結合，早期沒🐦會用🪛＋✐。

24-7-1 結合選擇

點選 2 圓柱面，目前模型被定位且可以傳動，不過另一接頭會滑動。

24-7-2 定義接合點

點選活動的模型原點來定義接合點，將兩軸共同接點重合，避免接頭運動過程分離。

不需理會要點哪一個，用猜的會比較容易學。

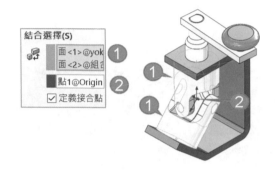

筆記頁

CHAPTER

25

動態與靜態驗證

本章說明機構動態與靜態驗證，驗證由系統發出警示機制，這與拖曳來驗證結合條件的正確性或判斷機構合理性不同，就是差在有沒有發出警示機制，我想未來這部分將是 AI 發展的基石。

A 動態驗證

常用在開放機構，利用拖曳查看機構運動過程，系統協助判斷機構正確性。動態驗證指令位置皆在**移動零組件**指令中，例如：1. **碰撞偵測**、2. **具體動態、動態間隙**。

B 靜態驗證

常用在封閉型機構，利用指令查看又沒有干涉、間隙、重合。

C 指定位置

驗證指令皆在評估工具列中，例如：1. **干涉檢查**、
2. **鑽孔對正**、3. **餘隙確認**。

25-1 動態驗證-碰撞偵測（Collision Detection）

碰撞偵測在標準拖曳下方，為標準拖曳的延伸，拖曳檢查機構間是否有碰撞。碰撞偵測比標準拖曳多了驗證機制：碰撞時停止、強調面、音效，可以彌補目視判斷機構碰撞。

25-1-1 驗證機制

機構模擬出碰撞時，碰撞位置不一定在可見視角，有可能在機構內部，透過 3 項機制互補提醒，由上到下查看☑碰撞時停止、☑強調顯示面、☑音效。

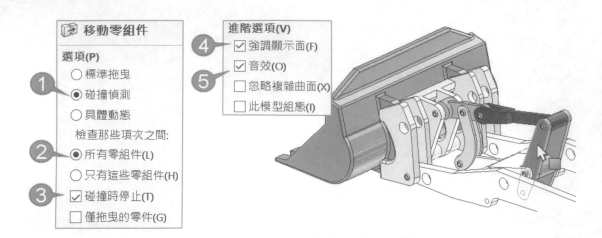

A 碰撞時停止

模型一開始為干涉位置，**碰撞停止**會被停用並出現訊息。這時還是可以完成碰撞偵測，由音效和強調面來輔助，當下把模型移到非干涉狀態，重新☑**碰撞時停止**。

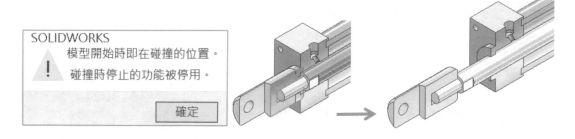

B 強調顯示面

碰撞過程亮顯接觸面，一看就知道誰在碰撞，適用塗彩狀態。但機構內部碰撞就看不出來，這時要靠🔲查出，大部分的人愛看碰撞顯示面，下圖左。

C 音效

碰撞時電腦會發出嗶聲，它屬於 Windows 預設音效，沒聲音且無法拖曳模型，不見得是碰撞，多半是組裝距離沒算好，所以音效算是強調面的檢查互補。

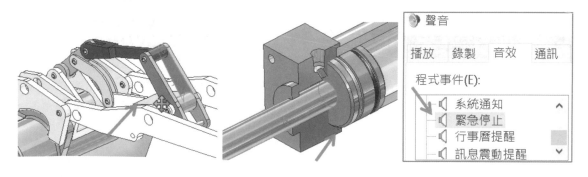

25-2 動態驗證-具體動態（Physical Dynamics）

具體動態顧名思義比較具體會帶動，為**碰撞偵測**發展的技術，模型互相接觸接近實際效果。具體動態和碰撞偵測最大差異：碰撞不會停止。

A 具體動態特色

具體動態克服無法利用結合條件達到的運動行為，有點類似一個固定，另一個浮動於空間的模型，浮動模型接觸到固定模型，產生的模擬效果。

25-2-1 敏感度（Sensitivity）

拖曳調整棒設定模型接觸的**精度**。具體動態操作和設定與碰撞偵測相同，唯一不同的敏感度。敏感度控制模型移動量，會依電腦負荷來調整敏感度或觀察模型移動速度。

25-2-2 範例：線性滑台

拖曳上方滑塊帶動中間滑塊移動並停止，因為下方有狹槽擋住，下圖右。

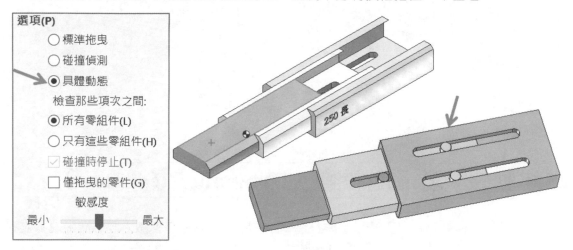

25-2-3 範例：日內瓦機構

拖曳右邊驅動盤 A，由盤上銷子深入從動盤槽 B 帶動旋轉，持續拖曳 A 讓 B 類似相切的接觸運動。但真要給入也只能圓柱＋其中一個槽，這只會讓機構運動受限制，無法連續運動。除非以作弊看起來有帶動的樣子，更能體會一定要**具體動態**模擬才行。

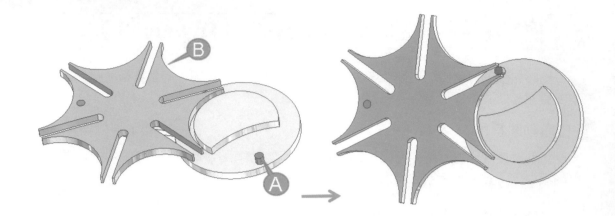

25-2-4 範例：輸送機

例如：拖曳 A 轉盤帶動 B 推桿，B 推桿推動 C 石塊，更能體會要**具體動態**模擬才行。

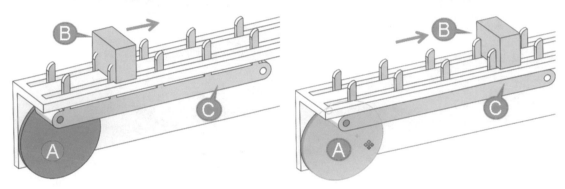

25-3 動態驗證-動態間隙（Dynamic Clearance）

動態檢查 2 模型距離，距離以動態呈現。動態間隙重點在有參數。動態間隙為獨立運動模擬，不屬於拖曳延續，所以要☑**動態間隙**可以使用。

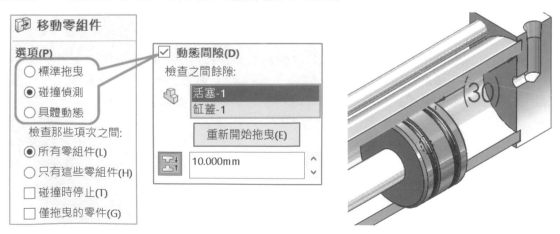

25-3-1 檢查之間餘隙

由上到下 2 步驟完成**動態間隙**：1. 點選 2 模型→2. 重新開始拖曳，下圖左。

A 先睹為快：旋轉驗證-油壓缸

進行活塞和缸蓋動態間隙。

步驟 1 點選檢查之間的餘隙欄位

系統會自動☑動態間隙。

步驟 2 點選活塞和缸蓋

步驟 3 按重新開始拖曳（ALT＋E）

步驟 4 拖曳活塞，可見動態值呈現距離

步驟 5 於指定的餘隙停止器

定義 30 距離，下圖右（箭頭所示）。

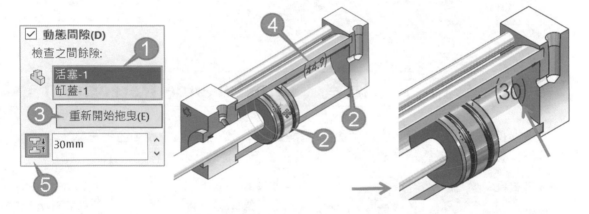

B 練習：旋轉驗證-活動輪與底座

自行練習活動輪與底座，可見活動輪和底座之間有動態值，下圖左（箭頭所示）。

C 重新開始拖曳（Resume Drag）

若進行下一組驗證，須重新選擇另外 2 個模型，例如：點選活動輪與剎車座→重新開始拖曳，下圖右（箭頭所示），希望可以選擇多個模型，破除檢查盲點。

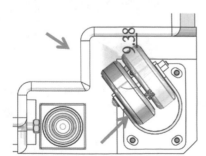
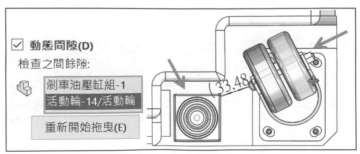

25-3-2 於指定餘隙停止（Stop at Specified Clearance）

於指定餘隙停止，到指定值停止運動，常用在找出機構位置。動態間隙有驗證機制，否則只是監測，此設定非必要選項。

A 數值以下不會做動

參數要高於目前位置，否則模型不會做動，例如：=10，拖曳活動輪過程，活動輪會到 10 以下的位置會停止，目前活動輪在底座外側呦。

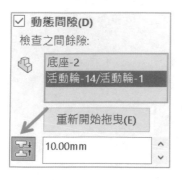 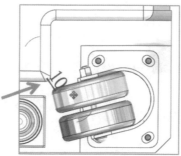 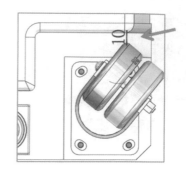

25-4 靜態驗證-干涉檢查（Interference Detection）

檢查模型之間是否重疊，由紅色重疊體積呈現，不增加學習負擔，容易導入。機構設計好不好是其次，現場能組裝最重要，屬於標準流程並納入設計管制程序。

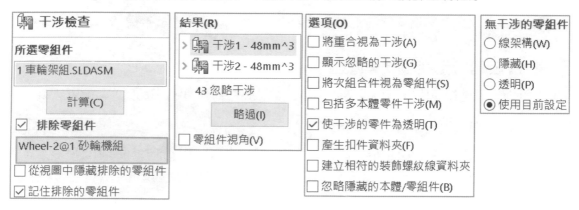

25-4-1 所選零組件與計算

進入指令→計算，馬上看到結果，預設進行所有模型進行計算。由結果清單可見干涉項目，點選項目在模型上可見干涉位置，並進行選項設定。

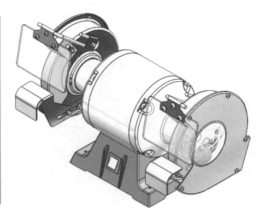

25-4-2 結果

結果=檢查，也就是**干涉檢查**靈魂。

A 干涉清單與數量

干涉項目以清單顯示，點選項目於繪圖區域可見干涉位置，捲軸到最下可見干涉數量，例如：16 個干涉或 120 個干涉心情不同，下圖左（箭頭所示）。

B 干涉位置

點選干涉項目以紅色強調顯示干涉體積，按 Ctrl 可多選項目同時查看干涉分佈。習慣上先查數量，並點選干涉項目讓心裡有準備，例如：模型有哪些干涉和干涉嚴重性，再回報干涉要處理多久，例如：16 個干涉大約 1 小時完成，下圖右。

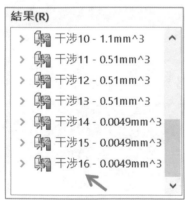
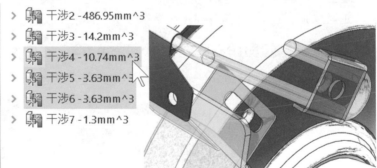

C 干涉項目總成

干涉項目包含：1. 項目數量、2. 干涉體積，快點 2 下展開可見 2 模型名稱，下圖左。

D 體積分類與排序

體積會自動分類與排序，體積是干涉檢查其中指標。相同體積通常是同一類干涉，由上大體積→到下小體積分類與排序，下圖中（箭頭所示）。

E 略過（ALT＋I）

將干涉歸類到忽略狀態不再出現，感覺項目比較清爽。依常理**體積小=假性干涉**，選擇干涉項目➜略過，被略過的干涉數量會顯示出來，下圖右（箭頭所示）。

F 有記憶性

被略過的項目不必擔心要重新判斷，先儲存檔案下回開啟組合件不必重新判斷干涉，例如：今天看不完先下班，明天繼續看。

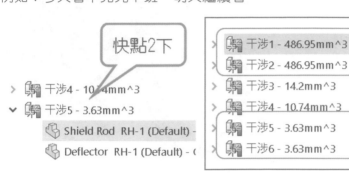
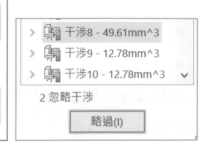

25-4-3 干涉判斷

由小到大體積判斷，通常小體積是假性干涉，將它們略過（排除），將干涉數量縮小，心理壓力會少很多。

A 忽略：鑄鐵底座圓角與金屬板干涉，0.0049、0.51mm3

這麼微小體積不可能為此改變底座圓角大小或金屬板大小。實際組裝也不太感覺不出來，並且鑄造件的圓角也有誤差，下圖左（箭頭所示）。

B 忽略：橡膠墊與鑄鐵底座 1.1、1.3mm3

橡膠為彈性體組裝微變形，不可能修改膠墊規格，可忽略，下圖右（箭頭所示）。

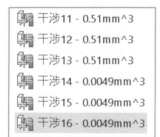
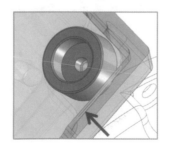
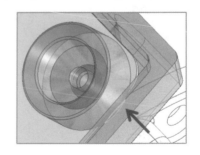

C 角鐵和 U 型勾：3.63mm3

2 模型之間互相碰撞，這是干涉。

D U 型勾和固定板：10.74、14.2mm3

這 2 零件有可能是組裝角度沒到位產生干涉，U 型勾也是彈性體，有可能利用變形讓方形固定板夾住，這部分要再確認，下圖左。

E 砂輪片與軸心：486.95mm3

這是干涉，要改軸心直徑還是砂輪片比較洽當，下圖右（箭頭所示）。

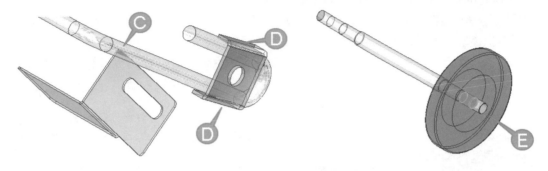

25-5 靜態驗證-鑽孔對正（Hole Alignment）

檢查 2 模型孔是否同心，避免孔位偏差無法組裝，這是 2009 年推出的功能，很多人訝異連這都可以檢查得到。業界常遇到[圖]有聽過，[圖]就沒聽說，看來我們還要再努力推廣。

25-5-1 所選零組件

點選指令後，系統自動選擇整組模型→計算。由結果清單可見偏差項目，點選項目可見偏差位置。

A 鑽孔中心偏差（簡稱孔偏差）

進行參數以下的孔偏差計算，例如：孔距 10mm，就是 10 以下的孔中心計算。

B 計算

更改偏差數值要重新按一次計算，更新結果。

25-5-2 結果

結果=檢查，是指令重點，有些功能和干涉檢查不同。

A 部分分析的零組件

顯示無法辨識的模型鑽孔，例如：與電路板搭配的零件未鑽孔，下圖左。由插座得知孔包含伸長一起完成，不是獨立鑽孔特徵，下圖右。

鑽孔對正以第 2 特徵演算，能檢查：🔩、簡易直孔、草圖圓→🔩. . . 等。不會辨識模型轉檔無特徵鑽孔、矩形草圖、包含草圖圓的填料特徵。

本節你要想一下對吧，這是以軟體系統角度來說明這，高階課程都在探討這現象。

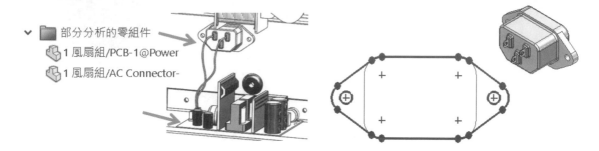

B 項目

得知偏差位置與值。點選最大偏差🔩，亮顯鑽孔特徵。展開🔩並點選看出未偏差🔩與偏差🔩特徵，查看到 2 個孔，左邊同心，右邊偏差。

C 鑽孔偏差🔩

特徵有紅色文字，有偏差字樣，例如：左邊孔同軸心沒問題，右邊偏心且偏差量 0. 939。實務上在偏差允許下，不會修改孔位（孔距），多半是沒時間改、修改很麻煩，以鑽孔加大來彌補，讓孔可以組裝就好。

D 名稱表現方式

特徵名稱←檔案名稱，算是追蹤哪個模型，哪個特徵之間的干涉。通常不會這麼認真看，會把模型打開確認。

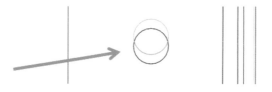

- 🔩 最大偏差 = 0.939mm
  - 🔩 伸長除料1 ← 面框-2
  - 🔩 0.939mm 偏差 - 伸長除料 ← Back Panel-1/面板-1

E 應付組裝與風險

常遇到為了求快組裝採單一同軸心，2 旁平面重合或平行，但無法驗證軸孔搭配。以 2◎組裝，必定見到另一孔組不上去，當下查看 2 模型孔中心距離進行修正。

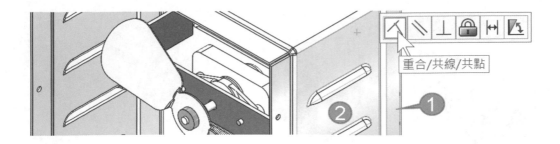

25-5-3 市購件的干涉檢查

機構設計最冤枉明明有，還發生組不起來窘境，絕大部分市購件沒上，模型與成品一樣的條件下，這才是正確作法。

設計過程先和處理好，才上市購件。本節以最常見螺絲、螺帽驗證機制盲點，系統無法告訴你要怎麼做，很多要自行判斷。

2009 年以前沒有這功能，我們怎麼活？以市購件的順帶檢測鑽孔有沒有偏心的技術來自於壓力，反正就是要想辦法不能出錯，這些手法就是傳承。

A 切換組態驗證

組合件至少會有 2 組態：1. 成品、2. 無市購件，先由無市購件開始驗證，除了先縮小檢查範圍，市購件是設計最後階段。

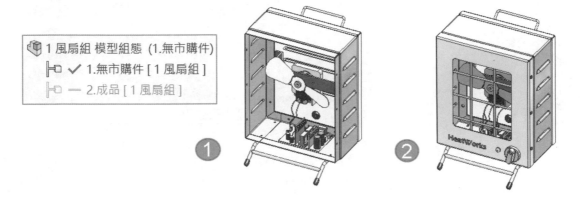

B 干涉判斷鑽孔對正

以前沒有，必須用市購件的干涉來判斷 2 孔之間有沒有偏心，例如：螺絲穿透 2 個模型孔，或特徵空間加大讓墊圈好放入，下圖左。

C 螺絲規格

螺絲太大、太長、放錯螺絲種類、設計沒想好螺絲怎麼配，都是常見的發現。可以讓 BOM 表準確外，還可以鑽孔太淺、鑽太小、沒鑽到... 等，都是螺絲幫上大忙。

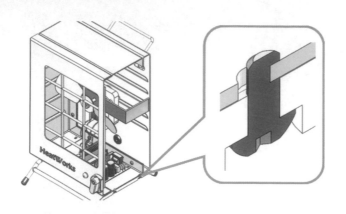
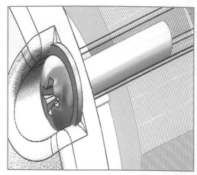

25-6 靜態驗證-餘隙確認（Clearance Verification）

指定相對面距離，大量計算 2 模型間最小距離，適用靜態模型。軸和孔剛好有間隙是有問題的，或孔 Ø10.1，軸 10 不配公差。

A 餘隙確認的特性

操作上與🔧相同，功能和🔧互補，最大優點不必使用量測。以前沒有🔧，只能用量測 2 模型分別檢查，很難全面檢查和很多沒檢查到，有了🔧不必擔心沒檢查到的問題。

🔧 餘隙確認	結果(R)	選項(O)	無干涉的零組件
所選零組件	＞ 🔧 餘隙1 - 重合或干涉	☐ 顯示忽略的餘隙(G)	○ 線架構(W)
🔧 Board-1@1 電路組/p↑	＞ 🔧 餘隙2 - 5.81mm	☐ 將次組合件視為零組件	○ 隱藏(H)
Board-1@1 電路組/3:	＞ 🔧 餘隙3 - 3.1mm	☐ 忽略等於指定值的餘隙	○ 透明(P)
🔲 Board-1@1 電路組/3:↓	＞ 🔧 餘隙4 - 5.81mm	☐ 使研究中的零件為透明	⦿ 使用目前設定
檢查之間餘隙：	＞ 🔧 餘隙5 - 重合或干涉	☐ 產生扣件資料夾(F)	
⦿ 所選項目	＞ 🔧 餘隙6 - 5.81mm		
○ 所選項目及其餘的組合件	＞ 🔧 餘隙7 - 重合或干涉		
🔧 10.00mm	＞ 🔧 餘隙8 - 4.39mm		
計算(C)			

25-6-1 所選零組件

指定模型或模型面來檢查餘隙，比較特殊可以指定（檢查）模型面。

A 選擇零組件

可指定多個模型，或 Ctrl＋A 整個模型。

B 檢查之間餘隙：所選項目

驗證所選項目：變壓器、電容，共 7 個零件。

C 最小可接受的餘隙

輸入值以下距離，例如：輸入 10，檢查 10 以下的模型距離。通常由小到大數值，可減少運算時間。避免一開始輸入大數值，檢查到爆量項目。

D 計算

按下計算，結果清單會出現項目。設定或變動以下項目，系統會提醒計算。

E 結果

點選項目於繪圖區域看出模型距離，例如：變壓器和電容的距離 3.92（箭頭所示）。

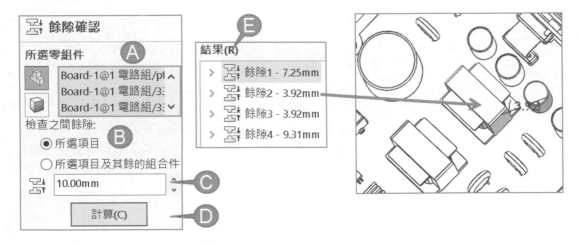

25-6-2 練習：驗證車輪架組

驗證 2 組模型：1. 軸與軸承=4，不應該有間隙。2. 車輪與軸承間隙=1.18，應該要為 1.5。以上 2 項都是設計想法，可以迅速解讀。

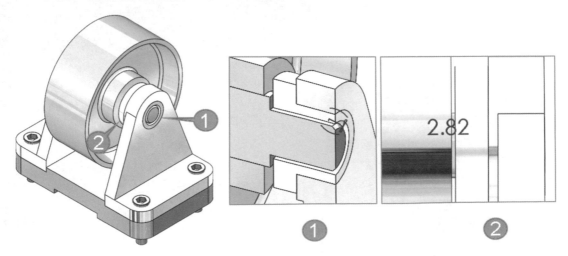

筆記頁

26

組合件複製排列

　　草圖、零件、組合件的複製排列觀念相同，不必額外學習，組合件複製算是學習擴充。組合件複製排列針對模型複製，比零件和草圖多了**複製排列導出**和**鏈條複製排列**。

　　複製排列常用在市購件、大型組件並產生話題，因為複製數量一多，一定會讓電腦變慢，這時就要考慮效能控制。

A 指令位置

　　複製排列指令位置有 2 處：1. 組合件工具列中，下圖左、2. 插入➔零組件複製、組合件特徵，下圖右。

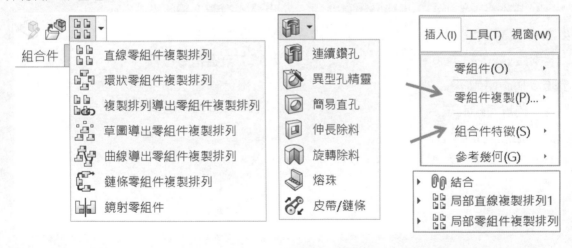

26-1 直線複製排列（Linear Pattern）

直線複製排列多了：1.旋轉副本、2.修改的副本、3.同步化彈性次組件移動（箭頭所示），本節會順便說明複製排列導出。

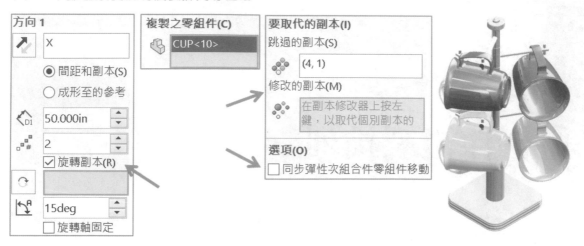

26-1-1 旋轉副本（Rotate Instance）

為 2018 新功能，沿直線旋轉複製排列（類似螺旋複製），由旋轉軸設定旋轉角，旋轉副本非必要選項，例如：杯架桿複製排列距離 40、數量 6、旋轉 120 度。

步驟 1 複製排列方向

點選杯架底部平面，以該面垂直方向。

步驟 2 ☑間距和複本

間距=40、複本=6。

步驟 3 ☑旋轉副本

出現以下控制項目。

步驟 4 指定旋轉軸

點選中心柱作為旋轉參考。

步驟 5 角度=120

步驟 6 複製之零組件

點選杯架桿。

步驟 7 查看指令位置

組合件複製排列特徵在結合群組下方，展開可見被複製的模型。

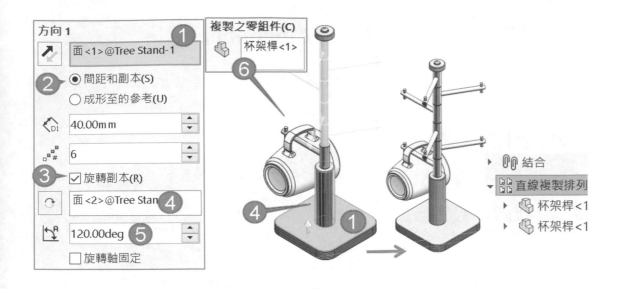

26-2 環狀複製排列（**Circular Pattern**）

操作上和零件相同，學習起來很容易。

26-2-1 複製之零組件

由左至右框選螺絲、螺帽、墊圈→，用拋的將模型到指令中，也就是先選條件再選指令，這樣比較快，這是進階者操作。

26-2-2 方向 1

指定排列基準、數量。

步驟 1 複製排列軸：點選圓柱面　　　步驟 3 複本數=4

步驟 2 角度=360　　　　　　　　　　步驟 4 ☑同等間距

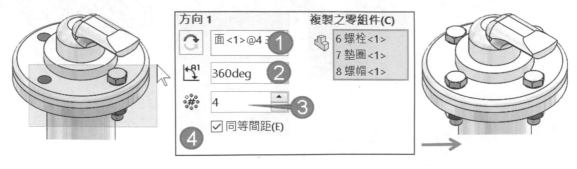

26-3 鏡射零組件（Mirror Components）

指定基準面和複製的模型，控制項目比較多，以步驟型式呈現，鏡射過程可設定文武向（對手件）放置，希望零件也有文武向功能。

26-3-1 步驟 1 選擇

選擇右基準面和模型作為鏡射條件→下一步，很多人不習慣下一步。

26-3-2 步驟 2 設定方位

定義模型鏡射後的位置，下圖右，並進行定位零組件。

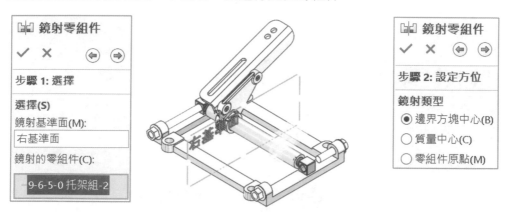

由下方 ICON 預覽有多種定位放置，游標放置圖示上方會有圖片動畫說明，不必刻意理解說明，反正亂壓就好，最常用反手版本，也符合鏡射精神。

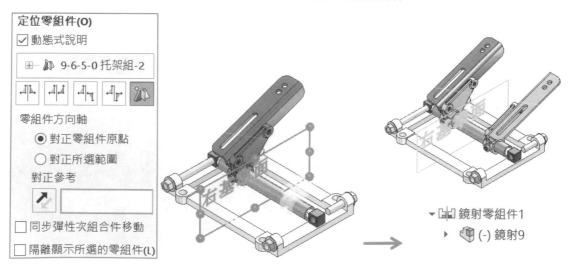

26-4 曲線導出複製排列（**Curve Driven Pattern**）

複製排列有直線和曲線，導出=可進行複製排列的複製排列。指令項目很多，只要亂壓預覽要的排列就好，除非很有興趣否則不要研究細節。

26-4-1 複製之零組件

點選鏈條零件看到預覽，所以先點選複製的模型。

26-4-2 複製排列方向

讓鏈子平均分佈在曲線排列。點選要草圖（連續線段），該線段已預先處理成為單一曲線，希望有 Selection Manager 就不必這麼麻煩。

26-4-3 副本數

定義副本數=16，☑同等間距。

26-4-4 其他設定

用按的就能達到需求就好，例如：參考點、曲線方式、對齊方式。

步驟 1 參考點：☑邊界方塊中心

步驟 2 曲線方式：☑偏移曲線

步驟 3 對齊方式：☑相切於曲線

26-4-5 鏈條運動

拖曳鏈條帶動，鏈條僅示意位置不太會讓它動，除非上方有載盤。

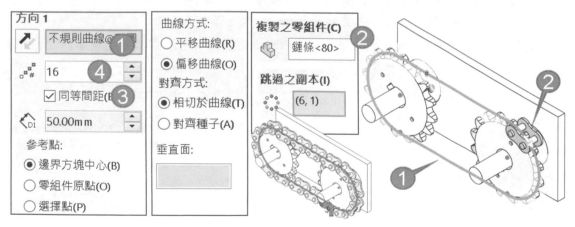

26-5 複製排列導出

複製排列導出零組件複製排列（Pattern Driven Component Pattern），🔡簡稱特徵導出複製排列。由特徵引導模型複製，不需計算複製距離和數量，具快速又大量複製特點。設計變更不必考慮數量，讓設變擁有關聯性，每回說到這必定讓同學驚豔。

26-5-1 按鍵組

不同位置的複製排列要 2 個🔡，體驗不需要數量和距離的複製排列。

步驟 1 複製之零組件

於繪圖區域點選小按鍵。

步驟 2 驅動特徵或零組件

於繪圖區域點選被驅動的特徵，例如：小方孔，這時看出複製預覽。

步驟 3 練習：長按鍵複製排列

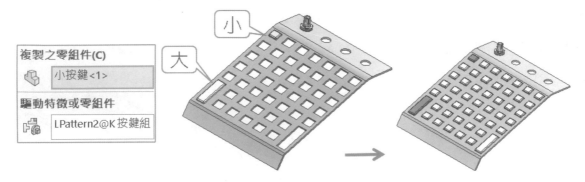

26-5-2 驗證：上方接頭複製排列

執行過程會發現無法完成複製排列，因為該特徵 4 個草圖圓→🔘，因為沒資料庫。也希望未來可以，這樣就不必學得這麼辛苦了。

複製排列和🔘特徵=有資料庫的特徵，就能讓指令驅動，未來建模要考慮組裝便利性，來決定特徵種類。

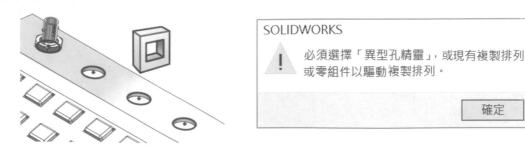

27

Toolbox 工具箱

ToolBox Library（簡稱 ToolBox，俗稱市購件），於零件或組合件皆可使用，初次了解建議在組合件下進行，可以大量產生模型並試用該功能。

很多市購件 ToolBox 可以產生，ToolBox 詢問度和使用度高，很多公司就是因為要 ToolBox 而購買 Professional 模組。本章簡單說明使用方式和架構，這些足以應付絕大部分使用。

27-0 啟用 ToolBox

有 2 種方法加入 ToolBox Library 並且有比較簡單方式啟用他。

27-0-1 工作窗格

1. Design Library→2. ToolBox→3. 現在附加，下圖左。

27-0-2 功能表

1. 工具→2. 附加→3. ☑ToolBox Library。很多人不太想認識這些細節，我們都會說把這 2 個 ToolBox 都☑，下圖中。

啟用以後可見 ToolBox 清單，介面以中間橫槓分上下。上方=各國家標準與供應商資料庫、下方=國家標準資料庫，下圖右。

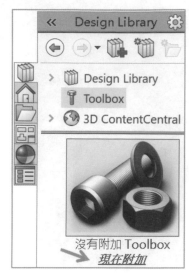

27-1 各國標準項目

展開資料夾可見多國的國家標準，例如：ANSI、JIS、ISO...等，這部分和◎說明相同。由於 ToolBox 沒有整合各國標準，必須在其他國家標準找出類型，所以一開始先認識國家標準項目差異。

27-1-1 國家標準與供應商

最常用 1.ANSI Inch（英制）、2.ISO（公制）、3.JIS，至於 MIL、PEM、SKF...等都是供應商。

27-1-2 ANSI 主項目

展開 ANSI 可見：1.軸承、2.螺栓與螺釘、3.工模襯套、4.鍵、5.螺帽、6.油圈、7.銷、8.動力傳輸、9.扣環、10.結構成員、11.墊圈。其中 3.工模襯套其他標準沒有。

CHAPTER

| ① 軸承 | ② 螺栓與螺釘 | ③ 工模襯套 | ④ 鍵 | ⑤ 螺帽 | ⑥ 油圈 | ⑦ 銷 |

| ⑧ 動力傳輸 | ⑨ 扣環 | ⑩ 結構成員 | ⑪ 墊圈 | Ansi Inch |

27-1-3 GB 中國標準

有部分項目要在其他標準才可見到，例如：GB 擁有：12. 螺樁、13. 鉚釘和焊釘、14. 螺釘、15. 封口、16. 墊圈和擋圈。

| 軸承 | ⑫ 螺栓與螺樁 | 螺帽 | 油圈 | 銷及鍵 | 動力傳輸 | ⑬ 鉚釘和焊釘 |

| ⑭ 螺釘 | ⑮ 封口 | 結構成員 | ⑯ 墊圈和擋圈 | GB |

27-2 放置模型與練習

本節說明常見且簡單的螺絲、螺帽放置，了解 ToolBox 作業和成就感。

27-2-1 放置螺帽

先放螺帽，最大優點放置螺絲時可以目視判斷螺絲長度。這樣說有點不習慣對吧與實際不同，實際會先組螺絲，但這裡先組螺帽，只能說這手法算技巧。

接下來的步驟看起來很多，實際操作不用 10 秒鐘。

步驟 1 放大法蘭鑽孔

先想市購件要放哪，放大放置範圍。

步驟 2 ISO

步驟 3 螺帽、六角螺帽

步驟 4 六角凸緣螺帽

步驟 5 拖曳螺帽到孔位邊線上方並定位完成

拖曳過程螺帽會在游標旁邊，預覽與定位模型放置，這時會有吸附手感，按 TAB 鍵可改變放置方向，定位後放掉左鍵。

步驟 6 定義螺帽規格

這時會發現系統會自動配好接近的螺帽大小，例如：孔 Ø6 會自動配 M5。

步驟 7 複製螺帽作業→完成後 ESC

定義完成後，點選其他法蘭邊線，可進行螺栓複製作業。

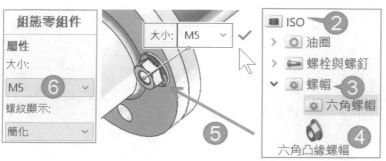
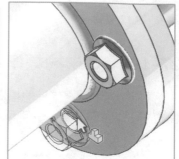

27-2-2 練習：加入六角螺栓

承上節，放置六角螺栓，過程很囉唆更能體會想要規劃它們。

步驟 1 ISO

步驟 2 螺栓與螺釘、六角螺栓與螺釘

步驟 3 六角螺釘等級 C ISO4018

步驟 4 拖曳放置在圓孔邊線上

步驟 5 定義六角螺栓規格

定義 M5 長度 20，進行螺栓複製作業。

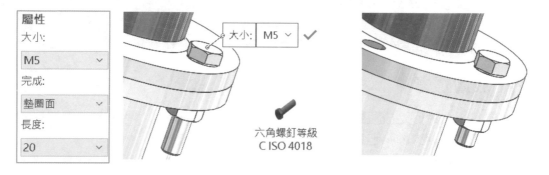

六角螺釘等級
C ISO 4018

27-3 查看、編輯定義與多樣練習

完成 ToolBox 查看圖示、編輯 ToolBox、練習其他常見模型的產生。

27-3-1 查看/編輯 ToolBox

完成的 ToolBox 於特徵管理員，可見專門圖示識別。可事後更改其屬性，模型右鍵→編輯 ToolBox 零組件，回到 ToolBox 視窗，不必刪除模型重新製作。

27-3-2 更改長度

Instant 3D 更改有效的螺絲長度,這些長度來自螺絲內建規格(箭頭所示)。

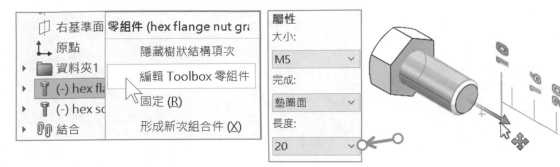

27-3-3 產生(開啟)零件

於右方 ToolBox 資料庫零件右鍵→產生零件。直接開啟要查看的模型,換句話說,零件、組合件都可開啟 ToolBox 模型,希望可以快點 2 下開啟 ToolBox 零件。

不過又回到組合件(類似跳開),要自行回到零件才可以看到剛才開啟的模型。

27-4 產生軸承與齒輪

很多人問齒輪怎麼繪製,其實 ToolBox 就有,也有人拿這齒輪研究,不過有難度。

27-4-1 齒輪規格給定

齒輪在動力傳輸資料夾中,拖曳正齒輪繪圖區域,很多同學問怎麼知道模數、齒數...等。ToolBox 只是畫圖,不是設計,所以系統不會知道你要什麼,要先有數據再使用 ToolBox。

原則上模數越大齒輪越大,齒數就不必多說了。

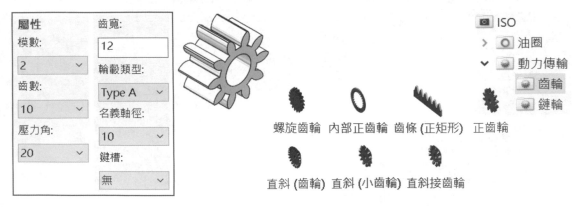

27-4-2 軸承規格給定

目前沒有規則不好用，除非使用 JIS 或 SKF 規格，排序以尾數進行而非最左邊。

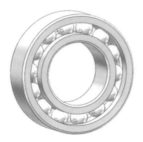

徑向接觸滾珠　止推滾珠軸承
軸承

27-5 查看 ToolBox 製作技術

每個零件都有高深的技術目標可供研究，可看到數學關係式的寫法以及結合參考。

27-5-1 數學關係式

1. 數學關係式右鍵→2. 管理數學關係式，可見許多變數連結，很深奧吧！

數學關係式、整體變數、及尺寸

過濾所有欄位

名稱	值 / 數學關係式	估計至
"Pitch@HoldingSke"	= 1 / "Module@HoldingSke"	0.5mm
"Overcut_dia@TooCutS	= ("Num_teeth@HoldingSke" + 2 * "Addendum_fac	24.051mm
"Pitch_dia@TooCutSke"	= "Num_teeth@HoldingSke" / "Pitch@HoldingSke"	20mm
"Base_dia@TooCutSke"	= "Num_teeth@HoldingSke" / "Pitch@HoldingSke"	18.794mm
"Root_dia@TooCutSke"	= ("Num_teeth@HoldingSke" + 2) / "Pitch@Holdin	14.998mm
"Half_ang@TooCutSke"	= 180 / "Num_teeth@HoldingSke"	18deg
"Half_CT@TooCutSke"	= "Num_teeth@HoldingSke" / "Pitch@HoldingSke"	1.447mm
"Flank_rad@TooCutSke	= "Num_teeth@HoldingSke" / "Pitch@HoldingSke"	4mm
"Radius@RootFillets"	= "Clearance_fac@HoldingSke" / "Pitch@HoldingSke	0.501mm
"Break_rad@Breaks"	= 0.02 / "Pitch@HoldingSke"	0.04mm

27-5-2 組態組態 ToolBox（ToolBox Setting）

　　自行定義並整合屬於自己
的五金零件，於工作窗格
ToolBox 清單中，選擇零件右
鍵➔組態，這部份很深奧，有
人教比較快。

歡迎使用 **Toolbox** 設定
請遵循下列的步驟來組態 Toolbox。
僅選擇您需要的五金零件及大小，加入自訂的資料，然後設定選項。
1. 異型孔精靈 　　2. 自訂您的五金零件 　　　　　選擇大小及選項 　　　　　產生自訂屬性 　　　　　加入零件名稱 　　3. 定義使用者設定 　　4. 設定權限 　　5. 組態 Smart Fasteners

筆記頁

28

工程圖原理

將投影片內容以文字說明：1. 製圖流程、2. 工程圖表達、3. 環境、4. 架構、5. 3D 工程圖優勢、6. 常見工程圖過程，認識 3D 工程圖製作技術，這些技術、手法 3D CAD 都相通。

A 工程圖叫好不叫座

工程圖叫好不叫座，工程圖要能技術領先，操作要靈活功能必須細膩、很慶幸 SW 重視工程圖，每年新增功能絕對有工程圖，勝過所有 3D 軟體。

B SolidWorks 工程圖成功原因

SW 能夠成功其中一個原因就是因為默默耕耘工程圖，形成強大的循環甚至工程圖會讓你無法割捨而愛上 SW。

28-0 天高地厚

3 階段定義學習目標和理解指令特性，量身訂做圖學和工程圖配合，坊間訓練重視零件建模，極少篇幅讓你了解工程圖，會誤以為工程圖很耗時，比建模時間還長，其實工程圖製作時間相當短，我們特別製作 SOP，照流程會越來越快甚至不會出錯。

28-0-1 第 1 階段 工程圖 SOP

以流程循序講解常用指令，光是這階段就滿足大部分業界需求。

28-0-2 第 2 階段 指令特性（1.工程視圖、2.工程註記）

了解視圖指令操作還要理解指令特性，才有辦法活用，例如：剖視圖、剪裁視圖、細部放大圖、剖面視圖...等。

工程註記比較單純有點像學科沒什麼變化，只要認識用在哪裡，例如：表面加工符號、幾何公差、熔接符號、註解...等。

28-0-3 第 3 階段 指令實務

1.製作範本、2.實務作業、3.模組化製作，提升製圖使用程度。要有減 1 秒就 1 秒的敏感度，大量累積下來才可以減少時間=學習目標和極限。

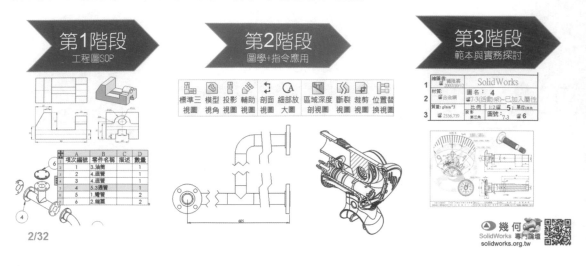

2/32

28-1 製圖 SOP，3 部曲

產生工程圖就這 3 步驟：1.模型投影視圖→2.加上中心線、中心符號線→3.尺寸標註，更證明尺寸標完圖畫完和草圖繪製連結。

28-1-1 產生視圖

以前視圖為基準，向上、向右投影其他視圖。

28-1-2 中心線、中心符號線

視圖投影完成後，完成 1.中心線和 2.中心符號線。

28-1-3 尺寸標註

在視圖上標尺寸和草圖繪製規則一樣，尺寸標完圖畫完，更能體會製圖節奏性。

28-1-4 傳統作法

不必像以前很辛苦把前視圖 2D 線條畫好➔標註確認線條正確性➔利用輔助線相交完成上視圖、右視圖。這種畫法已經淘汰，累又常犯不該有的錯誤，下圖右。

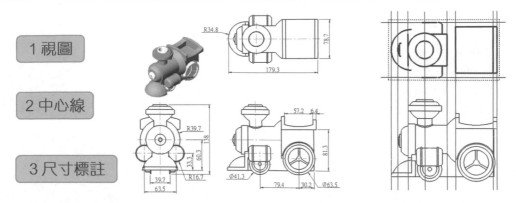

28-2 SW 工程圖優勢

3D 工程圖最大優勢：工程圖一定是對的，不必顧慮線條位置和線型正確性，只要專注模型，找不到比 SW 更簡單工程圖操作。

28-2-1 工程圖和零件、組合件工具列對照

工程圖和零件、組合件比起來更容易上手，不像零件難懂，不需複雜草圖，指令少學起來很簡單，只要和圖學搭配學習。

28-2-2 2D+3D 同時呈現

工程圖能將模型呈現，答案只有 1 個，更不必擔心出錯：1. 線條位置、2. 線條樣式（虛線/實線）、3. 線條多或少...等，下圖左。

28-2-3 不必處理大量線條

模型變更工程圖也會變更，轉 DWG 會讓模型關聯遺失，模型與 DWG 線條對不起來，很多公司為此做 2 次工：1. 改模型、2. 改 DWG，下圖右。

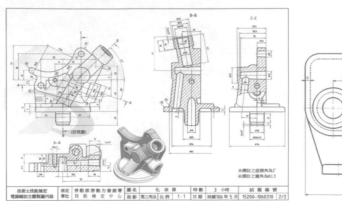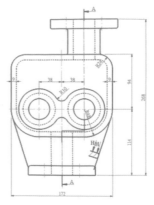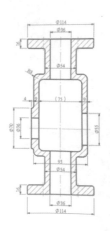

28-2-4 工程圖=檢查圖面

工程圖唯一能嚴謹驗證模型正確性，發現建模盲點，降低風險提升建模細膩度，例如：在工程圖發現尺寸標錯，特徵沒做到或特徵位置不對...等細節。

28-2-5 關聯開啟零件和工程圖

點選視圖→文意感應開啟零件🗗或組合件🗗。也可以在零件開啟工程圖🗗，不必開啟舊檔還要找檔案路徑。

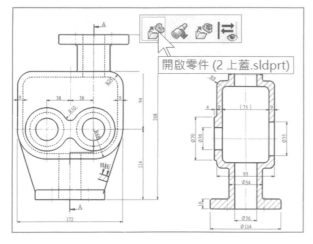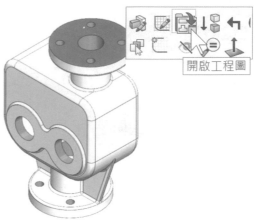

28-2-6 組合件直接開工程圖

在組合件模型上→文意感應直覺開啟模型的工程圖🗗。

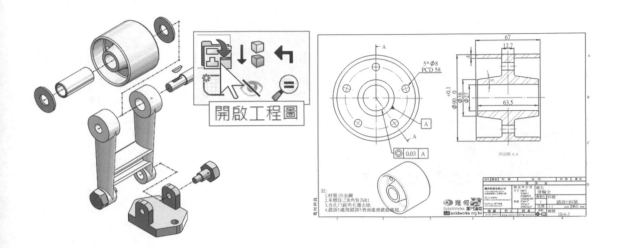

28-3 視圖與環境

　　本章是工程圖啟蒙，帶領產生視圖和認識工程圖環境介面，以 2D 軟體來比較差異，這些過程都是導入經驗，業界要的是製程管理。

A 製圖步驟的提升

　　製圖 SOP：1. 從零件產生工程圖➔2. 圖頁格式/大小視窗➔3. 視圖調色盤➔4. 產生視圖➔5. 加入註記➔6. 轉檔➔7. 列印，實務會把 7 步濃縮為 4 步甚至更少，要靠範本克服。

B 製圖過程中順便認識圖學

　　以圖學引用製圖規範與選項設定，驗證圖學要求，了解視圖為何要這樣放置、尺寸為何這樣標，不必背誦只要將自己畫過的模型直接體驗。

28-3-1 從零件產生工程圖（Make Drawing From Part）

　　將模型傳遞到**視圖調色盤**➔再拖曳視角產生視圖。使用率最高，簡單學沒有繁複程序，實務不會用這招，會由工程圖範本節省模型放到工程圖程序。

A 指令位置

　　有 2 個地方使用這指令：1. 標準工具列、2. 檔案➔。

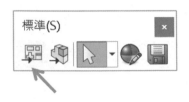

28-3-2 圖頁格式/大小視窗（Sheet Format/Size）

模型進入工程圖必須套用工程圖範本，如果檔案路徑沒指定範本路徑，就會先到圖頁格式/大小視窗。換句話說，有製作範本直接進入工程圖，就不會看到這視窗。

本節先簡單設定常用的：1. ☑自訂圖頁大小、2. A4 橫：寬度 297、高度 210、3. ↵。

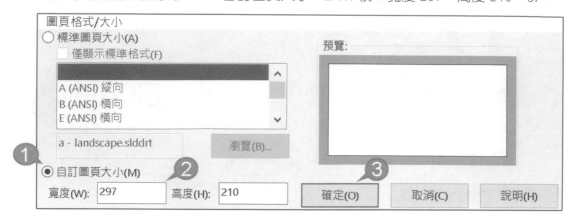

28-3-3 先睹為快，視圖與尺寸

本節快速產生：1. 視圖產生→2. 尺寸標註→3. 顯示隱藏線，不用 1 分鐘就會了。

A 視圖調色盤（View Palette）

右方工作窗格自動進入，拖曳下方視圖到繪圖區域，會感覺產生視圖速度很快。

步驟 1 拖曳前視圖，拖曳到繪圖區域　　步驟 4 45 度斜放置，等角圖

步驟 2 向右點選放置，右視圖　　步驟 5 ESC 結束指令

步驟 3 向上點選放置，上視圖

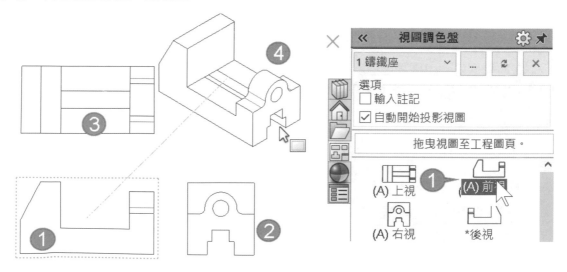

B 等角圖（Isometric）=立體圖

專業說法等角圖=立體圖，快速表達模型外觀。立體圖是人性，第 1 眼先看立體圖。有立體圖輔助可以發現錯誤，互相驗證良性發展。現今，3 視圖＋立體圖=基本視圖。

C 先睹為快：1.尺寸標註、2.顯示隱藏線、3.模型項次

讓同學不用 1 分鐘立即體驗工程圖，更能體會不必轉 DWG 進行所謂的工程圖修整。只要把 3D 模型畫好，產生視圖很容易對吧。

步驟 1 顯示隱藏線

點選視圖→顯示隱藏線。

步驟 2 尺寸標註

智慧型尺寸在視圖上標註尺寸，感覺如何，可以標註和容易標註對吧。

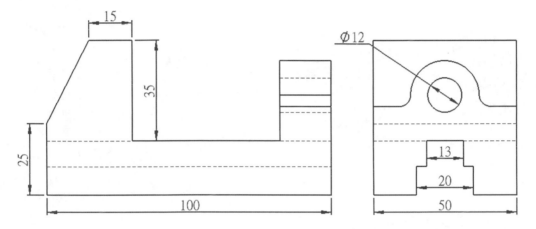

28-3-4 繪圖區域

工程圖也有 4 大區域：1. 繪圖區域、2. 特徵管理員、3. 工具列、4. 工作窗格，下圖左。比較不一樣繪圖區域包含：1. 圖頁、2. 背景，下圖右。

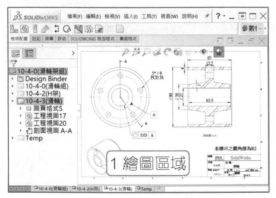
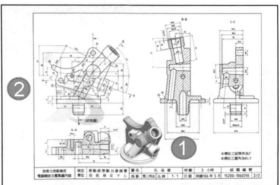

A 狀態列單位轉換

於狀態列確認單位，萬一不是你要的單位可以自行切換，不會影響模型大小。

常遇到同學沒留意目前單位，等到尺寸標註才發現怪怪的，特別是尺寸比較小目前為英制。

28-3-5 特徵管理員（樹狀結構）

特徵管理員和組合件類似有最上層管理，展開圖頁由上到下：

1. 工程圖檔案
2. 圖頁
3. 圖頁格式
4. 工程視圖
5. 模型
6. 特徵
7. 草圖

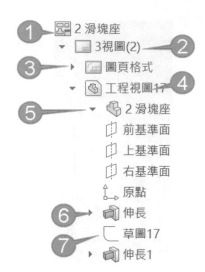

A 圖示與名稱

由圖示知道哪個指令完成的，例如：知道投影視圖院成的，下圖左。也可更改視圖名稱，常用在工程圖模組，例如：工程視圖改成前視圖、上視圖或右視圖，下圖中。

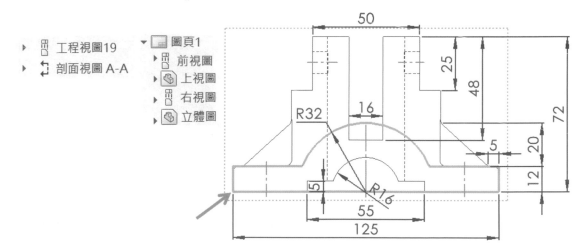

28-3-6 工具列

由左至右巧妙排列=製圖節奏：1. 檢視配置（工程視圖）、2. 註記、3. 草圖，下圖左。

A 工程圖標籤（視圖）

工程視圖=工程圖靈魂，就是圖學稱的 00 視圖，例如：輔助視圖、剖視圖、細部放大圖...等，下圖右。

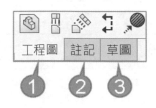 

B 註記標籤

在圖頁或視圖上標註說明，先有視圖才有註記。註記算統稱包含：符號、尺寸、註解、表格...等，註記最簡單學習屬於直覺式操作，沒有步驟只有圖學和加工理論。

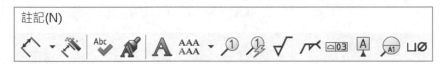

C 草圖工具列

可以在工程圖直接畫草圖，有些視圖需要草圖定義視圖範圍，例如：剪裁視圖。

28-3-7 圖頁

多圖頁讓工程圖管理更具彈性，方便設計檢視，不必切換檔案，例如：1 個工程圖檔同時擁有多圖頁分別放置不同零件或多類型視圖。

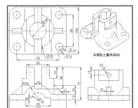 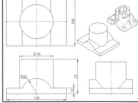 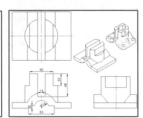 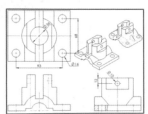

1 成品圖　2 初胚圖　3 第1道加工　4 第2道加工

A 加入圖頁（Add Sheet，又稱新增圖頁）

於左下角圖頁 1 右邊點選，下圖左，與 EXCEL
工作表圖頁觀念相同。

28-4 圖頁屬性（Sheet Properties）

為圖頁格式/大小視窗進階版，功能用看的就知道，例如：比例、投影類型、圖頁格式
/大小。上中下 3 大區：1. 比例、角法、2. 圖頁格式/大小、3. 其他。

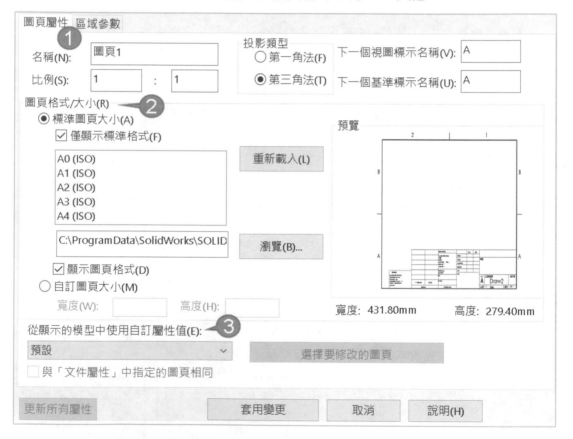

28-4-1 進入圖頁屬性

有多種方式進入圖頁屬性視窗，除了比例調整、投影類型和抽換圖框換外，幾乎不會
進來這裡設定，因為關閉視窗才可以看到結果，非常不直覺，常進來設定代表範本沒做好。

A 圖頁右鍵→屬性

顧名思義就是圖頁屬性，使用率最高。

B 狀態列

右下方狀態列點選比例→圖頁屬性。

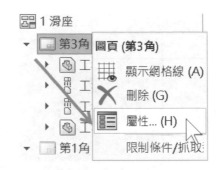

28-4-2 投影類型

設定第 1 角法或第 3 角（預設），全世界以第 3 角法投影為主。第 1 角法和第 3 角法投影位置不同，若放置位置相同，投影虛線和實線必須變化。

A 調整第一角和第三角法

看得出視圖實線變虛線→虛線變實線，要很懂的人才看出角法差異，並知道如何變通。工程圖只能擇一角法使用，把右視圖搬移到左邊就會第 1 角和第 3 角混用。

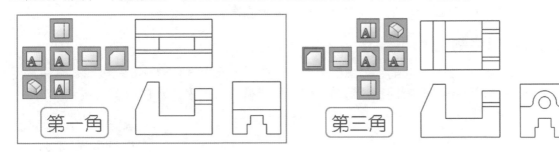

28-5 比例認知與比例（**Scale**）控制

比例將視圖放大/縮小在圖紙中，不能太小或超出圖頁。例如：模型放到 A4 紙呈現，就要靠比例來控制視圖大小。

A 圖頁與視圖比例

比例分別控制圖頁和視圖：1. 圖頁比例：控制所有視圖、2. 視圖比例：獨立控制視圖。

28-5-1 狀態列控制比例

右下方狀態列顯示目前比例，作為調整圖頁比例的依據 正在編輯：2.展開圖 1.5:1。以前要同學以狀態列切換比例，或以快速鍵進入圖頁屬性視窗，只為了快速輸入比例。

A 比例清單

由清單直接切換常用比例，會發覺常用比例不多，只有 1:1、1:2、1:5... 等。常用比例=除得盡，所以看不到 3:1、7:1、9:1，因為 1/3=0.3333，會有循環小數有誤差。

B 使用者定義

如果常用比例沒有你要的，由使用者定義的縮放視窗中直接輸入想要的比例，例如：1:1.5，下圖右。

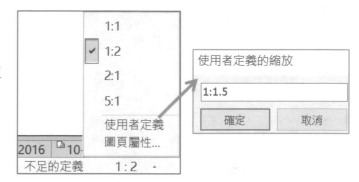

28-5-2 視圖控制比例

視圖控制比例簡稱視圖比例。點選視圖，由特徵管理員比例欄位，有 3 種控制方式：1.使用父比例、2.使用圖頁比例、3.使用自訂比例，進行視圖關聯性比例控制。

A 使用圖頁比例（預設）

視圖由圖頁比例關聯控制，要改變比例必須到圖頁屬性或狀態列。

B 使用自訂比例

自訂比例可直接對視圖調整，跳脫圖頁比例控制，適用沒有轉 DWG 需求或 DWG 只是用來看圖。由清單切換：1.常用比例清單、2.使用模型文字比例、3.使用者定義。

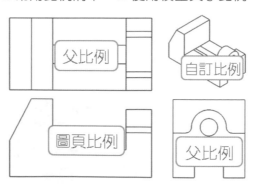
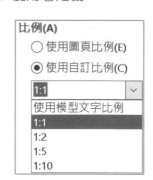

28-6 工程檢視

　　檢視和看有關：拉近、拉遠、局部放大...等，看了就會的指令，本章破除對檢視指令盲點，有很多沒想到的技巧，最令人忘懷：3D **模型檢視**。

28-6-1 移動（Pan，中鍵，又稱平移）✛

　　移動（移動圖頁），可四面八方移動，滑鼠畫圈用來上下左右。

　　滑鼠中鍵壓住不放移動圖頁，下圖左，大郎常問，這是移動圖頁還是移動視圖。

28-6-2 拉近/拉遠（Zoom In/Out，中鍵滾輪，又稱縮放）

　　拉近/拉遠如同變焦鏡頭，增加或減少觀看範圍。大郎常問使用滾輪還是，哪個比較直覺？這時就可以體會感官是人性，會想用直覺操作不會按指令。

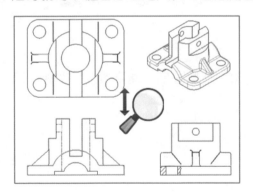 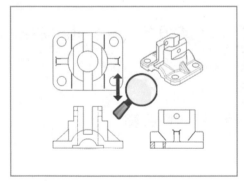

28-6-3 局部放大（Zoom to Area，又稱視窗放大）

　　局部放大就像畫矩形定點放大區域，特別用在 NB、複雜圖面避免運算，是有效做法，你會發現沒有局部縮小指令。

Ａ 來回法

　　來回法放大 2 次，提高指令效率，例如：由左上到右下➔右下到左上。

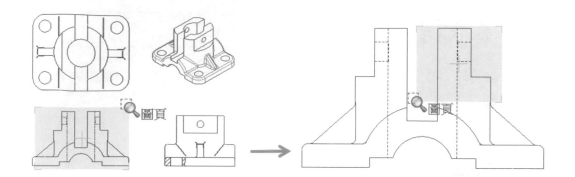

28-6-4 最適當大小（Fit，快速鍵 F，簡稱適當大小）

最適當大小看到整圖頁（圖紙範圍），適當大小唸法比較順口也容易理解。製圖過程按 F 臨時看整體圖面是習慣作業，也可以快點 2 下中鍵執行適當大小。

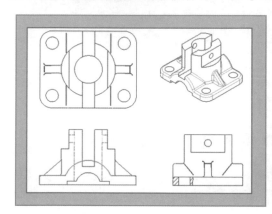
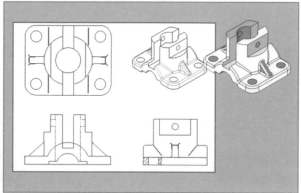

28-6-5 旋轉視圖（Rotate View）

將視圖動態旋轉擺放，常用在改變視圖方向與抽換圖框（直變橫），例如：滅火器橫改成直的。

A 旋轉工程視圖視窗

點選前視圖➔，出現旋轉工程視圖視窗，左鍵拖曳過程以 45 度增量相依視圖旋轉。

B 工程視圖方位變更時更新相依視圖（預設開啟）

拖曳母視圖後，子視圖會跟著旋轉。

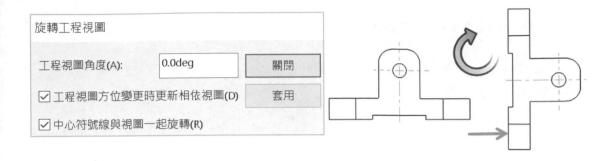

28-6-6 3D 工程視圖（3D Drawing View）

3D 動態檢視模型，不必來回切換模型與工程圖，只為確認特徵或設計。

A 啟用檢視控制器

1. 點選立體圖→2.，視圖上方啟用檢視控制器，專屬檢視工具僅控制此視圖。

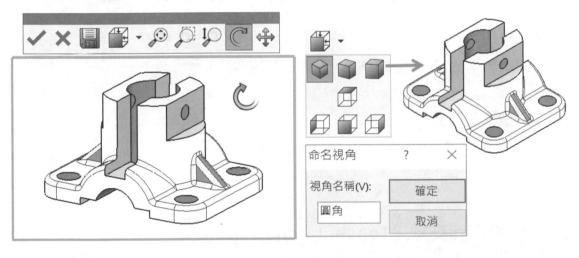

B 套用目前視角

調整好視角後✔，儲存視角於 3D 工程視圖，省去額外自訂視角時間。

步驟 1 複製視圖

步驟 2

步驟 3 調整好視角

步驟 4 ✔

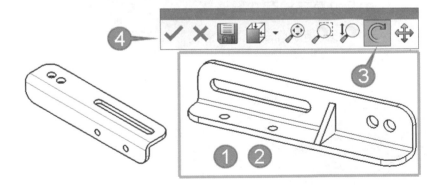

28-7 顯示樣式與相切面交線

一次說明 2 大主題：1. 顯示樣式、2. 相切面交線，這些是顯學和解決方案，常遇公司為此所苦也衍生解決方法。

28-7-1 顯示樣式位置

顯示樣式=視圖顯示，5 大樣式：1. 帶邊線塗彩◨、2. 塗彩◖、3. 移除隱藏線◌、4. 顯示隱藏線◫、5. 線架構◩，分 2 組來看：1：塗彩、2. 非塗彩。

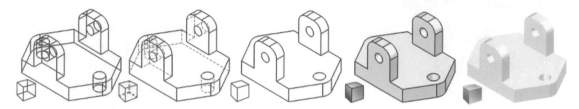

A 特徵管理員

點選視圖後，左邊顯示樣式欄位，切換它們立即顯示。

B 快速檢視工具列

在快速檢視工具列中，展開顯示樣式→點選樣式。

顯示樣式(D)
○ 高品質(H)
○ 草稿品質(F)

28-7-2 相切面交線（Tangent Edge Visible）

經圓角產生的邊線=相切面交線，為不可見邊線，他可以看出圓角大小與位置。他是組合名詞：1. 相切面＋2. 交線，例如：超人（SuperMan）、蜘蛛人（SpiderMan）。

A 形成相切面交線有 2 項要素

1. 圓角形成相切面→2. 兩面相交形成交線，實務不可能畫這些線段（又稱多餘線段）。相切面交線有 3 項設定：1. 顯示...、2. 顯示... 型式、3. 移除...。

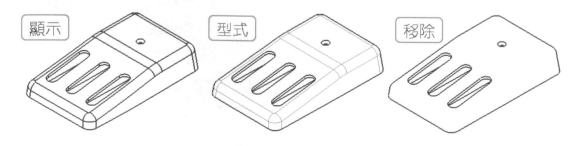

顯示　　　型式　　　移除

B 指令位置

相切面交線沒有 ICON 只能在 1. 視圖右鍵→2. 相切面交線→3. 移除相切面交線（C）。
對進階者左手預備在 C 鍵上，於相切面交線功能表上→C，要更快一點就用快速鍵。

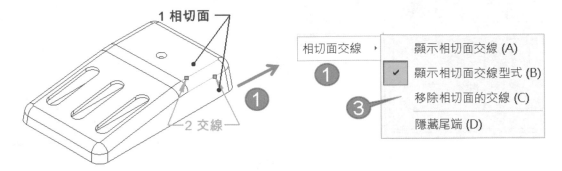

C 先睹為快

沒尺寸的視圖就覺得這麼亂了，有尺寸的視圖不就看起來更糟。本節只要移除相切面
交線，視圖美觀當下立判，更可以避免看錯圖的風險，下圖左。

D 預先定義視圖

即便用快速鍵也不夠快，就在預先定義視圖預設移除，3 視圖不要相切面交線，只有
等角圖設定：顯示相切面交線型式，下圖右。

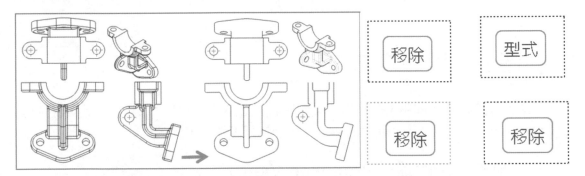

28-7-3 網路盒實務：相切面交線和導角 C

相切面交線和導角 C（斜角）嚴重影響圖面正確性，認識線段是否呈現的議題。視圖
相比較後，很明顯看出**移除相切面交線**更清楚判斷模型輪廓，更體會潤飾重要性。

孔口導角和美工線是常見議題，因為它們不是**相切面交線**，到底要不要呈現它們，本
節 1 句話道破一切。經常用**模型組態**或**隱藏/顯示邊線**進行圖面潤飾。

A 殼厚誤會

蓋子內外都有圓角，會不知道殼厚是指 2.5 還是 1.5。

B 特徵誤會

伸長柱的外型實際上 3.5X8，不說還不知道尺寸到底要標裡面還是外面。

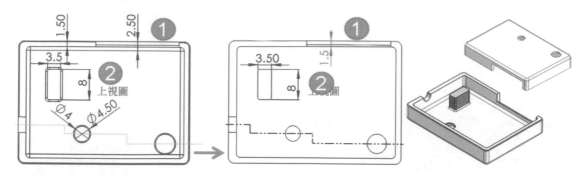

C 孔口導角

孔口導角會以輪廓線呈現。孔標註內圈還外圈，也是常出錯的議題，如果看不出來用🔍判斷。除非導角很大否則不要呈現，免得誤判為柱孔，本節點選外圈 Ø4.5 邊線→⇆。

28-8 產生工程圖方法

本章算工程圖第 2 階段，想辦法將模型投放到工程圖中，當你學到**預先定義視圖**⬚，會感到相見恨晚，早就該這樣產生工程圖，最後為天下無敵**工作排程器**。

28-8-1 預先定義視圖（Predefine View）⬚

預先定義視角方位與位置和範本儲存。現在想起如果早一點知道就好，可省去設定視圖作業、2D 導入緩衝、設計手法彈性，⬚使用率很高，可以製作做快速鍵。

本節重點：1. 快速產生視圖，減少工程圖時間、2. 草圖在視圖上畫，加深對視圖認知。

A 先睹為快

利用工作窗格的檔案總管，將鋼構模型拖曳到工程圖，會發現 4 個視圖投影出來，速度有快吧，是因為預先定義視圖已經把 4 個視角做好，就不用人工投影。

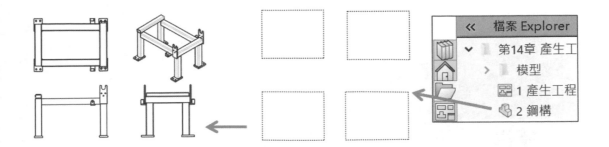

28-8-2 工作排程器-產生工程圖（Task Scheduler）

本節說明產生工程圖，達到工程圖自動化，隨著版本演進產生工程圖只會越來越簡便。

A 有預先定義視圖的工程圖範本

指定有預先定義視圖的工程圖範本，這時更能體會重要性，例如：點選 A4L。

B 資料夾

指定要產生工程圖的模型檔案位置。

C 工作檔案

由清單指定要產生工程圖的零件或組合件，例如：*. PRT、*. SLDPRT。

D 工作輸出資料夾

指定工程圖檔案位置，☑與原始檔案相同，查看已產生的工程圖，下圖右。

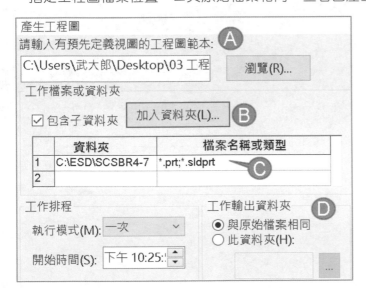

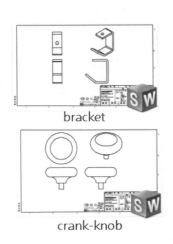

bracket

crank-knob

筆記頁

CHAPTER

29

圖層與註記

　　圖層（Layer）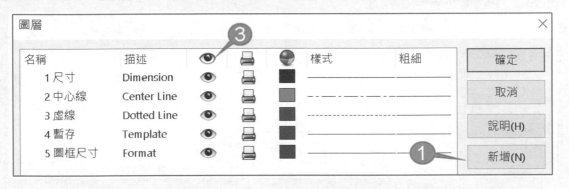，類似透明投影片可重疊圖元，將圖元置於指定圖層，並定義該圖層名稱、顯示與隱藏、色彩、線條樣式、線條寬度…等。

　　圖層要預先製作才可以使用，常見：尺寸、中心線、虛線…等圖層，還好所有軟體圖層觀念一樣，只要學會：1. 新增、2. 套用、3. 圖層開關，就可走遍天下（箭頭所示）。

圖層								✕
名稱	描述	👁	🖨	🔵	樣式	粗細		確定
1 尺寸	Dimension	👁	🖨	⬛	————			取消
2 中心線	Center Line	👁	🖨	⬛	—·—·—·			說明(H)
3 虛線	Dotted Line	👁	🖨	⬛	-------			新增(N)
4 暫存	Template	👁	🖨	⬛	————			
5 圖框尺寸	Format	👁	🖨	⬛	————			

29-1 圖層工具列

認識圖層功能和新增圖層。

29-1-1 開啟圖層工具列

　　工具列上右鍵➔圖層，預設放置左下角，很多人一開始找不到，習慣移到右上角與工具列排列。預設工程圖圖層是關閉，第一次開啟在左下角。

29-1-2 圖層工具列組成

工具列很單純：1. 圖層清單，下圖左、2. 圖層屬性，下圖右。

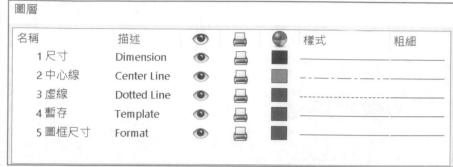

29-2 圖層清單

可見預設圖層：1. 根據標準、2. 無，下圖左。

29-2-1 根據標準

文件屬性定義的圖層控制，例如：使用尺寸、中心線和中心符號線指令，分別被尺寸或中心線圖層控制，下圖右。

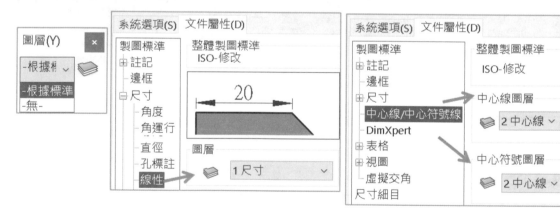

29-2-2 無（預設）

又稱標準圖層或絕對圖層，如同圖層 0，擁有不可刪除、不可命名，圖層屬性看不到它，被文件屬性：線條型式、線條樣式、線條粗細...等管理。

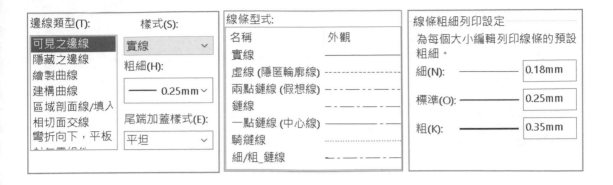

29-2-3 圖層屬性與管理範圍

由上方欄位直覺查看圖層可管理範圍：名稱、描述、顯示、列印控制、線條色彩、線條樣式、粗細…等，不必背只要看標題就知道（箭頭所示）。

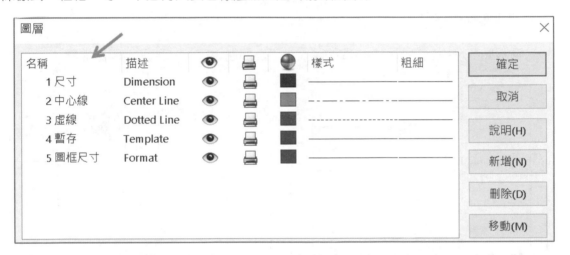

29-2-4 建立圖層計畫

依常用排序為：1. 尺寸標註、2. 中心線、3. 虛線、4. 暫存、5. 圖框尺寸，將圖層順序納入工程圖製作規範。

圖層名稱	描述	色彩	線條樣式	線寬
1 尺寸	Dimension	藍	實線 ———	0.18
2 中心線	Center Line	紅	鏈線 —・—	
3 虛線	Dotted Line	綠	虛線 ----	0.25
4 暫存	Template	紫	實線 ———	0.18
5 圖框尺寸	Format	紫	實線 ———	

29-2-5 圖層與範本儲存

很多人問每次工程圖都要設定這些嗎？範本可以儲存圖層，開啟新圖面不必再設定，就靜下心把圖層設定好吧。

29-3 建立圖層與屬性

本節說明圖層視窗的欄位設定。

29-3-1 新增圖層

新增=建立圖層並定義圖層名稱。在圖層名稱前方加上號碼方便識別、排序和搜尋。

29-3-2 圖層開關

點選眼睛亮👁=顯示圖層，👁=關閉圖層，不必關閉視窗，立即顯示圖層開關。

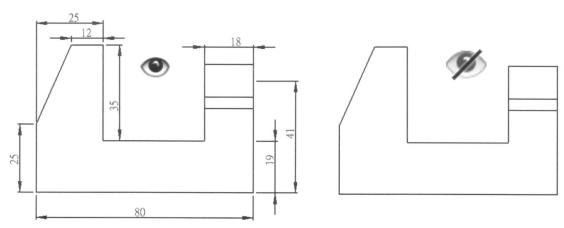

29-3-3 線條色彩（Color）🔵

又稱圖層色彩，色彩用來識別圖元不同處，避免相同色彩混淆，例如：中心線、尺寸標註、虛線用。

A 指定色彩

點選色塊進入色彩視窗指定色彩。顏色定義與繪圖區域反比，不能太亮以免刺眼。SW 繪圖區域白色，而DraftSight 繪圖區域黑色，所以色彩會不同。

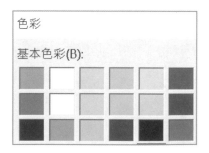

色彩

基本色彩(B):

29-3-4 樣式（Style）

　　線條樣式用來區別圖元差異與性質，依場合套用規定樣式，由清單定義線條樣式：1. 連續（Continue）、2. 中心線（Center）、3. 虛線（Dashed），下圖左。

29-3-5 線條粗細

　　點選粗細欄位由清單定義線條粗細，又稱線寬，下圖右。

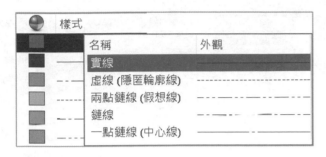
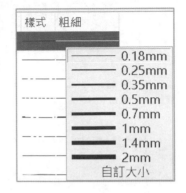

A 粗、中、細

　　圖學將粗細分 3 級：粗、中、細也有建議的粗度，以下為 SW 預設粗度，初期導入不必設定就很好用了。

線條粗細	粗度（mm）	用途
粗	0.35	輪廓線
中	0.25	隱藏線（虛線）
細	0.18	中心線、尺寸標註、剖面線

29-4 自動化圖層

　　承上節，圖層設定好以後，於文件屬性定義：1. 尺寸、2. 中心線/中心符號線、3. 視圖的圖層，讓指令使用過程自動套入圖層，例如：使用↙會自動切換至尺寸圖層。

A 提升範本的價值

　　還可設定：中心線、中心符號線、註記...等，未來發現還有更多圖層可設定時，記得將範本升級讓作業更有效率。

29-4-1 套用尺寸標註圖層

　　展開尺寸類別可見：角度、直徑、半徑、線性...等，分別套用尺寸圖層，下圖左。

29-4-2 套用中心線/中心符號線

設定中心線/中心符號線圖層，分別套用 2.中心線，下圖右。

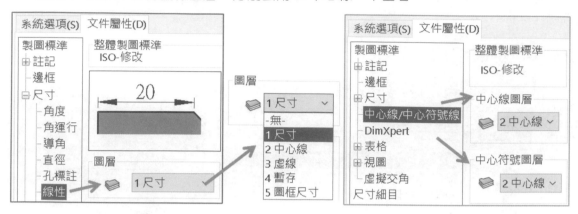

29-4-3 根據標準

於圖層工具列設定-根據標準-，接下來可隨意選擇指令，不再理會圖層，下圖左。標幾個尺寸後，發現自動套用尺寸圖層，不必埋怨自己為何沒先切圖層再做事。

29-4-4 套用指定圖層

使用：1.中心符號線⊕、2.中心線⊞、3.尺寸標註，直接驗證是否會套用先前指定圖層。課堂常問先使用⊕，還是先⊞。應該先使用⊕，因為圓形視圖比較明顯，且步驟只有一個。

A 中心符號線⊕

點選圓標註中心符號線，例如：標註孔。

步驟 1 點選圓邊線

在右視圖弧邊線加⊕，系統依所選線段延伸，例如：點選圓或上方弧，呈現大小會不同，因為系統以所選線段延伸，下圖左（箭頭所示）。

步驟 2 調整線段長

模型為對稱，拖曳中心線端點，延伸至輪廓邊線外 2-3mm，就可對稱標註，下圖中。這部分屬於文件屬性的中心線和中心符號延伸的設定，下圖右。

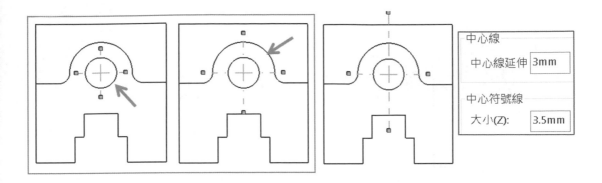

中心線	
中心線延伸	3mm
中心符號線	
大小(Z):	3.5mm

B 中心線

中心線=建構線，非圓形視圖標註，上視圖加中心線，代表視圖對稱型態。

步驟 1 點選上視圖 2 條邊線

讓系統計算 2 邊線距離，產生 1 條擁有中心線型線段。

步驟 2 調整線段長

練習拖曳中心線端點，向外延伸至輪廓邊線 2-3mm，下圖左。

C 尺寸標註

在視圖任意標 3 個尺寸，是否見到尺寸為藍色標註，下圖右。

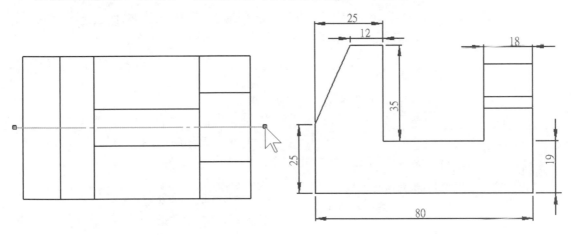

29-5 視圖尺寸與註解

自動產生尺寸、尺寸放置原則、尺寸調整...等作業，有辦法讓你尺寸標得比別人快，更顧到圖面品質這是顯學，一眼就看出你比較專業，圖畫得夠多這些已經是習慣。

A 尺寸標註原則

尺寸放在視圖外，因為要保持圖面淨空，維持視圖整潔與明確，這些都是圖學。

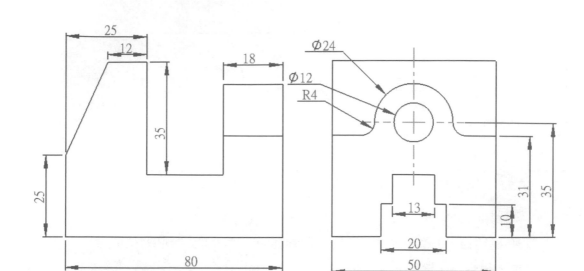

29-5-1 模型項次（Model Item）

將模型尺寸自動加入工程圖，具備修改能力，又稱參數標註，參數尺寸最大好處可以直接修改尺寸。

A 指令位置

在註記工具列，尺寸指令右邊，下圖左。模型項次=模型內容，由上到下包含：1. 來源/目的地、2. 尺寸、3. 註記、4. 參考幾何、5. 選項，下圖右。

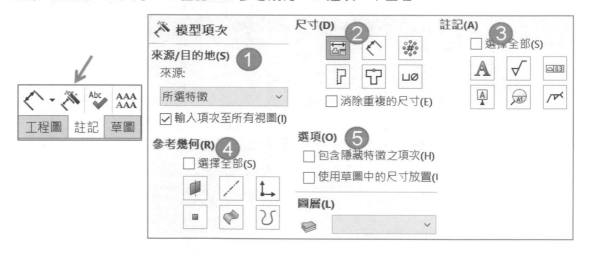

B 來源/目的：整個模型

點選，由來源清單得知：1. 整個模型、2. 所選特徵。本節說明整個模型，完成後視圖上加入尺寸，不過有點亂。

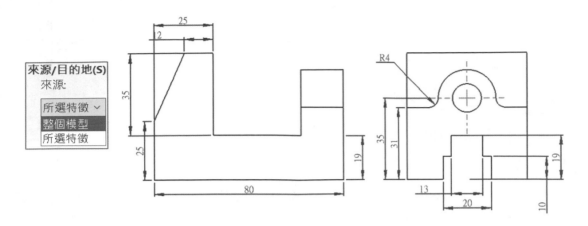

C 使用草圖中的尺寸放置（預設關閉）

使用⚒要讓工程圖尺寸放置和草圖位置一樣，1. 選項→2. ☑使用草圖中的尺寸放置。進階者會在草圖過程順便把尺寸擺好，這是對自我專業的用心。

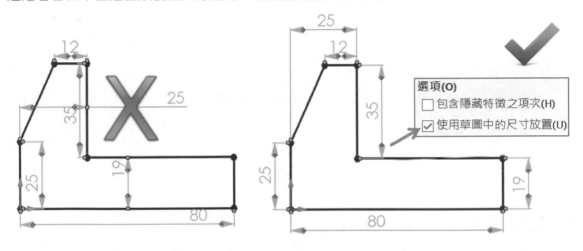

29-5-2 尺寸組成

學習尺寸潤飾之前，先認識尺寸 4 部分：1. 數字、2. 箭頭、3. 尺寸線、4. 尺寸界線。前面 2 項看了就會，3、4 就要認識一下，潤飾會用得到。

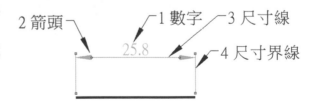

A 數字

量化圖形大小和位置。最常以：字母、數字或符號，如：Ø100（研磨），下圖左。常見要求文字置中，就是放置在尺寸線中央，這樣比較好識別，下圖右。

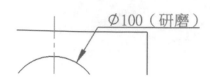

B 箭頭

箭頭表示終止，箭頭朝內與文字同側，尺寸空間放得下數字與箭頭。

C 尺寸線

顯示圖形範圍（長度），與文字平行。表示圖形距離方向或角度，通常搭配箭頭。長度標註，指向測量距離，包含：直線或曲線（弧長）。角度標註，標示圓心角度。

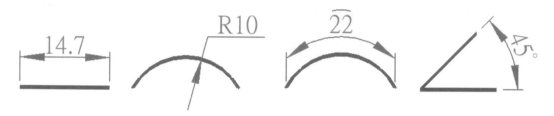

D 尺寸界線

表達距離又稱延伸線。輪廓可當尺寸界線用，重點在尺寸界線起點與終點。

29-5-3 尺寸放置原則

本節是本章重點，預設尺寸亂在一起，調整尺寸位置與放置，讓圖面美觀。尺寸放置耗時，多半拖曳放置好位置。

A 保持視圖淨空，尺寸於視圖外

一句話道破一切，視圖內原則不能有註解，中心線與中心符號線除外。

B 向下、向右擺放

尺寸向下、向右擺放。為何不是向左或向上？右手製圖，向右最方便繪製。

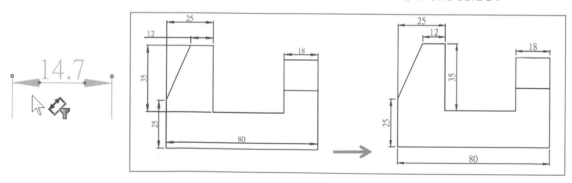

C 輪廓可以為尺寸界線

拖曳尺寸放入輪廓之間，適合複雜圖形可減省空間，缺點：看起來擁擠，下圖左。

D 調整尺寸界線起點

點選尺寸➜拖曳尺寸界線起點，讓尺寸線與輪廓要 1-2mm 間隙，代表層次類似段落。就像文章每行有行距，每段空 2 個字。目前尺寸遮到輪廓，不調整會以為下方溝槽封閉。

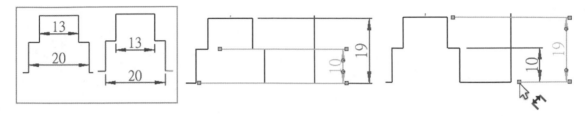

29-5-4 箭頭與尺寸數字同側

文字擺得下時，箭頭與尺寸同側，看起來比較自然，若箭頭重疊就將箭頭朝外。

A 箭頭內側與外側感覺

點選箭頭控制點可以改變箭頭方向，箭頭不要重疊為原則。尺寸有空間放置箭頭與數字時，若箭頭外側感覺怪怪的。

12 尺寸最好在箭頭內，看起來比較自然，下圖左。5 尺寸的箭頭太近且重疊，這時就要點選箭頭控制點，讓箭頭朝外，下圖右。

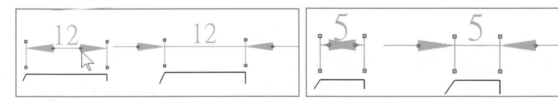

29-5-5 判斷 R4 放哪比較好

R4 有 3 種標註，說明判斷依據。

A 視圖內

理論上視圖淨空，R4 目前位置最理想。

B 視圖外

承上節，將尺寸放置視圖外顯得死鹹，且箭頭要與文字適當位置。

C 箭頭

箭頭要與文字同側，更能體會不同側的感覺。

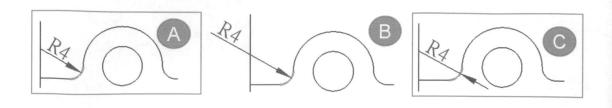

29-6 修改尺寸

工程圖可以直接改尺寸，就像在模型一樣圖形跟著尺寸變化，這是 3D 工程圖價值。很多人聽到這樣又覺得神奇。

29-6-1 過時視圖

將 80→120，模型沒立即變更為 120，會看見斜影線（過時視圖），保護設計變更後，視圖未更新顯示，⬤可看到視圖變更後結果。最大好處一次改多個尺寸，一起計算。

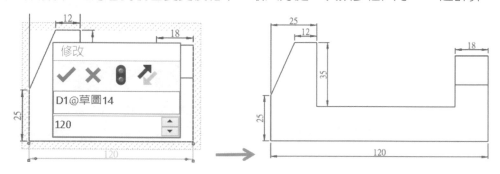

29-6-2 取代值（Override Value）

快速且臨時修改尺寸，不按照比例標註（僅適用工程圖），不影響圖形大小，圖形不會依參數變化，所以速度快。

A 識別取代值

無法目視得知該尺寸是否使用取代值，為了區別可用符號：（ ）、＊、@代替，例如：@25。也可以用圖層顏色區隔，不過顏色僅適用彩色，例如：轉 PDF。

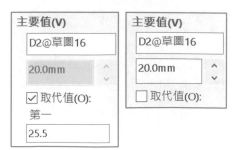
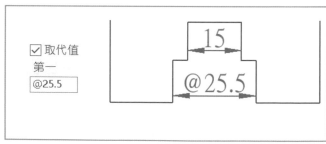

29-7 註解（Note）A

　　註解，俗稱文字，學工程圖會順便學到文字，文字容易製作和 PowerPoint 一樣，大家接受度 100%，由於這是通識本節簡單說明。

29-7-1 加入註解

步驟 1 在註記工具列上點選註解A→放置註解位置輸入文字

　　也可針對註解進行格式設定，例如：字型與字高。

步驟 2 輸入：系統號碼為組裝步驟

步驟 3 調整文字

　　拖曳文字框的寬度控制點，文字改成瘦高，下圖右。

筆記頁

30

組合件工程圖製作

　　如何將組合件產生工程圖。組合件工程圖基本組成：1. 組合圖（立體圖）、2. 爆炸圖、3. BOM。一看到組合件工程圖就相當吸引人，感覺很專業的樣子，會比零件工程圖指令還少，所以很簡單學。

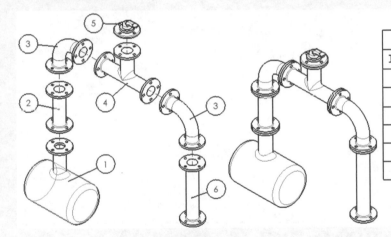

BOM 表格		
項次編號	零件名稱	數量
1	13-1 油筒	1
2	13-2 直管	1
3	13-4 彎管	2
4	13-3 3通管	1
5	13-5 端蓋	1
6	13-2 直管	1

30-1 產生組合圖與爆炸圖

　　對工程圖而言，組合圖和爆炸圖只是視角投影，就像產生前視、上視、右視與等角視，無論哪個視角都是組合圖，只是不習慣用切換的方式呈現。

30-1-1 視圖調色盤產生組合圖和爆炸圖

　　工作窗格的視圖調色盤拖曳：1. 等角圖和 2. 爆炸圖，使用率最高。

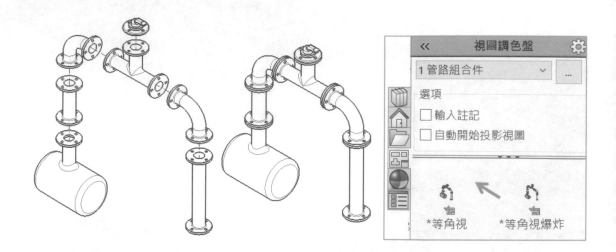

30-1-2 以爆炸狀態顯示

將等角視的組合圖，以爆炸狀態呈現。1. 點選組合圖→2. 在特徵管理員上方☑以爆炸狀態顯示→3. 原視圖成為爆炸圖。

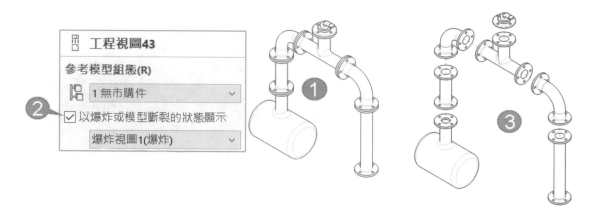

30-2 零件表製作（BOM，Bill of Material）

將組合件所有模型以 BOM，俗稱 BOM 表、物料清單，擁有自動集中相同類別和計算數量，只要一個指令會自動產生 BOM 並形成關聯。

BOM 以電子檔呈現可擴大傳遞、引用、發展多功能，例如：BOM 儲存為 EXCEL 讓其他單位編排或 ERP 引用，甚至擴充 BOM 欄位，讓 BOM 表資訊更全面與細膩。

30-2-1 BOM 製作

常問同學 BOM 先還是號球先？習慣先表格→後號球，因為表格容易產生，號球要比 BOM 更多時間思考。BOM 有很多設定，初學很容易和零件號球設定搞混。

步驟 1 點選視圖

一定要點選視圖，系統不知道要哪個視圖產生表格。

步驟 2 零件表🗐

過程暫時不管→↵。

步驟 3 表格置於繪圖區域空白處

由 BOM 看出螺絲、螺帽總數量，優化市購件總類或規格是否有錯，例如：統一規格。

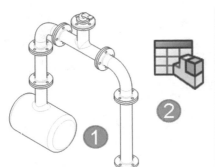

🗐 零件表
表格範本(E)
表格位置(P)
BOM 類型(Y)
⦿ 只有上層
○ 只有零件
○ 階梯式

③

	A	B	C	D
1	項次編號	零件名稱	描述	數量
2	1	13-1 油筒		1
3	2	13-2 直管		2
4	3	13-3 3通管		1
5	4	13-4 彎管		2
6	5	13-5 端蓋		1

30-2-2 BOM 直接開模型

儲存格上右鍵→開啟舊檔 XXX，就不用像以前有 EXCEL 表格感覺看得到摸不到，更能體會關聯好處。

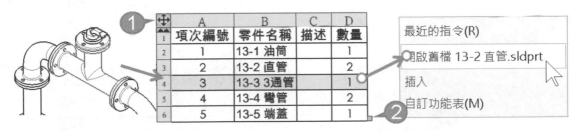

	A	B	C	D
1	項次編號	零件名稱	描述	數量
2	1	13-1 油筒		1
3	2	13-2 直管		2
4	3	13-3 3通管		1
5	4	13-4 彎管		2
6	5	13-5 端蓋		1

最近的指令(R)
開啟舊檔 13-2 直管.sldprt
插入
自訂功能表(M)

30-3 零件號球（Ball）🔍①

簡稱號球、俗稱泡泡球，屬於文字註解，最大印象就是數字外以圓圈包圍，業界滿意度與使用率極高指令。

30-3-1 自動零件號球 🐾

自動於模型面上以註解方式加入零件編號。以數字 1 自動增量並產生導線，編號與 BOM 表一致。

步驟 1 點選視圖

步驟 2 🐾

步驟 3 進行號球配置

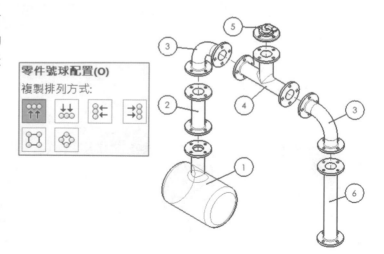

30-3-2 BOM 縮圖：顯示縮圖

游標在項目上顯示縮圖，不必對照項次編號與組合件來看模型樣貌。常遇到不同部門希望 EXCEL 能直接對應縮圖比對料號或收發料。

步驟 1 顯示積木圖示

點選左邊展開箭頭，在項次編號左方見到文件縮圖。

步驟 2 顯示縮圖

游標在積木圖示上，可見模型縮圖。

		項次編號	零件名稱
1			
2		1	13-1 油筒
3		2	13-2 直管
		3	13-3 3通管
		4	13-4 彎管
		5	13-5 端蓋

（工程視圖11）

30-3-3 BOM 縮圖：另存縮圖

2019 可以另存 EXCEL，☑縮圖，把模型縮圖產生在項次編號左邊。

步驟 1 表格上右鍵→另存為

步驟 2 存檔類型

設定 EXCEL2007、EXCEL 皆可。

步驟 3 ☑縮圖、步驟 4 存檔

步驟 5 查看

開啟 EXCEL，除了可以見到 BOM 被輸出外，左邊還多了文件預覽的欄位。你會發現圖片被嵌入儲存格，圖片會隨著儲存格改變大小。

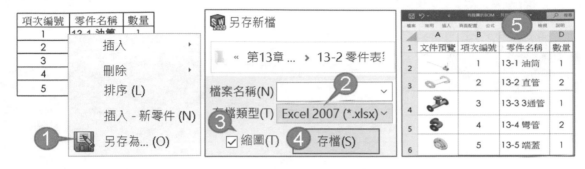

30-3-4 新增圖號欄位

由預設表格不是公司要的項目，本節說明新增欄位以及製作符合公司需要的範本。目前無法自動帶出圖號，因為沒有 BOM 範本和定義屬性欄位。

先增加公司需要的標題欄位，例如：圖號、料號、材質...等，在沒有 BOM 範本情況下，先用人工輸入，本節作業和 Office 相同。

步驟 1 插入欄

在零件名稱儲存格上右鍵→插入。

步驟 2 欄位右方

將空白欄插入在所選欄位右方或左方。

步驟 3 輸入料號

快點 2 下新增的空白欄，輸入料號，隨後可以自行輸入模型料號了。

步驟 4 練習：新增材質

項次	零件名稱	料號	材質	數量
1	13-1 油筒			1
2	13-2 直管			1
3	13-4 彎管			2
4	13-3 3通管			1
5	13-5 端蓋			1
6	13-2 直管			1

筆記頁

31

常用視圖

本章說明常見 5 項視圖做法,例如:1. 投影視圖🗗、2. 輔助視圖🖉、3. 細部放大圖◎、4. 斷裂視圖🔁、5. 剪裁視圖🗐,他們為工程圖一定用得到的基本指令,如同零件的:1. 伸長🖉、旋轉🔊、掃出🖋、疊層拉伸🗊、圓角🖺...等。

學習本章更能理解工程圖只是:1. 按按鈕、2. 配合圖學、3. 潤飾(美感),以上再配合再配合工程資訊,例如:材質、圖號、料號、製程...等,成為完整的工程圖。

本章除了講解指令用法,還會穿插實務運用,還有業界的難題,更能凸顯指令價值成為解決方案,軟體的應用標準必須提升,只會操作指令已經不足,重點在解決問題。

31-1 投影視圖(Projected View)🗗

工程圖使用率最高的指令,體驗投影視圖手感,培養視圖對照感覺,最常產生 3 視圖,甚至因為解決方案,下視圖、後視圖都是詢問度最高的問題,同學開始體會 1 個視圖 2 秒完成的速度和時間感。

31-1-1 上下左右與交叉

以等角視圖為基準,進行上下左右與交叉投影 8 個視角,通常 5 秒內完成,就是要這樣靈活,更能體會保持顯示📌好處。

步驟 1 點選等角圖→🗗

步驟 2 保持顯示📌

沒有使用📌,就沒辦法這麼愜意投影多個視圖,必須投影一個視圖後再使用🗗。

步驟 3 上下左右交叉投影並放置視圖

步驟 4 查看特徵管理員

完成的視圖🔲 工程視圖1，目視得知該視圖以哪種指令完成，如同完成特徵一樣。

31-1-2 消去法

視圖經過比較心情大方容易決定留下或捨去視圖。複雜模型可以使用第 2 個不同方位立體圖，且第 2 立體圖比例要比較小，這是層次與美觀。

本節僅留下 2 個立體圖，我想大家已經有共識要留下哪 2 個立體圖，下圖右。

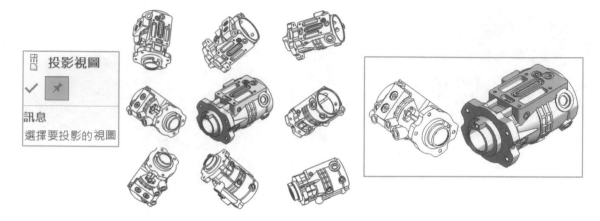

31-1-3 後視圖

後視圖無法直接投影，常利用左或右視圖作為投影基準，重點在更新基準。

步驟 1 定義投影基準

點選前視圖→🔲。

步驟 2 完成右視圖

游標往右放置完成右視圖。

步驟 3 重新定義投影基準

點選右視圖=投影基準。

步驟 4 完成後視圖

游標往右放置完成後視圖。

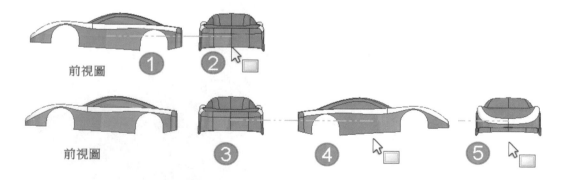

31-2 輔助視圖（Auxiliary View）

輔助視圖俗稱斜視圖，進行斜面或非平面特徵呈現，常用在單斜面。斜度很小的特徵無法用視覺判斷，而使用輔助視圖，例如：斜度 1 度看不出來，只能靠尺寸標註過程看出尺寸怪怪的不是整數，再由尺寸或量測判斷是否為斜面。

和為兄弟指令操作和觀念很像希望能整合，有些 3D 軟體已將它們合併。

31-2-1 先睹為快

操作上很簡單只要 3 步驟，並查看輔助視圖設定內容。前視圖投影上視圖，上視圖特徵會變形，由尺寸標註得知該斜面不是真實投影，下圖左。

步驟 1 點選模型斜邊線→

步驟 2 放置視圖位置

步驟 3 尺寸標註

在狹槽上標註尺寸，可見 30 為正常尺寸。

步驟 4 查看設定項目

點選輔助視圖，由左邊可以見到箭頭和反轉方向。

A 箭頭與註解

箭頭通常不會呈現，因為沒人要看註解。除非視圖很多或模型很複雜。很多人直接把箭頭刪除，其實可以用關閉來解決，因為不好刪。

B 反轉方向

反轉輔視圖，視圖放置與箭頭同側。

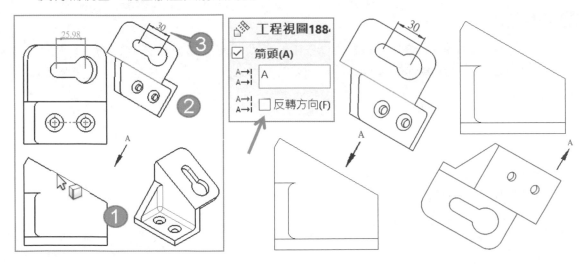

31-2-2 實務判斷

本節輔助視圖需要配合剪裁，開始體會視圖要多方配合，不是只有投影和輔助。

A 握把左部（305-2）

前視圖的右上方斜面有吸入口特徵，產生，下圖左。

B 水龍頭底座（301-2）

前視圖上方和下方都是完成的剖面，很多人沒想到，下圖右。

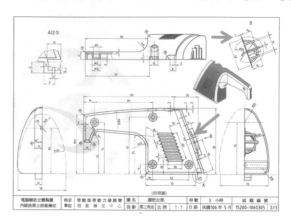
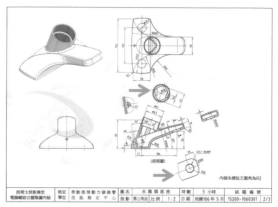

31-3 細部放大圖（Detail View）

細部放大圖簡稱放大圖，由封閉輪廓產生放大原圖 2 倍的新視圖。常用在視圖很小尺寸無法繼續標註，當機立斷以呈現，不是把視圖比例放大。

A 調整細節

完成指令後進行細膩調整，會遇到一些術語算新認知，剛開始會比較辛苦，也還好其他指令都有這些一模一樣術語，後面的指令會比較輕鬆。

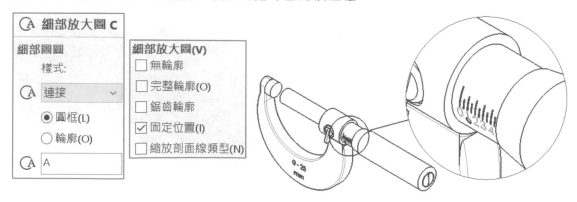

31-3-1 先睹為快

只要 3 步驟並查看細部放大視圖設定項目，並特徵管理員圖示的視圖變化，當尺寸無法繼續就要思考輔助的視圖來呈現。

步驟 1 繪製放大範圍

通常畫圓定義放大範圍，看起還比較自然，不畫死鹹矩形。

步驟 2 ⒶＡ

步驟 3 放置視圖位置

會發現放大原視圖 2 倍（預設 2 倍），可以事後加大視圖比例。

Ⓐ 特徵管理員圖示

產生新視圖：細部放大圖ⒶＡ，展開可見**細部圖圓**，點選**細部圖圓**更能理解視圖之間的層級，下圖右。

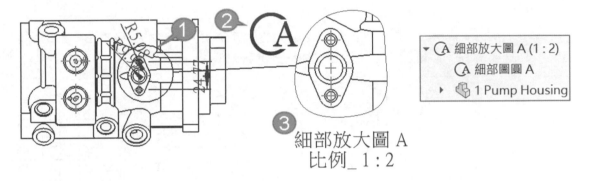

細部放大圖 A
比例_1：2

31-3-2 細部圖圓屬性

點選**細部放大圖**或**細部圖圓**，由屬性管理員皆可以到屬性設定。

Ⓐ 樣式

由清單定義多種放大圖外輪廓樣式，常用：1. 有導線、2. 連接。有導線=附近沒空間，利用標示名稱來對應（追蹤）視圖位置，下圖 B。

連接比較直覺，使用率高。習慣會先看剖視圖再找來源，有連接比較好看（類似連連看），減少視圖判斷時間，下圖 D。

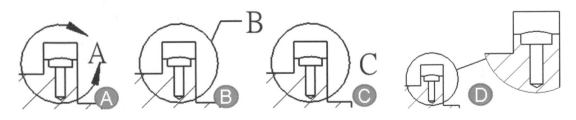

B 圓框（Circle）

圓框不依草圖輪廓呈現細部圖圓，以常見圓標示細部放大圖的範圍。例如：以多邊形草圖產生ⒶA，來源視圖的多邊形變成圓呈現，下圖 A。

C 輪廓（Profile）

依草圖輪廓呈現細部圖圓，例如：以曲線產生ⒶA，來源視圖以曲線呈現，下圖 B。

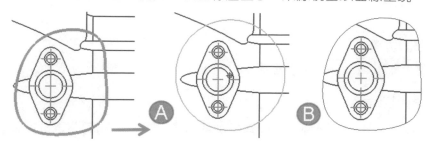

D 標示名稱

以拉丁字母大寫 A-Z，標示由 A 開始不跳號（箭頭所示）。標示名稱會在 2 地方關聯呈現：1. 細部圖圓、2. 細部放大圖下方，利於多視圖追蹤。

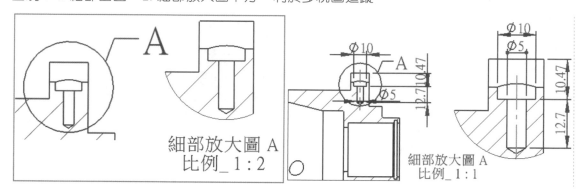

細部放大圖 A
比例_1:2

細部放大圖 A
比例_1:1

31-3-3 細部放大圖屬性

進行放大圖的輪廓設定，避免輪廓與尺寸干擾，設定：1. 無輪廓、2. 完整輪廓、3. 鋸齒輪廓。

A 無輪廓（No Outline）

無輪廓，放大圖是否呈現細部圖圓，適用圖元未佈滿模型輪廓，讓尺寸避開輪廓，尺寸會比較好標註與放置。

細部放大圖(V)
☐ 無輪廓
☐ 完整輪廓(O)
☐ 鋸齒輪廓
☑ 固定位置(I)
☐ 縮放剖面線類型(N)

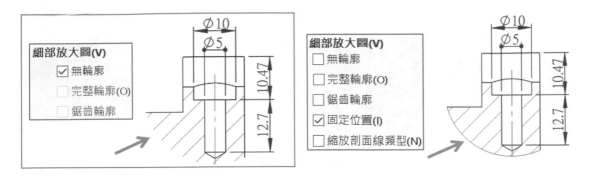

B 完整輪廓（Full Outline）

　　細部放大圖呈現細部圖圓，與來源視圖的圖元相同。**無輪廓**與**完整輪廓**只能擇一選擇。

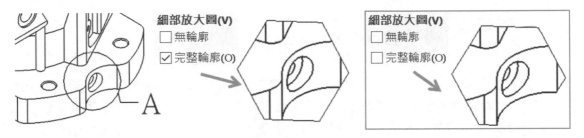

C 鋸齒輪廓

　　將細部放大圖的輪廓以鋸齒呈現，看起來多了活力與自然＝美觀。可調整鋸齒密度，密度和視圖比例有關，視圖太小就不適合調到低，鋸齒輪廓不會影響細部圖圓（箭頭所示）。

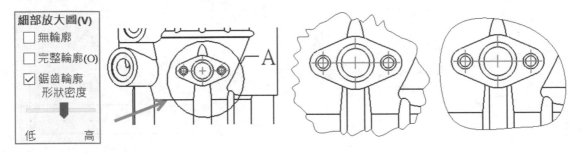

31-3-4 實務判斷

　　箭頭所示為細部放大視圖實例，圖的周圍都是鋸齒狀呈現（箭頭所示）。

A 塑膠瓶身（302-1）

　　塑膠瓶身右視圖上方牙細部放大圖，下圖左。

B 刻度旋轉軸（303-3）

　　刻度旋轉軸左視圖刻度細部放大圖，下圖右。

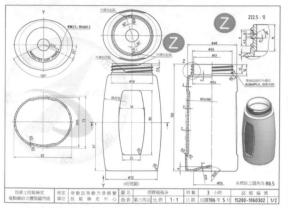

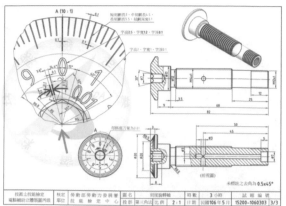

31-4 斷裂視圖（Broken View）

　　斷裂視圖又稱折斷視圖、中斷視圖，將重複或大量空白區縮短顯示，讓視圖看起來比較清楚。和都有視圖還原功能，只要拖曳斷裂線立即變化，可維持特徵完整呈現、尺寸穩定，不必重新標註或修改尺寸，讓人難以忘懷。

　　對同學是新體驗，比例認知會有更深體悟，依課堂經驗同學在此對工程圖產生極大興趣，只要拖曳就能對視圖產生變化與調整彈性。

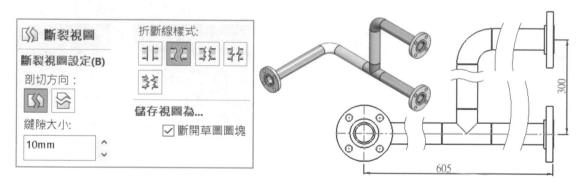

31-4-1 先睹為快

　　操作上很簡單只要 2 步驟，查看設定項目與特徵管理員視圖變化。沒有保持顯示只能重複選擇指令，如果有就能跨視圖製作。

步驟 1 點選前視圖→

步驟 2 定義剖切方向：垂直

　　放置一對垂直斷裂符號，定義斷裂區域（範圍），這時會見到視圖減少。

步驟 3 定義剖切方向：水平

　　於左邊點選水平，於放置一對水平斷裂符號。

步驟 4 重複步驟 1，完成右視圖的斷裂視圖

這時可體會不能同一指令跨視圖產生視圖，會覺得有點麻煩，指令要點選 2 次。

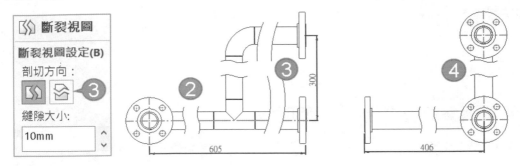

A 查看視圖變化

視圖顯示出斷裂線，該線段為細實線。視圖斷縮不影響尺寸實際大小，例如：605 尺寸不會因為視圖被斷縮，尺寸會減少。

B 特徵管理員圖示

原本母視圖轉換為 ，他屬於轉換視圖， 工程視圖 ⟶ 工程視圖 。

31-4-2 視圖設定

點選視圖上的斷裂線，由左邊查看出斷裂視圖設定。

A 剖切方向

製作過程切換斷裂水平或垂直方向，但無法在已完成視圖換方向，必須重新製作。

B 縫隙大小

調整斷裂線之間的縫隙，常用在放置圖元或視圖。

C 折斷線樣式

由圖示變更斷裂線形狀，例如：直線、曲線、鋸齒...等。常用曲線切斷，看起來比較自然，依製圖標準每種樣式會有不同解釋，例如：管路會用曲線。

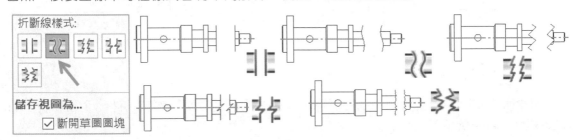

D 鋸齒除料

鋸齒除料可調整形狀密度，屬於曲線和鋸齒的混和體。

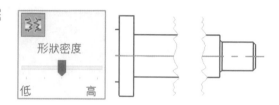

31-4-3 調整斷裂視圖：範圍和型式

說明多種折斷線調整作業，重點在拖曳折斷線不會影響實際尺寸。

A 增加、減少範圍

即時顯示縮短或增加斷裂範圍，拖曳其中 1 條折斷線左或右，下圖左。這部分憑感覺即可，不必理會往左或往右變化，例如：拖曳左邊折斷線向左＝減少，向右＝增加範圍。

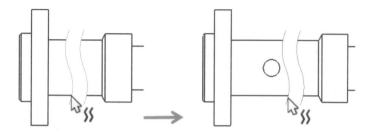

B 刪除折斷線

點選折斷線→DEL，視圖恢復到原來狀態。很多人會刪除視圖，重新製作視圖。

C 非斷裂視圖→斷裂視圖

將視圖回到非斷裂狀態（斷裂線還會保留在視圖上），可加速斷裂視圖編輯效率，適用複雜視圖，拖曳斷裂線過程視圖更新過久，下圖右。

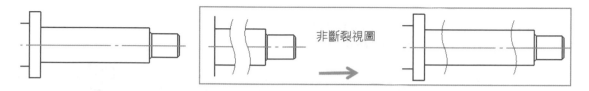

31-4-4 實務判斷

箭頭所示為斷裂視圖實例（箭頭所示），很好理解也很簡單作業，件號 3 和件號 4 的斷裂視圖（箭頭所示）。

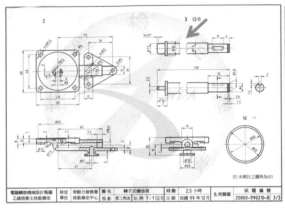
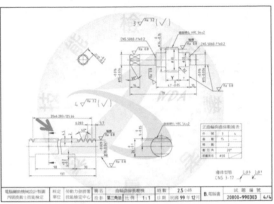

31-5 剪裁視圖（Crop View）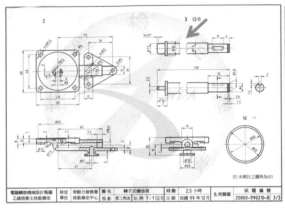

　　剪裁視圖，又稱局部視圖，俗稱牛吃草，由封閉輪廓將原視圖剪下（類似剪報）=轉換視圖。把重點剪下保留，呈現視圖重點不佔空間，避免視圖太大放不下，不需縮放視圖比例，算視圖美觀。

　　常與指令配合且為最後手段，例如：產生第 2 視圖後→，這手法都是 3D 工程圖要會的，這麼說來感覺很沉重，都是順勢而為的習慣，你要說技術也可以。

31-5-1 先睹為快

　　操作上很簡單只要 2 步驟，並查看設定項目。沒有保持顯示，只能重複選擇指令。預設的投影會完整呈現輪廓，法蘭下方有多餘不要的邊線，可以只保留法蘭。

步驟 1 製作剪裁範圍

　　點選法蘭面→參考圖元，把草圖圓產生出來。

步驟 2

　　法蘭圓被留下來，草圖會自動隱藏並轉換到視圖中，類似反轉除料邊。

步驟 3 特徵管理員圖示

　　原本投影視圖轉換為，更能理解屬於轉換視圖，下圖左。

A 編輯剪裁視圖

　　在視圖上右鍵→編輯剪裁視圖=編輯草圖，類似編輯，下圖左。回到草圖環境，進行草圖作業後→退出草圖，回到剪裁後的視圖。

B 移除剪裁視圖

　　承上節，剪裁視圖右鍵→移除剪裁視圖，回復到未修剪狀態，目前為投影視圖。回到草圖環境，進行草圖作業。

完成後，無法上一步復原重作，更能理解為何要學會**移除剪裁視圖**。無法用 DEL 刪除剪裁視圖，DEL 會刪除視圖。

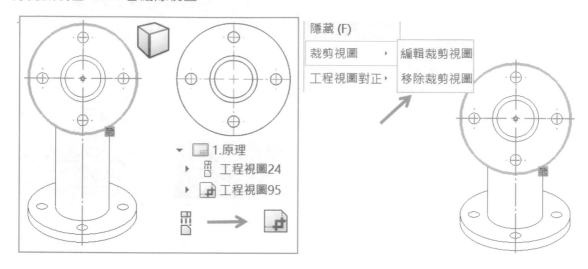

31-5-2 剪裁範圍

本節說明剪裁範圍的常用技術，常用偏移圖元、人工繪製產生剪裁輪廓（範圍）。

A 鍵槽

只要剪下部分視圖成鍵槽，好處：1. 不必人工畫出鍵槽輪廓、2. 沒想到這樣關聯、3. 很多人轉到 DWG 鍵槽繪製，因為不知道可以 。

步驟 1 點選鍵槽面

步驟 2 偏移圖元=0.1

步驟 3

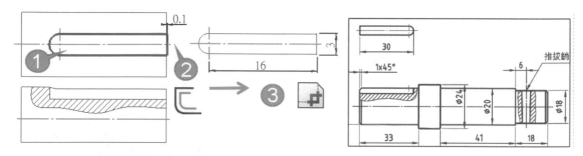

31-5-3 實務判斷

本節絕大部分為投影後剪裁，本節題目有點多，因為這類的手法太多元了。

A 投影後剪裁：齒輪泵（202B）

　　將齒輪泵產生右視圖→🔲，留下法蘭（Flange），但蠻多人只產生右視圖，這樣就沒空間放置立體圖了，下圖左（箭頭所示）。

B 投影後剪裁：壺身（309-1）

　　壺身前視圖已經全剖，沒機會說明到外觀，但可以先把前視圖複製到右上角→🔲，節省空間和佈圖彈性，這手法算高招，下圖右（箭頭所示）。

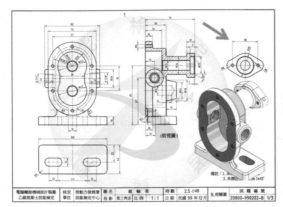

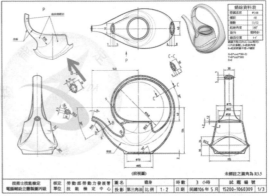

筆記頁

剖視圖

剖面視圖（Section View，又稱剖視圖、剖面圖）╬，由開放輪廓定義剖切範圍，產生第 2 視圖並自動加入剖面線。

剖視圖呈現模型內部特徵、將虛線轉換為實線，讓視圖更具可看性。常用在複雜內部特徵會產生大量虛線不容易辨識，會利用剖視圖呈現。

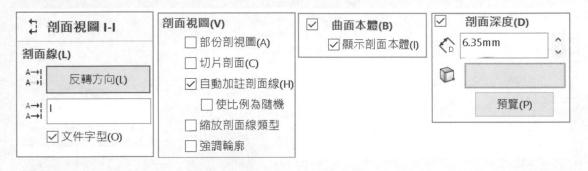

32-0 剖視圖總類

圖學獨立一章以最大篇幅講解剖視圖，就可以知道剖視圖多麼重要了。剖視圖分 6 大剖切，SW 沒有這 6 大指令，整合在╬指令中，有些指令和圖學名稱不一樣，例如：圖學稱割面線、SW 稱除料線，還好英文都一樣 Cutting Line。

32-0-1 剖切範圍

前 3 大以剖切範圍依序為：1. 全剖、2. 半剖、3. 局部。

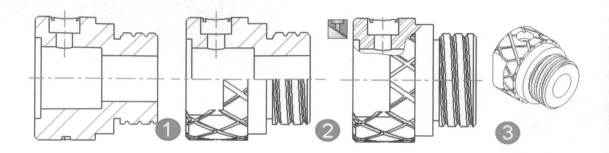

32-0-2 獨立呈現

後 3 大屬於獨立呈現：4. 旋轉、5. 轉正、6. 移出。

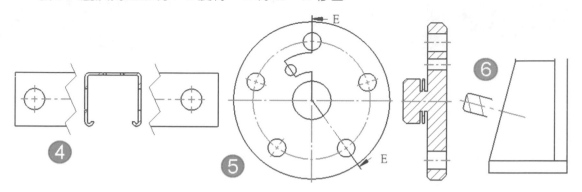

32-0-3 指令介面

↺指令可以製作：1. 全剖、2. 半剖、4. 旋轉剖、5. 轉正剖、6. 移出剖。

區域深度剖視圖◪=3. 局部剖視圖。

全剖+斷裂=4. 旋轉剖。

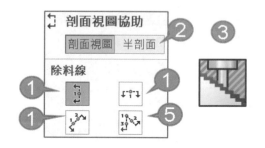

32-1 全剖視圖

全剖=整個視圖剖切，類似剖一半，指令沒有保持顯示★，如果有可以加速作業。

A 先睹為快

將已經有的視圖進行全剖剖切，並產生新視圖。

步驟 1 點選↺

特徵管理員可見剖面視圖協助。有 2 大區塊：1. 剖面視圖（預設）、2. 半剖面。

步驟 2 除料線：垂直↕

設定除料線位置或形式：1. 垂直↕、2. 水平↔、3. 輔助↗、4. 對正（轉正）↴。

步驟 3 定義割面線位置

游標在前視圖上抓取圓心，放置割面線位置。

步驟 4 自動開始剖面視圖

設定割面線：1. 轉折→2. 弧→3. 凹凸偏移，目前不需要，↵或右鍵🖱。

步驟 5 放置視圖

視圖放置右方，箭頭會自動與視圖同側。

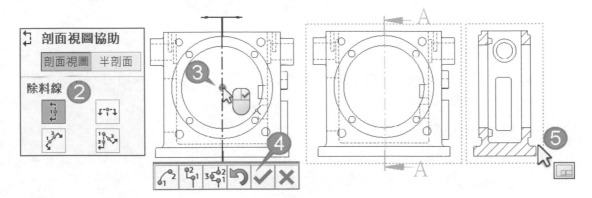

B 特徵管理員圖示

於特徵管理員可見第 2 視圖，並見到**剖面視圖特徵圖示**和**割面線**，下圖左。

C 剖面線（Section Line）

假想物體內部實體區域加上剖面線，增加視圖辨識度，系統自動加註 45 度剖面線。

D 查看設定項目

點選 1. **割面線**或 2. **剖視圖**，於特徵管理員進行屬性設定，下圖右。

E 視圖取捨（消去法）

經常猶豫到底要不要加剖視圖，大郎傳授心法：消去法，果斷決定哪個視圖不留，決定就不會後悔，例如：要刪右視圖還是剖視圖，決定刪除右視圖。

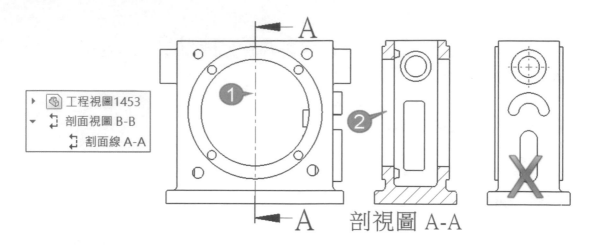

剖視圖 A-A

F 顯示隱藏線

常遇到工程師將右視圖顯示隱藏線來取代剖面圖，原則不要在虛線標尺寸，但沒有說不可以，只是不好看，下圖左。

G 3D 工程視圖驗證

由 🔍 就能理解剖視圖輪廓的由來，甚至我們也會懷疑為何會有這條線，就用 🔍 來偷看。例如：剖視圖可以見到下方溝槽 否則前視圖難辨識，很像智力測驗，下圖右。

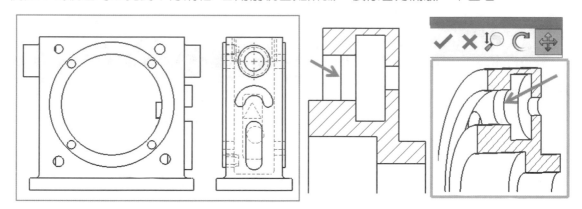

32-1-1 割面線（Cut Line）

割面線 SW 又稱除料線，表達剖切範圍，割面線橫跨整個視圖=全剖。SW 稱割面線為除料線以英文直翻，課堂還是統稱**割面線**。

有 2 個地方呈現割面線：1. 來源視圖、2. 特徵管理員剖面視圖下。

A 割面線箭頭

線上 2 箭頭定義剖切方向，也就是減除不見的，口訣：視圖擺放與箭頭同側。箭頭邊=剖切，例如：箭頭右邊就是右邊的視圖不見。

由 🔍 可看出和對照剖切實際情形，更能理解箭頭邊=除料邊。

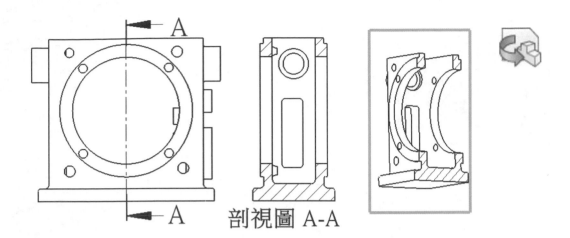

剖視圖 A-A

B 反轉方向

以割面線為基準，反轉剖切方向。箭頭方向改變視圖切割，視圖同時有投影變化。

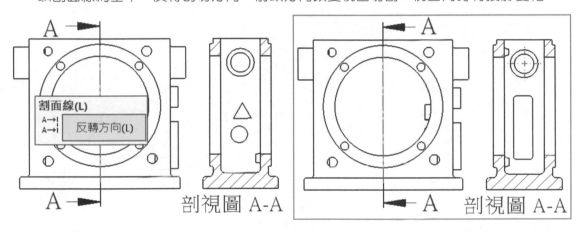

剖視圖 A-A　　　　剖視圖 A-A

C 視圖擺放箭頭同側

改變割面線箭頭方向的視圖必須自行移到箭頭同側，否則為第 1 角法投影，下圖右。

32-1-2 標示名稱與範圍

以拉丁母大寫 A-Z，利於多視圖追蹤。標示名稱會在 2 地方關聯呈現：1. 割面線箭頭旁、2. 剖視圖下方。於剖視圖下方可見註解：剖視圖 A-A，口語：A 到 A 範圍。

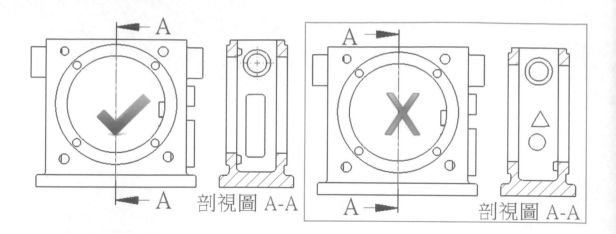

32-1-3 剖視圖選項

點選剖視圖，於左方可見剖視圖選項，算是重點設定，最常用☑切片剖面。

A 切片剖還有面（Slice Section）

是否僅顯示剖切的斷面。

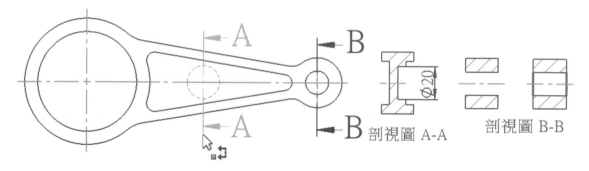

32-1-4 實務判斷：塑膠瓶身（302-1）、水龍頭把手（301-1）

完成塑膠瓶身左邊的全剖，下圖左。水龍頭把手的局部剖面，下圖右。

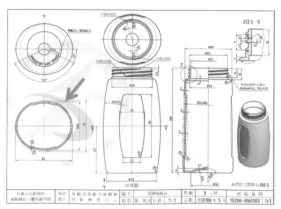

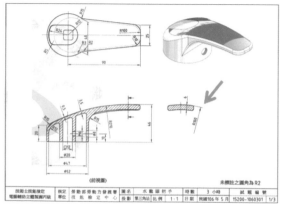

32-1-5 轉折剖視圖

使用轉折割面線產生多條線段的段差剖視圖，2014 會自動隱藏段差線段。

剖視圖過程，由自動開始剖面視圖工具列使用：1. 單一偏移 或 2. 凹口偏移。容易學習，步驟多，可以取代。

A 先睹為快：單一偏移

使用由上到下產生 N 形折斷線，重點在步驟 3，同學第一次遇到，通常會做 2 遍體會製作的過程。有個技巧，產生視圖過程 ESC 可以回到上一步不必重來。

步驟 1 點選，除料線：垂直

步驟 2 定義割面線位置

步驟 3 單一偏移

步驟 4 在圓下方放置轉折

步驟 5 重覆步驟 3、4

步驟 6 ↵ 或右鍵

步驟 7 放置視圖位置

步驟 8 3D 視圖查看

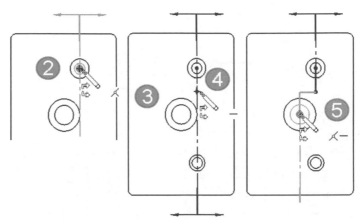

B 特徵管理員圖示

於特徵管理員可見第 2 視圖，割面線為轉折圖示。

▼ ⬏ 剖面視圖 C-C
   ⬏ 割面線 C-C
   ▸ OffsetSection

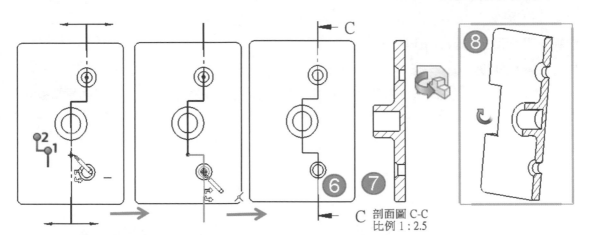

C 剖面圖 C-C
比例 1：2.5

C 實務判斷：調理機上座（308-3）

由上視圖產程轉折剖，放置到前視圖位置，下圖左（箭頭所示）。

D **實務判斷： 可調式定心器（207-1）**

由前視圖完成轉折剖，放置在上視圖位置，並進行剪裁視圖，下圖右（箭頭所示）。

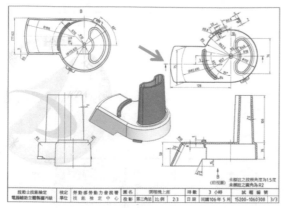

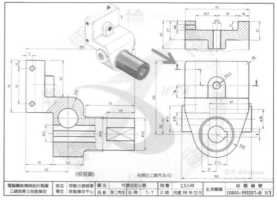

32-1-6 肋剖視圖

肋不是實心不剖切（沒有剖面線），得到視圖呈現層次=美觀。

如果肋有剖切會讓別人誤以為實心錐狀體，所以剖不剖切有學問。

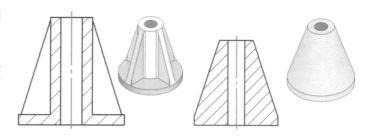

A **先睹為快**

自行完成水平剖切，重點在剖切範圍視窗。於視圖點選肋材特徵即可，不是肋材特徵，無法使用該手法。

步驟 1 抓取滑鼠蓋圓心位置→↵

步驟 2 剖切範圍視窗

點選視圖上的肋材特徵，亮顯得知肋由 2 個特徵完成。重點來了一定要有肋材特徵🔧，若以🔩完成就無法點選。

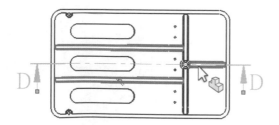

剖面視圖

剖切範圍

排除來自下列肋材特徵清單剖面線
肋材特徵(R)

MultiRib@0.Mouse_Cover(滑鼠

步驟 3 放置視圖

按住 Ctrl，將視圖放置右邊，體驗不對齊視圖。

步驟 4 反轉剖切方向

　　雖然視圖與箭頭不同側，這樣看起來比較自然。這就是靈活性心中有標準，雖然不符標準，心中不會覺得亂。

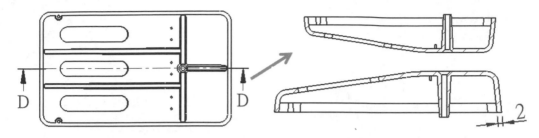

B 實務判斷：調理機旋轉座（308）、汽缸本體（310）

　　由右視圖完成前視圖的肋剖切，肋材特徵有 2 個，下圖左。看起來很複雜的圖，由右視圖完成前視圖的肋剖切，下圖右。

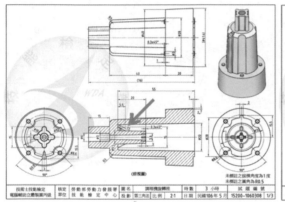

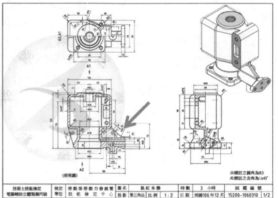

32-2 輔助剖視圖

　　進行斜剖切，如同輔助視圖進行非水平或垂直剖切，本節會和區域剖面線配合設定，作法和水平或垂直一樣。

步驟 1 設定除料線：輔助視

步驟 2 視圖上點選 2 圓心，定義斜線

步驟 3 放置視圖

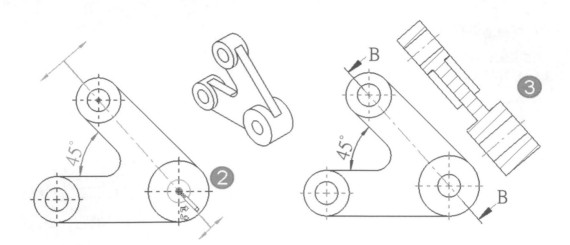

32-2-1 改變剖面線角度

剖面線預設 45 度，前視圖 45 度就會讓輪廓線與剖面線平行，更改剖面線角度，讓視圖容易識別。

步驟 1 區域剖面線屬性

點選剖視圖的剖面線。

步驟 2 □材料剖面線

調整 45 度與輪廓呈現 45 度放置。

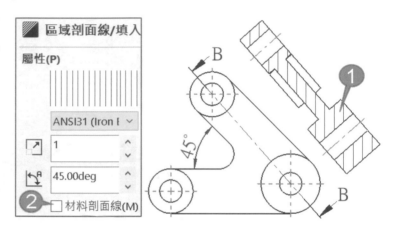

32-2-2 實務判斷：蓮蓬頭柄（301-3）、上蓋（306-2）

完成蓮蓬頭柄 A、B 兩個輔助剖，下圖左。完成上蓋 B、C 兩個輔助剖，實務剖面號碼會連續，先由 A 開始，這題找來找去沒有 A，只有 B、C 這樣就會浪費大家時間，下圖右。

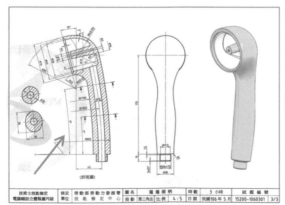

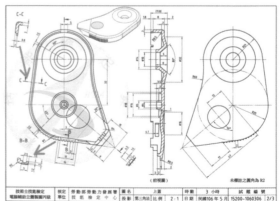

32-3 半剖視圖（Half Section View）

半剖視圖，簡稱半剖，內部和外部同時表現在同一視圖。一半為剖視圖，另一半為外形圖類似鏡射，常用在對稱模型，可節省視圖數量。

A 半剖特色

半剖與全剖差別在層次：1. 全剖，太死鹹無法表達外面特徵、2. 半剖，能表達外部表面特徵（壓花）和內部柱孔增加識別度、3. 顯示隱藏線=太亂、4. 不剖，無法表達內部。

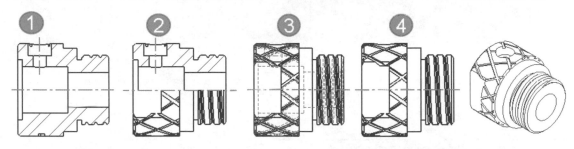

32-3-1 先睹為快

上剖下外型相呼應，由於圖形對稱，外形視圖的虛線不必呈現出來。

步驟 1 ↳→點選半剖

第一次見到剖視圖方塊。

步驟 2 區塊選擇

於半剖面欄位水平細分區塊：上半部（水平）和下半部（垂直）。由箭頭更能體會剖切方向，例如：希望右上角剖切，就點選右上角圖示。

步驟 3 定義割面線位置

游標在視圖上抓取圓心，取得割面線位置。

步驟 4 放置視圖放在右邊

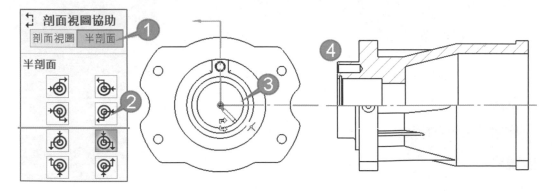

32-3-2 練習：杯蓋前視圖的剖視（307-2）、塑膠瓶身（302-1）

用半剖完成的視圖會有放置的議題，很像智力測驗，最好用立體圖來理解。

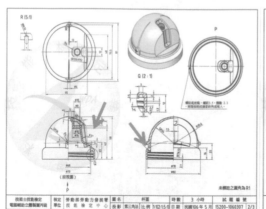
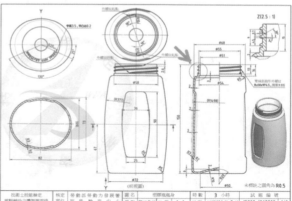

32-4 區域深度剖視圖（Broken-out Section）

區域深度剖視圖，又稱局部剖視圖，在原視圖剖切到要表達的區域，具深度的視圖，常用在節省圖紙空間（視圖共用，省略其他視圖）。

A 區域深度剖視圖特色

比起半剖差別在提升層次，例如：2. 半剖、3. 區域深度。

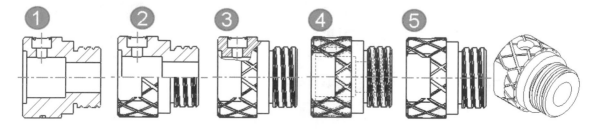

32-4-1 先睹為快

為了表達孔特徵，習慣有 2 種方式。1. 顯示隱藏線、2. 產生後視圖。

A 隱藏線

不容易識別，容易讓人以為孔在前面或完全貫穿。

B 後視圖

僅表達孔特徵會佔據空間，必須縮小視圖比例。

C 解決方案

看來無法兩全其美，只要將前視圖產生◩，既能節省後視圖也能表達孔特徵。

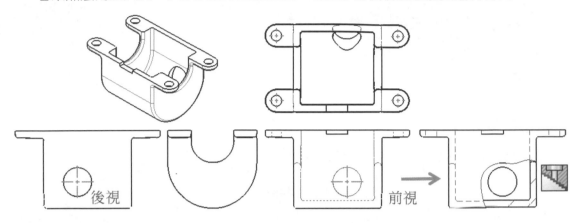

步驟 1 顯示隱藏線◫

方便繪製草圖輪廓的範圍。

步驟 2 前視圖繪製封閉輪廓

輪廓會以不規則呈現，避免看起來像真實輪廓，誤以為真實切割，這也是美觀。

步驟 3 ◩、☑預覽，增加深度

由其他視圖可見預覽深度參考，例如：50。

步驟 4 查看視圖變化

可見視圖自動加註剖面線。

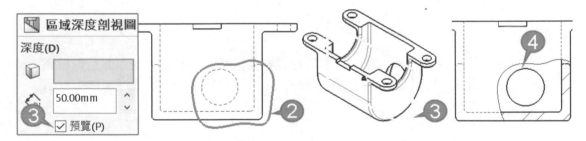

D 外形輪廓粗細

被剖切的輪廓為假想剖切不是外型輪廓，必須將線段變細=層次。1. 點選輪廓線➜2. 線條改為細線 0. 18，如同剖面線。

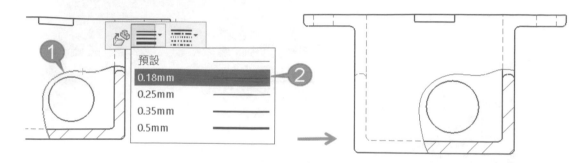

E 特徵管理員圖示

展開視圖見到附加🔲視圖，又稱寄生視圖。

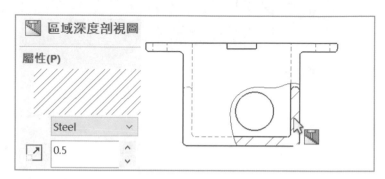

32-4-2 全剖與半剖視圖

🔲製作剖視圖是進階也是簡易手法，常用在單一視圖或半剖視圖，不必費心把第 2 視圖隱藏，步驟少、速度快、原視圖轉換不佔圖面空間。

A 關聯性

利用關聯性產生深度，不必擔心模型設變還要改距離，深度參考可以為目前視圖或其他視圖邊線、隱藏線、暫存軸，特別是圓邊線和目前視圖為深度參考，最令同學印象深刻。

B 半剖視圖

利用🔲直接完成全剖視圖，不需割面線，也不需要來源視圖。

步驟 1 在視圖上繪製矩形，作為深度區域

步驟 2 🔲，深度參考🔲

點選目前視圖上方圓柱水平線，該邊線會計算到圓心。

步驟 3 查看與驗證

由 3D 工程視圖🔍，更可了解視圖上的剖切和輪廓分段原因，並體認指令特性。

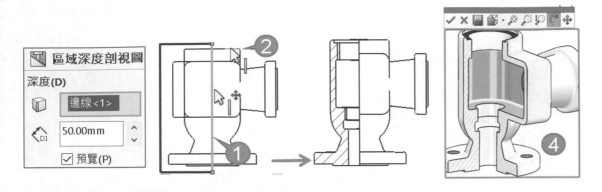

C 耳朵：圓投影邊線

耳朵不剖切，利用草圖避開耳朵特徵。由 3 張圖可以看出：1. 虛線：不好看、2. 全剖：過於死鹹，沒其他視圖輔助會表達錯誤、3. 耳朵不剖有層次。

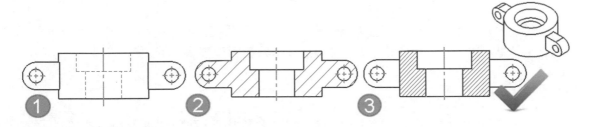

步驟 1 繪製矩形

步驟 2 🔲，點選視圖虛線

只要視圖上的橫邊線皆可選擇，例如：圓邊線選擇是沒想到的手法。

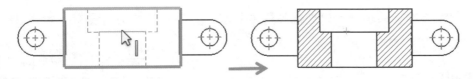

32-4-3 實務判斷

本節絕大部分為投影後剪裁，這類的手法太多元了。

A 杯蓋半剖（307-2）

只要在前視、右視利用🔲覺得更快、更好學，甚至會覺得不用剖視圖指令了，下圖左。

B 齒輪齒條衝壓機（303B）

在視圖進行 2 個🔲：1. 全剖、2. 鑽孔局部剖（箭頭所示）。

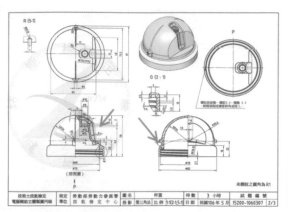
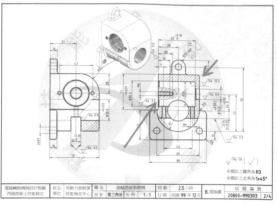

32-5 旋轉剖視圖（Rotate View）

旋轉剖視圖=第 2 視圖，在目前視圖放置 90 度的旋轉剖視圖來節省圖頁空間，也可以放置在原來視圖外側。SW 沒有旋轉剖視圖指令，只能用剖視圖+斷裂視圖完成。

32-5-1 先睹為快

旋轉剖視圖常用↻完成，因為剖視圖本來就是投影視圖，可呈現斷面和自動加剖面線。

步驟 1 ↻

在原視圖產生剖視圖，先放置在右邊。

步驟 2 ⟨S⟩，斷裂視圖縫隙

在原視圖產生斷裂視圖，以剖視圖寬度依據，例如：剖視圖寬度 40，縫隙比 40 大。

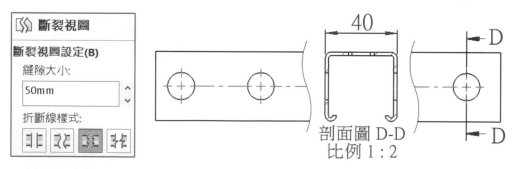

剖面圖 D-D
比例 1：2

32-6 轉正剖視圖（Aligned View）

轉正剖視圖簡稱轉正剖，更清楚表達孔、肋特徵形狀，讓投影對稱。

A 轉正剖特色

轉正剖最大優點讓工程圖看起來更專業與細膩度。將孔移轉在下方呈現，表達孔特徵，下圖 A。全剖沒有孔特徵，下圖 B。不剖更沒層次，下圖 C。斷縮剖視圖怪怪的，下圖 D。

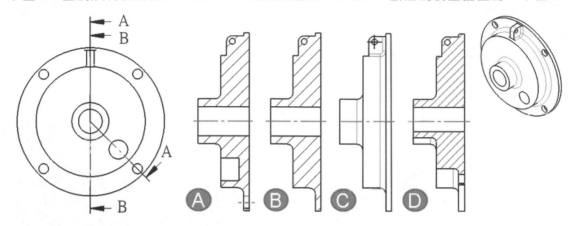

32-6-1 先睹為快

由指令的縮圖數字可見順序性。

步驟 1 主基準：游標抓取圓心

步驟 2 副基準：水平或垂直

步驟 3 點選轉正的範圍

抓取要轉正的特徵圓心。

步驟 4 在右方放置視圖

因為箭頭與數字同側。

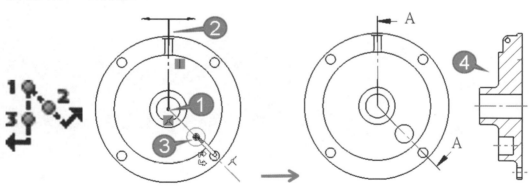

A 特徵管理員圖示

特徵管理員可見產生第 2 視圖，剖視圖特徵圖示↿和割面線比較不一樣。

↿ 剖面視圖 A-A
↿ 割面線 A-A
▸ 🧊 Cover_Pl&Lug

32-6-2 實務判斷

本節特別舉圖形比較複雜作為轉正剖案例，圖形複雜的轉正剖不太應用在簡單且不太重要的孔位，反而在強調功能特徵。

A 三通閥（310B）

將右視圖上方法蘭通孔特徵轉正剖，更能表達三通閥貫通特性（箭頭所示）。

B 球型蓋（304A）

將上視圖左下角轉正剖，更能清楚表達與對照中空圓柱特徵（箭頭所示）。

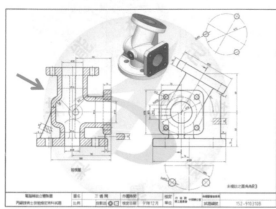
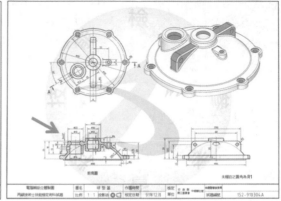

33

調整模型視角與視圖轉換草圖

本章屬於視圖的尾聲，進行視圖調整，包含模型的本身以及將視圖爆炸，這 2 個指令步驟少價值性高。

33-1 調整模型視角（Relative To Model）

顧名思義模型調整視角，讓投影視圖能平行投影，常用在不同繪圖核心的模型轉檔，空間上的誤解，造成空間錯亂模型歪斜。

也可以來當初畫錯方位，在工程圖來調整視角，很少人知道有這麼好用的指令，經常浪費時間模型視角處理。

等角圖

33-1-1 零件：定位塊

完成歪斜的定位塊在工程圖重新投影，他不是常用指令所以在：工具→工程視圖→🖼。2020 開始，該指令已經在工程視圖工具列上。

步驟 1 點選視圖→🖼

會自動開啟模型。

步驟 2 調整模型方位

將模型調整到要的等角視（這就是重點）。

步驟 3 指定視角方位

指定第 1 和第 2 視角方位模型面，常用前視和右視面。由清單可指定其他面，除非遇到其他面為曲面，否則不太用他。

步驟 4 ↵，自動回到工程圖

33-1-2 工程圖作業

回到工程圖會發現目前為前視，要你放置前視圖。這時指令已經完成了，因為 SW 不知道你接下來要幹嘛。

步驟 1 投影視圖

投影 3 視圖+等角圖。

步驟 2 尺寸標註

標註會發現尺寸整數，感覺比較踏實，更能證明這種簡單模型，不可能奇怪數字。

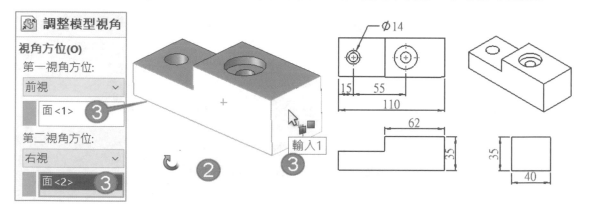

33-2 視圖轉換為草圖（Convert View to Sketch）

視圖轉換為草圖（簡稱：視圖轉換草圖），又稱爆炸視圖，將視圖炸開變成草圖直接修改，每回說到這讓同學難以忘懷，目前沒有 ICON 只能用右鍵。

A 無法直接刪除邊線

視圖為模型投影，基於拓樸穩定無法直接刪除視圖線段（點選視圖邊線會刪除視圖），如同無法刪除模型邊線是一樣的。

B 不須轉 DWG 修圖

直接在工程圖處理圖形，滿足所有人需求，達到軟體一條龍作業，重點是降低風險。

33-2-1 先睹為快

操作很簡單只要 2 步驟，並查看設定項目，為了工程圖還保有關聯性，會配合多圖頁。先複製原稿圖頁，於另一圖頁視圖轉換草圖，既可以滿足視圖調整靈活性，又可以維持視圖關聯性。

步驟 1 複製圖頁

圖頁 1=正式圖面，圖頁 2=被爆炸的視圖，圖頁 2 隨便你怎麼處理都可以。

步驟 2 於圖頁 2 視圖右鍵→將視圖轉換為草圖

步驟 3 顯示狀態：☑以草圖取代視圖（預設）

將所選視圖炸開，使用率最高，可以刪除、搬移線段。無法修改尺寸，該尺寸已經為無效狀態，只能刪除尺寸重新標註。

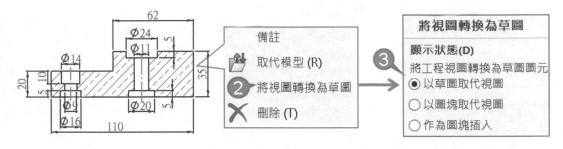

筆記頁

34

中心符號線／區域剖面線

　　視圖完成後，下一步讓視圖擁有基本專業符號，依次說明製圖註記的順序：1. 中心線 ⊞→2. 中心符號線⊕→3. 剖面線▨，操作上步驟少，指令內的項目不多，相當容易學習。

34-1 中心符號線⊕

　　增加圓特徵識別度，避免視圖判斷錯誤和加速看圖時間，說明圓形視圖與非圓形視圖的標註。

A 圓形視圖

　　標註中心符號線標示圓大小，可以做為標註尺寸的參考。

B 非圓形視圖

　　非圓形視圖容易看成方型，有了**中心線**就能代表它們是圓邊線投影，在尺寸旁加 Ø 更能代表他是圓特徵。

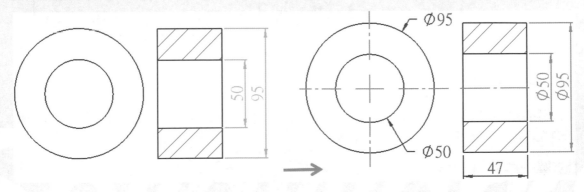

34-1-1 中心符號線：自動插入

1. 先選視圖→2. 再選指令✛。自動將所有孔加入中心符號線，適合大量孔。

A 先睹為快

設定過程中即時顯示，這點就不錯。

步驟 1 點選上視圖→✛

步驟 2 自動插入：☑對所有鑽孔、☑所有圓角

所有圓邊線和 4 周圓角被加上中心符號。

步驟 3 ☑連接線

將孔之間以線段連接起來，識別孔在同一線上。

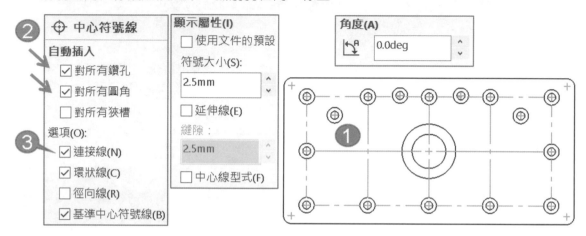

B 對稱標註：中心線延伸

完成指令後，點選中心線拖曳上下左右端點，讓線段延伸到模型輪廓外，完成視圖對稱表達。

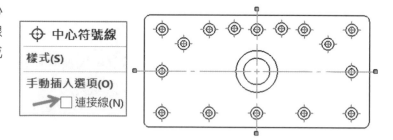

34-1-2 手動插入選項

手動插入=先選指令✛→再選視圖。**手動插入**比**自動插入**多元，可以直線、環狀、狹槽、衍伸以及加入連接線。

A 單一中心符號線

點選孔一個個加入符號，常用在圓除料、單一異型孔精靈完成多個孔。

  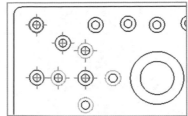

B 環狀中心符號線 ✿

執行 ⊕ 過程 → ✿，設定下方 ☑環狀線、☑徑向線、☑基準中心符號線。

步驟 1 ⊕ → 環狀中心符號線 ✿

步驟 2 點選第 1 圓邊線

步驟 3 點選 ↳

產生 4 個符號線，且角度指向圓心。

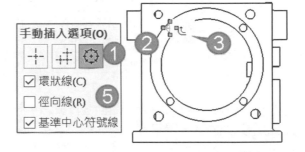

C ☑環狀線

4 個圓以圓連接，代表同心共徑，下圖 A。

D ☑徑向線

4 個圓延伸線指向圓心，可以看出是否等分，下圖 B。

E ☑基準中心符號線

4 個圓產生共同基準的中心符號線，下圖 C。

F ☑環狀線、☑徑向線、☑基準中心符號線

項目全開。不建議這樣，雖然很標準但太亂，下圖 D。

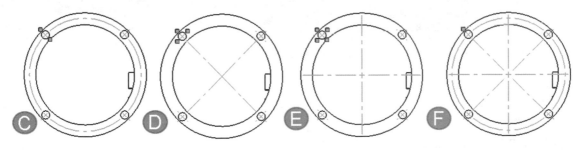

34-2 區域剖面線（Area Hatch/Fill，簡稱剖面線）

將封閉區域產生圖案，設定圖案角度和比例，讓視圖多了層次。剖面線由多重線條呈現，常以斜線代表並以間隔隔開。

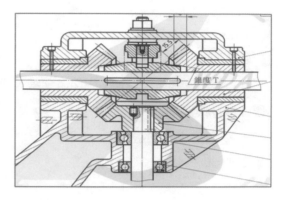

先隨性產生再說原理，更能體會觀念。指令作業自行留意：1. 先選指令→再選模型面、2. 先選模型面→再選指令。

步驟 1

步驟 2 點選要加入剖面線的視圖位置

步驟 3 ↵=結束，ESC=取消選擇（重來）

34-2-1 剖面線屬性

點選視圖上的剖面線，可見剖面線設定：圖案、比例和角度，例如：鐵（Steel）斜線為業界習慣，剖面線 45 度為基準。

由清單指定常用圖案：1. Brick of Masonry、2. Hexagon、3. Honeycomb、4. Network、5. Steel。

34-2-2 比例和角度

設定剖面線的疏或密，以及呈現的角度。這部分只要亂壓由預覽得到要的形式即可，這些觀念和圖塊相同，有沒有發現圖案預設 0 度是斜線。

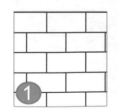

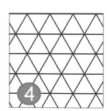

34-3 局部剖面應用

　　草圖在視圖上製作部分剖面區域，讓系統計算區域，完成區域剖面線。表現部分剖面線，看起來比較不會這麼亂且密集，對手繪製圖可以節省時間，避免手掌側邊壓印到圖面，造成圖面髒亂，類似腳黑踩在乾淨地板。

34-3-1 平面咬花（Texture）製作

　　咬花增加表面粗糙紋路，以不規則曲線繪製部分區域，曲線看起來比較自然，不必製作視圖其他線條完成封閉區域。

Ⓐ 獨立圖元

　　完成剖面線曲線與剖面線是獨立的，刪除曲線，剖面線還會留在原地。

步驟 1 曲線製作咬花區域

步驟 2 ▨→點選要製作剖面的區域

　　可以見到剖面線已經完成，稱自動尋找邊界。

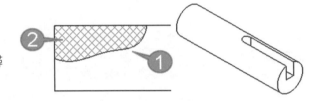

34-3-2 輪軸與輪圈剖面線

　　輪圈不是◢完成，系統無法判斷排除剖切區域，可以部分草圖I模型輪廓讓系統計算區域，並加入剖面線。

步驟 1 點選輪軸邊線→▢

步驟 2 拖曳草圖線段延伸

步驟 3 點選下方輪圈弧邊線→▢

步驟 4 拖曳草圖弧線段延伸

步驟 5 分別完成輪軸和輪圈▨

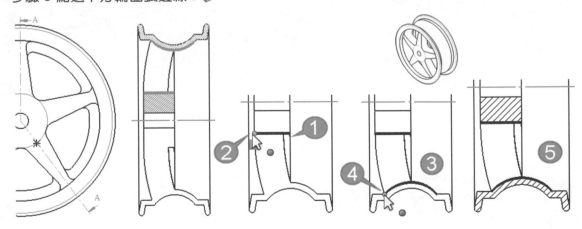

筆記頁

尺寸標註

尺寸標註（Dimension）不只**智慧型**，還有專屬標註指令，由尺寸/限制條件工具列看出，尺寸細節很廣很細，本章進階學習尺寸用途。標註雖然簡單有圖學觀念＋實務更能知道尺寸標註精神，潛移默化尺寸美觀好閱讀，更是專業表現。

35-0 尺寸總類

尺寸工具列指令包含：1. 智慧型、2. 基準、3. 連續、4. 座標、5. 角度運行、6. 導角、7. 路徑長度尺寸。指令分類，例如：1. 智慧型尺寸與 2. 座標尺寸，其餘為專屬指令。

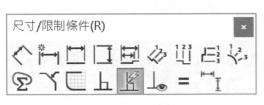
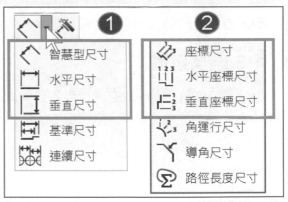

35-1 座標尺寸（Ordinate）

從零標註尺寸=絕對座標，群組維持每個尺寸共線對齊。優點：知道基準、不佔空間，以 0 為基準由引線顯示 X 或 Y 座標值。

35-1-1 先睹為快

完成水平方向的座標標註，做法和基準尺寸一樣，只要 2 個點選。

步驟 1 點選左邊垂直邊線，向下點選放置第 1 尺寸 0

步驟 2 向右點選產生第 2、3 尺寸

步驟 3 拖曳查看尺寸，尺寸為共線對齊狀態

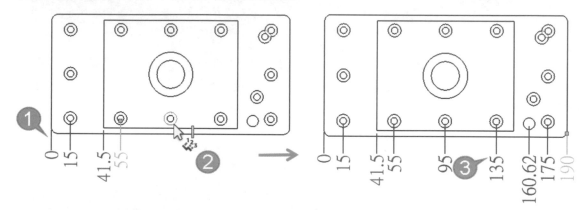

35-1-2 標註垂直尺寸

要改方向標註必須 ESC 重新使用指令，無法水平尺寸標完標垂直。

35-1-3 座標連續

箭頭標示增量方向，佔空間也用不到，大家對數字認知可以知道標註方向為何。1. 點選尺寸➔2. 導線標籤➔3. □座標連續。

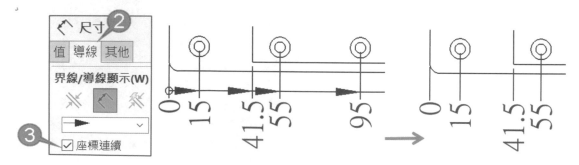

35-1-4 新增座標尺寸

在同方向新增尺寸，適合增加特徵。

步驟 1 任何尺寸右鍵→新增座標尺寸

步驟 2 點選下一條邊線

可以見到尺寸自動放置，41.5。

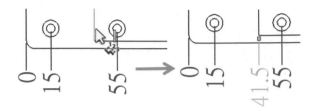

35-2 角度運行尺寸（**Angular Running**）

角度運行尺寸，將角度以座標連續呈現（絕對角度）。

35-2-1 先睹為快

在連續角度的鑽孔標註尺寸。有幾個議題：1. 基準、2. 點選次數。

步驟 1 點選外部圓作基準

步驟 2 放置尺寸位置，得到角度 0

角度位置可以水平或垂直。

步驟 3 依序點選圓，得到 30、60、90 度

步驟 4 拖曳查看尺寸為對齊狀態

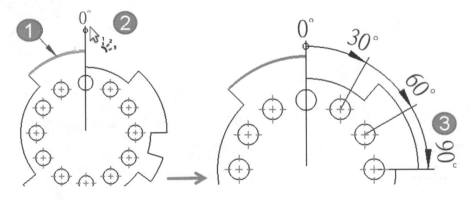

35-2-2 手動雙向標註

新增 0，標註另一方向角度。1. 標註第 2 個 0→2. 依方向標註角度，下圖左。

35-2-3 顯示為連續尺寸

是否標註方向箭頭，下圖右。

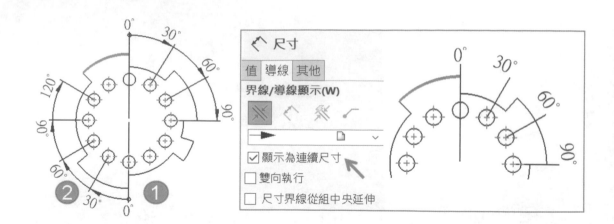

35-2-4 標註相對角度和設定

練習標註相對尺寸，下圖 A。尺寸上右鍵→顯示選項→對頂角/共軛角。

A 對頂角

角度的對邊放置，且不相臨，下圖 B。

B 共軛角

360 度-目前尺寸的補角，例如：315 度，下圖 C。

35-3 導角尺寸（Chamfer）

為導角專屬指令可參數控制常見的導角 C 標註，不必像以前用註解輸入數值，常忘記改到。最大好處：導角特徵變更，數值會跟著變。

箭頭指向實際大小，例如：箭頭標圓 Ø10=直徑 10，下圖左。導角尺寸=斜邊投影線段長，非箭頭所指的長度，以直角三角形 2 邊相等=5=導角尺寸，下圖右。

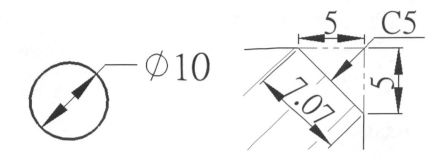

35-3-1 先睹為快

標註有順序之分,點選只是讓系統運算罷了。

步驟 1 點選斜邊

步驟 2 點選相鄰邊

步驟 3 放置尺寸位置

會得到有箭頭的註解。

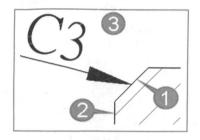

35-3-2 導角標示

常用 C 表示,C=45 不需標角度,非 45 度才標角度。點選尺寸,於屬性管理員下方可設定顯示方式:1. 距離 X 距離、2. 距離 X 角度、3. C,下圖左。

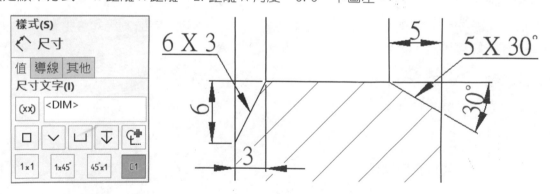

35-4 路徑長度尺寸 (Path Length)

將多段相接的圖元,製作成單一封閉輪廓並設定總長。實務常在機械設計模擬凸輪的機構運動,或是皮帶輪配合皮帶長度。

多重線段連結標註,適用纜線、管路長或查詢長度。破除以往用數學關係式將線段尺寸相加,例如:2 條直線+圓弧=線段長。最大特色:可以在開放或封閉線段標註。

35-4-1 先睹為快：纜線長度標註

先選條件再選指令，否則做不出來，下圖左。

步驟 1 先選線段→

步驟 2 所選圖元

可以見到 3 條線在指令中。

步驟 3 查看結果

見到路徑長度與數字。點選其中圖元，可見它們為連續選擇。

35-4-2 路徑屬性

點選圖元，左邊可見路徑屬性，進行路徑長度尺寸的驅動，下圖左。點選路徑製作完成的草圖，在屬性管理員顯示編輯資訊，例如：存在的限制條件、定義、路徑長度…等。

A 編輯路徑

於所選圖元中，點選邊線加入或刪除邊線減少路徑長度，完成後尺寸會重算，例如：原本 3 條邊線變更為 2 條邊線，長度由 150→115.9。

B ☑驅動

可以修改和顯示尺寸。

C □驅動

尺寸不見，可以拖曳圖元。

35-4-3 練習：矩形路徑長度

封閉尺寸標註，下圖右。

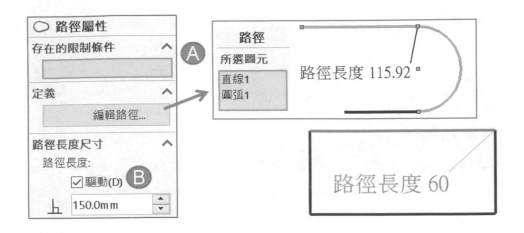

35-5 不規則曲線標註

不規則曲線標註長度很多人問，通常是標不
上去，甚至沒想到可以標，有幾種作法：

1. 直接標註
2. 描圓弧
3. 註解
4. 顯示草圖

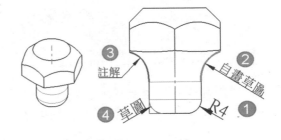

35-5-1 直接標註：曲線總長度

直接在開放或封閉不規則曲線尺寸（周長），改變尺寸過程可見圖形比例縮放，下圖
左。早期沒這功能只能用量測尺寸後，以註解標註。

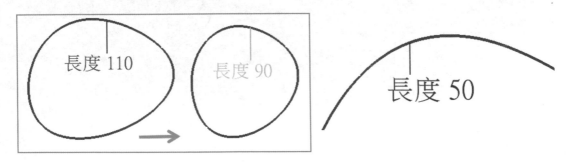

35-6 弧長標註（Arc Length）

標示弧線段長，弧長也是周長，把線段拉直（展開）。沒有指令，由↙標註弧長總成。標註完成後，文字上弧形符號，尺寸線為弧狀。

35-6-1 先睹為快

弧長標註點選沒有要求順序，最好單方向選，類似對稱標註例如：由左點到右，點→線→點，下圖 A。

35-6-2 弦長

點選線段長度得知弧長比較長，換句話說，弧長拉直會比弦長長，下圖 B。

35-6-3 弦高

不須畫直線，標註該直線，可以 Shift 標註，指定最小標註，下圖 C。

35-6-4 半徑

常用在逆向工程要尋求 R 角。繩子貼到弧上，繩子拉直就是弧長，於草圖繪製弧，尺寸定義弧長後，就可以順便標註 R 角和其他尺寸，下圖 D。

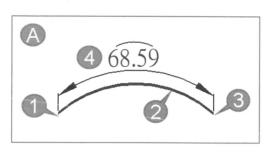
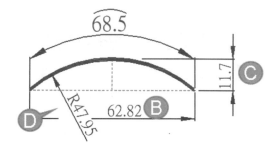

註記工具列

本章說明註記（Annotation）工具列常用指令，尺寸標註後就是註記作業，只要把註記放在模型面、模型邊線或模型外，會比尺寸標註速度還快。

符號解讀與運用是圖學基礎也是規範，註記不難學，只要知道用在哪就好，例如：公差、表面加工符號、熔接符號...等，都是單項有獨立介面，完成註記後，快點 2 下可以直接編輯，方便吧。

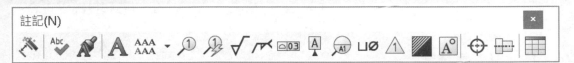

36-1 表面加工符號（Surface Finish）√

表面加工符號又稱表面粗糙度，工件經加工會讓表面產生凹凸紋路或粗糙痕跡，由儀器或目視看出表面紋理或形狀，本節簡單說明原理和常用作法。

36-1-1 新制與舊制（JIS 基本）

新制漏斗狀√，舊制三角形▽+毛蟲狀～。雖然 CNS 標準為新制，但業界以 JIS 舊制為大宗比較看得懂。

A 新制

新制包含：基本、必須切削加工、不得切削加工，下方有局部和全周，下圖左。

B 舊制

舊制包含：JIS 基本▽、JIS 表面紋路 1～4、不得切削加工～，下圖右（箭頭所示）。

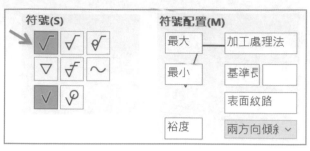 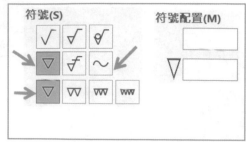

36-1-2 符號配置

點選上方 3 個符號其中一個，於下方會出現符號配置欄位，游標在欄位會提醒表達什麼，類似填空所以不要背，只要拿圖學課本對照會有詳盡說明。

欄位以基本符號為基礎，在符號位置上輸入：A 表面粗糙參數、B 加工方法、C 基準長度數值、D 加工餘量、E 紋理方向...等。

36-1-3 JIS 基本

以三角形呈現（台語稱幾齒），齒數越多表面越精細，以觸覺、視覺觀察刀痕。容易學習、表達清楚、不佔空間、操作便利，使用率最高的表示法。

JIS 基本包含：JIS 表面紋路 1~4，由下方符號配置定義粗度 Ra、Rz/Rmax 做為量化基準，實務還是以齒好識別居多。

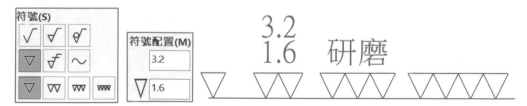

36-1-4 JIS 必須切削加工

可配合下方的幾齒，和新制表達對照你就懂了。

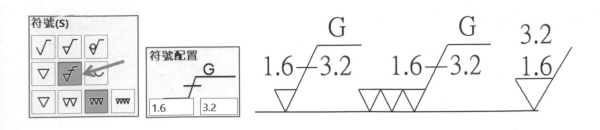

36-2 幾何公差（Geometric Tolerance）⌒0.3

　　幾何公差，簡稱 GD&T 或 GTOL，幾何＋公差類似圖塊定義基準指示或尺寸標記。公差框格為一長方形框分隔成小格，增加圖面可讀性。

　　幾何公差基本有 3 格：1.符號、2.公差、3.基準，最多 5 格（3 個基準）。幾何公差可以帶基準或不帶基準，不帶基準只要製作 2 格，製作過程下方有預覽。

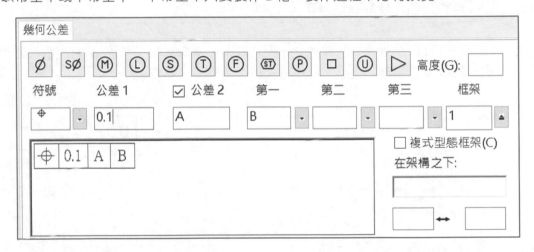

36-2-1 先睹為快：基本公差

　　完成常見的 3 格幾何公差。

步驟 1 點選符號位置

　　點選模型邊線或尺寸，否則在幾何公差中設定完成後，會發現沒有東西。

步驟 2 ⌒0.3

　　這時會發現視圖邊線已經有幾何公差預覽。

步驟 3 符號

　　於清單切換同心度，游標在圖示上會顯示符號名稱。

步驟 4 公差 1

　　輸入公差值 0.05。

步驟 5 ☑ 公差 2

輸入基準符號 A，這是偷懶方法也比較容易學習。

步驟 6 ↵，完成

快點 2 下可進入幾何公差視窗。

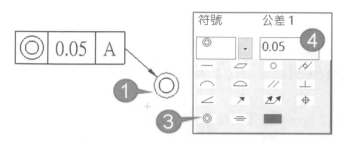

36-3 基準符號（Datum Feature）

基準特徵，俗稱基準符號，定義加工、設計基準、量測基準、組裝基準位置，常與幾何公差搭配。導線附著圖示，文字，操作方式和先前相同，不贅述。

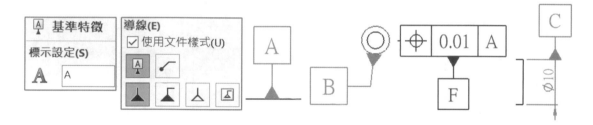

36-3-1 先睹為快，基準符號

基準符號附著在尺寸或邊線上。

步驟 1 點選要放置符號的位置

模型邊線或尺寸，這樣操作比較快。

步驟 2

步驟 3 標示設定

在標示設定中輸入 A，實務上 IOQ 不得使用。

36-4 熔接符號（**Weld Symbol**）🔫

熔接符號，將 2 金屬件利用加熱或加壓方式達到接合。加入熔接符號，取代僅以註解文字說明的熔接，提升圖面專業度。

36-4-1 熔接符號組成

熔接符號基本組成：1. 導線、2. 符號、3. 基線、4. 尾端（尾叉）。

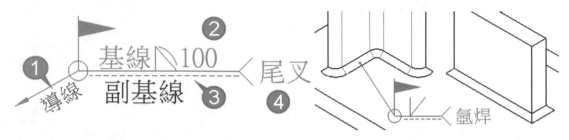

36-4-2 先睹為快

常用：1. 現場熔接、2. 全周熔接、3. 熔接符號和 4. 尾端註解，設定會立即顯示，尾端註解最多人問。

步驟 1 現場熔接

以黑色三角旗表示，旗桿底部位於基線與引線折角處，指示現場銲接作業。

步驟 2 全周熔接

基線及引線折角處有一空心圓，指整個周圍輪廓都必須銲接。

步驟 3 熔接符號

由清單切換填角熔接，基線上方顯示三角形，又稱箭頭邊。

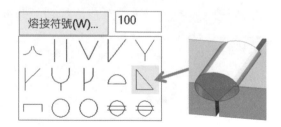

步驟 4 焊接長度

輸入 100，在三角形方會出現 100。

步驟 5 輪廓

依清單選擇銲道的表面形狀：1. 齊平、2. 凹面、3. 凸面。

步驟 6 尾端註解

若擔心別人看不懂符號，可以在尾端加入文字，例如：焊接方式，氬焊。實務會加上註解，很多人不看符號只看文字，如果無特別指示可以省略。

36-5 一般表格（Table）

表格有專門的工具列，接下來說明常用的表格。一般表格，又稱空白表格，定義行和列數量，於儲存格輸入文字。

適用剛開始導入 SW 還未建立範本時使用，缺點功能陽春。

36-5-1 先睹為快

橫=列=行、直=欄，例如：4 欄 4 列。

A 產生表格

1. 表格大小，定義 4 欄、4 列→2. ↵，放置位置。

B 邊框

點選已完成的表格，設定邊框粗細，外框 0.25。

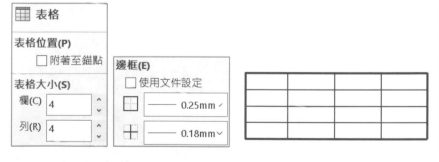

36-6 鑽孔表格（Hole Table）

對於多鑽孔無法大量標註尺寸，利用座標表示孔位置。會顯示標籤、XY 位置、尺寸。

36-6-1 先睹為快

步驟 1 定義 X 軸

點選模型水平線。

步驟 2 定義 Y 軸

點選模型垂直線。

步驟 3 點選模型面

系統抓取面上的鑽孔。

步驟 4 ↵，放置鑽孔表格

會見到每個孔有草圖點。

標籤	X 位置	Y 位置	尺寸
A1	15	12	$\varnothing$ 5.20 完全貫穿 ⌴ $\varnothing$ 10 ⤓ 5
A2	15	47	$\varnothing$ 5.20 完全貫穿 ⌴ $\varnothing$ 10 ⤓ 5
A3	15	82	$\varnothing$ 5.20 完全貫穿 ⌴ $\varnothing$ 10 ⤓ 5
A4	55	12	$\varnothing$ 5.20 完全貫穿 ⌴ $\varnothing$ 10 ⤓ 5
A5	55	82	$\varnothing$ 5.20 完全貫穿 ⌴ $\varnothing$ 10 ⤓ 5

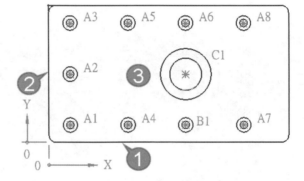

筆記頁

37

儲存工程圖與轉檔

常問同學列印和轉檔哪個先做，應該列印先做，因為列印→檢查圖面，圖面正確再轉檔。轉檔就是另存新檔不需學習，操作簡單容易落實管理，只要留意轉檔過程即可。

37-1 儲存工程圖

由工程圖另存新檔（Ctrl+Shift+S），於文件標題上方會發現工程圖名稱=模型名稱，因為工程圖名稱會自動以模型名稱相同。

37-1-1 存檔類型

由存檔類型看出轉檔支援度，依序常轉 3 種格式：

1. DWG
2. PDF
3. PNG

另存新檔

→ ～ ↑ 《 03 工... › 第36章 工程圖轉檔 ∨

檔案名稱(N): 1 滑塊座 ∨

存檔類型(T): SOLIDWORKS 工程圖 (*.drw;*.slddrw) ∨

SOLIDWORKS 工程圖 (*.drw;*.slddrw)
Adobe Illustrator Files (*.ai)
Adobe Photoshop Files (*.psd)
Portable Document Format (*.pdf)
Dwg (*.dwg)
Dxf (*.dxf)
eDrawings (*.edrw)
JPEG (*.jpg)
Portable Network Graphics (*.png)
Tif (*.tif)
分離的工程圖 (*.slddrw)
工程視圖範本 (*.drwdot)

37-2 另存 DWG/DXF

所有軟體無不強調工程圖與 DWG 相容性，DWG/DXF 對各位不陌生，DWG 是常見格式、轉檔相容性高，簡單說明選項設定：DWG 字型、相容性、1:1 列印...等。

37-2-1 DWG/DXF 選項

另存新檔有選項，進入 DWG 輸出設定。

37-2-2 字型

選擇 TrueType，解決轉 DWG 中文字、符號（如 Ø）亂碼問題。

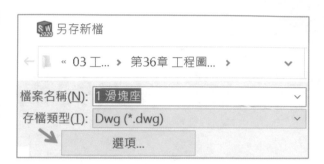

37-2-2 比例

工程圖以 1:1 輸出，利用多圖頁滿足轉檔需求。

37-3 PDF 與 3D PDF

工程圖儲存 2D PDF 和模型儲存 3D PDF，是同學感受度很高的格式。現在常用 LINE 或 FB 通訊軟體傳輸，PDF 也可用手機直接開啟。

37-3-1 ☑儲存之後檢視 PDF

工程圖 PDF 俗稱 2D PDF。儲存 PDF 後，系統自動開啟查看是否有問題。

37-3-2 模型另存 3D PDF

零件另存新檔視窗進行：1. ☑另存為 3D PDF、2. ☑儲存之後檢視 PDF，讓零件或組合件擁有 3D 動態 PDF。

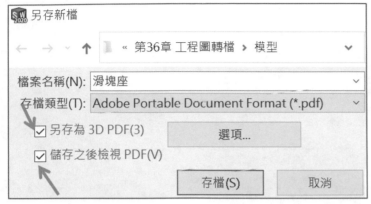
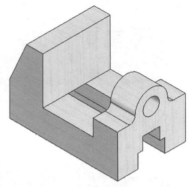

A 永遠信任這份文件

開啟 3D PDF 過程，一開始看不見模型，點選右上角選項→永遠信任這份文件。

筆記頁

38

工程圖製作

　　開始進入工程圖製作，要講解內容非常多，不必想得太難，前面幾個步驟都一樣。訓練同學達到抄圖正確性，先前是看工程圖把零件畫出來，這裡是把工程圖抄出來。

38-1 練習：彎管

　　剖視圖、剪裁視圖、熔接符號，本節看起來簡單，有很多細膩手法。

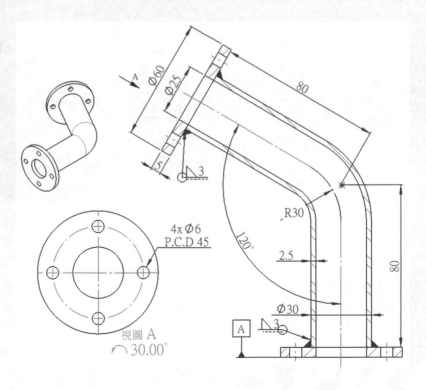

38-1-1 產生前視圖與等角圖

模型正面為上視圖，由立體圖可以看出，所以視圖調色盤要選上視圖，下圖左。

38-1-2 投影法蘭視圖

按 Ctrl+點選前視圖斜線→ 🖋，視圖放在前視圖左方。

38-1-3 法蘭特徵留下來

剪裁視圖 🗗 把法蘭特徵留下來。視圖看起來很明顯斜的，將輔助視圖旋轉 30 度。

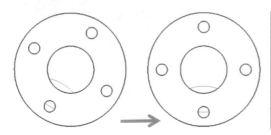

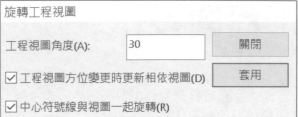

旋轉工程視圖

工程視圖角度(A): 30   關閉

☑ 工程視圖方位變更時更新相依視圖(D)   套用

☑ 中心符號線與視圖一起旋轉(R)

38-1-4 前視圖剖視圖

利用 🔲 指令特性完成剖視圖，下圖右。

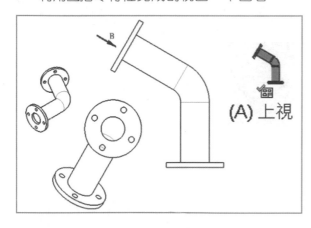

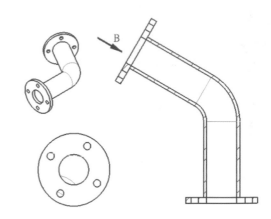

38-1-5 中心符號線

使用手動插入選項，☑環狀線、口基準中心符號線，免得符號線因視圖角度產生歪斜，下圖 A。由於指令加入中心十字線不理想，下圖 B，要自行以中心線加入，下圖 C。

手動插入選項(O)

☑ 環狀線(C)
☐ 徑向線(R)
☐ 基準中心符號線(B)

Ⓐ　　　　Ⓑ　　　　Ⓒ

Ⓐ 自行加入中心線

本節加入中心線難度蠻高的，遇到剪裁+輔助+旋轉視圖，造成⊕加入過程不理想，只能用手動方式自行繪製，會有一些手法。

步驟 1 切換中心線圖層

步驟 2 草圖直線

步驟 3 繪製十字線

利用抓取由圓心到圓心繪製十字線，下圖左。

步驟 4 修剪圖元✄

雖然指令為修剪，但他還可以延伸。點選直線向外拖曳到輪廓外 1-2mm，下圖右。

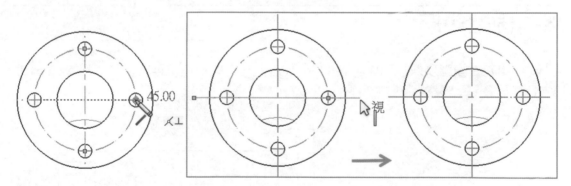

38-1-6 中心線

作法和先前管路中心線相同，若本節做不出來，只能耐心手動點選 2 條線製作中心線，下圖左。

38-1-7 潤飾

忘記把多餘線條隱藏，有看到就當下完成，例如：法蘭中間有多餘線段，下圖右。

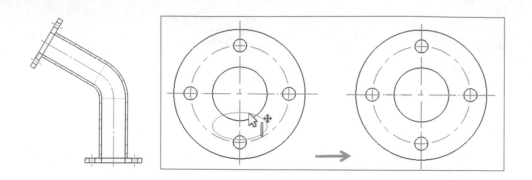

38-1-8 產生尺寸與註解

照著圖面調整尺寸位置。加入基準、尾端處理和熔接符號，填角全周焊接 3。

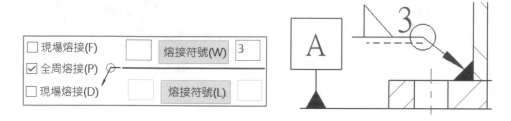

38-2 固定鉗座

本節重點在**模型項次**✎，階段點選特徵加入尺寸完成複雜工程圖製作，有 3 種方式：
1. 先特徵再✎、2. 先✎再特徵、3. 點選視圖特徵。

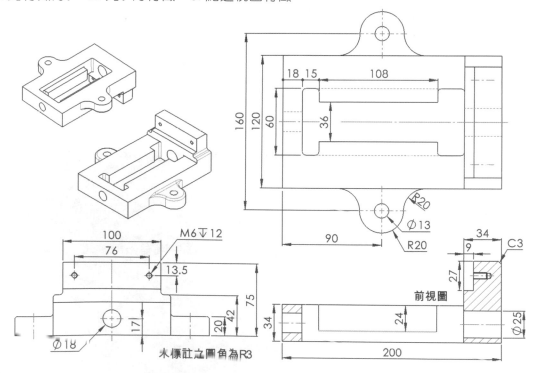

38-2-1 前置作業：完成視圖與符號線

自行完成 3 視圖與立體圖。

步驟 1 調整視圖比例 1:1.6 或 1:2

如果覺得 1:1.6 有點壓迫，可以自行調整 1:1.6～1:2。

步驟 2 製作前視圖

由於前視圖除了要全剖，還要呈現右上方的鑽孔，所以在左視圖產生割面線，完成剖視圖，剖視圖定義為前視圖。

步驟 3 中心符號線與中心線

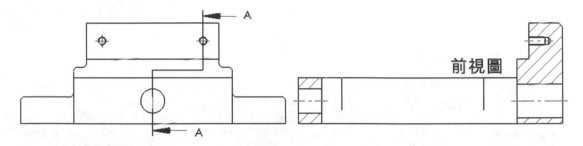

38-2-2 前置作業：更改視圖名稱

本節為細膩作業，把視圖名稱更改為視角名稱，尺寸加入比較直覺。例如：工程視圖 1→前視圖。

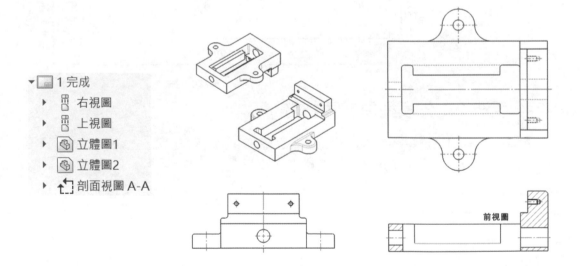

38-2-3 手法 1：先特徵再模型項次

點選特徵→產生尺寸，通常會用快速鍵執行，速度更快更強。每個視圖的特徵從頭到尾點一遍，雖然慢但比較踏實，適合初學者，前視圖展開，點選每個特徵。

前視圖特徵點選完成，接下來點選上視圖特徵，依此類推。未來熟練也可以在同一視圖一次點選多個特徵，同時加入尺寸。

步驟 1 產生 1.主體特徵的尺寸

於特徵管理員點選前視圖的 1. 主體特徵。

步驟 2 ⚒→↵

見到主體特徵的尺寸標註到視圖。

步驟 3 整理尺寸

步驟 4 產生 2.背板特徵的尺寸

重複步驟 1，點選 2. 背板。

步驟 5 步驟 2-步驟 3

步驟 6 同時產生多個特徵尺寸

點選 3. 耳朵、4. 定位座、5. ㅣ型槽→⚒→↵。

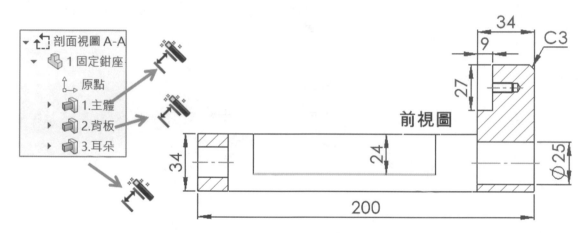

38-2-4 手法 2：先模型項次再特徵

在⚒指令中分別點選特徵加入尺寸，適合進階者。指令存在下，於快顯特徵管理員點選特徵加入尺寸→調整尺寸位置，感覺有壓力。

步驟 1 來源：所選特徵

步驟 2 □輸入項次至所有視圖

步驟 3 目的地視圖

點選前視圖，這就是重點了。

步驟 4 啟用快顯特徵管理員

點選特徵管理員圖示，點選快顯特徵管理員。

步驟 5 視圖展開

步驟 6 點選 1.主體特徵

見到主體特徵的尺寸到視圖。

步驟 7 整理尺寸,以此類推

重複步驟 6～步驟 7,分別點選模型所有特徵。

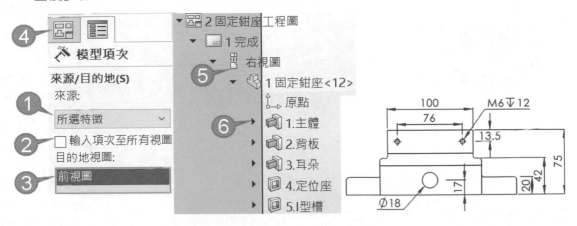

38-2-5 手法 3:點選視圖特徵

在✎指令終,於視圖上直接點選模型特徵,將特徵尺寸加入視圖上。但這麼做會有盲點,因為模型內部特徵無法選到。

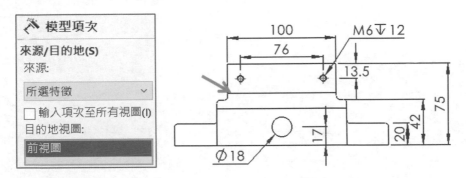

38-2-6 異型孔標註

標註異型孔精靈🐞的 1. **輪廓**和與 2. **位置尺寸**🔧。很多人問為何孔位無法標註?因為模型項次預設關閉,無法加入鑽孔尺寸。

筆記頁

熔接原理

本章將投影片以文字重點說明熔接（Weldment）原理、熔接製作 SOP、如何導入製程，1 小時快速認識熔接，若深入了解，除了可以成為專業外，甚至還可靠此維生。

熔接就是將 2 金屬合成一體，不見得是焊接，也可用螺絲固鎖，有些軟體稱衍架（Truss）、結構（Structure）。熔接感覺用在焊接，希望把熔接改成結構感覺比較廣義和專業。

圖片來源
http://img.hc360.com/auto-
m/info/images/200905/20090506150251815.jpg

A 特徵建構順序=加工法

依章節順序完成結構設計，順序也是加工法，例如：焊接特徵最後做。

B 定義結構骨架，設計多本體零件

讓機架為零件非組合件，提升設計能量與效率。結構成員⬚可避免傳統一件件組裝，也不會因設計變更造成結構性的錯誤，只要改變原始草圖配置即可。

C 組合件和零件的應用層次

常說沒事不到組合件作業，因為組合件是最複雜環境。

39-0 3 階段層次

分 3 階段層次學習並體會如何利用熔接完成設備機架、倉儲架、管路、鋼構或整廠規劃輸出，直覺定義結構設計。

39-0-1 第 1 階段 熔接原理

認識工具列每個指令並知道指令特性，指令特性是原理。學習過程會快速帶同學看過指令，經教學經驗同學都可以短時間學會，有很多指令只是結構用的配件更容易學習。

39-0-2 第 2 階段 熔接實務

熔接是多本體應用，例如：多本體爆炸圖、工程圖、熔接除料清單（BOM）。特別是**熔接除料清單**是業界要的核心，它可產生 BOM 資訊，會這些非常搶手。

39-0-3 第 3 階段 熔接模組

將熔接模組化應用：1. 理解結構成員檔案位置、2. 熔接輪廓建立、3. 熔接屬性認識，甚至會配合熔接除料清單。到下一境界，會覺得 1、2 都不是重點，重點在熔接模組。

39-0-4 任督二脈

要學會：1. 結構成員、2. 修剪/延伸，就能怎麼聽怎麼會，舉一反三，下圖右。

39-1 熔接心理建設

熔接又稱多本體技術，在零件直接進行結構作業，不需到組合件組裝，甚至遇到設計變更，將結構抽換或重新組裝，只要在**結構成員**輕易切換結構或改變位置，更能體會修改便利是應該的。

39-1-1 程度提升

　　熔接就是技術提升，結構用的樓梯，早期用🖼示意就可以了，但現在要用熔接完成並和實際一模一樣，現在更要求要有完整的 BOM 和 ERP 算料，下圖左。

39-1-2 不一定用在金屬

　　熔接=金屬這樣想也對，不過還可用在木頭、3D 列印塑膠、紙包裝結構、大樓建築物、整、整廠輸出…等，下圖右。

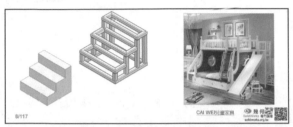  

39-1-3 由下而上多本體技術

　　熔接是零件多本體技術和組合件觀念類似，只是在零件作業罷了，下圖左。多本體又稱由下而上設計，直覺加入搭配在零件，多了建模或設計彈性，屬於進階課程。

39-1-4 理想實踐

　　很快的在軟體完成建案，甚至可以用 3D 列印模型討論，下圖右。

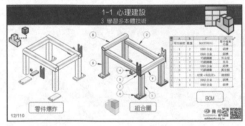 

39-1-5 熔接模組位置（預設關閉）

　　2 個地方取得：1. 工具列標籤上右鍵標籤➔熔接，下圖左。2. 插入➔熔接，下圖右。

39-1-6 特徵簡單與順序排列

　　熔接與其他天王的工具列比起來容易上手，更不需複雜草圖，指令少學起來很簡單。指令排列上更是用心，由左到右就是設計/加工順序，建模同時順便理解實務。

39-1-7 最大特色

　　熔接就像掃出（1. 輪廓＋2. 路徑），由**結構成員**產生輪廓，點選草圖定義骨架位置，產生零件、提出熔接清單。成形過程很多人訝異怎麼這麼快，感覺連圖都不用畫，下圖右。

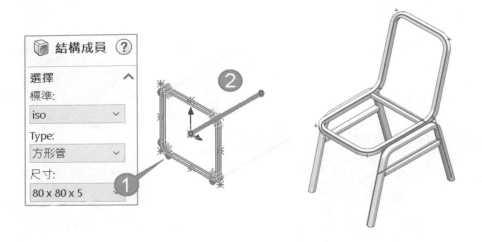

39-1-8 熔接是骨、鈑金是皮

　　熔接是業界渴望技術，常用在機架、鋼構、設備。熔接與鈑金好上手且輕易滿足業界 BOM、PDM、ERP 需求，更為自己擁有強而有力專業。資料來源：禾緯瓶裝機

39-1-9 天下無敵：熔接模組化

　　有了熔接模組就不需學習熔接了，只要輸入數字就能完成模型，工程圖自動更新。

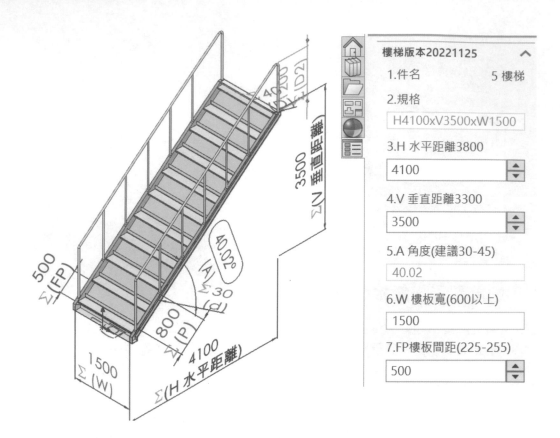

樓梯版本20221125

1.件名　　　　　5 樓梯

2.規格

H4100xV3500xW1500

3.H 水平距離3800

4100

4.V 垂直距離3300

3500

5.A 角度(建議30-45)

40.02

6.W 樓板寬(600以上)

1500

7.FP樓板間距(225-255)

500

39-2 熔接作業程序（SOP）

SOP 與加工程序連結保證聽就會，大郎常說不用草圖的特徵就是王道，本節可以明顯感受到這句話的奧義。

39-2-1 建立草圖骨架（路徑）

萬物之始在草圖，常以 1 個 3D 草圖為骨架，減少草圖數量與好管理，下圖左。

39-2-2 結構成員（任督第 1 脈）

指令過程中點選草圖將結構成型，第一次體會建模速度如此直覺，下圖右。

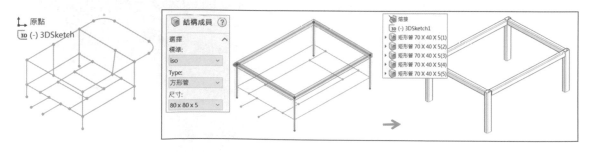

39-2-3 修剪（任督第 2 脈）⬛

移除結構干涉區域或調整結構的連接，這部分有人教大約 5 分鐘就會了，對多本體認知更上層樓，下圖左。

39-2-4 支撐⬛

增加結構強度，又稱肋板。點選 2 面立即完成，不用畫草圖就能完成，保證立即上手，常用支撐項目更改類型，例如：保留焊道，下圖右。

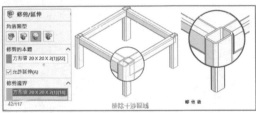
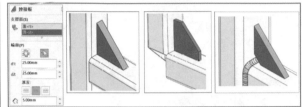

39-2-5 頂端加蓋⬛

點選模型的端面加封蓋和⬛觀念和做法一樣，保證立即上手，下圖左。

39-2-6 熔珠（焊接）⬛

將結構用焊接的方式連接起來，現在很流行加焊道，下圖右。

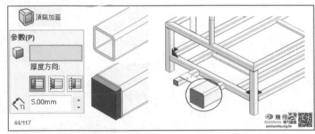

39-2-7 封板

機架組裝－雖然機架零件完成了，這時才完成一半，常用⬛加上封板、腳墊、馬達、電控箱以及鋁擠配件，才算完成整個設備，下圖左。

39-2-8 爆炸圖

2012 年起零件多本體如同組合件可製作爆炸圖。骨架大部分解就可以，不會爆太詳細免得太亂，甚至不製作爆炸圖用 2 個立體圖也可見本體之間搭配情形，下圖右。

A 多本體技術

零件組裝零件、零件製作爆炸圖產生 BOM、甚至零件干涉檢查。很多人認為匪夷所思，組合件的事竟然在零件完成，這就是多本體技術。

39-2-9 圖面輸出

熔接工程圖就是 3 視圖＋等角圖的出法，坊間很多以一張圖代表 1 件銲接件，一張圖整廠用，下圖右。

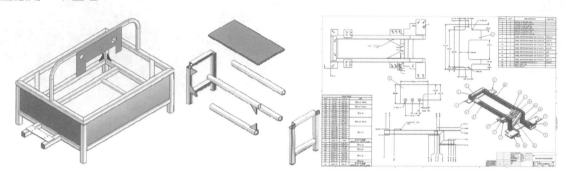

40

結構成員與管路

本章結構成員（Structural Member）是熔接最重要的特徵，完成類似作業是目前最流行管路技術。

為填料作業，是熔接第 1 步驟（第 1 特徵），也是一定要用的指令，否則其他指令無法使用，下圖左。

這觀念特徵的**伸長填料**、鈑金的**基材凸緣**是一樣的，在熔接工具列左邊第 3 個，建議使用快速鍵。

40-0 指令位置與介面

說明指令位置與介面項目，先認識欄位→再認識項目，先睹為快讓同學體驗成形作業，同學反應相當良好也很有成就感。

40-0-1 指令位置與介面

進入指令後由上到下分別 2 大欄位：1. 選擇和 2. 設定，也是指令選擇順序，其中 2. 設定的項目比較多元與獨立，是一開始要面對的課題。

A 結構成員分章說明

🔲包含 3 大作業：1. 成型、2. 修剪、3. 對正，每項都是大學問，必須分 3 章說明，本章說明 1. 結構成型。

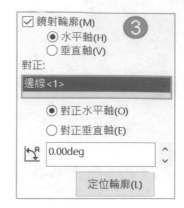

40-0-2 框架草圖

可用 2D 或 3D 草圖定義骨架（又稱框架、結構、Layout），通常由 1 個 3D 草圖減少草圖數量並擁有擴充性。

40-0-3 顯示草圖（預設關閉）

為加強製作過程的辨識，執行🔲之前顯示草圖，否則會點不到草圖線段。1. 特徵管理員點選草圖→2. 顯示，建議設定**顯示/隱藏草圖**┗的快速鍵，下圖右。

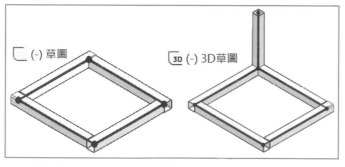
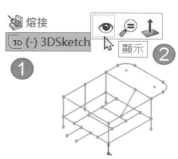

40-0-4 先睹為快：結構成員

1 個特徵🔲多群組快速完成框架，也就是業界最吸引人的 1 個特徵做到底技術。

步驟 1 標準:ISO

步驟 2 TYPE:方形管或 SQUARE TUBE

步驟 3 尺寸:80x80x5

步驟 4 點選上方 4 條線

步驟 5 新群組

步驟 6 點選 4 條垂直線

步驟 7 重複步驟 5-步驟 6

自行完成下方方型，共 3 個群組。

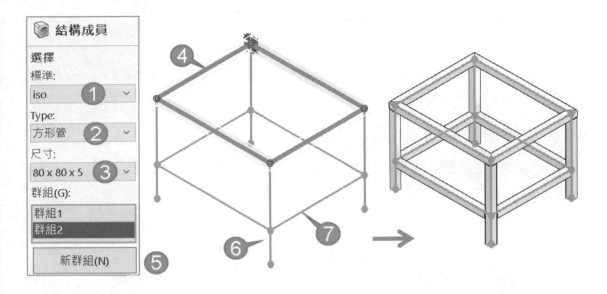

40-0-5 結構成員成形原理

製作🔲過程中，為何點選草圖線段有時做不出來，有 2 重點：1. 連續、2. 平行。雖然可以用 2 個群組或 2 個🔲破除上述原則，但是會影響到修剪過程🔧。

A 連續相交：O

類似掃出原理可以相交=L 形，但不能非連續選擇，下圖 A。

B 非連續但平行：O

非連續但平行是可以的，下圖 B。

C 非平行：X

2 非平行無法同時成形，下圖 C。

D 連續＋非連續：X

上方 4 條線連續選完→點下方直角，對系統來說非連續。

E 新群組：O

上方矩形為 1 群組，下方 4 隻腳要以新群組完成，下圖 D。

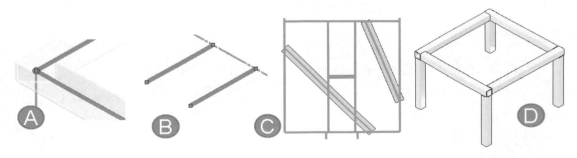

40-1 結構成員的選擇項目

本節說明🔲的**選擇**欄位用意為何，為何這麼神奇點選線條就能完成結構，核心 1. 熔接輪廓路徑位置、2. 群組觀念。

40-1-0 熔接輪廓檔案位置

於選擇欄位由上到下依檔案總管資料夾階層擺放：1. 標準、2. Type、3. 尺寸。

A 預設路徑

C:\Program Files\SOLIDWORKS Corp\SOLIDWORKS\data\weldment profiles\，建議檔案位置改到 D 磁碟方便模組管理，本節適用進階者。

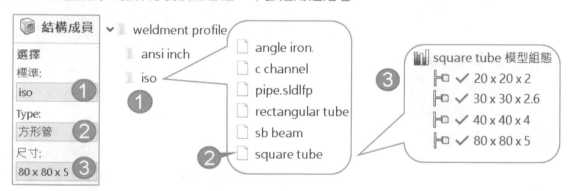

40-1-1 標準（Standard，預設 ANSI）

展開清單預設 2 個資料夾：1. ANSI（英制）、2. ISO（公制），這裡選 ISO。

40-1-2 類型（Type），方形管

切換熔接輪廓種類，清單可見 6 種項目（也是 6 個檔案）。這裡選**方形管**（正方形），形=過程、型=結果，方形管應該為**方型管**才對。

A 內建六種形式

1. C 形槽（C Channel）
2. SB 橫梁（Sb Beam）
3. 方形管（Square Tube）

4. 角鐵（Angle Iron）
5. 矩形管（Rectangular Tube）
6. 管路（Pipe）

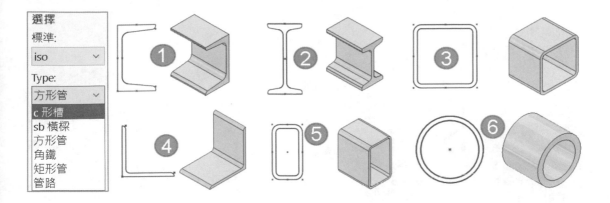

40-1-3 尺寸（Size）80x80x5

　　方形管尺寸清單有 4 項＝模型組態→選擇 80X80X5，下圖左。該輪廓的設計意念：項目名稱（模型組態名稱）就是大小，80X80＝包外尺寸，5＝厚度。

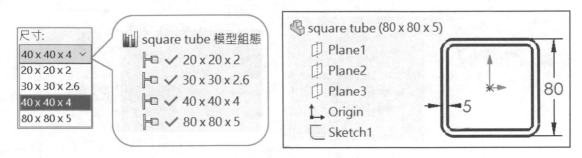

40-1-4 群組（Group）

　　將所選邊線集合成為一組，例如：第 1 組上方 4 條線，第 2 組 4 隻腳，群組常用在一個⬚指令完成結構模型和快速成形。

🅐 群組 1

　　點選上方第 1 條線，1. 在群組欄位中就能看到**群組 1**（箭頭 1 所示），2. 下方出現**設定**欄位，記錄所選線段。進階者 Alt＋N，製作大量群組，就能體會這好處。

🅑 新群組（New Group）

　　按**新群組**，出現**群組 2**→下方 4 隻腳，自行完成群組 3。

🅒 亮顯群組

　　群組欄位中分別點選群組 1、群組 2，亮顯快速識別本體位置。

🅓 刪除群組

　　可直接刪除群組，會大量刪除所選線段，例如：刪除群組 3，方形 4 本體會不見。

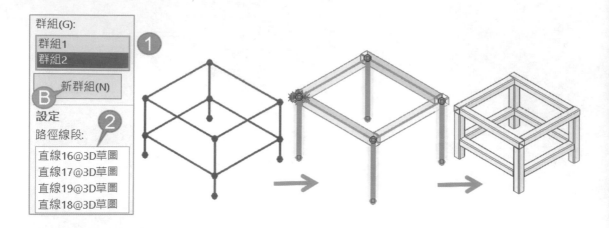

40-1-5 設定（預設不出現）

記錄：1. 群組所選線段、2. 輪廓調整，設定欄位後面詳盡說明。

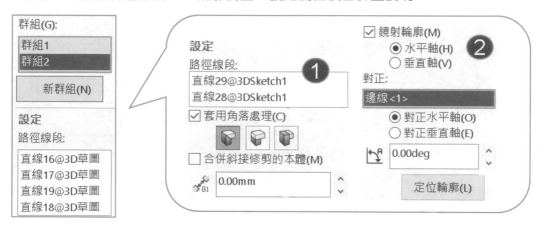

40-2 熔接環境

完成🗿後於特徵管理員會出現 4 種變化：1. 熔接特徵🗿、2. 骨架草圖🗿、3. 結構成員🗿、4. 除料清單🗿，下圖左。

40-2-1 熔接（熔接特徵）🗿

特徵管理員第 1 個位置，並有**除料清單**🗿計算結構長度及數量。嚴格講起來🗿是特徵，不過很少人把它當特徵看，就是還沒通透，因為大郎以前也沒想到。

A 刪除🗿

系統會把以下🗿特徵刪除，因為🗿為第一特徵，其他特徵與🗿關聯，最大好處可當下重做。至於**骨架**草圖為何還留著？因為他在🗿之上。

40-2-2 骨架草圖

類似掃出路徑為**共用參考**不會包含在 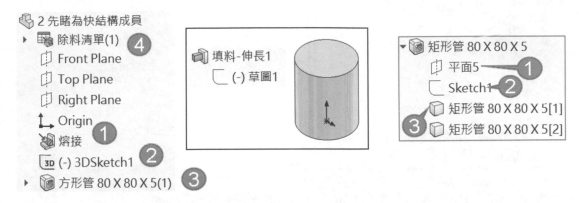。傳統特徵填料草圖包含在**特徵中**，下圖中。

40-2-3 結構成員

展開可見 3 個特殊結構，第一次見到這類型：1. 平面、2. 草圖 1、3. 本體，下圖右。

A 平面 1（輪廓位置）

自動產生新基準面給輪廓草圖用，平面位置垂直於所選第 1 條線的端點上，該面位置以當初所選線最接近的端點。

平面 1=第 1 位置，刪不掉，由於他是平面也可以在該平面產生新草圖。

B 草圖 1（熔接輪廓）

草圖 1=熔接輪廓，草圖可見尺寸 80X80X5。

C 本體

記錄結構成員的本體，特徵圖示旁邊顯示規格，例如：方形管 80X80X5，這名稱就很妙了，以 1. 輪廓檔名+2. 組態名稱傳遞到→3. 結構成員→4. 產生本體。

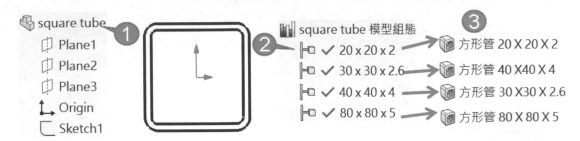

40-2-4 大膽修改草圖輪廓-臨時性

可以直接修改草圖尺寸，常遇到不敢改也不曾改過，因為有關聯性陰影。其實產生的輪廓就已經斷掉與熔接輪廓的關聯。

A 修改尺寸

將尺寸改為 100X100X8 會發現輪廓變大，或是上方增加溝槽都可以，下圖右。這修改只會影響目前🔲，其他的🔲不會被更改，足以證明沒有關聯性。

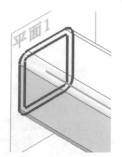
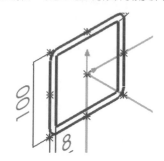

40-3 結構成員本體

本節說明🔲特徵下的本體作業，這是多本體議題算通識。

40-3-1 本體規則

展開🔲可見本體🔲，本體命名規則：1. 名稱＋2. 規格（大小）＋3. 序號[N]，例如：方形管 80X80X5 [3]。1、2 名可以改，但序號不能改。

A 名稱和規格與🔲連結

1. 和 2. 由🔲名稱關聯，改🔲名稱後，資料夾內的本體名稱會自動連結，這樣的好處對未來除料清單🔲有很大的識別度，下圖左。

40-3-2 亮顯結構成員

繪圖區域或特徵管理員點選🔲，雙向亮顯所選位置，下圖右。

40-3-3 編輯結構成員

點選🔲或本體→🔧，都能編輯🔲。

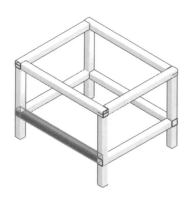

```
▼ 🔲 方形管 30 X30 X 2.6
    📄 平面1
    〔 Sketch1
    🔲 方形管 30 X30 X 2.6[1]
    🔲 方形管 30 X30 X 2.6[2]
    🔲 方形管 30 X30 X 2.6[3]
```

```
▼ 🔲 ABC123
    📄 平面1
    〔 Sketch1
    🔲 ABC123[1]
    🔲 ABC123[2]
    🔲 ABC123[3]
```

40-4 新群組與多個結構成員

　　完成框架**主結構**與**副結構**，學會內多群組差異，以及編輯群組的**路徑線段**，初學者常把**新群組**和**新特徵**🔲搞混。

40-4-1 多個結構成員

　　本節完成後得到 5 個🔲，多個🔲常用在模組規劃，可以彈性擴充設計意念。產生第 2🔲過程，可見指令有記憶性，不用重新指定規格，這點就能看出 SW 用心。

A 保持顯示 ✈

　　✈和↵加快製作速度（箭頭所示），例如：選完草圖線段→↵，進行下一個🔲。

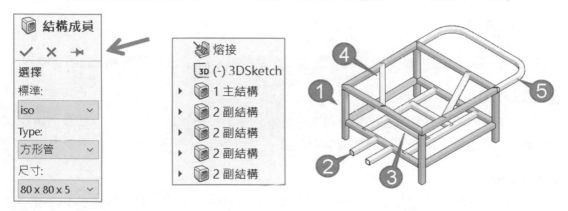

B 主結構（第 1 個🔲）

　　自行完成 1 個🔲，主結構 12 支。

C 副結構（第 2~5 個🔲）

　　完成另外 4 個🔲。

步驟 1 完成第 2🔲，下方 H

　　點選下方 4 條線段→↵。

步驟 2 第 3🔲，下方二

　　點選下方 2 條線段→↵。

步驟 3 第 4🔲，上結構

　　點選上方第 1 條線→2. 新群組→3. 點選第 2 條線→4. ↵。無法選擇 2 條線，因為路徑不平行，不過可以讓 1 條線單獨群組。

步驟 4 第 5🔲，右方框，點選 5 條線

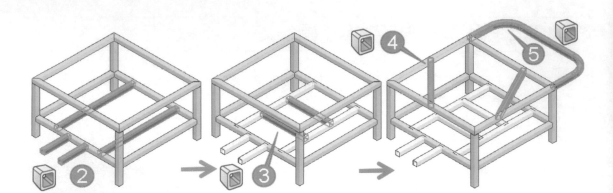

D 多群組速度（ALT＋N）

在新群組圖示旁（N），利用預設快速鍵更能體會靈活作業的便利心情。

40-4-2 路徑線段

每個🧊一定為群組構成，至少有 1 個群組，每個群組由下方**路徑線段**記錄所選線段。

A 點選群組

點選任意群組可見該群組所選線段，繪圖區域亮顯群組本體，可以刪除群組並重新點選**新群組**，用上下鍵由亮顯快速找尋**群組位置**。

B 點選線段

點選任一線段，繪圖區域亮顯該線段本體，刪除線段並重新點選其他線段來修改。用上下鍵由亮顯快速找尋**線段位置**。

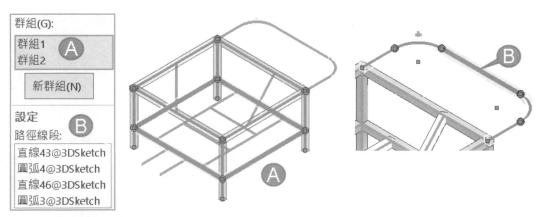

40-5 設定：合併本體

　2 個相連本體是否合併為同一本體，這部分會與加工製程配合，且為隱藏版項目，本節會依結構的連接形式出現 2 種不同項目的設定：1. 合併弧線段、2. 合併斜接修剪的本體。

40-5-1 合併弧線段本體（Merge Arc Segment body）

　所選線段有弧形時，是否要將直線與弧線合併。

A ☑合併弧線段本體（預設）

　將弧線段與直線合併，會見到 1 個本體，適用彎折加工，下圖左。

B □合併弧線段本體

　見到 5 個本體，適用焊接加工，下方顯示縫隙⚙(箭頭所示)。

C 依群組合併

　不同群組可分開設定，A 群組 1 合併、B 群組 2 不合併，下圖右。

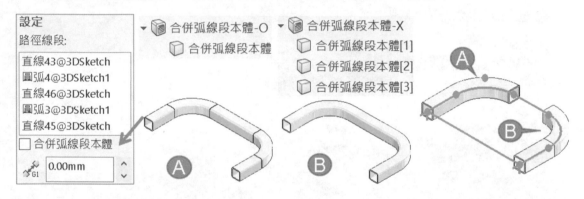

40-6 縫隙（Gap）⚙

　是否將本體之間預留距離，□合併線段本體，就會出現縫隙項目（隱藏版項目）。縫隙會與加工配合，例如：超過一定厚度留縫讓焊料滲透，下圖右。

40-6-1 相同群組線段之間的縫隙（預設）⚙

　在同一群組設定相同縫隙，如果要不同縫隙就用不同群組來克服。

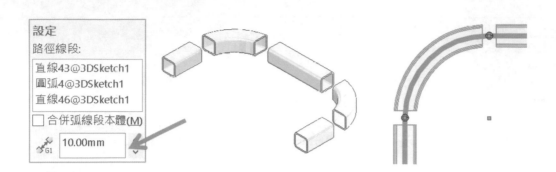

40-6-2 不同群組線段之間的縫隙 🔧G2

不同群組會出現 G2 縫隙設定，例如：第 2 群組相鄰第 1 群組的縫隙，這部分當初也是很納悶為何有時候會有 G2 縫隙，後來終於被試出來。

A 群組 1 🔧G1

L2 本體之間為同一群組縫隙🔧G1。

B 群組 2 🔧G2

群組 2 為 1 個本體，與群組 1 連接並產生縫隙 G2。

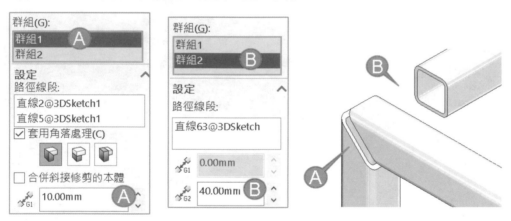

40-6-3 縫隙=0

縫隙可以=0，縫隙會影響管長，例如：100 長度-縫隙 5=95 長。不希望影響管長可以用草圖增加縫隙線段來捕正，例如：繪製 2 條線，1 條為實長，另一條為縫隙。

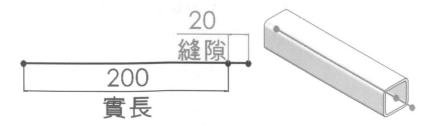

40-6-4 比對→詢問→為什麼

業界要 SW 程度和工作態度，不是只會建模，以本節例子。

A 比對（模型與實務相同）

到現場得知為焊接件，就到 SW 設定□合併弧線段本體。

B 詢問（徵求意見）

問師父留多少縫隙，例如：縫隙 3，常遇到輸入 3 卻不知為何是 3。

C 為什麼（經驗取得）

追問為什麼縫隙 3，這時會有很多情境，例如：和材質、鈑厚、設備有關。

D 記錄

把得到的資訊記錄 SOP 手冊中。

40-7 管路（**Routing** 軟管/硬管）

本節以⬚建立管路，常見管路有：軟、硬管、電路纜線，應用在：空調、消防、建築管線、石化產業、電路配線..等，破除管路好像很難的疑慮。

A 管路使用計畫

3D 管路業界詢問度極高，多半用 1. 掃出✎或 2. 組合件建立，使用⬚讓管路作業多一份考量，甚至是解決方案...。

B 多本體作業

⬚為多本體作業，甚至可使用干涉檢查，不需現場組裝才發現異常，導致重工、呆滯料、無效成本付出...無限循環，讓⬚中止這現象，甚至可取代 Routing 模組。

40-7-1 管路導入 3 階段

我們在企業建議管路導入 3 階段：1. 掃出✎→2. 熔接⬚→3. Routing⬚。前 2 項共通性：路徑要自行繪製（就畫草圖），3. Routing 最大特色自動產生路徑。

40-7-2 結構成員管路⬚

每組草圖線段 1 群組，快速完成管路，更能體會⬚的好用之處。如果要不同管徑，就要用不同的⬚，這時就能體會多個⬚的意義。

步驟 1 TYPE 管路→尺寸 26.9X3.2

步驟 2 群組 1

點選右上第 1 條線→新群組，因為線段沒連接，無法選第 2 條線。

步驟 3 依序完成 8 個群組

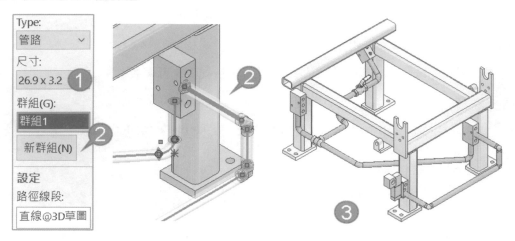

40-7-3 開關線路（軟管）

這是開關箱的配線，∅1.5+**不規則曲線**完成的線路，壞消息🔲不支援不規則曲線，經常以🌀完成，共 5 個掃出。

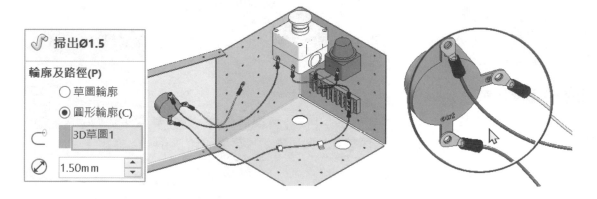

40-7-4 油化槽管路（硬管）

利用🔲完成 4 條配管，執行過程由 SW 內建的管路，尺寸 21.3x2.3 完成特徵，事後再修改直徑即可。第 1 條管路 ∅140、第 2 條 ∅60、第 3 條 ∅60、第 4 條 ∅60。

筆記頁

41

修剪與延伸

本章進入熔接第 2 脈：**修剪/延伸**（Trim/Extend）進行本體分割後移除，能當下控制多種對接型式。由於骨架以草圖線段構成，成形後擁有厚度會有干涉可能。

A 修剪/延伸 VS 修剪與延伸

業界習慣以修剪稱呼，直覺印象修剪就是移除。**修剪/延伸=本體、修剪與延伸=草圖**，認識這邏輯就是學習的延伸，換句話說，草圖有修剪，特徵也有修剪。

B 修剪與延伸盲點

修剪=減除，別忘了這指令包含**延伸=增加**。

C 打通任督 2 脈

本章尾聲說明內部和外部修剪，操作很像智力測驗，會這些邏輯絕對能打通任督 2 脈，熟練後可一次剪多個本體，甚至更進一步懂得減少特徵數量（特徵越多算越久）。

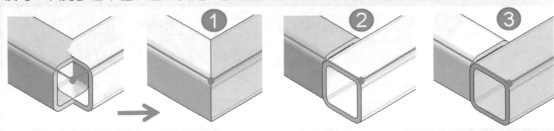

41-0 修剪指令認知

進入指令由上到下可見：1. 角落類型、2. 修剪的本體、3. 修剪邊界。

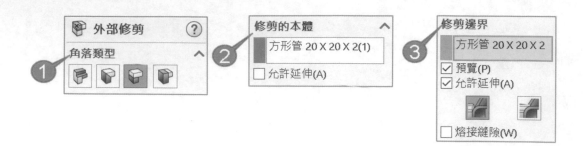

41-0-1 角落類型（Corner Type）

由圖示可知 4 種切割形式，不必太理解操作準確度，**只要按按鈕**由預覽看出你要的修剪型式即可。由左到右分 2 組：第 1 組=干涉（重疊）修剪、第 2 組=結構修剪。

A 修剪的本體

顧名思義點選要修剪的本體（被修剪的本體）。

B 修剪邊界

定義被修剪的參考，可以控制修剪細節，例如：延伸、縫隙。換句話說，本欄所選的本體只是參考，不會被修剪到。

41-0-2 外部修剪

修剪分內部或外部，=外部修剪，完成以後進行，會留下特徵記錄，下圖右。

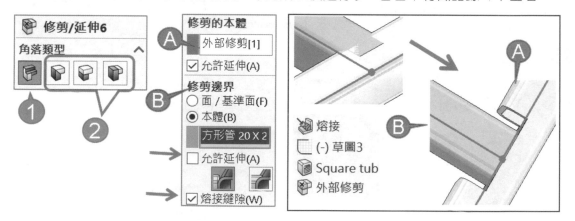

41-0-3 內部修剪

在指令內部，於設定欄位中☑**套用角落處理**，也可針對角落進行細節處理，不會額外產生特徵，下圖右。其實沒有內部修剪指令，只是習慣這麼稱呼。

41-0-4 先睹為快

將 2 本體干涉進行修剪，完成後沒想像中的難，能體會這是不用草圖的特徵。

步驟 1 底端修剪

步驟 2 修剪的本體

點選 2 個要修剪的本體。

步驟 3 修剪邊界

點選修剪邊界的欄位啟用→☑本體→點選另 1 個本體做為切割參考。

步驟 4 查看

可以見到原本干涉的本體，被修齊在另一本體上，下圖右。

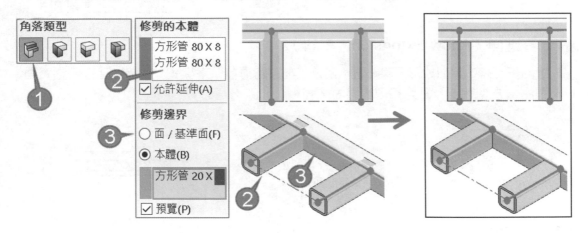

41-0-5 外部修剪、內部修剪差異

	優點	缺點
外部修剪	功能多，方便調整結構形式	增加特徵數量、增加模型運算
內部修剪	操作簡單與彈性、減少特徵數量	不好理解 (因為隱藏版選項)

41-1 底端修剪（End Trim，預設）

修剪干涉區域，只要想到去除多餘料就可以了，最簡單也最常用，下圖左（箭頭所示）。本節重點在：1. 修剪的本體、2. 修剪邊界，這 2 欄位要同時使用才可見預覽。

A 欄位顏色

留意欄位顏色判斷所選本體。

41-1-1 修剪的本體（紅色）

選擇要被修剪本體（可一次選多個），例如：中間結構要被修短，1. 點選中間方型管→2. 點選修剪邊界的面。

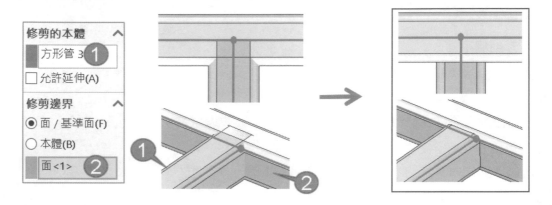

A 允許延伸（Allow Extension，長料）

讓結構延伸，類似成形至某一面，例如：左邊結構為原來樣子，將結構延伸到指定面。1. 點選右邊方型管→2. 點選修剪邊界的 2 面。

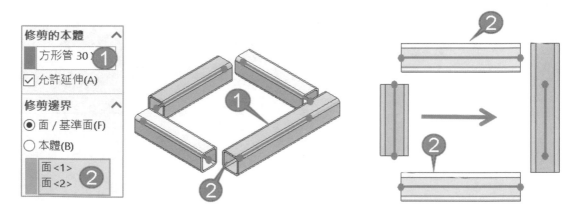

41-1-2 修剪邊界（粉紅色）

選擇切割範圍，可來自 2 種參考：1. 面/基準面或 2. 本體。

A 面/基準面（預設）

以面為參考進行修剪，類似切割面，可點選特徵面、基準面，面不見得要🎲的面。

B 本體（適用🎲本體）

點選本體進行整體的修剪參考，只能點選🎲產生的本體。如果沒有修剪差異，點選本體的點選速度比較快，但本體過多且複雜時不要點選，因為本體面積過多會占用效能。

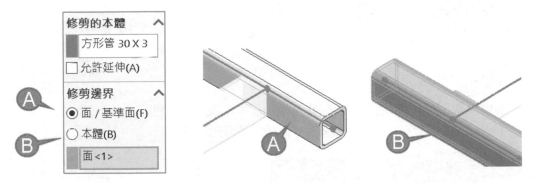

C 允許延伸（參考）

讓結構虛擬延伸除料，類似完全貫穿，1. 修剪的本體、2. 修剪邊界，☑本體。

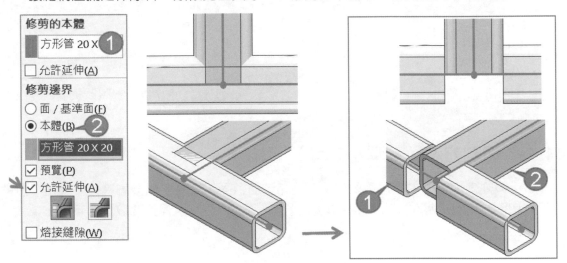

D 熔接縫隙（適用🔧）

在修剪邊界產生縫隙，1. 修剪的本體、2. 修剪邊界，☑面/基準面。縫隙常用在多件焊接會有：熱變形、管材真直度、管件放置準確度...等。

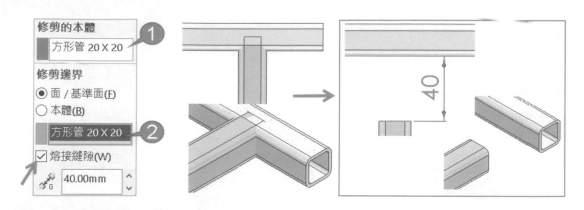

E 📦=內部縫隙

T 型對接說明📦=內部縫隙，能突破盲點。這 2 條線因為沒連續，必須使用 2 群組完成，就能在**群組 2** 加入縫隙。很多情境不用指令📦就能產生縫隙。

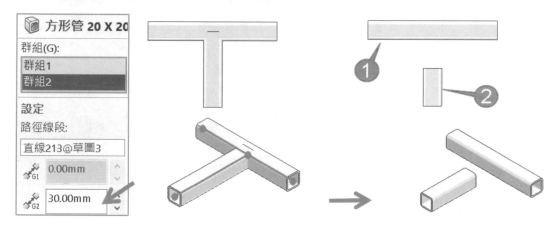

41-1-3 切割方塊（又稱小方塊）

顯示與判斷切割的本體是否要保留，例如：點選面系統將本體分割為 2，這是☑**預覽**結果。切割方塊有 2 欄位：1. 左邊=本體代號，2. 右邊=可點選**保持**或**放棄**，下圖左。

A 計算邏輯

接觸的本體為干涉狀態，會自動判斷**放棄**。

B 練習：大量修剪的手法

修剪的本體可以為修剪參考，一次完成多本體修剪，以減少修剪指令數量。

步驟 1 修剪的本體

點選中間 4 個本體。

步驟 2 修剪邊界

☑面/基準面，點選中間 4 個內面（前後左右）。

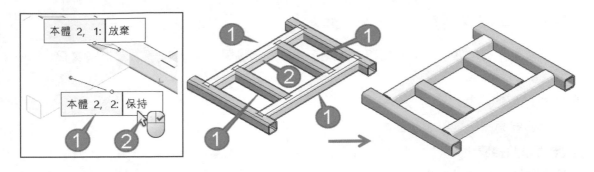

C 斜管-放棄本體

修剪過程系統無法判斷你要的，多半來自干涉面積不夠大或不平均，以業界常見的斜管加工，學會切換小方塊：保持或放棄。

步驟 1 修剪的本體

點選 2 斜管，□允許延伸。

步驟 2 修剪邊界

☑面/基準面，點選內部 4 面（箭頭所示）。

步驟 3 放棄本體

由小方塊看出系統判斷保持，自行切換放棄本體→↵，下圖右。

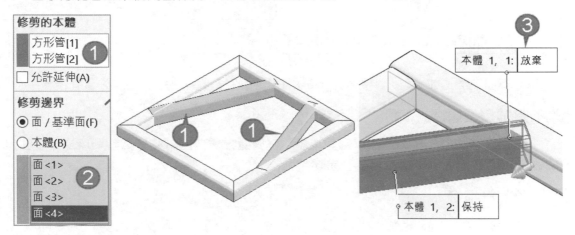

D 斜管-修剪邊界：本體

體會點選本體的修剪法，下圖左。

步驟 1 修剪的本體

點選 2 斜管，□允許延伸。

步驟 2 修剪邊界

☑本體，選擇外框 4 本體，會發現自動修剪好。

41-1-4 榫接-本體

榫接常用在木工，本節有點智力測驗，其實就是搞懂 1. 修剪本體、2. 修剪邊界、3. ☑本體、4. □允許延伸。

步驟 1 修剪的本體

長的要有缺口就點選長的本體、□允許延伸。

步驟 2 修剪邊界

☑本體，點選短本體。

步驟 3 □允許延伸

不能投影到材料邊界。

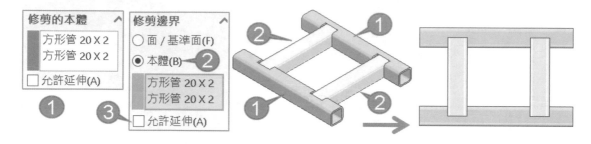

41-2 底端斜接（End Miter）

將 2 本體端面產生 45 度斜接處理，常用在角落平整緊密結合、增加黏著面積。

A 本體選擇沒順序、1 欄位 1 本體

由於斜接修剪形式相同，所以**修剪本體**和**修剪邊界**欄位的本體選擇沒順序之分，並且 1 個欄位只能點選 1 個本體，相當容易學。

B 一角落一指令

1 個指令只能點選 2 相鄰本體=只能 1 個角落，若 4 個角落就要 4 個。

41-2-0 先睹為快

先完成結構並確認內部修剪議題→再使用。

A 結構製作

方形管 20X20X2，□套用角落處理，下圖左（箭頭所示）。

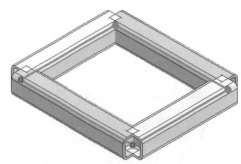

B 底端斜接

可見到框架角落干涉，點選進行。

步驟 1 保持顯示

由於要製作 4 次，按下製作速度更快。

步驟 2 第 1 角落

分別點選 2 本體→↵，見到角落完成。

步驟 3 第 2、3、4 角落

自行完成另外 3 個角落，於特徵管理員可見 4 個，感覺速度很快對吧，但缺點特徵比較多，後面各位就會學到的**內部修剪**來減少特徵數量。

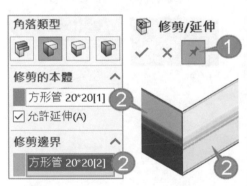

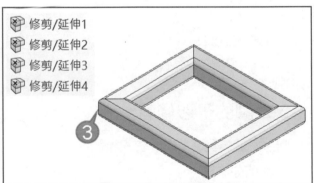

41-3 底端對接（End Butt）

調整對接型式：**底端對接 1**、**底端對接 2**，將本體調整位置，常用在改變強度。

A 本體選擇沒順序、1 欄位 1 本體

由於底端對接可以相互切換改變角落型式，由預覽達到需求即可。所以**修剪本體**和**修剪邊界**欄位的本體選擇也沒順序之分，並且 1 個欄位只能點選 1 個本體。

B 一角落一指令

操作和🔧一樣每個欄位只能點選 1 個本體，且例如：4 個角落要 4 個修剪指令🔧。

C 先修干涉🔧→對接🔧

本節屬於設計品質階段，先**底端修剪**🔧把干涉排除→再調整**對接型式**🔧、🔧。

41-3-1 結構製作

2 個🔧方形管 20X20X2，保持顯示（箭頭所示）。

步驟 1 方框結構🔧

點選上方 4 條線、□**套用角落處理**，讓結構各自獨立顯示。

步驟 2 腳結構🔧

點選下方 4 條垂直線，腳與框架之間為干涉狀態，下圖右。

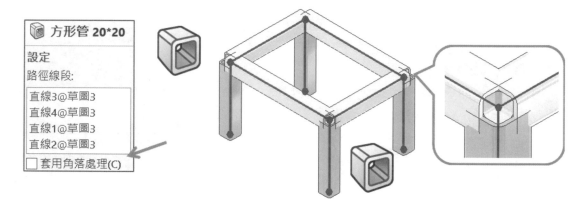

41-3-2 腳的干涉修剪🔧

利用**底端修剪**🔧一次解決 4 隻腳的干涉。

步驟 1 修剪的本體

選 4 隻腳。

步驟 2 修剪邊界

點選矩形下方 1 個面，系統以投影切齊計算。

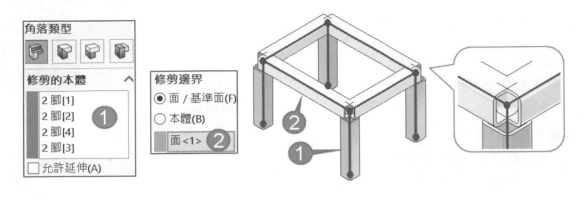

41-3-3 上方框架結構-對接

讓 4 支腳撐長邊。

步驟 1 底端對接 1🔲或底端對接 2🔲

自行切換角落類型。

步驟 2 修剪的本體

點選本體 1。

步驟 3 修剪邊界

點選另一相交本體,可見預覽→↵,完成 1 個角落🔲。

步驟 4 點選🔲,重複步驟 2、步驟 3

特徵管理員可見 4 個修剪。

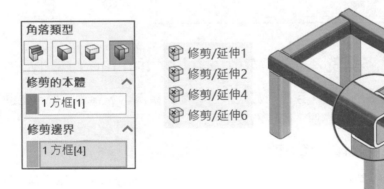

41-4 內部修剪-角落類型

於🔲指令內部快速改變相交結構,內部修剪=速度快。建議🔲的**角落類型**和🔲**角落處理**名稱統一,這樣比較不會搞混。

41-4-1 單一結構成員製作

由 1 個完成方形管 20X20X2，讓修剪在內部進行，甚至支援群組 1 和群組 2 之間。

步驟 1 上方框

點選 4 條線、☑套用角落處理，預設斜接，完成群組 1。

步驟 2 按新群組

產生群組 2，製作 4 隻腳。

步驟 3 4 支腳

點選 4 條線→↵，會發現腳=底端修剪，與上方結構無干涉狀態，下圖左。

41-4-2 2 結構成員

由 2 個分別完成，第 1=上方框，☑**套用角落處理**、第 2=4 隻腳，但腳會產生干涉，更能得知 2之間必須使用，下圖右。

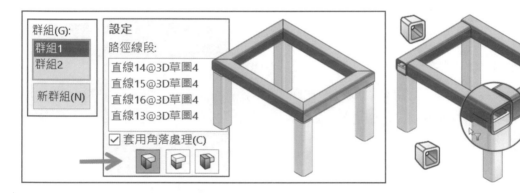

41-4-3 合併斜接修剪的本體（Merge miter trimmed body）

是否要合併斜接修剪的**本體**，這是隱藏版項目（箭頭所示），要讓它顯示必須：1. 所選線段為連續、2. ☑套用角落處理：底端斜接。

A ☑ 合併斜接修剪的本體（預設開）

合併 2 本體為 1 個。常用在製程，例如：加工廠焊接，公司進料為 1 個零件，下圖左。

B ☐ 合併斜接修剪的本體

不合併本體，例如：進料 2 支鋼管自行焊接，這部分縫隙說明過，不贅述，下圖右。

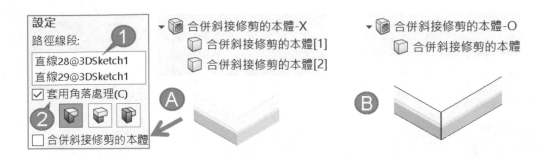

41-5 內部修剪-角落處理視窗

對接形式不是我們要的，切換：對接 1 、對接 2 又無法兩全其美，這時就要更深的層的角落處理了，常遇到很多人不知道有這功能，希望 也有角落處理視窗。

41-5-0 進入角落處理視窗

於 製作過程中，在本體相交處 1. 點選粉紅色點→2. 出現**角落處理**視窗。

A 整體與單獨的角落處理

1. ☑套用角落處理=整體、2. 角落處理視窗=單獨定義角落型式，一開始在這會搞混。

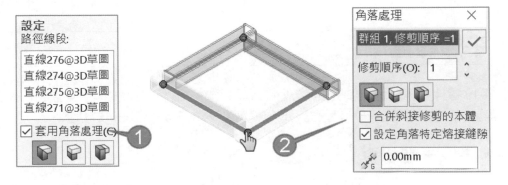

41-5-1 套用角落處理（常用在對接 1 或對接 2 ）

單獨定義所選的角落型式，這部分就是解決方案了。

A ☑套用角落處理=循環的

有 1 好沒多好，例如：上方矩形為連續本體，希望長邊接短邊，切換 或 ，只有 2 個角落滿足希望（箭頭所示）。

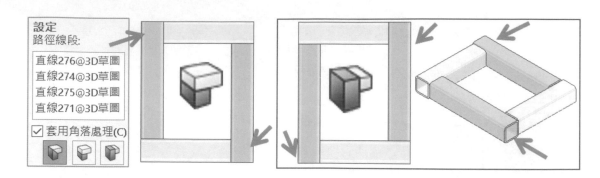

B 角落處理視窗

點選要改變的角落切換🔲或🔲，輕鬆完成長邊接短邊。

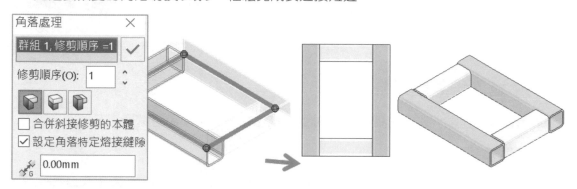

41-6 干涉檢查

自 2019 零件多本體可干涉檢查🔩，先前版本只能組合件干涉檢查🔩。常遇到修剪完就出圖，等到加工後才發現有干涉，應該要 1. 修剪🔲→2. 干涉檢查🔩→3. 出圖🖼。

41-6-1 零件干涉檢查

🔩在評估工具列，不過 2019 在工具→評估🔩，自行將指令移到評估工具列中。按計算，於繪圖區域呈現干涉本體，可以選多個項目，查看 2 個以上的干涉。

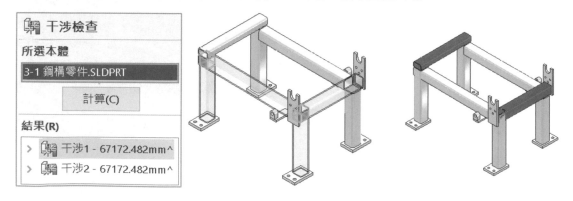

42

連接板與頂端加蓋

連接板（Gusset，俗稱支撐、角料、角板、肋板）✎，加強兩結構強度或節省材料。聽到**連接板**聯想不起來這是啥，也感覺功能很低階，其實這是原廠翻譯不夠強而有力，**支撐板**比較有吸引效果。

A BOM 數量

✎在 BOM 會有很多數量，甚至焊接作業**採臨時**增加或減少數量的彈性，就像螺絲螺帽，沒必要計較多算幾顆、少算幾顆。

B 不用草圖的特徵=王道

✎不用畫草圖，點一點面就好，使用草圖→🔧，或草圖→✎。

C 設計的示意

設計初期會用✎示意設計元件，例如：未來這是機架連接座。

D 過濾面 🔍

指令會大量點選面，使用濾器僅選擇面🔍，可以加速選擇，更可以體會愜意心情。

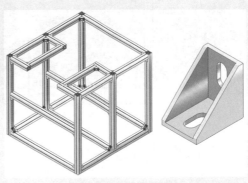

42-0 指令位置與介面

指令由上到下可見：1. 支撐面、2. 輪廓、3. 位置，下圖右。

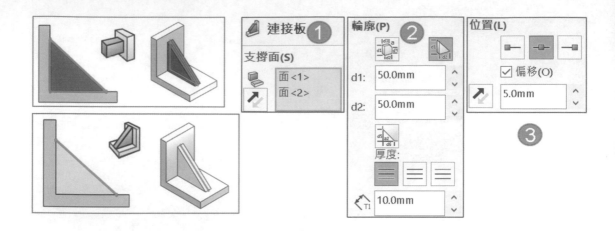

42-1 支撐面（Supporting Face）

支撐面=連接板位置，不需草圖用點的就可以，會感慨太慢認識。

42-1-1 面

點選 2 相交本體相鄰面，選擇第 2 面有預覽，面選擇順序=尺寸基準。

42-1-2 反轉輪廓↗

反轉 D1、D2 參數，不必人工對調，例如：80X50⇆50X80，也可透過↗修正。

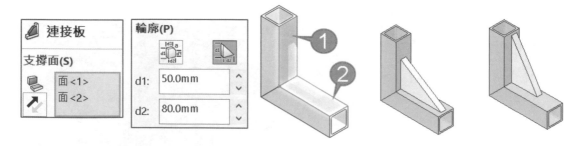

42-1-3 圓管上加支撐板

圓管更可體會支撐板不同感受，例如：公園的健身器材，下圖左。

42-1-4 單獨特徵沒有草圖

由特徵管理員得知，◢為單獨特徵沒有草圖，2 個位置就會有 2 個◢，設變要一個個改，下圖右。我們希望未來特徵能統一，如同圓角特徵。

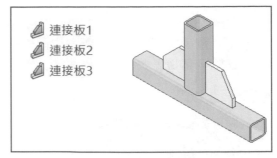

連接板1
連接板2
連接板3

42-2 輪廓（Profile）

輪廓又稱大小，有 2 圖示：1. **多邊形**、2. **三角形**，圖示對應下方參數位置，例如：D1～D4，除此之外還可為這 2 類型加導角，通常由預覽調到你要的大小。

42-2-1 多邊形（Polygonal）

多邊形支撐。輸入邊長尺寸 D1～D4 或角度 A1，D4 和 A1 僅能 2 選 1。角度（a1）僅適用多邊形，例如：輸入 D1=50、D2=50、D3=15、A1=45，下圖左。

42-2-2 三角形（Triangular）

三角形支撐。輸入邊長尺寸 D1=100、D2=100，很可惜無法輸入角度。

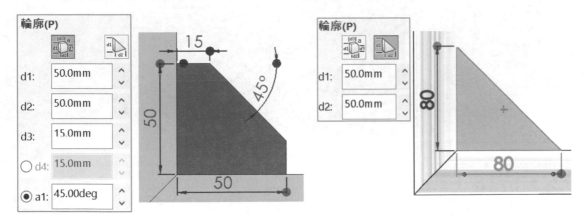

42-2-3 導角（Chamfer）

將**多邊形**或**三角形**左下方加上導角處理，常用在焊道空間、節省重量，換句話說導角可做可不做。設定邊長尺寸 D5=30（或 D6）、a2=45。

A 節省工時

連接板幾乎為雷射切割，導角預留焊道空間，免得組裝過程要焊道空間時，才在由現場人員切除，若板子太厚或材質太硬更難處理。

B 另一種形式

常遇到類似長條型的支撐，可以用導角來完成，下圖右。

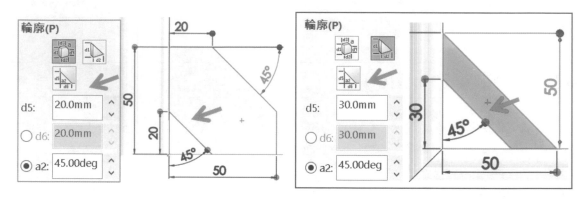

42-2-4 厚度

設定總厚度和成形方向。以所選面中心為基準（本節以草圖線段示意），定義厚度往內側、兩邊、外側成形。

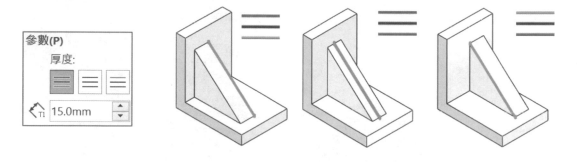

42-3 位置（Localtion）

3 大圖示計算連接板位置，還可使用**偏移**，讓位置定義更完整，成形位置通常亂壓壓到你要的位置。位置和厚度有相對關係，本節以**厚度為中間**說明（箭頭所示）。

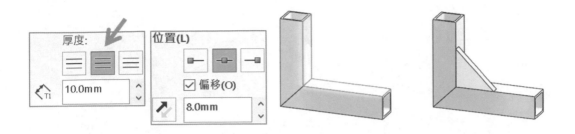

42-3-1 輪廓位於起始點（Start Point）▪—

由所選面起點成形，若發現連接板超出範圍，將厚度修正位置即可，下圖左。

42-3-2 輪廓位於中點（預設）—▪—

由所選面中點成形，也是常用設定，下圖中。

42-3-3 輪廓位於終點—▪

由所選面終點成形厚度，下圖右。

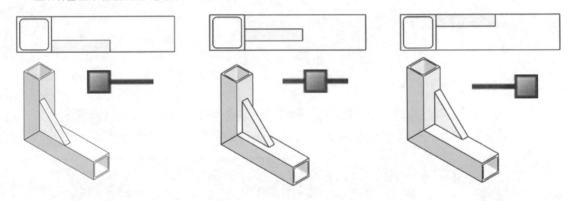

42-3-4 偏移

以上述成形基準，進行連接板偏移補正，口訣：先基準後偏移。本節與厚度、輪廓位置互補，常用在連接板端面貼齊後→偏移厚度，讓封板貼齊端面。

例如：壓克力門板厚 8，1. 連接板端面貼齊→2. 偏移 8，讓板厚與偏移參數一致=設計精神，下圖左。或是所購買的連接板不足厚，例如：10mm 得到的料 9.8mm。

A 尺寸補正

偏移距離常用 2 種手法：1. 結構成員圓角刪除，R=0.01 成為類直角。封板厚 8-R5=偏移 3，不建議這樣，設變很容易沒改到，希望這指令有**至某面平移處**的功能。

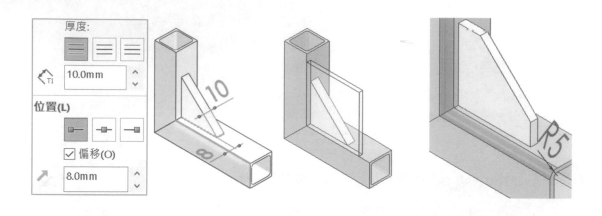

42-4 頂端加蓋（End Cap）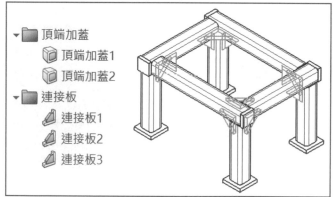

頂端加蓋，簡稱加蓋用於防護與美觀式配件，例如：防雨水、髒汙、老鼠、腳墊、防刮手也是設計尾聲。指令特性和相同，唯一不同要的特徵面，否則會出現頂端加蓋目前僅支援軟管的結構成員。

42-4-0 指令位置與介面

由上到下可見：1.參數、2.偏移、3.角落處理。

A 資料夾特徵組織化

、讓特徵管理員看起來過於龐大不易識別，加入資料夾增加專業識別度，例如：點選資料夾可看到群組性亮顯。1.點選要加入資料夾特徵右鍵→2.加至資料夾。

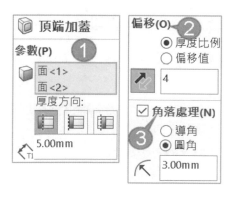

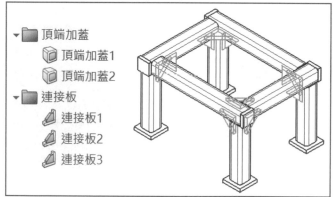

42-4-1 參數

選擇輪廓面為加蓋位置，俗稱端面加蓋或封蓋。選擇 1 個或多個放置端蓋的面，若相同大小，同一個指令可以選多個面，特徵管理員會見到整合特徵，這點就不錯。

A 厚度方向：外張（Outward，預設）

決定加蓋厚度與位置，圖示以黑色線為基準（就是所選面）。所選面向外延伸厚度，例如：機台長度 100，加蓋厚度 5，總長度 105，下圖左。

B 厚度方向：內縮（Inward）

所選面向內厚度會影響管長，例如：長度 100，加蓋厚度 5，管長為 95，下圖右。

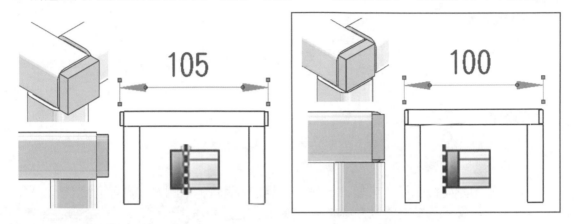

C 厚度方向：內部（Internal）

將端蓋放置結構內部，甚至自行開孔給管線過，與**厚度**和**插入距離**有關。

D 厚度、插入距離（適用內部）

定義加蓋厚度與距離，例如：厚度 5、距離 10，常用在柱塞或積木，。

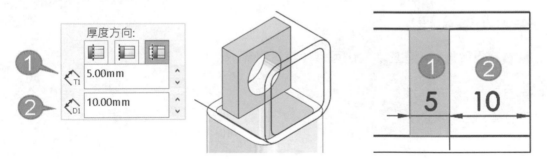

42-4-2 偏移

點選模型面定義：外邊線 A 到端蓋邊線 B 距離，距離可以**厚度比例**或**偏移值**，下圖左。通常端蓋會比接觸面還小，達到美觀防刮手。

A 厚度比例（0~1 範圍）

端蓋和鈑厚偏移比例：厚度基準 X 比例，例如：厚度 5、比例 0.5，5X0.5=偏移 2.5。

B 偏移值

以數字直覺定義值，偏移 0=畫好畫滿，甚至可以調整蓋子比輪廓小，以前 SW 做不出這樣，因為蓋子太小會掉下去對加蓋無意義，現在軟體以設計彈性為考量，不拘泥原理。

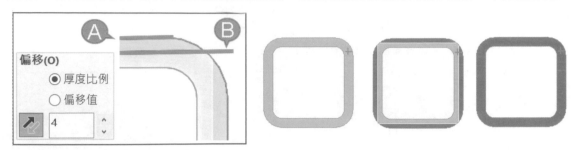

C 反轉方向

反轉端蓋偏移值，大郎一開始也不知可以向外讓偏移量加大，例如：端蓋設計用外張像帽子一樣外型，下圖左。

甚至在反轉方向後進行 2 次加工，例如：鑽孔或除料，下圖右。本節必定恍然大悟，越專業會越多盲點，學會看透是你專業下一境界。

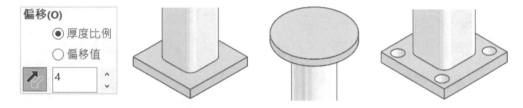

42-4-3 角落處理

定義端蓋導角算內建的功能，可減少特徵數量。

A 導角

進行 45 度 C 角處理。

B 圓角

以前沒有圓角，考量鐵工 C 角為主，後來指令增加建模彈性。

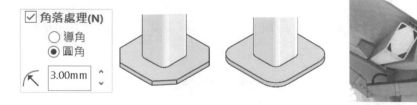

43

圓角熔珠與熔珠

多本體模型加入**圓角熔珠**（Fillet Bead，又稱熔接、銲接、舊式熔接、3D 焊接）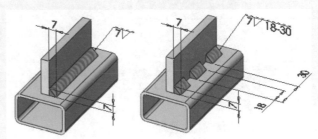，並標上熔接符號，可清楚看出焊接位置與類型，不限定在作業。

A 圓角熔珠是什麼？

圓角熔珠很多人聽不懂，習慣稱**熔接**或**焊接**，所以常找不到位置，建議指令稱**焊接**比較通俗明瞭。

B 屬設計尾聲

模型加其實很花時間，很少工程師會這樣做，因為現場師傅看到就會焊了。除非有必要說明焊道位置、機構有關、要求那邊要焊、計算成本、避免干涉…等，才會加上焊接。

C 熔接符號

工程圖的熔接符號多半以文字，用熔接符號可以提升圖面品質。現在工程圖加熔接符號是基本，模型加入已經是標準作業。

43-0 指令位置與介面

由於指令不在熔接工具列中，1. 插入→2. 熔接→3. 圓角熔珠，下圖左。由上到下：1. 箭頭邊、2. 面組、3. 相交邊線、4. 對邊，以 1. **箭頭邊**為主要設定。

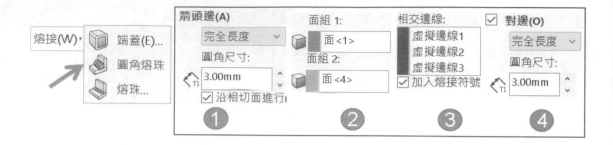

43-0-1 熔珠類型

由清單切換焊道（Welding Bead）型式：1. 完全長度、2. 間斷、3. 交錯，會見到不同欄位，由預覽看功能比較快，下圖左。

43-0-2 箭頭邊（Arrow Side）和對邊（Other Side）

一個指令完成 2 邊焊道，熔接符號也有這樣標示。由於箭頭邊與對邊操作相同，有部分重複就不贅述，下圖右。

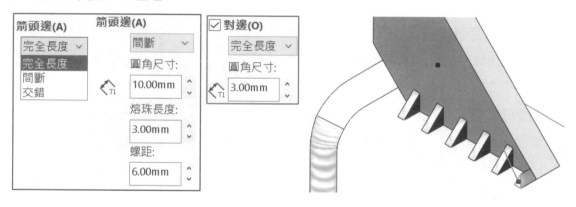

43-1 箭頭邊：完全長度（Full Length）

焊道完全填滿相交邊線。

43-1-1 圓角尺寸

輸入熔珠大小，焊道外型為 45 度導角，下圖左（箭頭所示）。

43-1-2 沿相切面進行（又稱全周）

焊道成形在相切面，例如：轉角或圓角邊線，下圖中。斷差無法全周焊，因為沒有交線，下圖右。

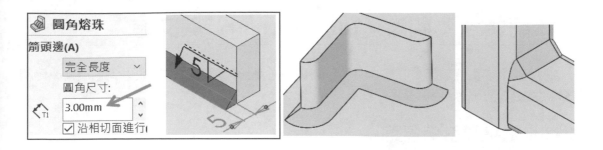

43-1-3 面組 1（Face Set1 紅）、面組 2（粉紅）、相交邊線

點選要熔接的相鄰 2 面，由系統計算熔珠位置並記錄在相交邊線欄位中（箭頭所示）。

A 面組 1 和面組 2

點選模型面沒有選擇順序之分，建議面組 1=基準面，由顏色查看選哪個面，例如：面組 1=連接板、面組 2=結構成員 2 面，下圖左。

43-1-4 加入熔接符號（Add Weld Symbol）

完成指令後是否顯示熔接符號，該符號工程圖會直接顯示，也可以編輯特徵開關他。很神奇的是快點 2 下符號可以進入熔接符號視窗，進行符號內容調整，下圖右。

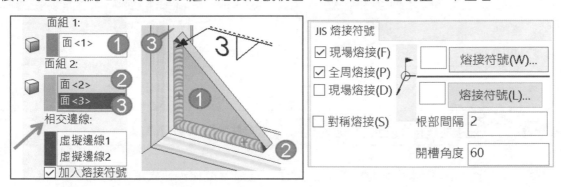

43-1-5 對邊（類似鏡射）

同一個指令產生 2 邊焊道，只要在**對邊**重新選擇面組即可。對邊面組要和剪頭邊相同，例如：箭頭邊面組 1=連接板、面組 2=結構成員 2 面；箭頭對邊點選也要一樣。

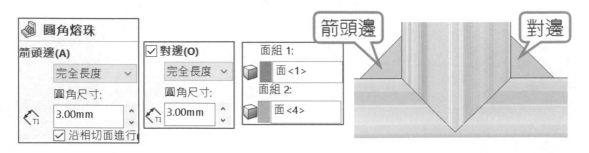

43-2 箭頭邊：間斷（Intermittent）與交錯

將焊道設定長度間斷：1. 熔珠長度、2. 螺距（應該為節距）。切換以下選項會改變欄位參數設定，與**來源/目標長度**相配設定。

43-2-1 熔接長度與螺距

設定焊道長和間斷長，下圖左。長度要小於螺距，否則做不出來。

💿 **模型重新計算錯誤**
圓角熔珠的長度必須小於圓角熔珠的螺距

43-2-2 交錯（Staggered）

適用與對邊焊道**交錯斷續**定位，下圖右。

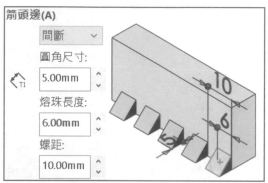

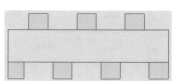

43-3 完全貫穿、部分貫穿（Penetration）

定義本體分離焊道滲透範圍：1. 完全貫穿、2. 部分貫穿，並設定貫穿深度。

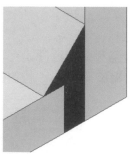

43-4 熔珠（Weld Bead）

熔珠又稱新式熔接，可以在同一個指令指定不同位置、不同大小，加快熔接製作，解決功能不足或不支援問題。熔接如同導圓角很耗時間和運算效能，是解決方案。

43-4-0 指令位置與介面

說明指令位置與介面項目，以及共通術語，坦白說不好理解。

A 指令位置

要完整了解熔接必須在 1. 插入→2. 熔接→3. 熔珠，才可以知道分別有 2 種熔接。

B 我們是一樣的

組合件也可以使用，1. 插入→2. 組合件特徵→3. 熔珠。

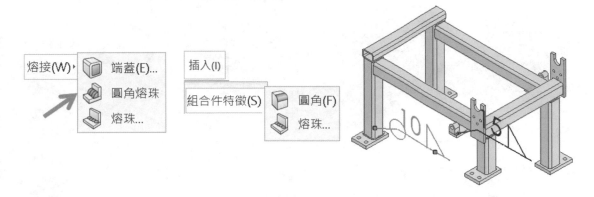

C 指令欄位

由上到下：1. 熔接路徑、2. 設定、3. 來源/目標長度、4. 間斷熔接。

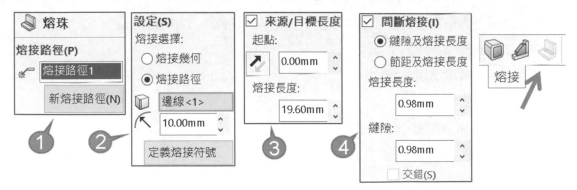

43-4-1 熔接路徑與設定

記錄已完成的焊道位置和參數，類似 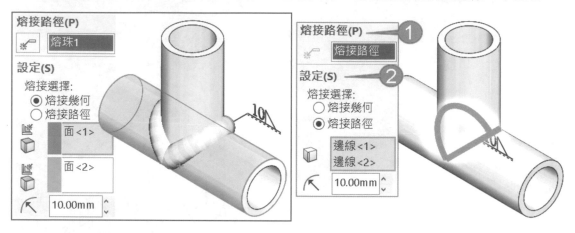 的群組，進入指令會以**熔接路徑** 1 設定欄位。1. **熔接路徑**必須和 2. **設定**一起說明，比較容易理解。

A 熔接幾何（Weld Geometry，選面）

點選模型 2 面（例如：點選 2 圓柱面）自動抓到交線成為焊道，可感受焊道成形速度相當快，下圖左。使用**過濾面**會比較好選，避免選到模型邊線造成選擇困擾。

B 熔接路徑（Weld Path 選線）

點選模型邊線或草圖線為焊道，例如：圓柱交線、圓柱頂端或模型邊線，下圖右。

C 新熔接路徑　新熔接路徑(N)

增加下一個路徑位置與大小，類似新群組，例如：2 結構之間分別完成 2 條路徑，由清單點選**熔接路徑**，模型以粉紅色表示；其餘路徑為黃色，下圖右。

D 智慧型選擇工具（Smart Weld Selection Tool）

熔接路徑左方俗稱銲槍，類似用畫快速選擇模型 2 面，適用**熔接幾何**（箭頭所示）。

步驟 1 ☑**熔接幾何**

步驟 2 點選，游標出現畫筆

步驟 3 拖曳畫到模型 2 面

步驟 4 放開畫筆可見焊道（也就是熔接路徑）

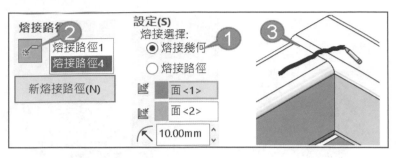
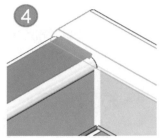

E 沿相切面進行（適用熔接幾何）

焊道沿相切面成形，常用在轉角或圓角線模型，支援斷差，下圖左。

F 選擇、兩邊、全周（適用熔接幾何）

承上節，設定焊道位置：1. 選擇、2. 兩邊、3. 全周。自動加入交線對邊焊道，□沿相切面進行，下圖右。

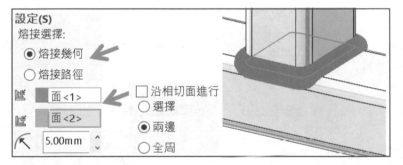
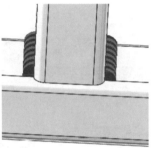

G 定義熔接符號

快點 2 下符號進入熔接符號視窗，下圖左。🖊一定會自動加上熔接符號，無法像圓角熔珠🖊一樣可以關閉它。熔接符號不能刪除只能由檢視關閉，下圖右。

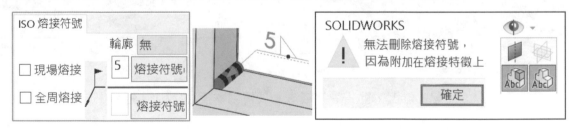

43-4-2 來源/目標長度（From/to Length）

設定焊道起點和焊道長度，這部分在現場焊接很常用。

A 起點（Start Point）

定義焊道起點位置=0 或某距離開始焊接，例如：距離 10 開始開始焊接。

B 熔接長度

承上節，以起點開始加入焊道，例如：由 10 開始焊接 60 長。

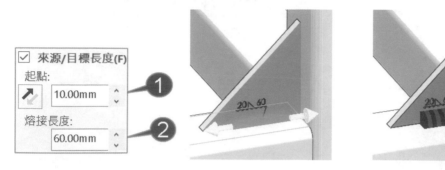

43-4-3 間斷熔接

設定焊道縫隙與熔接長度。

A 縫隙及熔接長度

定義焊道長度=15，縫隙=25（不焊），項目應該為：熔接長度與縫隙，下圖左。

B 節距及熔接長度

定義焊道長度=10，節距=20，每段焊道實務會之間距離與每段距離，下圖右然後。

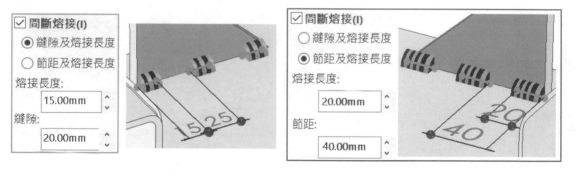

C 交錯（適用兩邊）

定義兩邊焊道交錯的位置，節省焊接成本，要使用本節必須☑**兩邊**。

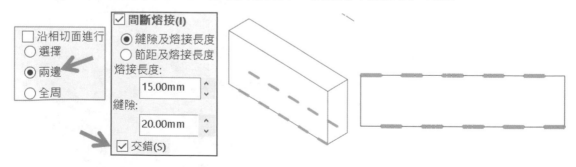

43-4-4 顯示熔接位置

本節說明熔接圖示與記錄在哪裡,因為它不在特徵管理員以特徵呈現,甚至看不出來焊道長怎樣。本節是進階的系統面觀念,很多進階議題都是這樣的邏輯,要以系統面解釋。

以簡化圖形呈現(不是真實特徵),自動為熔珠輕量抑制,得以提升執行效率。相對的以真實特徵記錄,就會有特徵計算時間。

A 顯示熔珠

顯示焊道有 3 處:1. 檢視→檢視熔珠、2. 熔接資料夾上右鍵→隱藏/顯示裝飾熔接、3. 塗彩/帶邊線塗彩,下圖左。

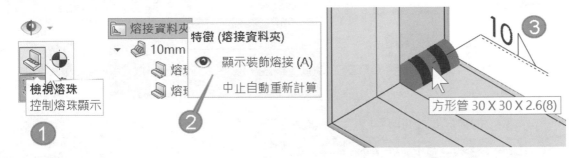

B 塗彩顯示焊道

焊道以圖形顯示,不是以特徵和本體呈現,所以游標點不到焊道,且焊道僅支援塗彩,這是 SW 特別的設計,因為過多本體和過多顯示會增加效能,下圖左。

C 熔接資料夾

於特徵管理員的原點上方以**熔接資料夾**記錄,我們要同學習慣這樣的記錄方式,因為部分進階指令或功能是這樣呈現的。

D 資料夾內容

展開資料夾可見以熔接大小群組,內容包含焊道長度,例如:10mm 填角熔接,包含 2 焊道:熔珠 1,長度 19.6mm、熔珠 2,長度 102mm,下圖中。

E 編輯熔珠

於熔珠上右鍵→編輯特徵,可以回到指令。反正忘記沒關係,只要在這 2 地方右鍵,看有沒有可以選就好了,下圖右。

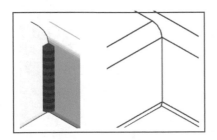
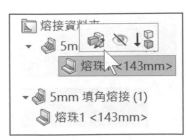

F 刪除熔接路徑

直接刪除熔接資料夾□或資料夾內的圖示皆可。

43-4-5 熔珠屬性

◎擁有焊接成本分析,可將熔接長度、熔接時間、熔接質量...單位成本和總成本...等計算出來,並傳遞到 Costing 成本。例如:公司以產品總重 X%,作為焊接重量估計值,例如:產品重量 100 公斤,習慣抓 5%,焊料=5 公斤。

A 進入熔接屬性

熔接資料夾□上右鍵→屬性,進入熔接屬性視窗。

B 左邊每單位、右邊總量

左邊每單位熔珠材質、加工方式、質量、長度、成本、時間。右邊估計總質量、長度、成本、時間...等。

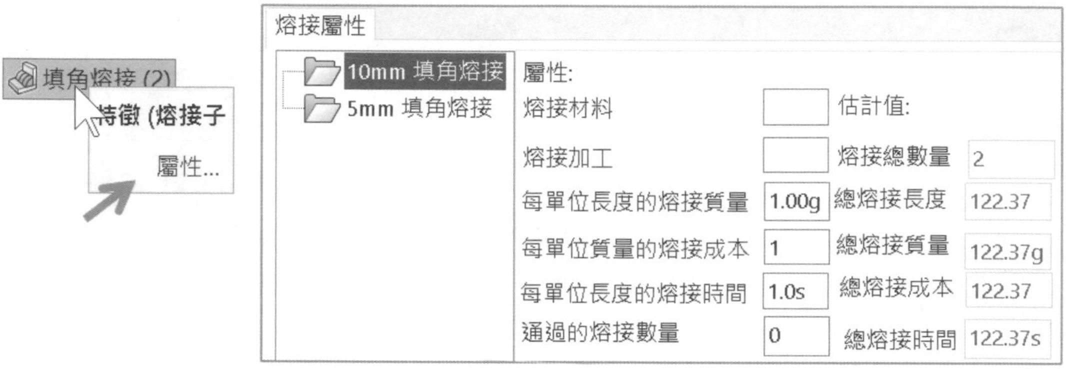

44

除料清單與邊界方塊

除料清單（Cut List）🗂俗稱多本體 BOM，為熔接才有的產物，提升多本體價值，如同鈑金讓他可展開，道理是一樣的。

44-1 除料清單位置

說明簡單說明除料清單位置和術語，這部分是同學第一次面對進階的多本體控制，不是以往只有查看本體數量或隱藏/顯示本體。

44-1-1 產生除料清單

有 2 種方式產生除料清單：1. 使用🗂產生結構，2. 執行熔接特徵🗂，都會將實體資料夾轉變→除料清單資料夾🗂，下圖右。

44-1-2 除料清單位置與組成

在特徵管理員的原點上方，由🗂除料-清單-項次資料夾將相同規格與長度本體歸類，展開除料清單資料夾可見：1. 除料-清單-項次、2. 項次內本體。

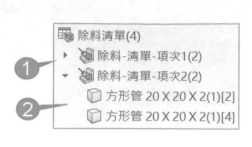

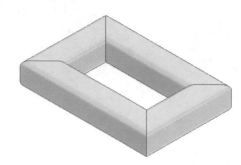

44-1-3 除料清單右鍵作業

本節說明除料清單右鍵內容，下圖左（箭頭所示）。一開始學習不用太刻意認識要在哪項目上右鍵，只要憑印象在上面按右鍵，看有沒有你要的就好：A. 除料清單🗒、B. 除料-清單-項次🗒、C. 本體🗂。

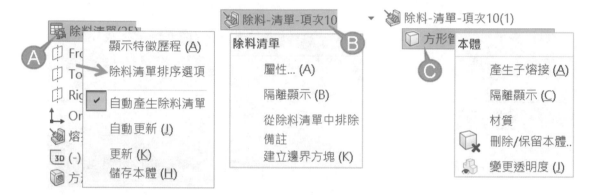

44-1-4 自動產生除料清單

模型為熔接環境後，☑自動產生除料清單，就是實體資料夾→除料清單資料夾的由來。

44-1-5 自動更新（預設開啟）

是否自動更新除料清單🗒，讓 BOM 為最新狀態。變更長度、新增、刪除本體後，是否將相同屬性歸類，類似自動重新計算🗒。

A 更新圖示🗒→🗒

圖示由🗒（未更新）→🗒（最新狀態），實務會依需求確認圖示，在複雜結構製作過程中不需要正確 BOM 資訊，會☐自動更新避免系統不斷重新計算，來尋求最佳效能。

B 本體歸類到除料-清單-項次資料夾中

原則上本體在除料清單資料夾中（俗稱外面），更新後的本體會自動歸類在除料清單項次資料夾內（俗稱裡面）。

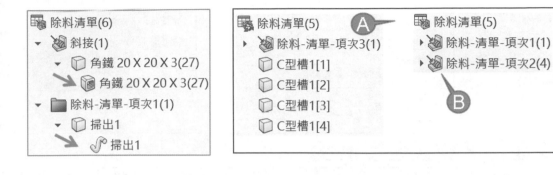

44-2 除料-清單-項次（Item）

除料-清單-項次以下簡稱**除料清單項次**，將相同規格或長度集合也是 BOM 特性，和檔案總管資料夾操作相同，**清單-項次**管理和 BOM 有關，BOM 又 PDM、ERP 有關。

44-2-1 除料-清單-項次 N

項次就是 BOM 項次，例如：項次 1=零件號球 1、項次 2=零件號球 2...，下圖左。

44-2-2 除料-清單-項次 N(N)

相同屬性放置同一資料夾，不必展開資料夾就能知道本體數量，類似組合件想要知道有多少個零件，例如：清單內有 2 個本體，點選項次可見模型亮顯位置和數量，下圖右。

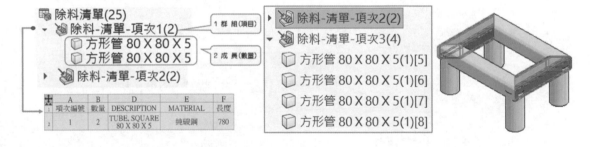

44-2-3 除料-清單-項次的圖示

除料清單下有 2 種圖示：1.產生的特徵、2. 非特徵，以上圖示不影響功能。

44-2-4 更名作業

資料夾名稱可以更改，常用在好識別，例如：直覺看出結構規格，不必靠亮顯找位置，常用在：1. 模組製作、2. 模型很重要、3. 模型生命週期很長，下圖左。

44-3 產生／轉換熔接環境

多本體轉換為熔接環境好處多多：1. 提升模型價值、2. BOM 管理、3. 設計設計品質、4. 預設□合併結果。

44-3-1 產生熔接環境

模型為多本體，在第 2 伸長特徵過程要□合併結果，會這樣建模算是有點程度，會留意多本體的製程。

A 變化

加入以後沒感覺對吧，下圖左。產生熔接環境有 2 個明顯變化：1. 原點下方有熔接、2. 實體資料夾→除料清單，下圖中（箭頭所示）。

B 預設□合併結果

多本體設計過程，使用填料特徵不必顧慮合併結果是否開啟，減少顧慮時間也比較不會累，下圖右（箭頭所示）。

1. 課堂常問除料特徵有沒有合併結果、2. 為何第 1 特徵沒有合併結果？

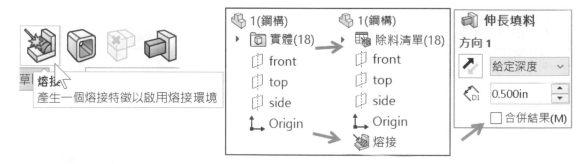

44-3-2 刪除熔接

沒想到可以刪除對吧，會發現原來特徵不會影響，因為這模型不是由構成。曾遇過客戶要求刪除，應該是不習慣。

A 刪除結構成員

刪除會將刪除，由於是第一特徵，接下來的特徵都會被刪除。

44-3-3 除料-清單-項次

由實體資料夾只看到多本體集合，無法幫你分類，這時更能體會 BOM 就是自動幫你分類的特性，下圖左。

44-3-4 優化設計品質

本體被群組用來優化設計，項次只有數量 1，甚至數量 2，就可思考長度統一、規格統一，只是簡單修改模型，順勢而為優化設計。

例如：長度 100X1、長度 80X1，將 80 修改 100 長，讓 100X2，下圖右。

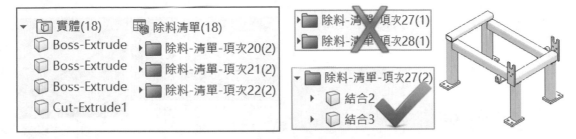

44-4 邊界方塊（Bound Box）

邊界方塊，又稱 3D 邊界、素材大小，將模型取出邊界呈現長、寬、高和體積，常作為成本計算、機台裝箱依據，甚至傳遞資訊到工程圖、PDM、ERP... 等。

A 製造端 ERP、工程圖應用

近年 3D 使用程度提升，讓 3D 價值更能延伸到製造端，模型可利用價值提高。資料不需人工查詢與輸入，更是利用 CAD 技術降低人為風險。

隨著 3D 導入程度提升，工程圖資訊只會越來越多，可以協助工程圖帶出外型尺寸，若做一些變化更可以成為加工裕度的素材尺寸，這些資訊來自檔案屬性。

	屬性名稱	文字表達方式	估計值
	摘要　　自訂　　模型組態指定		
1	邊界方塊總長度	邊界方塊總長	**125
2	邊界方塊總寬度	邊界方塊總寬	**100
3	邊界方塊總厚度	邊界方塊總厚	**72
4	邊界方塊總體積	邊界方塊總體	**900000

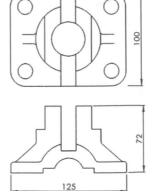

模型最大尺寸(素材)
長125x高100x高72

44-4-1 指令位置與介面

單一本體加入邊界方塊並認識指令位置、結構。🗔最大特色不需熔接環境，可用在多本體，讓邊界尺寸不必量測並隨著模型變更。

A 指令位置與建立邊界方塊

1. 插入→2. 參考幾何→3. 邊界方塊🗔→4. ☑顯示預覽，可見邊界方塊成形→↵。

B 邊界方塊特徵

模型由邊界方塊環繞，原點下方可見邊界方塊🗔，下圖右（箭頭所示）。

C 查看邊界方塊尺寸

2 種方式查看：1. 游標在🗔上，訊息顯示、2. 檔案→屬性→模型組態指定。

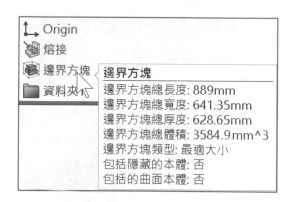

邊界方塊
邊界方塊總長度: 889mm
邊界方塊總寬度: 641.35mm
邊界方塊總厚度: 628.65mm
邊界方塊總體積: 3584.9mm^3
邊界方塊類型: 最適大小
包括隱藏的本體: 否
包括的曲面本體. 否

摘要	自訂	模型組態指定	
	屬性名稱	文字表達方式	估計值
1	邊界方塊總長度	邊界方塊總長	**125
2	邊界方塊總寬度	邊界方塊總寬	**100
3	邊界方塊總厚度	邊界方塊總厚	**72
4	邊界方塊總體積	邊界方塊總體	**900000

D 編輯邊界方塊

點選邊界方塊→編輯特徵🖉，回到邊界方塊指令，下圖右。

多本體爆炸與工程圖

本章說明：1. 零件多本體組裝、2. 多本體爆炸和多本體工程圖、3. BOM 製作，這些在組合件理所當然，但沒聽過和想到都可在零件完成。只要把組合件思維移植到零件，對學習認知會更上一層樓。

45-1 零件爆炸圖製作

2012 推出多本體製作爆炸圖，爆炸圖做法和組合件一樣，但功能陽春。缺點：1. 不能旋轉、2. 爆炸動畫、3. 爆炸視角無法使用等角視、4. 很多指令不能用。

45-1-1 新爆炸視圖

於模型組態上右鍵→新爆炸視圖，本節製作練習。1. 點選要爆炸的模型→2. 放置爆炸後的位置。

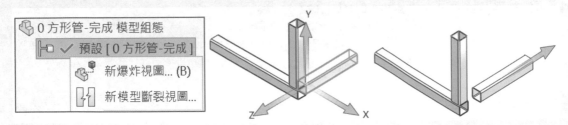

45-1-2 大部分解

熔接不建議用爆炸圖，會給人感覺很亂，下圖左。若要爆炸大部分解即可，1. 切換前視角→2. 框選該面模型→3. 拖曳到爆炸後位置，又稱視角點選法，下圖右。

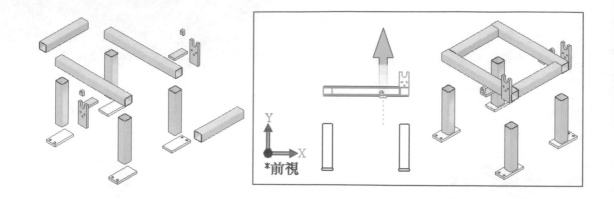

45-2 多本體工程圖

將多本體模型產生工程圖,三視圖、立體圖、爆炸圖。認識多本體工程圖的 BOM,本節沒說明如何產生工程圖,僅說明 BOM 欄位資訊,自行開啟檔案範例練習。

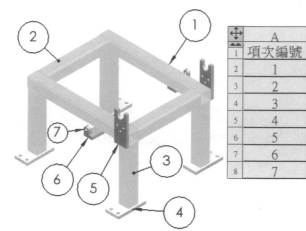

	A	B	D	E	F
1	項次編號	數量	MATERIAL	檔名	長度
2	1	2	純碳鋼	方形管80x80x5	780
3	2	2	鑄合金鋼	方形管80x80x5	470
4	3	4	S45C	方形管80x80x5	410
5	4	4	黃銅	底板	
6	5	2	可鍛鑄鐵	上板	
7	6	2	可鍛鑄鐵	連接座板	
8	7	2	可鍛鑄鐵	連接座	

45-2-1 熔接除料清單(Cut List)

1. 點選視圖→2. 註記工具列→3. 熔接除料清單→4. ↵,可見項次編號、數量、描述、長度,不過有很多資訊沒出現,因為 BOM 範本和熔接除料屬性未建立完備。

45-2-2 零件表(BOM)

零件表只會呈現 1 個零件,因為該指令只認零件,也希望 SW 不要分這麼細,統一零件表指令完成就好,下圖右。

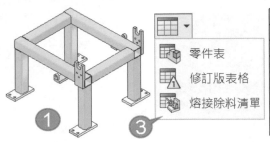

項目	數量	說明	長度
1	2	TUBE	780
2	2	TUBE	470
3	4	TUBE	410
4	4		
5	2		
6	2		
7	2		

項次編號	零件名稱	描述	數量
1	多本體		1

A 零件表認知最好統一

只要說**零件表**大家都聽得懂，要解釋組合件用**零件表**，零件多本體要用**熔接除料清單**，就會難以理解。萬一組合件中 1. 有次組件、2. 有零件、3. 也有多本體，以往要 2 種 BOM 呈現，要用人工利用 EXCEL 來整合這 2 個 BOM，沒錯這就是我們想要整合的地方。

B 詳細的除料清單

於 2021 年起可以在零件表產生的過程中☑**詳細的除料清單**，將零件的檔案屬性+熔接除料清單的屬性合併帶出。

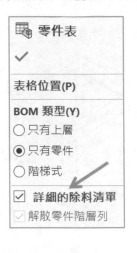

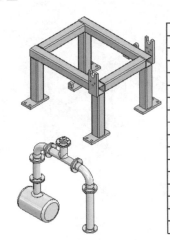

BOM 表格(重新結構)(重新結構)				
項次編號	數量	material	檔名	長度
1	2	SS400	方形管80x80x5	390
2	2	SS400	方形管80x80x5	235
3	4	SS400	方形管80x80x5	205
4	4	S45C	底板	
5	2	SS400	上板	
6	2	SS400	連接座板	
7	2	SS400	方形管80x80x5	
8	1	SS400	-1 油筒	
9	2	1060 合金	-2 直管	
10	1	SS400	-3 3通管	
11	2	SS400	-4 彎管	
12	1	SS400	-5 端蓋	
13	4	S45C	-6 螺栓	
14	4	S45C	-7 墊圈	
15	4	S45C	-8 螺帽	

45-2-3 欄屬性

本節簡單說明欄位操作，先求有再求好，先用人工輸入，至少項目、數量已經自動產生。要達到自動產生稱為第三階，必須製作**熔接除料清單**範本。

步驟 1 查看屬性

點選除料清單的描述欄位，可見到左邊屬性管理員的欄屬性。

步驟 2 ☑除料清單項次屬性

步驟 3 切換自訂屬性清單

點選 Material，讓 BOM 顯示材質資訊，由此可知 BOM 資訊由模型帶出。

步驟 4 增加欄位資訊

在欄上右鍵→插入→欄位右方。

步驟 5 重複步驟 3

進行其他的連結或自行輸入資訊，例如：圖號、料號…等。

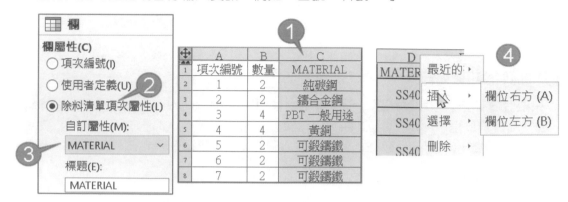

45-2-4 多本體爆炸視圖

呈現多本體爆炸視圖和組合件一樣。1. 點選視圖→2. ☑以爆炸.... 狀態顯示。

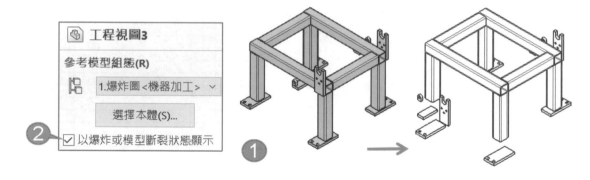

45-2-5 多本體視圖-選擇本體

選擇本體顯示視圖，完成 3 視圖大約 5 分鐘就會了，本節沒說明如何產生視圖。

步驟 1 點選前視圖

告訴系統哪個視圖要指定本體。

步驟 2 選擇本體

於左邊視圖屬性點選選擇本體（也可以點選多個本體），下圖左。

步驟 3 點選本體

自動開啟零件，點選要產生視圖的本體→↵，下圖右。

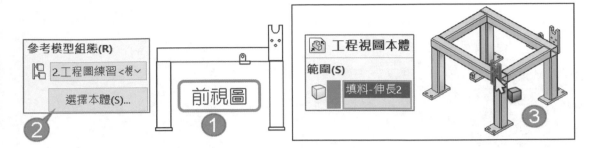

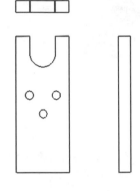

步驟 4 查看

　　自動回到工程圖,可見前視圖顯示剛才的本體,目前只有 1 個視圖。

　　有需要的話可以產生其他視圖,接下來是工程圖作業。

筆記頁

結構設計模組化

本章舉幾個常見模型，說明熔接模組在自訂屬性中如何呈現與注意事項。

A 排列一致性與數字定義屬性

模組化的設計意念要與特徵管理員的特徵排列、自訂屬性介面相同，這樣在對照上才能一致性也方便模組維護。

B 屬性（預設值）

屬性旁呈現預設值，設變有問題還可以目視尺寸調整回來，通常預設值=正確狀態。

C 熔接的自訂屬性

熔接有專門的自訂屬性（WLDRPR），僅適合 BOM 資訊連結不能用在模型尺寸控制，換句話說控制尺寸必須在檔案屬性 中。

摘要資訊				
摘要	自訂	模型組態指定		
	屬性名稱	類型	值 / 文字表達方式	估計值
1	螺絲直徑	文字		
2	長度	文字		
3	材質	文字	"SW-材質@1 外	SUS304
4	零件名稱	文字	$PRP:"SW-File Na	1 外六角螺絲

46-1 欄杆

自訂屬性設計意念：先寬度再高度的尺寸輸入，這部分大郎不見得是好的，這要看公司的設計習慣，把設計習慣問出來整合在自訂屬性中。

1. W 欄寬 150	2. W1 直杆間距 40	3. H 欄高 100
4. H1 橫杆高 30	5. H2 橫杆高 35	

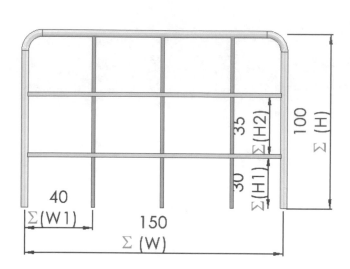

46-2 爬梯+人籠

自訂屬性設計意念：自訂屬性右方備註預設值或建議的輸入值。由爬梯和人籠分開的欄位，就不會感覺到要輸入的值太多。

1. W 寬 450	2. H1 梯段高（大於 1000）	3. H2 階段高 250
4. L1 踏高 250	5. L2 支撐長 200	6. L3 支撐長 400
7. L4 爬梯固定高 800	8. D 人籠直徑>W 寬 500	9. H4 籠框距地高度 800

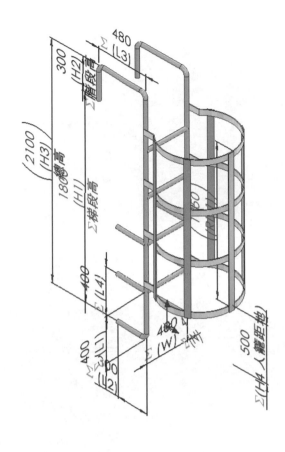

46-3 樓梯

承上節,自訂屬性設計意念:以 2 欄分別輸入:1. 樓梯、2. 欄杆。

1. H 水平距離(3800）

2. V 垂直距離(3300）

3. A 角度(建議 30-45）

4. W 樓板寬(450-1100）

5. P2 樓板間距(225-255）

6. H1 欄杆高(1000）

7. P 欄杆間距(700）

8. H1 欄高

9. P 杆間距 700

10. D 欄直徑(30-50）

11. d 直料直徑(30-50）

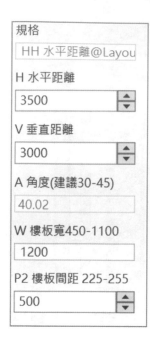

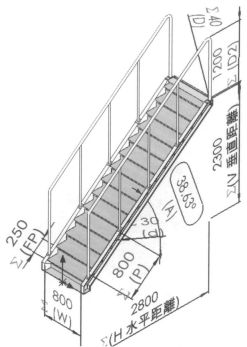

47

鈑金原理

將投影片以文字說明：1. 鈑金（SheetMatel）原理、2. 製作手法、3. 加工方式、4. 鈑金好處、5. 不敢用鈑金理由，為課程注入準備並導入製程管理。

A 內建模組

鈑金、熔接、模具、曲面為標準版（Standard）內建模組，功能性和專業度高，簡學易用不須理解高階難懂術語，更不用具備專業背景，輕鬆完成**展開驗證作業**。

B 鈑金養成

鈑金、熔接、模具是冷門技術，目前業界以 2D 居多，沒有專門書籍詳盡解說軟體作業，除非在鈑金廠待過，並具備軟體操作程度，否則很難有這專業。

47-0 天高地厚

分 3 階段學習鈑金，定義學習目標和軟體極限的認知。前 2 階段 RD 要會，只要將模型展開就很受用。第 3 階段是鈑金業者由軟體控制展開算法並由產品驗證展開結果，下圖左。

47-0-1 第 1 階段 鈑金原理

認識加工方式、知道鈑金工具列每個指令特性。

47-0-2 第 2 階段 模型與實務連結

由軟體克服鈑金技術，例如：螺旋、沖壓、實體轉鈑金、鈑金工程圖、展開圖。

47-0-3 第 3 階段 彎折係數

彎折係數控制、成型工具、製程導入、成本控制、鈑金模組化，下圖左。

47-0-4 任督二脈

學會鈑金有 2 脈：1. 邊線凸緣、2. 鈑金製作手法。1. 邊線凸緣🗡：集所有項目為一身，其他指令就會了。2. 鈑金製作手法：將指令融合與實際連結。

47-0-5 特徵建構順序=加工法

依章節順序=加工法完成鈑金，順勢而為好理解，例如：先完成凸緣➔焊接最後做。

47-0-6 鈑金效益

鈑金是高階普世價值，由鈑金協助轉型與成長的捷徑。業界渴望鈑金人才將軟體操作程度提升，例如：模型進行製造驗證與實務連結，降低出錯風險。

- 懂得操作鈑金指令與加工術語連結，知道加工廠要什麼
- 學習鈑金製作手法與製程連結
- 突破傳統建模技術，多了以鈑金建模思考
- 展開圖可製造驗證，進而設定彎折係數

47-1 鈑金原理

鈑金是唯一可展開零件，業界稱自動展開技術。3D 鈑金降低做錯風險，特別是彎折方向由 3D 避免看錯，展開就是業界要的結果，無法展開就算是 3D 也沒人要。

A 轉型 3D 鈑金

自 2018 年明顯感受到鈑金廠上課變多，就是要學會 3D＋展開，多半看到同業已經用 3D 展開，或 2 代接班沒在用 2D，直接將 3D 帶回工廠導入。

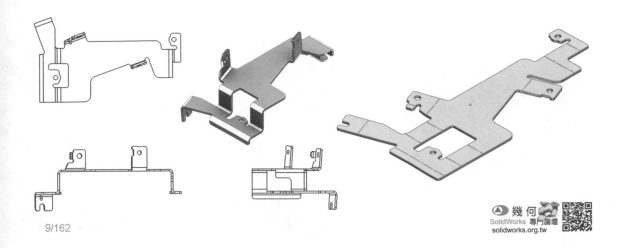

9/162

幾何
SolidWorks 專門論壇
solidworks.org.tw

47-1-1 程度提升

鈑金=等厚金屬，業界要直接用鈑金指令導入製程管理。以前只要會 3D 薄殼→出工程圖標尺寸就可以交差，現在要會鈑金指令，讓模型具備能展開驗證。

A 技術提升

🗂+🖱已經很熟不要在用，遇到鈑金件直接用鈑金指令。有沒有覺得設備都有鈑金存在，無論從事哪個行業，都會用到鈑金。

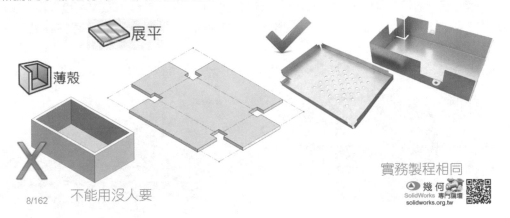

展平

薄殼

實務製程相同

幾何
SolidWorks 專門論壇
solidworks.org.tw

8/162　不能用沒人要

47-1-2 不一定用在金屬

鈑金一想到就是金屬，其實不一定，鈑金也可稱為板金，板=平板物體。更加說明鈑金不一定用在金屬，也可用在紙盒包裝。

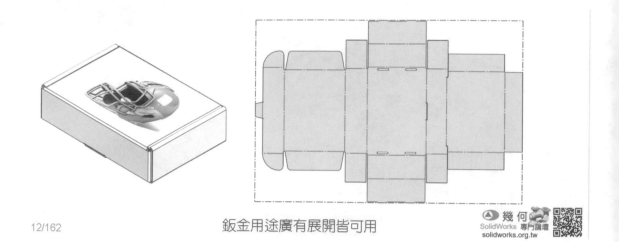

鈑金用途廣有展開皆可用

幾何
SolidWorks 專門論壇
solidworks.org.tw

47-1-3 製造程序連結

鈑金有多種製造程序，例如：折床、滾圓、沖床…等，體認彎折半徑、彎折順序、加工型式，甚至會用加工角度完成模型建構，例如：由外而內，先折短再折長。先沖孔再滾圓，不能先畫圓柱➔柱面鑽孔，不好畫更不容易加工，下圖左。

47-1-4 鈑金指令位置

早期很多人不知內建鈑金，就算知道也沒拿來用，多半沒有鈑金基礎，擔心加工有問題，不敢嘗試而自信心不足，終究以實體完成，因為比較可掌握。企業體認軟體本來就可以直接做到這樣程度。

2 個地方取得鈑金：1. 工具列標籤上右鍵➔鈑金、2. 插入➔鈑金，下圖右。

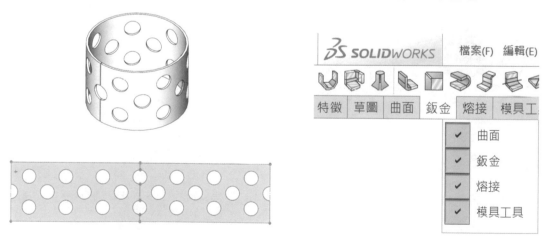

47-1-5 特徵對照

鈑金是零件下的彎折技術，如同模具、曲面都是單獨工具列，更支援多本體作業。坦白說特徵有點難懂，除非有鈑金或加工背景，光靠自修會覺得很艱澀我擔心會撐不住。

我們想辦法讓學習簡單，由對照表得知，指令用法和基本特徵一樣，有些是兄弟指令，算來只有 7 個指令不會（方框所示）。

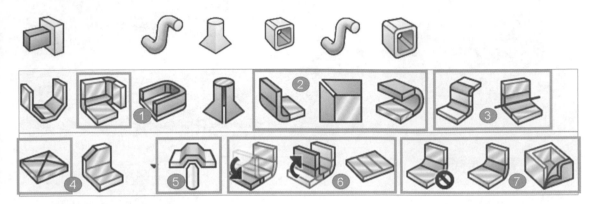

47-1-6 特徵不容易理解

鈑金與其他工具列比起來，坦白說鈑金比較難懂，指令複雜以及難懂術語，但鈑金不需複雜圖形。以鐵灰色為基底，橘色為指令特性。

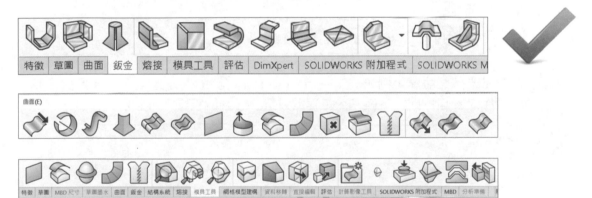

47-1-7 熔接骨+鈑金皮，是相輔專業

光靠標題就能想像機架先有骨才有皮，例如：封鈑、盒子。甚至鈑金不再單純外殼作為保護機台，現在演變為外觀看得順眼，成為設計考量之一。

47-1-8 最大特色

點選模型邊線可以成型，成形過程很訝異這麼快，感覺連圖都不用畫，下圖左。

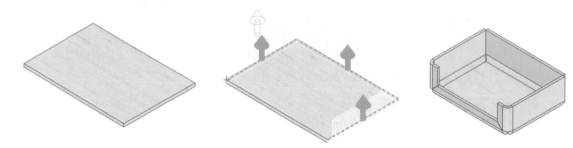

47-2 什麼是鈑金（SheetMetal）

鈑金縮寫 SM=薄鈑金屬，例如：SM-Flat Patten（鈑金-平板型式）。滿足鈑金要 2 大條件：1.等厚、2.可展開，下圖左。工程圖只是多了展開視圖，下圖右。

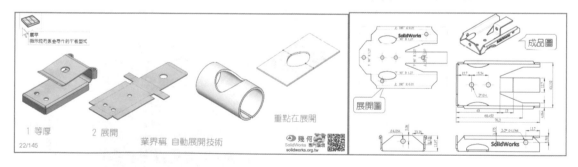

47-2-1 草圖簡單與快速成形

仔細觀察草圖很簡單，也沒有數量龐大且複雜特徵，下圖左。

47-2-2 指令操作與自訂

指令項目由上到下點選，只要認識術語就能學會，比較特殊要認識☑**自訂欄位**，依身分決定要不要使用，例如：自訂是給鈑金廠用的，下圖右。

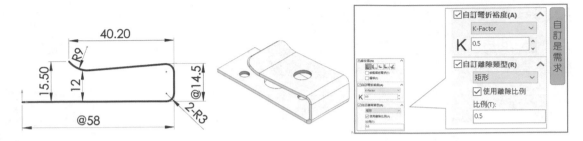

47-2-3 兩種方式完成鈑金

鈑金建構常以 2 種方式：1. 實體轉鈑金：使用率最高，最容易學，一個指令完成、2. 純鈑金指令：要會的專業。

1 實體轉鈑金

2 純鈑金指令

47-2-4 擁有鈑金環境

完成 1. **基材凸緣**或 2. **轉換為鈑金**，原點下方可見鈑金環境，下圖左。該環境有很多特色：1. 專屬指令選項：連結厚度、垂直除料、2. 平板型式、3. 鈑金工具列功能全開。

例如：使用傳統特徵，會見到**連結至厚度、垂直除料**…等項目。

47-3 鈑金術語

鈑金有 25 個指令，也是加工術語，就算沒待過鈑金廠也可和對方溝通，例如：你講凸緣、彎折、展開…等，對方聽得懂。

47-3-1 彎折

彎折=R 角，平板經刀模向下擠壓成形，上刀模必定是圓角，避免加工過程被切斷，下圖左。大略看過刀具型式更加理解，達成設計易製化，下圖右。

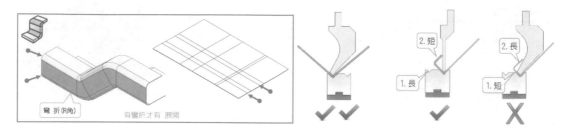

47-3-2 縫隙

鈑金有延展性，彎折過程必須＞指定角度，讓金屬回彈，指定縫隙避免撞件。實務上，除非鈑金很硬，折 90 度就是 90 度。

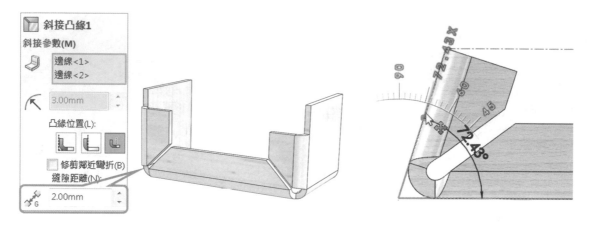

47-3-3 角落與角落處理

2 相鄰彎折（L 型）將角落處理：1. 封閉角落🔲、2. 熔接角落🔲、3. 斷開角落🔲、4. 角落離隙🔲、5. 角落修剪🔲，和加工後處理有關，適用懂鈑金的人。

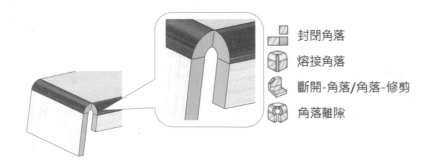

封閉角落

熔接角落

斷開-角落/角落-修剪

角落離隙

47-3-4 彎折裕度（係數）

控制展開與摺疊的量化數值，內建多種方式。鈑金有延展性，下料鈑長會比較小，摺疊後就能滿足工程圖標示。

例如：工程圖要 50x50，展開長度不會剛好 50+50=100 會比 100 小，假設算出來的長度-98，金屬有延展性，折起來就會剛好 50x50。100 和 98 差異 2，2 就是彎折裕度。

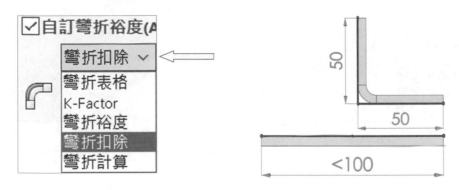

47-4 驗證機制

鈑金有幾項驗證機制，驗證可製造性，驗證核心靠：1. 可不可以展開、2. 彎折處特徵，還記得嗎？展開和彎折有關。

47-4-1 平板型式（展開與摺疊）

建模過程習慣展平，確認是否可展開，口訣：可展開就做得出來，下圖左。

47-4-2 錯誤彎折顯示

特徵管理員會顯示無法彎折原因，點選錯誤特徵看出彎折位置，重點在怎麼解。比較難解是模型轉檔，這部分論壇有教，下圖右。

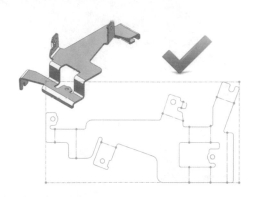
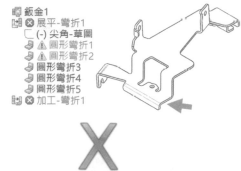

47-4-3 凸緣重疊（自相交錯）

2 凸緣間重疊，顯示特徵錯誤，點選特徵會亮顯問題所在。常用在**邊線凸緣**、**摺邊**過程 2 凸緣重疊，目前雖然可以展開，因為彎折沒干涉，但實際做不出來。

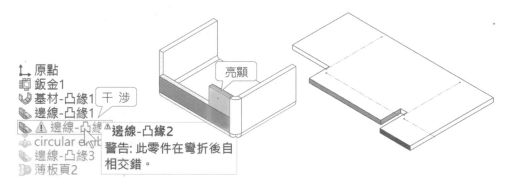

47-4-4 為某些鈑金特徵忽略自相交錯的檢查

承上節，再加另一凸緣，該特徵就是干涉。這功能來自選項→效能→☑**為某些鈑金特徵忽略自相交錯的檢查**。

48

基材凸緣

基材-凸緣（Base Flange）🝁為鈑金第 1 步驟（第 1 特徵），這觀念和熔接的🝁和**伸長填料**🝁一樣，1. 一定要用的指令，2. 否則其他指令無法使用，下圖左。

第 1 特徵用法和🝁一樣，本章開始認識術語、鈑金結構、鈑金環境，降低對鈑金疑慮並增加信心，教你用看的就會。

48-0 指令介面

說明指令介面項目，先認識欄位→再認識項目，本節先睹為快讓同學體驗🝁成形作業，本節同學反應相當良好也很有成就感。

48-0-1 介面

進入指令後由上到下分別：1. 方向（包含材料與量規）、2. 鈑金參數、3. 彎折裕度、4. 自動離隙，3、4 一開始不必理解，先成形再看細節。

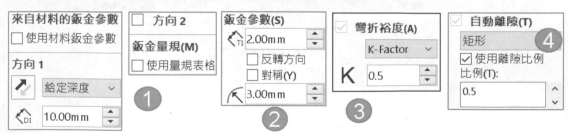

48-0-2 先睹為快：基材凸緣

體驗與🔧不同處，鈑金草圖通常為開放輪廓，封閉輪廓也可以（產生平板）。

步驟 1 基礎成形

1.U 型草圖完成後→2. 🔧，預覽可見**厚度**與**彎折半徑**。

步驟 2 方向 1

和🔧相同，1. 兩側對稱→2. 深度🔧=50，下圖左。

步驟 3 鈑金參數

鈑厚=3、方向、彎折半徑=3。

步驟 4 展平🔧

點選鈑金工具列🔧，查看展開狀態，再按一次切換展開與摺疊。

步驟 5 查看鈑金環境

完成🔧後，特徵管理員原點下方顯示鈑金環境 3 大組成：1. 鈑金特徵🔧、2. 基材-凸緣🔧、3. 平板-型式🔧，下圖右。

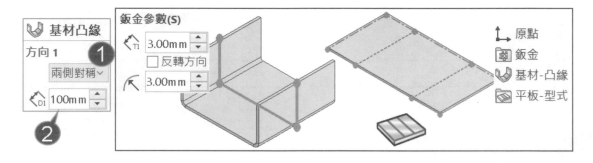

48-0-3 方向 1、方向 2

鈑金的深度操作如同伸長🔧的方向 1，下圖 B，如果鈑金有🔧的**來自**就更完美了，下圖 C。不說一定沒注意到，開放輪廓才有**方向 1**，封閉輪廓則無，因為封閉輪廓為平板，只有厚度，下圖 D。

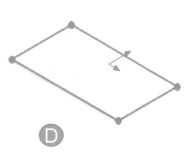

48-1 鈑金參數

　　說明本欄位的控制：1.厚度、2.方向、3.彎折半徑，如同伸長🔩的**薄件特徵**，下圖右。鈑金一定要指定彎折半徑，🔩可以指定或不指定。

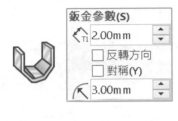

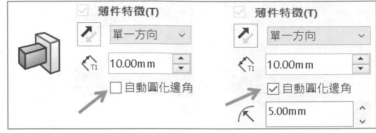

48-1-1 厚度（Thickness=T）🔩

　　定義鈑金厚度（簡稱鈑厚）=3，鈑厚為鈑金重要參數。

48-1-2 反轉方向

　　以草圖尺寸為基準定義厚度方向，俗稱包內/包外（又稱實內/實外），實務以包外為主，而包內會再標鈑厚。包內或包外與厚度有關和鈑金無關，塑膠薄件也可定義包內/包外。

A 包內或包外標註

　　在尺寸前標記@或＊，這2個符號比較好用鍵盤輸入，工程圖註解常這樣說：凡**@**皆為包外尺寸。減少尺寸上輸入包內或包外，造成標註很亂又容易出錯，下圖右。

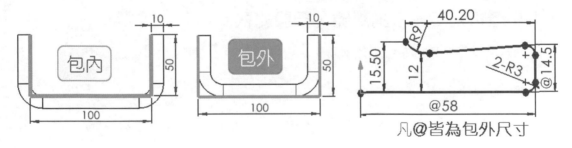

B 統一包內或包外

　　原則同一零件全部包內或包外，彎折裕度比較好計算以及設計基準。以包外為主要標註，有些地方又不得已標註包內，為何會覺得不得已，因為你心中有標準。

C 統一反轉方向圖示

　　希望反轉方向能統一為按鈕的方式。

48-1-3 對稱（對稱厚度）

以草圖為基準將鈑金兩側對稱，重點在正折或反折達到相同的彎折半徑，2023 新功能。

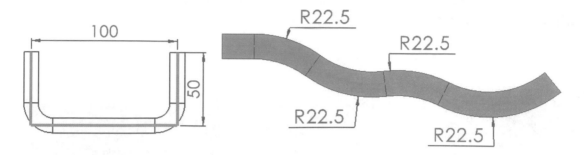

48-1-4 彎折半徑🖝

彎折半徑（又稱彎曲半徑）=刀模規格與彎折係數有關，永遠是內 R，設計上盡量相同半徑。彎折半徑應＞材料厚度，例如：鈑厚 3，彎折半徑應＞3。

實務為了建模便利鈑厚=🖝，例如：鈑厚 3=🖝3。

A 彎折半徑不標

尺寸標註是要求，品保也要確認工件是否達到該尺寸。RD 工程圖不標 R 角讓廠商發揮，否則對加工困擾，若要標就以（ ）區別，下圖左。

B 彎折半徑與鈑厚關係

業界常以包內 Rx1.5，包外 Rx2.5 倍鈑厚，例如：鈑厚 3，🖝=4.5。外 R=內 R＋鈑厚，例如：內 R5＋鈑厚 5=5＋5=R10。

48-1-5 彎折裕度、自動離隙（預設開啟）

這 2 選項是鈑金重要參數，無法關閉，後續再說明，下圖中。

48-1-6 鈑金環境

完成🅤後，原點下方顯示鈑金環境 3 大組成：1. 鈑金特徵🔲、2. 基材-凸緣🅤、3. 平板-型式📁，下圖右。

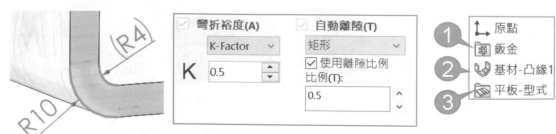

48-2 鈑金環境：鈑金特徵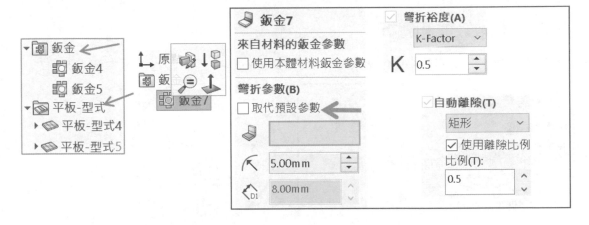

完成 指令後，會將模型定義為鈑金環境 ，又稱鈑金特徵，類似**熔接特徵** ，且 和 一樣位於特徵管理員第 1 位置， 為轉換圖示。

48-2-1 鈑金資料夾

系統會將 和 納入資料夾管理，下圖左（箭頭所示），資料夾 ≠ 鈑金特徵 。

A 編輯鈑金資料夾

在資料夾 上 → ，定義資料夾內所有 本體參數統一，例如：1. 彎折參數、2. 彎折裕度、3. 自動離隙、4. 鈑厚=6，所有本體厚度皆 6，下圖左。

48-2-2 取代預設參數（預設開啟）

定義所有指令預設值，就不用每個指令個別設定，例如：鈑厚統一 5 或 K=0.5。

48-2-3 刪除特徵

刪除 會把以下特徵刪除，和熔接一樣刪除 也會把以下特徵刪除。

48-3 鈑金環境：基材-凸緣（**Base-Flange**）

說明 的特徵結構與指令內容，以前第一特徵稱**基材**（素材），例如：基材伸長，所以稱**基材-凸緣**是有典故的。

48-3-1 結構與內容

展開🔽可見：1. 草圖、2. 基材彎折🔧，都可被編輯，分別點選亮顯草圖和模型彎折位置，下圖左。

48-3-2 編輯基材凸緣

編輯🔽，看不到**彎折裕度**和**自動離隙**，因為它們被轉移到🔲，下圖右。

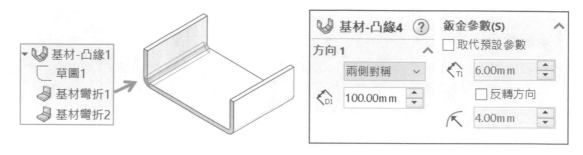

48-3-3 編輯基材彎折

點選基材彎折🔧→🔧，見到**彎折參數**和**自訂彎折裕度**，下圖左。對懂得人可以分別對彎折定義參數，例如：左邊彎折半徑 R3、K=0.5，右邊彎折半徑 R6、K=0.6。

48-3-4 量測鈑厚和彎折

狀態列直覺查詢**彎折半徑**或**鈑厚**，不用尺寸標註或🔧，所謂殺雞不用牛刀，下圖右。

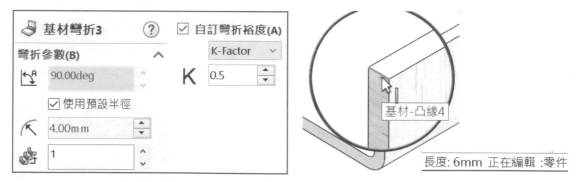

48-4 鈑金環境：平板-型式（**Flat-Pattern**）

平板-型式為鈑金最後特徵，控制展開、折疊，使用率高，點選🔲展開，特徵會亮顯（恢復抑制），再按一次🔲讓鈑金摺疊。本節說明平板-型式結構和常見注意事項。

48-4-1 彎折-線

以中心線表示刀模下刀位置，會將彎折角度、半徑、方向…等，以註解帶到工程圖。通常不畫整條線，只畫離邊線 2 端 10mm 就好，可節省雷射切割時間。

48-4-2 邊界方塊

以最小矩形計算平板材料，於工程圖顯示平板面積。

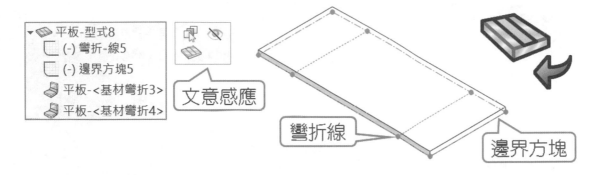

48-5 薄板頁（Tab）

用 🤚 完成產生新凸緣外形，由 🤚→ 🈺 轉換的圖示，換句話說同一個本體看不到第 2 個 🤚。🤚功能少重點在資料量小運算速度快，下圖左。

48-5-1 彎折的薄板頁

在彎折上建立薄板頁，薄板頁會跟著展開，下圖右（箭頭所示）。

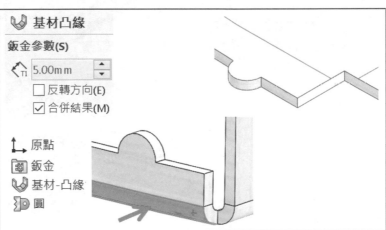

48-5-2 非彎折的薄板頁

萬一在非彎折上進行◡，就會成為焊接件多本體，例如：鐵塊，更能認識彎折對鈑金的影響，下圖左。換句話說，了解製程要焊接還是彎折，會影響建模思考。

48-5-3 合併結果

承上節，☑合併結果無法完成重疊鈑金，因為鈑金環境下會判斷這樣不合理。

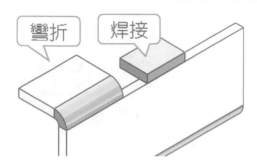
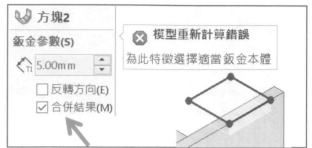

48-5-4 連結至厚度

鈑金環境可以設定**連結至厚度**（箭頭所示），例如：🔩深度可以與鈑厚相同，未來鈑厚設變，不必顧慮其他特徵的深度（厚度）不一致，造成鈑金無法製作。

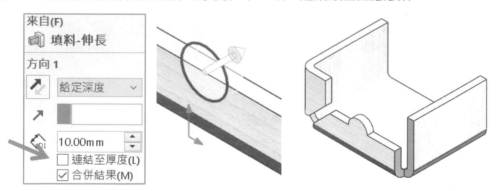

49

邊線凸緣

　　邊線凸緣（Edge Flange，簡稱凸緣），為鈑金第 2 指令，不用草圖的特徵。點選模型邊線就能輕鬆產生凸緣，很多人對此感到驚艷，因為速度快簡單學。

　　第一次看到很多術語，算是鈑金指令範本，將鈑金 90％選項集一身，先苦後甘。可打通鈑金任督 1 脈，第 2 脈是實務應用。

A 指令介面

　　進入指令分別設定：1. 凸緣參數、2. 角度、3. 凸緣長度、4. 凸緣位置。常用 1、3、4，重點在基準與位置。

49-1 先睹為快：凸緣與結構

　　本節說明 3 折、2 折、1 折凸緣用法，並查看指令結構，重點在點選的邏輯。

49-1-1 3 折製作

以現有的 U 鈑金，點選 U3 條邊線完成凸緣。口訣：灰深度、紅方向。

步驟 1 點選外邊第 1 邊線，可見成形箭頭

所選模型邊沒內外之分，皆可見凸緣預覽，建議最好同一邊。

步驟 2 游標在繪圖區域點一下（重點）

定義成形位置和深度，也可直接輸入深度，下圖 A。

步驟 3 點選第 2、3 條邊線

由預覽得知深度一致，下圖 B。

步驟 4 改變凸緣方向

點選紅色箭頭改變凸緣方向，常用在鎖孔用，下圖 C。

步驟 5 ↵ 或右鍵完成 🖱。

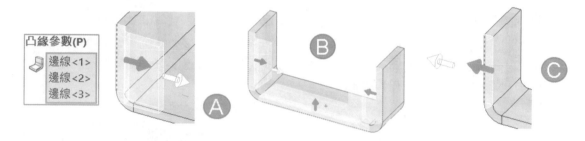

49-1-2 查看指令結構

展開特徵可見 3 個草圖和 3 個彎折，下圖 A。草圖皆為矩形且之間重疊對吧，下圖 B。凸緣之間草圖干涉，系統以縫隙解決，下圖 C。

試想自行繪製草圖→🗇，時間花更久，更能體會🗇和🖌指令差異與特性。

A 草圖完全定義

在草圖標尺寸可以完全定義，但會讓特徵無法定義深度，下圖 D。

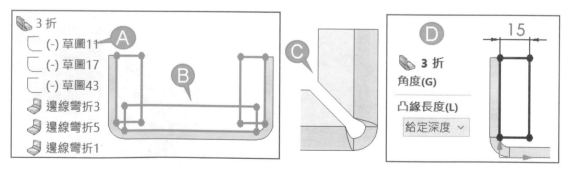

49-1-3 1折、2折、多折製作

　　點選模型邊線產生凸緣的過程不同感受，尤其是左邊有凸緣和右邊沒凸緣的整體感覺，很多造型就這樣完成的，不斷加選邊線輕鬆完成多折。

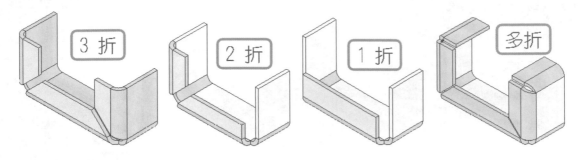

49-2 凸緣參數

　　記錄、刪除所選模型邊線，本節比較特殊的是**編輯凸緣輪廓**。

49-2-1 使用預設半徑（預設開啟）

　　是否要自行控制彎折半徑，需要這彎折改變彎折半徑，適合加工廠，RD 不必理會。

49-2-2 彎折半徑（預設開啟）

　　為了外型會加大彎折半徑，並配合角度成為弧，下圖左。

　　很多人不知道可以這樣變化，會用草圖畫弧→🔧。

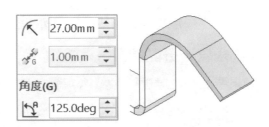

49-2-3 縫隙距離（Gap，預設 0.26）

　　定義 2 凸緣縫隙（兩邊相等），避免彎折過程碰撞，下圖左。2 凸緣相交才有縫隙，縫隙為 45 度切邊。

Ａ 工程圖縫隙標註

　　如果不懂縫隙多少就不要標註，讓工廠自行發揮，也不要在建模過程浪費時間定義縫隙為整數，就讓他保留預設 0.26 吧。

B 鈑厚或機構（標註縫隙）

由鈑厚決定縫隙距離（通常 0.2～1），除了加工也可以機構需求，例如：縫隙 10 讓電線穿過，到時工程圖要標尺寸。

C 縫隙 0

用於表達焊接後狀態，或協助彎折計算，下圖右。

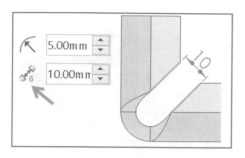  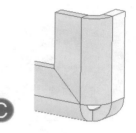

49-3 角度 ▢

設定凸緣與本體之間的角度，預設 90（基準），可以輸入 0～179 度→↵預覽角度成形。角度=絕對角度，很可惜沒有**反轉方向**的設定。

A 讓系統計算角度

直覺想要外張 30 度，就輸入 90＋30，系統計算為 120，或 90-30=60，不用刻意理解角度方向，由預覽看出外張或內縮即可，更能體會 90=基準的意涵。

B 不同角度，分開特徵

如果要 2 個角度就要就要 2🔗特徵完成，例如：左邊 120 度、右邊 60 度。

 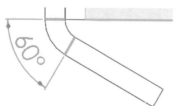 

49-3-1 選擇面（非必要項目）▢

選擇模型面（箭頭所示）並設定相對於**垂直**或**平行面**，就不必計算角度，適用點選斜面的邊線，會比較容易做出來。

A 垂直於面、B 平行於面

產生的凸緣與所選面垂直或平行。

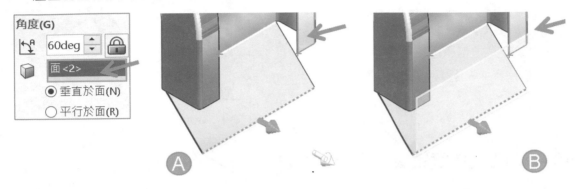

49-4 凸緣長度（Length）

定義模型邊線與凸緣距離並配合下方長度的基準。常遇到長度沒問題，卻忽略長度基準有沒有包含鈑厚而製造錯誤，就會常被鈑厚害死，從此放棄鈑金，改以伸長＋薄殼。

49-4-1 給定深度

定義圖元長度尺寸，也可以點選反轉方向或紅箭頭定義凸緣成形方向，給定深度配合項下方的長度基準設定，下圖左。

A 外側虛擬交角（Outer Virtual Sharp）✎、內側虛擬交角✎

1. 以模型邊線內側或外側交角→2. 凸緣邊線的凸緣長度，適用非 90 度凸緣。虛擬交角=2 邊線延伸相交的交點，就可以點選交點與模型邊線標尺寸。

常設定✎比較好量測與驗證尺寸，常遇到非 90 度彎折的錯誤，很多人僅輸入 30，但忘記切換外側還是內側，下圖右。

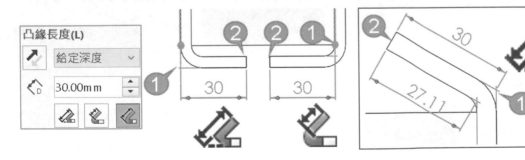

B 相切彎折（Tangent to Bend）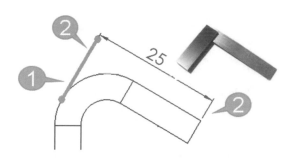

以凸緣相切（外 R）到凸緣邊定義長度，凸緣長度與角度有關，且位置僅支援大於 90 度～179 度彎折，常用直角規量測，這部分虛擬交角量不出來。

2 個重點：1. 線段與彎折（弧）相切、2. 線段與模型邊線平行。

49-4-2 凸緣長度定義：成形至頂點

點選模型點作為深度參考，點選頂點後才會出以下 2 項設定，下圖左。

A 垂直於凸緣平面(適用非 90 度彎折)

所選的頂點與邊線凸緣的端面投影重合，下圖中。

B 平行於基材凸緣(適用非 90 度彎折)

所選的頂點平行穿過凸緣面，應該稱為平行於凸緣平面，下圖右。

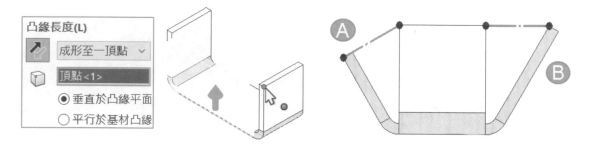

49-5 凸緣位置

定義凸緣與模型位置，**凸緣位置**和**凸緣長度**看起來很像（欄位和圖示），很多人一開始轉不過來，凸緣長度=X 深度，下圖左、凸緣位置=Z 深度，下圖右。

A 指令圖示判斷

仔細看黑虛線=基準=材料邊，切換過程由預覽更能看出差異。本節以模型深度 100，鈑厚 5 透過驗算更能驗證**凸緣位置**與鈑金總深度影響，這就是邏輯思考。

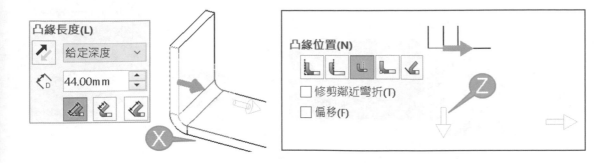

49-5-1 材料內（Material Inside）

　　凸緣位置與鈑金深度相同=100，初步看起來好像會干涉，完成後可以見到離隙類型（鈑金本體與凸緣的處理）。

49-5-2 材料外（Material Outside）

　　凸緣位置與超出鈑厚，總深度：100＋5=105，常用在上下蓋組裝。

49-5-3 向外彎折（Bend Outside）

　　凸緣位置與超出彎折：100＋5＋內 R5=110，本節沒有離隙類型比較好看、好製作、如果這結構沒有很重要，用這種方式比較理想。

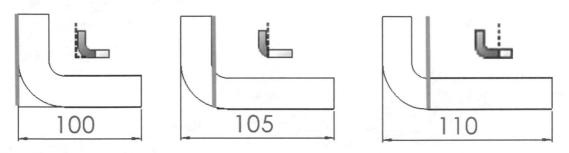

49-5-4 從虛擬交角彎折（Bend from Virtual Sharp）

　　凸緣位置在虛擬交角上，適用非 90 度彎折，下圖左。

49-5-5 與彎折相切（Tangent to Bend）

　　凸緣位置在本體相切位置上，適用大於 90 度彎折，下圖右。

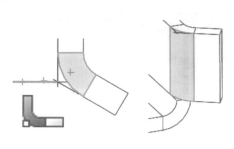
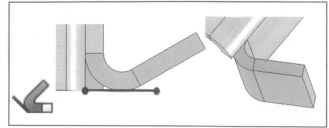

49-6 自訂彎折裕度（Bend Allowance）

第 2 個凸緣指令都有☑**自訂彎折裕度**和☑**自訂離隙類型**，針對目前凸緣設定彎折係數，重點在自訂 2 字，下圖左，這兩者已經由鈑金特徵控制，下圖右。

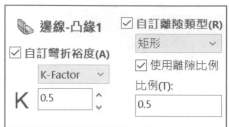

49-6-1 ☑ 自訂彎折裕度

這是給加工者用的，對 RD 而言除非懂，否則不必設定。常遇初學者以為指令都要☑，造成學習負擔。彎折裕度又稱彎折係數、鈑金係數，進行延展控制，鈑金彎折會讓內側被壓縮，外側延伸，提供 5 種計算彎折方法，下圖左。

49-6-2 ☐ 自訂彎折裕度（預設）

彎折裕度由鈑金特徵控制，不懂可以不必理會也感到心情放鬆。

49-6-3 彎折表格（Sheetmetal Bend Tables.XLS）

由內建：彎折裕度、彎折扣除、K 值表... 等 EXCEL 檔案，讓系統將這些值套用在模型中。Excel 表格是最高境界，即便工讀生都有辦法建構被精算好的鈑金。

通常直接拿來內建的檔案修改，例如：開啟表格見到：1 材質、2 鈑厚、3 彎折半徑、4 彎折角度…等，反推經驗數據建立在表格中，下圖右。

A 預設路徑

C:\Program Files\SOLIDWORKS Corp\SOLIDWORKS\lang\chinese\Sheetmetal Bend Tables\。

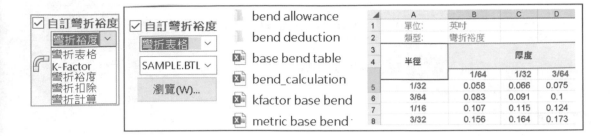

◢	A	B	C	D
1	單位:	英吋		
2	類型:	彎折裕度		
3			厚度	
4	半徑			
		1/64	1/32	3/64
5	1/32	0.058	0.066	0.075
6	3/64	0.083	0.091	0.1
7	1/16	0.107	0.115	0.124
8	3/32	0.156	0.164	0.173

49-6-4 K-factor（0～1 範圍，預設 K0.5）

定義鈑金中立面位置，以厚度為基準，K =彎折計算常數，又稱K值或K因子，下圖左。0.5 為鈑厚中間，K=t／T，BA=π（R＋KT）A/190。

延展性高的鈑材會設於中間 K=0.5，例如：鋁板 AL5083...等。延展性低的則取內面 K=0，例如：白鐵 SUS316、鋁板 AL5052、碳鋼板...等。

49-6-5 彎折裕度 BA（Bend Allowance）延展性

Lt＝展開長度（相加），Lt=A＋B＋BA，下圖右。

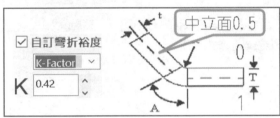

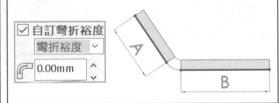

49-6-6 彎折扣除 BD（Bend Deduction）

俗稱扣除法，最常見算法，扣鈑厚、扣 80%鈑厚、依材質扣 1/3 鈑厚，下圖左。或設定彎折半徑為 0 或 0.0001，L 總長=A＋B - BD。

49-6-7 彎折計算

數學關係式給 V 角度，LD=A＋B＋V，須配合☑使用量規表格（*.BTL），下圖右。

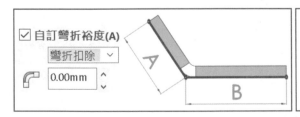

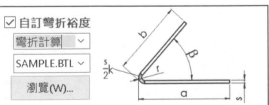

49-7 自訂離隙類型（Auto Reliefs）

彎折之前必須加入離隙切割，避免彎折過程變形，用看的就會，要完成離隙類型，凸緣位置=材料內 ┗，下圖左。

A 不標讓廠商發揮

凸緣過程指定離隙類型、尺寸，系統會自動加離隙，除非與設計有關，否則工程圖不標尺寸讓廠商發揮，換句話說標尺寸廠商要想辦法達到尺寸要求，會造成困擾。

離隙用在 2 種地方：1. 避免加工變形、加工困難甚至折不出來、2. 設計考量，例如：穿電線，這時候工程圖就要標尺寸了。

49-7-1 矩形

定義離隙比例或自行輸入矩形開口大小，常用在開口比較大，下圖中。矩形不見得用在鈑金加工，也可以用在機構考量。

49-7-2 圓端離隙（Obround）

圓端和矩形設定一樣，只是圓端外型比較好看，常用在縫隙比較小，下圖右。以加工角度就不是這樣認為了，雷射切割走圓弧，剪床剪切會走矩形。

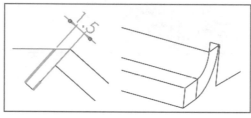
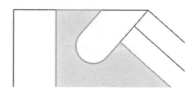

49-7-3 撕裂（Tear）

很像用剪刀剪，定義：1. 裂口（**Rip**）🗡、2. 延伸（**Extend**）🗡，下圖左。由預覽可以看出這 2 項的結果，他會影響到展開樣貌。

49-7-4 ☑ 使用離隙比例

比例依鈑厚而定，輸入 0-1 範圍是寬深比，比例越大縫隙越大，適用矩形與圓端。例如：厚度 3mm，比例 0.5，離隙 3*0.5=1.5mm，下圖右。

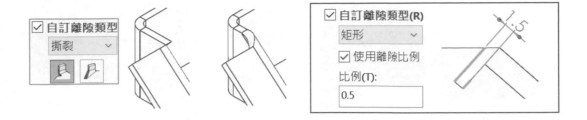

49-7-5 □ 使用離隙比例

　　自行輸入寬度與深度，不過深度＝直線長，沒有算到凸緣，適用矩形與圓端。

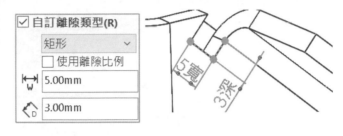

49-8 實務：沖壓

　　製作沖壓封閉的便當盒，與先前切割開放成型不同。理論 1. 先直線→2. 再曲線，因為遇到極端例子不能先選曲線，甚至還有順時針/逆時針的點選順序，有理論支撐就不會亂。

49-8-1 鋼杯

　　完成 Ø50x50L 鋼杯，點選圓就完成了很容易對吧。展開後更能體會計算圓周長＋鋼杯深度困難，與 3D 鈑金便利。考驗各位，鋼杯直徑和深度有剛好在 50 位置嗎。

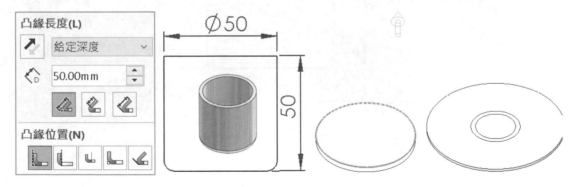

49-8-2 便當盒

　　這題強調點選順序與位置的議題，雖然後面版本怎麼亂選都會成功，本節還是詳細說明點選的火侯，課堂就是用這些手法解決無法成形的 BUG，學會後可用在其他地方。

A 快速選擇法（選擇相切）

1. 在模型邊線右鍵➜2. 選擇相切➜3. ↵。其實是弧幫上大忙，形成封閉區域。原則 1. 先直線➜2. 再選弧，因為直線計算會比較單純。

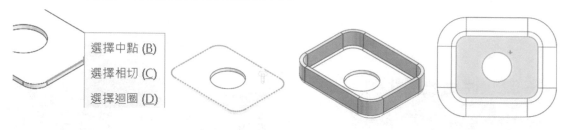

49-9 實務-修改凸緣草圖

有些外型不是指令完成，必須靠修改作業，常見耳朵造型，目前沒有專門的耳朵特徵。展開🥄特徵結構編輯矩形草圖來完成外型，俗稱事後修改（2 次加工）。

49-9-1 耳朵

耳朵是典型案例，編輯草圖後，在草圖加圓和標尺寸，別擔心會改壞他只是個草圖，1. 編輯草圖讓草圖元全定義，下圖左➜2. 退出草圖查看耳朵，下圖右。

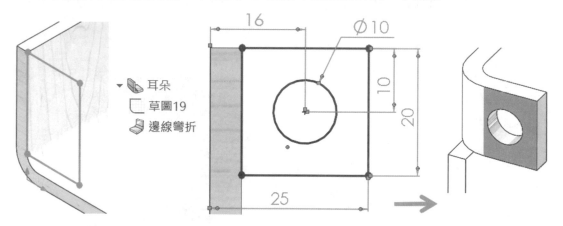

49-9-2 凸緣草圖寬度

理論上，矩形大小會和點選模型邊線相同，調整草圖寬度會有另一種感覺，2016 以前只能縮小草圖，現在可加大邊線範圍，下圖右。

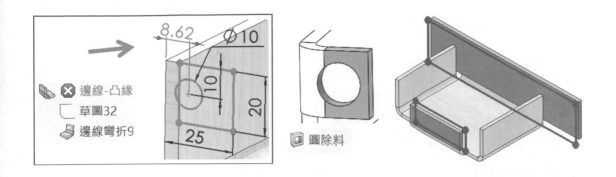

49-10 實務-凸緣分開做

凸緣同時或分開製作，完成業界需要的外型，讓同學體會建模的靈活性和邏輯。

49-10-1 同時-4 面盤

一個特徵連續點 4 邊，完成業界稱的 4 面盤，下圖左。

49-10-2 分開-不同規格

分開特徵可以把規格獨立出來，例如：一高一低的凸緣，下圖中。理論上不同高度要不同特徵（2 個特徵），其實可以一個指令完成後，事後修改草圖，下圖中。

49-10-3 8 面盤

凸緣只能完成 1 彎，所以第 1 特徵 4 面、第 2 特徵另外 4 面，就是 8 面盤，下圖右。

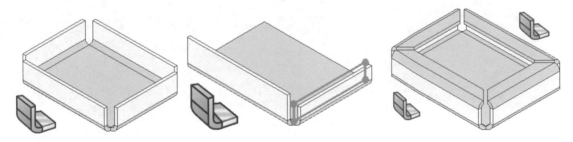

49-10-4 圓弧凸緣

利用➡完成圓弧凸緣，這部分在 2020 之前無法完成只能利用掃出凸緣克服。

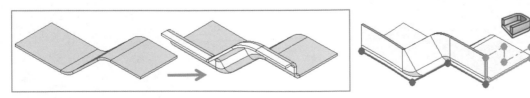

49-10-5 凸緣方向的盲點

這是同學問的問題，凸緣站起來的樣子，只是把草圖用前基準面完成即可。

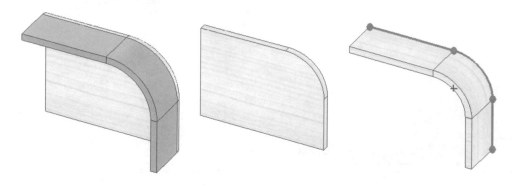

摺邊與斜接

摺邊（Hem，又稱包邊）屬於第 2 特徵，和是兄弟指令操作上一樣，算的簡易版，學習相當輕鬆。長度約 3～6mm，常用來增加強度、美觀、防刮手也有人當腳座，例如：水桶、文件夾與活頁。

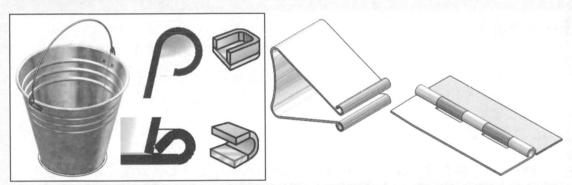

A 指令介面與先睹為快

進入指令分別設定：1. 邊線、2. 類型及大小、3. 斜接間距，分別完成 1 折和 2 折的折邊，並查看指令結構。

步驟 1 點選左邊模型 1 邊線

萬一沒看到成形預覽，調整類型大小；封閉▱。

步驟 2 點選右邊模型 2 邊線

可以見到只動產生斜接縫隙。

步驟 3 查看指令結構

展開特徵會見到 3 個草圖和 3 個彎折，每邊草圖皆為直線，下圖右。

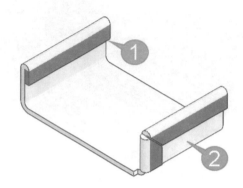 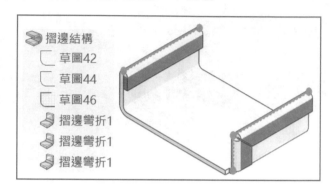

50-1 邊線

於邊線欄位可見：1. 邊線清單、2. 反轉方向、3. 編輯折邊寬度、4. 材料內、向外彎折。本節說明與▰相同，所以可以學很快。

50-1-1 邊線

記錄所選模型邊線，點選的位置最好要統一，例如：統一點選鈑厚外側。

A 反轉方向

反轉摺邊方向，也可以點選灰色箭頭，算是臨時更改的手段。

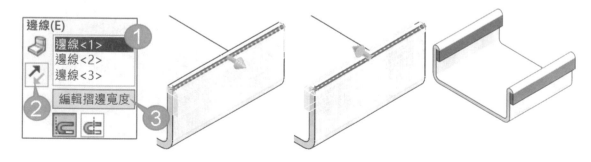

50-1-2 編輯摺邊寬度（<u>Edit Hem Width</u>）

預設草圖長度=模型邊線，常用在需要改短，本節和**編輯凸緣輪廓**操作相同，下圖左。

50-1-3 材料內 、向外彎折

定義折邊基準材料內，或向外彎折，以黑虛線為基準，下圖中。

50-1-4 斜接間距（縫隙）

定義 2 凸緣之間的縫隙（兩邊相等），要啟用這項目必須點選相鄰邊線，下圖右。

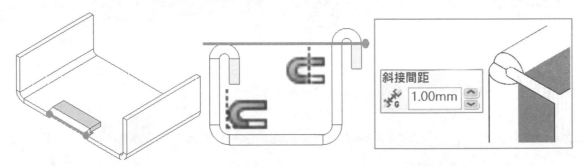

50-2 類型與大小

定義折邊 4 種類型，並依類型定義大小。

50-2-1 封閉（Closed，預設） 、開放（Open）

可以折 180 度凸緣，與 相較之下， 無法折 180 度，最多 179 度。除了封閉還可定義縫隙，用來可放排線或鐵絲。縫隙通常=鈑厚。長度=鈑厚 4 倍。

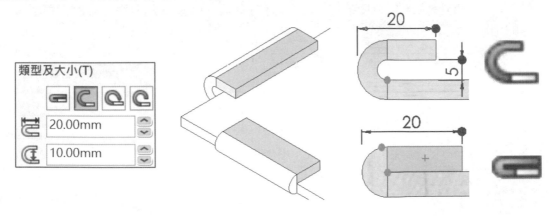

50-2-2 淚滴（Tear Drop） 、捲形（Rolled ）

定義圓弧＋直線造型，並定義圓心角和彎折半徑來控制大小。定義圓弧半徑和圓心角，常用在罐頭。

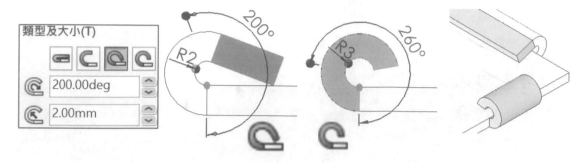

50-3 斜接凸緣（Miter Flange）

斜接凸緣類似掃出（輪廓＋路徑），由草圖輪廓連接模型邊線（路徑）產生凸緣，擁有多變外型，例如：弧凸緣、多折凸緣。

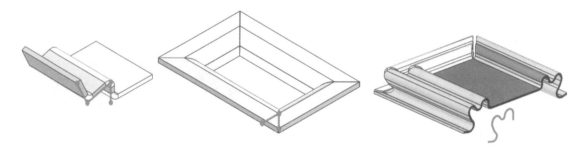

A 指令介面

進入指令分別設定：1. 斜接參數、2. 凸緣位置、3. 起點/終點偏移，重點在草圖與模型邊線的選擇，接下來和 操作相同。

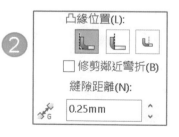
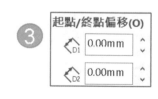

50-3-1 斜接參數

很多內容先前說過，僅說明邊線清單，自行完成草圖，只能連續邊線不能跳選。

步驟 1 點選草圖→

步驟 2 點選衍生（Propagate）

自動沿相切邊加入邊線清單，清單得知 5 條邊線（包含 2 圓弧）。

步驟 3 查看指令結構

展開特徵會見到 1 個草圖和 3 彎折。

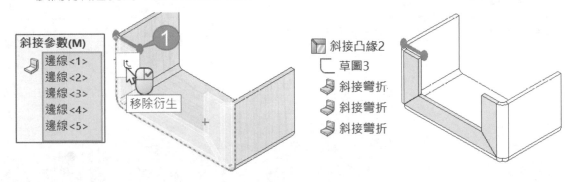

50-3-2 起點/終點偏移（非必要選項）

定義凸緣起點/終點位置，口訣：拉褲管。例如：起點=10、終點=20，由高低邊可看出，起點位置和草圖位置相同，下圖左。凸緣位置可省去除料特徵，下圖右（箭頭所示）。

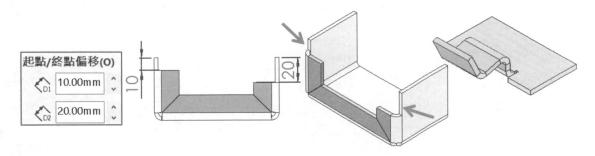

筆記頁

51

草圖繪製彎折與凸折

　　草圖繪製彎折（Sketched Bend）顧名思義由草圖繪製彎折線，模擬彎折作業。可 1 條或多條草圖線段，一次完成多個彎折。

　　屬於進階手段有些情境非他不可，否則一般不太使用這指令，因為他要先畫展開圖。

51-1 彎折參數

　　本節說明**固定面**和**彎折位置**（箭頭所示），其餘不贅述。

51-1-1 固定面

　　以草圖線為基準，點選模型面可見黑球，俗稱鐵球，下圖左。固定面位置和草圖相同面，例如：彎折草圖在下面，固定面也要在點選下面，否則會出現訊息，下圖右。

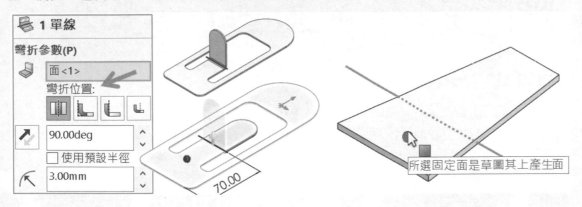

51-1-2 彎折位置

草圖線段為基準=圖示黑色虛線，定義彎折位置，例如：尺寸 70。

A 彎折中心線⚬⚬（Bend Centerline，預設開）

⚬⚬是⚬專屬功能，將彎折置於草圖線段中央。小於 90 度彎折比較看得出來，常用在彎折係數控制的解決方案。

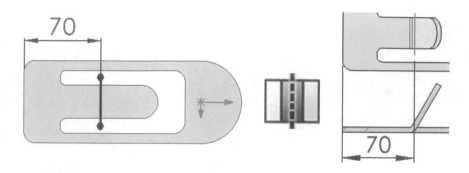

B 材料內⚬、材料外⚬、向外彎折⚬

以圖示判斷，說明與邊線凸緣相同，不贅述。

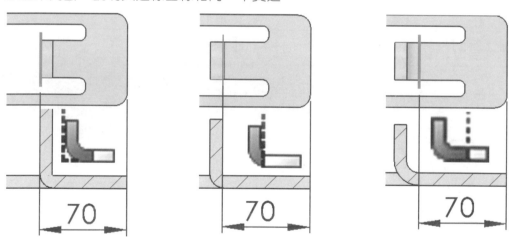

51-1-3 彎折半徑與角度

50 長的平板利用⚬完成圓柱，由鈑厚、彎折位置、角度、彎折半徑來配，例如：彎折草圖在中間、角度 350 度、彎折半徑 7.5。

51-2 凸折（Jog）

凸折和🦐一樣是兄弟，利用草圖定義偏移距離，產生 2 彎折，用於斷差或上下蓋相接設計，由於功能差異不大希望將指令合併。

A 指令介面

進入指令分別設定：1. 選擇、2. 凸折偏移、3. 凸折位置、4. 凸折角度。重點在凸折偏移，其他的項目同學都會了。

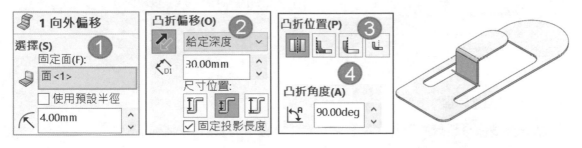

51-2-1 凸折偏移

定義凸折尺寸位置=斷差高度的基準，有 3 種方式設定。切換指令圖示由預覽快速得知凸折基準位置，大郎常說鈑金都是因為位置搞錯，遇到和鈑厚有關的尺寸要特別謹慎小心。

A 向外偏移🏗

固定面到凸緣上面，類似深度量測。

B 內側偏移🏗

固定面到凸緣內面，類似包內。

C 全部尺寸🏗

尺寸在最外側，類似包外。

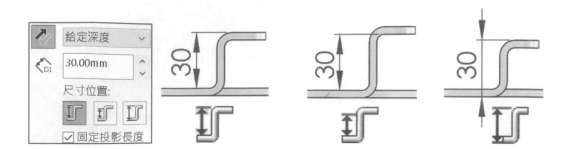

51-2-2 固定投影長度（Fix projected length）

第 2 彎折與固定面平行投影時，投影長度是否與材料長度相同，本節會配合展開並理解多元考量，例如：展開能看出投影長度影響是否可加工製作。

A ☑固定投影長度

不管實際的材料大小，凸折長度變長（箭頭所示），展開會干涉，形成不合理現象，經常以焊接完成，下圖左。

B □固定投影長度

凸折長度依材料尺寸設計，在有限材料設計適用加工考量，展開不會干涉。

C 凸折角度

由預覽調整角度得知，第二彎折與固定面平行，角度會影響長度呦，下圖右。

51-2-3 凸折實務：鳩尾座

本節說明指令特性，遇到實際圖面如何解決鈑厚的標註。**成形至某一面**可見凸折位置不得超出，這時**全部尺寸**無法使用，下圖左。

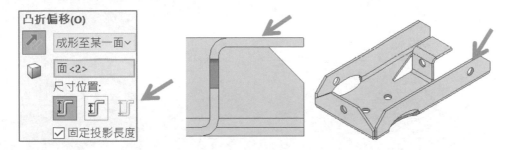

A ☑固定投影長度

讓燕尾切齊，但是展開會增加材料成本。

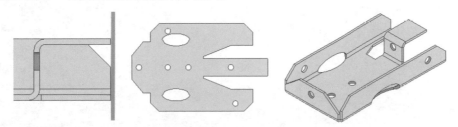

B ☐固定投影長度

讓燕尾未切齊，展開的材料剛好，下圖右。

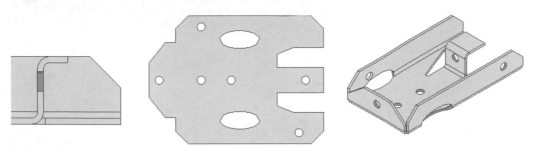

筆記頁

52

掃出凸緣／疊層拉伸彎折

　　掃出凸緣 🗄（又稱掃出鈑金）可以為第一特徵，觀念與 🪝 相同，不過 🗄 很多功能拿掉算是 🪝 簡易版，卻可用來解決複雜且認為無法展開的弧形鈑金。

52-1 掃出凸緣與介面

　　將先前學過的掃出套用在這裡，體驗差異性，我想大家會一開始對 1. **沿路徑展平**、2. **圓柱/圓錐本體** 感到困惑，先不要想了解這些，把這 2 結果分別給加工廠商看，問廠商要哪一個，再調整給他即可。

🅐 指令介面

　　進入指令分別設定：1. 輪廓及路徑、2. 圓柱/圓錐本體、3. 鈑金參數、4. 彎折裕度與自動離隙，其中 3. 鈑金參數的厚度比較常用。

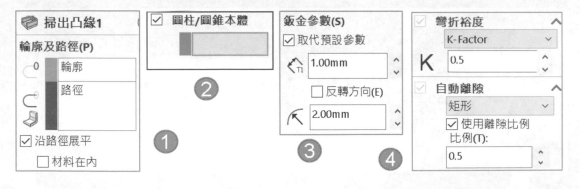

52-1-1 輪廓及路徑

重大原則：輪廓和路徑都要開放草圖，否則無法展開。點選草圖輪廓及路徑會見到預覽，下方設定鈑金參數，展開就有成就感了。

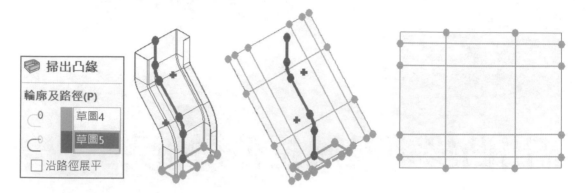

52-1-2 沿路徑展平（Flatten along path）

使用平板型式時，輪廓或路徑是否被展開，通常是展開結果與加工比對，再來控制是否沿路徑展平，本節路徑是 U 型。

A ☑沿路徑展平

輪廓被展開，沿 U 型路徑成為 U 型鈑。

B □沿路徑展平

路徑和輪廓被展開，輪廓沿直線成為直條板。

C ☑材料在內

☑沿路徑展平時，可以控制平板型式是否會成功，例如：本節必須☑材料在內，否則無法展平。

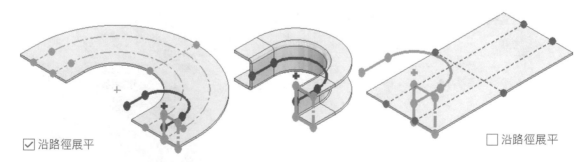

52-1-3 圓柱/圓錐本體（Cylindrical/Conical Body）

控制圓柱或圓錐展開型式，例如：扇形與方形，這 2 種形狀的展開面積不同。**沿路徑展平**和**圓柱/圓錐本體**不能同時選擇，只能擇一。

A ☑圓柱/圓錐本體

點選展開的草圖斜邊線（箭頭所示），可以得到扇形展開圖，下圖左。

B □圓柱/圓錐本體

得到方形展開圖。

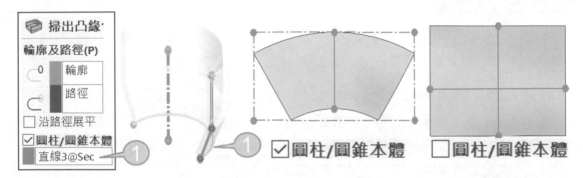

52-2 掃出凸緣實務

🔶有點像斜接凸緣🔶，卻可解決🔶無法完成的限制。

52-2-1 水桶

輪廓和路徑為開放輪廓🔶完成。

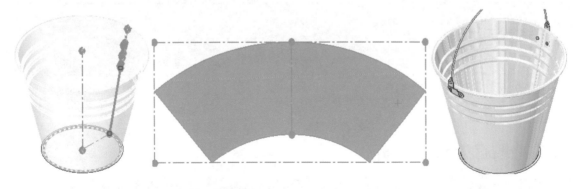

52-2-2 擁有斜接凸緣項目

掃出也有**凸緣位置**、**起點與終點偏移**，以模型邊線當路徑就會出現這項目。

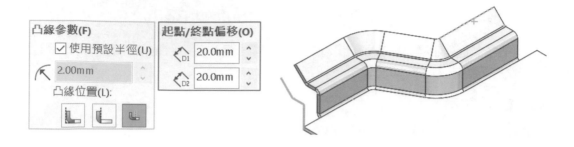

52-3 疊層拉伸彎折

疊層拉伸彎折🔩（又稱疊層拉伸鈑金）可以為第 1 特徵，觀念與🔩相同，很多功能拿掉算簡易版，卻可用來解決複雜且認為無法展開的鈑金，本節的前言和🪨一樣。

A 製造方法（Manufacturing Method）

進入指令定義 2 大製造方法：1. 彎折（Bent）或 2. 成形（Formed），一旦決定製造方法完成模型後，就無法改變回來，例如：先前 1. ☑彎折，就無法編輯特徵改為 2. ☑成形。

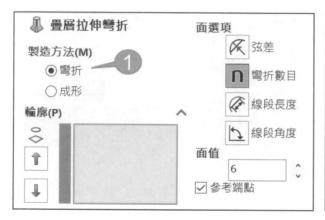

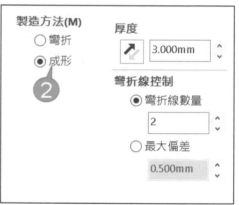

B 製造方法比較

	草圖圓角	歷史	學習	功能
彎折	有或沒有皆可	新	難	多
成形	一定要有	舊	簡單	少

52-3-1 製造方法：彎折

以彎折法（折床）完成方轉圓，草圖角落不必導圓角，由特徵的**彎折半徑**控制即可。彎折法就會有彎折線，彎折線在**平板型式**呈現，下圖右。

A 輪廓

本節模型為方轉圓，點選 2 開放輪廓成型，可以見到預覽。

B 面選項與面值

由於**面選項**與**面值**同時設定所以一起說明。面選項中，點選其中 1 種計算方式，並輸入下方數值，絕大部分數值越大彎折數越少，先認識**彎折數目 n**會比姣好理解。

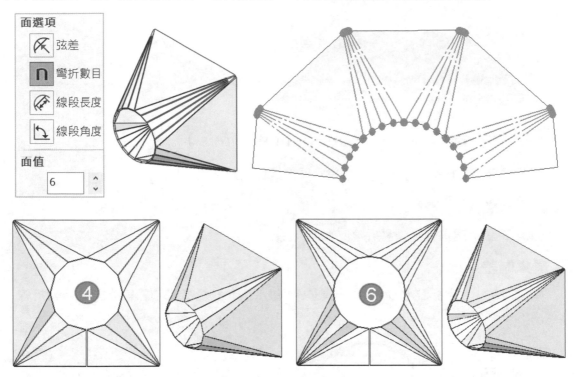

C 參考端點

彎折是否參考輪廓尖角，展開圖會尖角/圓弧顯示。

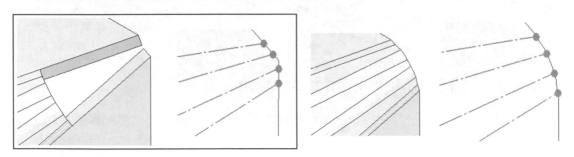

52-3-2 製造方法：成形

以**製造方法：成形**（沖壓）完成方轉圓，會覺得功能比較陽春，但速度比較快。

Ａ 方轉圓

矩形草圖的角落要有圓弧，否則無法完成，下圖左（箭頭所示）。展開後沒彎折線，這是因為圓沒有相對彎曲元素。

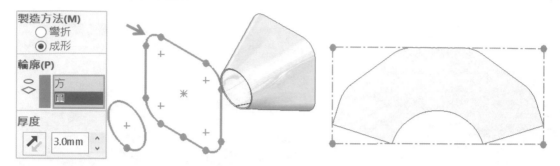

52-3-3 彎折線控制（Number of bend lines）

圓要和矩形一樣有 4 個圓角，才會出現**彎折線控制**。

Ａ 彎折線數量

數量 2=彎折處會有 2 條彎折線。

Ｂ 最大偏差

偏差值越小，彎折數越多，例如：偏差 1，每 1 彎 5 條彎折線，偏差 0.5，6 條彎折線。

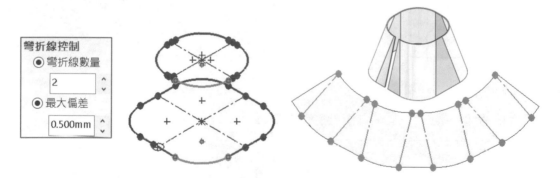

52-3-4 彎折偏差（Maximum deviation）

在平板型式中，平板-<自由型態彎折>右鍵➔彎折偏差，於模型上見到彎折資訊。

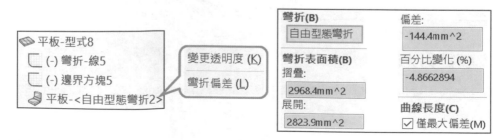

A 摺疊

摺疊表面積。

C 偏差

展平-摺疊值。

B 展平

展開表面積。

D 百分比變化(%)

（偏差值／摺疊值）x100。

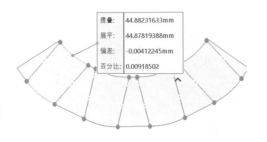

摺疊：	44.88231633mm
展平：	44.87819388mm
偏差：	-0.00412245mm
百分比：	0.00918502

52-4 實務：螺旋葉片

　　螺旋葉片必須配合**螺旋曲線**準確度比較高，直覺螺旋=掃出，就是問題所在，因為沒有**導引曲線**可使用，就要用的**製造方法-彎折**完成。鈑金的螺旋葉片常用於攪拌器，業界使用率很高，但利用 3D 來展開卻很少，本節和曲面觀念很像，很多人一時轉不過來。

步驟 1 分別完成 2 條螺旋曲線

　　不過螺旋曲線不是真實圖元，無法作為輪廓使用。

步驟 2 3D 草圖

　　分別將 2 條螺旋曲線→參考圖元，產生 2 條 3D 草圖，成為輪廓使用，下圖左。

步驟 3 疊層拉伸

　　分別點選 3D 草圖，只能選擇製造方法：成形。

步驟 4 展平

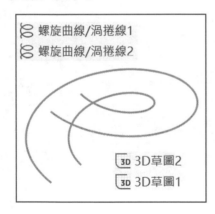

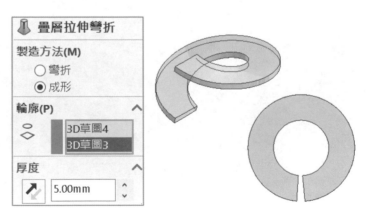

筆記頁

封閉角落

　　封閉角落（Closed Corner）⊞將開放角落填料延伸，也是不用草圖的特徵。⊞類似修剪⊗應用在結構型式，例如：長邊包短邊。

　　很多人會用⊞把角落填滿，其實不必這麼麻煩。當凸緣非 90 度時就無法用⊞，這時就能體會非⊞不可的用意。

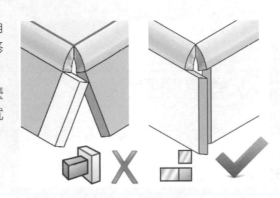

A 指令位置

　　指令在角落處理群組中，指令可見：1. 延伸、相配的面、2. 角落類型、3. 選項設定。

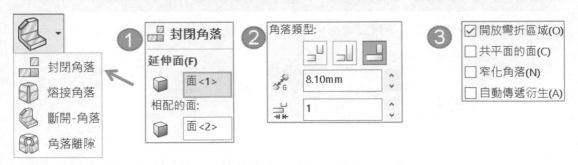

53-1 延伸面、相配的面

　　選擇平面來延伸材料，相配的面會自動產生，本節說明長邊包短邊。

53-1-1 延伸面（Extend，基準面）

點選前後凸緣 4 面（箭頭 1）。

53-1-2 相配的面（Match）

系統自動加入相鄰面（箭頭 2），看到預覽。

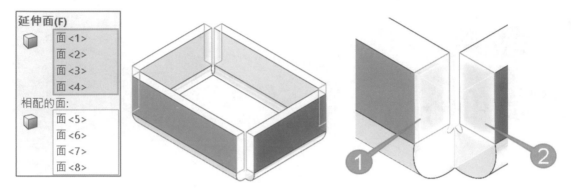

53-2 角落類型

角落類型改變封閉結果，本節更能體會基準面用意。

53-2-1 對頭（Butt）

角落未封閉。

53-2-2 重疊（Overlap）、不重疊（Underlap）

不需重新選擇延伸面，由預覽取得你要的結果，例如：長邊包短邊。

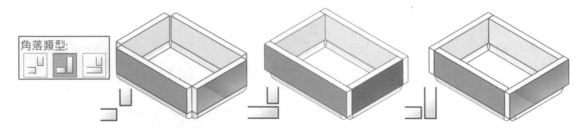

53-3 選項

套用角落類型的細節設定，本節適用加工者，由預覽看出數字變化會更有感覺。

53-3-1 縫隙距離

設定封閉角落縫隙，縫隙不得 0，可以 0.001mm，下圖左。越大值（例如：10）更能看出為除料用意，下圖右。

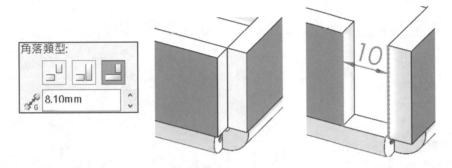

53-3-2 重疊與不重疊比例 ⮕（預設 1）

以相配面定義延伸距離（箭頭所示），搭配鈑厚輸入 0～1 比例範圍，適用**重疊**⮕、不**重疊**⮕。例如：鈑厚 3，比例 0.5，相配面退出鈑厚 1.5(3x0.5)。

設定 0=無延伸=對頭，數字越高=延伸，例如：1。

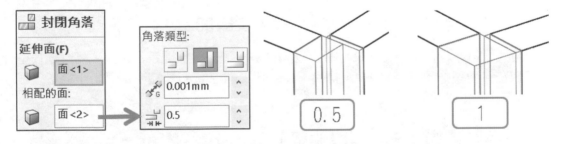

53-3-3 開放彎折區域（Open Bend Region，預設開啟）

角落之間的唇口是否要開放離隙顯示，常用全焊或薄件，設定過程沒有預覽。

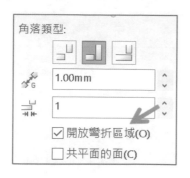
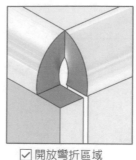
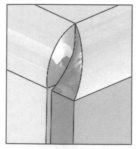

☑開放彎折區域　　　　　　　　　□開放彎折區域

53-3-4 共用平面的面（Coplanar Face，預設關閉）

點選面，系統會找出配合的相同平面，減少點選面時間，例如：只要點選 1 面即可，剩下 2 面系統成形，本節沒有限制一定要點選完整面或非完整面。

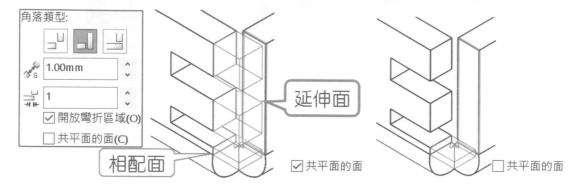

☑共平面的面　　　　　　　　□共平面的面

53-3-5 窄化角落（Narrow Corner，預設開啟）

使用大彎折半徑的演算法，窄化彎折區域縫隙。這部分展開看不出來，僅影響模型外觀，下圖左。要留意以下幾點，否則試不出來：1. □開放彎折區域、2. 彎折半徑不得很小（0.001）、3. 要為 90 度彎折。

53-3-6 自動傳遞衍生（預設開啟）

點選延伸面，系統自動選到**相配的面**，下圖右。

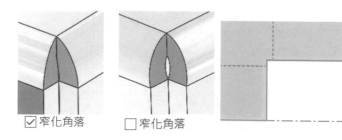

☑窄化角落　　　　　□窄化角落

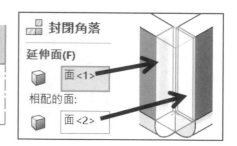

54

鈑金連接板

　　鈑金連接板（Sheet Metal Gussets）🔩，製作沖凸特徵，也是不用草圖特徵，不必建立基準面與設定**排除的面**（平板型式選項）。

🅰 指令介面

　　進入指令分別設定：1. 位置、2. 輪廓，操作觀念和**連接板**🔗相同。

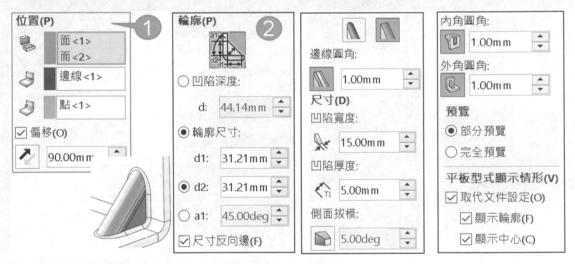

54-1 位置

　　產生連接板位置，只要定義支撐面，其餘系統自動抓取。

54-1-1 支撐面（綠）

點選 2 支撐面，自動產生邊線與參考點，所選面只是讓系統計算。

54-1-2 邊線（粉紅）

以第 1 所選面抓取彎折特徵交線，做為參考點位置。

54-1-3 參考點（紫）

定義連接板位置，預覽可見預設位置為線段端點。可重新指定模型原點、邊線或草圖點為基準。

54-1-4 偏移（可作可不作）

以參考點為基準進行偏移，算是補正。

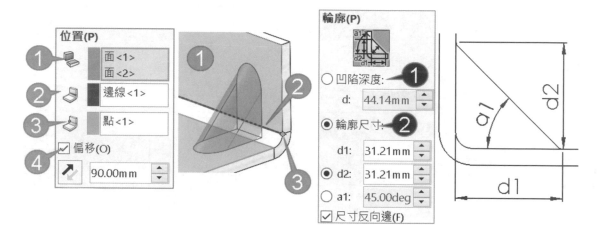

54-2 輪廓

定義連接板尺寸大小，透過 1. 凹陷深度或 1-1. 輪廓尺寸、2. 支撐類型。由於介面沒很理想，2. 支撐類型為共同設定，很容易讓人誤以為他是 1-1. **輪廓尺寸**才可使用。

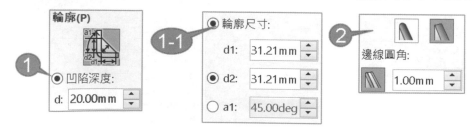

54-2-1 凹陷深度（Indent depth）

定義連接板大小，例如：d=20。課堂會以此教學，因為比較簡單輸入。

實務上只要示意連接板凹陷深度即可。

54-2-2 輪廓尺寸

以三角形定義尺寸 d1+d2 或 d1+a1。

A 尺寸反向邊（適用尺寸輪廓）

對調輪廓尺寸，例如：d1=20、d2=40 對調為 40x20。

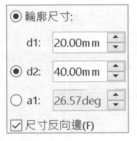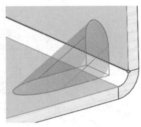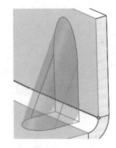

54-2-3 圓角支撐（Rounded gusset）

肋材頂面為**全周圓角**，適用寬度比較小，這是獨立設定和輪廓無關。

54-2-4 平行支撐（Flat gusset）

設定肋材頂為平面，這是獨立設定和輪廓無關，下圖左。

A 邊線圓角（Edge Fillet）

按下才可定義邊線圓角，可設定圓角=0，適用寬度比較大。

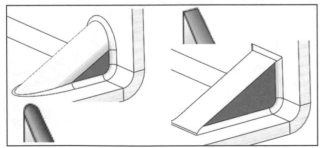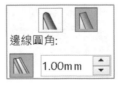

54-3 尺寸（肋特徵大小）

設定連接板寬度與邊緣的圓角尺寸。

54-3-1 寬度（厚度）

定義連接板寬度為包外尺寸，例如：20。

54-3-2 凹陷厚度（單邊厚度）

本節是重點了，厚度必須＜鈑厚，可見外側凹陷處。

54-3-3 內角圓角（背圓角）、外角圓角（正面圓角）

設定連接板背面/正面邊線圓角，也可以=0，下圖右（箭頭所示）。

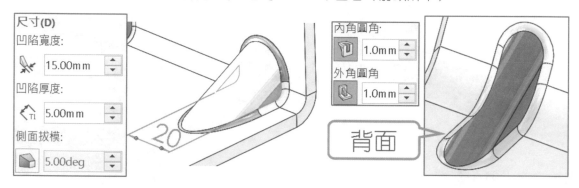

54-4 平板型式顯示情形

是否顯示 1. 連接板輪廓和 2. 中心，用於定位識別，下圖右。

54-4-1 鈑金連接板-外形

平板型式下可以見到鈑金連接板草圖，只能在展平狀態呈現。

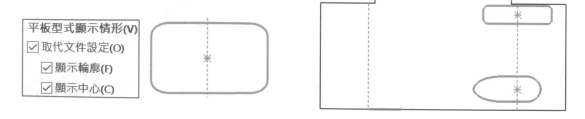

插入彎折

插入彎折（Insert Bend）簡稱實體轉鈑金，將薄件模型加入彎折資料，讓模型能展開，類似加入**熔接特徵**，完成插入彎折會出現轉換圖示，下圖左。

A 指令介面

進入指令分別設定：1. 彎折參數、2. 彎折裕度、3. 自動離隙、4. 裂口參數。每項都會用得上，遇到無法展開的解決方案都是設定上的細節。

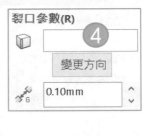

55-1 開放模型

分別完成：1. 有特徵、2. 無特徵的轉檔模型，快速體驗指令用法，通常按**固定面**就可以完成，就像執行**熔接特徵**一樣簡單，**固定面**和**平板型式**說明相同。

55-1-1 有特徵模型

這是以傳統特徵建構的模型，2 步驟完成鈑金展開：1. 固定面➔2. ↵。

步驟 1 固定面

選擇模型上面，因為上面比較好選。

步驟 2 彎折半徑

系統辨識模型半徑作為彎折半徑，所以無論設定為何不會改變模型半徑。

步驟 3 ↵ → 🀤

完成後模型外觀看不出變化，🀤驗證是否可展開。

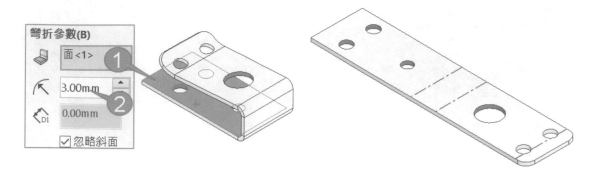

55-1-2 查看結構

特徵管理員多了鈑金加工圖示：1. 🗗、2. 展平-彎折🗗、3. 加工-彎折🗗、4. 平板型式🀤，
2、3 圖示第一次見到，接下來大概知道這是什麼就好。

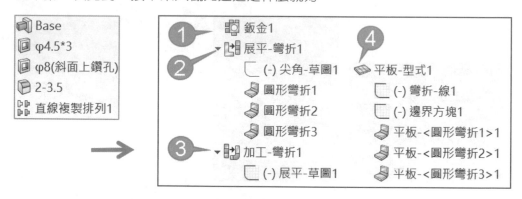

A 展平-彎折（Flatten-Bends，俗稱展開）🗗

記錄圓角轉換彎折資訊。尖角-草圖列出彎折線，草圖無法編輯但可隱藏或顯示。

B 加工-彎折（Process-Bends，俗稱折疊）🗗

記錄零件轉換成形過程，草圖可以編輯、隱藏或顯示。

55-1-3 無特徵模型

這是無特徵的轉檔模型，也可迅速完成展開。他是將模型圓角辨識為彎折，有了彎折就能展開了。客戶通常只給轉檔的模型(STEP、X_T、IGES)，都可以很迅速地完成展開。

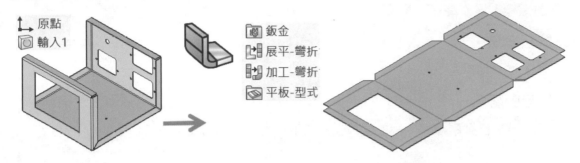

55-1-4 練習-耳朵、馬達

這算送分題，固定面=彎折線的位置，例如：固定面在上面，彎折線=上面。

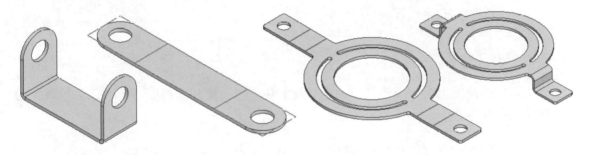

55-1-5 練習-圓錐

對固定面更深入認識，選面會做不出來，要選**邊線**。將游標放在固定面上，由訊息得知：**選擇固定面或邊線**。反正不是面就是邊線，這樣想就好。

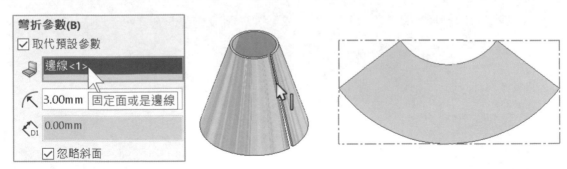

55-2 封閉模型，裂口（Rip）

進行🔲更深一層認知，適用封閉模型。裂口顧名思義就是把封閉邊割開，這樣才能展開。封閉模型實務為沖壓製成，利用裂口把模型改為折床加工，並完成長邊包短邊作法。

A 彎折參數

固定面選擇模型底部上面，下圖左。

B ☑自動離隙

記得要☑自動離隙，否則展開來怪怪的不能用，下圖右（箭頭所示）。

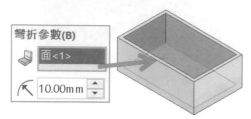
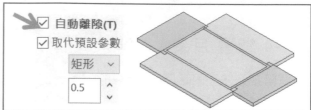

55-2-1 裂口參數

定義裂口位置與縫隙大小，選擇內或外邊線都可以，最好選擇同一邊，避免計算太複雜，基準統一是原理。

55-2-2 裂口箭頭（口訣：箭頭邊=裂口邊、未選=彎折）

點選模型邊線會顯示箭頭，就是控制裂口位置。以長邊包短邊來說，讓箭頭朝短邊，裂口箭頭分別 3 種形式：A：箭頭 1、B：箭頭 2、C：2 箭頭。

A 變更方向

點選變更方向循環切換箭頭 3 種形式，或點選箭頭改變裂口方向，下圖右。

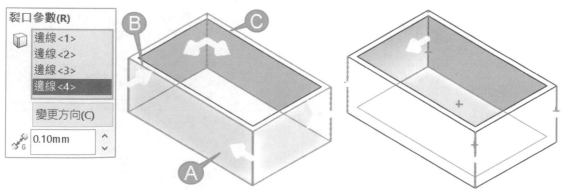

55-2-3 查看結構

完成後見到訊息是正常的，只是告訴你**自動餘隙除料**，薄殼被裂開且可被展開。由特徵管理員見到鈑金加工圖示，還多了裂口形式 （箭頭所示）。

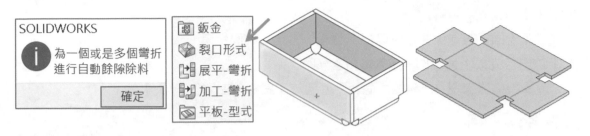

55-3 3 通管

將圓管展開，以加工製程來說，1. 平板→2. 來回滾圓→3. 焊接，所以要製作裂口（管縫），通常由 完成。

55-3-1 直管展開

先完成簡單的直管並學習 前置作業。

步驟 1 裂口草圖

1. 前基準面，畫直線與直管相同高度、2. 或模型平面上畫直線也可以。

步驟 2 ，方向 1，成形至下一面

步驟 3 薄件特徵，對稱中間面

讓縫隙置中，實務上縫隙與焊接有關，這時厚度就自行定義。

步驟 4 特徵加工範圍

由於這是多本體，選擇圓管本體。

步驟 5 插入彎折

固定面：選擇邊線→ 展開查看結果。

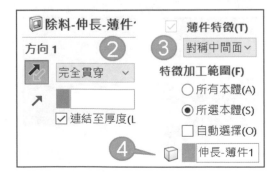

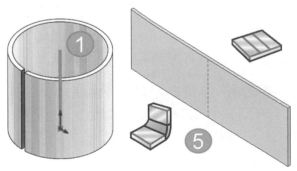

55-3-2 分件拆：三通管

這是單一本體的 3 通管，用薄殼◯拆件是最好用的方法，實務 2 件焊接，所以要上下管分別展開。要達到通透，先完成上管拆件→**用改的**完成下管子拆件並展開。

步驟 1 上管薄殼=3 拆件

選擇 4 面尤其是第 4 面可以把下管移除，達到拆件作業。

步驟 2 自行完成上管裂口→插入彎折◇

選擇裂口邊線→↵，選擇內面和外面邊線不同，差在彎折線位置。

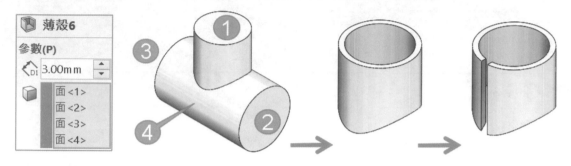

步驟 3 查看結果

是否發覺 5 分鐘完成拆件，下圖左。

步驟 4 編輯薄殼特徵

編輯先前製作的薄殼特徵，用改的完成下管拆件。

步驟 5 下管裂口

編輯先前的草圖，完成下管裂口。不能把裂口定義在孔，2 邊會有縫隙不好焊接。

步驟 6 插入彎折，查看結果

有沒有覺得下管拆件作業更快，這代表你有通透邏輯，下圖右。

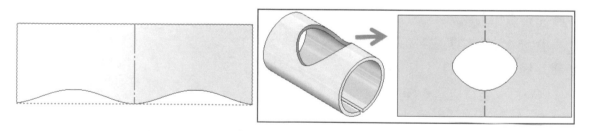

55-3-3 練習：分件拆-方轉圓

這是單一本體的 3 通管，分別完成 1. 方管、2. 圓管的轉鈑金。

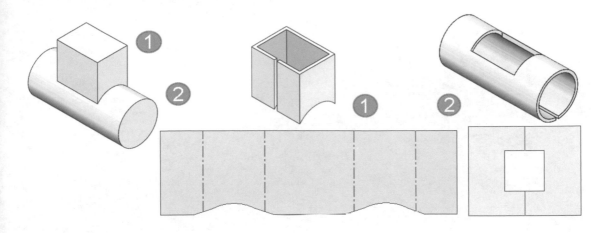

55-3-4 練習：分件拆-斜角三通

這是單一本體的斜角 3 通管，短邊為裂口邊，完成後會發現不難。

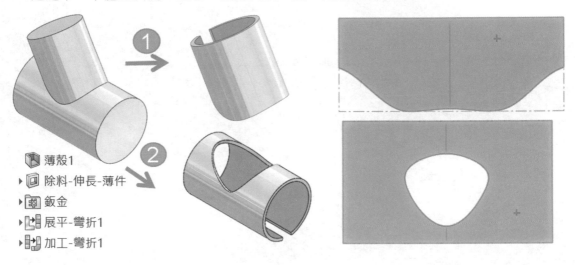

薄殼1
▸ 除料-伸長-薄件
▸ 鈑金
▸ 展平-彎折1
▸ 加工-彎折1

筆記頁

轉換為鈑金

　　轉換為鈑金（Convert to SheetMetal），將實體或曲面模型轉換為鈑金所需要的厚度、彎折和裂口，為插入彎折的進階版，配套解決無法完成的鈑金轉換。

　　指令過程有點像智力測驗，製作速度比快，本章不贅述固定面、鈑厚、彎折半徑。

A 指令介面

　　進入指令分別設定：1. 鈑金參數、2. 彎折邊線、3. 裂口邊線、4. 裂口草圖、5. 角落預覽、6. 自動離隙。常用 1、2，進階用 4，其餘 3、5、6=細節調整。

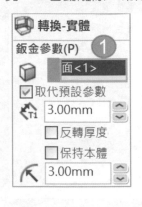

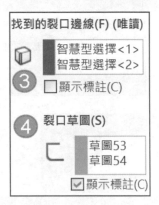
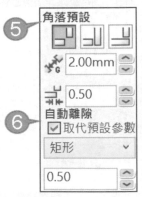

B 轉換為鈑金 VS 插入彎折差異

	操作度	指令功能	執行能力	本體	薄件模型	俗稱
轉換為鈑金	不容易	多	複雜外型	實體/曲面	不用	新式
插入彎折	容易	陽春	簡單外型	只能實體	需要	舊式

56-1 鈑金參數

由曲面模型認識🔲指令能力：1. 將曲面增厚、2. 集合所有彎折。游標放在指令上方由指令訊息得知：將曲面/實體轉換為鈑金，下圖左。

🅰 單一面增厚→轉鈑金手法

常用在破面模型，可以把面刪除為單一面外殼→🔲，就不用費時費工補破面。

56-1-1 先睹為快

這是曲面鈑金，可以增厚、自動指定模型彎折面和展開，下圖右。

步驟 1 選擇模型固定面

步驟 2 厚度=5

厚度不能比彎折半徑大，否則彎折半徑的地方會形成直角，造成彎折錯誤。

步驟 3 集合所有彎折

系統自動找出彎折面。

步驟 4 查看結構

特徵管理員可見鈑金加工圖示：1.🔲、2. 轉換為實體🔲、3. 平板型式🔲，下圖右。

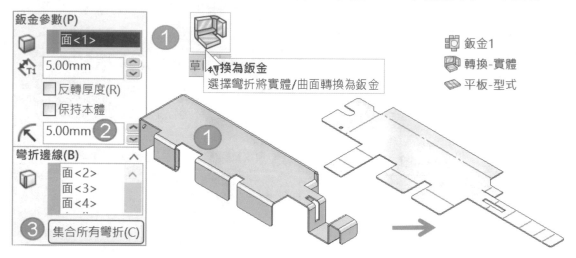

56-2 彎折邊線

針對沒薄殼的模型進行彎折邊線用法，要想像未來展開樣式，才有辦法點選彎折線。

A 彎折線的支援

1. 彎折線必須為直線、2. 第 1 條彎折線必須為固定面相鄰邊線，否則會出現訊息。

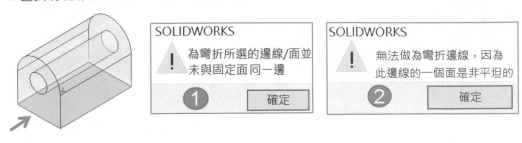

56-2-1 閂閂

學習自行指定厚度、彎折半徑，這部分先前不太一樣，試想用🥄就要先用薄殼了。

步驟 1 固定面

選擇模型下方作為固定面，厚度=5、彎折半徑=5。

步驟 2 彎折邊線

點選下方左右 2 條邊線，可見預覽成形。

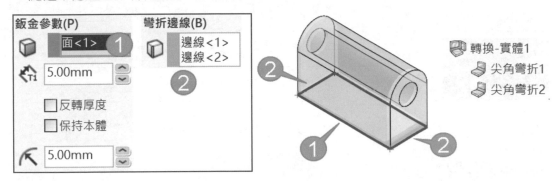

步驟 3 ↵

可見自動薄殼並增加彎折。

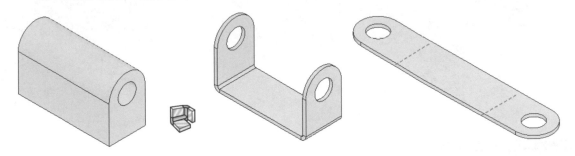

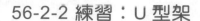
56-2-2 練習：U 型架

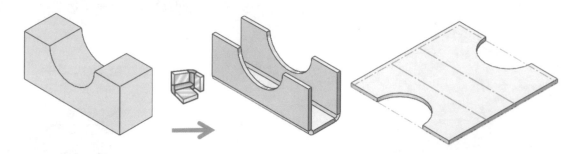

56-2-3 練習：U 型架

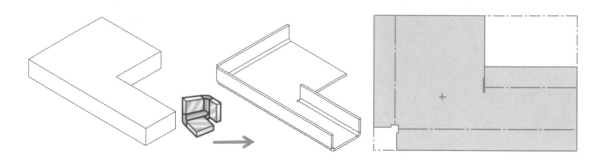

56-3 裂口邊線

學習封閉模型增加裂口，會發現裂口邊線是唯讀，由系統找出。

56-3-1 U 型架

選擇模型下方作為固定面，厚度=3、彎折半徑=3

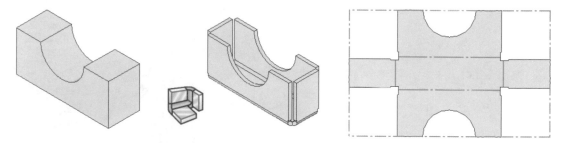

步驟 1 彎折邊線（粉紅）

點選固定面的周圍的 4 條邊線。

步驟 2 找到的裂口邊線（紫）

裂口邊線不用選，系統自動找出裂口邊線。

步驟 3 ↩，驗證是否可展開

可見自動薄殼，增加彎折。

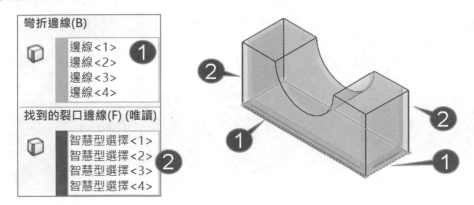

56-3-2 書架-有蓋

這題難度有點高，製作有蓋的鈑金轉換，有點像智力測驗。

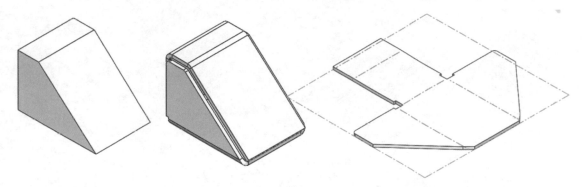

步驟 1 選擇下方為固定面，厚度=3、彎折半徑=3

步驟 2 彎折邊線（粉紅）

點選固定面周圍的 3 條邊線＋上方 2 條=5 條。

步驟 3 找到的裂口邊線（紫）

會發現 2 側為裂口邊線。

步驟 4 驗證是否可展開

展開後會發現該指令的邏輯。

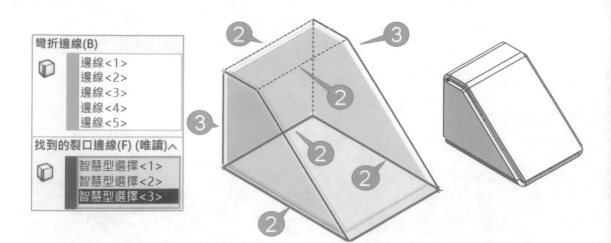

56-3-3 書架-無蓋

　　承上節，製作無蓋的鈑金轉換。點選固定面的 3 條邊線＋上方 1 條，沒有點的邊線，會以除料（薄殼的挖除面）處理。

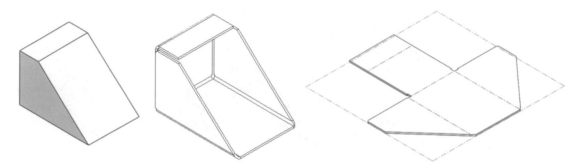

57

曲面展平

　　曲面展平（Flatten）❦，將所選面展開並產生曲面本體，常用在皮革、鈑金、紙盒包裝，甚至工程分析，這是 2016 功能且要為 Premium 才有。

　　❦可以用在任何有面的模型讓其展開，用在鈑金可以解決無法展開情形，甚至我們可以說沒有展不開模型。

A 指令介面

　　❦屬於曲面指令（插入→曲面→展平❦），為了整合與直覺將指令放入鈑金說明。進入指令分別設定：1 選擇、2. 其他圖元、3. 離隙除料、4. 精確度，常用 1、2。

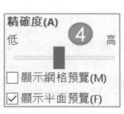

57-1 曲面展平作業

　　先睹為快 2 個步驟：1. 點選要展開面、2. 點選展開的起始位置，位置=展開的固定邊線，本節相當容易學習，成功率高，剩下就是功能細節。

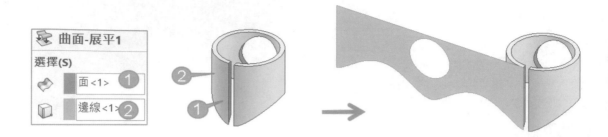

57-1-1 要展開的面/平面（Face/Surface to Flatten）

選擇要展開的上圓弧面。

57-1-2 要開始展平的頂點或邊線（Vertex or Point on Edge）

1. 點選欄位啟用欄位→2. 選擇被展開起始位置，通常點選直線，點選後見預覽。此欄位可點選頂點、弧線，重點要在展平面上的圖元。

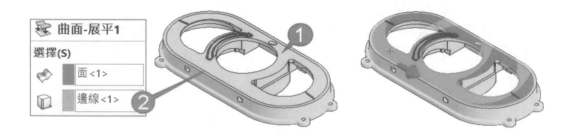

57-1-3 其他圖元

點選要加入展開的草圖或模型邊線，例如：箭頭草圖。

57-1-4 離隙除料（Relief Cuts）

加入切割來消除展平的應力集中。點選貼在模型上的曲線，做為切割範圍，不過無法定義寬度。

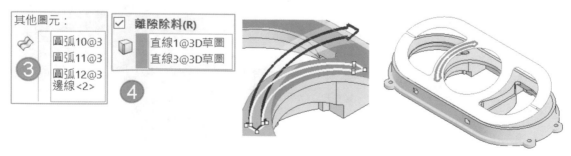

57-2 精確度（Accuracy）

由控制棒提高或降低曲面展開精度，提高缺點會增加計算時間。

57-2-1 顯示網格預覽與顯示平面預覽

顯示點選的模型面上的網格。顯示展開的預覽平面。量測得知：1. 圓柱面積、2. 展開面積，以圓柱面積為基準，就能算出誤差是否為可接受範圍內，並調整精確度高低。

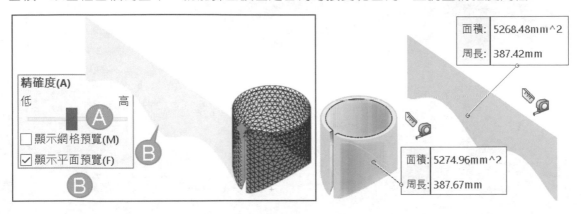

57-3 展平實務

本節有多項實務無法利用鈑金展開，但用💊可以。

57-3-1 3D 支架

多方向彎折模型這麼多面要選何時（共 22 個面），在模型面上右鍵→選擇相切。

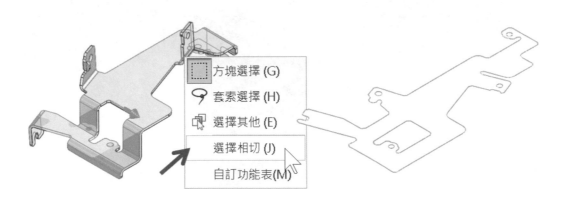

筆記頁

鈑金工程圖與展開

說明鈑金展開圖製作方式,並控制展開圖顯示資訊。

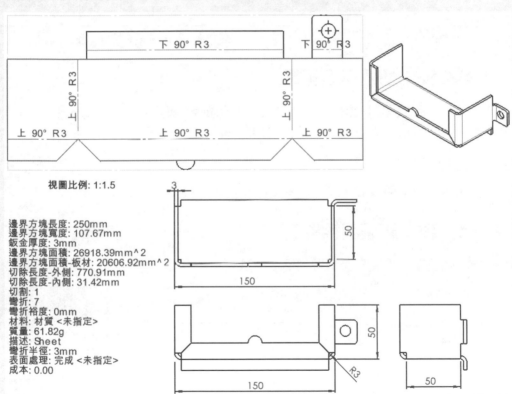

視圖比例: 1:1.5

邊界方塊長度: 250mm
邊界方塊寬度: 107.67mm
鈑金厚度: 3mm
邊界方塊面積: 26918.39mm^2
邊界方塊面積-板材: 20606.92mm^2
切除長度-外側: 770.91mm
切除長度-內側: 31.42mm
切割: 1
彎折: 7
彎折裕度: 0mm
材料: 材質 <未指定>
質量: 61.82g
描述: Sheet
彎折半徑: 3mm
表面處理: 完成 <未指定>
成本: 0.00

58-1 展開圖由來

鈑金工程圖多了平板型式視圖（俗稱展開圖），如同等角圖都是獨立視角，**平板型式**視圖由模型組態控制並形成專屬的**平板型式**稱呼，展開圖有 3 種方式製作。

58-1-1 第 1 種：切換平板形式

將目前的等角圖切換為展開圖：1. 點選視圖→2. ☑**平板型式**。有項重點，視圖一定要為母視圖◎。

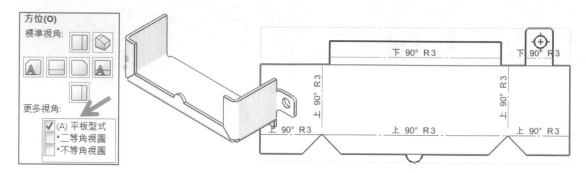

58-1-2 第 2 種：切換模型組態

點選剛才產生的展開圖，由組態清單得知視圖由**預設 SM-FLAT-PATTERN** 產生，下圖左。當鈑金模型產生工程圖，系統會在零件製作**預設 SM-FLAT-PATTERN** 的組態。

A 打通視角與組態的邏輯

將展開切換為等角圖：1. 等角視◎→2. 切換組態到預設，將這樣就通了。

58-1-3 第 3 種：視圖調色盤

由視圖調色盤下方拖曳**平板型式**到繪圖區域中。

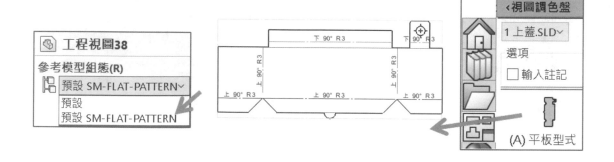

58-2 零件之模型組態

　　鈑金模型產生工程圖後，自動產生子組態。由零件可見 2 個組態：1. **預設**=折疊、2. **預設** SM-FLAT-PATTERN=展平，下圖左。

　　分別切換組態可見組態控制鈑金工具列的展平指令 （抑制或恢復抑制）。

58-2-1 記憶按鈕

　　 指令被組態記憶點選或非點選，當展開圖有問題時，這就是解決方案，例如：視圖非展平狀態，零件的 SM-FLAT-PATTERN 組態忘記將  切換所致。

58-2-2 視角與組態的邏輯由來

　　回到工程圖點選平板型式視圖，切換模型組態為預設，視圖就會是摺疊狀態。萬一組態 SM-FLAT-PATTERN 也是摺疊狀態，就要回到模型變更修改。

58-3 彎折線與彎折註解

　　點選視圖後，於欄位控制顯示：1. 彎折線、2. 彎折方向、3 彎折半徑、4. 彎折順序、5. 彎折裕度，這些都是加工資訊，彎折註解不同一般註解，不必手動加入。

58-3-1 ☑彎折註解

　　顯示彎折線與註解，<bend-direction>=彎折方向、<bend-angle>=彎折角度、R<bend-radius>=彎折半徑，下圖左。

58-3-2 □彎折註解

　　很多人問如何刪除彎折註解，雖然可以點選他，但無法直接刪除，很納悶對吧，所以只要□**彎折註解**，就可以看不到彎折註解，下圖右。

58-3-3 回到預設彎折註解

　　□彎折註解→☑彎折註解，這時註解回到預設，先前設定會重來。

58-4 平板型式顯示

快速切換平板型式的視圖角度，也是視圖美觀。

A 展開圖與立體圖對應

展開圖的放置要和等角圖對應，這樣才不會考智力測驗。否則容易產生糾紛，建議把這部分納入審圖機制。

58-4-1 標準角度

清單切換標準旋轉角度，就不必使用**旋轉視圖**指令。

58-4-2 反轉視角

正反面翻轉視圖，像煎荷包蛋，常用在等角圖相對顯示。可見註解方向為整體改變，例如：原本上 90 度 R3➜下 90 度 R3（又稱正折反折），可避免人工註解輸入錯誤。

A 正折朝上

展開圖習慣正折朝上，水刀或雷射切割會在此面畫彎折記號線，使加工者能容易判斷。萬一展開圖反折朝上，加工者不僅無法使用，還必須人工畫線，外 R 會有破板風險。

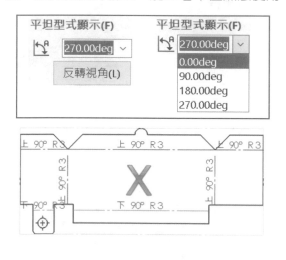

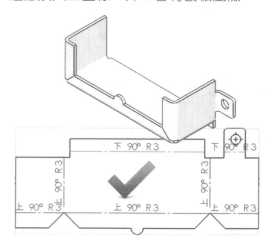

58-5 除料清單屬性

顯示鈑金內部資訊，例如：邊界方塊尺寸、面積、彎折半徑…等，除料清單屬性應該稱為平板型式屬性。

58-5-1 加入除料清單屬性

下拉式功能表沒有指令，只能：1. 平板型式視圖上右鍵→2. 註記→3. 除料清單屬性。

更多尺寸(M)▸
註記(A)
工程視圖 ▸

插入圖塊 (W)
除料清單屬性(X)
格式塗貼器 (Y)

邊界方塊長度: 250mm
邊界方塊寬度: 107.67mm
鈑金厚度: 3mm
邊界方塊面積: 26918.39mm^2
邊界方塊面積-板材: 20606.92m
切除長度-外側: 770.91mm
切除長度-內側: 31.42mm

邊界方塊長度:250mm
邊界方塊寬度:107.67mm
鈑金厚度:3mm
邊界方塊面積:26918.39mm^2
邊界方塊面積-板材:20606.92mm^2
切除長度-外側:770.91mm
切除長度-內側:31.42mm
切割:1

彎折:7
彎折裕度:0mm
材料:材質
質量:61.82g
描述:Sheet
彎折半徑:3mm
表面處理:
成本:0.00

58-5-2 標註鈑厚

上節有點難對吧,直接產生有厚度的視圖並標註鈑厚（箭頭所示），雖然多一個好像無關緊要的視圖，卻是最容易導入成功的手法。

常遇到發現這招是好方法後，補視圖與標尺寸卻發現多年來鈑厚與實際現場不符。

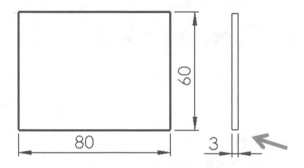

58-6 導入展開圖建議

廠商說不要展開圖，RD 也沒問為什麼就跟著不出展開圖，重點在於自己想不想要展開圖。要問對方為何不要，了解對方需求並改變自己是困難的。

58-6-1 展開圖提供拆圖參考

加工廠商不要展開圖，至少展開圖協助拆圖人員展開參考和基準圖面（不必重拼），拆圖參考多半不會拒絕。1. 展開圖參考→2. 整數展開圖→3. 計算係數的展開圖。會擔心廠商沒注意把你的展開圖加工嗎，是有可能的，所以在展開圖下方：展開圖為參考用。

58-6-2 視圖比例

展開圖比例經常要求 1:1，例如：轉檔避免圖形失真，機台就是要 1:1 圖形。可以將該視圖複製到另一圖頁，該圖頁為了轉 1:1 視圖用，不必擔心 1:1 會放不下圖面，下圖右。

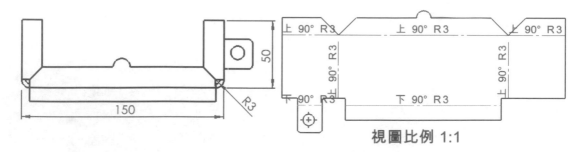

視圖比例 1:1

58-7 鈑金模組化

本節說明鈑金的自訂屬性，更改尺寸後進行變化與展開。

58-7-1 圓錐鈑金模組化

自訂屬性設計意念：1. 先設定型式→2. 再設定基本尺寸。

A 型式：偏心

以下方原點為基準，定義偏心量 50。

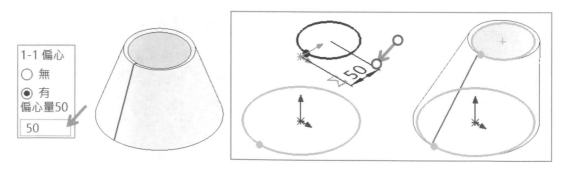

B 基本尺寸

　定義 1. 底部直徑、2. 頂部直徑、3. 總高、4. 厚度、5. 縫隙、6. 彎折。

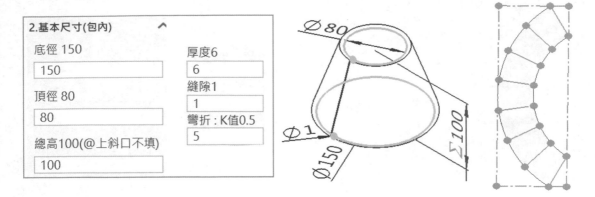

58-7-2 螺旋葉片模組化

　螺旋葉片常用在攪拌器，自訂屬性設計意念：1. 內徑、2. 外徑、3. 螺距、4. 鈑厚、5. 旋向、6. 展平面積。

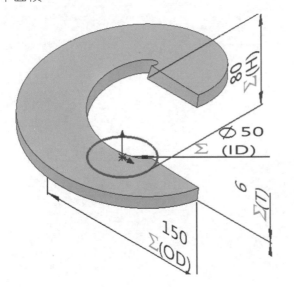

筆記頁

CHAPTER

59

模具原理

　　將投影片內容以文字說明：1. 模具（Mold）原理、2. 製作手法、3. 檢查展示、4. 學習方向、5. 模具實務，為課程注入準備並導入製程管理。

A 內建模組

　　模具為標準版（Standard）內建模組，一般人以為模具最難，反而模具最好上手。1. RD 驗證開模可行性、2. 模具業者設計模具系統，能在短時間產生預期能不能開模，避免到了製造端發生無法開模情形。

B 使用程度提高

　　模具屬後處理階段，本書破除模具很難迷失，模具=精密，是高階普世價值也是成就捷徑，以 4 大天王來說，業界要求精通 SolidWorks 局勢下，你不能不會模具。

C 多本體技術

　　模具重點在分割手法，書中準備許多模具讓你拆個夠，模具適用實體不支援曲面，應證實體為主觀念，並對多本體應用更上一層樓。

D 模具養成

　　體會模具並非你想像這麼難懂，只要把模穴產生就很吃香，只是沒想到可以這樣。模具設計是一行飯，無論如何先把模穴產生再說。

59-0 天高地厚

　　分 3 階段學習模具，定義學習目標和軟體極限的認知，前 2 階段 RD 要會、第 3 階段是模具業者要會的。

59-0-1 第 1 階段 模具原理

模具工具列每個指令要會用，並知道指令特性。其實模具沒有專屬的環境，只是多本體作業，換句話說多本體都可使用模具指令。

59-0-2 第 2 階段 分模手法

融會貫通多種模具製作手法，例如：布林運算、模具分割、伸長法...等。模具主題依常用和學習容易度順序排列，讓你有系統學習。

59-0-3 第 3 階段 模具系統

認識零件和組合件模具系統，包含：澆道、頂針、導柱、斜銷、模板...等，下圖左。

59-0-4 任督二脈

模具有 2 脈：1. 結合 和模具分割 、2. 模具製作手法。1. 絕大部分模具由 完成，比較複雜一點靠 ，對模具系統來說這些都是前置作業。

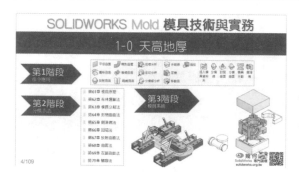

59-1 什麼模具（Mold）

模具=大量製造，模具=開模=模穴=分模，具備迅速將模穴產生技能。疫情後明顯感受模具廠接班的態勢，2 代直接採用 3D 分模以及製程管理，縮短模具設計時間。

工程圖標尺寸就會有東西回來，這樣的作業模式會被淘汰，採用 3D 進行建模與溝通，要求工程師由模具驗證可製造性、設計變動模組化。

59-1-1 驗證模型可製造性

機構設計過程難免細節沒注意，最短時間將模型分模，找到無法分模原因，寧可發包前找到問題，而非事後模具有問題才在釐清責任。攪拌器有 4 件要分模，讓你有辦法 30分鐘內完成模穴。

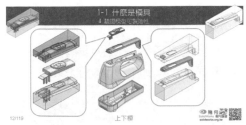

59-1-2 進階查看機構位置

模穴再加頂針、滑塊，確認是否影響機構位置，適合進階者。

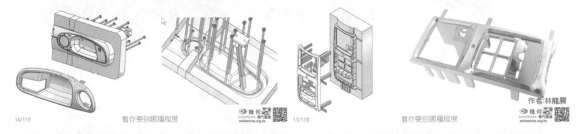

作者:林龍襄

59-1-3 結合 3D 列印

大郎常舉這故事，將模型 10 分鐘分模→3D 列印塑膠模穴→自行澆鑄打樣，成本就當作是 0。確認無誤後再把 3D 模型外包加工為金屬模穴，只要 9000。

以往把模型加工為金屬模穴要 4 萬，這之間為何價差這麼大，包含對方幫你產生模穴的設計費，都是 3D 列印讓想法改變。

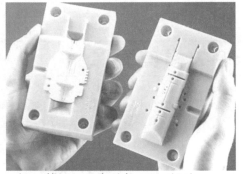

https://kknews.cc/tech/pxm9poz.html

59-1-4 指令位置

2 個地方取得鈑金：1. 工具列標籤上右鍵→模具、2. 插入→模具，下圖左。模具指令不多，強調多本體應用，指令會和曲面指令搭配。

常用 5 個指令依序：1. 分模線◉、2. 分模面◉、3. 封閉曲面◈、4. 模具分割◈、5. 側滑塊◈，這些也是模具術語。

59-1-5 工具列比較

看起來工具列好像很多指令，SW 把模具分析和進階特徵加到模具工具列來。其實常用只有後面 6 項，學習上比鈑金和曲面容易多了，下圖右。

59-1-6 指令區段

由左至右 4 大區段：1. 曲面、2. 分析、3. 工具、4. 模具工具。

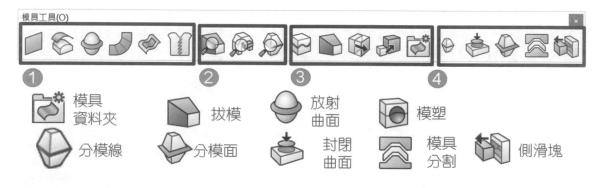

59-2 模具總類

常聽到 OO 模具，例如：塑膠模具、金屬模具、脫蠟模具、射出模具...等，這些和材質、製程有關，本節簡單說明。榮紹模具 www.lon-so.com/m/index.html。

59-2-1 成品材質分類

以產生的材質分類，例如：塑膠模、金屬模、紙模。

59-2-2 模座材質分類

模座（Plate）為模具本體，模座材質與使用速度、壽命、硬度、化學性質...等有關，例如：鋼模、木模。

木模　　　　　砂箱　　　　　鋁中板

59-2-3 加工法分類

連續沖壓模、壓鑄模、鍛造模、澆鑄、整型、成型模具，下圖左。

59-2-4 用途分類

製造過程夾具、檢驗檢具，感覺好像和模具無關，至少符合大量使用。一種是壓模（成型模）、另一種是檢具，下圖右。

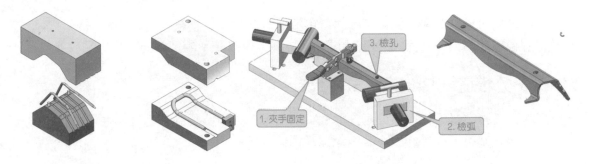

59-3 模具術語

簡單說明常遇到術語與理論，可由書本、網路、口耳相傳得到。

59-3-1 公模、母模、成品、模穴

公模在下面=模座=凸模，母模在上面=凹模，母模特徵比較少。

A 成品

成品就是設計模型，為了能夠開模，定義拔模角或其他改變，下圖左。

B 模穴

模穴=成品壓凹處，影響模穴必須由成品下手，例如：縮水率（成品放大或縮小）。

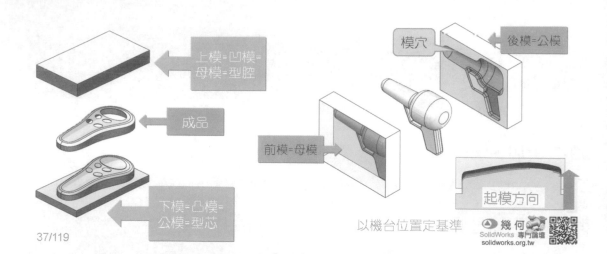

59-3-2 分模線（Parting Line，PL）

分模線為分模面前身，圍繞模型中間的迴圈，雙方用手指模型比畫分模線，討論怎樣分模會對模具比較好。PL 會在模型中間凸起一圈，會放在不明顯地方，甚至用咬花淡化。

59-3-3 分模面（Parting Surface，PS）

有線就有面，以分模線往外延伸曲面，為公母模共同接觸的假想面，他是電腦圖形實際看不出來。面不要零碎和不平整，避免加工費過高。

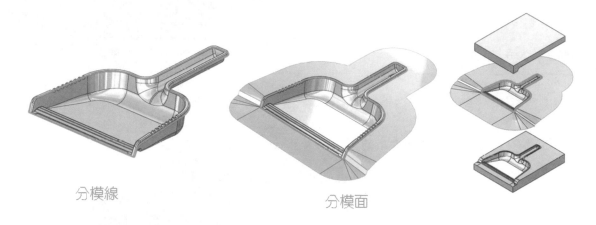

分模線　　　　　　　　　分模面

59-3-4 模具配件

模具標準零件具有特性，例如：斜銷、側滑塊、頂針...等。

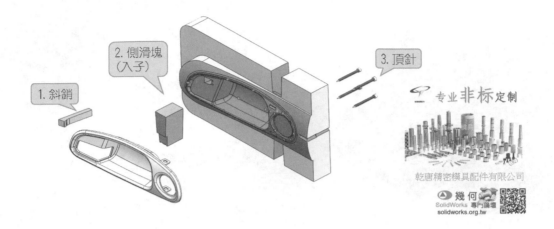

59-3-5 模座與模板

　　上下=模座，在模座中間=模板，每片模板都有自己功用。經熱處理材質會比較硬，讓它們堅固耐用。

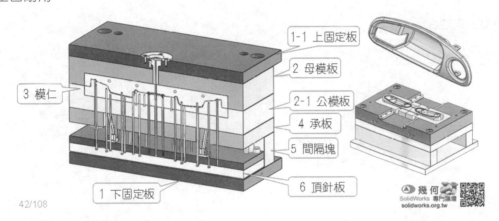

59-3-6 破孔與靠破

　　利用模具的凸面，成形過程幫模型直接貫穿，不須事後加工，下圖左。

A 破孔來自於下模

成本較低。

B 破孔來自於上模

影響美觀。

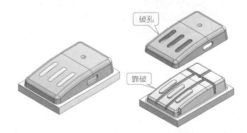

59-3-7 模仁

　　模仁是耗材用來抽換，不必整座換掉。

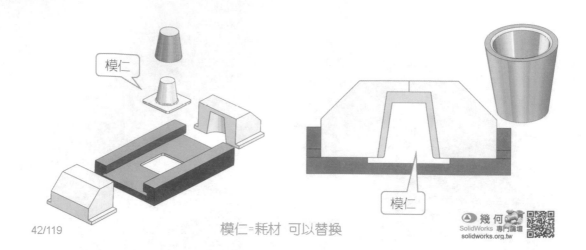

模仁

模仁

模仁=耗材 可以替換

幾何
SolidWorks 專門論壇
solidworks.org.tw

42/119

59-3-8 拔模角

成品角度離開模具，例如：杯子斜度或 2 片玻璃中間有水，玻璃就移不開，下圖左。

59-3-9 嵌角與頂針

成品由頂針取出時，與頂出方向干涉，例如：卡勾、倒勾，就要用滑塊脫模，下圖右。

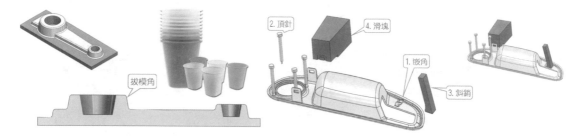

拔模角　2.頂針　4.滑塊　1.嵌角　3.斜銷

59-3-10 導柱（定位）

協助模具作業過程引導模具行程與定位，下圖左。

59-3-11 互鎖定位

引導模具定位，保持下方基準平坦，以及密封防止液體滲漏，下圖右。

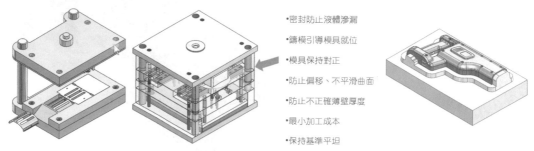

•密封防止液體滲漏
•鑄模引導模具就位
•模具保持對正
•防止偏移、不平滑曲面
•防止不正確薄壁厚度
•最小加工成本
•保持基準平坦

59-3-12 澆道（流道）

液體入料的通路，下圖左。

59-3-13 一模 N 穴

1 次可以產出幾個成品，增加生產量，例如：1 模 4 穴，下圖右。

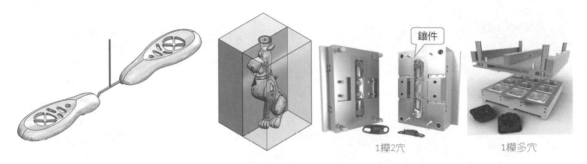

1模2穴　　　　　　　　1模多穴

59-4 模具製作手法

依使用率簡單說明 8 大手法特性：1. 布林運算、2. 模具分割、3. 模塑、4. 凹陷、5. 填料、6. 曲面除料、7. 曲面法、8. 側滑塊。

A 融會貫通

前 2 大應付至少 9 成模具作業，後面依需求為細膩手法克服特殊模型。要達到拆模任督二脈，這些手法全部要會，就會有人主動來找你。

很難 1 個手法走天下，融會貫通就能邊拆順勢累積全面手法經驗，這樣你就無敵了。

59-4-1 布林運算法

最簡單且常用，適用對稱和單件模型。

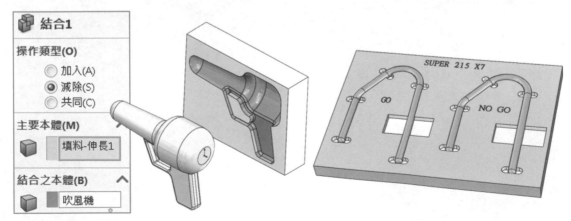

59-4-2 模具分割法

功能比較多，可產生分模線、分模面、模塊，95%以上靠它解決。

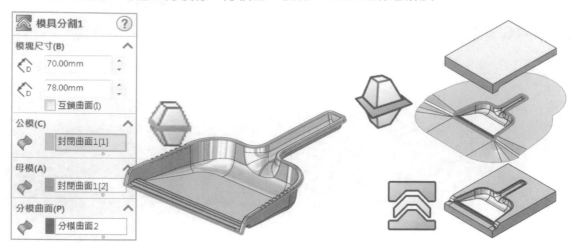

59-4-3 模塑法

又稱關聯法，由組合件產生模穴，算是 和比例特徵 整合，讓模穴產生關聯，此法會與插入零件 與分割特徵 同時應用，適合進階者，現今會以由零件產生模穴為主。

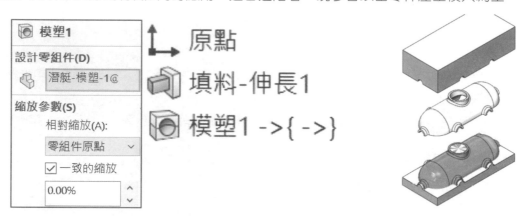

59-4-4 凹陷法

類似結合產生凹陷，特色可產生偏移間隙。

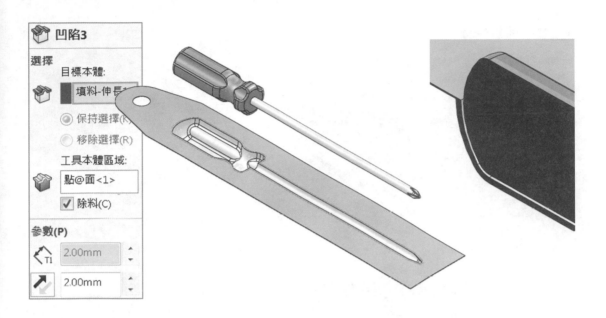

59-4-5 填料法🗜

利用曲面殼→🗜產生模具＋模穴，此法要配合曲面完成公、母模殼。

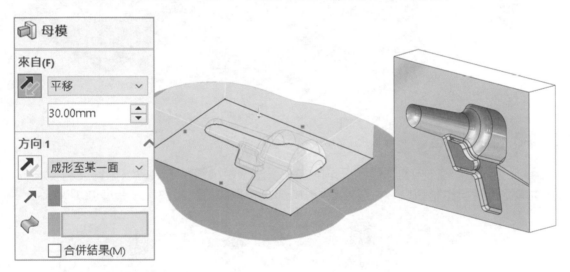

59-4-6 曲面除料法🗜

承上節，除料手法完成模穴，除料常見為🗜和🗜。

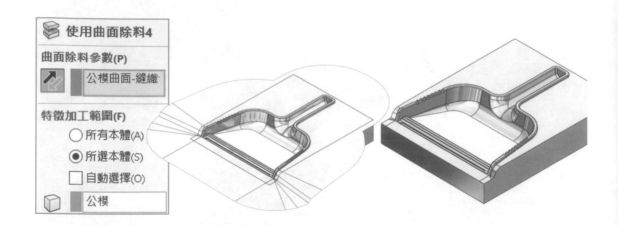

59-4-7 曲面法

基準會產生多方向分模面，會利用曲面完成。

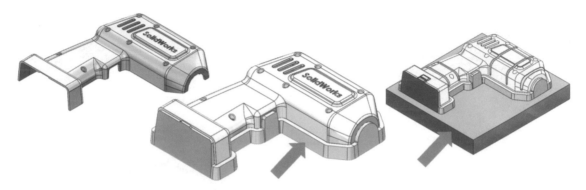

59-4-8 側滑塊法

分割上下模不同方向的本體，算是附加在手法之中，實務不太會以這獨立為手法。不過要以完成模具也是可以，右圖為 SolidWorks 模具設計高級教程，康亞鵬繪製。

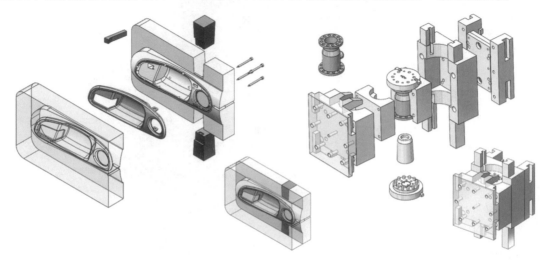

59-5 模具展示

　　把模塊和成品分離，為了確認模穴正確性和滿足成就感，進行模具後續作業。製作過程會臨時看一下多本體分開作業，確認後再放回去。

　　模具預設為合模不到內部，分離屬於意識作業，只是過程怎樣比較快。展示算階段任務，展示效果取決對方能不能一目了然並對你讚譽有加。

59-5-1 爆炸視圖 ✋

　　多本體零件製作✋，不必透過組合件。

59-5-2 移動複製排列 ✏

　　拖曳箭頭直接產生爆炸效果，使用率最高。

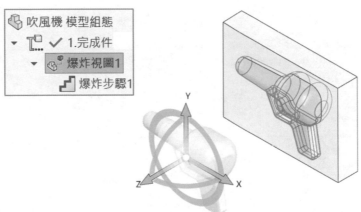

筆記頁

60

手法 1 布林運算法

布林運算（Boolean）是通俗講法，利用結合⬚（插入➜特徵）的減除（差集）產生模穴。這手法⬚適用對稱模型，是最簡單且常用的拆模手法，由於使用率極高會用快速鍵。

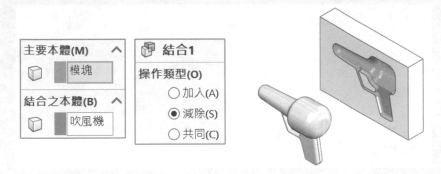

60-1 單件模塊設計

本節克服⬚指令特性複製多 1 本體，算布林運算前哨站。

60-1-1 檢具-2 彎

前置作業已經協助同學完成，直接進行 2 彎的管子檢具設計，下圖左。

步驟 1 取物區域

製作逃摺痕＋手取區域，深度會超過管子半徑，例如：管子 Ø6 半徑 3=深度 3，到時深度大於 3 即可，共 7 處。

步驟 2 特徵加工範圍

因為這是多本體除料，避免除到管子，所以要指定到模塊。

步驟 3 複製本體與爆炸圖

☑複製，複製管子本體→拖曳空間球的 Y 軸往上順便製作爆炸圖。

步驟 4 模穴

先前有複製管子，被扣除 1 個還有 1 個。

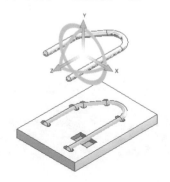
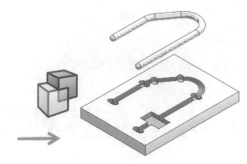

60-1-2 練習：螺絲起子

自行練習螺絲起子的模穴與爆炸圖。

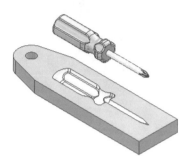

60-2 模塊關聯性

本節說明模塊的設計考量：1. 模塊尺寸、2. 設計尺寸。

60-2-1 模塊尺寸（A）

習慣將模型置中保有設計彈性，並以中心矩形 ▣ → ◪，草圖尺寸直接依廠商提供的素材大小為基準，就不必再加工以減少成本，例如：350*250，下圖左標示 A。

60-2-2 設計尺寸（B）

模型與模塊距離決定模具強度、壽命或設計空間，該距離依公司習慣定義，例如：30 和 50，下圖左標示 B。

60-2-3 模塊深度

由於模塊在吹風機深度中間,當吹風機直徑 100(半徑 50),模塊要離吹風機至少要 10 的厚度,這時深度就要 60,下圖中。

60-2-4 複製本體與爆炸圖✿

利用✿完成 2 個吹風機本體,並直接產生爆炸圖。

60-2-5 模穴產生與模具展示

🖰完成吹風機模穴,並且與爆炸圖對應完成模具展示。

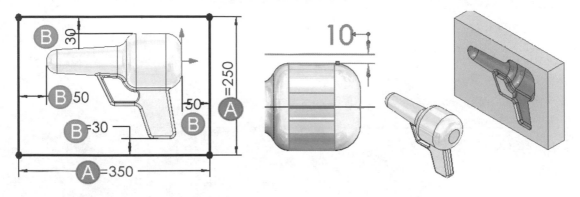

60-3 對稱兩件模塊

上節的單一模塊是最簡單的,本節說明 2 件(對稱模塊)做法。1. 先用最簡單的鏡射特徵🖷,2. 再來分割特徵(插入→特徵)🖿,將模塊 1 分為 2。

本節不再說明:熔接、移動複製、模塊繪製、結合...等操作細節。

60-3-1 鏡射本體(文武向)🖷

吹風機模具利用鏡射本體🖷,完成第 2 件模塊,特別留意鏡射本體為文武向不能共用。

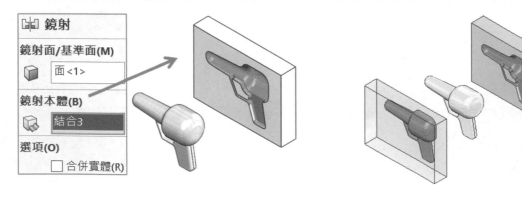

60-3-2 分割-基準面

，兩側對稱將模型包在裡面，下圖左，完成和特徵，又稱拆件。

步驟 1 ，製作模穴

步驟 2 ，修剪工具

點選右基準面，該基準面位於模具中間。

步驟 3 目標本體-☑所選本體

點選模塊進行切割。

步驟 4 按下切除本體

繪圖區域會見到模塊被預覽分割。

步驟 5 成型本體

繪圖區域點選 2 本體作為保留→↵。

步驟 6 查看狀況

這時會見到模塊分為 2，小狗夾在裡面，更能體會模具展示重要性。

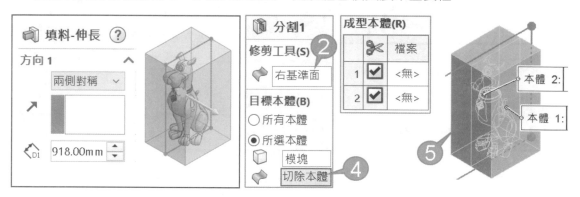

60-3-3 分割-草圖

說明 L 管分模與關聯性作業，本節作業比較多層。分模區域不再是直線而是 L 型，利用草圖繪製分模區域（這就是邏輯）。

A 模穴製作

步驟 1 ，□保持端蓋色彩

利用剖面手段將模型切割，方便點選管子本體。

步驟 2 模穴

主要本體：點選模塊、結合之本體：點選管子，完成模穴後結束，下圖左。

B 關聯性通孔

模穴進行第 2 特徵，讓管子穿孔，讓加工方便。

步驟 1 顯示隱藏線🔲

方便點選裡面的模型。

步驟 2 參考圖元

1. 點選模塊面進入草圖➜2. 參考圖元🔲，將管子圓邊線投影出來，下圖中。

步驟 3 除料🔲

成形至下一面。特徵加工範圍：所選本體，點選模塊，下圖右。

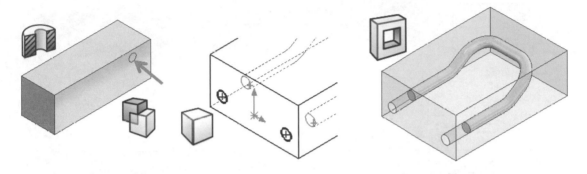

C 顯示作業

說明模具常用的顯示作業，下圖左。

步驟 1 帶邊線塗彩🔲

步驟 2 於實體資料夾本體上右鍵➜變更透明度

步驟 3 顯示暫存軸✏️，方便草圖參考用

D 分割模塊🔲

繪製草圖作為模塊分割參考，下圖左。

步驟 1 完成 L 草圖參考

點選模塊右面進入草圖繪製 2 條線➜線段分別與暫存軸**共線對齊**✏️，下圖右。

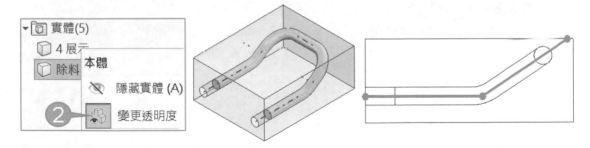

步驟 2 🔲

1. 修剪工具：點選 L 草圖➜2. ☑所選本體：模塊➜3. 切除本體➜4. 繪圖區域點選上下
2 模塊➜5. ↵，完成指令。

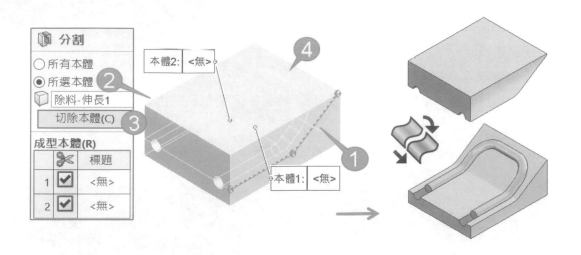

60-4 第三件拆模：滑塊

利用🔧完成第 3 件模-滑塊，讓同學對模具產生興趣外，更對拆模擁有多元基礎技術。

60-4-1 上滑塊-馬克杯

杯子由前後兩方向拆出後，但杯口會拉到模具無法退模，這時就要滑塊進行第 3 方向退模，下圖左，本節利用🔧和🔧混用製作上滑塊。

🅰 滑塊本體製作

步驟 1 🔧

方便點選杯子本體。

步驟 2 滑塊草圖製作

1. 在模塊上進入草圖→2. 點選杯子外圍→3. 🔲，下圖中。

步驟 3 滑塊成形

🔧→成形至本體、口合併結果，下圖右。

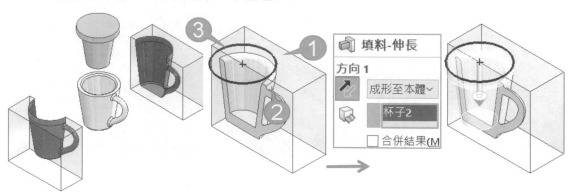

B 模穴與模塊製作

完成模穴⬡和分割模塊⬡。

步驟 1 利用✣複製杯子和滑塊本體

步驟 2 模穴製作⬡

點選滑塊和杯子產生模穴，下圖中。

步驟 3 分割模塊 ⬡

選擇前基準面（中間面），將模塊分為 2 件，很有成就感吧，下圖右。

步驟 4 模具展示

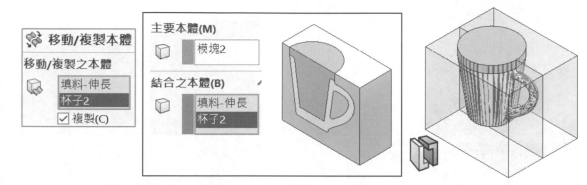

60-4-2 上下滑塊：水壺

上下 2 滑塊做法和先前一樣，本節比較特殊：相同特徵同時做。製作教材插曲，忘記先製作模穴，意外讓模具作業更順利，後來想想也沒人規定要先模穴，反倒成為新課題。

A 滑塊前置作業

分別將上下滑塊的穴口挖除→⬡分割模塊。

步驟 1 上滑塊挖除 ▣

草圖參考模型外圓⬡→成形至本體，點選水壺。特徵加工範圍，☑所選本體：模塊。

步驟 2 下滑塊挖除 ▣

自行完成，下圖左。

步驟 3 分割模塊 ⬡

完成前後模塊分割，下圖右。

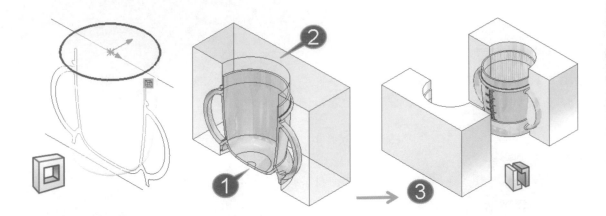

B 模穴與滑塊製作

完成模穴與上、下滑塊製作。

步驟 1 模穴製作 ⬚

步驟 2 上滑塊成形 ⬚

點選先前的草圖圓→⬚，成形至本體，點選水壺、口合併結果。

步驟 3 完成下滑塊 ⬚

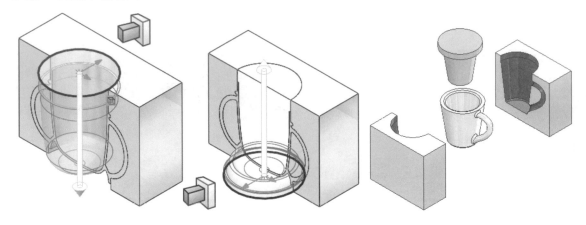

61

手法 2 模具分割法

本章學習另一種拆模手法速度會更快,大郎不必將一樣的步驟重複講解,皆大歡喜。

A 模具分割 3 部曲(SOP)

說明這 3 指令用法:1. 分模線→2. 分模面→3. 模具分割,工具列排列就是 SOP 對應,下圖左。

B 曲面本體資料夾

特徵管理員上方,**曲面本體資料夾**組成,對驗證模具很有幫助,例如:1. 公模、2. 母模、3. 分模曲面本體,下圖右。

C 使用率比還高

讓模塊+模穴成型速度快,更能體會按一按就有了。

D 手法混用

雖然業界很常使用布林運算法,對於複雜模型會產生很多特徵(步驟很多),運算久沒效率,遇到這情形就會混用其他手法來拆模,本章是混用法的開端。

61-0 先睹為快：模具分割 3 部曲

體驗模具分割◪作業，用最短時間完成碗的分模，在碗的上緣建立分模線◉→分模面◉→模具分割◪。

61-0-1 步驟 1 分模線◉

由上到下點選：1. 點選上基準面→2. 1 度→3. 按下拔模分析→4. ☑用做公模/母模的分割→5. ☑分模面→6. 點選碗的上邊緣。

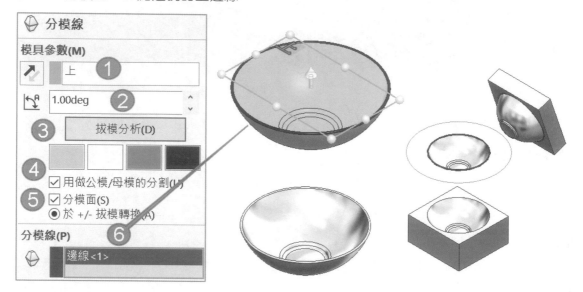

61-0-2 步驟 2 分模面◉

將分模線往外延伸產生分模面。

步驟 1 ☑**垂直於曲面**

步驟 2 分模曲面距離 60

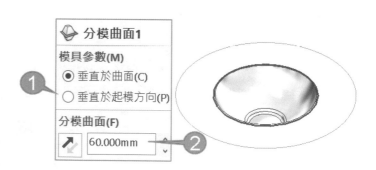

61-0-3 步驟 3 模具分割◪

1. 上基準面繪製矩形，退出草圖→2. ◪，模塊尺寸 10、70，公模、母模、分模曲面系統會自動抓取→3. ↵，結束指令後會覺得速度很快對吧，因為：1. 不必多複製一個碗、2. 不必使用分割◪。

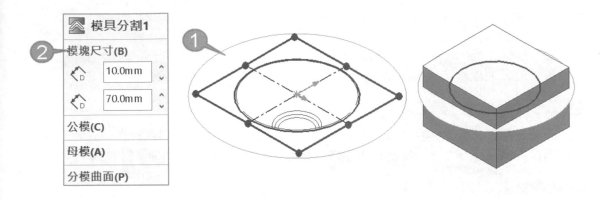

61-0-4 模具環境：曲面本體資料夾

完成分模線後，由特徵管理員的**曲面本體資料夾**可見：1. 母模曲面本體、2. 公模曲面本體，展開可到曲面殼。先前和同學說過熔接、鈑金有專屬環境，那模具有沒有環境呢，其實他是有的，就是**曲面本體資料夾**。

61-0-5 顯示/隱藏窗格（F8）查看目前的本體

隱藏本體，可得到僅有上下蓋曲面，且分模線為藍色顯示。

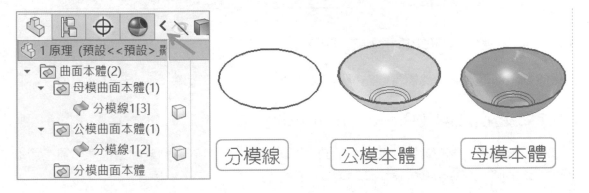

61-1 分模線（Parting Line，PL）

為模具的基礎線段，通常是模型最外的封閉輪廓線，2 模塊合在一起後，液體經高壓擠壓就會讓產品出現一道縫隙，分模線看得到也摸得到。

A 分模線重要性

分模線是模具一開始作業也是最重要的步驟，位置沒分好會嚴重影響分模面平整度。如果不知道分模線如何分，可以問模具朋友，到時回到 SW 進行指令作業即可。

61-1-0 指令介面

進入指令見到：1. 訊息、2. 模具參數，看起來很陽春，但內容充滿學問，要滿足指令才可以完成分模線作業，指令過程很多是新體驗，其他指令沒見過的。

A 訊息（黃提示、綠結果）

訊息分別為文字與顏色，得知指令需求，重點要成為綠色底。黃底=條件說明、綠底=完成指令作業，例如：此分模線是完整的，模型可以分為公母模，下圖左。

B 模具參數（Mold Parameter）

指定要分模的：1. 本體、2. 分模線基準、3. 角度、4. 拔模分析、5. 公母模分割、6. 分模面並自動產生分模線。習慣後，會用最快速度不看細節，由上按到下，下圖右。

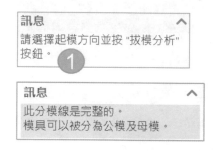
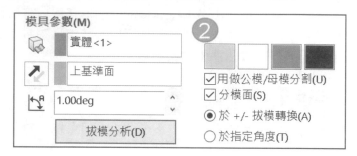

61-1-1 本體（適用多本體環境）

於多本體環境中，繪圖區域點選本體，如果不是多本體環境，不會出現這欄位。

61-1-2 起模方向（Direction of Pull）↗

點選啟用欄位→點選與模型垂直的面，系統根據拔模方向自動判斷分模線位置，可以點選：基準面、模型平面或模型邊線。

A 快速啟用欄位

快點 2 下 TAB 鍵迅速啟用此欄位，適用進階者。

B 基準面（顯示基準面）

3 大基準面比較穩定，因為基準面不會變，且模型會以基準面進行定位。基準面位於特徵管理員不好點選，顯示基準面就可以在繪圖區域中愜意點選基準面了，常用在試指令。

C 模型面

通常**模型面**與**分模面**為垂直狀態，且模型面穩定度沒有基準面高，所選面是模型基準（模具基準），例如：上下蓋或底座蓋，下圖左。

61-1-3 拔模角（Draft Angle，預設 1 度）

定義脫模的斜角，進行下方**拔模分析**，預設 1 度通常不改就進行分析，並配合下方☑分模面、☑於+/-拔模轉換。

61-1-4 拔模分析(Draft Analysis，預設 1 度)

根據拔模角為模型上色，並自動加上分模線（簡單的迴圈才可以）。更改啟模方向拔模角才可重新使用**拔模分析**，按鈕應該在最下方會比較好理解。

61-1-5 顏色 4 方塊

按下拔模分析後，模型會自動上色，游標在色塊上方可見提示訊息。

1. 綠色=正拔模（向上分模）
2. 紅色=負拔模（向下分模）
3. 黃色=不用拔模
4. 藍色=跨面（Straddle faces）包含正、負拔模的面，通常要製作分割面劃開。

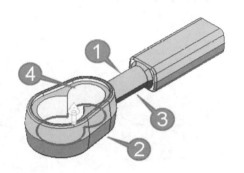

61-1-6 用做公模/母模的分割

於特徵管理員加入公模、母模、分模曲面本體資料夾。

61-1-7 分模面

模型以拔模分析面綠色和紅色相交處產生分模線，分別☑☐分模面就能看出。

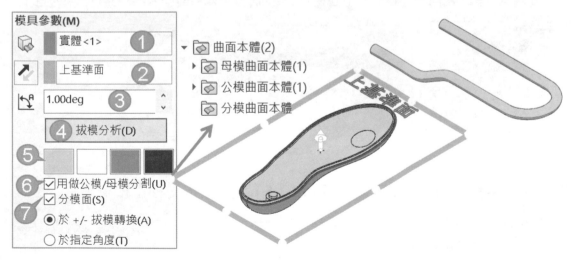

61-1-8 分模線欄位

記錄模型上的分模線段，例如：1.點選實體➔2.點選模型平面➔3.拔模分析，可見系統自動加入分模線，下圖右。

A 衍生（沿相切面）

模型為相切面時，點選第 1 條線會出現圖示，點選他會自動沿相切面進行點選，節省點選邊線的時間，下圖 A。

B 選擇下一個邊線（Y=yes、N=no）

點選箭頭或快速鍵切換連接方向，進階者一路 YN 循環切換。連續點選 Y=沿箭頭加入邊線，下圖 B，點選 N=切換箭頭找尋下一條邊線，下圖 C。

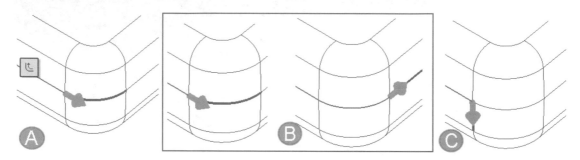

C 清除選擇（A）=全部刪除

不要的分模線，1.在欄位上右鍵➔2.清除選擇。進階者右鍵➔A，下圖中。

D 小方塊的分模線數量

小方塊呈現分模線數量 6，別小看這細節呦，這是驗證分模線是否到位的依據，例如：應該 6 條線才對，為何是 5 條線，就知道少 1 條，而非只知道分模線不完整卻沒量化依據。

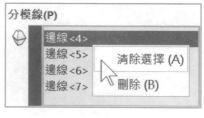

61-1-9 手動分模線與分割之圖元（Entities to Split）

自動產生的分模線不是自己要的就採取人工點選模型邊線。至於無須拔模的面（黃色）要有分模線，這時就用**分割之圖元**來克服（箭頭所示）。

Ⓐ 右方分割之圖元

步驟 1 自行完成模具參數

步驟 2 分模線欄位

點選外邊線➜衍生 ⤵（只能用 次不再出現），遇到非相切面會停住選擇，下圖左。

步驟 3 右方分割之圖元

點選下方分割之圖元欄位，製作跨平面的分模線，1. 點選頂點 1➜2. 頂點 2，下圖中。

Ⓑ 左方分割之圖元

步驟 1 點回分模線欄位

很多人沒留意欄位切換，因為系統不知道**分割之圖元**結束了沒。

步驟 2 加入邊線 ⤵（快速鍵：Y）

Y 加速分模線選擇，也可按住 Y 不放，形成外迴圈。

步驟 3 刪除邊線

頭端也有小平面，圓弧不應該為分模線，點選該圓弧可刪除所選分模線，下圖右。

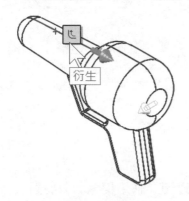
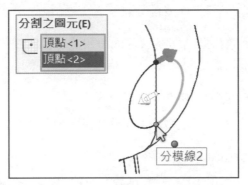

步驟 4 左方分割之圖元

自行完成小平面上的分模線（頂點 3、頂點 4），下圖左。

步驟 5 查看訊息

目前訊息為黃底，說明分模線是完整的，已完成階段任務。

61-2 分模面（Parting Surface）◈

　　分模面◈由分模線◈而來，以◈往外延伸的曲面。本節詳細說明分模面作業，進入指令見到：1. 訊息、2. 模具參數、3. 分模線、4. 分模曲面、5. 選項。

A 訊息（黃提示、綠結果）

　　提示是否完成分模面作業，下圖左。

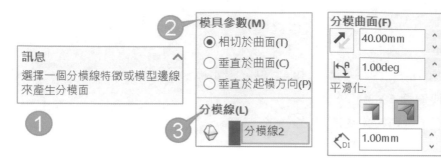

61-2-1 模具參數

　　設定分模面成形 3 大類型，切換項目即時預覽，坦白說亂壓看預覽居多，習慣 1. 分模面先做出來➔2. 再求不相交、不扭曲、不皺褶。

A 相切於曲面（Tangent to surface）

　　分模面與模型面相切，常用在模型表面為曲面或段差模型，下圖 A。

B 垂直於曲面（Normal to surface）

　　分模面與模型面垂直，適用模型表面為平面，下圖 B。**反轉對正（適用模型面為曲面）**，切換分模線相鄰的面來計算分模面，例如：橢圓葉片，分模線為中間，左右 2 面的曲面不同，切換後由**斑馬紋**◥可見分模面有些微變化。

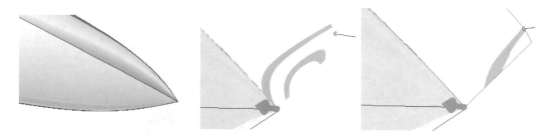

C 垂直於起模方向（Perpendicular to pull）

　　分模面與分模線起模方向垂直，模型為平面，下圖 C。

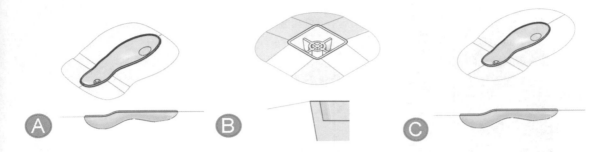

D 如何判斷分模類型：平面

分模面最好是平面，會利用**曲率**■顏色變化來查看，平面=黑色曲率 0。例如：按鍵分模面為平面，以下 3 種類型：A 相切於平面、B 垂直於平面、C 垂直於起模方向，A、C 都很理想，全部為平面。B 在轉角處有曲面，上視圖可見為斜面。

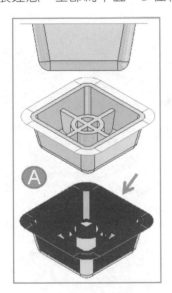 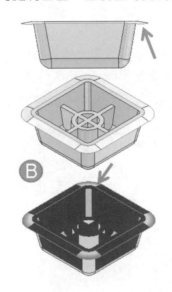 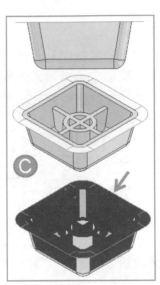

61-2-2 分模線欄位

自動套用先前完成的**分模線**，由於分模線已指定起模方向，所以模具參數不會有**起模方向**，下圖左（箭頭所示），如果本項目能整合⊕功能就更棒了，甚至指令合併。

A 分模面整合分模線

分模面也可製作**分模線**，只是習慣先完成**分模線→**⊕，適用進階者。在多本體環境中，⊕直接加入**分模線**，可以不必選擇本體，只要選擇**起模方向**，下圖中，更可以減少運算時間與模具製作的便利性，下圖右（箭頭所示）。

B 沒有 1.用做公模/母模的分割、2.拔模分析

本節最大盲點就是他沒有如標題的 2 項功能，對於沒有實際邊線的模型就無法點選分模線，也沒有公母模的曲面殼，這時就要乖乖使用⊕，例如：圓管必須使用⊕。

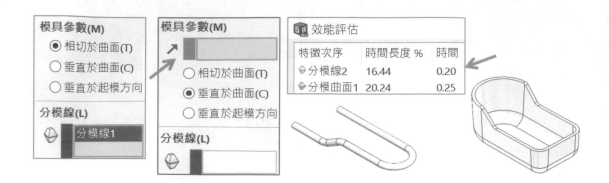

61-2-3 分模曲面

設定分模面長度、角度、平滑化...等，對各位印象最深刻會是**平滑化**。

A 距離

定義分模線向外延伸長度，重點：長度要大於模塊草圖，技巧：基準面判斷未來模塊的矩形草圖會不會超過分模面，下圖左。

不想太麻煩就把分模面距離加大，但要避免曲面**段差**或**重疊**，下圖右（箭頭所示）。

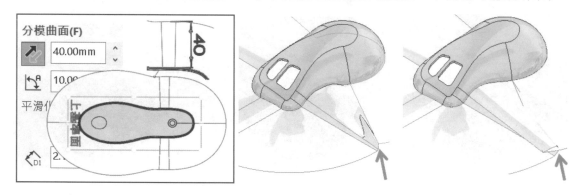

B 反轉偏移方向↗

反轉曲面延伸的方向，這部分除了一般認知成形方向外，有很多神奇的地方，例如：改變分模面轉角型式，下圖左。部分曲面方向錯位的調整，下圖右。

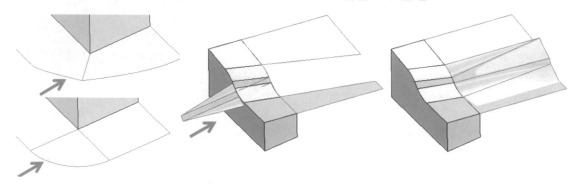

61-2-4 選項

有 2 個常態性開啟：1. ☑縫織所有曲面、2. ☑顯示預覽。其他項目要依模型或模具參數搭配才會顯示，算隱藏版項目。

A 縫織所有曲面（俗稱縫織曲面）

縫織分模面為一片面，否則分模面資料夾會有很多曲面本體，下圖左。萬一曲面沒有被縫織到，就知道該面連續有問題，例如：曲率應該 0，不應該有數值，下圖右。

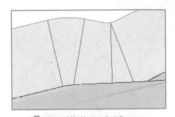

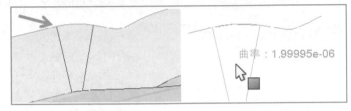

曲率：1.99995e-06

▼◇ 分模曲面本體(8)
   ◆ 分模曲面1[1]
   ◆ 分模曲面1[2]

▼◇ 分模曲面本體
   ◆ 分模曲面

B 顯示預覽

關閉可得到顯示效能，由於預覽沒有網格，經常結束指令後看結果。分享各位一項技巧，開啟/關閉斑馬紋◣或曲率分析◣一次，就能在預覽過程看到曲面邊線。

C 手動模式（適用垂直於起模方向）

當分模面之間衝突時，此選項會自動開啟，拖曳分模面與模型的對應點，防止重疊曲面，功能類似♨的顯示所有連接點。

61-2-5 分模曲面本體

展開**分模曲面本體**資料夾，可見到分模面，下圖右（箭頭所示）。

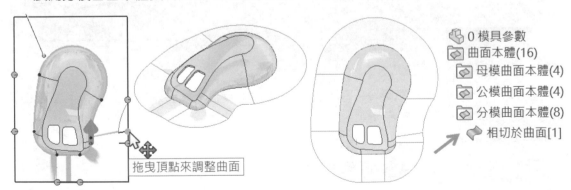

拖曳頂點來調整曲面

◇ 0 模具參數
◇ 曲面本體(16)
   ◇ 母模曲面本體(4)
   ◇ 公模曲面本體(4)
   ◇ 分模曲面本體(8)
     ◆ 相切於曲面[1]

61-3 模具分割（Tooling Split）

來到分模的最後一步驟**模具分割**，由草圖產生模塊並自動分割公母模。指令運作：1. 繪製草圖定義模塊大小→2. 指令定義模塊深度→3. 自動套用曲面本體產生公母模。

A 多本體議題：無法重複使用指令

這部分第一次聽到，有極少指令不能在多本體重複使用，例如：特徵管理員可以有多個，但只能 1 個為啟用狀態，只能刪除或抑制，即便將回溯也無法使用。

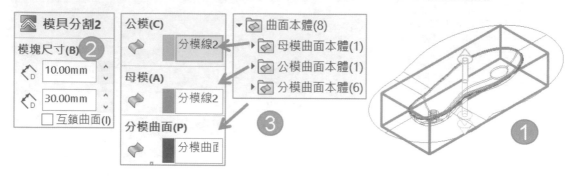

61-3-1 繪製草圖

原則上草圖與分模面平行，通常點選基準面→進入草圖。不點選分模面進入草圖，因為分模面會因指令或模型調動而改變，讓草圖失去穩定性。

步驟 1 點選上基準面繪製矩形

矩形草圖要比分模面小，否則使用過程會出現：分模面要大於草圖邊界，下圖右。

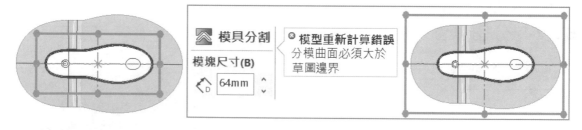

步驟 2 退出草圖

完成草圖後要 1. **退出草圖**→2. 執行指令是早期的程序，以現在的直覺操作不應該這樣了，這就呼應剛才所說的古老作業。

步驟 3 點選剛才的草圖→

希望以後可以在草圖環境下，直接執行。

61-3-2 模塊尺寸

　　理論以分模面為基準定義公母模深度，深度要超過模型，此作業類似 📖，例如：方向 1=10、方向 2=30，可以拖曳箭頭完成深度，下圖左。

　　常為了修改便利先成形再說，除非很確定否則不會一開始定義正確的模塊尺寸。

A 互鎖曲面

　　沿著分模面以指定的拔模角完成上下模的凹凸定位，防止合模過程模塊錯位，下圖右（箭頭所示）。**互鎖曲面**的草圖必須大於分模面，這部分後續有完整說明。

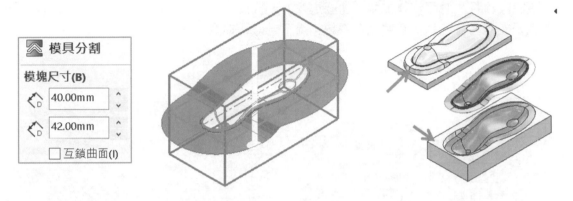

B 模塊深度以模型範圍進行控制

　　理論草圖位置在分模面上，深度以草圖位置為基準，其實這觀念是有盲點的，萬一分模面是波浪狀且有極大的段差，就能看出其實模塊深度以模型範圍定義的。

　　例如：草圖位置在分模面下（箭頭所示），系統以分模面為基準，自動將模塊分別產生公、母模，方向 1 尺寸=公母模的一半，方向 2 尺寸會顯得多餘可以=0。

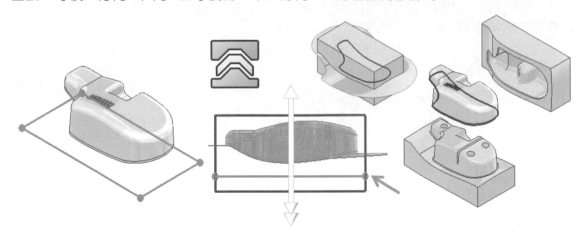

C 伸長深度短於模具本體

　　模塊尺寸要超過模型範圍，否則會出現伸長深度短於模具本體。

61-3-3 公模、母模、分模曲面

系統自動將 3 曲面資料夾中的曲面加入：1. 公模、2. 母模、3. 分模曲面，下圖左。後面會說明如何自行加入，有些情況系統判斷不見得是你要的。

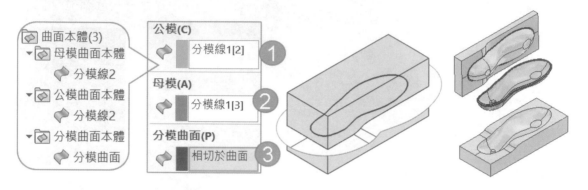

61-4 練習：模具分割

本節有很多主題會讓同學若有所思，學到很多意想不到的情境，可以對◉、◉、☒融會貫通，更理解☒拆模速度超級快。

61-4-1 按鍵

參數自行定義，進階者 1 分鐘完成。

步驟 1 分模線◉、分模面◉

按鈕上方完成分模線。☑垂直於起模方向，距離 30。

步驟 2 模塊草圖

在模型面上繪製矩形草圖→退出草圖。

步驟 3 模具分割☒

方向 1=20、方向 2=50。

步驟 4 模具展示

有項技巧，下模向下移動，上模用旋轉角度，旋轉邊線參考下模，下圖右（箭頭所示）。

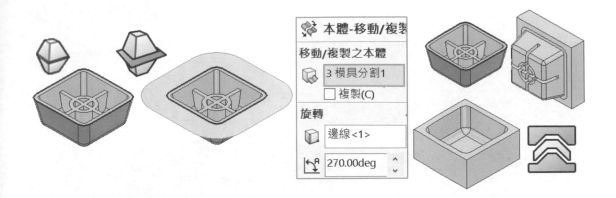

61-4-2 分割之圖元：U 型管

這是整型模，快速完成分模線，克服線段重疊現象，以及完成彎管的**分割之圖元**。

A 分模線👆

重點在模具參數技巧。

步驟 1 點選上基準面→👆→拔模分析

步驟 2 點選其中一條模型邊線→👆

分模線雖然被自動加入，但加入重複和不理想邊線。先不要介意這些，事後處理邊線會比較快，也不要一條條正確選擇，這樣太慢了，下圖左。

步驟 3 模型出現名為重複的小方塊，系統判斷為重複的邊線

點選多餘圓弧邊線（共 3 條），除非要定位用，否則分模面為平面。

步驟 4 分割之圖元

分別完成 4 個頂點連結 2 條分模線，完成後分模線成為迴圈。

步驟 5 查看訊息與曲面本體資料夾📐

分模線是完整的，於曲面本體資料夾📐可見公母模的曲面本體，下圖右。

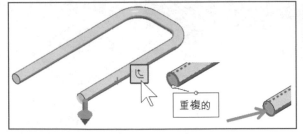

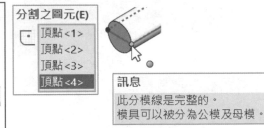

B 分模面👆

☑垂直於起模方向，分模面＝10，目前中間曲面不連接，加大距離＝20 會發現中間分模面會自動連接，下圖左。

C 模具分割⟨⟩

自行完成⟨⟩，完成後有沒有覺得比⟨⟩還快，不必製作重複的彎管本體和分割特徵⟨⟩。

61-4-3 段差模塊

段差=分模面 L 投影，感覺難一些，沒做過題目會怕怕的，沒想到這麼簡單。

A L 段差

進階者 1 分鐘完成，下圖左。

步驟 1 分模線⟨⟩

上基準面為起模方向，按下拔模分析，分模線已經完成，速度快吧。

步驟 2 分模面⟨⟩

☑相切於曲面或☑垂直於起模方向皆可，距離=50。

步驟 3 模具分割⟨⟩

方向 1=10、方向 2=100。

B 練習：弧段差

這題看起來專業許多，感覺很難但還是很簡單完成，進階者 1 分鐘，下圖右。

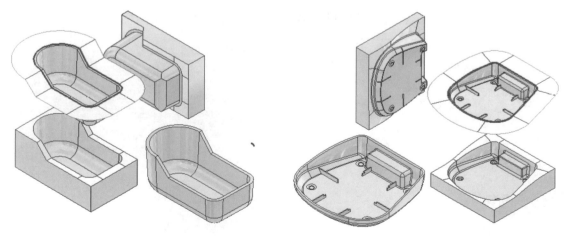

61-4-4 分模面-手動模式

這是以前做的整型模,以前很難製作分模面,自從有了**手動模式**,讓分模作業更簡單。

步驟 1 分模線⊕

上基準面起模方向。分模線在上方,下模就會有穴,方便把產品放在穴上,下圖左。

步驟 2 分模面⊕,☑**垂直於起模方向**

距離=20,分模面沒有比模塊大,調整距離 90,分模面會重疊與扭曲,下圖右。

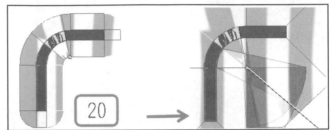

步驟 3 手動模式

讓原本交錯曲面自動變得平坦,雖然模曲面外型像狗啃,只要分模面比模塊草圖大就好,畢竟分模面=過程,下圖左。

步驟 4 模具分割⊠

方向 1=10、方向 2=10。

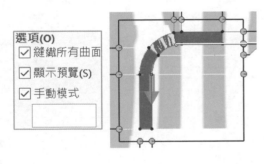
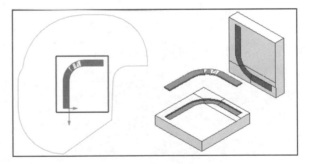

筆記頁

手法 3 封閉曲面

　　封閉曲面（Shut-OFF Surface）🍪，公母模曲面殼必須為封閉狀態，將開孔填補避免上下模黏住無法脫模，是🍪前置作業，例如：1. 🍪→2. 🍪→3. 🍪→4. 🍪。

A 封閉曲面特色

　　自動選擇邊線並填補，就像🍪能自動將模型邊線加入。甚至曲面作業利用🍪自動選擇邊線的特性迅速完成補破面。

B 多本體議題：無法重複使用指令

　　🍪和🍪一樣無法重複使用，更糟的是🍪不能用抑制特徵重新製作，只能刪除🍪或存成另檔案，利用 2 個 SW 分別查看並試誤分模作業。

62-1 封閉曲面指令介面

　　說明指令環境並直接製作模具，由指令看出功能陽春，擁有執行效率高的優點，指令包含：1. 訊息、2. 邊線→3. 重設所有補貼類型。

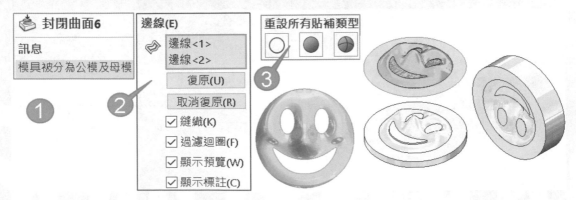

A 分模線

分模線完成後,訊息告知下一步要做什麼:分模線是完整的,但模具無法分為公母模,需要產生封閉曲面。

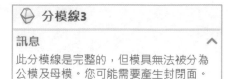

62-1-1 訊息

完成封閉會出現綠色底,說明模具可以分公母模。因為 1. 分模線有產生公母模曲面本體、2. 公母模曲面本體與目前封閉曲面合併。

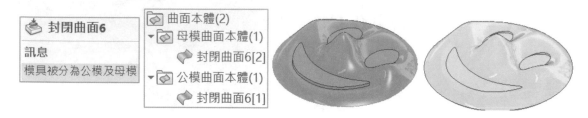

62-1-2 邊線

清單記錄模型邊線,點選指令系統會自動加入封閉的輪廓線,例如:3 條邊線。

62-1-3 復原/取消復原

復原被刪除邊線,其實很好用呦,至少不必在模型上點選不要的邊線,下圖左。

62-1-4 縫織

是否將封閉的曲面與公母模曲面合併,下圖右。

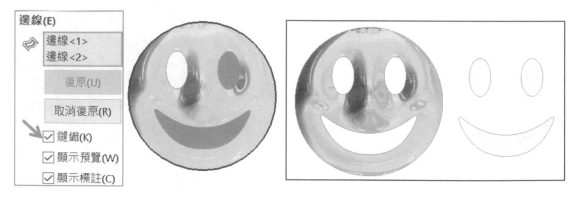

62-1-5 過濾迴圈（Filter loops）

是否自動將無效的孔清除，他是隱藏版指令。實體有厚度，孔會有上下迴圈，原則只要單向封閉，例如：統一將孔上面或下面的邊線刪除，下圖左。

A 曲面殼原理

☕很神奇會複製 2 組，選擇上迴圈封閉，公、母模會與縫織成為封閉面。

公模　　　母模

62-1-6 顯示標註

顯示封閉曲面位置的小方塊，得知邊線位置和切換填補類型，覺得亂口**顯示標註**。

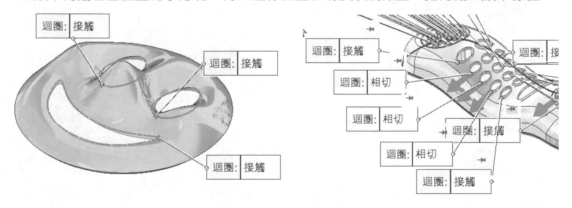

62-1-7 重設所有貼補類型

設定孔的填補類型，點選小方塊可以 1 條邊線獨立 1 種類型，下圖左。對曲面品質有要求，會利用相切☕並由斑馬紋來檢查，下圖右。

A 全部無填補（All No-Fill）○

不封閉，適用以額外指令填補，例如：平坦曲面🔲、填補曲面◈。

B 全部接觸（All Contact）●

封閉曲面與模型為 G0 接觸，適用模型平面。

C 全部相切（All Tangent）⬤

封閉曲面與模型是 G1 相切連續，🔖就能看出。

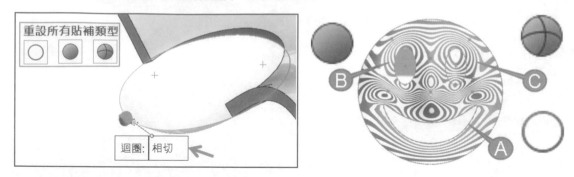

62-1-8 練習：多邊線-防水蓋

直接說明🍰多邊線封閉作業，自行完成🍰。

步驟 1 🔶

由上方訊息：分模線是完整的，但模具無法分公母模，需要產生🍰。

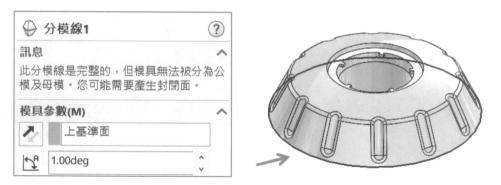

步驟 2 🍰

點選上面的弧邊線→快速鍵 Y，一直按 Y 到底，共 30 條邊線。

62-2 封閉上邊線

　　本節準備多個題型說明開口上方邊線封閉，離你的螢幕比較近也容易點選，自行完成◈和◲。

62-2-1 計時器上蓋

步驟 1 ◈

　　特別☐**分模面**，讓孔不會有分割，讓▣比較好選擇，下圖左。

步驟 2 ▣

　　系統自動選到開孔上方 6 條邊線，下圖右。

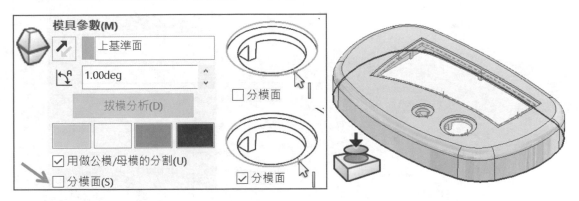

步驟 3 ◈、◲

　　相切於曲面=20。方向 1=10、方向 2=10，下圖左。

62-2-2 練習：馬達蓋

　　自行完成，下圖右。

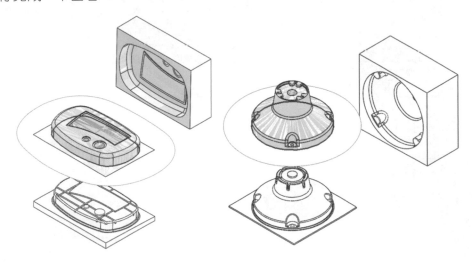

62-2-3 遙控器上蓋

模具步驟可以對調，原本 1. 👜→2. 👜對調。填補類型=相切並切換相切方向。

步驟 1 👜→👜

分模線在底部，2 條線。垂直於起模方向=50，下圖左。

步驟 2 👜

將上方開口補起來，填補類型=相切 👜，預設相切參考向下，點選紅色箭頭，切換相切方向在表面，下圖右。口**顯示預覽**，速度會變快。

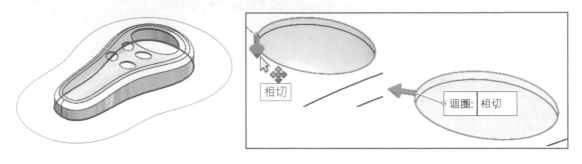

步驟 3 👜

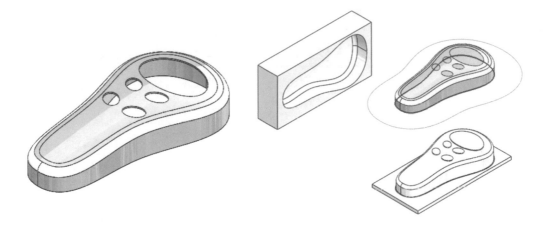

62-3 封閉下邊線

開口下方邊線封閉，自行完成👜。

62-3-1 滑鼠蓋

看起來弧度很大的滑鼠蓋，其實只要多了👜，剩下都有辦法完成。

步驟 1 👜

分模線在底部，7 條線（箭頭所示）。

步驟 2

15 條線，填補類型=相切。

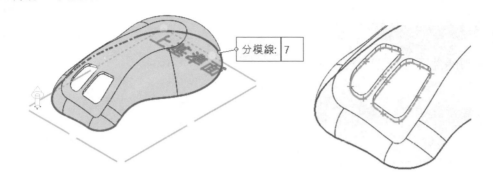

步驟 3

垂直於起模方向=40、目前分模面經有過多的皺褶，☑手動模式，立即獲得大幅改善。

步驟 4

方向 1=60、方向 2=10。

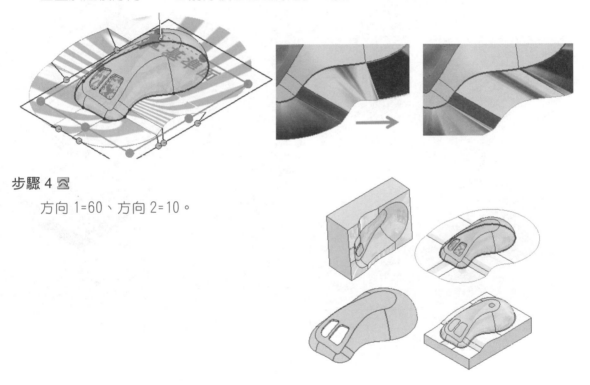

62-3-2 導航上蓋

本節**封閉曲面**在開口下方。

步驟 1

分模線在底部，8 條線。

步驟 2 特徵管理員

開口底部是平面，所以填補類型=接觸，12 條線。

步驟 3 🢑、🢙

垂直於起模方向=40。方向 1=20、方向 2=10，下圖左。

62-3-3 練習：電話上蓋

本節封閉曲面在開口下方。

步驟 1 🢑

分模線在底部，8 條線。

步驟 2 🢑

開口底部是曲面，所以填補類型=相切，6 條線。

步驟 3 🢑、🢙

垂直於起模方向=40。自行完成方向 1=50、方向 2=10，下圖右。

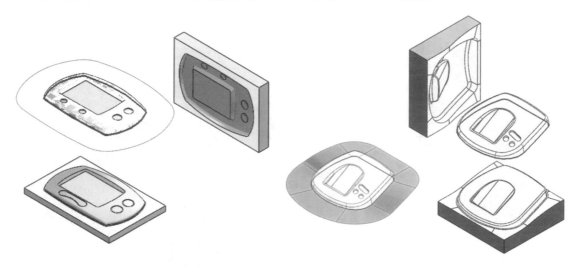

63

手法 4 側滑塊

側滑塊（Slide）又稱滑塊，分割公母模部分區域產生不同方向的本體，避免模具分離過程撞件（干涉），利用機構順勢退模，模具設計中產生滑塊成本會增加。

A 滑塊指令特性

滑塊也是多本體作業，繪製草圖定義大小，由指令定義深度的同時將模塊切割為新本體，功能很像 + （口合併結果）綜合體，也類似**分割特徵**。

B 作業程序

終於學習到模具指令的最後一道，通常在之後作業也是後處理，例如：
1. →2. →3. →4. →5. ，本章節不說明前 4 項作業，除非有議題介紹。

63-1 側滑塊指令介面與先睹為快

63-1-1 分模線、封閉曲面

說明側滑塊指令環境並直接操作，指令包含：1. 選擇、2. 參數。

由顯示窗格設定上模本體為透明，利於判斷製作滑塊草圖大小的參考。

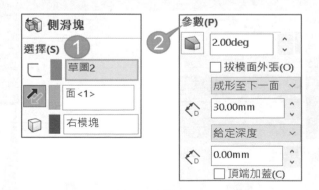

在相機底部，8 條線。系統自動選到開孔下方 6 處，共 32 條下邊線，下圖左。

63-1-2 分模面 與模具分割

垂直於起模方向=20。自行完成方向 1=30、方向 2=10。

63-1-3 繪製滑塊草圖

在前模塊上方繪製矩形，涵蓋圓孔和長孔→退出草圖，下圖右。

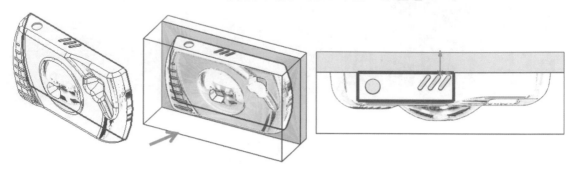

63-1-4 先睹為快：側滑塊

會發現只要查看方向 1 的成形深度即可，深度不超過相機另一側都可以，例如：深度 30 或 2. 成形至下一面也可以，下圖左。

A 查看側滑塊本體資料夾

在實體資料夾下方，產生側滑塊本體資料夾並顯示數量，下圖右。

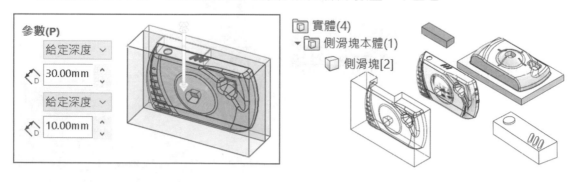

63-2 單一滑塊

本節算是側滑塊重點，完整說明側滑塊指令用法和便利性作業的配套措施，很多議題是邏輯思考，例如：決定要用哪個指令來解，會異想不到這些指令可以這樣用。

63-2-1 杯子

看起來很普通的杯子，其實學問很大，本節分階段完成前置和後製作業。

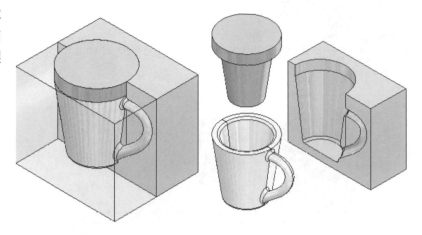

A 分割線🗒

由於🔘無法跨杯口也無法使用**分割圖元**，這部分可以自行測試看看。🗒將模型面類似美工刀1分為2（不是把模型分割成2個本體）。

就是想辦法把模型面分割為 2 就對了，🗒只是相對有效率方法。早期沒有🔘，**分模線**就是用🗒完成。由於🗒使用率很高，我們會🗒增加到🔘左邊 📦 🗒 🔘 🔷 🌫。

步驟 1 分割類型：相交

步驟 2 分模參考：點選前基準面

步驟 3 分模面/本體

點選分模面/本體欄位，CTRL＋A 全選杯子所有面→↵。見到杯子中間被分割且模型面為獨立狀態，下圖右。

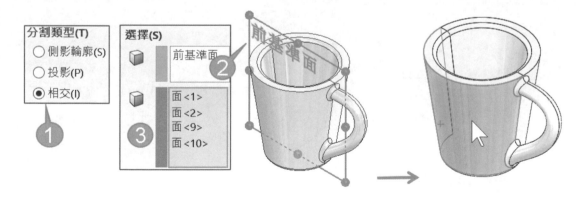

B 模具前置作業

完成 1. 🔘→2. 🏺→3. 🔘→4. 🌫。

步驟 1 🔘

分模線在杯子中間，18條線，利用 Y、N 定義分模線位置。

步驟 2 👆

系統自動將把手內部封閉，4 條邊線，下圖左。

步驟 3 👆、🖼

垂直於曲面距離 10 曲面會撞到，距離加長=25 曲面就連接了，下圖右。方向 1=20、方向 2=20。

步驟 4 隱藏分模面

目前分模面礙眼，所以會隱藏他，點選分模面→隱藏👁。

步驟 5 模塊透明度

於實體資料夾點選前模→變更透明度🔧，方便看到裡面模型，下圖左。

C 側滑塊 🖐

本節進入🖐應用，會發現有部分限制，只能說 SW 對多本體還沒有很彈性。

步驟 1 滑塊草圖

前模塊上面進入草圖→點選杯口外圍邊線→🗗，投影為弧不是圓，因為先前杯子有分割→拖曳圓弧端點為圓→退出草圖，下圖右。

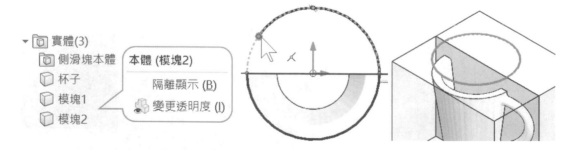

步驟 2 🖐，深度 10，□頂端加蓋

本節深度類似**成型至下一面**，但深度不能太深或完全貫穿，這部分無法想像（無邏輯）。目前得到一半滑塊，雖然是全圓，但只能指定 1 個本體🖐，下圖左（箭頭所示）。

步驟 3 自行完成另一🖐，用參考圖元或導出草圖會比較快

步驟 4 🗗

由於🖐沒有合併**實體**功能，只能額外使用🗗，將 2 滑塊成為一滑塊。

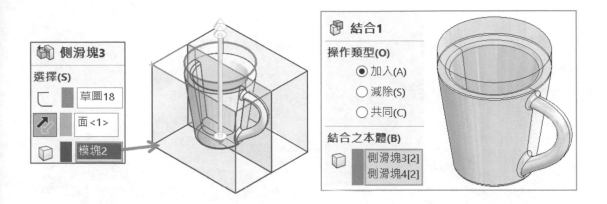

63-3 多滑塊

多滑塊只是🧊比較多而已。

63-3-1 滑鼠蓋

2 側和上面孔,共 3 滑塊。

🅰 🧊前置作業

步驟 1 🔩、🫗

分模線在下方,8 條線。將 6 處下方封閉,29 條邊線,下圖左。

步驟 2 🔩、🖼

垂直於起模方向=10。方向 1=20、方向 2=20。

步驟 3 隱藏分模面、透明度

設定上模=透明度(箭頭所示),方便看到裡面模型,下圖中。

🅱 側滑塊

步驟 1 繪製滑塊草圖

在上模塊繪製矩形涵蓋孔→退出草圖,下圖右。

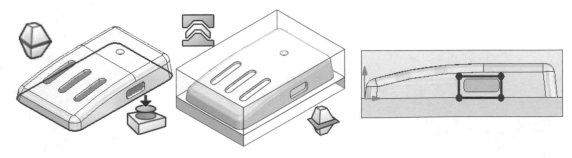

步驟 2 左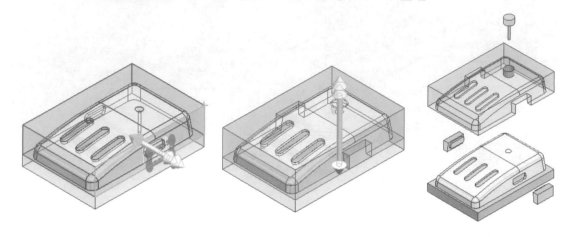

自行完成另一邊滑塊，成形至下一面，口頂端加蓋，下圖左。

步驟 3 上

上模塊繪製圓涵蓋孔草圖→，方向 1=40、方向 2=0，下圖右。

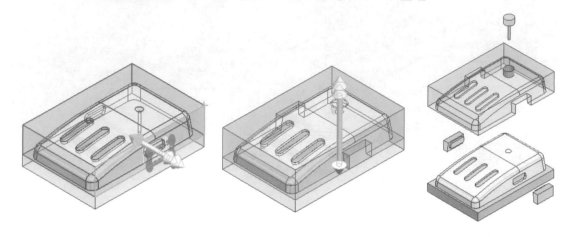

63-3-2 練習：水壺

水壺作法觀念和杯子相同。

A 前置作業

利用草圖完成分割，常用在轉檔的模型不在 3 大基準面中間。

步驟 1 繪製草圖

在側邊繪製大於或剛好杯子高度的直線。

步驟 2 分割線

分割類型=投影，可見杯子中間被分割，下圖左。

步驟 3

分模線在杯子中間，42 條線。由於杯子很多高低邊，分割過程快速鍵 Y、N 判斷哪條線比較合理，加入會比較快。

步驟 4

將左右 2 把手內部封閉，善用**衍生**會比較快，不要介意箭頭，下圖右。

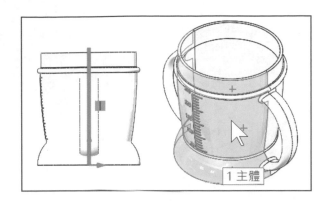

步驟 5

垂直於起模方向=40。距離 20 曲面會重疊，不要擔心，只要加大距離就好了。

步驟 6

自行完成方向 1=50、方向 2=50，下圖右。

步驟 7 隱藏分模面、設定模塊，透明度

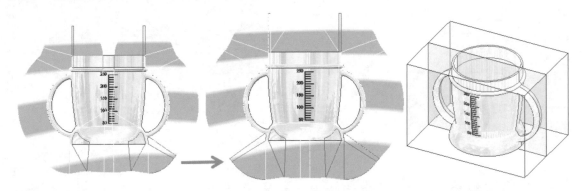

B 側滑塊

分別完成上下 2 滑塊。

步驟 1 自行完成 2 個上滑塊

步驟 2 將上滑塊成為 1 滑塊

步驟 3 自行完成 2 個下滑塊

步驟 4 將上滑塊成為 1 滑塊

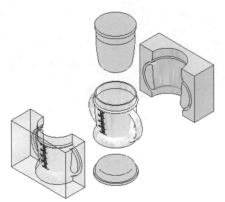

筆記頁

64

手法 5 凹陷法

　　凹陷（Indent）🔷利用外型本體將模型重疊壓凹，類似黏土拓印，可加入偏移參數（模型與模座間隙），且模型可以保留（這是和🔷比較的感受）。

64-1 凹陷指令介面

　　指令位置：插入➔特徵➔🔷，進入指令可見：1. 選擇、2. 參數，第一次看感覺很難，因為不懂專有名詞，仔細看其實只有 A. **目標本體**＋B. **工具本體區域**要認識而已。

　　點選 A **目標本體**和 B **工具本體區域**，查看 C. **保持/移除選擇**、D. **除料**設定後變化即可，常用🔷查看：厚度、間隙尺寸或結果。

64-1-1 選擇

A 目標本體（Target Body）🔷

　　選擇要被凹陷的本體，點選滑鼠蓋，這部分比較好理解。

B 選擇：工具本體區域（Tool Body Region）🔷

　　選擇凹陷的本體（造型）來改變滑鼠蓋。

C 保持選擇/移除選擇（Keep/Remove Selections）

　　將目標本體**保持選擇**=加蓋（指令特色）、**選擇移除**=不加蓋。

D 除料（不適用保持選擇/移除選擇）

　　是否挖除與**目標本體**的區域接觸的範圍，它會影響到下方參數的厚度。除料=移除選擇，所以不需要設定上方的 1. **保持/移除選擇**，以及下方的 2. **厚度**。

為了示意除料功能將上方的目標本體模塊隱藏，下圖右。

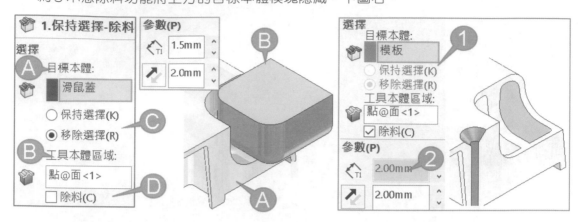

64-1-2 參數

以**工具本體區域**定義**目標本體**的**厚度**和**間隙**。

A 厚度

增加**目標本體**（滑鼠蓋）的厚度，例如：向下凹陷厚度 1.5，下圖左。

B 間隙

定義**目標本體**與**工具本體**之間的間隙，例如：2，也可以**反轉尺寸**或 0。

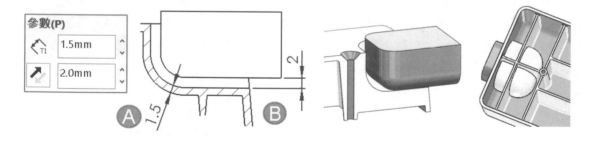

64-1-3 保持選擇、移除選擇與除料關聯

有交叉組合實在不容易理解，本節以 1. 滑鼠蓋+2. 模塊→，進行 1. 保持選擇、2. 移除選擇→除料關聯，為了簡化說明，下方的參數不設定或設定極小的尺寸。

A 保持選擇-□除料

產生一個與模塊一樣大小的特徵，可以利用指令厚度來加大。

B 移除選擇-□除料

移除一個與模塊一樣大小的特徵且包含厚度（類似的減除），如果要更大就定義厚度，此項使用率最高，也是指令特色

C 保持選擇、移除選擇-☑除料

以模塊大小進行除料，可以進行偏移設定，類似除料作業。最大特色：1. 保持/移除選擇、2. 厚度無法設定。

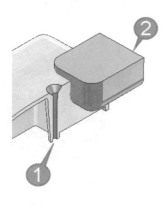
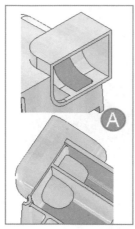
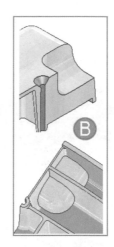
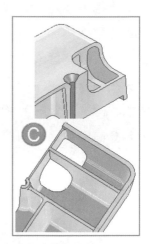

64-2 裕度手法

說明檢具和 TRY 盤常用的裕度（餘隙）手法。業界常將模型尺寸裕度利用組態控制，而🎲擁有直接留裕度功能，不必改變模型尺寸。

64-2-1 導管檢具

完成導管模穴餘隙 2。

步驟 1 目標本體：模塊

步驟 2 工具本體區域：導管

步驟 3 ☑除料

移除模板與導管區域=產生模穴。

步驟 4 參數：餘隙=2

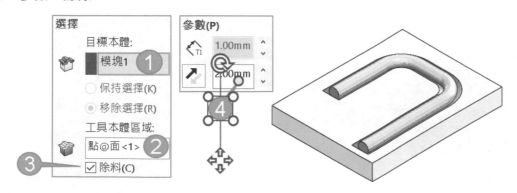

64-2-2 起子載盤

完成起子載盤定義厚度和餘隙，凹陷多為公模上，頂出銷才可頂出來。

步驟 1 目標本體：載盤

步驟 2 移除選擇

步驟 3 工具本體區域：起子

步驟 4 □除料

步驟 5 厚度（殼厚）=0.5

步驟 6 餘隙=1，也可以 0

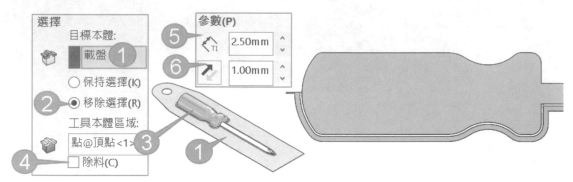

手法 6 關聯法

進行模具與模型關聯=插入原稿進行擴充改變，很多人問模型設變後，模具要重新來過？會這樣問就是在有特徵的模型之下進行拆模，本章依常用順序說明這些關聯性作業：1. 插入新零件❤、2. 分割特徵◎、3. 產生組合件❤、4. 模塑◎。

A 零件插入零件

本章絕大部分在零件把零件加進來，就像開新組合件➔把零件加進來觀念一樣，有些主題也會說：1. 零件組裝零件、2. 零件產生 BOM、3. 零件做爆炸圖，以上都是多本體作業。

B 關聯性的特殊環境

第一次遇到零件下方只有 1 個特徵，類似模型轉檔只有實體或曲面，這些模型無法直接變更，未來看到這類模型就知道該怎麼辦了，例如：1. 插入零件、2. 分割，下圖左。

C 模型和拆模作業分開（分層計算）

模型和拆模作業分開（2 個檔案），系統運算會比較有效率，這議題不只用在模具，屬於由下而上共同專業，例如：車座原稿插入零件後進行拆模，下圖右。

⌐ 原點
▼ 🗇 1 車把座-原稿->
　　◎ 實體
　　❀ 本體-移動/複製

⌐ 原點
　🗇 基材零件-2 風扇

⌐ 原點
🗇 1 車把座-原稿->
◇ 分模線1
◈ 分模曲面1
▨ 模具分割1

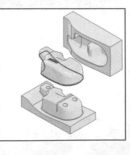

65-1 插入零件（Insert Part）

在零件中把零件加進來並形成關聯，依難易度說明 3 大手法：1. 檔案總管拖曳零件到零件中、2. 插入零件、3. 插入至新零件，會發現指令名稱不同，其實都是一樣的。

本節重點在 1. 拖曳零件到零件中，他是使用率最高的作業，因為不用指令。

65-1-1 拖曳零件到零件中

本節算先睹為快關聯性作業，算是同學的新體驗。

步驟 1 在新零件中，於檔案總管(工作窗格)拖曳模型到繪圖區域

過程中出現訊息：要嘗試建立一個導出的零件訊息→是。

1 車把座-原稿

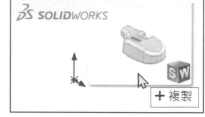

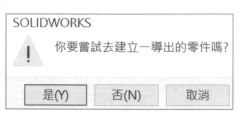

步驟 2 插入零件屬性

插入過程由屬性管理員看出：平移、複製、定位零件... 等作業，這裡不管他。點選原點放置模型→↵，完成放置，有沒有覺得這招和組合件組裝作業一樣。

步驟 3 查看特徵管理員

特徵管理員見到車把座零件關聯圖示→（外部參考），展開可見部分資訊，這樣的結構也是第一次見到，下圖右。

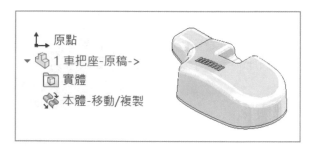

步驟 4 編輯關聯零組件（類似：開啟舊檔）

在車把座進行拆模作業，下圖左。在模型圖示上右鍵→編輯關聯零組件（A），回到模型原稿。進階者右鍵→A，**編輯關聯零組件**不是**編輯特徵**，類似**開啟舊檔**。

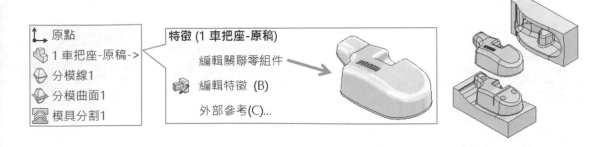

65-1-2 插入零件（插入→零件）

在空白的零件中，使用**插入零件**，以開啟舊檔找要插入的零件，下圖左。本節和上一節過程和結果一樣，差別在 1. 拖曳檔案到零件、2. 使用。

步驟 1 插入零件指令屬性

插入過程由屬性管理員看出：平移、複製、定位零件... 等作業，下圖中。

步驟 2 完成

在特徵管理員見到零件圖示，其餘說明與上一節相同，下圖右。

65-1-3 插入至新零件

將多本體的中的其中一本體 1. 儲存起來→2. 自動插入新零件，類似**插入零件**作業。本節就是 1. 儲存本體+2. 插入零件，也類似**分割特徵**，指令名稱不統一容易亂。

步驟 1 指令位置

實體資料夾右鍵→插入至新零件，下圖左。進入指令視窗→↵，下圖右。

步驟 2 另存新檔

將檔案儲存：車把座-模具，下圖左。

步驟 3 基材零件

檔案自行開啟，特徵管理員見到以分割特徵呈現：**基材零件-車把座-原稿**，進行模具作業關聯，下圖右。

步驟 4 編輯關聯零組件（開啟舊檔）

到時模型設變，只要回到模型原稿即可，於圖示上右鍵→編輯關聯零組件，下圖左。

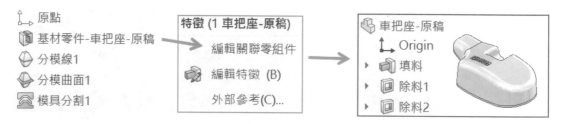

65-2 由下而上關聯作業（Down to Top）

下=零件、上=組合件，由零件到組合件設計，在零件進行多本體，拆件形成獨立零件。

65-2-1 棘輪把手蓋

直接在把手上方製作蓋子。

步驟 1 點選把手凹面進入草圖

步驟 2 蓋子外圍

目前為模型面點選狀態→ =1，完成蓋子外圍。

步驟 3 蓋子孔

分別點選模型圓邊線→ =1，共 2 圓，下圖左。

步驟 4 蓋子成形

至某面平移處=1，點選模型上面，口合併結果，不必理會板厚多少，下圖右。

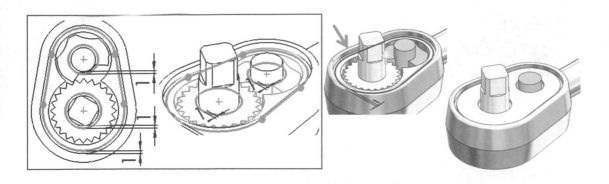

65-2-2 油箱檢具

對油箱斜面進行鑽孔檢具，例如：設計過程不加尺寸，更迅速調整以保留設變彈性。

A 底板與定位銷

繪製矩形進行對稱式設計，對油箱的小孔**參考圖元** → ，深度 30。

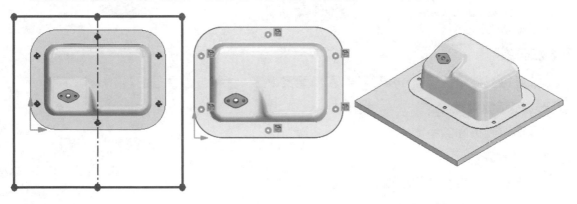

B 定位銷

引用草圖 1 完成定位銷。

步驟 1 點選草圖 1→

步驟 2 來自：面

　定位銷基準在底板下方，所以點選底板下面。

步驟 3 方向 1：

　深度 40=PIN 長度規格。

步驟 4 所選輪廓

　點選 6 小孔。

C L 檢孔柱

利用油箱斜面的參考完成檢孔柱。

步驟 1 製作支撐柱草圖

在底板左邊平面繪製 L 草圖→草圖直線＋油箱邊線→＼，下圖左。

步驟 2 支撐柱 ⬛

直覺設計深度、厚度。平移=240→方向 1：兩側對稱=200→☑薄件特徵=100，下圖中。

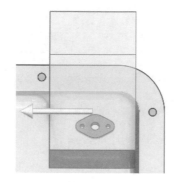
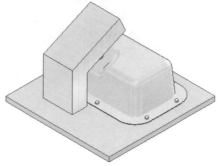

D 檢柱孔

進行檢孔棒草圖配置，讓該特徵引用配置草圖，先除後填更迅速設計。

步驟 1 顯示隱藏線 ⬛

穿透看到後面的特徵。

步驟 2 草圖配置

於支撐柱上繪製 2 同心圓＋3 檢孔⬛，下圖左

步驟 3 ⬛

選擇內圓草圖除料，完成內柱孔，下圖中。

步驟 4 內柱 ⬛

點選內圓草圖輪廓→⬛，深度 120，下圖右。

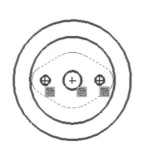
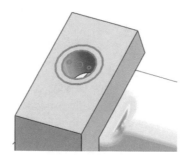

步驟 5 把手

顯示外圓草圖輪廓→⬛，深度=60，下圖左。

步驟 6 檢孔柱特徵

點選 3 小圓草圖→🐌，深度穿透油桶，下圖右。

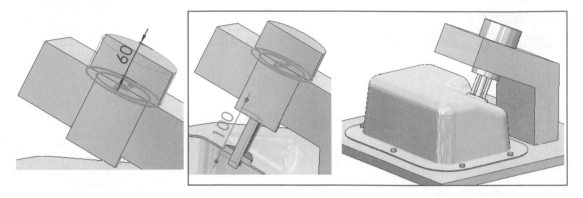

65-3 由上而下關聯作業（Top to Down）

下=零件、上=組合件，由組合件產生新零件進行關聯，先睹為快常見的產生新零件作業，再說明業界常犯的關聯性特徵無法控制的錯誤，誤以為關聯性不好的迷失。

65-3-1 棘輪保護蓋

在棘輪把手上透過關聯性設計一個保護蓋。

步驟 1 新零件🐌

為組合件產生新零件因為🐌。

步驟 2 放置設計零件 🐌

點選蓋子位置作為設計基準，不會出現訊息，很多人不習慣，下圖左。

步驟 3 編輯草圖

於特徵管理員產生新零件，目前為編輯零件與草圖狀態，該零件為虛擬件，零件為藍色狀態，下圖右。

步驟 4 設計蓋子🐌

自行完成蓋子與這部分先前已說明，不贅述。

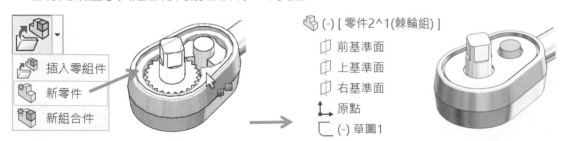

步驟 5 查看模型

開啟零件發現草圖沒尺寸，到時工程圖要標尺寸，反正都要標，就在草圖標，下圖左。

步驟 6 儲存零件

將虛擬零件儲存成實際檔案，特徵管理員點選該模型右鍵→儲存零件，下圖右。

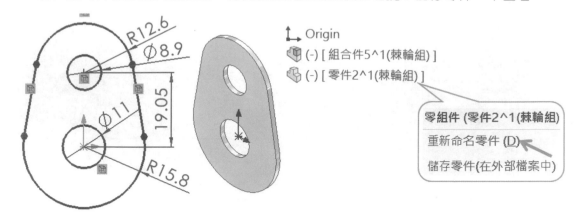

65-3-2 組合件特徵-除料

直接在組合件除料，可見**特徵加工範圍**，它和零件多本體操作與觀念一樣，唯一不同☑**傳遞衍生特徵至零件**。

A 製作

會發現特徵的盲點，以及組合件產生特徵後沒注意到的現象。

步驟 1 除料

在模型面上矩形→。1. 插入→組合件特徵→除料→、2. 組合件特徵工具列，下圖左。

步驟 2 特徵加工範圍，傳遞衍生特徵至零件（預設關閉）

將矩形加工到哪些零件，☑所有零組件、□**傳遞衍生特徵至零件**。查看特徵管理員，可見在最下方被組合件所管理，可以編輯。

步驟 3 查看特徵的傳遞

明明組合件模型有看到，開啟零件發現沒有除料特徵，這是業界失去江山主因。

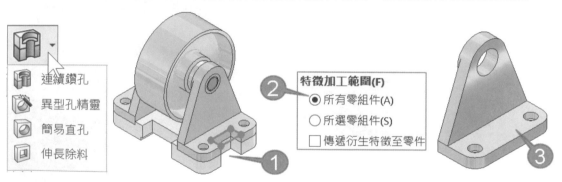

B 傳遞衍生特徵至零件

決定是否將該特徵**傳遞到零件特徵**中，理解這項功能的特性。

步驟 1 編輯除料特徵◎

回到組合件編輯◎，☑傳遞衍生特徵至零件。

步驟 2 確認特徵傳遞至零件

開啟零件後可以看到除料特徵->有出現且為外部參考，下圖中。

步驟 3 無法刪除外部參考特徵

該特徵由組合件產生並關聯，無法刪除該特徵或編輯草圖，這是第一次面對到的議題。

步驟 4 編輯關聯零組件

這部分先前有說明過，也可以用在組合件特徵中，這是關聯性作業的指令。

步驟 5 全部斷開、全部鎖定

將外部參考斷開或鎖定。於特徵或草圖右鍵→顯示外部參考→全部斷開。

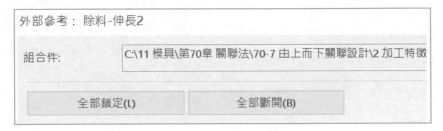

步驟 6 使為獨立

於零件中在讓該特徵上右鍵→使為獨立，斷開特徵關聯可以獨立使用。

筆記頁

拔模角

拔模角（Draft）◳讓模型內外部產生錐度，否則脫模會產生磨擦阻力或類似真空甚至無法脫模。

拔模 3 大類：1. 拔模基準、2. 拔模角、3. 拔模面。

A 模型外型

模型加入拔模角會有 3 種變化：1. 增加材料（體積增加）、2. 減少材料（體積減少）、3. 增加和漸少材料（體積不變，例如：100x100x100 的體積）。

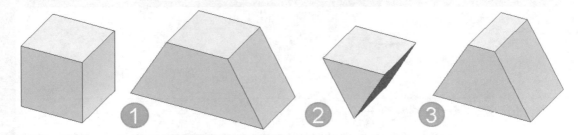

B 拔模不見得是拔模特徵◳

很多指令內建拔模角，具備初級（每面角度相等）且常用的外型斜度（不見得用在模具），例如：伸長◳、肋材◳、掃出◳...等，下圖左。

C 拔模特徵順序：先拔模◳→後導角◳

拔模指令要點選模型面，不點選圓角面，因為圓角面通常很多，在複雜特徵不容易修改，所以會先拔模後導圓角，例如：肋材特徵先拔模角→再圓角。

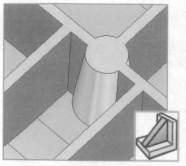
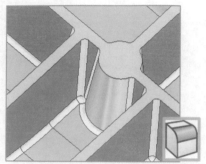

| 5 肋材 |
| 參數(P) |
| 厚度： |
| 2.0000mm |
| 5.00deg |

D 拔模特徵順序：先導角 → 後

通常圓角面不加拔模，例如：點選拔模面過程會計算到圓角面，造成拔模錯誤。

拔模類型(T)
⦿ 中立面(E)
○ 分模線(I)

拔模角度(G)
10deg

中立面(N)
面<1>

拔模面(F)
面<2>
面<3>
☑ 顯示預覽

SOLIDWORKS
⚠ 無法建構其拔模。
確定

中立面 / 拔模面

換個順序就可以成功。

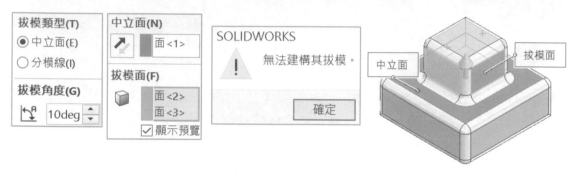

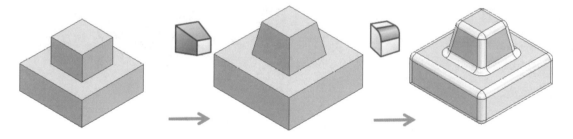

66-0 拔模角指令介面

不同拔模類型要求項目不同，它們有共通性都有拔模角且每個指令只能一個角度，列表協助各位清楚判斷差異，就不覺得亂。

A 中立面（預設）

最常用也最簡單：1. 拔模角、2. 中立面、3. 拔模面，點選要拔模的模型面。

B 分模線

利用分模線或模型邊線：1. 拔模角、2. 起模方向、3. 分模線。

C 階段拔模

利用分模線或模型邊線進行錐形/垂直階段拔模：1. 拔模角、2. 起模方向、3. 分模線。

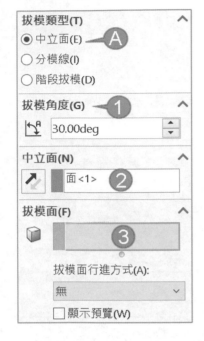
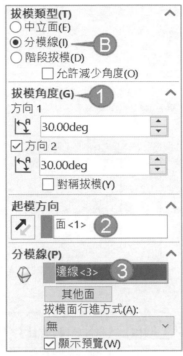
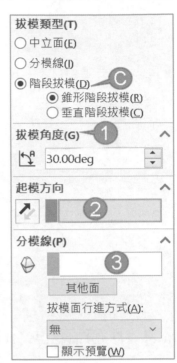

66-0-1 先睹為快：加入拔模角

模型加入拔模角，並體會先拔模後導角的用法。

步驟 1 拔模類型：中立面　　步驟 4 拔模面：點選方形 4 面

步驟 2 拔模角度：10 度　　步驟 5 ☑顯示預覽

步驟 3 中立面：點選上面　　步驟 6 在模型上加入圓角特徵

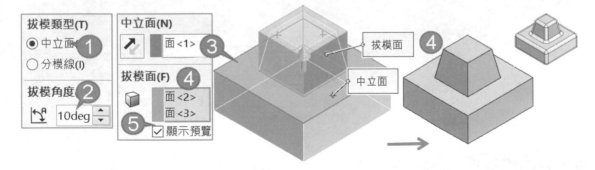

66-0-2 拔模角

以垂直於中立面進行角度控制，有幾項原則：

1. 角度是單邊角度。

2. 外型考量常用 1 度，斜度小脫模困難，斜度過大會影響產品尺寸或精度。

3. 若拔模角太小初期為了明顯看出斜度或角度方向會設定大角度，例如：15 度。

4. 產品越深拔模角會相對變大。

A 標準角度 ±30 度

拔模角標準定義在 ±30 度，以前 SW 只能在範圍輸入，後來拔模角不見得用在模具，可以用在產品外型，後來才將範圍擴大 0.018～89.9 度。

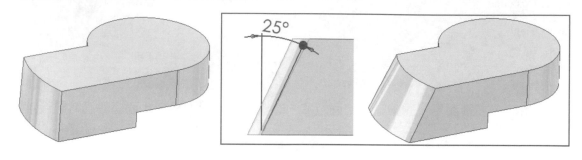

66-1 拔模類型：中立面（Neutral）

選擇拔模基準面，可選擇模型面或基準面，這裡點選上基準面。極端的例子，使用模型面或基準面結果會不同或是完成不能的任務。

66-1-1 反轉方向

改變拔模方向（從模具中被頂出的方向），就是正拔模（形狀 A）、負（形狀 V）拔模。

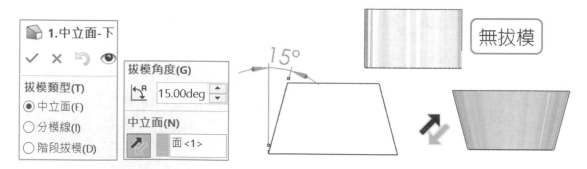

66-1-2 拔模面（適用中立面）

選擇要拔模的模型面，可以選擇 2 面或多面，例如：1. 外面、2. 孔，下圖左。

A 剖面視角

剖切模型看內部拔模型態,例如:外型是否拔模正確並符合△▽。

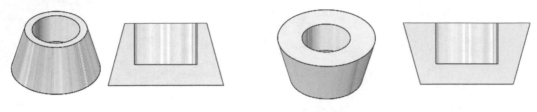

B 練習:內外拔模

進行內外拔模 10 度,8 面(箭頭所示),重點在中立面的位置會影響拔模角的起算位置,造成不如預期的斜度。資料來源 TQC,SolidWorks 2010 專業級,210(曲柄模具)。

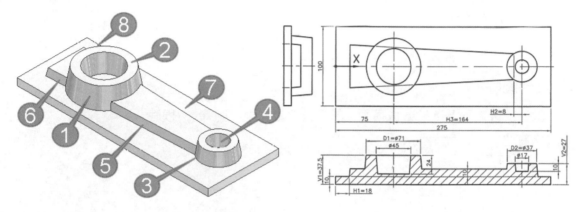

66-2 拔模類型:分模線

點選模型邊線進行相鄰面的拔模,不同於上一節為模型面拔模。

66-2-1 拔模角

本節拔模角有 2 方向適合分模線為共線,例如:方向 1=30、方向 2=10。

A 對稱拔模

☑方向 2 時,可以讓方向 1 和方向 2 為相同角度。

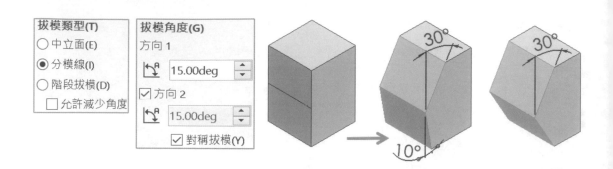

66-2-2 起模方向

與上節說明相同，不贅述，**起模方向**會與**其他面**搭配完成要拔模的方向，例如：A、V。

66-2-3 分模線

點選要拔模的模型邊線，例如：方形上方 2 條線。

A 其他面

以分模線為基準，切換拔模面，於分模線會見到小箭頭=拔模面。

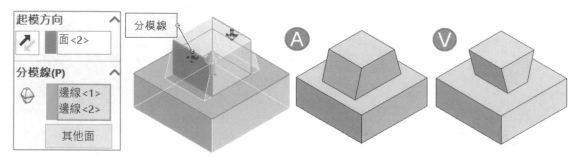

67

相交

相交（Intersect）🔲為🔲的進階版，圖示可見實體+曲面。最大特色：1. 實體和曲面的交互計算產生新實體、2. 進行填充、3. 移除材料產生模穴。

A 心理建設

第一次遇到他會感到好像很難，沒錯感覺蠻難的，靜下心理解將邏輯打通，先進行常態用法，例如：填充。其實🔲功能相當強，邏輯通了以後，很多情境就會想到可以用🔲來解。

要比較快學會可以用🔲的思維來使用🔲，換句話說，剛開始學🔲也是感覺到未來怎麼知道要用這指令🔲，當你習慣了以後，不知不覺就拿這🔲來用了，🔲也是如此。

B 相交🔲VS 結合🔲

下表進行比較，快速體會差異性，特別是結果選擇性，希望這 2 指令合併。

	功能	運算	結果	曲面+實體	難易度
相交🔲	多	慢	可選擇	可混和	難
結合🔲	少	快	無	只能實體	簡單

67-0 指令介面

插入→特徵→相交🔲，進入指令可見：1. 選擇、2. 要排除的區域、3. 選項。利用上曲面、下實體進行先睹為快。

67-0-1 先睹為快

1. 點選要產生交互計算的實體、曲面或平面→2. ☑兩種都產生→3. 相交→4. 查看結果，通常會按🐢查看內部情形。

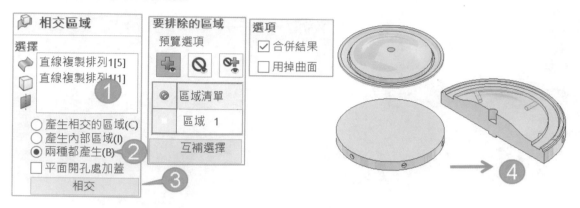

67-1 選擇

點選曲面🐟、實體🔲或基準面🔲進行以下計算，由圖示可以見到這 3 項條件，部分設定配合下方**要排除的區域**。

67-1-1 產生相交區域（Creat intersceting region，簡稱相交）

本節特別以曲面+實體計算共同的區域，例如：上方曲面與下方圓盤產生 1. 中間孔和 2. 溝槽，沒碰觸到的部分不進行處理。

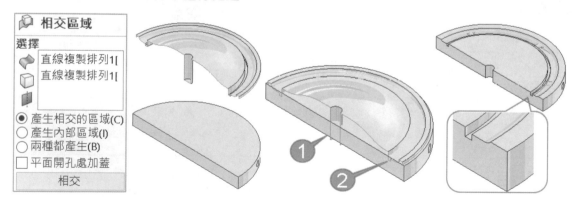

A 油路塊

利用方形模塊將油路塊內的體積計算出來。先前課題🐢屬於減除思考（完整模塊-油路塊=剩下的）。

的相交邏輯是減除共同區域（完整模塊+油路塊，共同區域不見），配合下方**要排除的區域**完成油路塊內部體積。

步驟 1 方形模塊

在油路塊建立包覆油路的方形體，這部分和觀念一樣，建立 1 個多本體讓系統計算。

步驟 2 選擇

點選 2 本體。

步驟 3 相交

步驟 4 要排除的區域

☑區域 3，留下油路的體積，顧名思義排除油路塊。

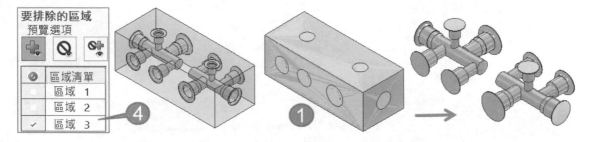

67-1-2 內部相交區域（internal region，簡稱內部）

產生內部的中空體積填充，或是有液位高度要計算瓶中體積，常讓同學感到神奇這就是我要的，例如：上下模澆鑄回成品的膠輪或齒輪箱，進行模穴加工之前可以了解實際澆鑄產品是最好不過的了。

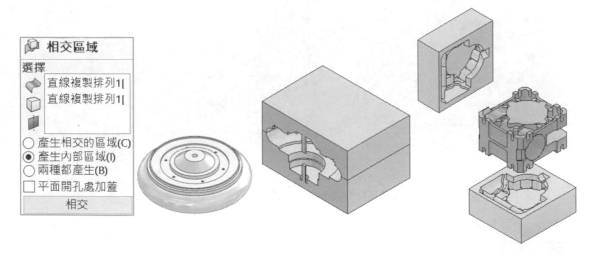

A 油路塊

內部區域邏輯算是填充，會覺得更容易理解。

步驟 1 平坦曲面

將 10 處開口封閉，成為封閉模型。

步驟 2 選擇

點選 10 曲面+油路塊本體。

步驟 3 相交

由下方**要排除的區域**中看出計算結果為 2 油路本體。

步驟 4 用人工方式隱藏油路塊本體

本節的邏輯屬於填充，所以先前的油路塊還會在。

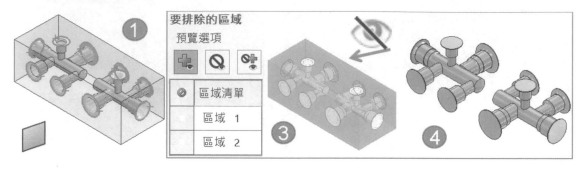

B 瓶裝內容物

1. 點選瓶子+基準面、2. ☑產生內部區域→3. 相交→4. 產生新的水本體，自行利用查詢內容物體積。

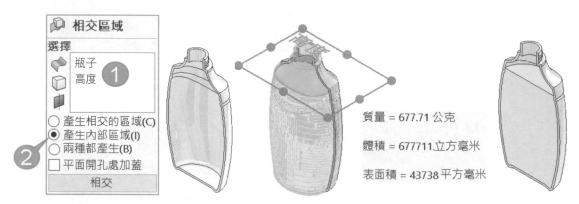

質量 = 677.71 公克

體積 = 677711 立方毫米

表面積 = 43738 平方毫米

67-1-3 兩者都產生（Both，簡稱兩者）

兩本體產生相交區域並進行分割，由要排除的區域設定來得到要的本體，本節也可以用在產生模穴，下圖右。

A 刀叉

本節重點在**要排除的區域**。

步驟 1 選擇

CTRL+A 全選 2 本體。

步驟 2 ☑兩者都產生

步驟 3 相交

步驟 4 要排除的區域

游標在模型上可以見到它們為分割狀態,點選的本體=移除。

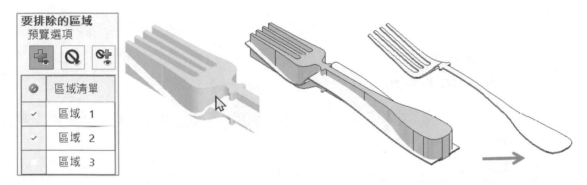

B 模穴

點選吹風機＋模塊,**要排除的區域**判斷要移除的吹風機,由於模穴與吹風機重疊不好選擇,建議用⬛協助判斷。

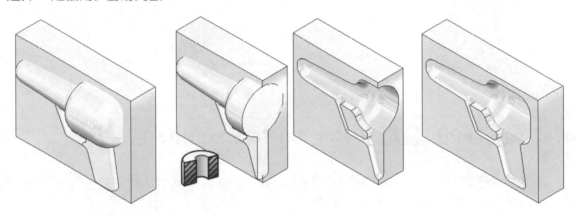

C 活用:兩者+內部

將兩重疊的本體進行 1. 兩者（上切除）→2. 內部（裝水）。

D 相交曲面

將多個曲面形成封閉區域來產生實體，這呼應選擇支援曲面，完成後自行隱藏曲面。

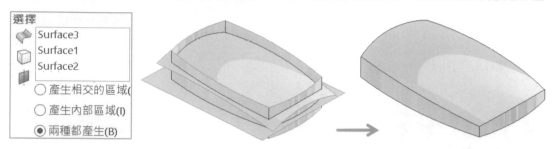

選擇
- Surface3
- Surface1
- Surface2
- ○ 產生相交的區域(
- ○ 產生內部區域(I)
- ◉ 兩種都產生(B)

67-1-4 相交（Intersecting）

設定以上的項目或進行變更都要重新使用**相交**按鈕。如果相交有快速鍵，並稱為**計算**會比較好用與理解。

相交區域

選擇
- 瓶子
- 高度

- ○ 產生相交的區域(C)
- ◉ 產生內部區域(I)
- ○ 兩種都產生(B)
- ☐ 平面開孔處加蓋

相交

⊗ **模型重新計算錯誤**

選擇「相交」按鈕以移入區域

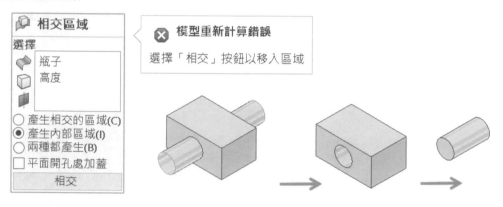

67-2 要排除的區域（Region to Exclude）

選擇的本體經過相交計算後產生封閉體，可以在要排除區域中排除一或多個區域。本節類似**分割**的成型本體，=不要、=要。

67-2-1 預覽選項

這三項互補選擇，塗彩預覽不容易識別，通常採用預設，除非有必要才來回按看差異。

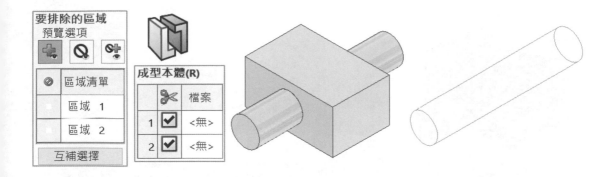

67-2-2 區域清單

點選相交後,顯示分割的多本體。

67-3 選項

定義 2 種設定。

67-3-1 合併結果(Merge result)

是否合併多本體,本節的觀念和先前認識的合併本體不同,僅適用內部交錯成型的本體。瓶裝水就不是內部交錯成型的本體,就無法合併,下圖左。

67-3-2 用掉曲面(Consume Surface)

將曲面刪除,可以不必事後隱藏或刪除曲面,這部分希望能擴展到所有指令。

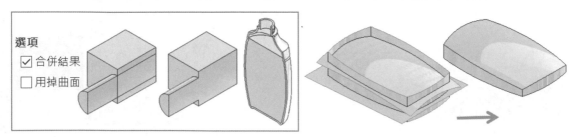

筆記頁

68

前置與後製特徵作業

說明模具前置和後製作業，例如：縮放、補料、厚度分析...等，這些是高階應用可以加速對 SW 熟練，甚至有些主題讓你意想原來可以這樣解。

A 融會貫通境界

指令本身不足之處，可以請別的指令幫忙，未來操作指令就會想到好像別的指令也可以，這代表你除了擁有邏輯思維以外，已經到下一個融會貫通的境界。

68-1 縮放比例（Scale）

縮放比例對零件放大或縮小，但不會縮放模型尺寸，例如：方塊縮小 0.5 倍，尺寸還是保留原來狀態，下圖左。現在流行 3D 列印，模型太大對 3D 列印來說不可能，就會將模型縮小列印，很可惜沒預覽功能。

A 縮放係數計算方式

1 為基準，<1=縮小、>1=放大。NxS，N=尺寸、S=比例係數，例如：10x0.5=5，10 縮小 0.5 倍=5。

B 無百分比%

指令沒清單切換縮放方式，只能自行換算，例如：縮小 3%要輸入 0.97（1-0.03=0.97）。

68-1-1 縮放的本體

點選要縮放的實體或曲面本體，由圖示可以知道實體和曲面都可以。

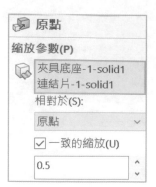
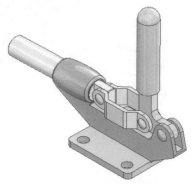
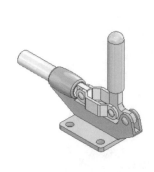

原點

縮放參數(P)

夾具底座-1-solid1
連結片-1-solid1

相對於(S):

原點

☑ 一致的縮放(U)

0.5

68-1-2 相對於（Scale about，預設質心）

由清單切換相對縮放的定義：1. 質心、2. 原點、3. 座標系統，特別是**質心**和**原點**的差異，以零件和多本體進行比較，就能體會為何進行 🖱，模型位置會跑掉。

A 質心（Centroid）=重心

簡單的說模型中間為基準計算縮放大小，下圖 A。若每個本體質心不同就會個別縮放，結果會類似爆炸圖的樣子，顯得不適合，下圖 B。

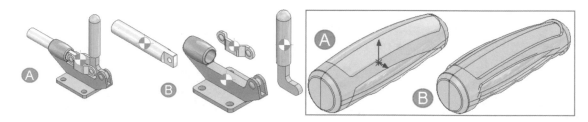

B 原點（Origin）=模型原點

以零件原點為基準進行縮放。每個零件原點只有一個，無論零件或多本體的縮放位置不會跑掉，下圖左。

C 座標系統（Coordinate System）

特別是原點離模型很遠的時候，自行指定座標系統為基準進行縮放位置，下圖右。

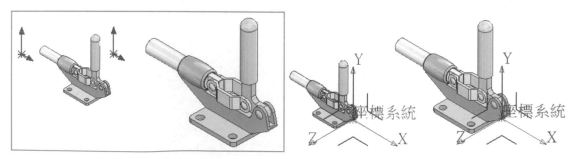

68-1-3 一致的縮放（Uniform Scaling）

是否針對 XYZ 軸輸入不同收縮率。

A ☑ 一致的縮放（預設）

比較常用的是原點，讓模型放大或縮小。

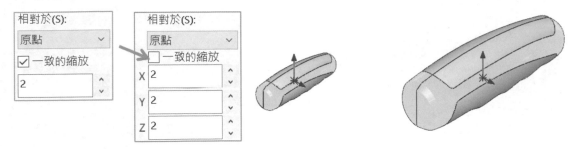

B ☐ 一致的縮放

常用在曲面造型，彈簧 X=1、Y=0.5、Z=1，可見圓形 Y 型壓扁→橢圓彈簧。

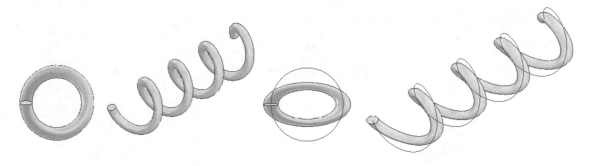

68-1-4 一致的縮放實務

本節說明多項比例縮放應用，更能體會奧義，本節技巧：配合座標系統。

A 長度

將原本尺寸 X=100、Y=40、Z=10，設定軸向比例，例如：X100→X75，就 100/75=0.75。

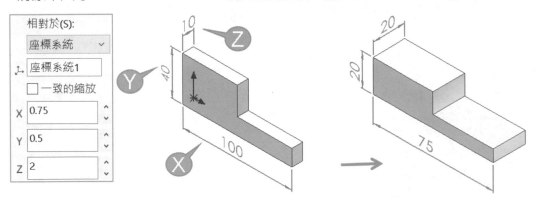

B 質心縮放

利用質心與軸向比例配合產生多項造型。

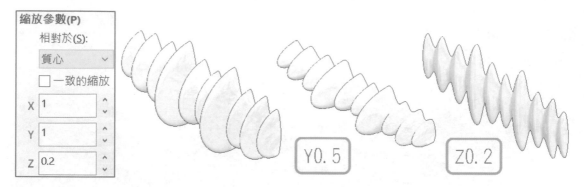

C 變形

錐形體，質心縮放 Z0.2，又成為扁尖形體，下圖左。

D 縮水率 5%

自行完成縮水率 5%（0.95）的模具分割。

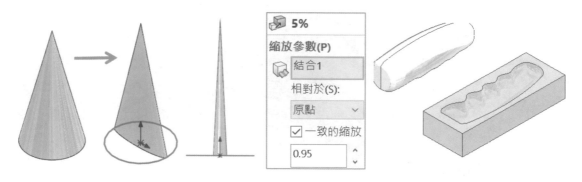

68-1-5 模型切半手法

不見得整個模型才可以進行拆模，甚至會拆不出來，把模型切一半或切割為一部分完成拆模後，事後進行鏡射或複製排列。

步驟 1 比例 📦

潛水艇縮小 10 倍，就要輸入 0.1，下圖左。

步驟 2 曲面除料 🍥

上基準面將潛水艇剖半，就能進行潛水艇拆模，到時鏡射模塊就好，下圖右。

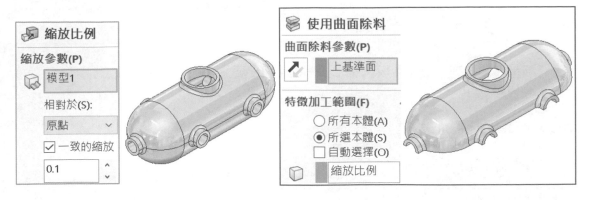

步驟 3 ⊕

　　模型外圍建立分模線，留意開口線位置，52 條線，下圖左。

步驟 4 ⊕

　　☑垂直於起模方向=350。原本曲面交錯，加大距離得到比較完整曲面，下圖右。

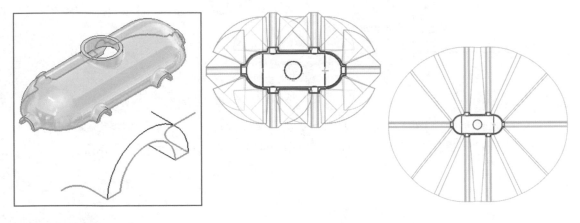

步驟 5 封閉曲面 ☺

　　將上方開口封起來。

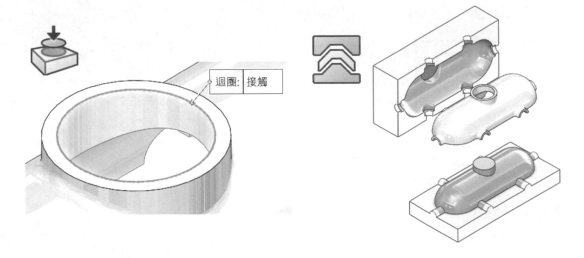

68-2 一模多穴

將模型複製排列，讓 1 個模塊產生多個模穴，提高生產效率。本節觀念對了，**一模多穴**做法會很多元。

68-2-1 複製排列模型

將複多個模型，例如：4 個，就是 1 模 4 穴。

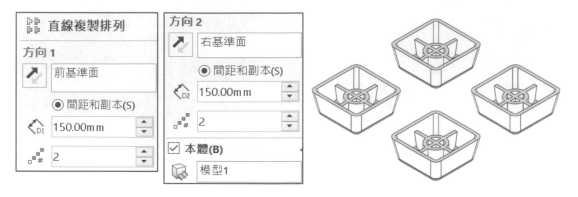

A 分模線

分別在本體產生分模線。由於要做很 4 次，這樣比較快：1. 選上基準面→2. →3. 點選模型本體→↵。試想，若有保持顯示就可以連續完成相同指令，速度更快。

B 分模面

平坦曲面完成分模面，很神奇可以使用作為計算。

步驟 1 在第一模型面上進入草圖繪製矩形

步驟 2

矩形＋點選 4 個分模線，可以完成中空的分模面。

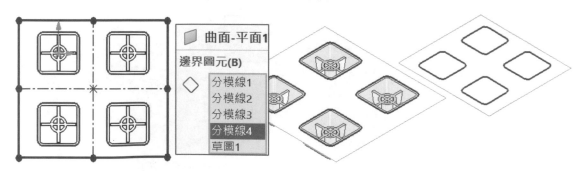

C 模具分割

1. 引用上節的矩形草圖完成→2. 。

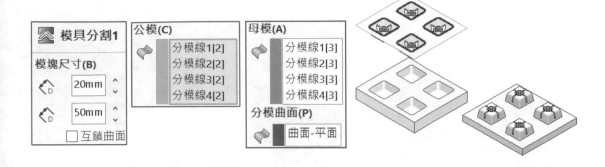

68-2-2 複製排列模具

承上節，也可以先完成一個模具工具→鏡射╬或複製排列╬╬，好像比較快對吧。

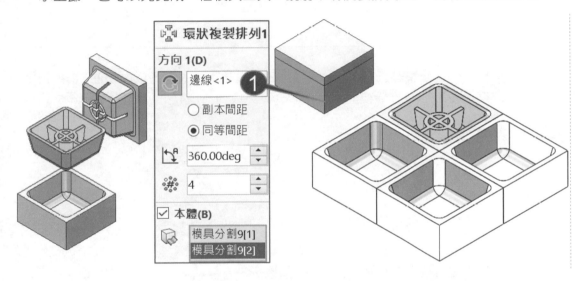

68-3 補模型料

將不需要開模特徵暫時補起來，於生產完成後再進行次加工，常用**抑制特徵**↓⬚、⬚、刪除面⬚...等，完成填補作業。

68-3-1 棘輪把手

步驟 1 刪除面 ⬚

點選頭部凹穴的面，☑刪除及修補，共 10 面。

步驟 2 ⬚、⬚

模型外圍建立分模線，14 條線。垂直於起模方向，距離=20。

步驟 3 ⬚與展示

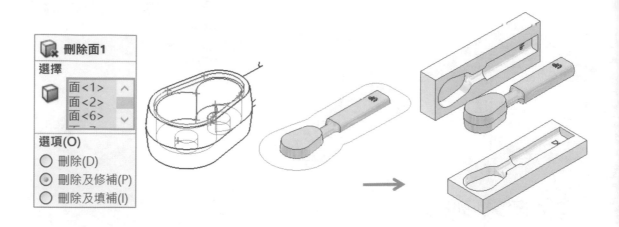

68-4 模塊處理

將不合理模塊外型修整為正常大小，常發生在分模面距離太大造成面扭曲，解決方法：
1. 分模面距離縮小→2. 將草圖依模型外型繪製→3. 完成模具→4. 把模塊進行後處理。

68-4-1 補導角模塊

將模塊草圖以切角方式完成 ⌷，事後修補 2 導角面。

步驟 1 ⌷、⌷

上基準面完成模型外圍的分模線，14 線。垂直於曲面=10。

步驟 2 ⌷

草圖下方切角在分模面中→⌷。

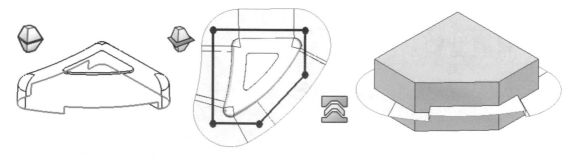

步驟 3 補上模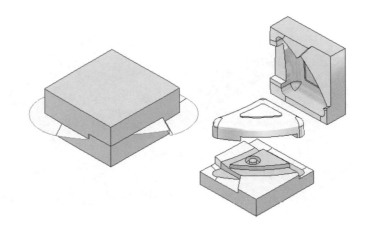

刪除及修補 2 導角面。

68-4-2 去角-補塊-增大

本節將先前段差管進行下模塊處理，上模塊自行練習。

A 模塊成型

更能體會不糾結分模面的距離。

步驟 1 分模線、分模面自行完成

步驟 2 模具分割

草圖想辦法擠在分模面中，下圖右。

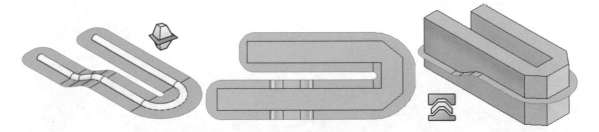

B 模塊整型

利用 和 將模塊整理，更能體會目前 不支援多本體，未來支援拆模速度會更快。

步驟 1 補模導角

☑刪除及修補上下模的 2 導角面。

步驟 2 補腳邊模塊

☑平移、點選模型面、成形至某一面，下圖右。

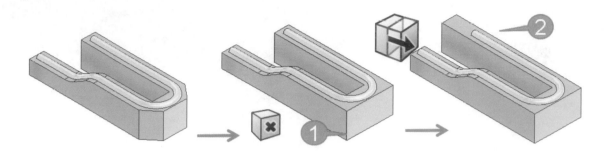

步驟 3 補模塊中間

平移、成形至某一面，更能體會保持顯示✈的重要性了吧。

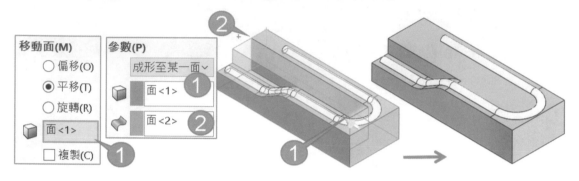

步驟 4 模塊增大

目前模塊離管子太近，分別將模塊 3 面增大平移=10。

步驟 5 自行完成上模處理

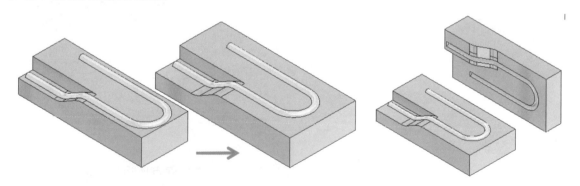

68-5 進階處理手法

進階說明 1. 模型前置作業（簡化模型）、2. 手工製作分模面、3. 公母模曲面殼、4. 模塊處理。

68-5-1 簡化模型

將外部細節利用🎨的**刪除修補**將模型細節簡化,分別完成:1. 上方圓角、2. 前方圓角、3. 前方下側圓角、4. 側邊美工線、5. 下方握把。

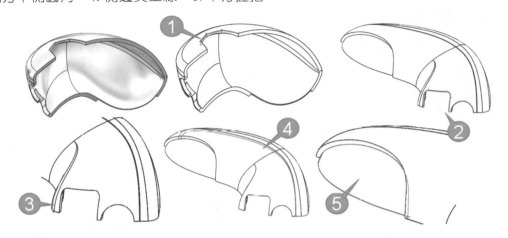

68-5-2 分模面 🎨

直接做分模面,因為分模線不容易完成。相切於曲面=20,共 19 條線曲面距離無法過多,下圖左。

68-5-3 左模曲面殼 🎨、右模曲面殼

在模型面上右鍵→選擇相切,共 6 面。自行完成,共 20 面。

68-5-4 模具分割

依分模面內部以直線繪製封閉草圖。

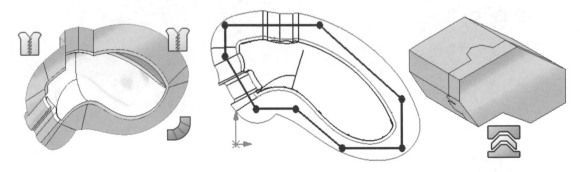

68-5-5 模具展示

先將模具分離比較好作業,也順便完成展示,下圖左。

68-5-6 補模塊導角面

分別利用◉補模塊導角面，完成後能看出大部分模為方體。

68-5-7 平移模塊

同時點選 2 模塊的模型面平移 50，會發現模塊超出矩型很多，算是補正，下圖右。

步驟 1 移動面◉，☑平移

步驟 2 點選 2 斜面

步驟 3 方向參考＋距離

點選左邊開口直線，距離=50。

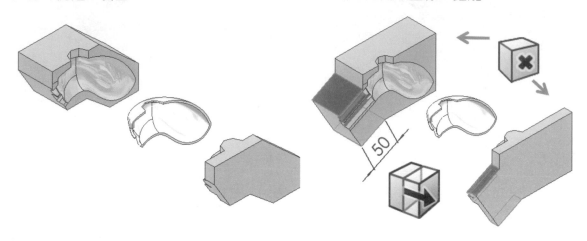

68-5-8 整型

草圖定義要的模塊大小，進行除料作業，也可事後增大，下圖左。

步驟 1 繪製草圖

在模塊上繪製草圖並定義尺寸。

步驟 2 ◉

反轉材料邊、完全貫穿。

68-5-9 增大

自行完成增大模塊 20，下圖右。

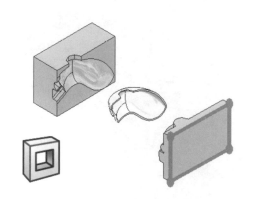
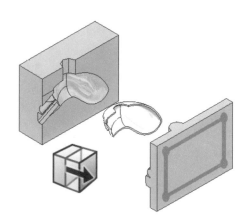

69

曲面原理

將投影片內容以文字說明：1. 曲面（Surface）原理、2. 製作手法、3. 學習方向、4. 曲面設計探討、5. 曲面品質與檢查實務，為課程注入準備。

A 內建模組

曲面為標準版（Standard）內建模組，1997 年達梭併購 SolidWorks，將 CATIA 曲面移植 SolidWorks，經多年演進 SolidWorks 曲面操作簡便且功能強大。

B 曲面學習

曲面經常為實體建模的搭配，並提供建模另一個考量甚至成為建模解決方案，曲面要配合理論支撐，才有辦法學起來。曲面指令很多類似，必須了解指令特性克服，對初學者來說一開始不知差異性、我們希望有些指令能合併。

C 曲面特性

1. 零厚度幾何、2. 曲面建模比實體靈活、3. 建構方式顛覆想像，可說是魔術。曲面是顯學，別人看你感覺就不一樣，甚至高於熔接、鈑金、模具，這是普世觀感。

69-0 天高地厚

分 3 階段學習曲面和曲面極限，要 2-3 遍才看得懂，因為要適應和理解指令特性，好處是不會有久了沒用而忘了操作，這就是邏輯。

69-0-1 第 1 階段 曲面原理

認識曲面原理、曲面工具列每個指令。

69-0-2 第 2 階段 指令特性

很多指令很像，例如：填補曲面❖或邊界曲面❖，用指令非他不可的特性來理解。

69-0-3 第 3 階段 指令實務

實務解說製作方式，會發現原來如此。

69-0-4 任督二脈

學通曲面有 2 項：1. 指令（修剪❖和邊界曲面❖）、2. 模型庫，拿來參考畫法。

69-0-5 曲面效益

- 曲面為高階普世價值，可為你帶來思路變靈活，重點在邏輯判斷。

- 認識曲面原理，多了學習方向，學會曲面操作 80%以上。

- 多了建模思考方向，突破傳統特徵功能限制、加強建模能力。

- 破除畫不出來的模型必須由曲面完成。

- 實體建構無法滿足時，由曲面輔助達到模型設計需求。

- 破除曲面一定很難或很高階印象。

69-1 曲面原理

業界把曲面當 Know How，就像魔術一樣看穿就不值錢，好不容易 Try 出來的造型就是那**一點訣**。本節說明曲面觀念，協助大家突破對曲面的認知。

69-1-1 如何取得曲面

很多人不知內建曲面，就算知道也沒用，多半沒基礎擔心畫不出來，不敢嘗試而自信心不足，終究以實體完成，因為實體比較可以掌握。

曲面 2 個地方取得：1. 工具列標籤上右鍵➜曲面、2. 插入➜曲面，下圖左。

69-1-2 特徵對照

　　曲面是零件下的多本體技術，由對照表得知，指令用法和基本特徵一樣，有些是兄弟指令，對照下來只有 8 個指令不會，下圖右。

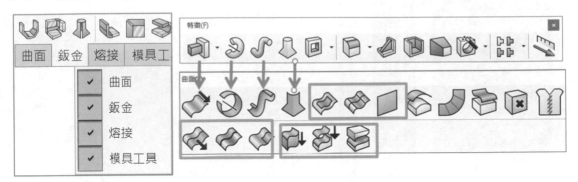

69-1-3 曲面沒厚度 ≠ 0

　　曲面沒厚度，日常生活不可見屬於電腦圖形，沒有體積無法算質量。

69-1-4 外觀和造型

　　一想到曲面就是外觀和造型，外觀=整體，造型=部分，下圖左，曲面就像是魔術，通常不太給人家看特徵如何建構，下圖右。

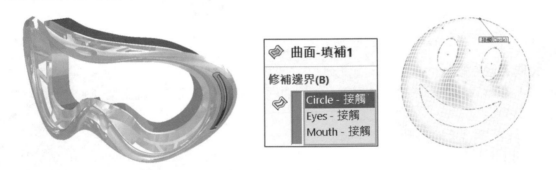

69-1-5 避免 2D 矛盾現象

初學很容易看到什麼就畫什麼，照著模型輪廓畫出 2D 投影線和標尺寸。但照著 3 視圖逆向畫 3D 會發生尺寸或線條矛盾現象，因為 3D 模型的線條為連續性。

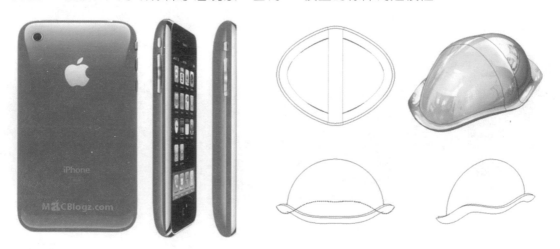

69-1-6 實體為主，曲面為輔

曲面不是實體所以很多指令不能用，例如：重量、導角、肋、干涉檢查、鑽孔對正...等，工程圖的區域深度剖視圖也不行。

69-1-7 進階實體特徵

進階實體特徵 4 大天王：1. 變形、2. 凹陷、3. 彎曲、4. 自由型態，由圖看出指令推擠、扭轉成形，不是看到什麼畫什麼，曲面建模不一定只有曲面工具列。

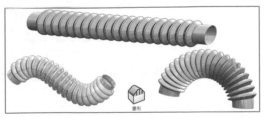 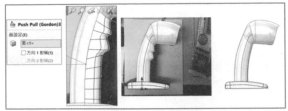

69-1-8 模型轉檔處理

　　曲面和常聽到模型會發生破面，需要曲面指令來補，下圖左。不要給對方太明確特徵結構，要了保護機密性會用曲面破壞，甚至破到會讓對方放棄逆向，下圖右。

 原點
 輸入1
 輸入2
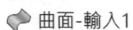 曲面-輸入1

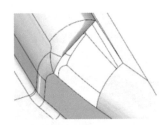 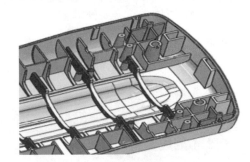

69-1-9 曲面成為實體驗證可製造性

　　產生實體驗證可製造性，常利用以下幾種指令：1. 加厚🦴、2. 縫織曲面🎁、3. 填補曲面◈。若無法產生厚度或實心體，要回過頭修改曲面，避免成為藝術品。

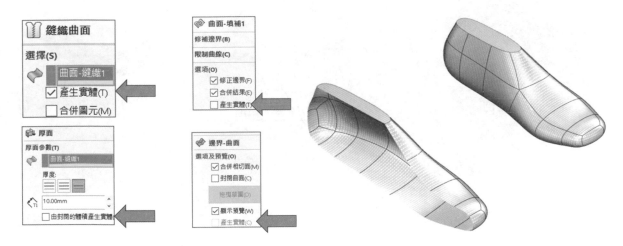

69-2 曲面製作方式

曲面比其他天王還要多術語、更多的建模邏輯，這些建模邏輯先前沒遇過，這些邏輯皆通用加強對曲面認知。

69-2-1 曲面絕招：曲面製作五部曲

這是曲面最常用手法，核心在相交曲面，會了就接近打通任督一脈。仔細看只有前 4 項和曲面有關，最後是實體建模。

步驟 1 創造曲面 ✏

從無到有。

步驟 2 相交曲面 ✏

重點來了，製作參考曲面產生重疊，讓接下來的特徵計算。

步驟 3 修剪曲面 ✏

使用率極高，就是除料作業或布林運算交集。

步驟 4 形成實體

曲面最終目的就是形成實體，方便進行後續作業。

步驟 5 模型後處理

進行導角，薄殼...等。

1. 創造曲面

2. 相交(參考)曲面

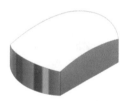

3. 修剪曲面

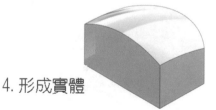

4. 形成實體

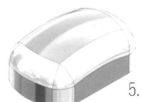

5. 編輯(模型後處理)

69-2-2 曲面輔助

有些造型非得靠曲面鋪陳，否則無法做出來，例如：第 1 特徵沒有外圍 3 曲面當輔助，無法完成這樣的飽和度。

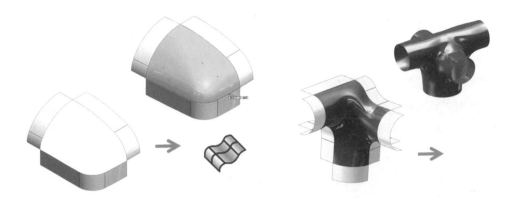

69-2-3 曲面靈活度-投影法

　　花瓶比較難的是上方浪花，不可能用 3D 草圖直接畫，因為沒有相對位置。先製作上弧面，由下方平面花浪草圖投影到弧面，就完成 3D 曲線花邊，利用草圖平面投影最穩定。

69-2-4 曲面過程

　　很多特徵沒有專門指令就要靠曲面配合，例如：利用相交曲線產生花瓶表面的螺旋線，接下來大家都會的 4. ✐ ➜ 5. 複製排列 ❖。

| 1. 螺旋曲線 | 2. 相交曲線 | 3. 掃出路徑 | 4. 完成掃出 | 5. 複製排列 |

69-2-5 增加建模靈活度

實體建模比較單純，曲面有很多活性思維，例如：管件通常為掃出或旋轉建模，竟然可以利用⬛+⬛。時鐘數字應該是⬛吧，有沒有想過用⬛。

當你會曲面，就擁有上述的思考模式並以簡單就是王道思考。

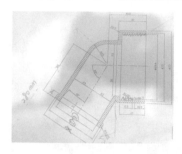

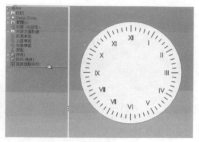

69-2-6 曲面是普世價值

曲面對鈑金、複雜模型、工程圖、大型組件，第1眼看的一定是曲面。手機、平板、螢幕、你看的是哪個廠牌，掌握社會觀感，你會曲面就得到別人對你的觀感。

曲面是普世價值，會發現很多專業感受和曲面比起來會矮上一節，無法扭轉這現象。

曲面-伸長、平坦曲面

曲面-伸長（Extrued Surface），觀念與做法和相同，例如：草圖直線、矩形、圓、曲線...等→產生曲面。

A 由指令訊息得知

產生一個伸長曲面。訊息應該為：由草圖產生曲面，下圖左。常用在基礎打底、建構簡單曲面，特別項目：1. 頂端加蓋、2. 刪除原始面、3. 縫織結果，下圖右。

70-1 曲面伸長與刪除原始面

將所選面伸長並刪除原始面，指令過程中會遇到隱藏版項目。

步驟 1 選曲面→。

步驟 2 伸長方向

直接曲面或 3D 草圖的成形，必須指定平面讓系統以垂直於的方向成形。

步驟 3 刪除原始面

是否刪除所點選的成形參考面，就不必事後使用刪除面。

步驟 4 縫織結果（合併結果）

是否將產生的曲面本體合併，本節設定與合併結果相同。

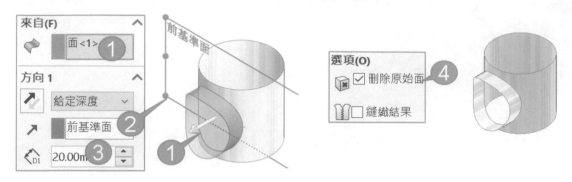

70-2 平坦曲面（Planar Surface）

利用草圖或模型邊線產生平面。剛開始學習很常沒想到用他，多半用**填補曲面**進行，這樣就大材小用了。

A 由指令訊息得知

使用非相交草圖或一組邊線....，所有邊線必須在相同的平面上。

B 穩定度

指令蠻陽春的，最大好處特徵資料量小，希望未來有**合併曲面**功能，可省去事後。

C 輔助曲面

常用在曲面建構過程的輔助性質。常問同學，如何製作平面，很多人沒想到可以這樣。

70-2-1 封閉草圖

特徵管理員點選草圖或點選繪圖區域其中 1 條邊線完成 1 片面，下圖右。

平坦曲面
使用非相交草圖或一組封閉邊線，或多個共平面的分模線來產生平坦的曲面。所有邊線必須位在相同的平面上。

70-2-2 模型邊線

直接在模型上完成▱：在模型邊上右鍵➔選擇開放迴圈，得到 6 邊線。

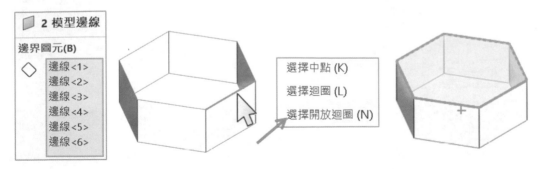

70-2-3 練習：U 形槽

學會邊線對應和封閉區域觀念，提升建構靈活性。將 U 槽用封閉形成蓋子。

步驟 1 前面

選擇前面 U 形 3 邊線，無法完成平坦曲面，因為沒封閉，下圖 A。不過點選左右 2 條邊線（屬於光柵），沒想到可以完成，下圖 B。

步驟 2 上面

選擇上方 2 條線形成封閉，下圖 C。換句話說不需畫矩形，下圖 D。

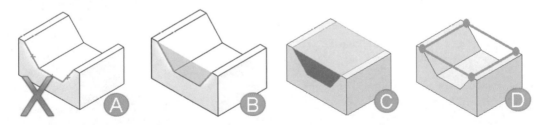

70-2-4 引擎破面修復

前方有類似月形破面，點選 2 邊線完成破面修復，下圖左（箭頭所示）。沒想到看起來這麼專業的模型，這麼簡單修復成功。

A 曲面無法使用

先前強調▱無法建立曲面，由此可見對指令認知會更強烈，下圖右。

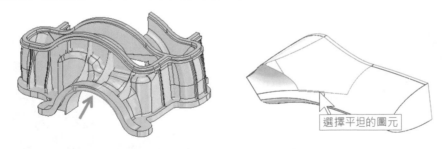

選擇平坦的圖元

筆記頁

縫織曲面

縫織曲面（Knit Surface）🧵，將多個相鄰曲面合併成單一本體，類似合併結果，甚至可以產生實體。

A 由指令訊息得知

將兩個或多個相鄰但非相交曲面合併，重點：相鄰、非相交。

B 單一本體

很多指令僅支援 1 個本體，若指令可以選擇多本體就不必使用🧵，可以少 1 個步驟。

縫織曲面
將兩或多個相鄰、但非相交的曲面合併

71-1 選擇

點選多個要縫織的曲面進行合併，或點選面進行複製。

A 多曲面縫製為單一曲面

展開曲面本體資料夾（Surface Bodies）🗁，可見獨立曲面本體，點選曲面本體繪圖區域會亮顯位置。1. Ctrl＋A→2. ↵，將多曲面合併為單一曲面，由🗁可見單一曲面。

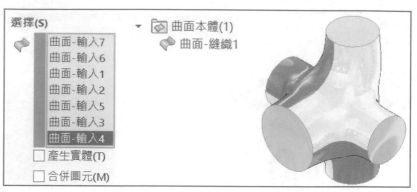

B 無法縫織：曲面連續

曲面之間要連續，否則無法縫織，例如：1+2 不連續就無法被縫織。

71-1-1 產成實體

曲面合併過程順便形成實體，曲面轉實體必須要縫織為單一曲面，完成後有 2 種方式確認是否成功。

1. 實體資料夾確認單一實體◎、2. 利用🔲確認曲面是否被填實，🔲常用在很難由資料夾判斷哪些模型為實體、哪些為曲面。

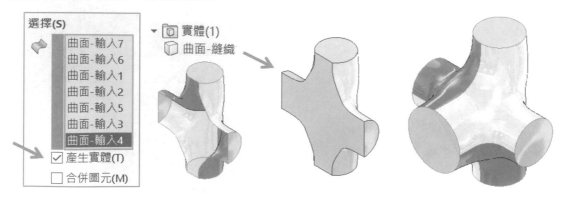

71-2 縫隙控制（Gap Control）

2 邊線距離超過公差時被視為開放。在縫隙控制欄位中，可以根據所產生的縫隙來修改公差，以改進曲面連接的品質。

71-2-1 縫織公差（控制縫織/開放）

根據縫隙大小調整縫織公差（範圍 0.001～0.0875mm）提高縫織品質，根據下方結果調整演算法，調整過程下方清單有變化：大於 0.0085＝縫織 ，小於 0.0085 為開放 。

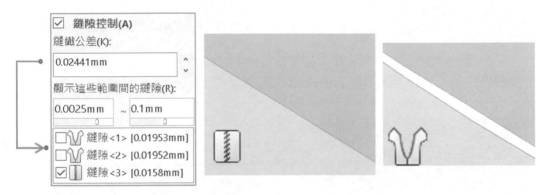

71-3 縫織實務

指令中有很多經驗取得的技術，因為 並沒有完整說明可以如此，除非 1. 無意間發現、2. 指令之間的比較、3. 互相交流才可以得知原來可以這樣。

71-3-1 引擎破面產生實體

將先前做過的引擎破面， 補好後→ ，引擎為實體了，下圖左。更能體會 有內建☑合併曲面和☑產生實體，就可以少 1 個指令與步驟。

71-3-2 滑鼠殼產生實體

體會要完全封閉曲面才可以填充為實體，1. 下方用 補起來後→2. →3. ☑產生實體，下圖右。

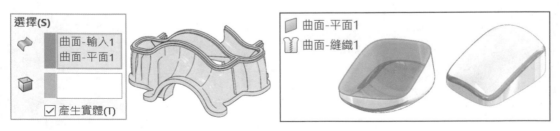

筆記頁

修剪曲面

修剪曲面（Trim Surface）◈就是曲面除料，如同◻一樣使用率很高，本章感覺開始進入曲面課題。◈不支援實體切除，◈原理和◻很像，◈用在曲面、◻用在實體。

A 由指令訊息得知

在曲面與另一曲面或草圖相交處修剪曲面，下圖左。

B ◈◈指令圖示很像

很多人選錯指令，黃色基底、橙色產生，只要面對一下就不會看錯了。

C 兄弟指令◻與◈

◻僅支援實體，曲面無法使用◻（灰階），由◻訊息得知：切除實體模型，下圖左。

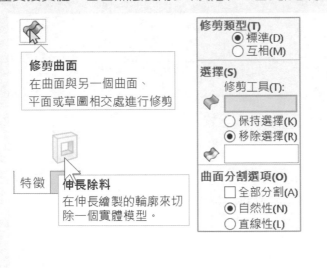

72-1 標準（Standard）

指令一開始要決定何種作業：1. 標準或 2. 互相。**標準**使用率最高，修剪參考：曲面、草圖圖元、曲線、基準面…等。

72-1-1 圓切除

使用草圖圓在曲面挖洞，就像使用◎的想法相同。

步驟 1 修剪類型：標準

步驟 2 修剪工具

點選草圖圓做為修剪參考。

步驟 3 ☑移除選擇（移除=修剪）

游標移到模型面上可見被分割的圓輪廓，點選面就會被刪除，更能體驗分割作業。

步驟 4 查看結果

可見到曲面上有洞。試想，點選草圖圓→◎不讓你用對吧，換句話說◈沒有深度。

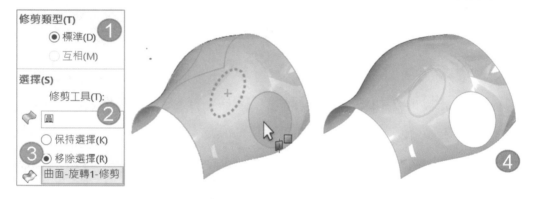

72-2 互相（Mutual）

使用 2 個或多個重疊曲面作為相互修剪計算。

72-2-1 波浪面切除

使用波浪曲面做為參考，將曲面切割為波浪狀。

步驟 1 修剪類型：互相

2 個以上的相交曲面進行計算。

步驟 2 選擇曲面

點選 2 相交的曲面。

步驟 3 ☑ 移除選擇

點選面會被刪除，點選波浪右邊曲面。

步驟 4 查看結果

曲面被切成波浪狀，但波浪曲面還在。因為參考曲面不能完全被移除，希望以後可以。

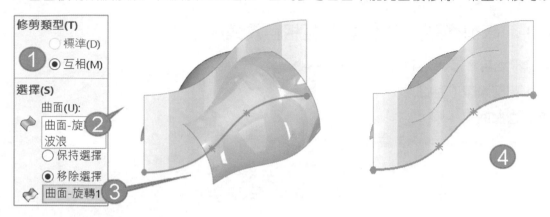

步驟 5 隱藏本體

點選波浪曲面→將曲面隱藏或刪除本體，來個眼不見為淨。

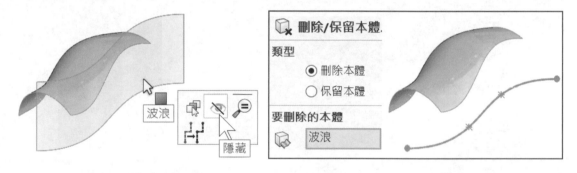

72-2-2 練習：修剪後圓角

自行練習雙曲面修剪，並導 R10 圓角。

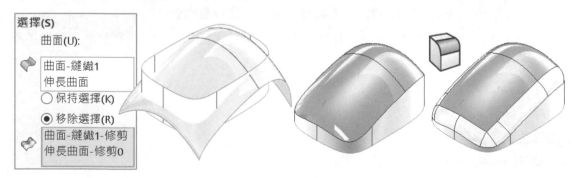

72-3 實務演練-煙囪

深度學會➡順序性，修剪後將模型**封閉形成實體**，會得到**先修再補**的技術，例如：先將多餘曲面修剪➡修補，畢竟相交曲面很礙眼。

72-3-1 修剪類型：了解標準/互相差異與限制

標準要用 2 個➡，**互相只要** 1 個➡。

步驟 1 **修剪類型：互相**

步驟 2 **選擇曲面**

點選 2 相交的曲面，系統算出 2 面可供切割範圍。

步驟 3 **移除選擇**

點選不要的 2 面，讓曲面形成空殼，這樣是否比較直覺。

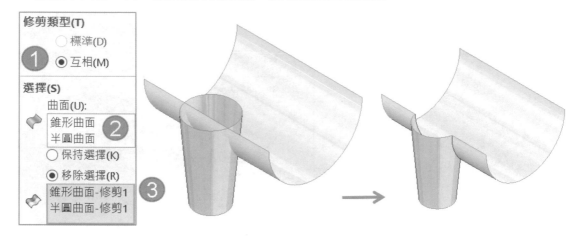

72-3-2 面製作

說明圓弧與開放邊線關係。圓弧未封閉無法使用🔲，必須製作圓弧的封閉線段，用點選的方式不斷增加上方平面比較容易，算應付做法，缺點會有零碎面。

模型轉檔或設計變更，容易造成模型不穩定、曲面品質不佳。業界常討論如何把零碎面消除或不要面上多餘線段。

步驟 1 **上方面** 🔲

點選模型 2 邊線，完成第 1 面。

步驟 2 **上方面** 🔲

有了曲面邊線，就能完成第 2 面。

步驟 3 **上方面** 🔲

完成第 3 面，下圖左。

步驟 4 圓弧＋煙囪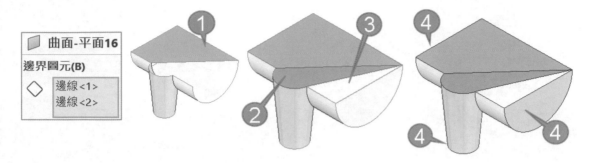

同時完成圓弧 2 面＋下方煙囪，下圖右（箭頭所示）。

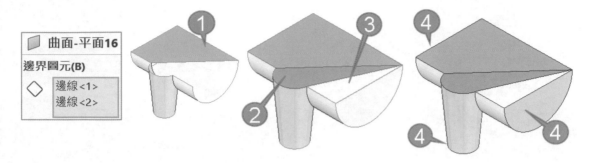

72-3-3 形成實體

使用 🖑，1. 框選將 5 個面選起縫織→2. ☑產生實體→3. ↵，可以驗證是否將所有曲面本體選到或沒被封閉，下圖左。

72-3-4 補充：上面-完整面

說明完整面做法，正規比較麻煩、嚴謹，要做到正規與應付都會=專業，下圖右。

步驟 1 製作半圓邊界

上基準面繪製矩形，矩形和模型有限制條件。

步驟 2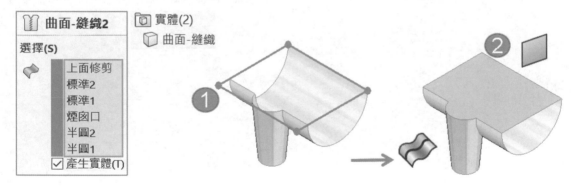

這裡更能體會用封閉草圖成為指令條件，而非點選模型邊界這麼容易完成指令。

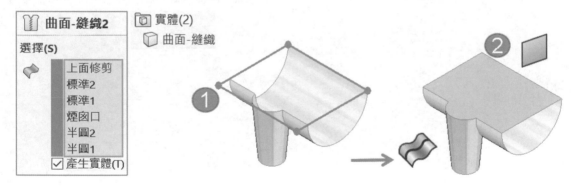

筆記頁

邊界曲面

邊界曲面（Boundary-Surface）❖，最大特色可以進行單方向或 2 方向成形，可產生高品質且精確的曲面。

A 🔔進階版

❖和🔔操作和觀念一樣，比🔔更高品質且功能又多，又稱🔔進階版。

B 由指令訊息得知

在 2 方向輪廓間產生邊界曲面，下圖左。

C 兄弟指令

❖和**填補曲面**❖是兄弟指令，希望將 2 指令合併，提升易用性。

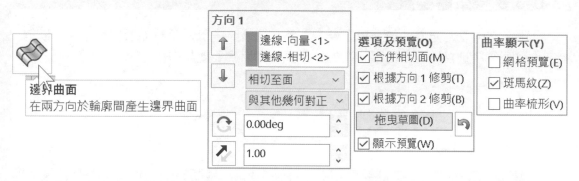

73-0 先睹為快：邊界曲面

說明 2 條草圖邊線、網格預覽...等，絕大部分和🔔相同，學習起來比較輕鬆。

73-0-1 方向 1、方向 2

點選過程讓綠色對應點成形位置相同，由小方塊色彩可判斷所選線為方向 1 或方向 2。☑顯示預覽，即時看出成形狀態。

步驟 1 方向 1（紅色，又稱輪廓）

由左到右點選水平 2 草圖邊線，看到面成形就有成就感。

步驟 2 點選方向 2 欄位（紫色，又稱導引曲線）

由前到後點選垂直 2 草圖邊線，類似🥤的**導引曲線**。

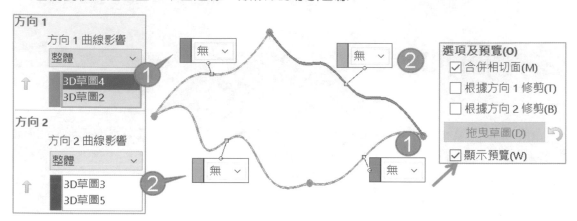

73-0-2 網格預覽

調整密度體產生面分佈（起伏），更有成就感，**網格預覽**要配合☑**顯示預覽**，下圖左。指令過程黃色預覽不清楚，很難看出曲面是否成功，看到網格心中踏實剩下就是細節。

73-0-3 3 條草圖邊線

分別在**方向 1** 和**方向 2** 加選第 3 條中間線，體會點選草圖手感並看出變化。中間線是需求，用來更精細控制曲面位置，例如：希望中間高度要隆起。

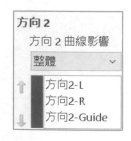
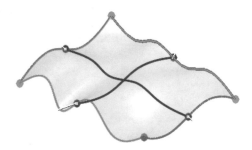

73-0-4 🥤是🥤的進階版

🥤僅支援 1 個方向，🥤可以 2 個方向，所以🥤是🥤進階版，下圖右。

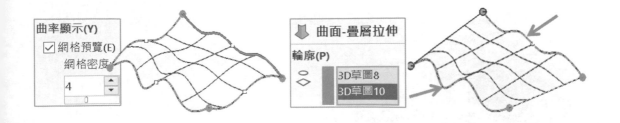

73-1 曲線影響（**Curve influence**）

　　本節說明 2 大類：1. 曲線清單、2. 曲面影響（適用 2 方向）。由於介面設計不恰當，應該 1. 先點選條件→2. 再切換模型影響，所以本節自行將介面位置調整說明。

73-1-1 曲線清單

　　由清單看出點選項目與點選的輪廓順序，可用：模型邊線、草圖、曲面作為條件。

A 模型邊線

　　點選 2 模型邊線成為指令條件，不需要額外產生 2 個草圖。

B 曲面或模型面之間

　　點選 2 曲面或 2 模型面進行連接。

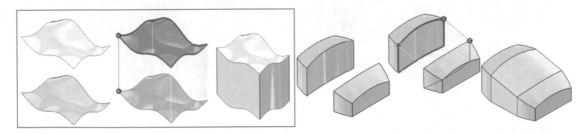

C 右鍵選擇：反轉連接點（Flip Connector）

　　點選有方位順序，例如：集中往左點選，不要一左一右。萬一得到交錯連接，右鍵→反轉連接點，就不必拖曳綠色**對應點**。

本節點選模型邊線將**連接點（粉紅）**與**對應點（綠色）**對調，若點選模型面就無法將對應點對調，更能體會對應點的意涵。

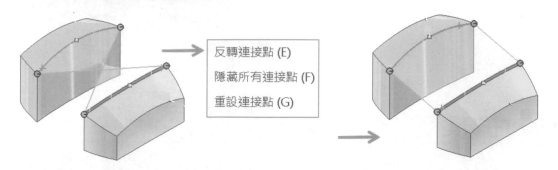

反轉連接點 (E)

隱藏所有連接點 (F)

重設連接點 (G)

73-2 相切類型（Tangent Type）

清單切換 2 曲面之間相切以上的連續品質，本節單元看起來很多，本節和 🖱起始/終止限制說明相同，不贅述，下圖左。

A 曲線清單

選其中 1 條曲線→定義相切類型，並於上方曲線清單標示定義的類型，例如：邊線 1-向量、邊線 2-相切。

B 對正（適用單一方向）

相切類型與對正搭配，相切類型不同對正也會不同，這部分會衍生多種組合。只有單一方向才可以使用，例如：方向 1 點選 2 邊線成形。

C 第 2 特徵

要有豐富的相切類型，適用第 2 特徵，讓第 2 特徵與第 1 模型產生面的連續，否則只有 1. 無、2. 方向向量，下圖右。

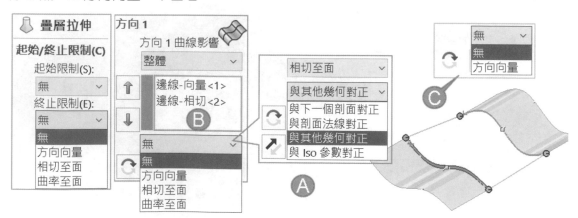

73-2-1 相切類型環境

說明 1. 小方塊切換相切類型、2. 為何有時會見到相切類型項目的多寡。

A 方向 1：2 模型邊線

點選模型前後 2 邊線，產生的第 2 曲面可控制類型很多，因為面的連續。

B 方向 2：類似導引曲線

點選左右 2 草圖，會發現控制類型有限，因為草圖旁邊沒有曲面可供連續參考。

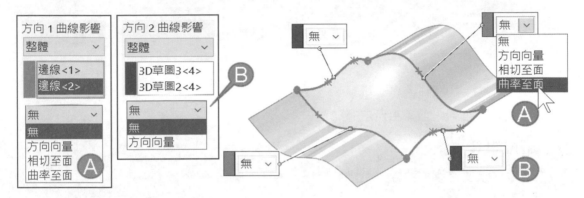

C 方向 2：相切類型增多

左邊的草圖加入相切限制，就能增加相切類型項目。

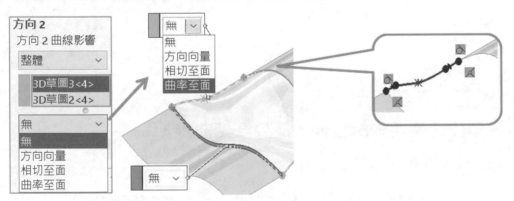

73-2-2 進階選擇：中心線、導引曲線

本節說明 2 種常見的認知盲點，完成以後會有另一種意境。

A 方向 2：中心線

方向 2 點選中間的路徑，雖然只有 1 個草圖也是可以的，就能體會指令的彈性。

B 方向 2：導引曲線

這是 iPhone 手機邊緣曲面，點選過程有另一種體驗。

- 方向1：點選上下邊線，類似輪廓。

- 方向2：左右邊線，類似導引曲線，下圖右。

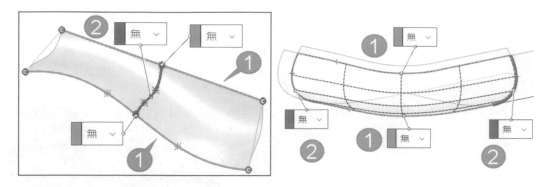

C 掃出 〰

理論上應該可以，但掃出無法完成。

D 疊層拉伸 〰

中間線必須要為導引曲線，否則結果怪怪的，下圖右。

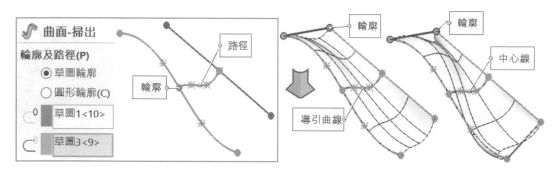

73-2-3 預設（適用疊層拉伸，最少3條曲線）

本節使用〰才看得出1.無和2.預設曲面有些微變化。

73-2-4 垂直於輪廓（Normal to Profile，適用封閉輪廓）

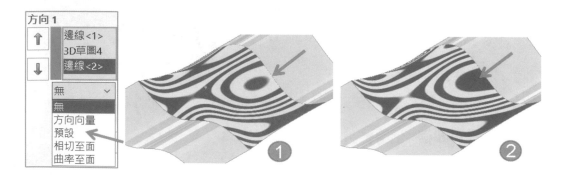

將上下 2 封閉輪廓 A. **側邊弧相切**+B. **輪廓垂直**。

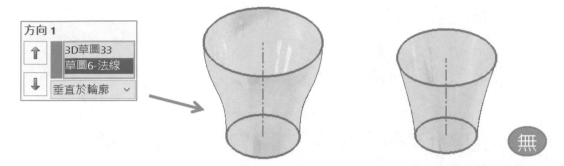

73-2-5 相切至面（Tangency to Face，G1 品質）

目前曲面與另一模型面相切，讓曲面比較順暢，適用第 2 特徵並進行對正項目。

對正清單切換 4 種類型，定義邊界曲面的網格與所選邊線對正的關係，搭配**網格**和**斑馬紋**效果更好。

1.邊界曲面特徵

網格顯示邊界曲面的 iso 參數。

2.開始曲面、結束曲面

邊界曲面與曲面的對正，本節特別在這 2 曲面加上網格線來對照。

3.所選曲線

將右邊線定義**相切至面**。

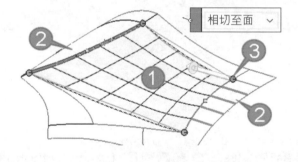

A 對正：與下一個剖面對正（Align with next section，預設）

1. 邊界曲面 iso 參數（網格）與 2. 開始及結束曲面的 iso 參數對正。

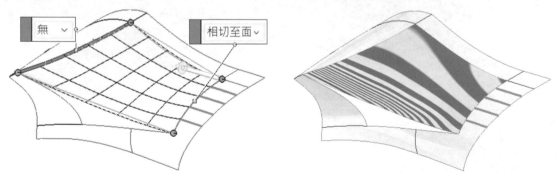

B 對正：與剖面法線對正（Align with section Normal）

邊界曲面 iso 參數垂直對正所選曲線，類似方向向量（標示 1），最大變化（標示 2）。

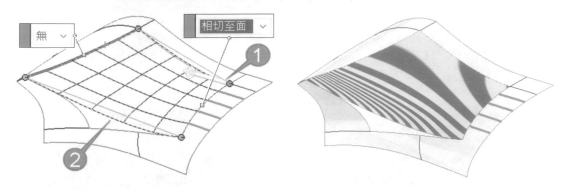

C 對正：與其他幾何對正（Align with other geometry）

將邊界曲面 iso 參數與所選曲線結束點對正，本節和上節很像，斑馬紋比較看得出差異，開始覺得對正的項目都很類似，不容易區分。

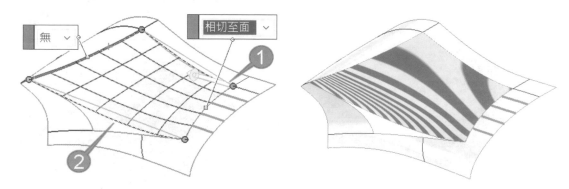

D 對正：與 ISO 參數對正（Align with iso parameter）

邊界曲面 iso 參數與開始曲面的 iso 參數相符，最大差別左下角邊線（箭頭所示）。

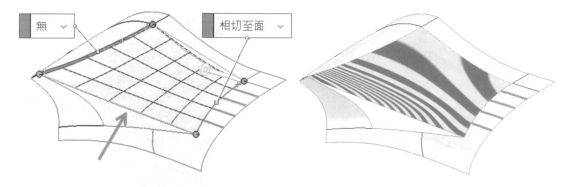

73-2-6 曲率至面（Curface to Face）

使相鄰面達到 G2 曲面連續品質，由▧比較看得出 1. **相切至面**或 2. **曲率至面**差異。

△ 相切影響%

延伸曲線影響到下一條曲線，較高的值會延伸相切距離。常用在圓角，適用**整體**或至下**一個尖處**，且兩個方向成形時可用。

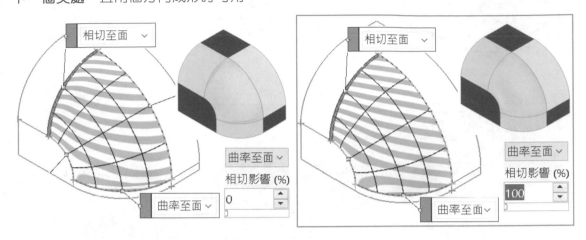

73-2-7 全部套用（適用單一方向）

是否將相切長度控制統一。

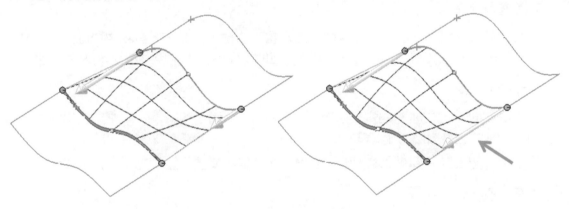

73-3 選項及預覽

定義邊界曲面的進階設定，有很多是隱藏版項目，要條件滿足才會出現，這部分就很難為工程師了，本節不說明**顯示預覽**。

73-3-1 合併相切面（Merge Tangent face）

輪廓具有相切線段時，完成特徵後是否要合併相切面。

73-4 靈活思考

本節說明 ⬩ 靈活處與曲面邏輯，可以套用到絕大部分的曲面。有些是意想不到的靈活作業，會偏頭並思考好像也對。

73-4-1 雙曲面成形

1. 前基準面的弧＋2. 右基準面的弧，相交形成雙曲面弧，是常見曲面技術，只有 ⬩ 特徵允許相交草圖，更證明曲面比實體靈活。

A 伸長曲面 ⬩

由底座草圖執行 ⬩，方向 1 深度超過上方相交曲線，下圖左。實務中曲面過程尺寸不拘，讓建模速度加快也是靈活度之一，例如：曲面只要超過邊界，並由其他特徵定型。

B 邊界曲面 ⬩

分別於方向 1、方向 2 點選 1 弧草圖線，完成雙曲面，下圖中。常忘記點選方向 2 欄位啟用，造成方向 1 加入 2 個草圖。

沒想到 1 個方向只要 1 曲線對吧，要讓這 2 曲線不交錯，游標點選位置很重要。

C 修剪曲面 ⬩

透過**移除選擇**將額外面刪除，由預覽看出最適合的移除選擇，下圖右。

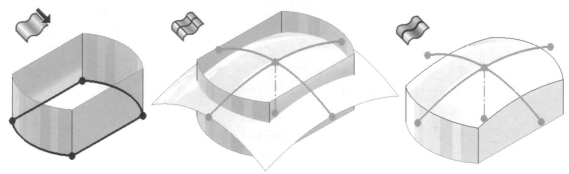

D 曲面圓角 R10

將上曲面＋4 邊導角 R10，證明曲面可以導圓角。

E 底部封閉

將底部封閉，在模型邊線上右鍵→選擇相切，共 8 條線。

F 產生實體

自行完成，將 2 曲面縫織並產生實體，更能體會擁有縫織和產生實體該有多好。

73-4-2 補圓角

模型共 4 角破面，分別完成不同方向圓角修補，過程有些會利用 Selection Manager 協助方向 1 來選擇邊線群組。補圓角模擬補破面手法，先點選比較容易選的邊線。

A 左到右、上到下

步驟 1 方向 1

左到右，先點選比較好選的模型邊線，下圖左。

步驟 2 方向 2

由上到下的圓角修補，用 SM 選擇下方 2 邊線，下圖中。

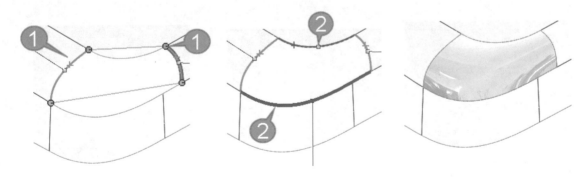

筆記頁

填補曲面

填補曲面（Fill Surface）📎將封閉的邊界完成填補也就補破面，使用率極高。指令點選上很容易成形，重點在曲面品質設定，更能體會**邊界曲面**📎=學習原理，📎=實際應用。

A 指令學習

選項交互變化很多元，進行豐富開啟會有反效果。實務不是把面補好就好，會連同曲面品質一起查看。

B 由指令訊息得知

由模型邊線、草圖、曲線的邊界內修補曲面，下圖右下。

C 邊界曲面📎和填補曲面📎是兄弟指令

這 2 指令差不多，學習上可以得心應手，也希望將 2 指令合併，提升易用性。

D 指令項目

1. 修補邊界、2. 限制曲線、3. 選項、4. 曲率顯示。

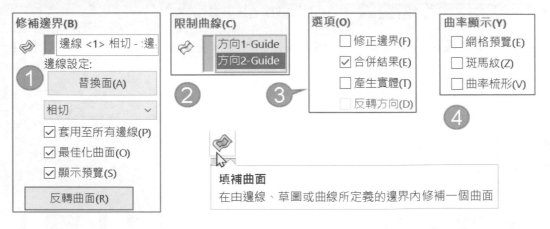

74-1 先睹為快：填補曲面

本節進行◈重點操作，選擇 4 條模型邊線或 4 個草圖皆可完成曲面，指令過程會依需求進行☑網格預覽、☑斑馬紋。

74-1-1 修補邊界（Path Boundary）

記錄所選邊線，在項目後方敘述連續性，例如：1. 草圖-接觸、2. 邊線-相切、3. 邊線-曲率。點選 4 條封閉邊線可見面補起來，由網格看出中間品質怪怪的，有皺褶。

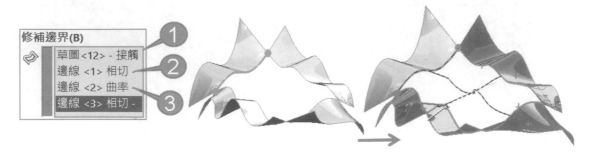

74-1-2 邊線設定：曲率控制

由清單切換面連續類型：1. 接觸（G0）、2. 相切（G1）、3. 曲率（G2），得到曲面連續性，預覽得知些微變化。2. 相切最常見，3. 曲率難度較高，波浪太多會做不出來。

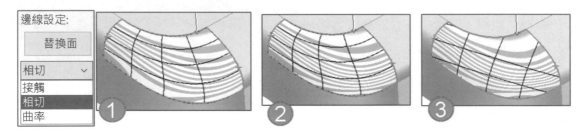

74-1-3 套用至所有邊線（Apply to all Edges）

將所有邊線套用相同曲率控制，減少單獨設定的時間，例如：邊線<1>相切，下圖左。

74-1-4 最佳化曲面（Optimize Surface）

提高曲面成形精度，由預覽網格得知，曲面溢出漏斗狀。要控制 2 個地方來平衡設定：1. 曲率控制、2. 最佳化曲面，不熟悉就亂壓看預覽是不是要的曲面。

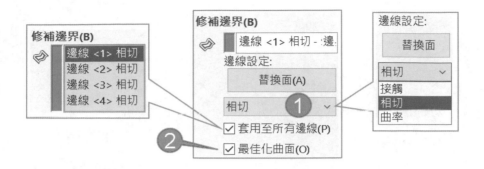

74-1-5 顯示預覽

判斷是否有成形,常遇到指令過程越來越慢,關閉可加快預覽速度。

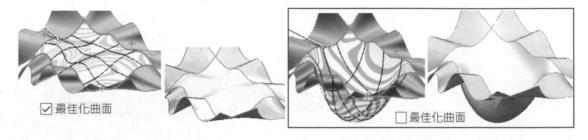

A 練習:破面修補

自行完成 6 條邊線的面修補。

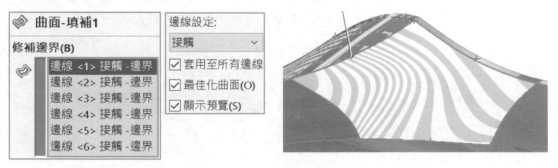

74-1-6 斑馬紋與曲率查看

洋芋片外觀看不出**最佳化曲面**差異,由斑馬紋和曲率▨可看出差別。

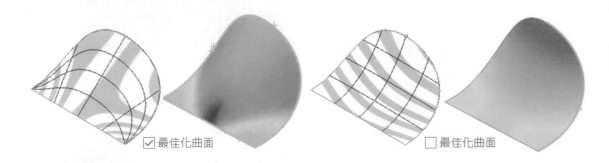

☑最佳化曲面　　　　　　　　　□最佳化曲面

74-1-7 限制曲線（Constraint Curve）

曲面加入控制線（類似支架），要求面中間大小或位置，可以來自草圖點或曲線，功能和◈方向 1 的第 3 條草圖相同，透過網格或◼查看**限制曲線**差異。

74-1-8 解析度控制（適用□最佳化曲面）

這是由 2 條模型邊界+2 條草圖，滑動桿改善曲面品質，由斑馬紋看出差異，此項目為隱藏版，希望未來不要這樣，免得不記得要怎樣的條件下才可以得到此控制。

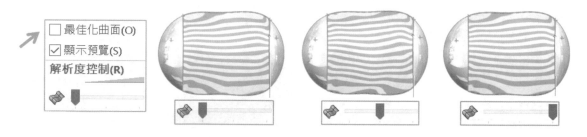

74-2 選項

說明**修正邊界**和合併結果，這部分算通識，比較特殊為**修正邊界**、合併結果、反轉方向，有些課題是一次面對與無法想像的。

74-2-1 修正邊界（Fix up boundary）

理論上開放區域無法使用◈，**修正邊界**可以將遺失片段模擬有效邊界，形成封閉迴圈，就不用人工將開放邊界建構草圖補起來，本節依序說明 3 個區塊面填補。

A 即時運算

☑**修剪邊界**如同☑**顯示預覽**，點選模型邊線過程會即時運算，點選越後面的邊線會越來越慢，建議先把邊界選完→☑**修剪邊界**。

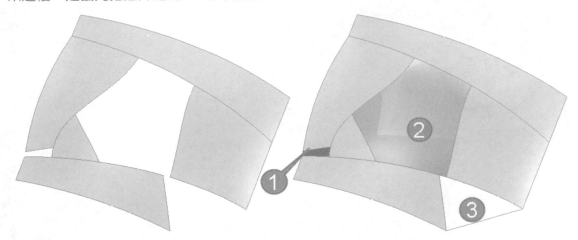

B 3 條邊線

點選 3 條模型邊線→☑**修正邊界**就可以了，下圖左。

C 多條邊線

只是邊線比較多，共 10 條線，☑**網格預覽**會比較容易看出是否成功，下圖右。

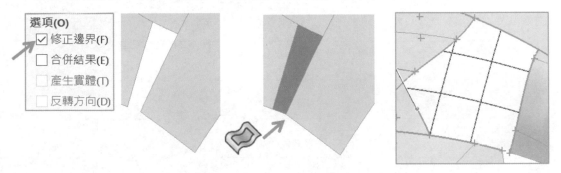

D 練習：補車門

這是開放車門，體會填補曲面修正邊界的威力。

筆記頁

75

加厚

加厚（Thicken），將曲面增加厚度形成實體，有些翻譯厚面、厚度。

A 由指令訊息得知

加厚 1 個或多個相鄰曲面，並產生實體特徵。換句話說，
必須在曲面本體進行加厚。

> **厚面**
> 加厚一個或多個相鄰的曲面
> 來產生一個實體特徵

B 加厚特性

常用來判斷模型可製造性，物體一定有厚度，甚至驗證最多可以長到多厚。加厚介
面類似，用在實體除料，用在曲面填料。

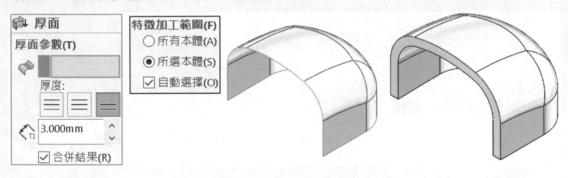

75-1 厚面參數（Thicken Parameter）

體驗加厚會發現和肋材、很像。

75-1-1 加厚的曲面與厚度

將肥皂盒加厚並設定體會加厚方向。

步驟 1 加厚的曲面

點選模型。

步驟 2 設定厚度方向與厚度

厚度=3 並查看厚度方向，可見預覽。

步驟 3 查看結果🗍

由斷面可見厚度心裡會比較踏實，下圖左。

步驟 4 曲面本體

原本的曲面本體經🗍以後會消失，這部分很像🗐，下圖右。

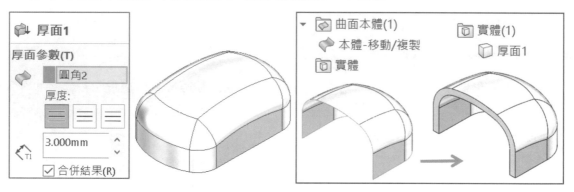

75-1-2 由封閉的體積產生實體

讓曲面封閉成為實體。要成為實體，曲面必須為封閉狀態並可見此隱藏版項目，例如：下方以🗐封閉。由封閉的體積產生實體，應該為由封閉的本體產生實體。

A 封閉曲面：▣VS◈

　　雖然也可用◈，這之間差在模型資料量，▣比較陽春、◈功能多資料量就大。

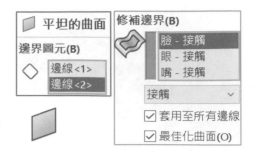

步驟 1 下面加蓋 ▣

　　在邊線上右鍵→選擇相切，共 8 條線，下圖左。會發現沒有☑合併本體，希望以後有。

步驟 2 單一曲面 ▦

　　將滑鼠蓋＋底部平面→▦，成為 1 個曲面，選擇曲面過程可以用框的。

步驟 3 產生實體 ◈

　　會發現隱藏版指令，☑**由封閉的體積產生實體**，就無法使用厚度，下圖右。

步驟 4 查看結果與討論

　　▦可以形成有厚度嗎？不可以，但可以☑**產生實體**。希望◈擁有☑**曲面縫織**，順便形成實體，就不必多 1 個▦特徵，也少 1 個步驟。

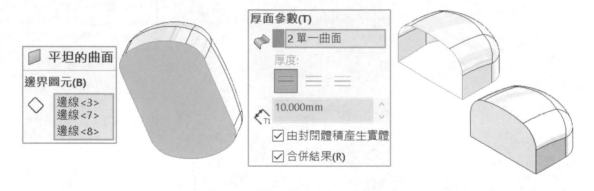

75-2 厚度驗證可製造性

　　厚度可用來驗證模型可製造性，利用面具說明無法加厚原因。

75-2-1 厚度驗證

　　面具向外偏移 10 可成形，內偏移發生錯誤。厚度與半徑有相對關係，例如：R10 最多偏移 10，10-10=0，偏移 20mm 會擠壓曲面，由鼻頭下方可見擠壓，模型無法製造。

75-2-2 厚度偏移參考-曲率 ◣

　　將游標放在面上，曲率半徑為偏移距離參考，例如：游標在鼻頭上得到曲率半徑：9.2，換句話說偏移最多到 9。

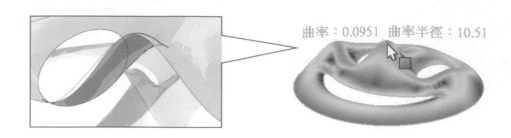

曲率：0.0951 曲率半徑：10.51

75-2-3 以面向量（垂直）產生厚度狀態

仔細看面具厚度邊緣是斜的，系統以面向量（垂直）產生厚度狀態。2020 新增功能，可指定成型方向加厚曲面，類似 🔲 的伸長方向，下圖右（箭頭所示）。

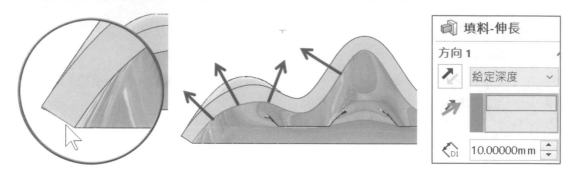

🇦 作法

點選上基準面作為面向量參考，可見厚度邊緣是平的。

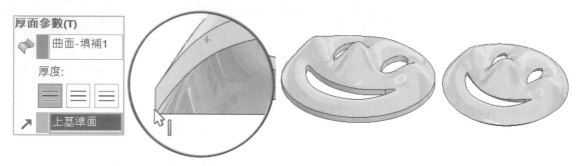

76

偏移／中間與加厚除料

將現有的模型面增加偏移◇、中間的曲面◈，並利用曲面本體來加厚並除料◈，本章開始體會指令訊息的重要性，並發覺 SW 訊息說明得相當貼切。

A 對照表

這些指令很像也有關聯性，本章合併說明比較不會亂：1. 偏移曲面◇、2. 加厚除料◈、3. 中間曲面◈，它們功能陽春也是輔助指令，希望可以合併。

	偏移曲面◇	加厚◈	加厚除料◈	曲面除料◈
指令特性	模型面皆可進行偏移	曲面本體進行加厚產生實體	由曲面本體加厚進行實體除料作業	使用任何面進行實體除料

76-1 偏移曲面（Offset）◇

偏移曲面又稱複製曲面◇，類似偏移圖元（產生新的圖元）。將所選模型面額外產生偏移的曲面本體，讓後續指令進行，例如：加厚除料◈比需使用曲面本體。

A 由指令訊息得知

可以在 1 個或多個面進行曲面偏移。應該說可以產生新偏移的曲面。

偏移曲面
使用一個或多個鄰接的面讓曲面偏移

B 驗證模型可靠度

常利用⬡確認模型可增加厚度的範圍，因為計算比較快，效率好，例如：面具偏移 10，使用🗐或⬡明顯感受到時間不同。

76-1-1 反轉方向

面具內側無法成形 10，證明⬡可用來驗證可製造性，下圖右。

76-2 加厚除料（**Thickened Cut**）🗐

以曲面本體為基準，在實體模型上除料。指令特性：1. 曲面本體、2. 僅支援實體除料。

A 由指令訊息得知

加厚 1 個或多個相鄰曲面，在實體模型上除料。換句話說，必須在曲面本體進行加厚除料，不能直接點選模型面進行加厚除料。要直接在模型面上除料，其實可以使用**移動面**🗐。

加厚除料
加厚一或多個相鄰的曲面來在實體模型上除料。

B 曲面本體的認知

普式觀感就是要很任性要在曲面上除料，但要有前置作業，例如：在模型面上製作⬡曲面作為除料參考，就是不行以模型面做為參考，希望未來不要這麼麻煩。

76-2-1 實務：加厚護具

以現有曲面外型，直覺完成分割握把，常見握把為矽膠材質，深刻體會指令特性與搭配順序。

本作業是由下而上設計，口訣：先除🗐→後填🗐。

A 產生握把區域

本節提供完成的草圖→使用**分割線**◎將握把區域產生出來。1. ☑投影→2. 點選草圖→3. 點選模型面→4. 完成指令後可見模型被分割 2 面，下圖左。

B 偏移曲面◎

他還不是曲面本體，利用◎點選剛切割的面，產生新曲面本體，下圖右。

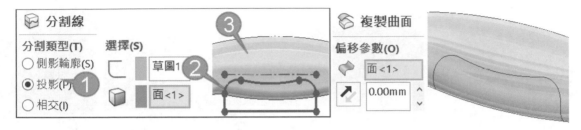

C 加厚除料◎

點選剛完成曲面本體，以本體方向除料 2mm，更能體會和◎一樣，差別在除料和填料，更能證明實體才可以除料厚度。

D 製作加厚護具

依觀念完成護具，這時要反過來想，用加厚方式完成。

步驟 1 ◎=0

點選被除料的面，偏移=0，產生新曲面本體。

步驟 2 ◎

厚度=2，□合併結果，否則護具不會出現。

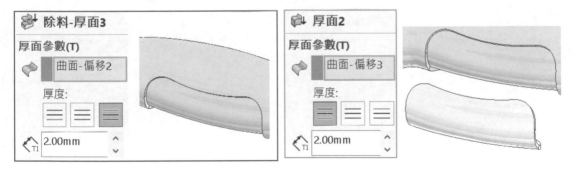

筆記頁

旋轉曲面與曲面除料

統一說明 2 種指令：1. 旋轉曲面（Revolved Surface）🕙、2. 曲面除料（Surface cut）📦，它們功能陽春，合併說明會比較多題型介紹。

77-1 旋轉曲面 🕙

🕙做法和🕙相同，已經有橢圓底座實體，利用🕙→📦完成雙曲面造型。旋轉在曲面有很強的特性，可以完成雙曲面：1. 中心線一定是圓弧、2. 草圖輪廓也可以為圓弧。

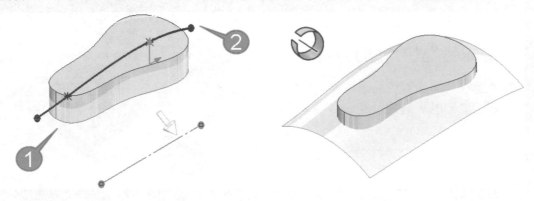

77-1-1 旋轉角度

曲面參考要大於除料本體，兩側對稱=60（夠用就好）。角度不要 360 度，模型太小會浪費時間💧，滑鼠中鍵 1 格捲動=0.25 秒。

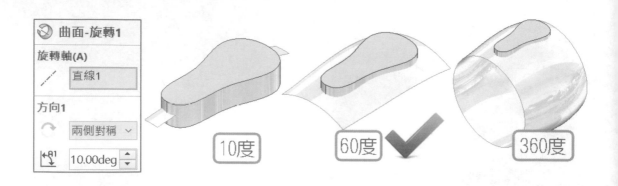

77-2 曲面除料

利用面進行完全貫穿除料，由此可知 曲面 也是不須草圖的特徵， 曲面 應該稱為**面除料**。當確定特徵要完全貫穿，未來不會再更改，這指令速度比較快，只是 曲面 歸類在曲面工具列中，很少人知道。

A 由指令訊息得知

1. 使用曲面或平面、2. 在實體模型上除料。面的選擇可以為基準面、曲面本體。

曲面除料
使用曲面或平面移除材質
在實體模型上除料

B 曲面 和 是兄弟指令

這 2 指令差別在曲面除料沒有給定深度，屬於完全貫穿，希望這 2 指令合併。

77-2-1 先睹為快：曲面除料

指令過程選擇旋轉的曲面本體，指定方向完全貫穿，下圖左。點選旋轉曲面本體→隱藏，可不被旋轉面影響模型視覺（重疊）。

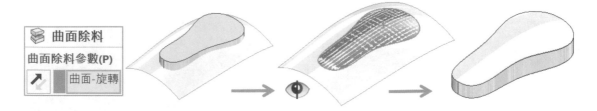

77-2-2 加厚除料

利用已經完成的 曲面，執行業界常說的，老闆想要在曲面往下除 2mm 說完人就走了，說起來很快，其實做起來也很容易：1. 點選旋轉曲面→2. 輸入 2→↵。

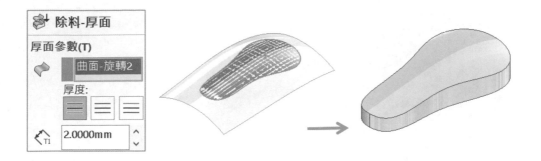

77-2-3 練習：曲面除料

常被問到，有什麼最快方法將模型切一半、切出造型，切齊... 等，類似一刀下去效果，絕對不是要畫個草圖→◙。也因為◙有不用草圖的特性，講解上相當吸引人。

A 波浪除料

將波浪曲面作為輔助，完成上方曲面造型，也許◙也可以，只是資料量太大，下圖左。

B 杏仁曲面

在杏仁下方 3 條邊線建立◈，由該曲面進行◙，下圖右。

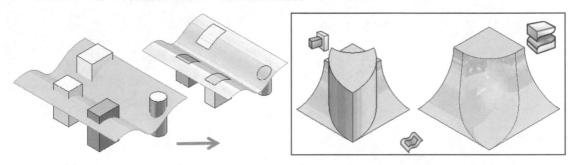

筆記頁

78

延伸曲面

延伸曲面（Extend）以現有曲面或曲面邊線進行面長度延伸，算第 2 特徵，也是不需草圖的指令，常用在加長或加大目前曲面，讓後續指令進行。

A 由指令訊息得知

延伸曲面上的 1 個或多個邊線和面。看不懂對吧，因為文字很簡短，不過字字打動在心裡呦。

> **延伸曲面**
> 根據終止型態及延伸類型，
> 延伸曲面上的一或多個邊線 或 面

B 指令特性與兄弟指令

延伸過程會參考面曲率，自動合併原始面消除曲面間隙。和看起來很像，但觀念不同，最大差異：＝第 1 特徵、＝第 2 特徵。

78-1 先睹為快

認識指令 3 大欄位：1. 延伸邊線/面、2. 終止型態、3. 延伸類型。點選模型面或邊線，進行終止型態。會發現只能向外延伸，不能向內縮也沒有☑合併結果，希望改進。

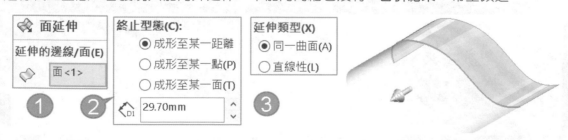

78-1-1 延伸的邊線/面

點選模型邊線或面,設定下方終止型態。點選面,自動追蹤模型邊界(外圍),就不必選擇面外圍每條邊線。

78-1-2 終止型態

設定成形至某一距離、某一點、某一面,例如:距離 20。中止型態和🔧觀念相同,不贅述,有沒有發現終止型態是項目呈現,不是清單。

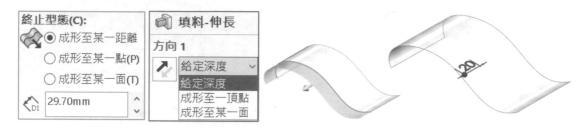

78-1-3 延伸類型

增加指令靈活性,計算延伸曲面與原始面連續情形,不必刻意利用草圖進行限制條件,很多指令有這類設定。

A 同一曲面(Same Surface)

沿延伸曲面幾何,類似弧相切。同一曲面=自然性(Natural)術語沒統一。

B 直線性(Linear)

相切於原始曲面邊線,類似直線相切。

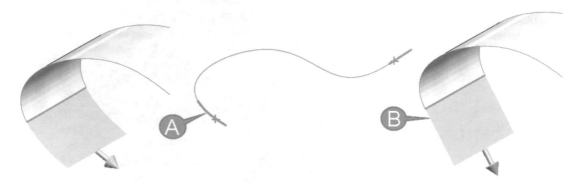

78-2 實務：延伸面補正

常聽到我要把這面向下除料 10mm 人就跑了，如何用最短時間完成普世的直觀想法。

78-2-1 裙帶議題

裙帶（業界的俗稱，以外型稱呼）特徵產生後多餘的型態，如何移除或不要產生。

步驟 1 偏移曲面

製作曲面上的曲面本體，偏移=0。

步驟 2 曲面除料

點選曲面本體向下除料 20，完成後無法除到邊緣，由剖視圖看出，除料沿曲面垂直方向形成裙帶。

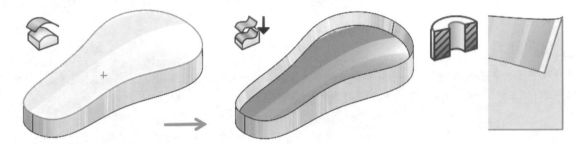

78-2-2 曲面補正（補正=加工術語）

承上節，將先前做的曲面本體→，往外延伸超過橢圓體，補正無法除料的區域。

步驟 1 延伸曲面

點選偏移曲面本體，往外延伸距離 40。

步驟 2 曲面除料

點選曲面本體向下除料 20，看不到裙帶。

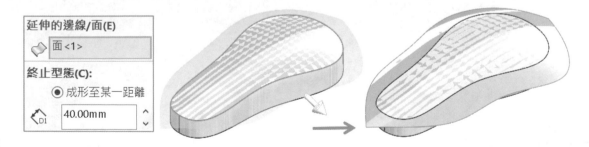

78-2-3 直覺補料和除料

其實還有更簡單的，利用🎲平移，不必製作🎲與🎲，更能滿足任性想法。常聽到在面上減少或增加肉厚，其實用🎲偏移＋距離，超級直覺和好用，又是一個不用草圖的特徵。

A 製作加工預留量

承上節，製作向上延伸的加工預留材料作業，這是工廠常見的加工製程。

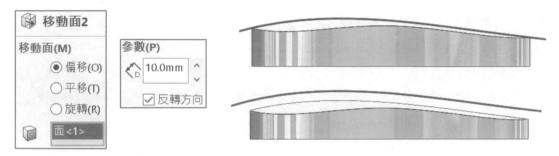

B 底部除料

往下除料改變高度是另一種角度，我們不必執著一定要在表面增加/減少距離，這是同學反應的手法，實在讓大郎感到汗顏也學到簡單為原則。

恢復修剪曲面

恢復修剪曲面(Untrim) ◈，顧名思義復原曲面至未修剪狀態，例如：點選曲面上的圓、三角形、不規則圓，都可恢復未修剪狀態，類似**填補曲面** ◈。

A 由指令訊息得知

沿著邊界延伸現有曲面來填補孔洞或外部邊線，甚至可填補開放邊線。

恢復修剪曲面
沿著邊界延伸現有曲面
來填補曲面孔洞或外部邊線

B 指令使用時機

常聽到建模過程無法想到用這指令和使用時機，就和初學這面臨到不知何時使用結合 ◈ 一樣的情形，只要多嘗試看可不可以成功，習慣以後建模會形成內化反應。

79-1 選擇

點選面或邊線並調整曲面延伸量，此設定會與選項同時進行。

79-1-1 調整距離 ⟡

點選 2 條開放邊界，由距離百分比(0-100)進行延伸調整可見曲面變化，下圖左。點選封閉邊線會把面補起來，沒有調整距離必要性，更能體會指令奧義，下圖右。

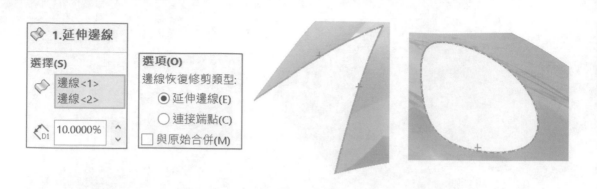

79-2 選項

選項主要設定，**邊線恢復修剪類型**，選擇邊線（2 條比較看得出來），依下方項目調整距離，視覺判斷你要的結果。

79-2-1 邊線恢復修剪類型

設定 2 種類型，本項目是第一次遇到會覺得神奇。

A 延伸邊線（Extend edges 預設）

將所選邊線與相鄰邊延伸，並調整上方距離，例如：0%和 20%的計算延伸量，20%完整地把曲面計算為邊界弧度相接，無須再加距離。如果不是你要的，就要自己畫。

B 連接端點(Connect endpoint，適用於 2 條邊線)

將所選 2 條邊線端點以直線連接，設定上方距離會顯得無變化。

若為封閉輪廓☑延伸邊線或☑連接端點會顯得無意義，結果相同。

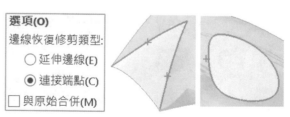

79-2-2 與原始合併

是否合併曲面本體。

A ☑與原始合併

把曲面成為一片面成為最理想狀態，◣看起來面平順。

B □與原始合併

曲面為獨立面，◣看起來面抖動。在面上加顏色看出來像貼藥布，下圖右。

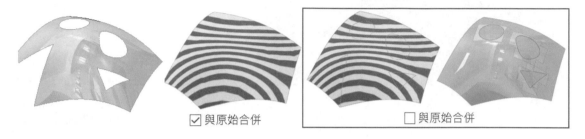

☑ 與原始合併　　　　　　　　　□ 與原始合併

C 看到縫隙

承上節，□合併，讓面獨立看起來沒什麼，不過利用◉可見到面之間縫隙加大，更能體會曲面品質對模型重要性，例如：模型轉檔會破面，下圖左。

D 與填補曲面的差異

填補曲面資料量大，即便合併結果也會產生縫隙，3 個孔要 3 個特徵，下圖右。

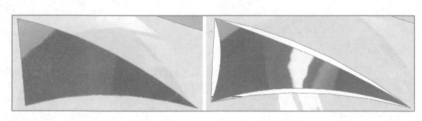

筆記頁

80

刪除面與刪除鑽孔

統一說明 2 種刪除指令，1. 刪除面⬚：刪除所選面並協助修復。2. 刪除孔⬚：刪除所選封閉邊線並修復。

A 兄弟指令

⬚支援面，⬚支援邊線，功能陽春且 2 指令很像，也不需要草圖，希望可以合併。

80-1 刪除面（Delete Face）⬚

刪除其 1 個或多個面，完整認識選項差異。其中：1. 刪除及修補、2. 刪除及填補，自文字來看起來很像，憑印象切換功能就好。

⬚實用性相當高，課程滿意度極高的指令，也是同學最有印象也很有成就感回憶。

A 由指令訊息得知

在實體或曲面本體中進行刪除。換句話說刪除實體模型上的面後，會形成破面的模型=曲面。

刪除面
從實體本體中刪除面來產生曲面
或從曲面本體中刪除 面。

80-1-1 刪除

將所選面刪除，常用在重新建立曲面特徵，例如：☑**刪除及填補**雖然會自動填補，但曲面不如所願，就自行用曲面指令完成補破面作業。

A 實體面刪除

在實體刪除所選面，就變成曲面殼了，也可以在破壞模型完整性。

B 曲面刪除

直接刪除所選的曲面，常用在面重鋪或是刪除不要的雜面，例如：選擇零碎 6 面 →↵ 。

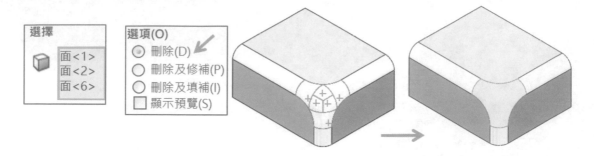

C 刪除本體

所選的曲面如果是本體，也可以被刪除，功能類似**刪除本體**。

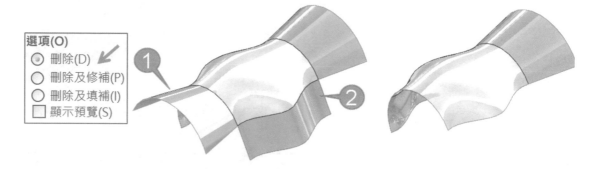

80-1-2 刪除及修補（恢復原狀）

將所選面刪除並自動修剪本體。點選圓角 9 面 →↵ ，圓角面刪除形成未導角。通常用在重新導角或優化外型，例如：原本 R10，客戶說要改為 R15。

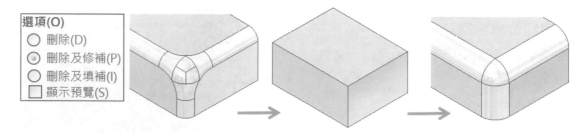

80-1-3 刪除及填補（優化）

刪除並自動執行 ◈ 的接觸填補，適合零碎面處理，例如：點選 6 個圓角 →↵ ，由 ▨ 看出 G0 面連續。

A 相切填補

承上節，填補面後並進行相切連續，由🖾看出 G1 面連續。

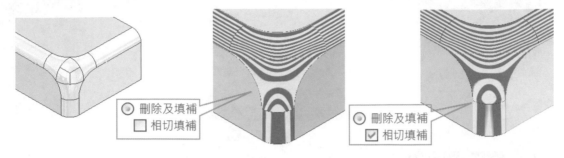

80-1-4 零碎面

外觀有零碎面，不符合加工期待和產品外觀，分別完成：1. 刪除及修補、2. 刪除及填補，下圖右。

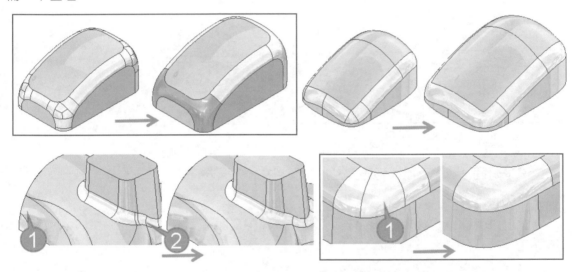

80-1-5 滑鼠蓋

A 柱與肋圓角

這是實體模型，☑刪除及填補很神奇可以一個指令把狹槽和孔特徵刪除，不必很辛苦繪製草圖→🗐。

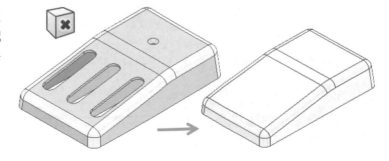

刪除螺柱和孔，或是刪除圓柱周圍的圓角。

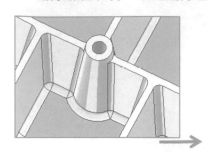 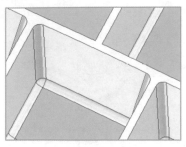 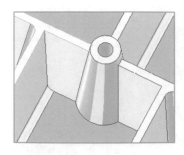

80-1-6 遙控器圓角

完成遙控器圓角變更 R25。刪除面＋圓角更快，下圖左。

步驟 1 📦

將圓角面刪除，共三面，下圖右。

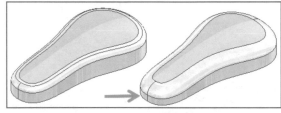 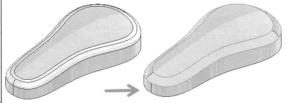

步驟 2 底面 ✏️

選擇下方面→✏️，讓曲面延伸與上方曲面相交，下圖左。

步驟 3 上方 ✏️

選擇上方弧面進行✏️，距離不拘，只要和底面相交即可，下圖中。

步驟 4 ✏️

選擇面互相修剪，得到無導角遙控器，下圖右。

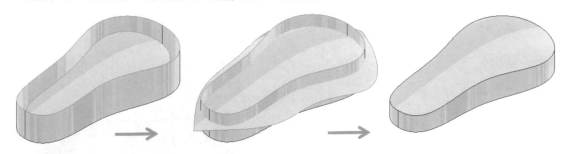

步驟 5 📦

圓角參數**不對稱** R20、R25，曲率連續可看出圓角效果與品質。

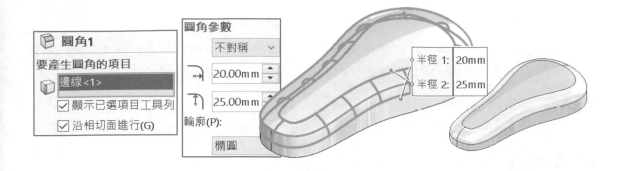

80-2 刪除鑽孔（Delete Hole）

刪除曲面上的孔並修補，早期他沒有 ICON 很少人知道這麼好用，都用補面方式完成，僅適用曲面模型。2019 加入指令圖示，該指令就浮出檯面並廣為使用。

A 由指令訊息得知

由指令訊息得知：刪除曲面上的封閉輪廓。指令選法有 2 種：1. 指令法、2. 隱藏法。

刪除鑽孔
刪除曲面上封閉輪廓副本

80-2-1 指令法：刪除孔

1. 點選模型邊線→2. 可見孔 G1 連續填補，並在特徵管理員留下**刪除鑽孔**特徵。

80-2-2 無指令選法：刪除破孔

1. 點選面具眼睛→2. DEL 也會出現視窗→3. ☑刪除破孔，在特徵管理員留下**刪除鑽孔**特徵。

80-2-3 無指令選法：刪除特徵（刪除本體）

1. 點選面具眼睛→2. DEL 出現視窗→3. ☑刪除特徵，將所選本體直接刪除，本節不會在特徵管理員留下記錄，這也是很多人問的，**如何不留記錄刪除本體**，下圖左。

A 刪除本體留下記錄

在曲面本體資料夾→點選曲面本體→DEL，特徵管理員留下本體刪除記錄，下圖中。

B 編輯特徵

編輯鑽孔特徵只會出現邊線欄位，無法更改，下圖右。

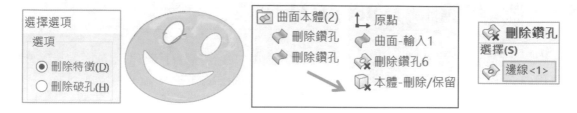

80-2-4 二次加工的特徵

本指令也支援事後用特徵產生的輪廓，例如：用**刪除曲面**在曲面上挖洞，進行 1. 刪除特徵或 2. 刪除破孔。

A 刪除破孔

1. 點選上圓孔 DEL→2. ☑刪除破孔→3. 在特徵管理員留下**刪除鑽孔**特徵。

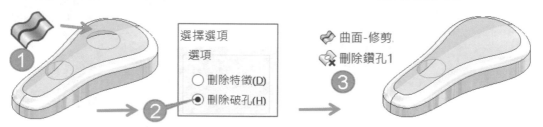

B 刪除特徵

1. 點選下圓孔 DEL→2. ☑刪除特徵→3. 會把特徵刪除，特徵管理員不會留下**刪除鑽孔**特徵。

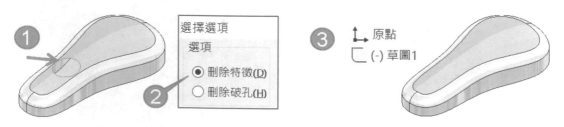

81

取代面與移動面

統一說明 2 種指令，1. 取代面（又稱置換面）🗐，以曲面本體變換所實體面。2. 移動面🗐，進行所選面 1. 偏移、2. 移動、3. 旋轉。

81-1 取代面（**Replace Face**）🗐

取代面🗐有點像🗐的成形至下一面，口訣：從哪到哪，指令有預覽會更棒。

A 由指令訊息得知

用新曲面本體來取代曲面或實體的面。

> **置換面**
> 用新的曲面本體來取代曲面或實體本體中的面

81-1-1 置換參數（Replace Parameter）

指令過程由上到下看圖示來辨認，重點在藍色面，本節將導角特徵改成平面，下圖左。

步驟 1 置換的相切面（Target faces for Replacement）🗐

點選來源面，例如：圓弧＋平面，應該稱為置換的目標。

步驟 2 置換的平面（Replacement surfaces）🗐

點選目標面，例如：自行製作的平面。

步驟 3 查看模型

完成後特徵管理員看出名稱為**置換面**。

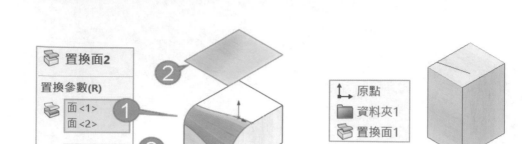

A 練習：遙控器曲面

將上方平面替換為曲面。

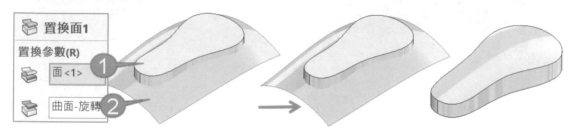

B 練習：法蘭

將 2 端面為平面置換為曲面，類似伸長的成型至某一面，希望伸長可以不必草圖，以及、疊層拉伸也可以直接點選 2 面完成。

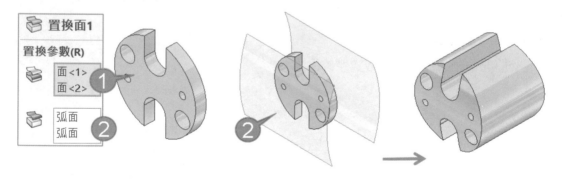

81-2 移動面（Move）

選擇模型面，進行 1. 偏移、2. 平移、3. 旋轉，過程可輸入深度也可由 3 度空間球拖曳控制。常說把孔加大 2mm、把孔移 10mm、把孔轉向 90 度，都是很直覺講法，用滿足對方需求，超越別人對你的期待。

A 由指令訊息得知

移動面
偏移、平移或旋轉實體或
曲面模型上的面或特徵

用新曲面本體來取代曲面或實體的面。

B 指令位置與特色：插入→面→移動面◈

◈最大好處進行無草圖的變更，常用在臨時或模型轉檔（無特徵修改）。

81-2-1 偏移（預設縮小）

設定所選面偏移距離，類似偏移圖元，常用在加工預留料，例如：脫蠟件為 Ø8 孔，事後加工至 Ø10，會直接畫 Ø10 利用◈偏移 2，不要在畫圖過程畫 Ø8。

1. ☑偏移→2. 點選 Ø10 圓孔→3. 參數 2（留 2MM 預留量），下圖左。

A 練習

增加圓柱平面的加工預留量 10，很好達成對吧，下圖右。

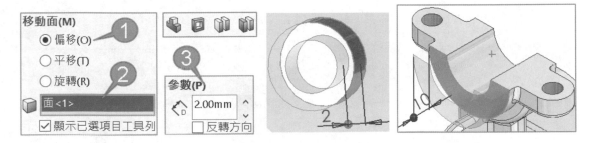

81-2-2 平移（移動）

將所選面移動，1. 用關聯性參考平移位置、2. 深度也可用相對位置△X、△Y、△Z。

A ☑複製

把原來孔留下，產生第 2 個孔，下圖右。

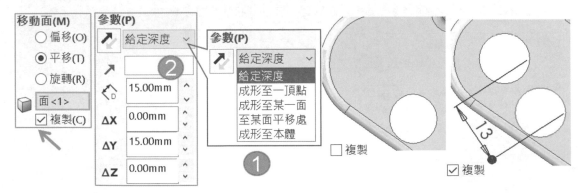

B 參考邊線

點選模型邊線或草圖指定進行方向移動，下圖左。

C 3D 參考球（適用平移或旋轉）

點選模型面可以直接拖曳箭頭或環，進行移動/旋轉面，下圖右。

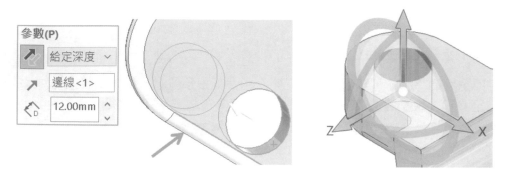

D 平移耳朵（孔＋圓角）

平移過程要加入圓角面，例如：1. 側邊圓角：2. 下方圓角、3. 圓柱孔。

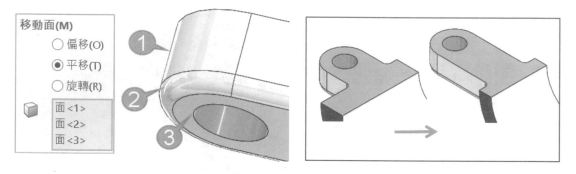

81-2-3 旋轉

將所選面旋轉移位，適合改角度。1. 點選要旋轉的面→2. 指定旋轉軸（暫存軸）→3. 角度進行所選面的旋轉位移。也可以不選旋轉軸，3D 的環協助轉角度。

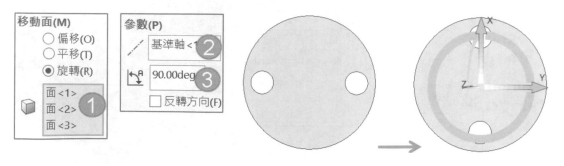

82

掃出曲面

掃出曲面（Sweep Face）🐛原理和實體掃出🐛相同，都是輪廓＋路徑，差別在曲面輪廓為開放狀態，由於指令內容與🐛相同，學習起來相當輕鬆。

82-1 先睹為快：曲面掃出

本節說明幾個簡單案例，使用輪廓、路徑、導引曲線。

82-1-1 輪廓＋路徑

弧和輪廓 2 草圖皆開放界為曲線，形成雙曲面，1. 路徑=弧、2. 輪廓=曲線，下圖左。

82-1-2 路徑＋輪廓，雙向

相反選擇，1. 路徑=曲線、2. 輪廓=弧。☑雙向，都可以完成掃出，造型不同罷了。

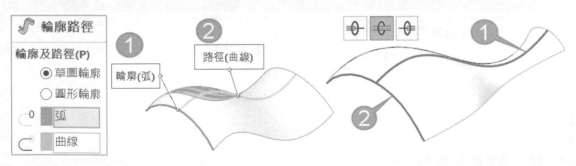

82-1-3 掃出至頂點

兩個相同弧，成為路徑和上導引曲線，讓曲面掃出至頂點，常見的技術。

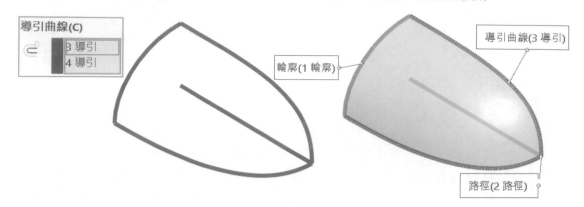

82-1-4 練習：雙向掃出

本節輪廓和路徑有點反過來想，並完成修剪和導角，本節先前邊界曲面◈有練習過。

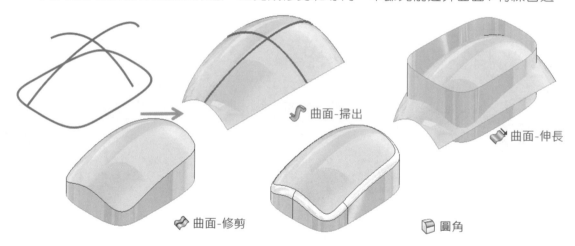

82-2 螺旋掃出

和螺旋有關的掃出，可以學到過程。

82-2-1 螺旋葉片-沿路徑扭轉

靠 2 條直線成為輪廓與路徑，指定扭轉值，360 度（箭頭所示）完成螺旋。

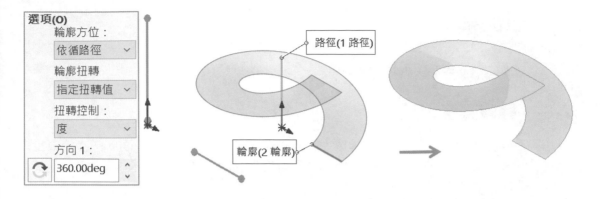

82-2-2 螺旋葉片-螺旋曲線

承上節，要精確螺旋要靠**螺旋線**完成。1. 路徑=直線、2. 輪廓=螺旋線。

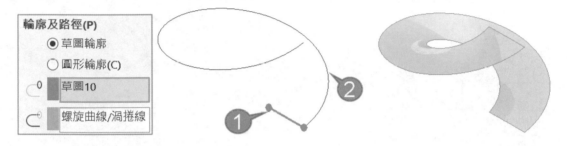

82-2-3 L 電纜線

完成曲面螺旋成為實體掃出路徑。

步驟 1 🌀：指定扭轉值、圈數=10、☑合併相切面

1. 直線＋2. 弧線，合併才有連續一片面，更能體會**螺旋曲線**無法完成，下圖左。

步驟 2 🌀：圓形輪廓，直徑 1.5

步驟 3 隱藏掃出曲面：就不會曲面和實體重疊，下圖右

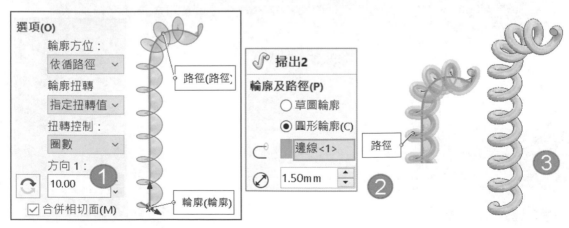

82-3 造型螺旋

認識∮和相交曲線◎觀念與建模邏輯思考性，達到造形彈簧繪製。

82-3-1 橢圓彈簧

會發現∮是過程，◎一定是圓所構成，無法使用橢圓產生螺旋線。前面 3 個步驟算是複習，後面步驟就是螺旋曲面＋橢圓曲面→3D 草圖的螺旋線=路徑。

步驟 1 Ø10 圓→◎

螺距=10、圈數=3、起始角度=0，下圖左。

步驟 2 曲面掃出螺旋面 ∮

輪廓=直線、路徑=螺旋線，下圖右。

步驟 4 重點 1 前基準面畫橢圓

橢圓要比曲面掃出小，才可進行下一步驟相交，該草圖就是未來螺旋曲線造型。

步驟 5 ◎

成形要超過曲面範圍，這樣才可到曲線相交，最好方向 1 和方向 2 都給深度。

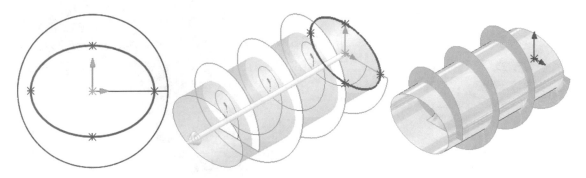

步驟 6 進入 3D 草圖

步驟 7 重點 2 3D 螺旋曲線=掃出路徑

相交曲線（插入→草圖工具）◈→點選橢圓和螺旋面，完成橢圓螺旋曲線。

步驟 8 實體掃出

☑圓形輪廓、路徑=3D 螺旋曲線、圓直徑 2。

步驟 9 隱藏螺旋面

82-3-2 練習：花瓶螺旋

將螺旋紋路貼附在花瓶→複製排列螺旋。

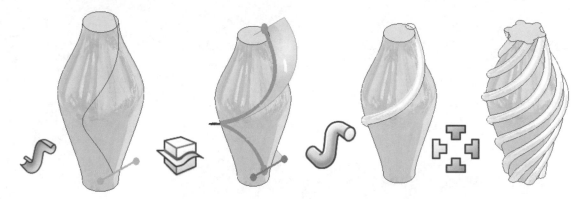

筆記頁

83

疊層拉伸曲面

疊層拉伸曲面（Loft）🐾原理和實體🐾相同，都是 2 個以上輪廓成形，學起來相當輕鬆，不同是**輪廓為開放狀態**，🐾應用範圍會比🐾廣，🐾能曲面認知更上一層樓。

83-1 先睹為快：疊層拉伸

本節說明幾個簡單案例，使用輪廓、導引曲線，快速把🐾完成。

83-1-1 輪廓輪廓成形

輪廓 2 草圖皆開放，點選成形。

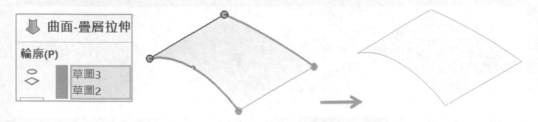

83-1-2 皺褶（窗簾）應用

1 分鐘學會窗簾造型曲面，重點在下方線段**調整連接點**。曲面過程於繪圖區域右鍵→顯示所有連接點，拖曳直線上方的連接點改變漸縮造型，相信這階段不會想畫草圖。

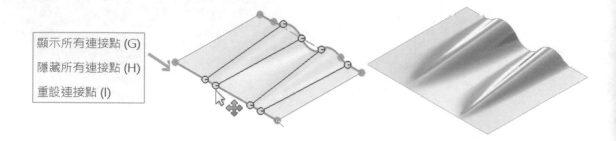

83-1-3 輪廓＋導線

進行 3 輪廓＋3 導線，很像邊界曲面對吧。

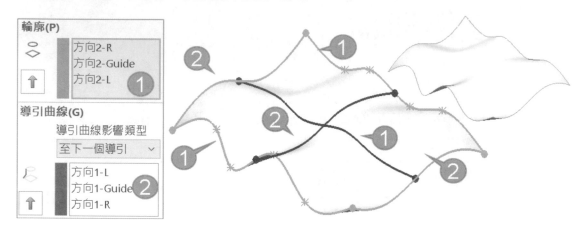

83-1-4 2 輪廓＋1 導線

比較特殊是導線在中間。

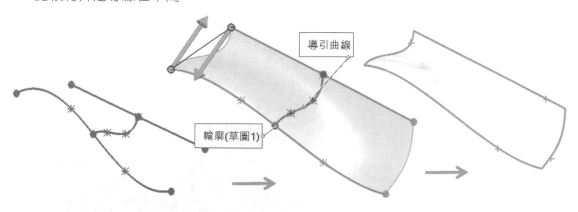

83-2 基礎實務

本節說明應用，多半單點應用，應證為何曲面不容易學原因。

83-2-1 鏡片

不能只想把外型投影看到什麼就畫什麼,用描的投影波浪曲線大小與位置,跨視圖線段並不知道實際上能不能連接。利用 3D 將感覺很難的波浪,沒想到這麼容易完成。

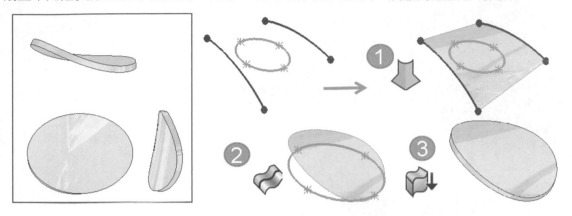

83-2-2 補圓角

分別完成 2 輪廓和 2 導引曲線,☑網格比較看得出來預覽有沒有成功。雖然**導引曲線**可以由模型邊線作為條件,不過無法選擇非連續線段。

Ⓐ 輪廓左到右

步驟 1 輪廓

由左到右點選模型邊線。

步驟 2 導引曲線

點選模型邊線上到下,尤其下方 2 線段,藉由 SelectionManager 的完成選擇。

Ⓑ 練習:由上到下

承上節,將輪廓和導引曲線顛倒來選。

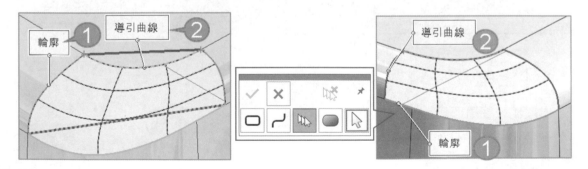

83-2-3 螺旋葉片

分別用 2 個 3D 草圖將投影（使用參考圖元①）出來成為 2 輪廓，目前還不支援曲線作為🔽輪廓，對系統而言曲線不是圖元。🔽點選 2 個 3D 草圖成形，沒想到可以這樣對吧。

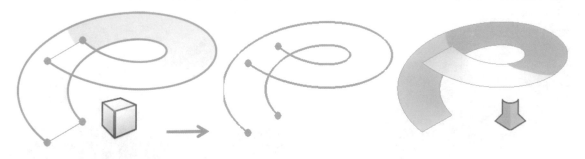

83-3 進階實務：車架

之前很流行自行車，最難就是車架繪製：先求有再挖除，例如：先交錯完成架構→將方管切除以利補面。再來多段邊界製作技巧 3 處修補：1. 上方→2. 中間→3. 下方。

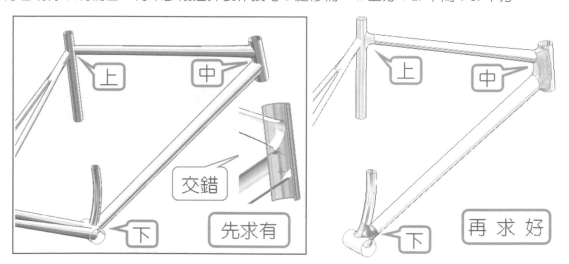

83-3-1 上段

本段比較簡單理解，完成喇叭狀曲面。

步驟 1 繪製修剪的外形草圖→🔷

將多餘不要的本體面移除，下圖左。

步驟 2 🔽

分別點選 2 輪廓成形，要好的曲面品質，設定曲率至面，下圖右。

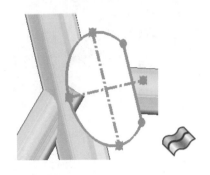

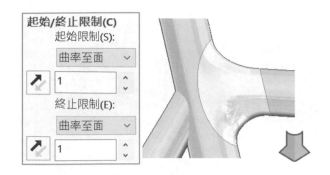

83-3-2 中段

本節學到草圖分段技巧。

步驟 1 繪製修剪的外形草圖 3 點定弧

步驟 2 草圖上中下 3 段，分割圖元

完成 3 點定弧→　→點選弧上 3 點，線段被分割為 3 段，就是造型核心，下圖左。

步驟 3

修剪後點選管子不是完整圓，被草圖分割成 3 段，例如：原本點選為一圓邊線，現在變成 3 段圓邊線，下圖右。

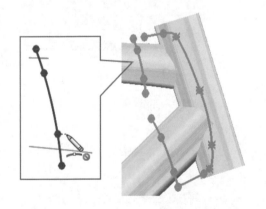

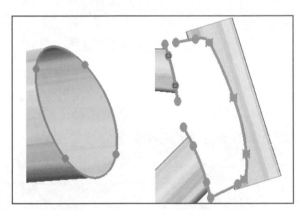

步驟 4 上方修補

點選 2 條邊線，相切至面（G1），更能體會分割圓就是　輪廓，下圖左。

步驟 5 中間修補、下方修補

相切至面（G1）即可，下圖中。

步驟 6 側邊修補

點選模型共 6 邊線，曲率至面（G2），口合併結果，否則無法鏡射，下圖右。

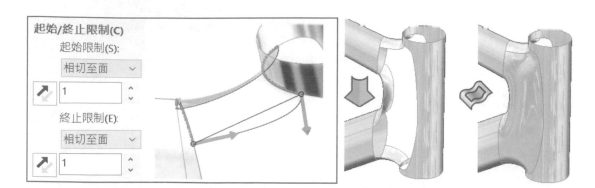

步驟 7 鏡射側邊本體 ⊞

鏡射曲面本體，完成後特徵管理員會見到轉換圖示 ◨▌鏡射 ，下圖左。

83-3-3 下段

本節有分割 ◈ 有包覆 ▤ 算蠻進階的題型，修剪的技術和先前相同，下圖右。

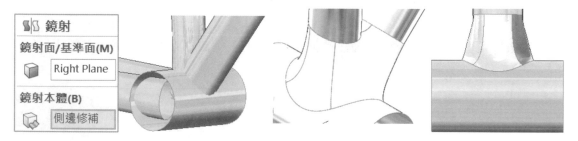

步驟 1 ◈

繪製修剪的外形草圖，修剪後點選管子不是完整圓，這技術先前說明過，下圖左。

步驟 2 繪製圓柱修剪的草圖圓

該圓就是重點了，由尺寸控制圓位置，做為包覆的分割調整，下圖右。

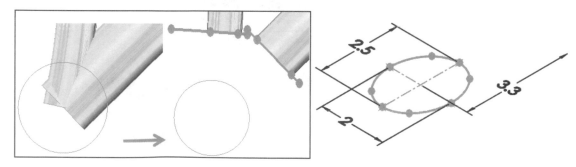

步驟 3 包覆分割圓管

使用刻畫，讓圓柱分割圓，草圖位置因為太遠，下圖為示意，下圖左。

步驟 4 刪除面 ▣

將圓管上的分割圓刪除，圓管有一個洞，下圖右。

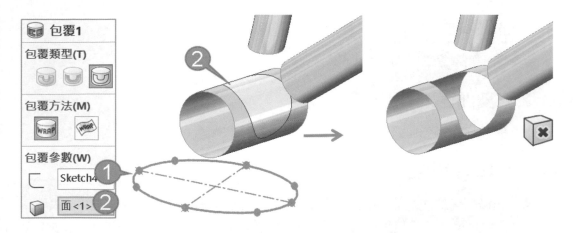

步驟 5 分別完成 3 個

步驟 6 側邊修補

步驟 7 鏡射側邊

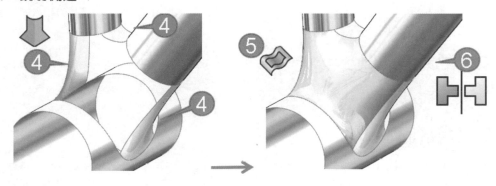

83-4 進階實務：漸消面

2 相接有高度差並產生面逐漸消失美觀效果，常用在局部裝飾造型。漸消面分 2 大類：1. 凸起、2. 凹陷。和最大差異，可在點、線、面之間成型。

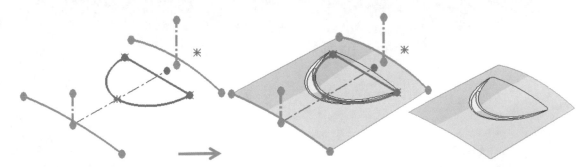

83-4-1 基礎表面

利用草圖 1 與草圖 2，完成 ⬟，下圖左。

83-4-2 修剪曲面大弧形開口

草圖 3 完成標準修剪曲面，下圖中。

83-4-3 完成向下弧面

草圖 4 和模型邊線成為下方 ⬟，下圖右。很多人這部分做錯，點選模型邊線的大弧。

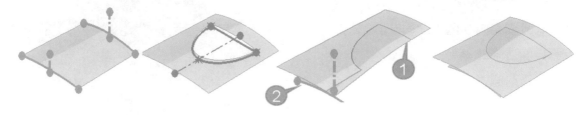

83-4-4 修剪漸消開口

點選草圖 6→⬟，完成漸消開口，下圖左。

83-4-5 補月形面

⬟點選 2 條曲面邊線完成漸消面，記得將草圖隱藏，否則會選到封閉輪廓。將邊線設定接觸，事後用圓角特徵。邊線設定相切，可得到（G1）品質，下圖中。

83-4-6 導圓角

⬟=R10 會產生新圓角品質 G1，必須⬟曲率控制=接觸，☐最佳化曲面，下圖右。

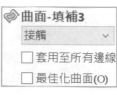

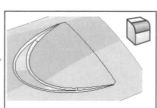

圓頂

圓頂（Dome，插入→特徵），在模型面產生凹凸，是第 2 特徵也是不需草圖的特徵，很多人用🥄完成圓頂，其實不必這麼麻煩。🥄除了造型常用在多層次，尤其是按鍵。

A 由指令訊息得知

加入一個或多個圓頂至所選面上。

> **圓頂**
> 加入一或多個圓頂至所選的平坦或非平坦面上

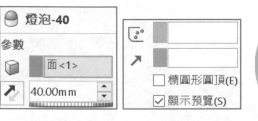

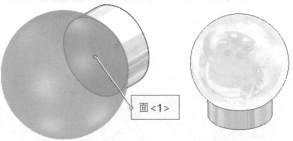

84-1 產生圓頂之面

選擇平面讓系統計算圓頂，所選面的周圍會影響圓頂造形也可說是限制，例如：所選面：圓、矩形、多邊形，所產生圓頂有不同效果。

也可以設定指令選項，讓相同面產生不同效果，例如：圓平面產生燈泡、子彈。

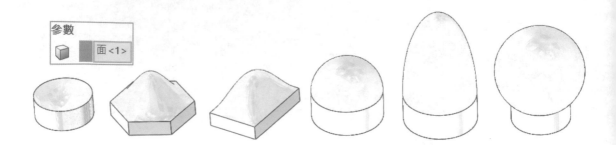

84-1-1 距離

給定所選面大小，預設向上增大，反轉凹陷，距離 40 看起來像燈泡，距離 0=相切圓頂，下圖右。特別是 0 這數值，是大家沒想到可以這樣，其實作業中 0 是常見的議題。

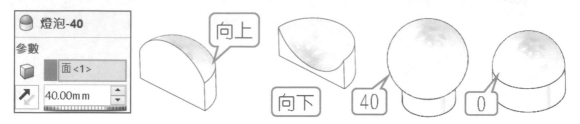

84-1-2 限制點或草圖

由草圖點定義圓頂位置，有點像拉伸成形，無法使用距離和橢圓頂，下圖左。

84-1-3 方向↗

指定邊線或平面定義圓頂垂直面方向，例如：圓邊線，形成類似錐形，下圖右。

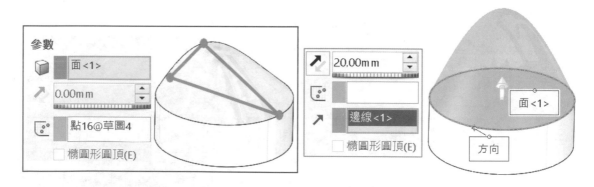

84-1-4 橢圓形圓頂

其高度等於橢圓的一個半徑，類似子彈，無法用於多邊形。

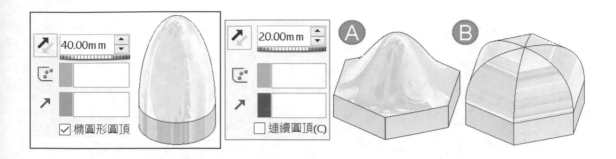

84-1-5 幾何限制技術

由於圓頂特色是選面,利用特徵技術進行控制,例如:圓角或分割面。

A 圓角

將圓柱外圍產生圓角面,點選內面看出常用按鍵畫法,下圖左。

B 面分割

利用🔘把平面分割為橢圓,點選橢圓面形成橢圓造型,下圖右。

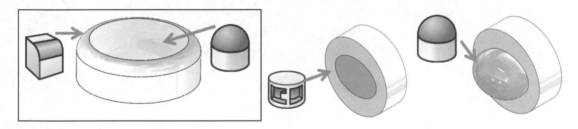

84-1-6 實務解說

說明圓頂常用地方:1. 手電筒、2. 利可帶、3. 斜銷、4. 星星。

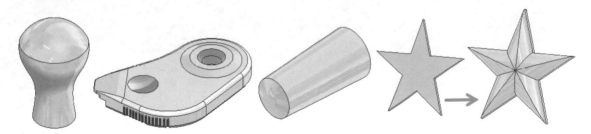

筆記頁

彎曲

彎曲（Flex，插入→特徵→彎曲）對模型局部或整體變形，觀念和變形一樣。利用 1.彎折、2.扭轉、3.拔銷、4.伸展完成造型變更，很多曲面由這手法用改的完成，而非看到什麼畫什麼。

A 由指令訊息得知

運用彎折、扭轉、拔錐或伸展來彎曲實體及曲面本體。

彎曲
運用彎折、扭轉、拔錐或伸展來彎曲實體及曲面本體

B 指令介面與學習 3 大要素

指令介面看起來蠻多的：1.角度/半徑、2.修剪平面（彎曲範圍）、3.三度空間參考、4.彎曲選項。學習 3 大要素：3.基準→2.範圍→1.彎折大小（半徑或角度）。

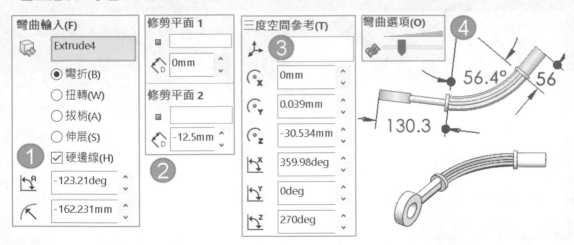

C 彎折類型

彎折 4 大類型：1. 彎折、2. 扭轉、3. 拔銷、4. 伸展。

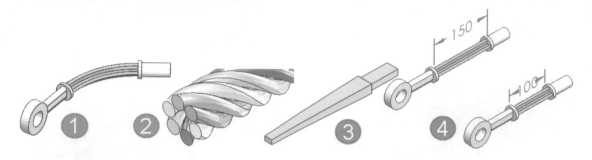

85-1 彎折（Bending）

彎折類似折筷子，但不是把筷子折斷，將模型整體或局部彎曲。彎折是指令中最難的項目，因為包含所有項目要設定，這些會了接下來什麼都會了。

85-1-0 先睹為快：彎折

以學習 3 大要素進行角度彎折作業。

步驟 1 彎曲輸入

點選要彎折的模型。

步驟 2 角度

調整 120 度可以見到彎折，-120 度可以變更方向。

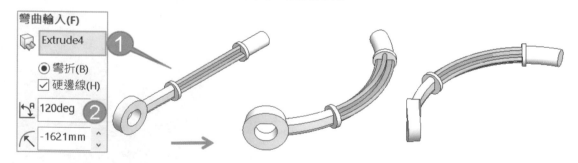

85-1-1 硬邊線（Hard Edge）

是否保留非修剪區域直線，類似相切，硬邊線與**修剪平面位置** A 配合。

A ☑ **硬邊線（預設開啟）**

彎曲與直線相切並保留直線段，會有 2 條邊線：1 直線＋1 曲線，下圖左（箭頭所示）。

B □ 硬邊線

彎曲與直線相切為連續線段,點選邊線=1條線,下圖右(箭頭所示)。

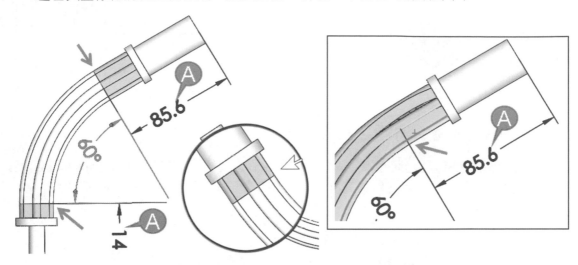

85-1-2 角度 和半徑 (彎曲的重點)

設定彎曲角度或彎曲半徑,也就是彎曲大小,只能定義其中一項,另一項會自動配合,設定過程可以見到預覽。

例如:半徑 R80,角度自動配合 139.7 度,也可以輸入負值代表方向-R80。

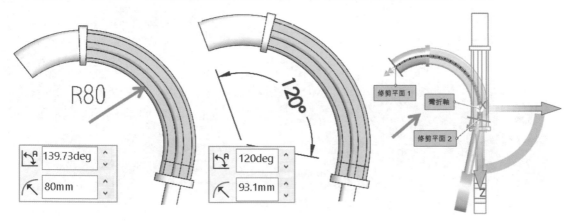

85-1-3 修剪平面 1、修剪平面 2 (Trim Surface)

修剪平面定義彎曲區域,預設位置在模型最大範圍(兩旁),下圖左。拖曳修剪平面的箭頭控制距離,拖曳過程模型不會變化,下圖右。

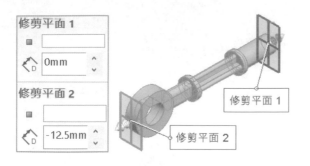
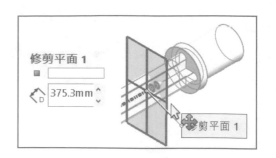

85-1-4 進階實務：彎管之座標系統

利用**座標系統**做為彎曲基準，算是壓住不變形的技巧，例如：將直管彎曲 90 度不讓其他位置變形，看起很簡單的作業其實有點難度，本節學會可以打通指令的邏輯。

步驟 1 製作座標系統

在草圖端點上產生座標系統，下圖左。

步驟 2 ☑硬邊線、彎折半徑-80

步驟 3 修剪平面 1、修剪平面 2

點選草圖端點＋參考點。

步驟 4 三度空間參考

點選座標系統，下圖右。

步驟 5 彎曲輸入

最後才點選要彎曲的本體，比較不會被**座標系統**和**空間球**遮到。

85-2 扭轉（Twisting）

控制模型扭轉角度就像扭毛巾，輸入扭轉角 360 度=1 圈，角度越多運算越久。

85-2-1 全部扭轉

定義扭轉角度 1800（1800*360=5 圈），讓原本直管扭轉為彎曲。

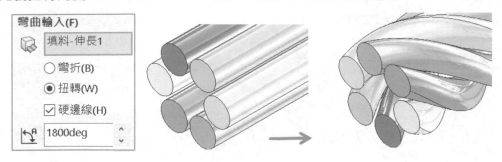

85-2-2 部分扭轉

定義扭轉角度 360，定義修剪平面 1=15、修剪平面 2=10。

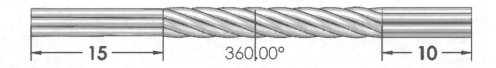

85-2-3 練習：葉片

葉片扭轉 60 度。

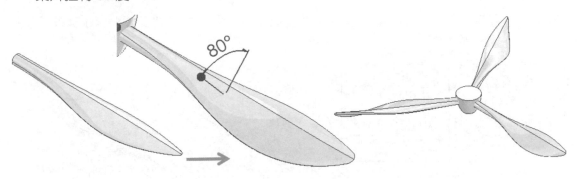

85-3 拔銷（Tapering）

控制 1. 拉伸角度、2. 位置、3. 界限局部變形。

85-3-1 錐度係數

調整錐度變形大小，0 為基準，數字大變形大，負值漸縮。

85-3-2 修剪平面與三度空間參考

定義要拔銷的模型位置。

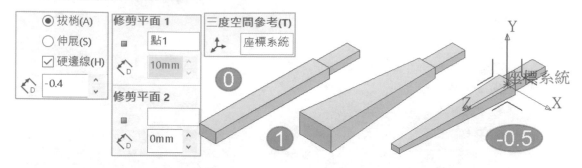

85-4 伸展（Stretching）

控制拉伸長度，利用**修剪平面**和**座標系統**將中央長度由 100 加長 50。

85-4-1 修剪平面

定義 2 點作為修剪範圍。

85-4-2 三度空間參考

指定座標系統 2，作為固定位置，距離就能完整呈現。換句話說，沒有座標系統，拉伸過程模型會移動位置。

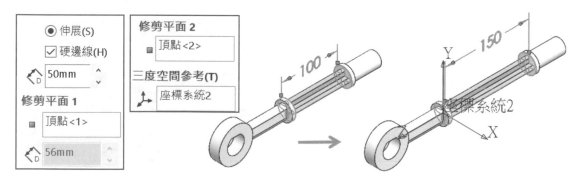

變形

變形（Deform），變更局部或整體形狀，讓自己建模能力到下一境界，因為特徵建構這些外形會花太多時間，甚至很多造型無法用特徵完成，例如：撞擊。

A 由指令訊息得知

修改實體或曲面本體的形狀，可以是局部或整體的。

> **變形**
> 修改實體或曲面本體的形狀
> 可以是局部區域或整體

B 指令學習

指令有 3 種共同類型：1. 點、2. 曲線對曲線、3. 曲面推擠，下圖左。項目交叉變化很多元很難完整講解，有些屬於隱藏版選項，也是不容易學習原因。

C 3 個共同項目

1. 變形點、2. 變形區域、3. 形狀選項。

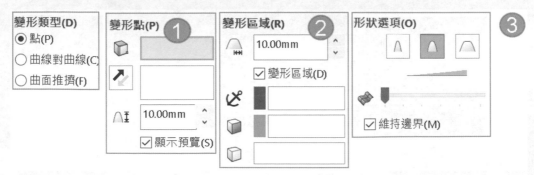

86-1 變形類型-曲線對曲線（Curve to Curve）

可以很直覺把想要的外型畫出，讓系統產生變化，不需死鹹看到什麼就畫什麼。

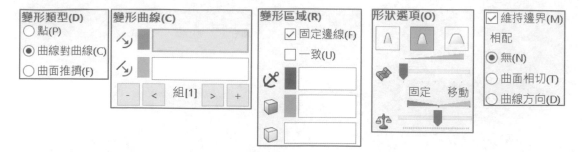

86-1-1 變形曲線（Deform Curve）

指定**起始曲線**和**目標曲線**進行模型變化。

步驟 1 起始曲線（Initial）

點選特徵內部的原始草圖。起始曲線不是指本體而是草圖，這點是新的認知。

步驟 2 目標曲線（Target）

點選下方草圖，作為變形本體的參考。

步驟 3 變形區域之本體

□一致、點選要變形的本體。

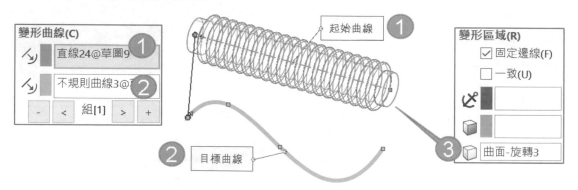

步驟 4 查看變化

可見 1. 直管變曲線管，2. 模型被轉移到目標曲線位置。

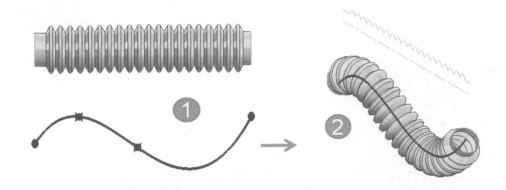

86-1-2 變形區域

設定模型邊線到草圖曲線的握把造型，操作很直覺，由預覽可看變化。

步驟 1 起始曲線 ⤶

模型直曲線。

步驟 2 目標曲線 ⤶

草圖來設計你要的造型。

步驟 3 □固定邊線（Fixed Edge）、□一致（Uniform）

可以看出☑固定邊線、□固定邊線差異，下圖右。

步驟 4 固定面/邊線

點選左邊模型面。

步驟 5 點選變形的本體

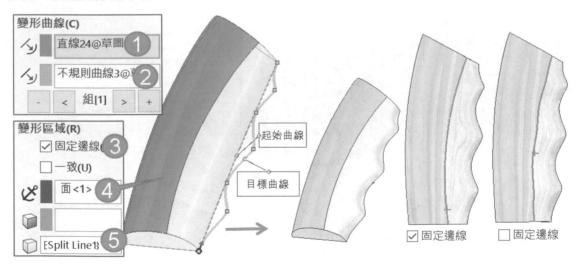

86-1-3 形狀選項：輕重（Weight，適用☑固定邊線、□一致）⚖

控制兩個選項之間影響的程度，這項設定也是同學第一次遇到。

A 固定邊線(Fix)

在固定曲線/邊線/面◢之下指定的圖元加重變形。

B 移動曲線(Moving)

指定為**初始曲線**◢和**目標曲線**◢的邊線,讓曲線加重變形。

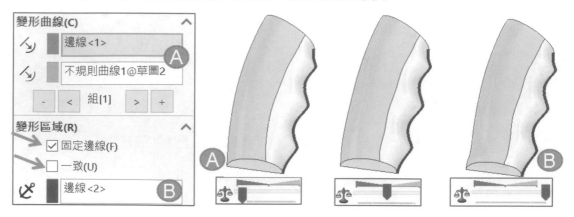

86-1-4 形狀選項:相配

設定:1. 無(None)、2. 曲面相切(Surface Tangent)、3. 曲線方向(Curve Direction)重點在 2 端面變化(箭頭所示),下圖左。

86-1-5 練習:把手彎曲

將把手的邊線變形至下方的草圖曲線,下圖右。

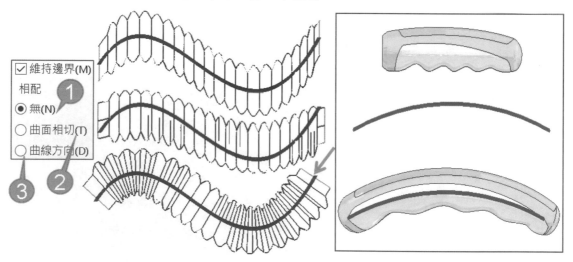

87

自由形態

自由形態（Freeform，插入→特徵→自由形態）👃屬於第 2 特徵，對所選面產生 1. 曲線和控制點→2. 拖曳控制點拉伸曲面。

A 由指令訊息得知

產生可以拖曳的控制線和控制點，在面上產生變形曲面。

自由形態
產生可推及拉以修改面的控制曲線及控制點
於平坦或非平坦面上加入一個變形的曲面。

B 指令學習

很多人以為 SW 沒有直覺曲面，總是別人月亮比較圓，其實 SW2005 就有造型特徵，很可惜很少被拿出來討論，👃本體計算很耗效能，CPU 要好一點。

指令介面分別為：1. 面設定、2. 控制曲線、3. 控制點、4. 顯示。

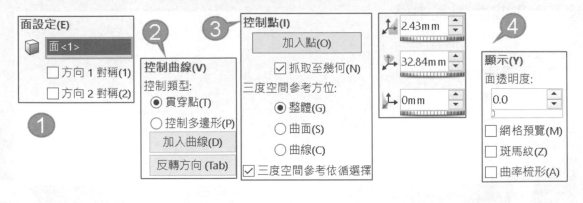

87-0 先睹為快：自由形態

本節說明最常用的在任意面加曲線與控制點→拖曳控制點進行造型控制。

87-0-1 自由形態 4 部曲-平面

步驟 1 面設定

點選要產生控制的模型面。

步驟 2 控制曲線：加入曲線

在模型面任何位置放置曲線→右鍵套用🖲。

步驟 3 加入點

系統自動執行**加入點**⟋，讓你在曲線上放置 2 點→ESC 或右鍵🖲。

步驟 4 產生造型曲面

拖曳控制點或 3 度空間箭頭，產生造型。

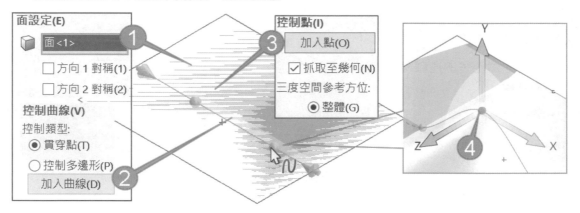

87-0-2 曲面加入中點

在面中間加入曲線與控制點。

步驟 1 面設定

點選要產生控制的模型面。

步驟 2 ☑ 方向 1 對稱、☑方向 2 對稱

會見到 2 虛擬基準面（灰色）。

步驟 3 控制曲線：加入曲線

在虛擬基準面放置曲線。

步驟 4 按下反轉方向

曲線改為另一方向，在虛擬基準面放置曲線→右鍵套用🖲。

步驟 5 加入點

在曲線相交處放置 1 點→ESC。

步驟 6 產生造型曲面

拖曳控制點或 3 度空間箭頭，直覺控制造型面。

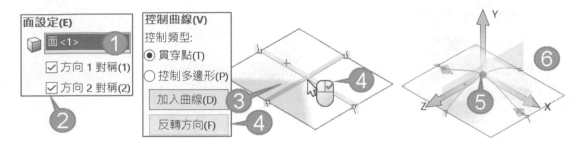

87-1 面設定

點選要進行自由形態的模型面，並定義曲線範圍。

87-1-1 方向 1 對稱、方向 2 對稱

定義曲線放置位置並為對稱狀態，例如：點選模型面作為控制面，會見到 2 個灰色基準面正交放置在曲面上。

方向 1 對稱=U 曲線（水平曲線）、方向 2 對稱=V 曲線（垂直曲線）。

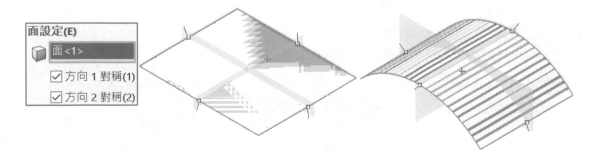

87-2 控制曲線

本節是重點了，將曲線放在面上並加上控制點。坦白說不容易理解，1. 介面順序、2. 加入曲線完成後要右鍵套用🖱、3. 加入點完成後要 ESC，希望這 2 者操作能統一。

87-2-1 控制類型（預設貫穿點）

要哪種曲線控制方式：1. 貫穿點=曲線上的點，2. 控制多邊形=曲線外多邊形。要執行本節一定要加入曲線和加入點，所以介面設計不良，讓使用者這部分不容易完成。

步驟 1 面設定

點選要產生控制的模型面。

步驟 2 控制曲線：加入曲線

在模型面任何位置放置曲線➔右鍵套用。

步驟 3 加入點

系統自動執行加入點，讓你在曲線上放置 2 點➔ESC 或右鍵。

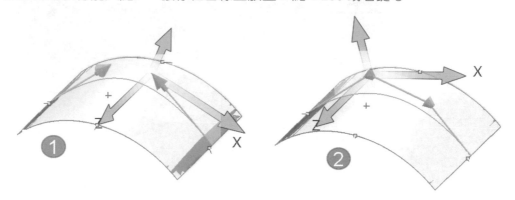

87-2-2 加入曲線（產生相切曲線控制）

承上節，產生曲線相切控制，可以更理解產生曲線後的控制。

步驟 1 控制曲線：加入曲線

在面任何位置加入另一條曲線➔右鍵套用。

步驟 2 執行相切控制

點選曲線可以見到曲線兩端有相切控制，拖曳它們產生造型。

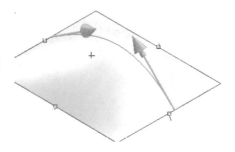

87-3 控制點

在曲線上加入控制點和定義 3 度空間方位，拖曳控制點或空間球進行造型變化。本節能體會人工作業反而比較學得起來，例如：1. 按下加入曲線➔2. 按下加入點，就不必按 ESC 或右鍵套用，更不必理解這之間的差別。

87-3-1 加入點

在曲線上加入控制點→完成後 ESC 或右鍵→拖曳控制點進行造型變化。按 DEL 或 CTRL+Z 可刪除加入點。

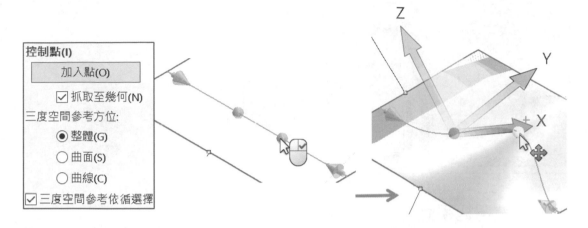

87-3-2 三度空間參考方位

定義空間球相對參考，拖曳空間球原點、箭頭或面進行控制。

A 整體

以預設的 3 度空間符合零件軸。

B 曲面

與曲面垂直的三度空間參考。

C 曲線

由控制曲線上三點垂直線方向平行的三度空間參考。

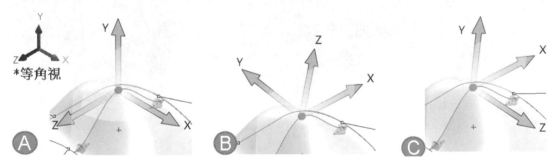

87-4 顯示：面透明度

本節以描圖的方式完成手電筒把手造型，並說明面透明度。

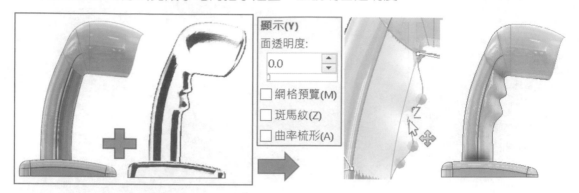

87-4-1 點選把手面

1. 選擇面、2. ☑方向 1 對稱，讓未來曲線可以放置在曲面中間。

87-4-2 控制曲線

按加入曲線，將曲線加在把手面中間➔右鍵套用 🖱。

87-4-3 加入點

點選加入點➔分別在圖片峰頂與峰底曲線上加入 5 個控制點➔ESC。

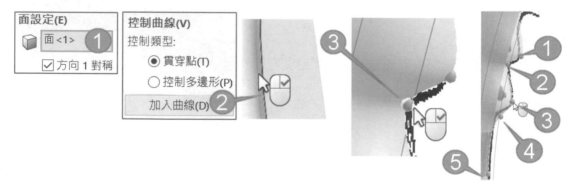

88

曲線

說明多項曲線指令：1. 不規則曲線Ⅳ、2. 樣式不規則曲線Ⅳ、3. 不規則曲線工具列，這些和曲面品質有關，有好曲線就有好曲面。

A 指令學習

曲線在教學上比較少，曲面指令比較容易操作和吸引人，曲線調整才是真功夫。

B 曲線 4 要素

點選曲線可見 4 項要素：1. 端點、2. 控制點、3. 權重控制器、4. 曲線屬性，先體驗繪製與控制，再學習 3 和 4，下圖左。

C 選項設定

顯示圖元點比較好識別，草圖→☑顯示圓弧圓心點、☑在草圖顯示圖元點，下圖右。

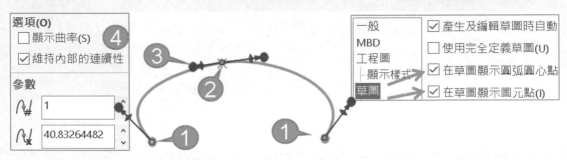

88-1 先睹為快：不規則曲線（Spline）Ⅳ

不規則曲線（又稱 B-Spline、雲形線），平滑通過每個點，將點聯結起來。

A 2 大特性

完成曲線後必定：1. 連續線段、2. 維持相切。滑鼠點選次數=建立幾個控制點，又稱幾點曲線，這些曲線階層有關，例如：2 點曲線、3 點曲線、多點曲線。

88-1-1 兩點不規則曲線

曲線基本組成 2 個端點，和直線畫法一樣任選 2 點→ESC 結束（不支援↵），完成後看起來曲線與直線相同，下圖 A。很少人知道可以 2 點曲線，該曲線最穩定與好控制。

A 貝斯曲線（Bézier）

點選曲線可見 2 端有箭頭，拖曳箭頭成錐形可取代死鹹圓弧，下圖 B，這是常見的貝斯曲線的控制型式，同學都很喜歡這類的控制。

88-1-2 三點不規則曲線（2 端點＋1 控制點）

任選 3 點繪製曲線完成類似弧或圓錐，呈現基礎曲線樣態，下圖左。

A 調整弧方向

拖曳線段上的控制點，感覺比 2 點曲線更容易調整弧方向和更明顯錐形。

B 移動和刪除控制點

拖曳控制點讓該點在線段移動，刪除控制點會成為 2 點曲線，下圖中。

C 2 方向曲線

拖曳權重控制箭頭可以得到 2 方向曲線（不同方向的錐形），下圖右。

88-1-3 典型：4 點不規則曲線

自行繪製最典型 4 點曲線，完成 2 方向的曲線，更可任意調整樣式，要維持線段穩定（平衡）會比較難一點，調整過程系統會維持相切連續。

88-2 曲線端點和控制點

說明**端點**和**控制點**對曲線變化，拖曳點容易出現銳角或扭曲，配合梳形會更有感覺。

88-2-1 端點（End Point，簡稱 EP）

線段 2 旁為絕對位置，進行中度控制位置與方向。端點不是實際圖元，屬於電腦圖形可以讓你控制他，但無法刪除。進行上下左右拖曳，以控制點為基準進行曲線方向控制。

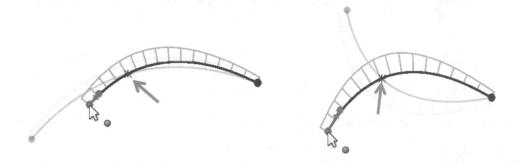

88-2-2 控制點（Control Point，簡稱 CP）

控制點（又稱曲線點）在曲線上為實際圖元點，重度控制位置與方向。業界端點和控制點都叫曲線點（Spline Point），避免混淆還是分開稱**控制點**。

A 左右拖曳

左右拖曳控制點會在線上移動，但不超過端點，下圖左。也不會超過另一控制點，例如：A 不越過 B 點，下圖中。控制點可讓曲線超過端點，會產生極端曲線，下圖右。

88-3 權重控制器（Weighting，簡稱權重）

權重控制器附加在**端點**和**控制點**上，進行更細膩的曲線控制，屬於微調作業。本節說明**權重控制器**組成與控制，甚至可以在**權重控制器**上標尺寸與完全定義。

88-3-1 權重控制器組成

以箭頭和菱形點顯示權重控制器，由左至右：1. 圓點、2. 箭頭、3. 菱形、4. 控制點，下圖左。分別拖曳它們更能體會：1. 端點、2. 控制點、3. 權重控制的不同處。

88-3-2 單向權重控制（1 個箭頭）

端點控制器僅 1 個箭頭，因為端點只有單邊延伸，下圖 A。

88-3-3 雙向權重控制（2 個箭頭）

控制點可看出 2 個箭頭，且控制點預設在權重控制器中央，下圖 B。

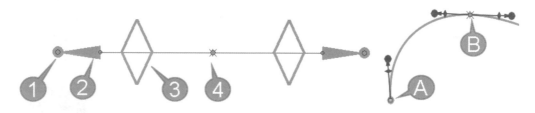

88-3-4 圓點=控制弧方向（萬向操作）

拖曳圓點進行曲線角度與長度，屬大部調整，拖曳過程會出現，下圖 A。

A 對稱控制

ALT 拖曳圓點出現，進行對稱控制，適用雙向權重控制，下圖 B。

88-3-5 箭頭

拖曳箭頭過程出現，進行箭頭方向的相切權重長度，為有限度的控制，例如：只能左右不能上下，下圖 C。權重線段永遠和曲線相切，且不會影響另一箭頭曲線。

A 對稱控制

ALT 拖曳箭頭會出現，進行對稱控制。

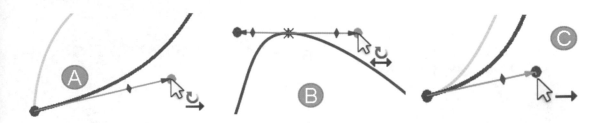

88-3-6 菱形

拖曳菱形以控制點為基準,上下有限度控制並顯示角度,常用在改變曲率方向。

88-4 何謂 NURBS

　　NURBS(Non-Uniform Rational Basis Spline):1. 非均勻(Non-Uniform)、2. 有理的(Rational)、3. 基礎(Basis)、4. 不規則曲線(Spline)。

　　NURBS 不是繪圖指令,為 Spline 延伸,多了:1. 權重控制、2. 參數變化、3. 向外控制、4. 有理多項式繪製。

88-4-1 NURBS 曲線組成

　　NURBS 以 4 點曲線構成,P=Point;C=Contral。包含 2 端點 P1、P2+2 控制點 C1、C2。P1 起始;P2 結束,曲線會通過 C1、C2 控制點,下圖左。

88-4-2 不規則曲線多邊形

　　3 種方式啟用:1. 點選曲線右鍵、2. 不規則曲線工具列、3. 選項→草圖→☑ 預設顯示不規則曲線多邊形。

88-4-3 多邊形控制

　　顯示切線方向(控制點於 Spline 外)又稱外側控制,與控制點搭配也是幾階曲線。換句話說,4 點曲線會有 3 條多邊形線。

A 手感不同

多邊形控制類似磁鐵，可局部影響彎曲區域，曲線會均勻調整，控制幅度比較大，與端點、控制點、權重控制手感不同。

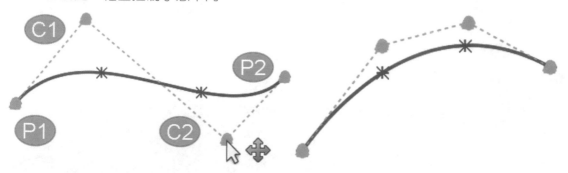

88-5 樣式不規則曲線（Style Spline）

樣式不規則曲線顯示控制線於曲線外，控制線為實際圖元，可進行尺寸標註、限制條件，以及關聯性控制，會發現沒有權重控制器，有獨立的屬性控制。

A 指令位置

1. 曲線快顯工具列、2. 工具→草圖圖元。

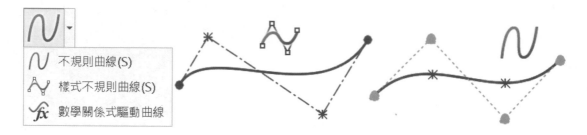

88-5-1 先睹為快：樣式不規則曲線

畫法和直線相同，由直線定義曲線，可拖曳線段、控制點。點選曲線、控制線、控制點，顯示的屬性不同。剛開始畫覺得不習慣，畫出來會像直線。

A 用描的完成不規則曲線

以不規則曲線為外型利用⋀完成，更能體會這 2 指令的用法。一樣的曲線用⋂和⋀畫出來感覺就是不一樣，2 者差異在控制線和曲線點功能，但它們可以畫到一樣的曲線。

88-5-2 控制線限制

控制線為實際圖元以建構線呈現，可尺寸標註和限制條件，例如：平行和線段長。點選控制線（箭頭所示）看出直線屬性，進行限制條件和尺寸定義。

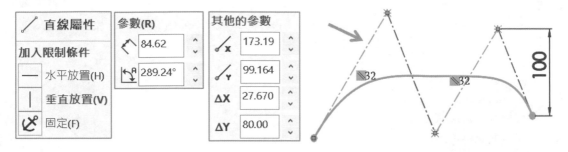

88-5-3 曲線類型：貝茲曲線（Bézier）

產生貝茲曲線並定義曲線度（階數 Order），在目前線段增加控制線。曲線階數＝幾條控制線，例如：3 階就是 3 條控制線，會有 4 個控制點。

88-5-4 曲線類型： B-Spline 3 度、5 度、7 度

曲線度＝8，可設定 B-Spline 3 度、5 度、7 度。

88-6 配合不規則曲線（Fit Spline）∟

將 2 個以上線段變更為曲線，例如：2 弧→∟成為曲線連續。常用在指令條件限制，例如：⌒只能選擇一條路徑，若路徑為多段構成，這時可用∟。

Selection Manager 也可達到多段選擇成一條件，長期使用就顯得麻煩。使用指令可見到參數、公差、預覽選項設定。

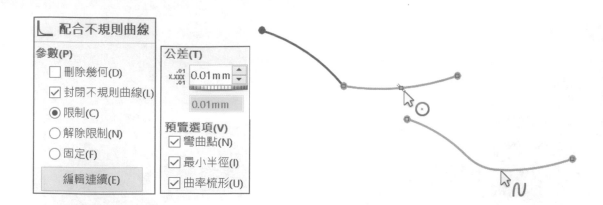

88-6-1 刪除幾何

是否刪除轉換前的圖元，建議不刪除，因為系統會以建構線保留，至少未來有需要還可將**建構線**轉換為實線，例如：刪除曲線就能見到下方有建構線，可以把建構線轉換實線。

88-6-2 封閉不規則曲線

是否將頭尾 2 端曲線連接成為封閉狀態，就不額外繪製他。

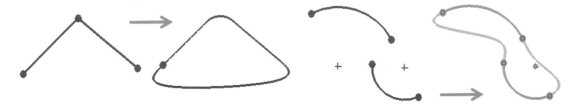

88-6-3 限制/解除限制

是否加入類似固定限制條件，會形成完全定義。☑解除限制，可以移動曲線，下圖右。也可以 CTRL+X 把線段剪下→CTRL+V 貼上→拖曳曲線來移動曲線。

查看與製作曲面品質

　　說明曲線連續、曲面連續、斑馬紋、曲率...等,這些和品質有關。曲面建構以先求有再求品質,進階者會在建模過程順便查看品質。

89-1 曲線連續(Continue)

　　定義 2 條曲線平滑度,由**曲率梳形**查看連續情形。曲率連續由字母 C 後面加數字而定,數字越大品質越高,例如:C1、C2、C3。

A 曲率梳形的組合

　　曲率梳形=曲率(Curvature[ˈkɜːvətʃə(r)])+梳形(Comb)。

89-1-1 不連續 C-1

　　線段不連接,無連續可言,也不會討論這技術。

89-1-2 相接連續(Contact Continuity)CO

　　2 曲線端點重合看起來尖銳,類似 V、A、L,梳形長度明顯不同且為切斷(箭頭所示)。

89-1-3 相切連續(Tangent Continuity)C1

　　2 曲線連接相切,加入圓角或相切條件ᕲ即可達到此效果,是最基本的品質。曲線連結處梳形長度明顯不同有斷差(箭頭所示)。

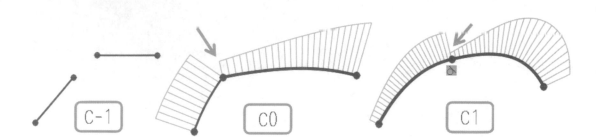

89-1-4 曲率連續（Curvature Continuity）C2

2 曲線連接處曲率且梳形長度相同，梳形看起來比較平順，常用在 3C 產品。

A 加入同等曲率(Equal Curvature) ᶜ▬

在曲線之間加入**同等曲率**ᶜ▬，系統自動加入 1. ᐁ+2. 曲率控制⟿。要滿足ᶜ▬必須有 1 條不規則曲線，可以是 2 條不規則曲線或 1 條不規則曲線+直線、弧、線，下圖左。

89-1-5 曲率變化率連續（Change rate continuous）C3

承上節，類似一條曲線到底，SW2020 可以直接加入 C3 的草圖限制條件。C3 在草圖中稱**扭轉連續性**，用在梳形方向轉向，G3 應該稱為 **C3 曲率變化率連續**比較洽當。

A 加入 G3 限制條件

點選 2 條曲線或交點加入 G3 條件，系統會自動加入 1. 相切ᐁ、2. 同等曲率ᶜ▬。

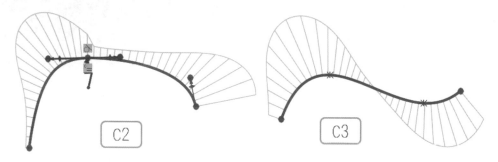

89-2 曲率梳形（**Curvature Combs**）🖌

曲率梳形（簡稱曲率、俗稱梳形），視覺查看曲線平滑度，梳形線由曲線法線向量向外放射（垂直）。線=梳形、長度=曲率，梳形越長曲率半徑越小，反之亦然。

89-2-0 曲率=曲線半徑反比（曲率=1/半徑）

查看梳形之前先認識曲率與曲線之間的關係。

A 曲率小

曲率越小，梳形變小線越短越趨近於平面。平面半徑無限大，曲率=0，不出現梳形。

B 曲率大

曲率越大 R 角越小，曲率梳形越長。

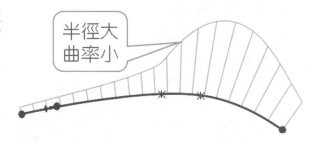

半徑大
曲率小

89-2-1 進入曲率梳形

3 種方式進入梳形：1. 曲線上右鍵➔顯示曲率梳形✐、2. 點選不規則曲線➔☑顯示曲率、3. 不規則曲線工具✐，屬性管理員可見調整比例與密度，預覽看出曲率分佈。

A 比例

調整梳形長度 0～100，數字越高越長，代表 R 角越小。

B 密度

調整梳形數量 40～1000 與曲線長短有關，較短的曲線就不能太密，因為不好查看。

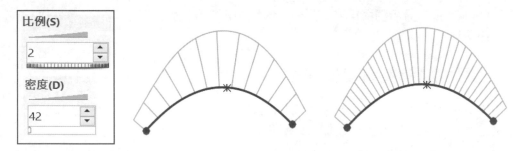

89-2-2 修改曲率比例

2 種方式回到曲率屬性設定：1. 曲線上右鍵➔修改曲率比例、2. 點選不規則曲線➔☑□顯示曲率。

89-2-3 曲率梳形方向

由梳形方向可看出曲線方向（向上或向下）。

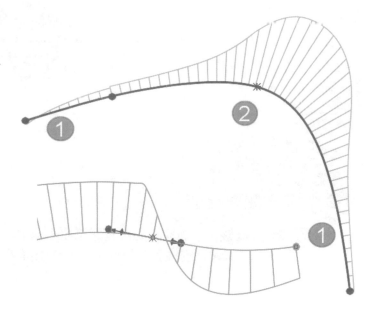

89-3 曲率（Curvature）

顯示曲面的曲率分析值與色彩，評估→。曲率常用在面的凹凸變化，另外斑馬紋與曲率可同時顯示。

89-3-1 顯示/關閉整體模型曲率

明顯可見模型整體曲率色彩分佈和凹陷區域。紅色為 R 角最小，漸層色就是變化的開始，固定顏色=相同曲率半徑。再按一次關閉顯示，這樣比較快。

89-3-2 查看曲率

游標在模型上方動態看出曲率和曲面半徑變化值，色彩由紅、綠、藍、灰、黑漸層變化呈現，紅=小 R→黑色=大 R=平面。

89-3-3 曲率=曲線半徑反比

游標在黑色平面會見到曲率=0，因為平面半徑無限大，有一大就會有一小。

89-3-4 曲率分佈設定

1. 選項→2. 文件屬性→3. 模型顯示→4. 定義曲率顯示色彩。

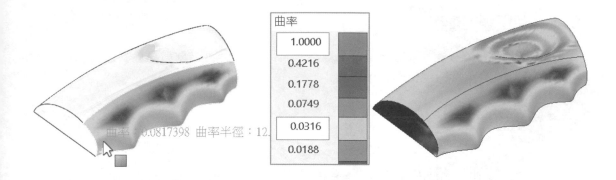

89-3-5 曲率實務

由滑鼠蓋可見紅色=小 R。洋芋面不透過曲率很難看出差異，由輔助更有加強效果來看面品質。

89-4 斑馬紋（Zebra）與曲面連續

由於無法目視得知曲面連續情形，必須藉由電腦斑馬紋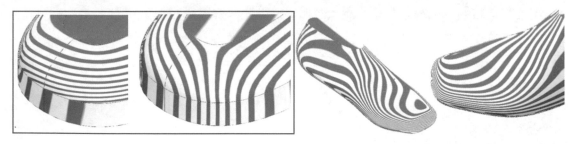來查看，他如同斑馬身上以黑白相間來檢查曲面相接的連續、縐褶、瑕疵或凹陷。

旋轉、拉近拉遠過程，斑馬紋會跟著變化，查看曲面的盲點。

A 指令位置

1. 評估→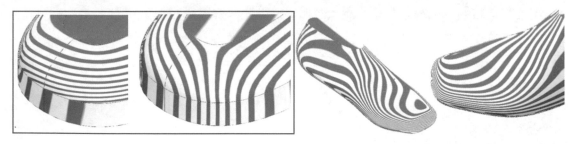、2. 檢視→顯示。

89-4-1 顯示整體模型

斑馬紋附著在模型整體，最常與最容易使用，再按一次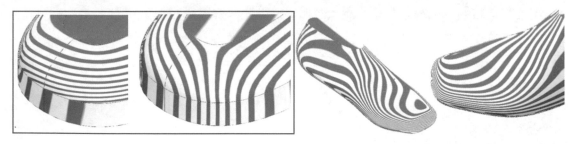關閉顯示，這樣比較快。

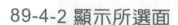
89-4-2 顯示所選面

點選模型面右鍵→◩，僅檢視所選面紋路，常用在縮小範圍查看面品質。可以選 2 面以上右鍵→◩，顯示部分的斑馬紋，下圖中右。

89-4-3 斑馬紋屬性

顯示斑馬紋過程，在模型面或繪圖區域右鍵都可進入◩屬性，調整紋路顯示狀態。

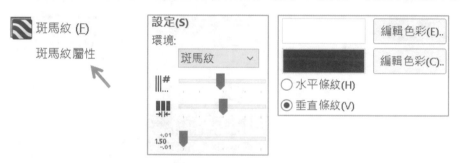

89-4-4 條紋數（Number of Stripes）

控制條紋數量（密度）和模型大小有關，例如：模型越大條紋數越多，下圖左。

89-4-5 條紋寬度

寬度又稱粗細也和模型大小有關，例如：模型越大條紋越粗，下圖右。

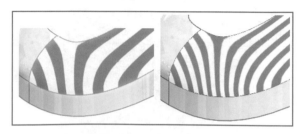

89-4-6 水平條紋與垂直條紋（重點）

當模型面有上下或左右接觸時，按面連續方向來控制條紋方向，例如：要檢查上下面連續情形，以垂直條紋顯示來得恰當，下圖左。

89-4-7 曲面連續（G0～G3）

透過◥判定 2 面之間平滑度。曲面品質（又稱平滑度）可由 Graph 字母 G 後面跟一個數字指定，Gn class 曲面品質（等級），G0～G3 數字越大曲線品質越高。

A 相接連續（Contact Continuity）G0

2 面相接不平滑，斑馬紋錯開狀態，常用在 2 模型相接固鎖不需要面品質，下圖左。

B 相切連續（Tangent Continuity）G1

2 面相切，斑馬紋在面的交界處雖然連接但變形且粗細不同，要達到該品質常利用導圓角草圖或導圓角特徵。

C 曲率連續（Curvature Continuity）G2

2 面相切，斑馬紋在面的交界粗細接近相同。早期這部分會有難度，現今軟體技術提升不會有難度了，要達到該品質加入圓角特徵◐的**曲率連續**或指令過程設定**曲率連續**。

D 曲率變化率連續 G3

曲率變化率連續（Rate of curvature change Continuity）為 G2 品質的延伸，常用在人體工學、汽車車體大面積平滑度。

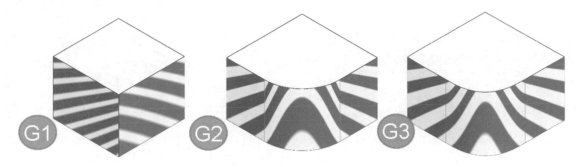

筆記頁

曲面實務

本章說明相當多的曲面手段，強化指令運用的認知，例如：曲面前置作業、先破壞再建設、複製排列...等，並利用案例實務解說曲面畫法。

90-1 輔助曲面

利用建構線或建構面作為曲面連續參考，這部分傳統建模也有，只是比較常用建構線，至於面就比較少，利用曲面主題讓你對建模思維更靈活。

90-1-1 延伸曲面：肥皂

由 3 個建構草圖分別利用✎，利用◈作為肥皂盒補面作業，面會比較飽和，否則凹陷。

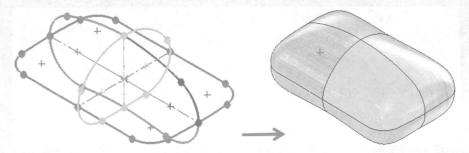

A 上方 3 邊輔助曲面◈

利用參考圖元，分別將 3 邊曲線產生並完成 3 個輔助曲面。

步驟 1 前視草圖

點選前基準面進入草圖→點選前視 2 邊線→參考圖元。

步驟 2 分別完成上視、右視草圖

步驟 3 分別完成 3 個輔助曲面

B 上方角落曲面建構 ✎

利用邊界曲面的邊線建立曲面，分別曲率控制：相切或曲率連續，過程中可以見到曲面比較飽和。選擇過程要點選模型邊線，不能點選草圖，萬一怕點到邊線，可隱藏草圖。

C 下方輔助曲面與角落曲面建構

利用參考圖元，分別將下方 2 邊曲線產生並完成 2 個輔助曲面。

D 下方角落曲面建構 ✎

利用上下方輔助曲面的 5 邊線完成曲面建構。

E 鏡射角落曲面 ▶◀

將角落 1 次複製 2 方向完成 4 角落成形。

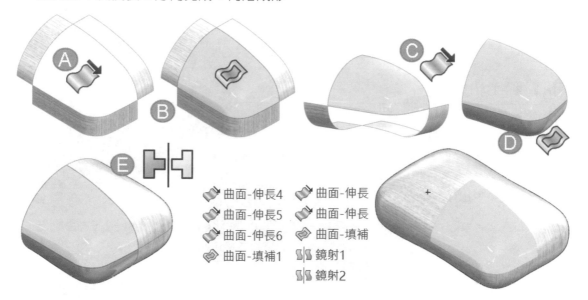

曲面-伸長4	曲面-伸長
曲面-伸長5	曲面-伸長
曲面-伸長6	曲面-填補
曲面-填補1	鏡射1
	鏡射2

90-1-2 先刪後補：波浪

要直接完成波浪很難，在基礎曲面先刪除要的波浪範圍→再補波浪造型。

步驟 1 草圖要超過車門

前基準面繪製波浪範圍，曲面建構會習慣草圖超過特徵邊界避免縫隙，比較沒這麼嚴謹，換句話說，實體建模會要求草圖與模型邊線→共線對齊，得到完全定義。

步驟 2 修剪曲面 ✎

完成波浪的範圍。

步驟 3 輔助曲面

利用 3D 草圖在缺口處製作波浪草圖➔ ，其用意將曲面做品質連續。

步驟 4 波浪曲面

指令製作過程就可以定義缺口處的波浪面相切或曲率連續。

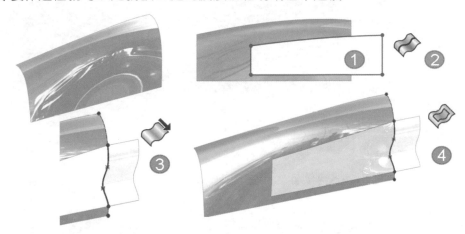

90-1-3 曲線建構連續

G0 連續喇叭，調整為 G1 甚至 G2 品質。 無法設定曲面品質，這時可在草圖製作連續的限制條件，模擬未來鏡射曲面參考。

步驟 1 草圖相切延伸

將上方導引曲線＋建構線➔相切，曲線就有 C1 連續延伸，下圖左。要 C2 品質一定要有不規則曲線，這部分自行研究，下圖中。

步驟 2

藉由終止限制➔垂直於輪廓，來完成下方 2 邊曲面連續，下圖右。

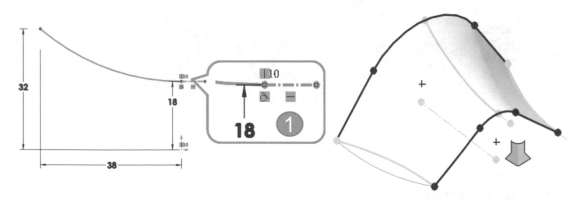

步驟 3 🔲

鏡射後由斑馬紋見到面連續，下圖左。否則沒經過上述處理為不連續，下圖右。

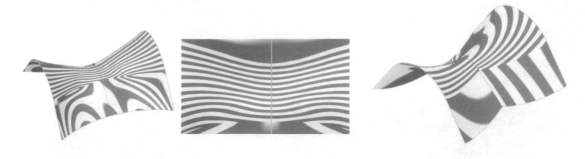

90-1-4 先刪後補：喇叭

將中間不連續的曲面切除→延伸，達到曲面連續。

步驟 1 切除🔲

於上基準面繪製矩形→中間連接刪除。

步驟 2 🔲或🔲

點選 2 曲面邊線連接過程設定曲率連續（G2），🔲發現🔲品質比較🔲好。

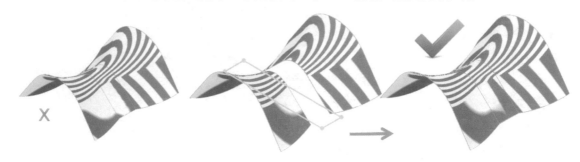

90-2 曲面本體排列

本節說明另一種曲面畫法以及複製排列源頭的重要性。

90-2-1 複製本體：雨傘

雨傘可以由🔲或🔲完成，於視圖可見🔲會飄，🔲每條邊線會完整。

步驟 1 掃出完成基礎曲面🔲

步驟 2 三角形源頭本體🔲

上基準面繪製三角形草圖→🔲。

步驟 3 環狀複製三角形本體

因為先完成標準一段➔複製排列,來源正確,結果必定正確,由此可見每個邊線相等。

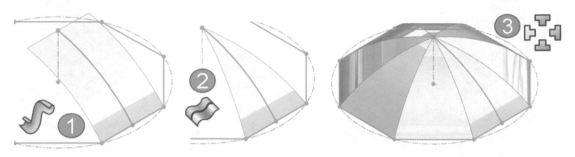

90-2-2 曲面特徵群組複製

不能僅複製曲面上的特徵,要連同基礎曲面一同複製。例如:淚滴就不能直接複製,要將本體和特徵先分割出來➔複製排列。

步驟 1 分割源頭的曲面本體

將 1. 基礎和 2. 淚滴面分割出來。

步驟 2 將其餘的曲面刪除

步驟 3 複製曲面本體

將 1. 基礎和 2. 淚滴面複製出來。

步驟 4 環狀複製淚滴本體

將先前偏移的曲面複製排列。

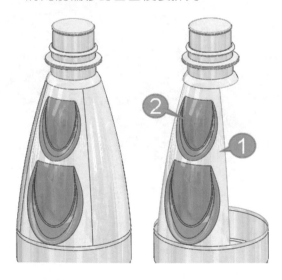

環狀複製排列8

方向 1(D)

基準軸<1>

● 同等間距

360.00deg

4

☑ 本體(B)

曲面-偏移1

90-3 案例欣賞

除了會畫也要看得懂別人畫法，間接學習。

90-3-1 安全帽

只要完成主體，剩下就是細節。主體用🔽，過程中覺得哪 2 個草圖為輪廓，看完後建模思維就靈活了，模型提供：Danilso。

90-3-2 側邊帽子

由三面草圖完成曲面，並探討加厚可行性。前視圖看出帽緣與右視圖翹起連續，感覺難度很高。

步驟 1 🔽：主體

步驟 2 ✏：製作尾端翹起

步驟 3 🔧：帽緣，路徑要對正，所有面

步驟 4 📐：看到尖點缺口以及中間面突起

步驟 5 ✏：將中間突起刪除

步驟 6 🔽：點選 2 曲面邊線曲率連續

步驟 7 🎁：將本體和帽緣縫織，☑合併縫隙

步驟 8 ◎=5：驗證帽子可製造性

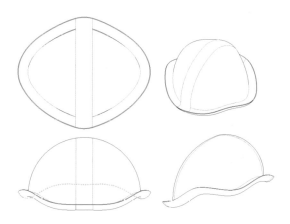

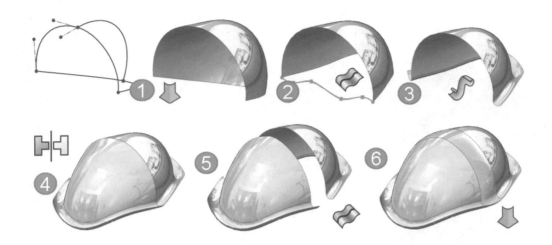

90-3-3 牛仔帽

看到帽子覺得要先完成帽緣還是帽頭，模型提供：Danilso。

步驟 1 先彎曲帽緣　　　　　　　步驟 3 完成上方帽頭曲面

步驟 2 修剪帽口　　　　　　　　步驟 4 連接帽口和帽頭曲面 ⬇

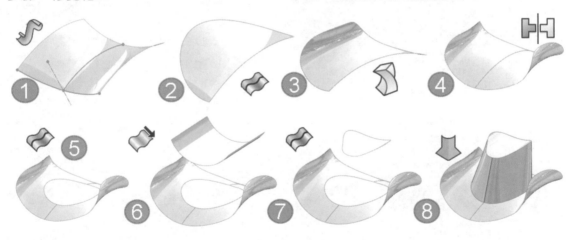

90-3-4 人

人是曲面最高境界，Danilso 可以用 SW 把公仔畫出來，甚至包含特徵分享給大家。看完人頭介紹，你會感受到是種建模循環。

步驟 1 ⬇：臉＝主體　　　　　　　步驟 3 ◐：眼球＝層次

　　2 輪廓用 ⬇ 將主體完成。　　　步驟 4 ⬇：眼白成形

步驟 2 ✎：眼睛開口　　　　　　　步驟 5 ▯◁：臉鏡射

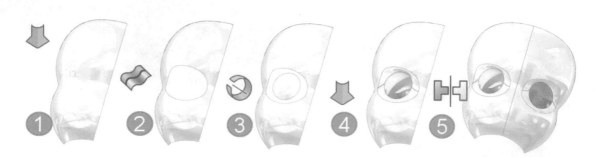

步驟 6 ✑：嘴巴開口　　　　　　　步驟 8 ✑：嘴唇開口

步驟 7 ◷：牙齒=層次　　　　　　步驟 9 ⬇：嘴唇成形

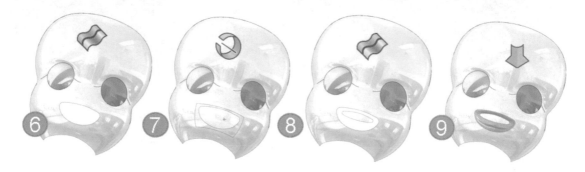

步驟 10 ✑：鼻子開口　　　　　　　步驟 13 ⬇：頭髮是一叢

步驟 11 ⬇：鼻子成形　　　　　　　步驟 14 ✣：複製排列頭髮

步驟 12 ⊨：鼻子鏡射

90-3-5 小狗

典型例子，如果開新零件重新模仿，可以學到技巧外，曲面將是一等一。

91

動作研究介面與先睹為快

　　本章以動作研究介面上的指令為主題，利用 2 大章快速學習機構模擬運動。可以學到動作研究的基本涵義三部曲，讓機構賦予生命力。

　　有些主題就是動作研究應該的精神，例如：時間調整、關鍵畫格、模擬元素、組合見的結合運動、攝影機…等。

91-1 動作研究介面

　　學習軟體先認識介面，預設 1 組動作研究標籤，左下角就有動作研究標籤，下圖左。

91-1-1 動作研究介面

　　介面分 6 大部份，前 3=主要介面（1. 工具列、2. Motion Manager、3. 時間）。後 3=次要介面（4. 研究類型、5. 播放工具、6. 模擬元素）。

91-1-2 調整動作研究介面不是吧

　　本節說明展開∧/褶疊∨介面，以及拖曳調整介面。

A 展開（預設）/褶疊∧

　　在介面右上方點選展開∧，呈現完整的動作研究介面。

B 拖曳動作研究窗格

　　游標停在窗格線上出現調整圖示⇳，上下拖曳窗格大小，下圖左。

C 左右管理員

拖曳垂直窗格線調整 Motion Manager 寬度，常用在查看模型或增加時間顯示範圍，這部分很少人想到可以這樣，經點醒更能體會調整介面的重要性，下圖右。

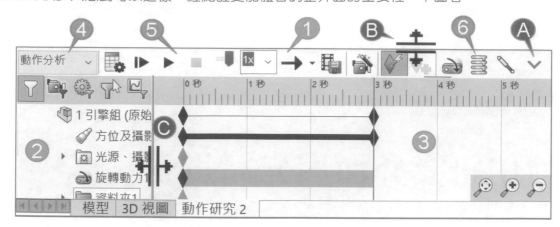

91-2 動作研究標籤

本節說明多種意想不到的標籤應用，由於此標籤使用率很高，深度了解是必要的。動作研究標籤擁有記憶功能，讓動作研究擁有獨立性，類似模型組態。

A 標籤上右鍵清單

由清單看到 5 種功能，特別是**複製研究**為後來加入的功能。

B 快速鍵

動作研究製作的過程會大量右鍵使用：**重新命名（R）**、**刪除（D）**和**產生新的動作研究（C）**，習慣會將右鍵的快速鍵背起來，這樣速度會快很多，例如：右鍵 D 刪除。

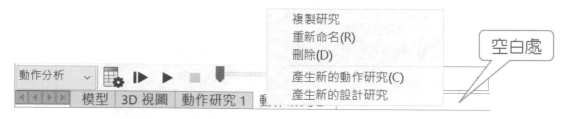

91-2-1 產生新的動作研究（Create New Motion Study，C）

新的動作研究使用率最高，產生多個標籤進行多樣動作管理，類似工程圖的多圖頁或模型組態，有多種方式加入**新動作研究**的方式。

A 重做比較快

製作動畫常發生做不好，重做比較快，看起來很通俗，重做是最常用的作業。

B 標籤右鍵，使用率最高

標籤上右鍵→產生新的動作研究，推薦標籤上右鍵 C，速度快感受很強烈，下圖左。

91-2-2 重新命名（右鍵 R）

將標籤命名，常用在多組運動容易直覺辨認。1. 快點 2 下標籤（最好用）、2. 標籤右鍵→重新命名(R)，右鍵 R，但無法快速鍵 F2。

91-2-3 複製研究（複製動作研究）

複製已完成的動作研究，修改為新的相似運動，拿來改比較快。

91-3 動畫製作三部曲（任督 1 脈）

開始進入動作研究主題，利用動畫製作三部曲的口訣完成動作研究，算任督 1 脈，任督第 2 脈為視角及關鍵畫格重放🔧。

91-3-1 3 步驟（1.起始位置→2.放時間→3.結束位置）

這 3 個步驟是 1 個動作的循環，是進入動畫領域的門票，例如：設定滑塊移動 2 秒鐘。

步驟 1 移動模型到起始位置

拖曳滑塊到右上位置。

步驟 2 放置時間

定義滑塊移動時間，點選第 2 秒位置。

步驟 3 移動模型到結束位置

拖曳滑塊到左下位置，完成後會見到 1. 黑色時間線、2. 播放按鈕啟用。

步驟 4 播放

可見滑塊右上到左下移動，看到完成作品很有成就感，也覺得沒想像中難。

91-3-2 查看動作研究的變化

動作研究具備 2 項目：A. 關鍵畫格（Key Point，簡稱畫格）◆、B. 時間（Time），畫格會在時間線上。

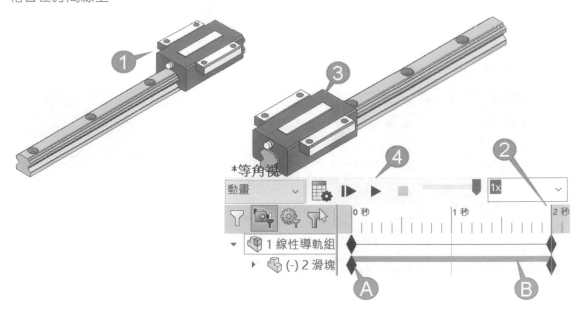

91-3-3 練習：滑塊飄移

利用動畫 3 部曲，完成滑塊飄移動畫，更能體會這 3 部曲的奧義，下圖左。

91-3-4 練習：飛機移動與動作研究效果

將飛機右上往左下移動，試試開啟 RealView（小金球）＋陰影，這些效果會隨著飛機移動，以前這很專業，現在這是很應該的，和不會加入動作研究中。

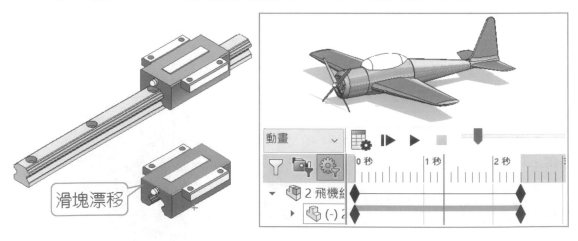

滑塊漂移

91-4 時間介面

時間介面在 Motion Manager 右方，表達動作研究內容，使用率最高的區域，分 4 大部份：1.時間格、2.時間棒（Time Bar）、3.時間線（Time Line）、4.時間解析度。

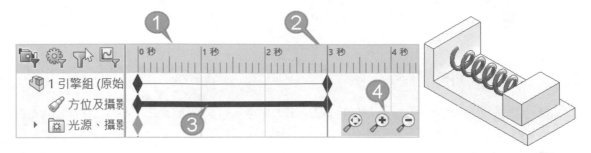

91-4-1 時間格（預設灰）

刻度時間間格，動作被**重新計算**或**播放**，時間格色彩變黃色，表達已產生動作區間。

A 過時的

若黃色區域內顯示**斜影線**，表示結果不是最新的，就要重新計算🖭。

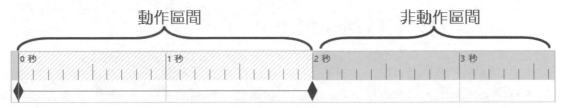

91-4-2 時間列（BAR，又稱時間棒）

灰色垂直線表示動作位置，類似**回溯棒**，常用 2 種方式控制：1.點選放置時間列、2.拖曳時間列。

91-4-3 時間線與顏色（Time Line）

以**水平線**顯示動畫時間，預設上下 2 條線顯示，分別：1.總時間線、2.動作時間線。

A 總時間

動畫停止的位置，黑色且為最上層，而畫格為最後位置，下圖左。

B 時間線與圖示

每動作都有專屬時間線圖示，看出該模型進行哪種類別動作，有多種顏色代表不同狀態，例如：滑塊變透明屬於外觀變化，時間線為紫色。

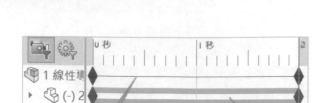
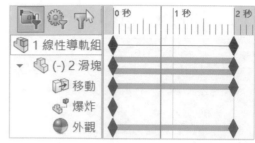

91-4-4 總時間的控制

進行整體動畫時間，可以是動作結束的最後時間。Alt 往左或往右拖曳控制總時間畫格，讓動作研究時間整體放大或縮小，算是比例縮放。

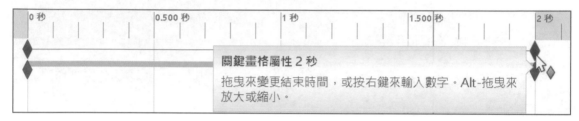

91-5 研究類型（Type of Study）

於工具列最左邊，由清單由上到下依序 3 種研究類型：1. 動畫→2. 基本動作→3. 動作分析。實務上用過這 3 大類以後，本節的說明會讓你不斷翻閱更津津有味，下表分類協助大家快速認知。

研究類型	A 學習層級	B 動作三態	C 模擬元素	D 產品線
1. 動畫	基礎	運動	動力	Standard
2. 基本動作	進階（動畫的延伸）	模擬運動	動力、彈力 重力、接觸	Professional
3. 動作分析	高階（延續基本動作，進行分析）	分析運動	阻尼 作用力	Premium 的 Motion 模組

A 研究類型的訊息

游標在研究類型清單上方出現訊息，協助大家快速認知，通常很少人會仔細看這些。

研究的類型
選擇動作研究的真實程度
(較逼真的研究需要花較長的時間來計算)

① 動作由關鍵點或動力與組合件的限制所驅動

② 使用組合件結合、彈力、重力、及動作的更逼真模擬

③ 最逼真的模擬會考慮所有可用的動作物件類型
並提供精確，數字式的結果。

B 研究類型差異

針對不同需求切換，初學者只要先學 1. 動畫、2. 基本動作即可，就可完成機構運動。

研究類型	物理運動	說明
1. 動畫	非物理運動	1. 拖曳帶動機構、2. 由動力定義移動或旋轉，可以滿足絕大部分的結合組裝運動。
2. 基本動作	物理運動	模擬直線/旋轉、彈力、重力、接觸（碰撞），常用在物理模擬呈現。
3. 動作分析（Motion）	物理運動	精確模擬元素效果，例如：反作用力、彈力、阻尼及摩擦，擁用有運動學求解器並繪製運動圖表供進一步分析。

91-5-1 動畫（Animation）

動畫常用在零件的視角或組合件的拖曳動作，不計算物理模擬，不需考慮**質量**、**重力**狀態。動畫只能使用：1. 視角、2. 外觀、3. 結合條件、4. 動力，下圖左。

A 無法使用模擬元素

當模型有使用**基本動作**或**動作分析**的模擬元素，於動畫類型無法使用會以灰階呈現，就算可以播放也無法達到想要的結果，下圖右。

1. 視角	2. 外觀	3. 結合條件	4. 動力
視角方位 攝影機	色彩、光源、外觀、顯示狀態(塗彩、線架構）	標準結合 進階結合 機械結合	旋轉動力 直線動力

91-5-2 基本動作（Basic Motion）

基本動作涵蓋**動畫**，可以使用模擬元素完成絕大部分的機構運動，例如：組合件的 6. **直線/旋轉動力**、5. **彈力**、6. **重力**和 7. **接觸**的物理效果。

1. 視角🖊	2. 外觀🌐	3. 結合條件🔗	4. 動力🔧	5. 彈力🗜	基本動作 ⌄
視角方位 攝影機	色彩、光 源、外觀、 顯示狀態 （塗彩、線 架構）	標準結合 進階結合 機械結合	旋轉動力 直線動力	6. 重力🍎 7. 接觸👣	🔽 📷 ⚙️ 🔷 研究類型-凸輪 🍎 重力 👣 實體接觸6 🔧 旋轉動力8

91-5-3 動作分析（Motion）

進階運算模擬元素，考慮材質屬性、質量、摩擦，有些元素必須**動作分析**才可以使用，例如：**作用力**↖、**彈力**🗜、**阻尼**🖊…等。

91-6 計算與播放

本節由左到右說明常用的計算與播放指令。

91-6-1 計算（Calculate）⚙、👣

模型或動作研究設定有變更時，或感覺動畫怪怪的，會習慣按⚙（類似**重新計算**👣）。按⚙會執行 1.**計算**+2.**播放**，播放速度也會比較慢。

希望⚙圖示統一為👣，就不必重新認識圖示。時間列（上方黃色部分）出現**過時的**斜影線//////，這時就要⚙。

91-6-2 從頭開始播放（Play from Start）▮▶

將動畫回到 0 秒開始播放，這時 1.**調節棒**和 2.**時間線**會到 0 秒位置。

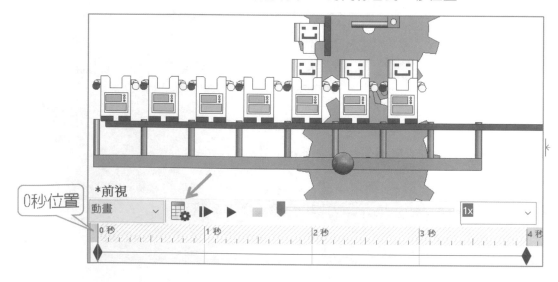

91-6-3 播放（Play）▶、停止/暫停播放（Stop）■

從目前的時間位置播放或**停止/暫停**播放。

91-6-4 重放速度（Playback Speed，預設 1X）1.5x ⌄

　　由清單切換動畫播放速度：0. 1X、0. 5X、1X、1. 5X、3X⋯等，可以在播放過程直接調整速度。

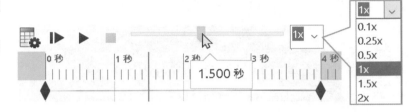

91-6-5 重放模式（Playback Mold）

清單切換 3 種重放模式，掌握心理因素，會讓動畫層次更上一層樓，2、3 為互補操作。

正常（Normal，預設）→	從頭到尾播放一次。
連續播放（Loop）↻	從頭到尾連續播放，常用在 1 個行程的循環。
往復播放（Reciprocate）↔	來回播放，常用在往復機構運動，例如：滑軌運動。

91-7 模擬元素（Simulation Element）

　　將機構賦予模擬動力，模型加入運動的物理性質，提供 4 種模擬元素（4 大天王）：1. 動力、2. 彈力、3. 重力、4. 接觸，可滿足絕大部分動態模擬，而**動力**是討論度最高的元素，5. 作用力、6. 阻尼算進階元素。

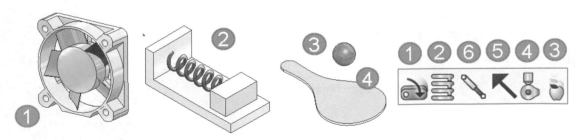

91-7-0 動力

模擬機構受動力影響來轉動或移動。進入動力後，在動力類型可以進行 2 種動力，照字面不難理解它的用途。

1. 旋轉動力📷，例如：風扇、馬達

2. 直線動力（致動器）→，例如：滑塊、氣壓缸…等。

91-7-1 旋轉動力（Rotary Motor）📷

以旋轉產生動力，常用於圓形主動機構，可帶動從動件，例如：讓風扇加入旋轉動力，模擬旋轉 100rpm。

步驟 1 零組件/方向

1. 點選風扇圓柱面→2. 固定速度：100 RPM。

步驟 2 播放

可以看到葉片轉動，如果覺得 5 秒時間太長，ALT＋拖曳總時間畫格至第 2 秒即可。

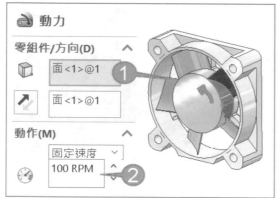
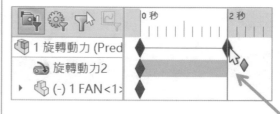

A 練習：螺旋槳

在螺旋槳上加入旋轉動力，模擬轉速，依指令類別共 3 個步驟。

步驟 1 動力類型：旋轉動力↻

步驟 2 零組件/方向

點選要轉動的螺旋槳圓柱面。

步驟 3 動作：固定速度，輸入轉速 100

步驟 4 播放

使螺旋槳運轉，可以見到旋轉動力模擬元素。

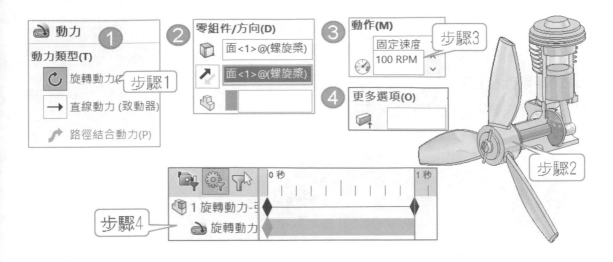

91-7-2 直線動力（Linear Motor）

直線動力在模擬元素的動力之中，以直線產生動力，常用在線性移動機構，與旋轉動力概念和操作方式一樣，本節將滑塊加入直線動力，模擬 10mm/s。

步驟 1 零組件/方向

1. 點選滑塊平面→2. 固定速度：40mm/s。

步驟 2 播放

可以看到滑塊在滑軌上移動。

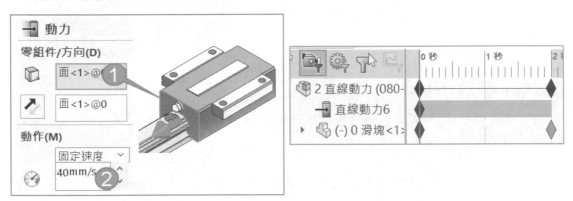

91-7-3 重力（Gravity）與接觸（Contact）

它們 2 個經常一起搭配，同時學習比較比較多元有效率，適用**基本動作**、**動作分析**。

A 重力

重力加速度模擬自由落體，由蘋果圖示聯想到牛頓的地心引力。

B 接觸

定義模型的配對組來檢查之間的接觸，否則會忽略接觸，同時穿過彼此。

C 動作研究：球拍

球由上往下落下停在球拍上，若沒有設定**接觸**就會貫穿。

步驟 1 設定重力→播放

定義 Y 軸重力方向，播放後球會穿透球拍。

步驟 2 設定接觸→播放

將球與球拍加入接觸。播放後看到球掉落在球拍上，下圖左。

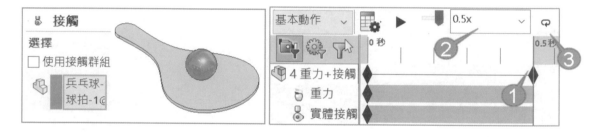

D 旋轉＋接觸動作研究

在日內瓦機構將 2 模型加入後進行**旋轉動力**，播放可見 1. 轉盤銷接觸 2. 被動件的槽，產生連續轉動。

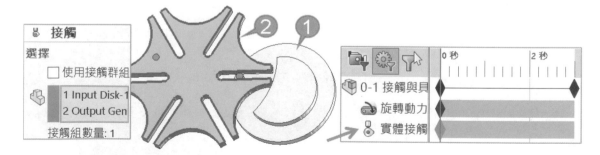

E 練習：彈珠盤

由＋模擬彈珠落下，球粒粒分明，這是最常見的操作。

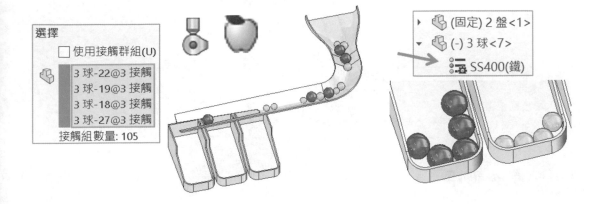

91-8 動作研究屬性 ⚙

動作研究屬性=動作研究選項，可調整動作研究 1. 播放流暢度、2. 計算準確度。動作研究屬性分 4 大部份：1. 動作研究、2. 基本動作、3. 動作研究、4. 一般選項。

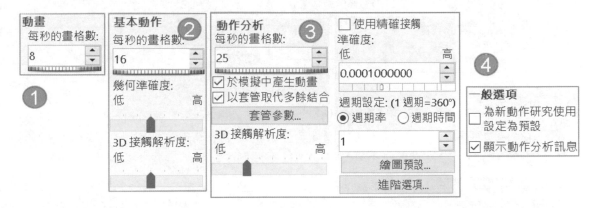

91-8-1 動畫

控制每秒抓取的畫格數，畫格數量與計算時間、觀看的流暢度有關，畫格數越多播放越流暢，相對運算比較久，播放通常 20，製作過程設定 10，畫格數不影響播放速度。

A 每秒畫格數（Frame per second）

每秒畫格數和計算速度有關，每秒畫格數 10，動畫 5 秒，電腦必須計算 50 張畫面，提高畫格數就能理解計算會更久。動畫初期只是驗證動作可行性，我們會把**畫格數**和**秒數**降低，縮短動作研究的試誤時間，例如：畫格數 5，動作時間 1 秒。

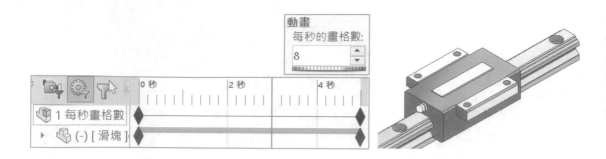

91-8-2 基本動作

基本動作已經不是動作研究類型：**動畫**這麼簡單，開始走向進階之路。設定基本動作的 1. **每秒畫格數**、2. **幾何準確度**、3. **接觸解析度**。

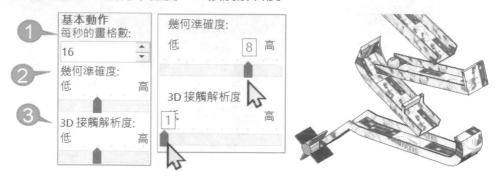

A 幾何準確度（Geometry Accuracy）

系統將模型表面劃分多網格，由控制棒調整網格大小。準確度越高，計算更準確，但計算時間長，例如：中空球本身不平整，由上往下滾動，遇到斜坡會不會完整的滾動。

步驟 1 幾何準確度：低 1
球轉動到前段停止。

步驟 2 幾何準確度：中 5
球轉動到一半停止。

步驟 3 幾何準確度：高 8
完整的滾動到結束。

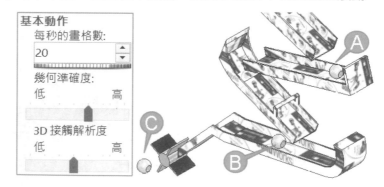

B 幾何準確度與 3D 接觸解析度搭配（試誤調整）

實務上不見得很了解這兩項設定，通常都是亂調居多，有幾種調整設定：1. 高高、2. 低低、3. 低高、4. 高低、5. 中間、6. 中間附近、7. 一高一中... 等，來回查看計算結果。

本節比較容易體會這 2 者之間大致差異，絕大部分情況球可以完整落盤，本題目反而要讓球跑出來還蠻難設定的，下圖左。

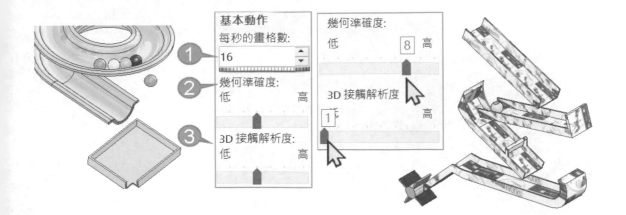

筆記頁

92

常見的動作研究題型

本章說明常見的動作研究，由題型中更進一步認知**關鍵畫格**的應用，透過簡單的調整達到理想的運動狀態。

92-1 動畫精靈（Animator Wizard）

點選隨後開啟**選擇動畫類型**視窗，利用引導的方式產生簡單動畫，由選擇動畫類型視窗中常用 2 種：1. 旋轉模型、2. 爆炸/解除爆炸。將組合件的**爆炸**、**解除爆炸**轉移到動作研究中，有很多動作研究可以用組合件的爆炸圖來做，減少動作研究製作與運算負擔。

A 適用組合件

將**爆炸**、**解除爆炸**加入動作研究，必須要先在組合件製作爆炸視圖。

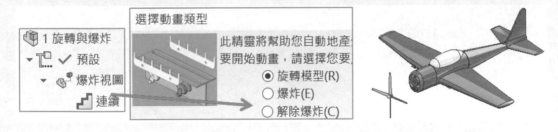

92-1-1 爆炸

將飛機螺旋槳的**爆炸**和**解除爆炸**加入動作研究。設定 0～2 秒螺旋槳爆炸，2～4 秒螺旋槳解除爆炸。

A 動作研究控制選項

設定爆炸動作研究的時間，時間長度（秒）：爆炸動作研究為 2 秒，延遲時間 0 秒：從 0 秒開始製作動作研究，完成後可見爆炸 2 秒的動作研究已加入時間列。

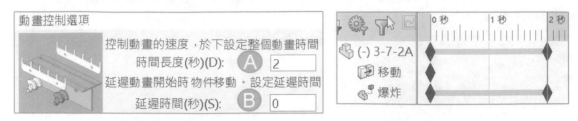

B 調整爆炸視圖秒數

是否還記得爆炸視圖預設為 4 秒，將爆炸視圖由🔨產生到動作研究後，可以由動作研究任意更改時間。

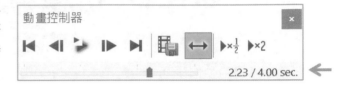

92-1-2 解除爆炸

承上節，接續製作解除爆炸，重點在**延遲秒數**。

A 選擇動畫類型

選擇**解除爆炸**→下一步。

B 動作研究控制選項

設定解除爆炸動作研究的時間，爆炸動作 0-2 秒，延遲時間從第 2 秒開始解除爆炸，這樣畫格就不會重疊。

 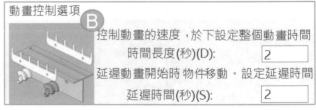

C 播放

可以看到解除爆炸動作研究已加入時間列。其實只要利用**往復播放←→**同時得到爆炸與非爆炸狀態，就不必製作 2 次🔨，下圖右（箭頭所示）。

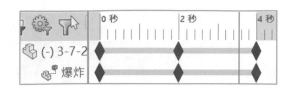

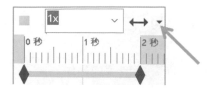

92-1-3 練習：加農砲爆炸，同步作業

透過👆完成加農砲 4 秒爆炸動作研究，本節爆炸動作比較多，完成動畫精靈後，經過畫格調整，會發現雖然時間一樣為 4 秒，讓步驟同步比較不會單板，可看性也增加。

A 爆炸步驟製作

自行完成爆炸導入動作研究。

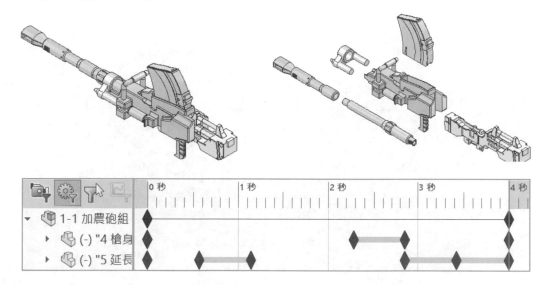

B 爆炸步驟同步作業

爆炸步驟為一個步驟完成才接下一步驟，看起來很死鹹，拖曳畫格讓上下 2 模型的窗格重疊，例如：槍身和彈夾同時進行。

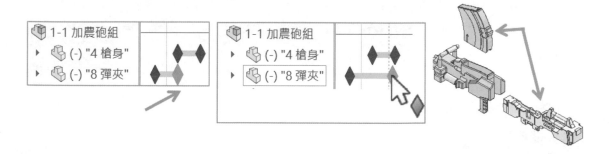

92-2 拖曳運動

組合件拖曳模型完成動作研究，分度是一種新認知，讓動畫得到解決方案並提高動畫手法到下一境界。

A 分度=分段進行

分度適用規則移動也可以說動畫 3 部曲的循環，避免一次性拖曳造成系統無法解讀，例如：螺旋槳轉動。

B 我們的認知 VS SolidWorks 的理解

我們的認知**線性**，而軟體認知**迴圈**，當我們想 0-360 度繞 1 圈，但軟體認為從頭到尾的位置是相同的，例如：0 度和 360 度位置相同。

將滑塊移動分成 2 種說明：1. 同一時間來回和 2. 不同時間來回。

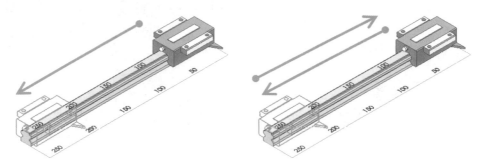

A 同一時間拖曳滑塊來回移動

2 秒完成滑塊來回移動並查看效果。

步驟 1 製作滑塊來回移動

放置時間到第 2 秒，拖曳滑塊來回移動。

步驟 2 播放

滑塊幾乎不動，對系統來說**起始**和**結束**位置都是同一地方。

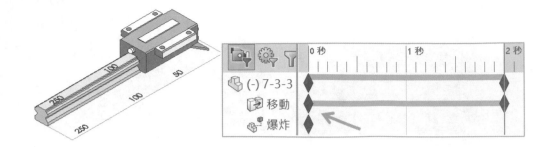

B 不同時間拖曳滑塊

分別第 1 秒和第 2 秒完成滑塊移動。

步驟 1 放置時間到第 1 秒→移動滑塊到起始 200 位置

步驟 2 放置時間到第 2 秒→移動滑塊結束 0 位置

步驟 3 播放

完整見到滑塊來回移動。如果只是單純看來回效果，只要將重放模式改為**往復播放** ↔，但這樣會不知道分度的意涵。

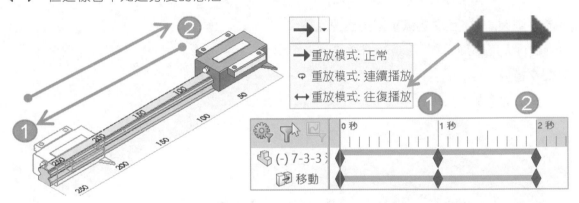

92-2-1 分度：旋轉

分度拖曳螺旋槳並認識從動件的時間列圖示，葉片加上不同顏色，好辨識轉動位置。分 2 個階段旋轉螺旋槳：1. 連續轉動螺旋槳、2. 分段拖曳螺旋槳。

A 連續轉動螺旋槳

讓螺旋槳 2 秒完成轉 1 圈效果。

步驟 1 放置時間到第 2 秒→拖曳螺旋槳 1 圈

拖曳螺旋槳會發現移動的時間線已加入。

步驟 2 播放

螺旋槳不如所願轉 1 圈，類似抖動，其實 0 度和 360 度位置相同，造成運動模糊。

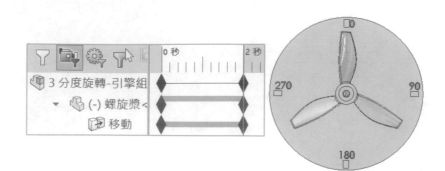

B 分段拖曳螺旋槳

將 1 圈拆成 4 等分，每等分 90 度（1/4 圈），2 秒完成螺旋槳轉 1 圈效果。

步驟 1 製作螺旋槳轉 1/4 圈

放置時間到第 0.5 秒位置，拖曳螺旋槳轉 1/4 圈。

步驟 2 製作螺旋槳轉 2/4 圈

放置時間到第 1 秒，拖曳螺旋槳轉 2/4 圈。

步驟 3 重複 1、2 步驟，依續累加至第 4 秒

自行完成螺旋槳剩下圈數：3/4 圈、4/4 圈。

步驟 4 播放

看螺旋槳是否如願轉 1 圈完成結果。

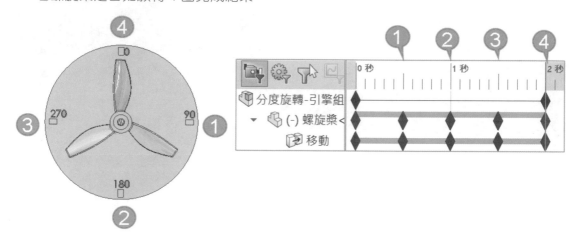

92-2-2 延遲：拖曳-鎚球

本節特別說明調整畫格讓模型動作產生間隔。利用拖曳技巧 1. 移動鎚子讓鎚子碰到球後→2. 球呈拋物線離去，模擬鎚球效果。

A 定義鎚子撞球時間和位置

讓鎚子由第 0 秒開始以 1 秒往下撞到球。

步驟 1 模型視角

切換至前基準面，較好判斷鎚子和球位置。

步驟 2 槌子動作研究

1. 拖曳槌子到左上→2. 放置時間到第 1 秒→3. 拖曳鎚子到球接近碰撞位置。

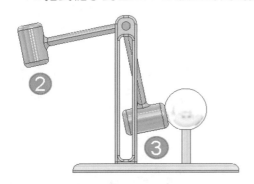
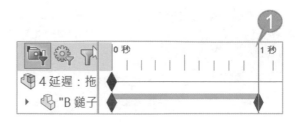

B 定義球的時間和位置

由第 1 秒開始球離去到第 2 秒結束。

步驟 1 放置時間到第 2 秒

步驟 2 拖曳球離開

拖曳球離去時，要有拋物線會比較像。

步驟 3 播放

看看鎚子和球運動效果，會發現球在第 0 秒和鎚了同時移動。

步驟 4 調整球的畫格

拖曳球的畫格到第 1 秒，讓 0-1 秒不動作。

步驟 5 播放

這時可見鎚子撞球的合理動畫。

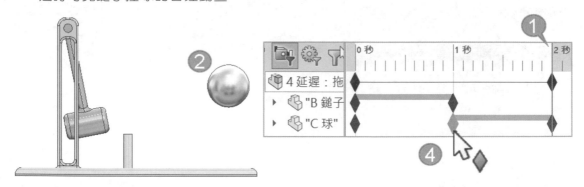

92-2-3 製作拖曳窗戶活動

抑制結合讓動作進行，設定 0～1 秒開窗戶，本節可以更清楚第 0 秒的時間意涵。

步驟 1 查看窗戶結合資料夾

展開結合資料夾，發現重合將窗戶完全定義，所以無法移動。

步驟 2 右鍵抑制↓結合條件

重點在這，第 0 秒讓系統認為沒有這條件。

步驟 3 放置時間到第 2 秒→拖曳窗戶

步驟 4 播放

移動時間線產生→播放見到窗戶開啟。常見同學放置時間後→才抑制結合條件，這樣播放過程無法開窗，直到第 1 秒才瞬間開窗。

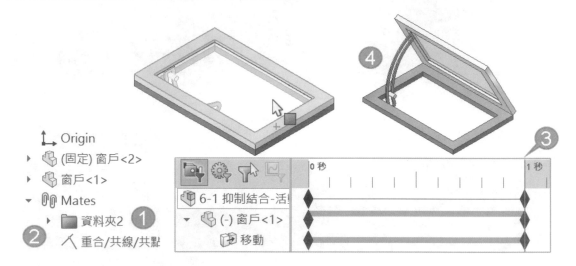

92-3 組合件結合運動

透過結合條件的距離⊢、角度⌐、路徑⌐...等參數完成動作研究，參數和拖曳不同，參數可以精確移動，拖曳是大概樣子。

92-3-1 距離動畫 ⊢

利用距離⊢完成動作研究，將滑塊設定在 2 秒內完成移動 200mm 效果。

步驟 1 修改平行相距

放置時間到第 2 秒→快點兩下⊢圖示，修改參數到 200。

步驟 2 播放

可見滑塊由起始到結束移動 200，沒必要再做滑塊回去，改為**往復播放←→**即可。

92-3-2 角度動畫 🔼

角度控制與距離控制做法相同，可以很快上手。

A 活動門

修改門框與門角度。放置時間到第 2 秒，快點 2 下角度圖示🔼，修改 70 度。

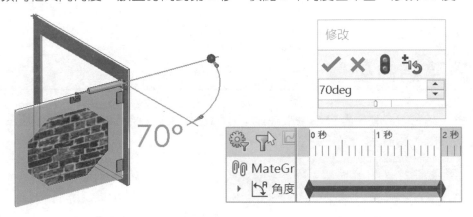

B 武器箱

武器箱分上下 2 門，先開上門再開下門，這樣才符合實際狀態，否則會干涉。分 2 階段完成開門效果：0～2 秒，上門開 120 度→2～4 秒，下門開 120 度。

步驟 1 改變上門角度至 120 度，讓上門開啟

放置時間到第 2 秒→點選上門角度圖示🔼，修改參數到 120 度。

步驟 2 下門開啟 120 度

放置時間到第 4 秒→點選下門角度圖示🔼，修改參數 120。

步驟 3 拖曳關鍵畫格

在第 0 秒拖曳下門畫格到第 2 秒，讓下門從第 2 秒開始作動。

步驟 4 播放

上門開啟後，下門再打開，並非 2 門同時開啟。

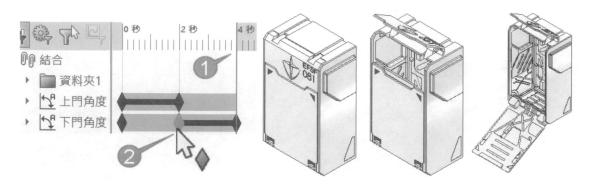

92-4 路徑結合動畫

使用**路徑結合**限制模型在路徑上活動，本章說明和路徑有關的多種動作研究，其實它不一定要曲線，直線也可完成路徑結合。

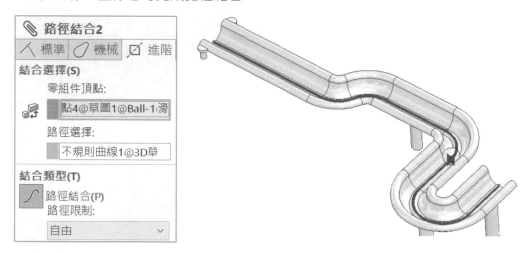

92-4-1 球沿 S 軌道行進

讓球沿著 S 軌道行進，一開始會想拖曳球一氣呵成來完成動作研究，不過會有問題，本節說明多種動作，更能體會動作研究的精神。

A 拖曳球，一氣呵成

拖曳球沿著 S 軌道行進，早期版本播放後球會來回亂跑，不過現在一氣呵成是可以的。

B 拖曳球，分度

分 4 段完成整個路徑，拖曳過程中球會亂跑，因為曲線上拖曳會造成力的分量。

C 使用自由以外的限制選項

產生**新動作研究**時，會出現**使用自由以外的限制選項**說明，告訴我們使用自由的項目會造成動作研究無法正確解析，如同上一節的分度作業。

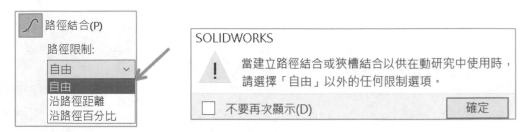

92-4-2 沿路徑百分比

以路徑百分比 0～100%定義球位置。

步驟 1 第 0 秒球在 0%位置

步驟 2 放置時間在第 2 秒

步驟 3 修改路徑百分比到 99%

1. 路徑條件上快點兩下輸入 99%或 99.9，無法輸入 100，這部分希望 SW 改進。

步驟 4 播放

可以見到球完整的沿路徑移動。

A 路徑百分點為何是 99%，不是 100%？

理論上球到終點應要 100%才對，早期版本可以輸入 100，不過球會反彈，所以可設定為 99.9%，讓球模擬出近 100%位置。

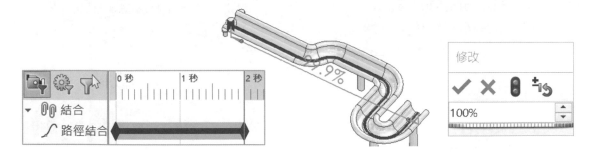

92-4-3 距離

以距離定義球的位置，路徑長度 310，定義 2 秒讓球由 0～310 移動。

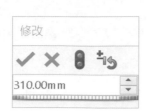

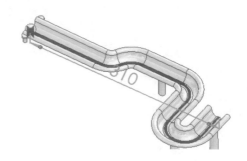

92-5 方位及攝影機視角（任督第 1 脈）

將模型進行 1. 視角方位、2. 模型檢視（旋轉 C、拉近拉遠 ♪、移動 ✛）或 3. 攝影機視角控制 ▣。

A 任督第 2 脈

本節是動作研究的任督第 2 脈，初學者一開始會被這 2 名詞搞混，更重要右鍵不容易切換這 2 種設定，所產生的結果交叉變化有多種組合。

B 使用，停用視角關鍵畫格的重放/產生

於方位及**攝影機視角** ✎ 右鍵：1. 停用視角關鍵畫格的重放（B）✎、2. 停用視角關鍵畫格的產生（C）◈，經常右鍵開啟/關閉它們，建議右鍵 B 或右鍵 C。

C 最理想的畫面與學習

希望直接顯示指令變化，不須憑印象來回切換，要學習它們 1. 仔細看懂圖示、2. 面對名詞共通性：**視角關鍵畫格**。

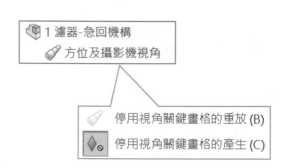

1. 停用**視角關鍵畫格**的重放 ✎
2. 啟用**視角關鍵畫格**的重放 ✎
3. 停用**視角關鍵畫格**的產生 ◈
4. 啟用**視角關鍵畫格**的產生 ◈

92-5-1 停用視角關鍵畫格的重放 ✎

是否播放視角的動畫，**停用視角關鍵畫格的重放**應該稱**視角關鍵畫格的重放**，普世觀感 ☑=要，可惜這裡卻 ☑=不要，就造成難以理解的混淆。

A ☑停用視角關鍵畫格的重放 ✎

不播放視角的動畫，✎時間線灰階，下圖左。

B □停用視角關鍵畫格的重放✐

播放視角的動畫，✐時間線黑色，下圖右。

92-5-2 視角方位製作

本節說明視角方位轉換運用，重點在有效率的選擇視角。

A □停用視角關鍵畫格的重放✐→□停用視角關鍵畫格的產生◆。

方位及攝影機視角右鍵
→依序關閉這 2 項設定，讓
✐方位及攝影機視角可使
用。

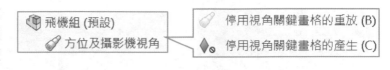

B 多種視角方位的作業

切換視角方位依常用順序多種方式：1. 方位視窗、2. 快顯視角、3. 動作研究右鍵→視
角方位→4. SHIFT＋方向鍵（上下左右）。

 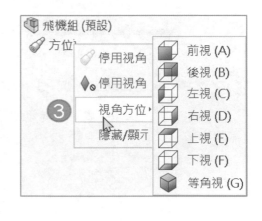

C 製作產品所有視角動畫

分別完成多個視角動畫，不能直接前→後，這樣看起來會太緊湊。本節常用在一開始
的產品檢視，先讓客戶完整的看出模型所有外觀，這部分算是貼心的舉動。

步驟 1 空白鍵開啟方位視窗→保持顯示📌

步驟 2 加大時間解析度🔍⁺：加大時間解析度到 1 秒可見

步驟 3 模型起始視角：等角視

步驟 4 放置時間到 0.5 秒→切換視角：前視

步驟 5 放置時間到第 1 秒→切換視角：右視

步驟 6 依序完成

　　1. 前→2. 右→3. 後→4. 左→5. 上→6. 下→7. 等角視，每段視角 0.5 秒，共 3.5 秒。

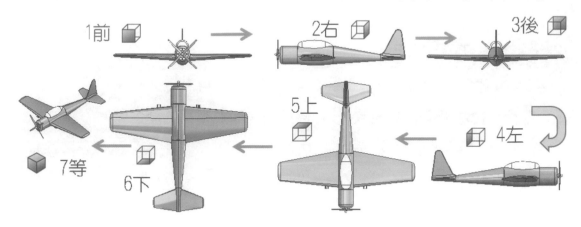

步驟 7 播放

　　可看見視角轉換動作研究，播放過程可以見到視角轉換順不順。

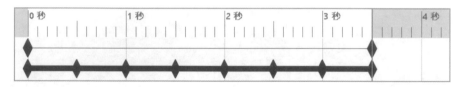

92-5-3 練習：動畫＋視角

　　自行完成視角轉換動畫，螺旋槳本身具備旋轉動力，播放動畫過程可以任意切換視角與檢視模型。

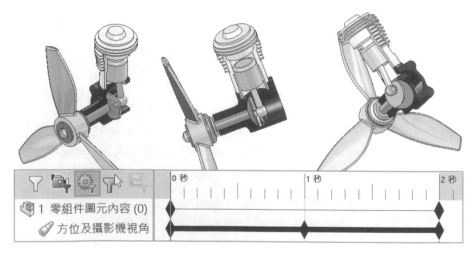

92-6 攝影機

攝影機（Camera）📷又稱虛擬攝影機（Virtual Camera，因為他不是真實的），先在模型空間產生**攝影機視角**📷來檢視模型，再利用動作研究加入📷滿足觀眾的視覺效果。

Ⓐ 攝影機=VR

攝影機模擬第 1 人稱視角，如同攝影師跳到 SW 裡面拍攝是一樣的，也可以說是 VR，而螢幕前所見的模型屬於第 3 人稱。

92-6-1 攝影機指令位置

本節說明加入攝影機的地方與加入攝影機過程，算是小小先睹為快，開始進入📷的世界，加入/抑制/刪除作業也是管理攝影機的地方。1. **顯示管理員（DisplayManager）**🌑，或 2. Motion Manager：**光源、攝影機及全景**。

Ⓐ 加入攝影機📷與快速鍵（A）

1. 顯示管理員🌑：攝影機圖示上右鍵➜加入攝影機📷（A）、2. Motion Manager：**光源、攝影機及全景**⬚右鍵➜加入攝影機📷。

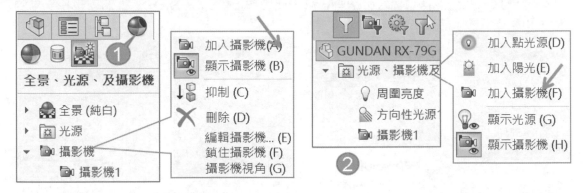

Ⓑ 加入攝影機過程：螢幕被分割

加入📷後立即可見螢幕被分割 3 部份：1. 攝影機管理員、2. 攝影機與模型位置、3. 攝影機畫面，↵完成加入攝影機。

這 3 項很佔畫面，建議用 24 吋-27 吋螢幕進行攝影機作業。

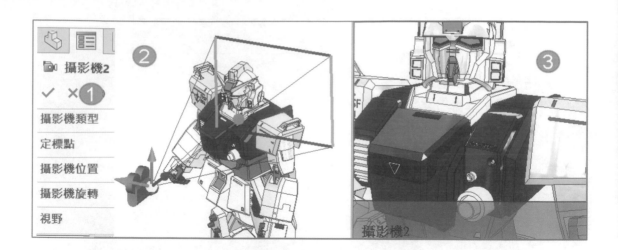

92-6-2 攝影機介面（攝影機屬性）

攝影機屬性（又稱攝影機管理員或攝影機介面）有 6 項組成：1. 攝影機類型、2. 定標點、3. 攝影機位置、4. 攝影機旋轉、5. 視野、6. 範圍深度（PV360）。

A 攝影機組成 3 大要素

A. 定標點、B. 攝影機位置、C. 視野。攝影機製作上會先 B→A→C，這順序也是平常的習慣，也希望未來介面能調整。

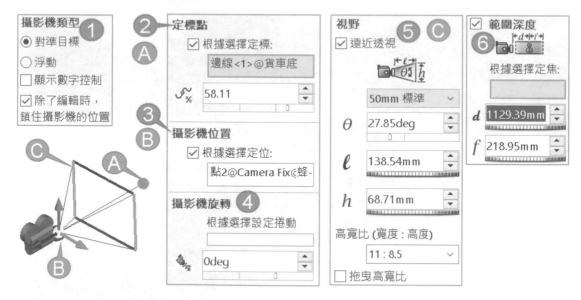

92-6-3 分割視窗/窗格同步比對

將繪圖區域以兩個視角-垂直，分割 2 個視窗，例如：左邊標準視角、右邊攝影機視角，同時呈現有比對效果，現今都是 24 或 27 吋寬螢幕，所以不會顯得擁擠。

A 左邊=等角視 🔲、右邊=攝影機視角 📹

利用**方位視窗**點選左邊窗格→🔲，點選右邊窗格→📹。繪圖區域左下角顯示攝影機名稱，這是最快判斷窗格呈現哪種視角。

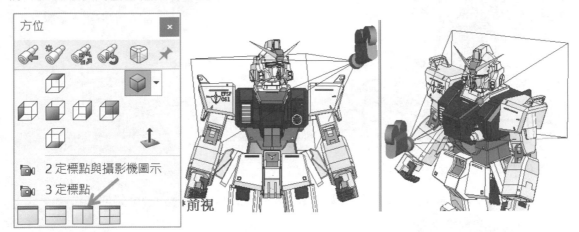

前視

92-6-4 先睹為快：攝影機製作

本節先體會攝影機作業環境，先完成常態作業，最後產生攝影機視角的動作研究。

A 零件的攝影機

開啟零件並試做📹，可以降低製作壓力，因為組合件資訊過於豐富。

B 常態性作業

常態作業使用率最高，會以最短時間完成。

步驟 1 加入攝影機 📹

進入攝影機介面後→↵，完成攝影機。

步驟 2 兩個視角-垂直 🔳

點選左邊窗格→🔲，點選右邊窗格→📹。

步驟 3 編輯攝影機

快點 2 下📹圖示，回到攝影機屬性。

C 懶人法：移動攝影機視角（出淺到細膩）

在攝影機屬性中，游標在右方攝影機視角移動/轉動想要的畫面👆，下圖右。要更細膩的話，在左方的標準視角中 1. 調整一下視野方塊，甚至 2. 拖曳攝影機座標來調整位置。

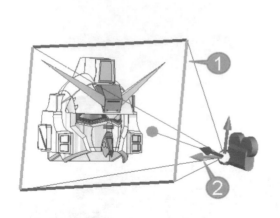
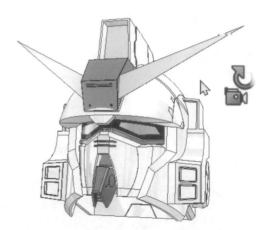

D 動作研究：零件的攝影機視角

攝影機視角製作如同標準視角，攝影機視角定義了動畫過程中模型如何被檢視。

步驟 1 放置時間到第 2 秒

步驟 2 移動攝影機位置

在攝影機屬性中拖曳攝影機的座標軸，讓攝影機有動作→↵。

步驟 3 播放

攝影機視角時間列變為◆━━◆，可以見到攝影機移動。

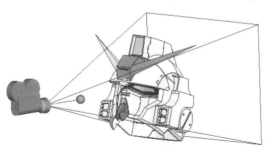

E 動作研究：組合件的攝影機視角

目前的模型已經加入，用懶人法完成攝影機視角，可以體會攝影機視角的畫面的震撼，更能體會攝影機視角並沒有在動作研究中，因為攝影機只是個觀看的視角。

92-6-5 根據選擇定標（Target by selection）

利用草圖圖元、模型上的幾何或模型空間來定義**攝影機**拍攝的目標，也可以讓目標有移動的範圍。指定過程除了點選，也可以用拖曳將定標點放在點、線、面上。

本節開始完整介紹攝影機製作（位置➔定標➔視野），由攝影機視角查看火車移動，火車移動過程攝影機盯著車板中間，目視火車離開。

步驟 1 攝影機類型：對準目標

步驟 2 攝影機位置：☑根據選擇定位

定義攝影機位置在蜜蜂上方，讓攝影機快速定位。

步驟 3 定標點：☑根據選擇定標

點選板車邊線，攝影機視野會轉向火車。

步驟 4 視野

調整視野能見到油管上的 SolidWorks。

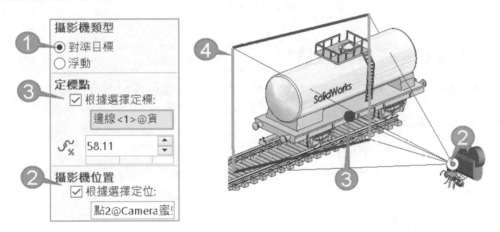

步驟 5 產生新動作研究

放置時間到第 2 秒，拖曳火車由右到左移動。

步驟 4 播放

見到🐝位置不動，攝影機頭擺動。動作研究為火車移動，而非攝影機視角（箭頭所示）。

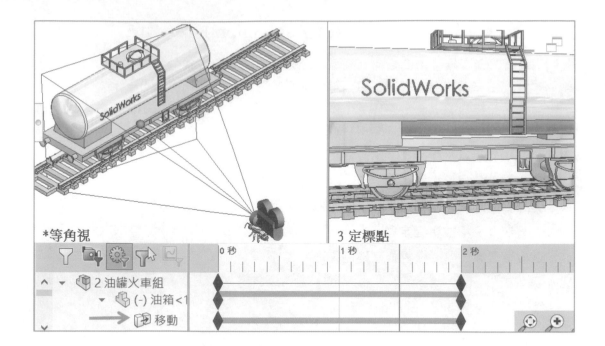

92-6-6 小車在電子叢林活動

透過模擬小車在電子叢林冒險之旅，其實是把吉普車縮小，很有身歷其境。

A 第 1 階段：攝影機📷

本節簡短介紹攝影機製作方式。

步驟 1 攝影機類型：、攝影機位置、定標點、攝影機旋轉

1. 對準目標、2. 攝影機架在車頭前方的草圖、3. 定標點在前方的草圖、4. 攝影機旋轉以跑道平面定義旋轉基準。

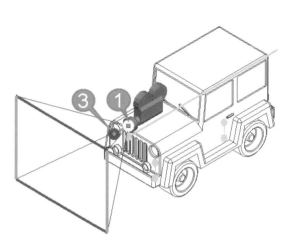

步驟 2 視野大小

拖曳視野方框，由攝影機視角抓視野的感覺。

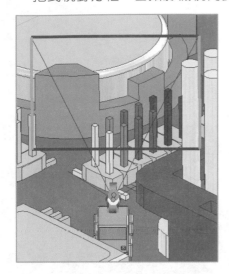

B 第 2 階段：動作研究

完成短時間的路徑百分比，確認後再延長時間。

步驟 1 放置時間到第 1 秒

步驟 2 更改路徑結合 90%

步驟 3 播放

看起來沒問題後，ALT ＋拖曳時間的關鍵畫格，增加動畫時間。

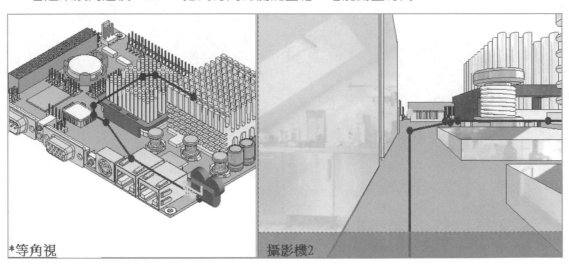

*等角視　　攝影機2

筆記頁

93

eDrawings 電子視圖

eDrawings = SolidWorks Viewer 檢視器,全世界使用度最高的檢視軟體,除了可以開啟眾多檔案格式,最重要免費,本章以組合件和工程圖進行常用的指令說明。

A 取得容易與大量部署與推廣

安裝 SolidWorks 就會順帶安裝 eDrawings,網路可以隨時免費下載,由於是免費的可以大量安裝到任何電腦中。

但我們發現很多初學者,沒介紹就沒點出來看,造成許多企業不曉得 SolidWorks 有推出這麼方便的軟體。

B 看圖的需求迅速提高,eDrawings 是解決方案

推薦擺一台研發淘汰的電腦放置現場,安裝 eDrawings 開啟 SolidWorks 或 DWG 檔案,不須紙本查閱圖面尺寸,可以翻轉模型、查看組合圖、爆炸圖、量測、剖切查看內部...等。

C 導入實例

本章以 SolidWorks 為基準說明 eDrawings 操作,並融入業界導入實例說明功能,協助同學迅速取得 eDrawings 實力,並應用到企業來解決圖面溝通的問題。

93-1 eDrawings 介面

eDrawings 介面分 3 大區域:1. 繪圖區、2. 指令、3. 管理員,操作方式和 SolidWorks 相同,具備 SolidWorks 操作能力對 eDrawings 可以很快上手。

93-1-1 繪圖區

螢幕最大部份，顯示模型或工程圖的地方，左下角有 3D 空間參考座標 。

93-1-2 指令

依常用分 3 大部份，A. 快速檢視工具列、B. 下拉式功能表、C. 右鍵快顯功能表。

93-1-3 管理員（Manager，樹狀結構）

在繪圖區右下方表達模型（組合件）結構以及工程圖架構。

93-2 選項（重點在速度）

進行 eDrawings 選項設定，先將效能提升再進行指令應用，免得操作沒效率。核心邏輯：不要有顯示效果，提升檢視速度，設定以後除非電腦重灌，否則不必重新設定。

A 當下解決速度的問題

會需要操作 eDrawings 人員要有初步認知，例如：遇到陰影可以知道如何關閉。當 eDrawings 開啟複雜文件，發生顯示速度議題，只要進行簡單設定就可以當下克服。

B 克服速度與操作問題，才有辦法導入成功

常遇到導入不成功的原因有 3：1. 速度太慢、2. 想要的功能找不到、3. 需要的資訊無法取得，特別是速度是最簡單解決的，更是導入成功與否的主因。

C 絕大部分網路存取檔案

CAD 檔案通常放置在公司 Server 共同管理，除非把檔案複製一份到電腦中，否則經由網絡存取的檔案會比較慢。如果把檔案複製到一份在電腦中，會有版本的風險，無論如何利用本節的選項來提升效能是最有效的投資。

93-2-1 ☑取代文件背景

設定繪圖區域背景設定為白色比較單純。

93-2-2 □使用漸層背景（效能殺手）

不要漸層背景將背景單純。

93-2-3 圖紙色彩

設定工程圖紙色彩為白色，看圖比較明顯。

93-2-4 □使用動態視圖動畫

不需動態效果，視圖切換快速到位。

93-2-5 □顯示陰影（效能大殺手）

陰影隨模型旋轉，關閉陰影得到清爽檢視，更得到效能大大提升。

93-2-1 □顯示透明部分的內部邊線

工程圖顯示透明模型。

93-2-2 □使用軟體 OpenGL

有顯示卡的電腦，就不需要軟體模擬 OpenGL，換句話說必須準備有顯示卡的電腦來執行 eDrawings 來克服效能的問題。

93-2-3 ☑停用 SolidWorks Network License

不佔用網路版 SolidWorks 授權，常用在 eDrawings Professional 的控管。

93-2-4 ☑檢查過時的參考檔案

可以得知這檔案是否已經被修改，目前開啟的檔案不是最新的。eDrawings 未具備重新計算機制，開啟過時 SolidWorks 而不自知，造成資料檢閱未同步，例如：管路零件修改尺寸後，該組合件與工程圖並未更新，開啟與組合件與工程圖就會偵測並提出警告。

顯示的檔案是過時的。
其需要在 SOLIDWORKS 中被重新計算

93-2-5 ☑以唯讀開啟檔案

開啟不會修改和儲存到檔案，來保護檔案不會被更改到。

93-2-6 反轉滾輪縮放方向

控制滑鼠滾輪拉近拉遠的控制。

93-3 檢視、視角與顯示狀態

繪圖區域最上方，快速檢視工具列提供檢視相關指令，例如：移動、旋轉、拉近/拉遠、局部放大、適當大小…等，這些是最容易上手的地方。

93-3-1 檢視作業

進行常見的檢視作業，通常用滑鼠控制。

移動	旋轉	拉近拉遠	局部放大	適當大小
(Ctrl+中鍵)✛	(按住滑鼠中鍵，方向鍵)↻	(中鍵滾輪)↕🔍	🔍	(快速鍵 F，快點 2 下中鍵)🔍≡

93-3-2 標準視角

常用等角視◐與正視於⊥，也可以用快速鍵，就不必切換清單。

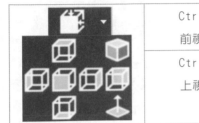

Ctrl+1	Ctrl+2	Ctrl+3	Ctrl+4
前視	後視	左視	右視
Ctrl+5	Ctrl+6	Ctrl+7	Ctrl+8
上視	下視	等角視	正式於

A 正視於用法

將所選面平行於螢幕所見，1. 先選模型平面→，否則該指令灰階無法點選。

93-3-3 顯示樣式

切換顯示樣式，分別為：1. 帶邊線塗彩、2. 塗彩、3. 移除隱藏線、4. 顯示隱藏線、5. 線架構。

A 效能提升

開啟複雜文件遇到效能考量，**帶邊線塗彩**會讓檢視速度變慢，使用**塗彩**查看一的區域，要看細節再切回。

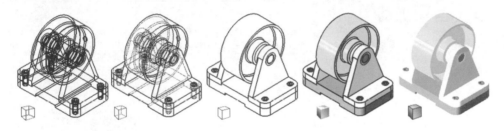

93-3-4 大量選擇

可以框選（左到右）或壓選（右至左）進行大量選擇，常用在移動或隱藏。

93-3-5 隱藏/顯示

在模型上右鍵→隱藏/顯示。在右邊樹狀結構點選模型右鍵→隱藏/顯示。

93-3-6 透明/實體顯示

在模型上右鍵透明/實體顯示，透明可以將模型呈現玻璃狀態，常用在抓圖作文件。

93-3-7 隱藏其他/顯示全部

將零件或次組件獨立顯示/顯示全部。

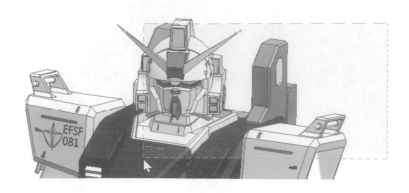

93-4 工具列

本節說明下方的工具列指令，最常用移動、量測、剖面，特別是重設，讓大家驚豔。

93-4-1 重設（首頁）

將模型整體歸位，好比說有移動、旋轉的模型都會被復原到最初開啟狀態，這項功能 SolidWorks 沒有。

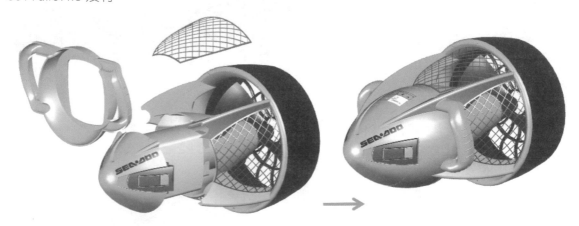

93-4-2 產生動畫

查看動作研究產生的動畫，或自動產生標準視角的動畫，這項目 SW 沒有。

93-4-3 爆炸爆炸/解除爆炸

將組合件進行爆炸和非爆炸狀態。

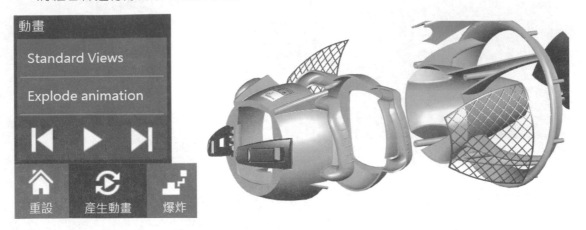

93-4-4 移動/歸位

在組合件或工程圖移動模型,由於沒有結合條件限制,允許模型完全自由度移動,這功能 SW 沒有。

A 歸位

在被移動的模型上方→快點兩下,可以將模型歸位,歸位過程可以見到動畫。

B 空間球:精確移動

點選位置、平移、旋轉,見到三度空間空間球,拖曳箭頭=移動、拖曳環=轉動。也可以輸入參數進行精確移動,例如:Z 軸移動 10mm、Y 軸旋轉 30 度。

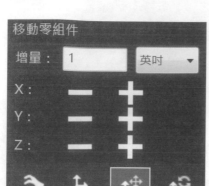

C 大量移動

用框選或壓選方式也大量移動模型，選擇完後→移動零組件→拖曳所選模型。

93-4-5 量測

量測為 SolidWorks 簡易版，經常量測孔大小、孔位置、2 邊線/面的距離。

A 單位

控制公制 mm 或英制 inch 單位。

B 孔大小與深度

點選圓邊線可以直接取得直徑和深度，這功能 SW 沒有。

C 量測距離

定義圓弧之間的中心、最小、最大距離。

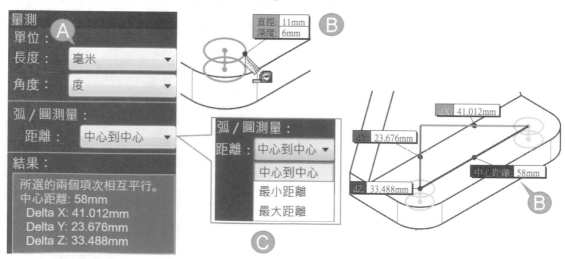

93-4-6 剖面

直接剖切模型看出內部特徵，剖面達到想剖哪就剖哪，剖面無參數控制。

A 切換 3 大平面

切換 XY、YZ、ZX 平面，快速進行置中剖切，拖曳剖切面，調整剖切距離。

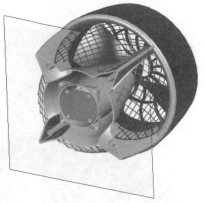

B 面平面（先選擇面）

快點兩下面隨心所欲剖切，甚至可以針對曲面剖切，這功能 SW 沒有，下圖左。

C 垂直於平面顯示（正視於）

在剖面指令中使用**正視於**的動作，它與正視於的功能相同，下圖右。

D 反轉

反轉顯示模型另一面，不必透過旋轉指令翻轉模型。

E 顯示平面

顯示剖切面可以拖曳面改變剖切距離，不顯示剖切面不遮到模型，這功能 SW 沒有。

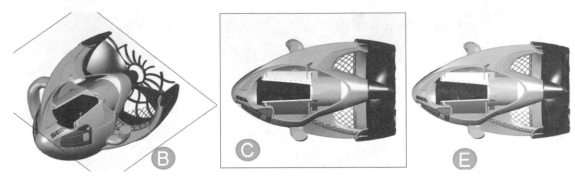

93-4-7 質量(物質特性)

直接查看模型質量、體積、表面積...等,對工程師來說這些資訊就已足夠。

93-4-8 模型組態

接收來自於 SolidWorks 多樣性組態。

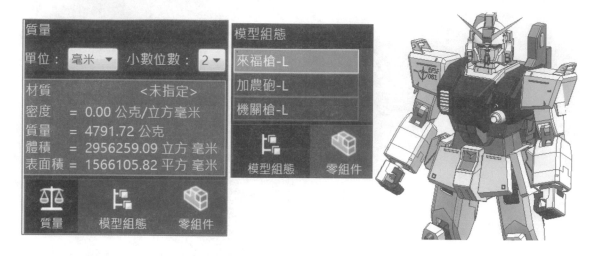

93-5 零組件(特徵管理員)零組件

在右下方點選 會展開管理員,包含標籤指令和標籤內容,由窗格控制顯示。組合件會自動辨識模型樹狀結構。

93-5-1 模型階層

組合件以零組件圖示表示,看不到模型特徵結構以及結合條件,不過看得到模型階層。

93-5-2 模型雙向選擇回饋

在繪圖區域點選模型,系統會亮顯並回饋到模型樹狀結構。

93-5-3 過濾(過濾模型名稱)

輸入文字來過濾模型名稱,快速找出模型,過濾適用於大型組件,僅輸入關鍵字,例如:FIN-,過濾出有 Fin-模型名稱。

93-6 工程圖檢視

　　工程圖溝通很多人擔心，會以為沒有識圖能力就不會操作，以上想法是多餘，工程圖擁有 3D 模型檢視以及關聯檢視，絕對彌補識圖能力不足，特別是非工程背景人員，相信改變對工程圖溝通想法，甚至還會覺得應該為公司導入這項好工具。

93-6-1 移動 ✛

　　進行平移檢視，除了點選指令外，常用滑鼠中鍵來移動。

93-6-2 放大所選視圖

　　快點兩下視圖來放大視圖，可以快速看到視圖內容，這功能 SW 沒有。

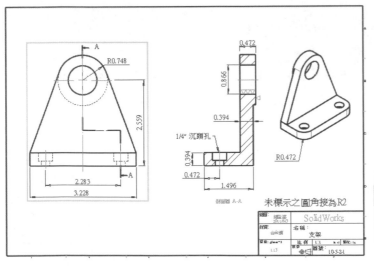

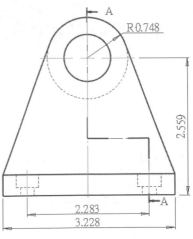

93-6-3 移動零組件與歸位

組合件的工程圖可直接拖曳視圖上的模型，模型很神奇地被移開，也可以快點兩下模型歸位，這部分 SW 沒有。

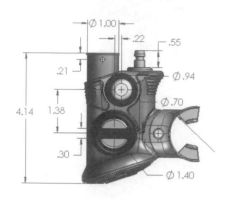

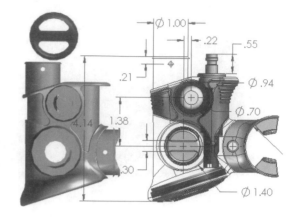

93-6-4 旋轉

1.點選視圖→2.，進入旋轉模型的檢視模式，不必開 3D **模型**。旋轉過程也可以 3.移動組合件的零件，這部分 SW 沒有。

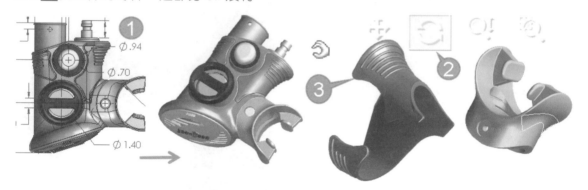

93-6-5 顯示/隱藏視圖

隱藏視圖讓圖頁不要這麼多視圖呈現，也可以提高顯示速度。操作和組合件一樣，選擇視圖或樹狀結構右鍵→隱藏。

93-6-6 圖層

點選右下方圖層來控制圖層顯示，可以 Ctrl+A 選擇全部一起開啟或關閉圖層。

93-6-7 爆炸圖與 BOM

工程圖爆炸圖和 BOM 在 eDrawings 完整呈現。

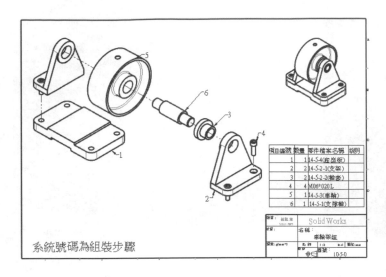

93-6-8 多圖頁

　　工程圖支援單張或多張工程圖頁，靈活檢閱，不必分別儲存每張圖頁，點選圖頁來切換顯示。

93-7 標示（Markup）

　　標示（又稱評論）可用於協同溝通，將意見或想法加入模型或工程圖中，避免文字記錄或口述，最重要的它能記憶視角位置，常用在現場發現圖面有問題時，能直接標示在問題的地方，並直接儲存起來。

　　標示降低管理負擔並減少溝通流程，直覺式意見反應減少錯誤發生機會，這種直覺且簡單溝通方式，如此一定能提早發現問題所在，也讓公司滿意於 3D 溝通作業。

93-7-1 帶導線文字

　　文字有帶導線指引所描述位置。1. 標示→2. A→3. 有導線→4. 點選模型位置，輸入文字→5. 完成評論。

A 查看標示

　　會到首頁，1. 點選標示→2. 點選評論，就能看出評論擁有記憶視角的功能。

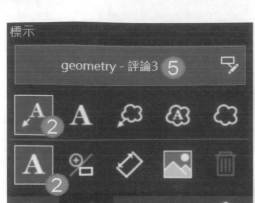

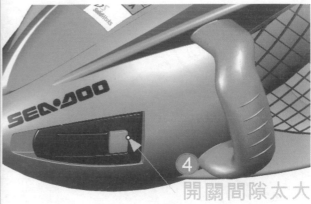

93-7-2 尺寸

在模型或工程圖標註尺寸，標註過程會顯示目前值，立即改變單位並予以換算。

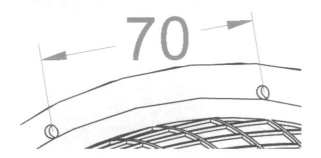

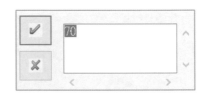

93-8 列印（快速鍵 Ctrl+P）

列印和 SolidWorks 不同是，可以調整列印品質以及預覽列印，透過縮圖檢視工具整列印範圍，調整後縮圖會自動更新。

A 列印主要介面

列印視窗分成 4 大主要介面，分別為 1 預覽、2 列印範圍、3 品質以及 4 選項，每設定都可以透過預覽看出結果，大家印象對深刻的就是顯示預覽。

93-8-1 顯示預覽/隱藏預覽

顯示預覽位於視窗右下角，按下**顯示預覽**後，可見到右邊預覽視窗展開。預覽可避免紙張浪費與開啟程式時間，特別是 SolidWorks 組合件或工程圖，這部分 SW 沒有。

Ⓐ 檢視工具

預覽視窗提供縮圖，輸入比例或檢視工具來控制列印範圍。將游標放在預覽圖示上方，透過檢視工具移動、適當大小、局部放大、拉近/拉遠縮圖，直覺調整出圖樣式。

93-8-2 列印範圍-目前螢幕影像

針對使用中文件進行目前螢幕影像列印，透過預覽工具來控制列印範圍。

93-8-3 選項

列印選項控制了份數與樣式，尤其是樣式列印為彩色或黑白控制。

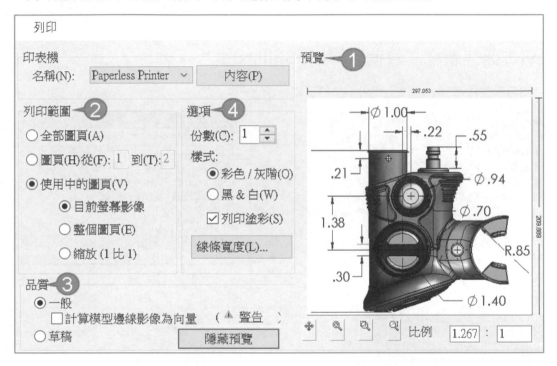

93-9 輸入與輸出

利用**開啟舊檔**和**另存新檔**來查看 eDrawings 支援的檔案格式，例如：SolidWorks、Pro/E、DWG/DXF、STEP、IGES、STL... 等，本結尾聲說明如何製作 eDrawings 檔案。

93-9-1 開啟（開啟舊檔，快速鍵 Ctrl+O）

開啟檔案透過預覽看出模型縮圖，右下角可以看出支援哪些檔案類型。

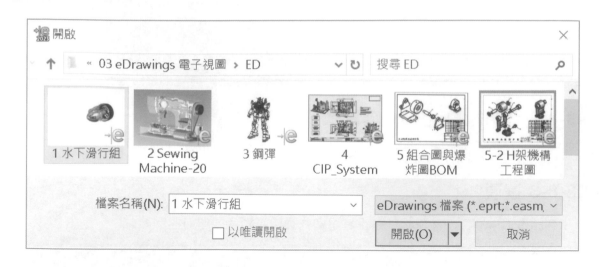

93-9-2 另存新檔（快速鍵 Ctrl+Shift+S）

常用在製作檔案，例如：圖片或 EXE 執行檔。

eDrawings 零件檔案 (*.eprt)
eDrawings 組合件檔案 (*.easm)
eDrawings 工程圖檔案 (*.edrw)
SOLIDWORKS 零件檔案 (*.sldprt)
SOLIDWORKS 組合件檔案 (*.sldasm)
SOLIDWORKS 工程圖檔案 (*.slddrw)
SOLIDWORKS 範本檔案 (*.prtdot;*.asmdot;*.drwdot)
CALS 檔案 (*.cal; *.ct1)
DXF/DWG 檔案 (*.dxf;*.dwg)
STL 檔案 (*.stl)
ACIS 檔案 (*.sat;*.sab)
IGES 檔案 (*.iges;*.igs)
JT 檔案 (*.jt)
Parasolid 檔案 (*.x_b;*.x_t;*.xmt;*.xmt_txt)
STEP 檔案 (*.step;*.stp)
Autodesk Inventor 檔案 (*.ipt;*.iam)
CATIA V5 檔案 (*.catpart;*.catproduct)
CATIA V6 檔案 (*.3dxml)
NX/Unigraphics 檔案 (*.prt)
Pro/Engineer/Creo 檔案 (*.asm;*.asm.;*.neu;*.neu.;*.p
Solid Edge 檔案 (*.par;*.psm;*.asm)

eDrawings 工程圖檔案 (*.edrw)
eDrawings 64 位元 Zip 檔案 (*.zip)
eDrawings 64 位元可執行檔案 (*.exe)
eDrawings Web HTML 檔案 (*.html)
eDrawings ActiveX HTML 檔案 (*.htm)
BMP 檔案 (*.bmp)
TIFF 檔案 (*.tif)
JPEG 檔案 (*.jpg)
PNG 檔案 (*.png)
GIF 檔案 (*.gif)

93-9-3 開啟 SolidWorks 檔案

直接開 SolidWorks 檔案，分別為零件*.sldprt、組合件*.sldasm、工程圖*.slddrw。

A 無法開啟未來版次

無法開啟未來檔案，例如：eDrawings2024 無法開啟 SolidWorks 2025 檔案。

93-9-4 開啟 DXF/DWG

DWG 是全世界通用格式，坊間也有許多 DWGViewer 可供下載，有瞭 eDrawings 不必尋找 DWGViewer。

93-9-5 開啟主流軟體

直接開 Pro/E（CREO）、CATIA、Invnetor、NX、SolidEdge。

93-9-6 開啟常見轉檔格式

STEP、IGES、Parasolid、ACIS、JT、STL。

93-9-7 開啟 eDrawings 檔案

可以開啟 eDrawings 零件（eprt）、組合件（easm）、工程圖（edrw）。

93-9-8 eDrawings 檔案製作（另存新檔）

本節說明 eDrawings 製作方法，有 2 種方式：1. eDrawings 轉 eDrawings、2. SolidWorks 轉 eDrawings。

A eDrawings 轉 eDrawings

由 eDrawings 另存新檔看能轉哪些格式，會發現能轉的不多，比較常轉 eDrawings 或 EXE 可執行檔，就不必安裝 eDrawings 直接執行 eDrawings。

B SolidWorks 轉 eDrawings

由 SolidWorks 轉 eDrawings，可以由另存新檔，或檔案→發佈至 eDrawings。其中發佈至 eDrawings，可以把 SolidWorks 資訊傳遞到 eDrawings，也讓 eDrawings 可以擁有完整的功能。

93-10 圖面檢閱技能檢核表

這是我們輔導過程進行的人員檢核，上完課程後要確認人員要會所有的操作。

日期	受評者	複評者	分數

合格　不合格	評核項目	備註
□合格 □不合格	1. 選項 是否具備選項設定能力	
□合格 □不合格	2. 檢視作業 移動✛、旋轉 C、拉近拉遠、局部放大、適當大小	
□合格 □不合格	3. 視角 等角視與正視於	
□合格 □不合格	4. 顯示狀態 塗彩與帶邊線塗彩	
□合格 □不合格	5. 移動與復原模型位置 移動零組件、復原模型位置、重設	
□合格 □不合格	6 模型顯示 隱藏顯示、實體顯示、透明顯示、隱藏其他	
□合格 □不合格	7 量測 2 線、2 面距離、2 面角度、孔中心	
□合格 □不合格	8 模型組態 切換模型組態	
□合格 □不合格	9 工程圖圖頁 切換圖頁與圖層	
□合格 □不合格	10 評論 具備文件上加註文字	
□合格 □不合格	11 列印 使用預覽列印